深入浅出 Excel VBA

杨洋 著

電子工業出版社
Publishing House of Electronics Industry
北京·BEIJING

内 容 简 介

本书基于作者在高校课堂和网络教育中多年积累的教学经验，由浅入深地讲解了 Excel VBA 程序设计的知识与技巧，涵盖数据处理、格式排版、文件管理、窗体设计，以及集合、字典、正则表达式、Web 信息提取等各方面常用技能。

本书力求做到体系严谨、语言风趣，用轻松、生动的语言引导读者领会 Excel VBA 编程的精髓与关键，进而一窥计算机科学世界的神奇与美妙。同时，本书精心设计了 60 个改编自真实场景的原创案例，使每个环节的学习都能映射到实际生活中的需求，为初学者提供一条独特、实用的 VBA 学习路径。此外，本书的主体内容与作者在网易云课堂（http://study.163.com）开设的“全民一起 VBA”系列视频课程相互匹配并互有补充。该系列课程以生动幽默的动画形式展现了 Excel VBA 编程的全貌，读者可以参照学习，加深理解。

本书适合初学 Excel VBA 程序设计的读者，以及非计算机专业、无实际编程经验的各行业人士学习使用，也可以作为大专院校学生的辅助教材或自学参考书。

图书在版编目（CIP）数据

深入浅出 Excel VBA / 杨洋著. —北京：电子工业出版社，2019.2

ISBN 978-7-121-35464-9

Ⅰ. ①深… Ⅱ. ①杨… Ⅲ. ①表处理软件 Ⅳ. ①TP391.13

中国版本图书馆 CIP 数据核字（2018）第 254596 号

策划编辑：李利健
责任编辑：牛 勇　　　特约编辑：赵树刚
印 刷：北京捷迅佳彩印刷有限公司
装 订：北京捷迅佳彩印刷有限公司
出版发行：电子工业出版社
北京市海淀区万寿路 173 信箱　　　邮编：100036
开 本：787×1092　1/16　　印张：27.5　　字数：748 千字
版 次：2019 年 2 月第 1 版
印 次：2025 年 2 月第 16 次印刷
定 价：89.00 元

凡所购买电子工业出版社图书有缺损问题，请向购买书店调换。若书店售缺，请与本社发行部联系，联系及邮购电话：（010）88254888，88258888。

质量投诉请发邮件至 zlts@phei.com.cn，盗版侵权举报请发邮件到 dbqq@phei. com.cn。

本书咨询联系方式：010-51260888-819，faq@phei.com.cn。

写在前面

学习一个“小”技术，解决一个大问题

在写本书之前，笔者制作的视频课程“全民一起 VBA”已在网易云课堂获得六万余名学员的关注和好评。而本书写作的初衷也正是应他们的要求，希望有一本内容翔实、语言风格轻松易读的 VBA 图书。但笔者深知，要想写好一本真正能够传道解惑的技术书，其难度并不亚于撰写任何一本学术专著。

据说杨振宁先生曾经开过一个玩笑，大意是“现代数学教材可以分为两种：让人读了一页就读不下去的，以及让人读了一行就读不下去的”。其用意是希望数学书不要写得抽象乏味，使人摸不着头脑，因为“数学毕竟要让更多的人来欣赏，才会产生更大的效果”[①]。其实在计算机教学领域也是一样，怎样让更多的人领略到计算机科学的魅力，感受到亲自编写代码操控电脑所带来的成就感，也应被我们这些教育工作者视作重要的目标。

VBA 就是非常符合这一目标的教学题材，尤其适合于没有编程基础，但又可以通过学习编程来大幅提高工作效率的人士。不过很多 VBA 图书似乎忘记了读者“零基础”“非专业”的特点，把讲解重点放在了各种功能的实现上，忽视了初学者编程思维和基本功的培养。以笔者多年的教学经验来看，这种内容安排对大部分初学者来说并不合适，假如没有辅以专业教师的讲解，很难让读者真正掌握构思和编写程序的能力。因此，笔者在本书中重点着笔于程序结构、思路启发以及应用技巧上，同时精心设计了很多简短而有代表性的案例，希望为有意学习 VBA 的人士提供一个深入理解程序设计，进而一窥软件开发全貌的路径。

如果读者看到这里决定多读一页，那么可以在接下来的内容中看到：为什么要学习 VBA、怎样学习 VBA，以及怎样使用本书。

1. 电脑将要抢走我的工作，该怎么办

最近几年，身边各行各业的朋友都突然关注起 AI（人工智能）的发展，而诸如“未来会计师岗位将全部被电脑取代”“XX 投行将全面采用计算机替代交易员”“AI 普及对律师就业市场造成巨大冲击”等极富冲击力的新闻标题，也屡屡见诸报纸和网站的头条。这股浪潮影响之大，以至于在笔者居住的城市，过去一年就有几万名金融业白领在下班后选择去夜校从头学习计算机技术。

电脑真的会抢走我们的工作吗？每当在课堂上被问到这类问题时，笔者总会提醒同学：耸人

---

① 见上海华东师范大学张奠宙教授的文章《和杨振宁教授漫谈：数学和物理的关系》。

听闻与掩耳不闻一样，都无助于理性思考。从长远看，人工智能的发展当然会逐渐替代大量的日常工作，但是按照目前的算法理论和技术水平，再考虑到社会经济各方面的制约，这个替代过程恐怕要经历一个相当长的时间。然而在这个漫长的阶段里，直接抢走你工作的恐怕不是电脑，而是那些“能够指挥电脑的人”。

举一个真实的例子，下面是某位网友在知乎（www.zhihu.com）上贴出的一段亲身经历（https://www.zhihu.com/question/64821272/answer/224650964）：

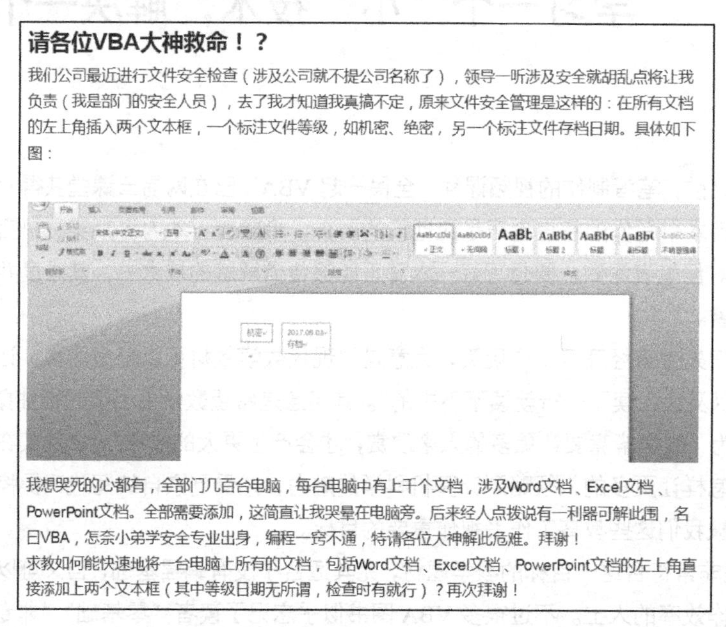

请各位VBA大神救命！？

我们公司最近进行文件安全检查（涉及公司就不提公司名称了），领导一听涉及安全就胡乱点将让我负责（我是部门的安全人员），去了我才知道我真搞不定，原来文件安全管理是这样的：在所有文档的左上角插入两个文本框，一个标注文件等级，如机密、绝密，另一个标注文件存档日期。具体如下图：

我想哭死的心都有，全部门几百台电脑，每台电脑中有上千个文档，涉及Word文档、Excel文档、PowerPoint文档。全部需要添加，这简直让我哭晕在电脑旁。后来经人点拨说有一利器可解此围，名曰VBA，怎奈小弟学安全专业出身，编程一窍不通，特请各位大神解此危难。拜谢！

求教如何能快速地将一台电脑上所有的文档，包括Word文档、Excel文档、PowerPoint文档的左上角直接添加上两个文本框（其中等级日期无所谓，检查时有就行）？再次拜谢！

对于这样的任务，公司领导当然希望能够拥有一台超级 AI，就像科幻电影中那样，只要对着它说“找到电脑中所有的 Office 文件，然后给每一页都打上两个红框”，连“请”字都不用提，就能瞬间得到结果。不过遗憾（幸运）的是，至少在本书写作时，像这样能够一听就懂并迅速想出正确方案的 AI 还没有出现；或者即使出现，其建造和训练的成本也高不可攀。于是，领导们还是不得不屈尊雇佣我们这些白领来完成工作。

我们这些接到任务的白领又能怎样完成它呢？相信绝大多数 Office 用户都与上面这位提问者一样，只能亲自打开每一个文件夹下的每一个 Office 文件，手工执行插入文本框操作后再逐一保存。如果每台电脑中有上千个文件，恐怕搞定一台电脑就需要一两天时间。而面对帖子中提到的几百台电脑，即使昼夜加班也很难在截止日期之前全部完成。

但是对于懂 VBA 的 Office 用户来说，这个任务就会简单许多：只要新建一个 Excel 文件并写入一小段 VBA 代码（在知乎该问题中可以见到笔者的示例回答），就能够为同一文件夹下的所有 Excel 文件都插入一个显示存档日期的文本框。而这段代码只要稍微修改一下，就能扫描硬盘上所有的文件夹及其子文件夹，并扩展到 Word 和 PPT 文件，从而让计算机自动完成全部任务，无须人工操作。对于一个具有 VBA 基础的人来说，做好这个程序大概只需要半天，而后面的事情就是把它复制到每一台电脑上运行一遍，最后检查处理一些异常情况即可。

那么，当这家公司准备缩编裁员时，面对一个能写出上面代码的候选人和一个只会熟练排版或使用公式的候选人，如果其他条件相同，哪一位能保住自己的工作呢？答案不言自明。所以，回到开头的问题，笔者想表达的意思就是：对大多数办公室白领来说，**真正需要担心的不是电脑智能有多么强大，而是我们指挥电脑的能力有多么弱小。**当办公室里的大部分工作还无法由计算机完全独立解决时，谁能够更高效地使用计算机，谁就是最后一个在遥远的未来被某个超级 AI 替换掉的人。

“指挥电脑”的能力又是什么呢？点鼠标、按快捷键、记住各种触控手势等当然都在此列。然而真正万能的指挥棒则是编写程序代码，使用计算机自己的语言去告诉它你想执行的操作。请相信：只要掌握了一个编程工具，并从自己的工作中最熟悉的任务开始实践，就会迅速发掘出电脑这一超级武器的真正威力，从而用一两小时就完成以前几天几夜才能完成的事情。而让每个曾经只会按鼠标的人都能感受到编程的价值和乐趣，正是笔者写作本书的动力所在。

2. 为什么要学 VBA，而不是其他工具

理解了学习编程的意义后，接下来的问题自然就是“我应该学习哪一种语言”。世界上曾经出现过的程序语言多达数千种，目前仍有人经常使用的也有近百种。显然，作为非计算机专业人士，我们只能在其中选择最适合自己的一种。笔者的建议是：如果你平时最常接触的桌面软件是 Excel 等 Office 应用，那么 VBA 就是最适合的初学语言。

VBA 的全称为“Visual Basic for Application”，是微软公司专门针对 Word、Excel、Access 等 Office 应用软件而设计的基于 Visual Basic 语言的二次开发工具，从 1994 年开始就整合在 Office 系列中。之所以说 VBA 是最适合 Office 用户学习编程的入门语言，主要原因在于以下几点。

（1）简单易学、快速上手

如果不考虑 Scratch 等针对低龄儿童所设计的编程工具，VBA 可以说是最简单易学的编程工具之一，因为它是从 BASIC 这门经典语言演化而来的。而 BASIC 的全称就是“Beginner's All-purpose Symbolic Instruction Code”，意即“初学者通用符号指令码”，其第一设计原则就是“让初学者容易使用”。因此可以说，“简单易学、轻松上手”是根植于 BASIC 系列语言（包括 VBA）基因中的核心特征。

与此同时，程序设计作为一种思维方式，其实在各种主流语言中都存在着很多共性特征和相通之处，一旦能够熟练掌握一种语言（比如 VBA），再学习其他程序设计工具也会事半功倍。所以，对于 Office 用户来说，从最简单的 BASIC 系列语言学起，应用到最熟悉的 Excel 日常处理中，确实是打开编程世界大门的最短路径。

（2）学以致用，立竿见影

笔者曾经在同济大学、东北财经大学等高校开设过十几年的计算机相关课程。教学经历中让我印象深刻的一点是：之所以很多人没能学会某门课程，仅仅是因为他们不知道这门课程有什么用处，也从来未曾把它应用到自己的日常工作和生活中。这也正是为什么现代教育理论中，格外强调“目标导向”学习的原因。

具体到编程语言方面，尽管目前高校大多数院系专业都开设了基本的程序设计课程，比如 C、Java、Python、C++等，但这些语言的设计宗旨是为了让使用者能够独立开发一个完整的软件，所以学生只有在认真学习过一两个学期，陆续学完语法基础、用户界面、数据存储等多个模块的知识后，才能逐渐用它们编写一些小工具来解决一些实际问题。而在此之前的漫长学习过程中，大多

数学生只能用它们做一些书后练习中的编程作业，其枯燥乏味让很多人中途放弃。

VBA 则与之不同，其宗旨在于通过简单几行代码来调用 Office 中的已有功能，从而实现自动化办公。可以说，只需要掌握最基本的 VBA 语法，就可以尝试控制 Office 软件自动完成各种操作，解决实际问题。

（3）功能强大，随处可用

VBA 是为 Office 而设计的，因此，我们在使用 Office 软件时的绝大部分人工操作都可以通过编写 VBA 程序自动完成。下面列出的就是一些常见的 VBA 应用场景。

★ **数据处理。**虽然使用 Excel 的公式和数据透视表等工具可以应付很多数据处理任务，但是总有一些独特的需求难以用这些通用工具快速实现，比如怎样对含有合并单元格的表格进行排序、怎样按照“先进先出法”计算库存等。而 VBA 则允许我们根据实际需求，完全按照自己的想法定制解决方案，并且能一次性处理成百上千个文档中的所有数据。

★ **格式操作。**前面“批量添加文本框”的问题就是一个典型的格式操作任务。而若想大量修改 Office 文件（无论 Excel 工作簿还是 Word 文档）的格式，只需通过“录制宏”等手段得到与格式有关的 VBA 代码，然后增加几行循环或判断的语句，就可以轻松实现。

★ **文本分析。**在日常办公中，文字处理与数字计算同样常见，比如，在几百个 Word 文章中找出所有的电话号码，并单独保存到一个 Excel 表格中。但是 Office 中的文字处理工具却远不如数字处理工具（公式、透视表等）丰富，因为文字处理需求复杂，很难找到统一的模式。而 VBA 不仅提供了大量文本函数，同时又支持正则表达式这个强大的文本分析工具。所以只要掌握了它们的用法，就可以针对自己的需求，编出各种自动化文本处理程序。

★ **创建模型。**对于很多财金企业，最宝贵的资产之一就是各种分析模型。现实中，很多这种模型都保存在 Excel 中，以便业务人员快速得到数据分析结果。在这种情况下，使用 VBA 程序来编写模型具有很多优势，比如，可以一键运行，从而简化操作、提供图形用户界面、自动生成批量的复杂报表、随机模拟仿真等。此外，将模型写成代码还可以设置一定的“抄袭门槛”，从而不会像公式那样让任何人都可以轻易读懂。

★ **自动办公。**也许 VBA 最无可替代的优势就是其“自动化办公”能力。如前所述，Office 软件中的各种操作都可以通过 VBA 代码“复现”，而日常工作大多都是机械重复，所以完全可以让 VBA 自动处理这些琐事。比如自动生成并群发邮件、自动在多个文档中找到指定的数据并定时打印、自动对几百个文件进行分类并另存到不同的文件夹中等。

★ **其他方面。**VBA 的能力并不局限于 Office 软件中，而是可以扩展到 Windows 操作系统、数据库管理系统甚至互联网等环境中。比如，可以在 VBA 程序中自动运行其他 Windows 程序，还可以用 VBA 读写各种数据库、自动下载外部网站的网页内容等，而所有这些操作又都能够与 Office 软件结合起来。

3. 怎样才能学好 VBA

整体来说，VBA 的学习过程主要包括以下四个阶段。

（1）培养编程思维

VBA 是一门程序设计语言，而程序设计则是一种思维方式，即按照计算机的运作机制去思考问题，然后把自己的想法用计算机的方式加以表述。所以，学习程序语言最重要的并不是牢记各种关键字和语法，而是领会到它所蕴含的思维方式。笔者见过许多学习过多门计算机课程，甚至毕业于计算机专业，却仍然不会编程解决简单问题的人。究其原因，就是没有培养出编程思维。

因此，对初学 VBA 的读者来说，首要任务就是真正理解程序语言的逻辑和计算机的工作方式，能够将自己日常工作的流程用 VBA 语言要素精确地表达出来。一旦具备了这种思维方式和表述能力，后面的学习就会事半功倍。

（2）熟悉 Office 对象

在理解了 VBA 的思维方式，熟悉了各种程序结构后，接下来的任务就是用这种语言发出命令，以操作 Office 软件。而将 VBA 程序与 Office 软件连接起来的桥梁就是 VBA 中的对象体系。Office 软件的每一个组件、每一种功能在 VBA 看来都是一个对象或一个属性/方法。所以，只要知道了这些对象或属性/方法的名字与格式，就能够在 VBA 程序中随意控制 Office 软件。

（3）提高实践能力

学习编程离不开大量的实践与练习。很多人在学习程序设计时都会感到：书上的内容看起来很好理解，可是一旦亲自编写程序就无从下手，写出的代码也总有莫名其妙的错误。这种情形持续一段时间后，学习者就会丧失信心与兴趣。

若想摆脱这种困境，唯一的办法就是充分练习、积极实践。读者每学到本书的一个知识点，都应将书中的示例抄写在自己的电脑中，亲自运行并思考结果。在思考清楚后，凭借自己的理解和记忆将这个程序再“盲打”一遍并运行。只有完成这两个步骤，才算是完成了基本的练习，从而为下一个知识点的学习做好准备。

而在完成练习之后，更重要的一环就是将学到的技术尽可能应用到日常工作中。比如，经常思考“刚才的操作是否可以用 VBA 搞定？”，如果可以，就大胆尝试。如此不仅能巩固学到的知识，还会逐渐总结出自己的经验与方法，让使用 VBA 成为像走路、开车一样自然而然的习惯。

（4）自学更多技能

在实践中，读者总会遇到很多书中没有细讲的问题，这种现象十分正常，因为 VBA 的类库和系统函数成百上千，还会随着 Office 软件的升级而不断完善。同时随着技能和经验的提高，读者也会开始尝试编写更加复杂的程序，因而需要了解更多算法、网络和系统功能等方面的知识。显然，没有任何图书可以把以上所有的内容都涵盖在内，因而只有善于查阅资料并自学提高的人才能在掌握入门知识之后，进一步提高自身的水平。

4. 这本书能提供什么帮助

写本书之前，笔者曾经多年为高校经管专业的学生开设相关课程，并在网易云课堂（study.163.com）推出了广受好评的系列网络课程“全民一起 VBA”。在这些教学活动中积累的经验与案例（特别是同学们对课程的反馈信息）为本书的内容编排提供了重要的指引。整体来说，本书并没有像传统教科书那样按照知识点的类别从下向上进行罗列，而是尽可能遵循初学者的认知过程，以实际应用为线索循序渐进。这样可以确保读者在每一部分只接触一个知识点，而且能够马上理解并将其应用到实际工作中。具体地说，本书的内容结构如下：

第 1 章介绍 VBA 的编程环境与基本格式，特别是怎样用 VBA 代码读写 Excel 单元格。通过对本章的学习，读者马上就可以开始编写简单的 VBA 程序，为后面的学习和练习奠定基础。

第 2 章至第 7 章讲解了程序设计的基本元素与语法，包括变量、循环、判断、字符串、程序调试等内容。这一部分是培养编程思维的关键，所以请没有深入接触过程序设计的读者格外重视。而对于已经学习过其他语言的读者来说，VBA 也有很多独特的细节语法值得注意，本书对此均有详细说明。此外，与其他章节一样，笔者特别列出了初学者最容易犯的各种错误，并详细分析了每种错误所体现出的认识误区和解决办法。

第 8 章至第 11 章重点介绍 VBA 的对象体系，以及过程、函数等结构化程序设计元素。学习了这些章节后，读者就可以用 VBA 代码全面控制 Excel 的基本功能与外观。

前面 11 章内容相当于是 VBA 学习的“第一个循环”，使读者全面了解 VBA 的体系并能够编程解决基本问题。在此基础上，本书第 12 章至第 18 章的内容构成了“第二个循环”，使读者深入了解更多的 VBA 语法知识、编程技巧及对象功能，具体包括 VBA 的各种数据类型、数组的应用、文件系统的管理、函数与过程的高级知识、Range 对象的高级操作、Excel 事件与窗体编程等。在掌握这部分内容之后，读者将会对 VBA 编程有一个更加深刻的认识，从而能够理解和应对各种常见错误，开发出更加高效、强大和美观的程序。学习完这些章节后，读者可以算是真正具备了基本的 VBA 开发能力。

第 19 章和第 20 章进一步扩展 VBA 的功能，介绍了怎样使用字典和正则表达式等高级工具，怎样读写数据库或 Word 等其他 Office 文档，怎样从互联网上下载网页数据，并且简要介绍了算法、类模块，以及管理信息系统和高级 Office 功能等知识。因篇幅所限，本书部分内容以数字形式发布于网站（http://www.broadview.com.cn/35464）上。

总之，本书的写作宗旨就是为广大初学编程的人提供一个既易学又深刻的、系统性的学习路线，语言风格也力求做到轻松活泼。此外，特别感谢大连医科大学艺术学院刘立伟副教授为本书各章首页绘制的精彩插图，希望读者能够借此加深对每章核心思想的印象。

如果读者希望在学习过程中进一步加深理解，还可以与“全民一起 VBA”系列课程对照学习。所有购买本书的读者，均可以到电子工业出版社网站（http://www.broadview.com.cn/35464）浏览该系列课程的“基础篇”内容，而全系列完整内容（包括“提高篇”和“实战篇”）则可以到网易云课堂（https://study.163.com/series/1001373002.htm）观看。这些视频课程中提供了丰富的动画和案例演示，可以帮助读者获得更好的学习效果，而且其中使用的案例与本书并不相同，可以互为补充。不过本书的章节结构与视频课程并不完全一致，对于某些知识点的取舍和深度也略有不同。因此，本书在每一章开头的摘要中都会指明本章内容所对应的视频课程章节，有兴趣的读者可留意对照。

附赠内容标题（下载网址：http://www.broadview.com.cn/35464）

第 21 章　平台的扩展——用 VBA 处理数据库和其他 Office 文件

第 22 章　触角的延伸——获取网页数据

目 录

第 1 章

奇境的入口——从 VBE 走进 VBA 编程世界

在大多数用户眼里，Excel 等 Office 软件的形象总是简单易用、人畜无害，从未想过它的内部居然隐藏着一个完全由程序代码支配运转的奇妙世界，更没想过我们自己也可以进入和主宰这个世界，并通过 VBA 唤醒 Office 的巨大魔力。所以作为全书学习的开始，本章首先介绍怎样找到这个开发和运行 VBA 程序的地方，也就是 VBE（VBA 编辑器）。

接下来，我们将会介绍 VBA 程序开发的完整过程。人们常说，把大象放到冰箱里只需要三个步骤：打开冰箱门→把大象放进去→关好门让冰箱工作。编写 VBA 程序也无非如此：打开 VBE→把正确的代码写进去→保存并让程序运行。针对这三个步骤，本章将会引导读者亲手编写一个简单的 VBA 程序并逐条领会，同时也让读者感受从零开始编写第一个 VBA 程序的乐趣。

具体来说，通过本章的学习，大家将能够理解和回答以下问题：

★ 怎样进入 VBA 编辑器？在哪里编写 VBA 程序？

★ VBA 程序一般是什么样子的？

★ 怎样使用 VBA 程序读取和计算 Excel 表格中的内容？

★ 怎样运行 VBA 程序？如果 Excel 禁止运行 VBA 程序怎么办？

★ 怎样正确保存 VBA 程序？

本章内容可以与视频课程“全民一起 VBA——基础篇”的第一回“生平不识 VBE，便想编程也枉然”和第二回“宏代码初现真面目，Cells 遥指单元格”配合学习，通过动画演示和课堂讲解，更加深入地理解相关知识点。

1.1 在哪里写代码——VBE 与模块

1.1.1 找到 VBA 编辑器

在所有允许编写 VBA①的 Office 软件（如 Word、Excel、PowerPoint……）中，都提供了一个专门用于开发 VBA 程序的工具，称为 VBA 编辑器，简称为 VBE（Visual Basic Editor），如图 1.1 所示（如无特别说明，本书全部截图均来自 Office 2016 版本）。

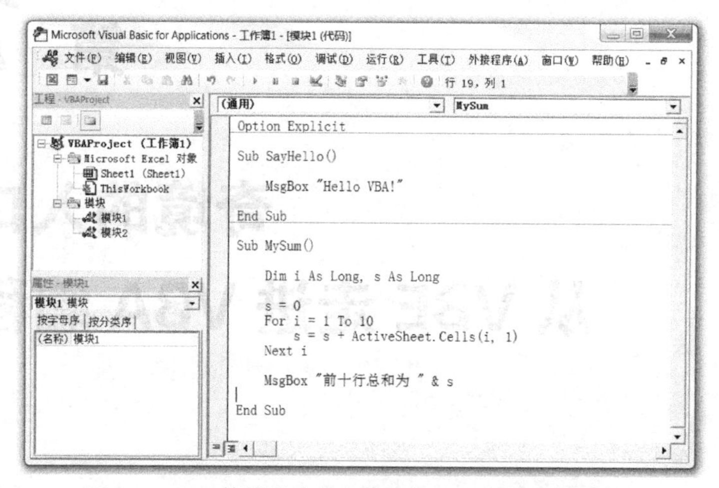

图 1.1 VBA 编辑器外观（截图自 Excel 2016 中文版）

在默认情况下，Office 将 VBE 设置为隐藏状态，无法被用户看到，所以需要手动将其设置为可见状态。由于不同操作系统或不同版本 Office 的设置方法各有差别，所以下面以 Excel 的不同版本为例分别进行描述。

（1）对于在 Windows 系统中使用 Excel 2010 及之后版本的用户，在 Excel 中选择“文件”→“选项”命令，可以弹出“Excel 选项”对话框。先在该对话框左侧选择“自定义功能区”，然后在右侧栏目中选中“开发工具”，再单击“确定”按钮，就可以在工具栏中看到“开发工具”选项卡②。该选项卡中包含了编写 VBA 程序时可能用到的各种功能，其左边第一个按钮就是 VBE，如图 1.2 所示。

（2）Excel 2007 的设置方法与上述过程类似，只是菜单的名称位置略有不同：首先单击 Excel 左上角带有 Office 标志的“Office”按钮，然后单击右下角的“Excel 选项”按钮，此时在“常用”菜单界面的右侧可以看到“开发工具”选项卡，将其选中就可以找到“VBE”按钮。而对于 Excel 2003 及之前版本，可以先在 Excel 的“工具”菜单中找到子菜单“宏”，然后单击右边的三角形按钮展开子菜单，再选中“Visual Basic 编辑器”，就可以直接进入 VBE 界面。

---

① 并非全部 Office 软件都支持用户开发 VBA 程序。比如在写作本书时，OneNote 2016 就没有提供 VBA 开发功能。同样，在某些运行于苹果电脑的早期版本 Office for Mac OS 中，也可能不支持 VBA 功能。

② 找到“开发工具”选项卡的另一种方法：直接在 Excel 工具栏的空白处单击鼠标右键，在弹出的菜单中就可以看到“自定义功能区”菜单项。

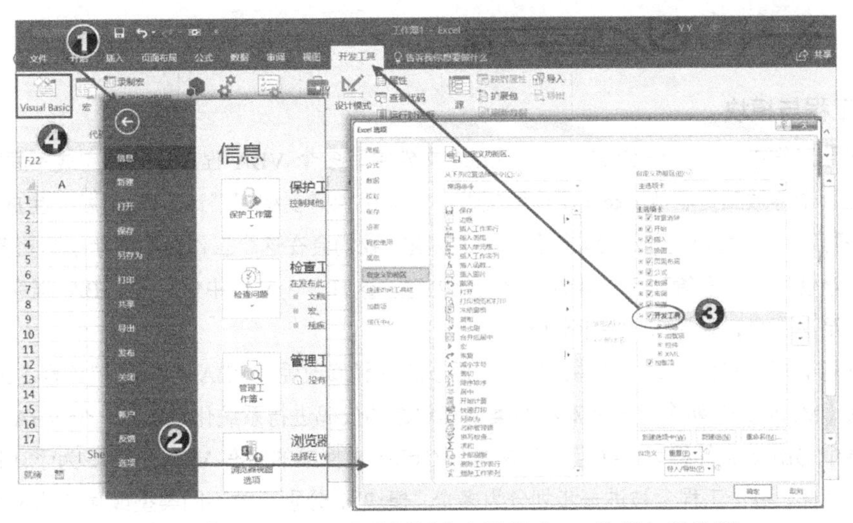

图 1.2　在 Excel 2010 及更新版本中显示“VBE”按钮的步骤

关于在 Excel 2007 及其他各版本中找到 VBE 的方法，“全民一起 VBA——基础篇”第一回 4:30 处有详细视频讲解。

需要说明的是，在早期版本的 Office 中，VBA 开发工具不属于 Office 软件的默认安装项目，如果用户在安装 Office 时没有特别指定安装 VBA，就无法在 Office 中找到该功能。在这种情况下，我们需要单独为其安装 VBA。

（3）对于使用 Office for Mac OS 系统的苹果电脑用户，找到 VBE 的方法与使用 Windows 系统的用户类似，一般要先在 Excel 的“偏好设置（Preference）”菜单中找到“功能区和工具栏”选项，然后可以看到“自定义功能区”选项，再选中“开发工具”就可以看到该选项卡。

经过以上步骤，我们终于看到了 VBE 的真面目。不过对于没有学习过程序设计的读者，第一次看到 VBE 的界面可能会觉得眼花缭乱，让人望而生畏。其实大可不必担心，因为我们只需用到其中的三个部分——工程窗口、代码窗口和运行按钮——就足以开发基本的 VBA 程序，最重要的是怎样在“工程窗口”中找到编写代码的正确位置，如图 1.3 所示。至于 VBE 的其他功能，本书会随着学习的深入适时讲解。

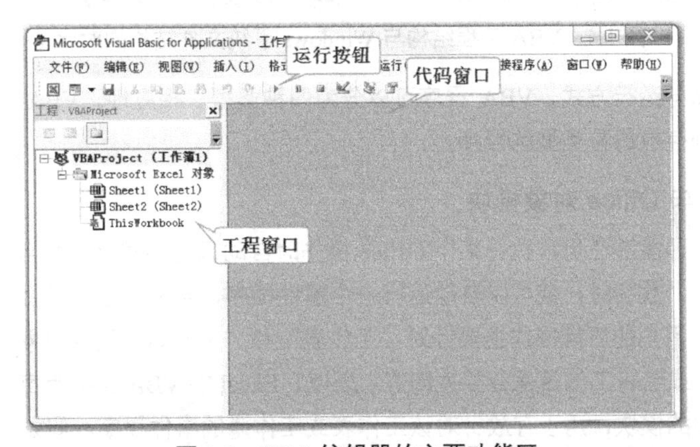

图 1.3　VBA 编辑器的主要功能区

1.1.2 在正确的位置编写代码

1. 工程与模块

在实际工作中，我们经常会在一个 Office 文件中写多个 VBA 程序，分别完成不同的任务。比如，在一个存放工资表的 Excel 工作簿文件中，就可能需要编写“计算所得税”“生成统计表”“打印工资条”等不同用途的程序。随着时间的变化，我们会在这个工作簿中不断编写更多的 VBA 程序，逐渐使所有工资管理工作都做到自动化处理。这样一个文件中保存的 VBA 程序可能多达几十个甚至上百个，翻阅起来将十分吃力。

怎样能够把这些程序保存得井井有条，便于查阅和修改呢？VBA 引入了“工程（Project）”和“模块（Module）”两个概念来对不同类型和用途的代码进行系统化管理。一个 VBA 工程，就是针对某个 Office 文件编写，并且保存在这个 Office 文件中的所有 VBA 程序。为了让这些程序被保管得有序，每个工程会被进一步划分为多个“模块”，分别存放不同类型或功能的 VBA 程序。

这个结构与 Windows 系统的文件管理模式十分相似：一个工程就像一个硬盘分区（如“D:”），一个模块则是该分区下的一个文件夹（如“D:\Print\”），每个 VBA 程序则如同一个文件，需要根据其特点存放到某个文件夹中。VBE 的“工程”窗口，就像 Windows 系统的“我的电脑”窗口专门用来查看和管理“文件”与“文件夹”，也就是模块和 VBA 程序。VBA 工程结构与 Windows 系统文件结构的对比如图 1.4 所示。

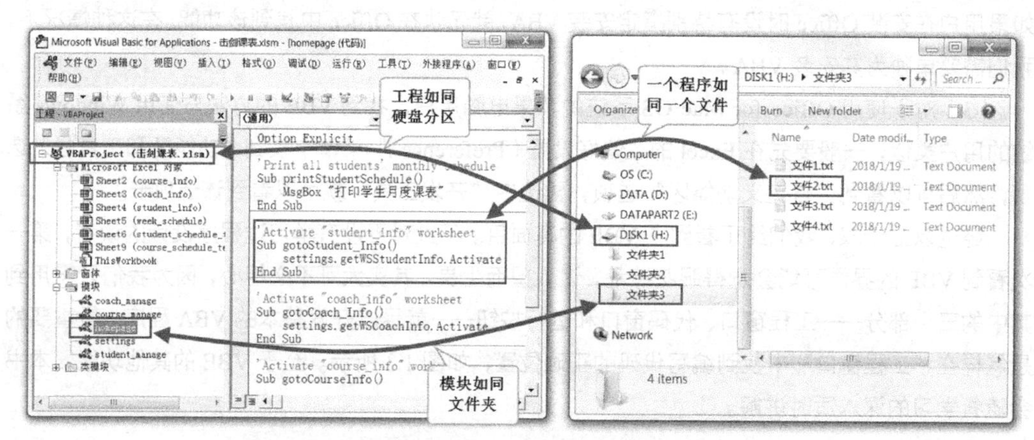

图 1.4 VBA 工程结构与 Windows 系统文件结构的对比

根据语法特点与运行方式，VBA 程序可以分为四种类型。相应地，VBA 工程中也包含四种类型的模块，分别存放每种类型的程序。

2. 事件程序与 Office 对象模块

事件程序是一种能够在用户执行某个 Office 操作时自动运行的程序。当用户在表示“年龄”的单元格中输入一个数字时，就可以自动运行一个事件程序，判断该数字是否在规定范围内。

在 Excel 中，用户的日常操作主要针对“工作表”和“工作簿”两种对象，比如在工作表中选中一个单元格，或者将工作簿保存并关闭等。所以，Excel 的 VBA 工程为每个工作表和工作簿都安排了一个单独的模块，用于存放针对该工作表或工作簿的事件程序。假如一个 Excel 文件中包含两张工作表，那么我们就能够在 VBE 的工程窗口中看到两个工作表模块和一个工作簿模块。

用鼠标在工程窗口中双击上述任何一个模块，就可以在右侧代码窗口中看到这个模块中的所有程序，并且可以添加新的程序。Excel 对象模块（事件程序）示例如图 1.5 所示。

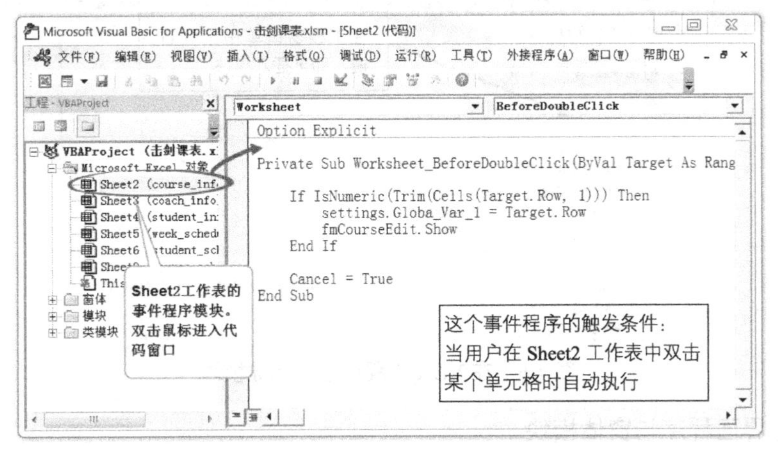

图 1.5　Excel 对象模块（事件程序）示例

如果是在 Word 或 PowerPoint 等 Office 软件中编写 VBA 程序，那么可以在它们的 VBE 中看到对象模块，只不过它们被统称为“Word 对象”“PowerPoint 对象”等，里面的具体模块则是“文档”“幻灯片”等对应元素。关于事件程序的具体内容和开发方法，本书后面将会详细介绍。

3. 标准程序与标准模块

事件程序必须与某个特定的对象（如第二张工作表）和某种特定的操作（如单击单元格）捆绑在一起，只有当用户在该对象中执行这个操作时才会运行。而我们在实际工作中编写的大多数 VBA 程序，却是希望用户可以随时随地运行，不需要和任何特定对象或操作发生关联。这种“更为常见”的程序，就称为“标准程序”，相应的代码需要保存在“标准模块”中。

与事件模块不同，VBA 工程中没有事先准备好标准模块，需要我们在工程窗口手工创建。在工程窗口的任意空白位置单击鼠标右键，在弹出的菜单中选择“插入”→“模块”命令，就可以向这个工作簿的工程中添加一个标准模块，如图 1.6 所示。请注意，由于标准模块非常常用，在工程窗口中直接将“标准模块”简称为“模块”，所以读者在阅读本章时不要将其与广义的“模块”一词（涵盖事件模块、标准模块、窗体、类定义等）混淆。

我们可以反复执行上面的“插入”操作，在一个 VBA 工程中添加多个标准模块，把将要编写的众多 VBA 程序按照业务功能等方式分别保存到不同的模块中，便于查阅和管理。在工程窗口中双击任何一个模块，右侧的代码窗口都会切换到该模块，显示这个模块中的所有 VBA 代码。

日常编写的 VBA 程序大多属于标准程序，所以标准模块的使用也将贯穿本书始终。

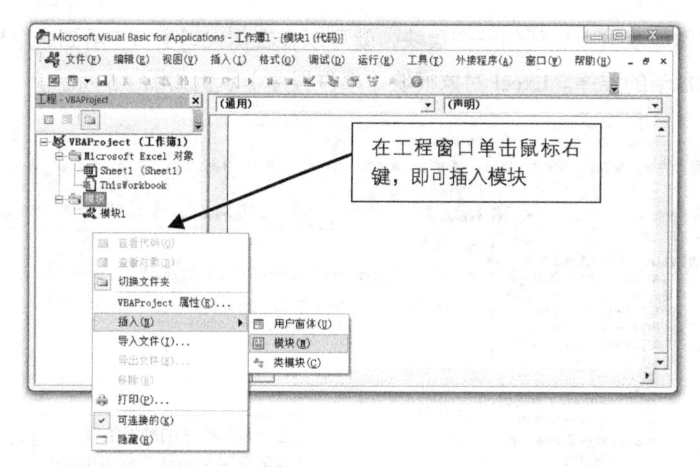

图 1.6　在 VBA 工程中插入标准模块

4. 图形界面程序与窗体模块

为了让程序更加友好，方便用户操作，我们还会经常编写一些具有图形用户界面（GUI）的程序。因为开发这些程序时不仅需要编写代码，而且需要使用 VBE 提供的专门绘制窗体、按钮等元素的绘图工具，所以这些 VBA 程序也被单独分为一类，需要保存到窗体类型的模块中。

与标准模块一样，VBA 工程事先也没有提供任何窗体模块。我们可以在工程窗口的空白处单击鼠标右键，在弹出的菜单中选择“插入”→“用户窗体”命令，就可以在当前工程中插入一个窗体模块。当界面要求比较复杂，需要设计多个不同的窗体时，可以反复执行“插入”操作，创建多个窗体模块，每个模块能且只能保存一个窗体。双击一个窗体模块，就可以在右侧代码窗口中看到“窗体设计器”，也就是绘制图形界面的工具。双击正在其中绘制的用户窗体，代码窗口就切换为代码模式，用于显示和编辑这个窗体对应的程序代码。窗体模块与窗体设计器示例如图 1.7 所示。

对于用户窗体和图形界面设计的详细内容，本书后面有专门章节进行讲述。

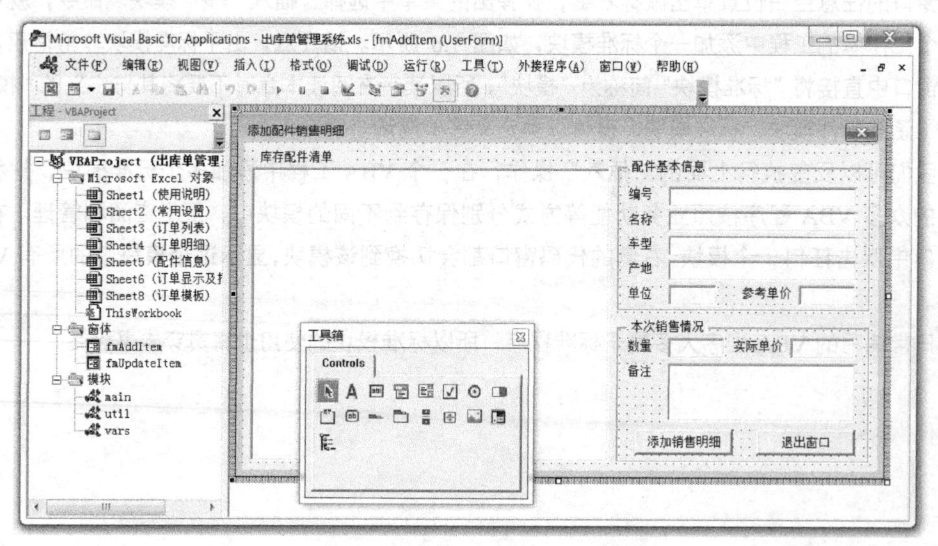

图 1.7　窗体模块与窗体设计器示例

5. 类定义程序与类模块

VBA 的高级用户有时还会用到定义“类”的程序。“类”是“面向对象”这种程序设计思想中的一个基础概念，按照这种思想编写的代码，只需稍加修改就能够重新用于其他系统中，从而使开发者在设计新系统时不必重写功能相似的代码，减轻了工作压力。

与标准模块相似，开发类定义程序必须先在工程窗口中弹出“插入”菜单，然后插入一个类模块，双击类模块就可以在代码窗口中显示和编辑类定义程序。

对于 VBA 的初学者来说，类定义并不常用，所以本书将相关内容放在最后介绍。

以上就是 VBA 程序的四种类型，以及对应的四种存储模块。其中最常用的就是标准程序与标准模块，所以本书后面将主要基于这类程序讲解 VBA 语法知识。

需要特别说明的是，当一个工作簿中包含的 VBA 程序较多时，为使工程结构更加清晰，我们不仅会建立多个模块保存不同用途的程序，还会为这些模块重新命名，使其内容一目了然。为模块命名的方式很简单，只要在 VBE 中按“F4”键，或者在 VBE 的“视图”菜单中选中“属性窗口”选项，就可以在“工程”窗口的下方看到“属性”窗口。在“工程”窗口中选中一个模块，就可以在“属性”窗口中修改该模块的名称，如图 1.8 所示。注意，此操作仅适用于标准模块、窗体模块和类模块，Office 对象模块的模块名称不允许被修改。

图 1.8　修改模块的名称

1.2　见微知著——从一个简单例子观察 VBA 程序的结构

如前所述，标准程序是最常用到的 VBA 程序类型，所以就以它为例，了解一下 VBA 程序代码的基本结构。

首先，在 VBE 的“工程”窗口中插入一个模块，然后双击该模块，便可以在“代码”窗口中编写标准程序。下面就是我们的第一个 VBA 小程序，大家只要一字不差地输入代码，并单击工具栏上的“运行”按钮 ▶，就可以看到这段程序的运行结果——让当前工作表 C2 单元格中的内容变成 5、C3 单元格中的内容变成 6，如图 1.9 所示。

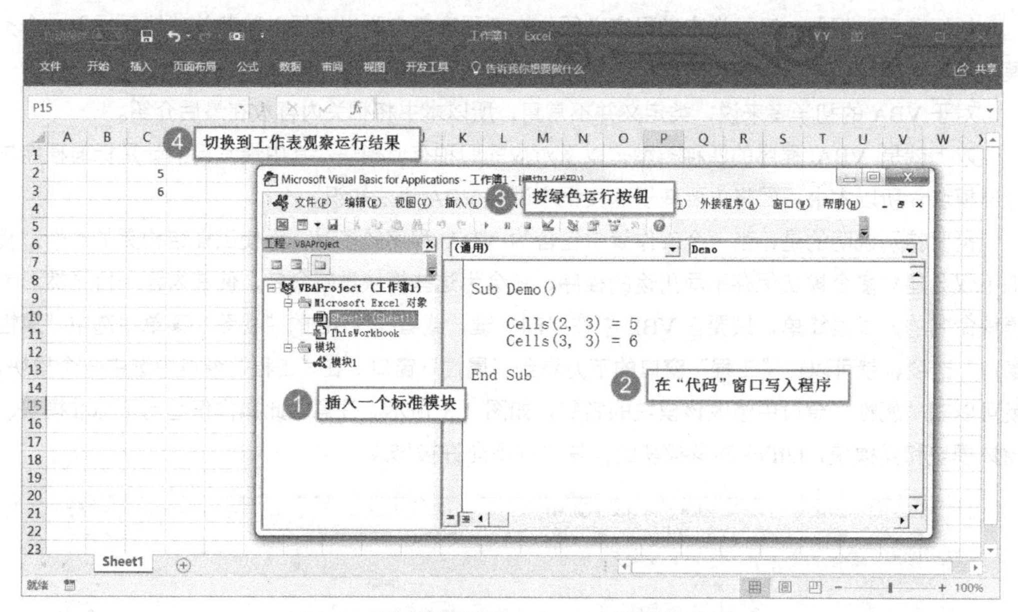

图 1.9　编写并运行第一个 VBA 程序的步骤

1.2.1　Sub / End Sub——程序的起始与结束

观察图 1.9 中的代码可以看到，这个 VBA 程序是以“Sub”开始、以“End Sub”结束的若干行字符。而 Sub 后面的文字“Demo”就是我们为这个 VBA 程序指定的名称（读者可以根据自己的喜好把它改为其他字母或汉字）。当用户要求运行某个程序时，计算机就先找到含有该程序名称的 Sub 语句，然后开始运行它下面的每一行代码，直到遇见“End Sub”为止。

我们可以把“Sub”和“End Sub”理解为一个 VBA 程序的“国境线”：凡是写在一对“Sub”和“End Sub”之间的代码，都属于这个 VBA 程序。这样，当一个模块中存放了多个程序时，每个程序的“势力范围”都可以划分清楚且互不干扰（为了让程序之间的分界看起来更加清楚，VBE 的代码窗口还会自动在每个 VBA 程序之间添加一条直线），如图 1.10 所示。

此外需要注意的是，在程序名 Demo 的后面必须加一个圆括号（如果忘记书写，VBE 会自动将其添加到代码中）。Sub 语句中的圆括号用于过程间的参数传递，对此本书后面会有专门章节进行介绍。

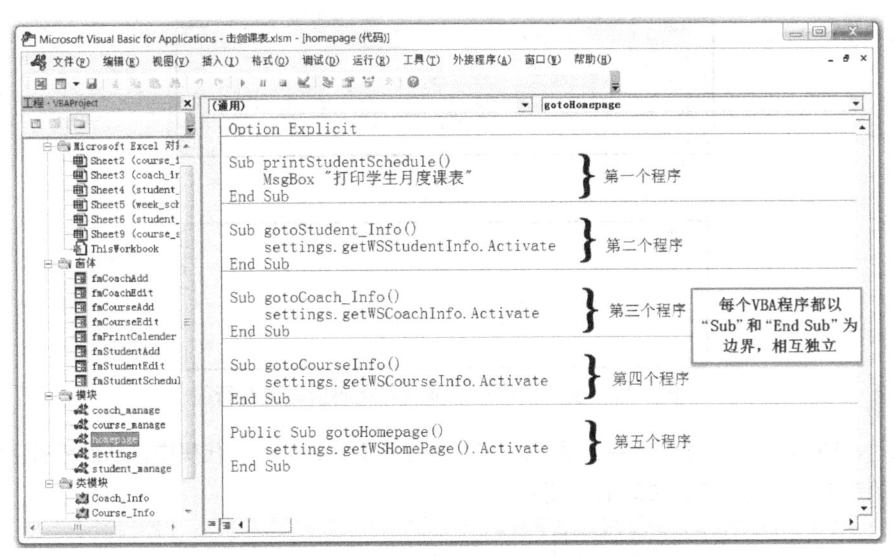

图 1.10　VBA 程序的基本结构与边界

1.2.2　词汇与语句——程序语言的基本要素

我们日常使用的语言是以“语句”为基本单位的，下面这段话就包括三个语句，分别用句号和问号隔开。

“我明天去上海。上海的天气怎么样？是否需要带一把雨伞？”

我们在理解上面这段话时，会先把它分解成三个语句，然后分析每个语句的含义。而对于其中的每一个语句，比如“我明天去上海”，还要进一步将它分解为“我”“明天”“去”和“上海”四个词汇，再对应到大脑中已有的概念和印象，才能得出这句话的正确含义。

同样的，VBA 等程序语言也需要按照“语句”和“词汇”的模式进行表达，即一个程序由一条或多条语句构成，每条语句由一个或多个词汇构成。

1. VBA 语句及其分隔符

与人类语言不同的是，VBA 程序中的语句不是通过句号、问号等标点符号隔开的，而是通过“换行”来分隔的。也就是说，“代码”窗口中的每行代码代表一条语句，即每条程序语句必须写在同一行中①。

所以在图 1.9 所示的 VBA 程序示例中，“代码”窗口内一共有四条语句（四行代码）。第一条语句“Sub Demo()”和最后一条语句“End Sub”标识了程序的开始位置和结束位置，其内部的第二条和第三条语句则用来实现该程序的主要功能。

不过有的时候需要书写很长的语句，如果强行把它写在一行代码中，会严重影响美观和阅读效率。在这种情况下，我们可以使用空格与下画线将一条语句进行拆分，如图 1.11 所示。

① VBA 程序中使用的 VB 语言只是常用程序语言中的一种，其他程序语言对语句的格式可能会有不同的规定。比如 C 语言中使用分号作为语句结束标志，因此一个语句完全可以拆写到多行中，只要最后有一个分号使其与下一行代码分开即可。

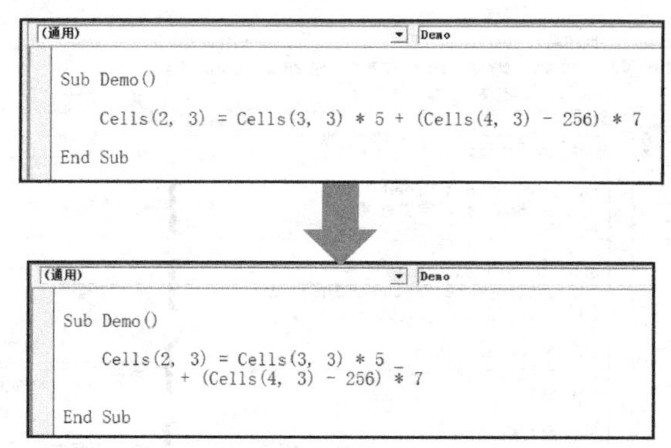

图 1.11　使用空格和下画线将代码拆写成两行

同时，VBA 也允许我们使用冒号“:”将多个短语句合并到一行代码中，从而节省空间，增强代码的可读性。具体用法如图 1.12 所示。

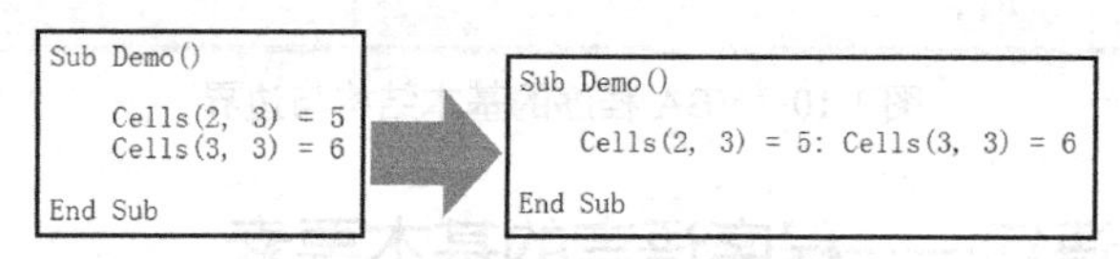

图 1.12　使用冒号将多行代码合并

初学者需要特别注意的是：这里提到的所有符号，包括空格、冒号、下画线、圆括号等，必须使用英文半角格式，不能使用全角格式。虽然它们的外观十分相似，但完全是不一样的字符，不能混淆使用！这一点对于后面的章节同样适用，请格外注意。

2. VBA 词汇及其分隔符

每一条 VBA 语句都是由一个或多个词汇构成的。比如 Demo 程序内部的第一条语句“Cells(2,3) = 5”，可以初步分解为“Cells(2,3)”“=”“5”三个词汇①。在这三个词汇中，“=”也起到了分隔符的作用，使 VBA 能够正确地分隔辨识出每个词汇。

较常见的词汇分隔符是空格。比如在第一条语句的“Sub”和“Demo”之间及最后一条语句的“End”和“Sub”之间，都有一个空格作为分隔符。这种使用空格来区分不同单词的习惯，来自英语等表音文字。

如果在代码中不小心忘记了书写空格，最后一行语句就会变成“EndSub”。在这种情况下，计算机认为该语句只包含一个叫作“EndSub”的单词，而不会把它解读为“End”和“Sub”两个单词，因而无法将这一语句理解为“程序结束标志”，导致程序运行出错。

1.3　Cells 与运算符——用 VBA 控制 Excel 单元格

理解了 VBA 程序的基本结构，我们接下来就仔细研究一下这个示例程序中的代码“Cells(2,3)=5”到底是什么意思。

① 之所以将其称为“初步分解”，是因为 VBA 解释器会将 Cells(2,3) 进一步拆解为属性名称与参数列表，以便分析。不过对于初学者来说，只需了解到词汇的基本含义即可。

1.3.1　Cells——代码与表格之间的第一个桥梁

想在 VBA 程序中读取或修改单元格的内容，就必须知道怎样使用 VBA 代码表示一个单元格。熟悉 Excel 公式的读者都知道，在表格公式中我们可以直接用单元格的地址（如 C2）代表一个单元格的内容。但是 VBA 程序并不支持这种表示方法，而是提供了若干种方法在代码中表示 Excel 单元格，Cells 属性就是其中之一（关于“属性”的概念，本书后面讲解 Excel 对象体系时会详细介绍）。

Cells 属性的写法很容易理解：用两个数字分别表示该单元格所在的行号和列号，对应关系如图 1.13 所示。需要特别注意的是：这两个数字必须使用逗号（如前所述，必须使用半角符号，下同）隔开，并用一对圆括号将它们括起来，紧随在“Cells”的后面。

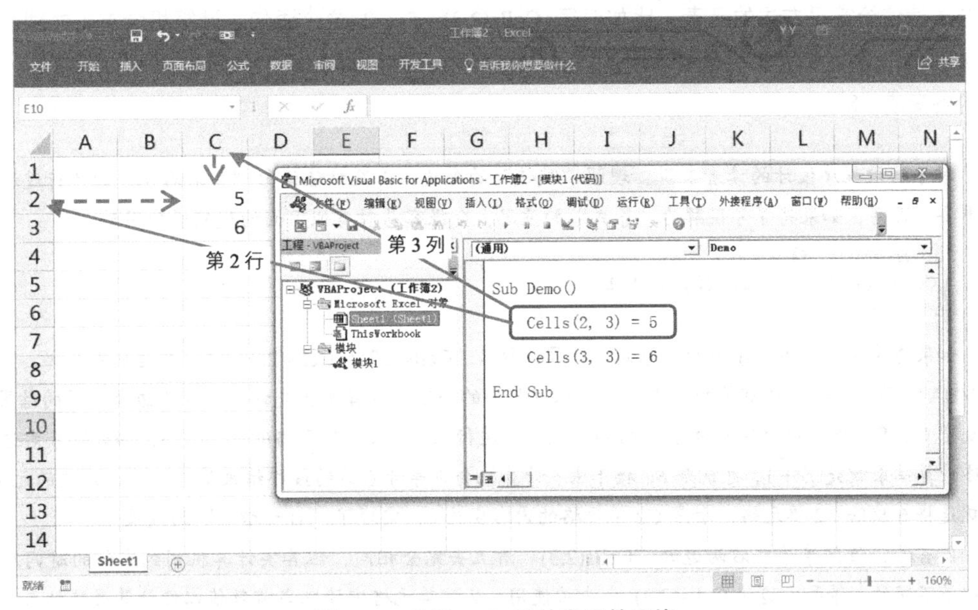

图 1.13　使用 Cells 属性表示单元格

这种用括号把若干个数值包含起来的写法，在 VBA 程序中十分常见。一般情况下，括号中用逗号隔开的每个数值称作一个“参数”。在上面的例子中，我们可以说“Cells 属性需要指定两个参数，第一个参数代表行号，第二个参数代表列号”。关于参数的更多知识，在讲解子过程与函数时会深入介绍。

熟悉表格公式的读者，可能对这种完全使用数字表示单元格的方式有些不习惯。其实 Cells 的第二个参数也可以使用字母表示，比如上例也可以写成 Cells (2 ,“C”) = 5，同样能够将 C2 单元格的内容设置为 5（注意字母两边必须有双引号）。不过在实际开发中，使用数字定位单元格会更便利，因为数字通过简单的计算就可以得到，便于批量处理或快速定位。读者可以比较一下，“将 C5 单元格右边第 47 列涂成红色”与“将第 5 行第 3 列单元格右边第 47 列涂成红色”，哪一个处理起来更加简单。显然，第二种方法只要计算一下“3 + 47”，就能知道只需将 Cells (5 , 50)设置为红色即可。而使用第一种方法，则需要想办法计算出字母 C 后面第 47 列的名称——AX，才能处理这个单元格，过程相对复杂许多。

Cells 属性如同一个连接 VBA 代码与 Excel 表格的桥梁，使我们能够用 VBA 表示任何一个单元格，接下来的问题就是怎样修改单元格中的内容。

1.3.2 赋值操作——等号的主要用途

所谓修改单元格中的内容，就是让单元格中的内容等于某个数值（或文字等）。因此，VBA 程序就使用等号“=”来实现这个功能。比如 Cells(2,3)=5 这句代码，翻译为自然语言就是“让第 2 行第 3 列单元格的内容等于 5”。

这种操作在 VBA 语言中被称为“赋值操作”，也就是将等号右边的值赋予等号左边的元素。当计算机执行到赋值操作的语句时，会首先计算等号右边的部分，得到一个确切的结果后再把这个结果赋值给等号左边的元素。比如对于 Cells(2,3)= 5 + 3 这个语句，计算机会首先处理等号右边的“5 + 3”，待计算出最终结果“8”后，再将其赋值给等号左边的 Cells 属性，让 C2 单元格的内容变成“8”。

对于初学程序设计的读者来说，理解“赋值”的含义，以及赋值语句“先右后左”的执行过程十分重要。否则，如果将等号误解为“等式”的意思，会很容易对类似下面的代码感到困惑。

```
Sub Example ()
  Cells(2,3) = Cells(2,3) + 1
End Sub
```

如果将等号理解为数学中的“等式”符号，那么“Cells(2,3) = Cells(2,3) + 1”永远无法成立。但是在 VBA 程序中，等号是赋值的标识，所以根据前面的描述，计算机会先计算等号右边表达式的结果，也就是 C2 单元格当前数值与数字 1 的和。假如在运行程序前 C2 单元格的数值是 5，那么等号右边的最终计算结果就是 5 + 1，也就是 6。接下来，计算机会将等号右边的最终结果赋值给等号左边的元素，也就是将 6 赋给 C2 单元格，于是 C2 单元格的内容变为 6，实现了“自动增一”的效果。

换言之，虽然等号左右两边的“Cells(2,3)”看上去完全相同，但其实计算机用到它们的时间及目的都是不同的。等号右边的 Cells(2,3) 会先被使用，从该单元格中读取当前数值以便计算最终结果；而等号左边的 Cells(2,3)则要到最后才被使用，将该单元格内容修改为前述结果。

读者可以将这段代码输入 VBE 中，并运行这个程序（注意：在单击“运行”按钮前，先用鼠标单击 Example 内的任意位置），以观察 C2 单元格的变化——每运行一次 Example，C2 单元格的数字就会自动增加 1。

1.3.3 加、减、乘、除——基本的算术运算符

Excel 最常见的用途就是对各种数字进行计算汇总，同样，VBA 程序中最常用到的语句也离不开算术运算。

在 VBA 中编写算术运算语句，与数学中列算式的方法几乎相同，无非就是加、减、乘、除各种符号的使用。只不过受电脑键盘设计的限制，有些符号的写法略有不同，如表 1-1 所示。

表 1-1　VBA 算术运算符

VBA 算术运算符	含　义	示　例
+	加法运算	Cells(3,2) = 5 + 12，结果为 17
-	减法运算	Cells(3,2) = 5 – 12，结果为– 7
*（星号键）	乘法运算	Cells(3,2) = 5 * 12，结果为 60
/（斜杠）	除法运算	Cells(3,2) = 14 / 5，结果为 2.8
\（反斜杠）	整除运算。舍弃商的小数部分，只保留整数部分	Cells(3,2) = 14 \ 5，结果为 2（商的小数部分 0.8 被舍弃）
^（脱字符，与数字“6”同键）	幂运算。a^b 即 a^b	Cells(3,2) = 4^3，结果为 64（4^3）
Mod（三个字母）	模运算。求两个数字相除后的余数	Cells(3,2) = 14 Mod 5，结果为 4。因为 14 除以 5 的结果是 2 余 4

关于算术运算，以下几点需要初学者特别注意：

★ 所有运算符必须写成英文半角符号，误写为全角符号会导致计算机无法理解。

★ 当一个表达式中包含多个运算符时，VBA 程序的计算顺序同样遵循“先乘除后加减”的算术运算优先级。比如 3+2*7 的计算结果是 17（先计算 2 乘以 7，再加上 3），而不是 35（先计算 3 加 2，再乘以 7）。

★ 可以使用半角圆括号来改变计算优先级。比如 (3+2) * 7 的计算结果就是 35，而非 17。但是与数学中的算术式不同，VBA 中没有“大括号”“中括号”的概念。如果需要使用多层括号来改变优先级，所有括号都要写成半角圆括号，比如 (3 + (5 – 4) * 2) * 7。这一点与 Excel 公式的要求是一样的。

★ 有一些简单的算术运算语句无法正确执行。比如 Cells (3,2) = 30000*5，看起来没有任何问题，可是单击“运行”按钮后却会报出错误，这是计算机内部对数据类型、数据精度等方面的限制所导致的。为降低初学门槛，本书将这部分内容放在后面相关章节中详细讲解。

★ 很多读者可能对模运算（Mod）比较陌生。事实上，在很多涉及“周期性变化”的应用场景中，使用模运算都能够非常巧妙地解决问题。视频课程“全民一起 VBA——提高篇”中对此有专门讲解。

理解了算术运算的写法，读者可以在 Excel 工作簿中写一个小程序作为练习。练习的要求是：编写一个名为“Demo2”的 VBA 程序，每当执行它时，就会将 C2 单元格与 C3 单元格中的内容相加，并把结果写入 C4 单元格中。请读者先自己思考并编写运行该程序，然后参考图 1.14 所示的答案。

1.4　VBA 程序的运行与保存——按钮、XLSM 文件及宏安全性

到目前为止，我们已经编写了两三个简单的 VBA 程序，可能有些读者在运行这些程序时遇到了麻烦，比如，单击“运行”按钮后程序并没有马上执行，而是弹出一个选择窗口；或者弹出警告，禁止运行宏等。所以在这一节中，我们详细了解一下 VBA 程序的正确运行方式、保存方式和相关设置。

1.4.1 宏与宏安全性

在运行 VBA 程序之前，首先要确认当前的 Excel 是否允许运行任意 VBA 程序。在默认情况下，Excel 及其他各种 Office 软件都禁止运行 VBA 代码，原因在于，黑客会利用它编写一些病毒或木马等能够自动运行的恶意程序并保存在 Office 文档中。假如各种软件允许运行宏，用户一旦打开这些文档就会立马中招。

当我们需要运行可靠的 VBA 程序，并且确信 Office 文档中没有恶意代码时，可以将 Excel 设置为“允许运行 VBA”。在 Office 2007 及以后版本中，可以在“开发工具”选项卡中找到“宏安全性”[宏安全性]按钮。使用 Office 2003 及以前版本的用户，可以在“工具”菜单的子菜单“宏”中找到该功能。

单击“宏安全性”按钮后可以看到“宏设置”对话框及多个运行选项。如果想运行自己编写的 VBA 程序，一般要先选中“启用所有宏”（在早期版本的 Office 中为“安全级”选项卡里面的“中”或“低”），然后单击“确定”按钮退出即可。

读者可能会觉得奇怪：为什么用来管理 VBA 安全性的菜单，要被命名为“宏安全性”呢？所谓“宏”，其实是指用户会经常用到的一系列操作和指令[①]，比如“①将背景设为红色；②将字号设置为 16 号；③将字体颜色设置为蓝色”。把这些指令保存在一起，并为其指定一个名字，比如“高亮显示”，就新建了一个名为“高亮显示”的宏。以后每次需要高亮显示字体时，直接根据名字找到这个宏并运行就可以了。

而在 Office 中，所有的宏都是以 VBA 代码的形式保存的。一个宏就是一个以“Sub”开始，以“End Sub”结束的 VBA 程序，与我们之前编写的代码完全相同。所以从这个角度看，宏就是普通 VBA 程序[②]的另一种称呼。

由于 Excel 等 Office 软件提供了“录制宏”功能，即使用户没有听说过 VBA 程序也能够自己录制一些常用操作，所以“宏”的概念比“VBA 程序”更容易被普通用户接受。这就是在 Office 的选项卡和菜单中，普遍采用宏来代表 VBA 程序的原因。在没有做特别说明的情况下，本书也会将二者作为相同的概念使用。

1.4.2 运行 VBA 程序的常用方法

1. 使用 VBE 中的“运行”按钮

在 VBE 的工具栏上可以看到 [▶ ‖ ■] 三个按钮，分别用于 VBA 程序的运行、暂停和终止（重置）。后两者一般用于程序调试过程中，本书会在相关章节介绍。使用三角形运行按钮是在 VBE 中执行 VBA 程序最快捷的方式。

不过这里有一个问题：既然一个模块中可以包含多个 VBA 程序，那么单击“运行”按钮之

---

① “宏”的英文名称为“Macro”，是“Macro Instruction”的简写。这个概念应该来自 C 语言等其他程序设计语言，用一个简单的文本替代需要重复使用的复杂代码。

② 一般来说，Office 中的“宏”指的是用户通过鼠标和键盘实现可以自行录制下来的操作。但是“事件程序”“窗体程序”“自定义函数”等类型的 VBA 程序是无法通过录制用户操作实现的。所以这里强调宏是“普通 VBA 程序”的别名。

后，到底会执行代码窗口中显示的哪一个程序呢？VBE 对此的规定是：光标在哪个程序的代码中闪烁，就执行哪个程序；如果光标不在任何程序代码中，则弹出一个对话框，请用户在所有程序中选择一个程序运行。

比如在图 1.14 所示的 VBE 界面中，如果想运行 Demo2 这个子程序，必须先用鼠标单击 Sub Demo2()与 End Sub 之间的任意位置，确保代码窗口的光标能够在 Demo2 的代码范围内闪烁，再单击“运行”按钮，Demo2 这个程序就会立即执行。如果用鼠标单击其他位置（比如 End Sub 下面的空白行），那么单击“运行”按钮就会弹出对话框，需要先选择“Demo2”，再单击“运行”按钮。

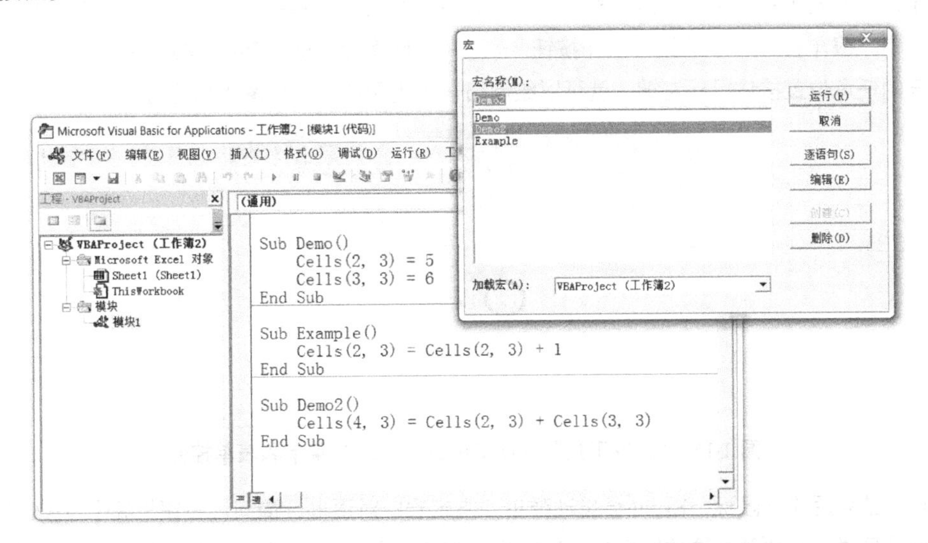

图 1.14　如果光标没有在任何一个 VBA 程序中，单击“运行”按钮会弹出“宏”对话框（本图中的 Demo2 程序就是 1.3 节中课堂练习的答案）

使用 VBE 中的“运行”按钮，优点在于可以在开发代码的过程中随时执行程序及检查结果，一切开发调试工作都可以在 VBE 界面中完成。但是对于使用这个程序完成日常工作的用户来说，这一方法就显得十分麻烦，因为用户必须先调出 VBA 编辑器，然后不断地在工作表和 VBE 两个界面中来回切换。所以这种方法只适合开发过程，编写好代码之后，应该使用下面介绍的方式运行程序。

2. 使用 Excel 中的“宏”对话框

单击 Excel“开发工具”选项卡中的“宏”按钮，可以弹出“宏”对话框①。该对话框中列出了所有当前可以运行的 VBA 程序，用户只需选择并单击“运行”按钮，即可执行相应 VBA 程序。通过这种方式，我们可以在不打开 VBE 界面的情况下，直接在工作表中运行 VBA 程序。

在“宏”对话框中还可以直接创建一个新的 VBA 程序。只要在“宏名称”对话框中输入一个新的 VBA 程序名称，并单击“创建”按钮，Excel 就可以自动转到 VBE 编程界面，并自动在

① 使用 Office 2003 及以前版本的用户，可以在“工具”菜单中找到子菜单“宏”，选中“宏(M) …”选项即可弹出“宏”对话框。

当前工程中添加一个模块，还可以在该模块中自动写好“Sub”与“End Sub”两行代码。在临时开发一些简单程序时，这个工具用起来十分方便。

使用“宏”对话框虽然不必打开 VBE，但用户仍然需要到选项卡和菜单栏中寻找“宏”按钮，并且还要记住每一个 VBA 程序的名字才能做出选择，因此这种运行方式对用户仍然不够友好。好在 Excel 还为我们提供了另外一些更加友好的运行方法，也就是下面介绍的“按钮”等表单控件及“形状”等图形元素。

3. 使用“按钮”等表单控件

单击“开发工具”选项卡的“插入”按钮，可以弹出“表单控件”和“ActiveX 控件”工具箱。选中“表单控件”中的第一项“按钮” ，光标将会变成十字花形状“+”，此时在 Excel 工作表的任意位置按住鼠标左键，就可以绘制出一个矩形按钮，如图 1.15 所示。

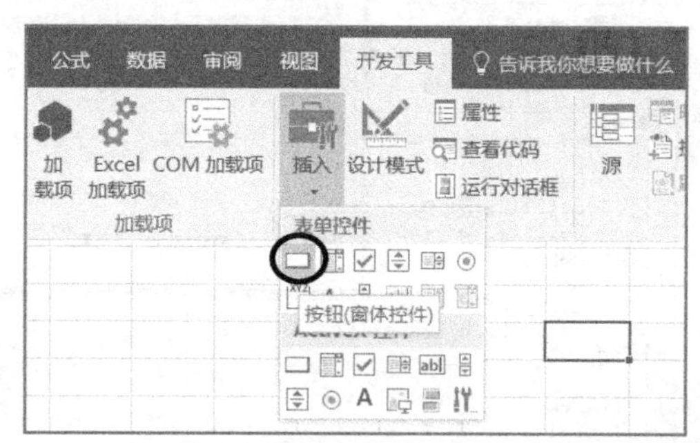

图 1.15 “开发工具”选项卡中的“插入”菜单和表单控件

绘制结束后松开鼠标，Excel 会自动弹出“指定宏”对话框，询问该按钮与哪个 VBA 程序关联（也就是说，用户单击该按钮后应当运行哪个 VBA 程序）。在该对话框中选中一个 VBA 程序的名字，并单击“确定”按钮即可将该程序指定给这个按钮。用户也可以在之后的任何时刻，在该按钮上单击鼠标右键，并在弹出的菜单中选中“指定宏”选项，重新进入“指定宏”对话框对其进行修改。

按钮的外观尺寸和显示文字也可以随时被修改，以使其更加美观，让用户更加清楚地了解该按钮所执行的功能。只要在按钮上单击鼠标右键，使按钮的边框线上出现调整尺寸的八个圆圈（锚点），就进入了外部设计模式。此时拖动任意一个锚点都可以修改按钮的形状；而用鼠标左键单击按钮上的文字，就可以修改按钮标题。

事实上，“表单控件”中的任何一个元素（控件）都可以像按钮一样被插入工作表中，并且在发生某个特定操作时自动运行指定的 VBA 程序。比如，我们可以先插入一个“复选框”控件，然后用鼠标右键单击并在“指定宏”对话框中为其关联宏。这时只要选中或取消复选框，就会自动运行这个 VBA 程序。

“表单控件”下方的“ActiveX 控件”工具箱同样提供了类似的控件，而且这些控件提供了更加丰富的功能和属性，可以实现一些复杂的控制功能和效果，本书后面对此有专门介绍。在一般情况下，使用“表单控件”中的按钮就可以满足很多日常需求了。

4. 插入图形元素

如果读者觉得“表单控件”按钮的外观过于死板，还可以考虑使用“形状”。比如，可以先在

“插入”菜单中单击“形状”，然后选择一个圆角矩形插入到工作表中并设置它的各种外观属性，再单击鼠标右键选中“指定宏”选项，就可以将其关联到自己编写的 VBA 程序上。这样每当用鼠标单击这个形状时，Excel 都会运行这个程序。

这种操作几乎适用于所有可以插入工作表中的图形元素，包括“图标”“Smart Art”“图片”及“联机图片”等。灵活使用这个操作，可以将 VBA 与用户数据非常漂亮地结合在一起，或者编写一些有趣的图形游戏。

5. 其他运行方式

严格来说，以上介绍的都是运行 VBA“标准程序”的方法，也就是位于“标准模块”中的代码。而其他类型的 VBA 程序都有各自的运行途径，无法通过上述方式调用执行。比如，事件程序会在 Excel 发生某种状态变化时自动运行，窗体程序和类定义程序需要在其他 VBA 程序中调用执行，而用 VBA 编写的自定义函数则是像普通工作表函数一样由用户在单元格中引用执行等。对于这些执行方式，本书会在讲解相应类型 VBA 程序时再做介绍。

6. VBA 程序还是不能运行怎么办

由于 VBA 与 Office 软件紧密结合在一起，所以很多 Office 操作和设置都有可能影响 VBA 程序的运行。其中最常见的一个原因，就是 Excel 工作表仍然处于编辑状态。假如我们有意或无意地双击了 Excel 工作表中的某个单元格，使其处于编辑状态（光标在单元格中闪烁），那么在切换到 VBE 界面后，VBA 编辑器不会响应任何操作。此时不论单击“运行”按钮，还是尝试修改 VBA 代码，都不会成功。对于这种情况，我们必须回到 Excel 表格中，单击其他单元格使工作表脱离编辑状态，才能正常运行 VBA。

1.4.3　XLSM 文件——VBA 程序的藏身之所

编写完 VBA 程序之后，必须将它保存到一个文件中。否则一旦关闭 Excel 软件，之前编写的代码就会全部丢失，再打开 Excel 软件时将无法找回。

与用户在工作表中填写的数据一样，VBA 程序代码也要一起保存在这个工作簿文件中。在 Excel 2003 及之前版本中，工作簿是以“.xls”为扩展名的一个文件，比如“工资表.xls”。当我们在 Excel 界面或 VBE 界面中执行“保存”或“另存为”命令后，程序代码就会和数据保存到同一个文件中。当我们希望再次运行该程序时，只要打开这个工作簿文件即可。

但是从 Excel 2007 开始，微软公司对文件格式进行了调整：在默认情况下，工作簿文件的扩展名为“.xlsx”，只能保存数据，不允许包含 VBA 程序代码。所以在编写完 VBA 程序以后，必须在“保存”或“另存为”对话框中将“保存类型”修改为“Excel 启用宏的工作簿(*.xlsm)”，从而将其保存到一个扩展名为“.xlsm”的文件中，如图 1.16 所示。如果仍保存为默认的“.xlsx”文件，即使提示保存成功，再次打开时也将丢失全部 VBA 代码。

使用 Excel 2007 或更新版本的读者，也可以选择将含有 VBA 程序的工作簿保存为“Excel 97-2003 工作簿(*.xls)”，这样就能够在所有版本的 Excel 中打开并运行它。不过新版本的“.xlsm”文件在占用内存和效率方面相较于老版本的“.xls”文件有所优化，因此需要读者根据实际情况灵活选择。

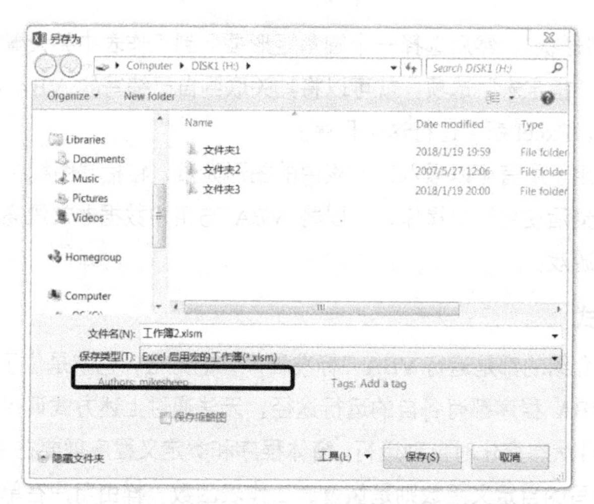

图 1.16　将工作簿保存为“Excel 启用宏的工作簿(*.xlsm)”

事实上，Excel 还提供了“.xlam”“.xltm”等可以保存 VBA 程序的文件类型，这些文件专门用于开发“加载项”等特殊 VBA 程序，这里暂不详细介绍。

本章小结

本章主要介绍了开发 VBA 程序的一般过程和环境设置。由于 Office 功能庞杂、版本众多，一个细节操作上的疏忽就会影响到程序的运行，所以本章尽可能将重要的细节设置分类列清，相应的，内容也可能显得比较烦琐。不过读者只要把握住以下几个关键知识点，就可以顺利进入下一章，正式开始程序语言的学习之旅。

- ★ 一个工作簿中的所有 VBA 程序统称为一个“工程”，每个工程中含有多个“模块”。不同类型、用途的 VBA 程序应该存放在不同的模块中。
- ★ 最常用到的 VBA 程序——标准程序——需要保存在“标准模块”中。
- ★ 一个 VBA 程序的典型结构，是以“Sub　程序名()”开始，以“End Sub”作为结束的若干行代码。
- ★ 在默认情况下，每行代码被视为一个独立的语句，由若干个词汇构成。可以使用“空格+下画线”将一行语句拆写到多行中，也可以使用冒号将多个语句合并到一行中。
- ★ 可以使用 Cells(行号,列号) 代表当前活动工作表中的一个单元格。
- ★ 在赋值语句中，等号代表赋值操作。计算机先处理等号右边的部分，再将结果赋值给等号左边的部分。
- ★ 可以使用各种算术运算符实现计算功能，可以使用半角圆括号改变运算优先级，但是不能使用花括号、方括号等其他符号改变运算顺序。
- ★ 一个 VBA 程序也可称为一个“宏”。在默认情况下，Office 软件禁止运行宏，在运行 VBA 前需要将其设置为“启用宏”。
- ★ VBA 程序有多种运行方式。含有 VBA 代码的工作簿应当保存为“.xls”或“.xlsm”等文件格式。

第 2 章

程序的记忆——变量与常量

上一章为大家讲解了“在哪里写程序”，接下来要搞清楚的自然就是“怎样写程序”。与其他程序语言一样，VBA 程序设计中最基本的概念非“变量”莫属。甚至可以说得更加“玄学”一点：计算机程序的本质就是“变量及其变化过程”。所以我们就从变量入手，正式开始 VBA 基本语法的学习。通过本章的学习，读者将会深入理解以下问题：

★ 变量是什么？为什么要使用变量？

★ 怎样用好变量？或者说，什么时候应该使用变量？

★ 为什么需要及怎样为变量起一个好名字？

★ 为什么需要对变量进行强制声明？

★ 既然有“变量”，是否还有“不变的量”，或者说“常量”？

★ 怎样用变量或常量表示文本（字符串）？

本章内容与视频课程“全民一起 VBA——基础篇”的第三回“用变量实现灵活机动，记规则以免非法命名”和第四回“追根溯源探究变量本色，强制声明避免李戴张冠”相对应，但是讲解的思路和视角不相同。强烈建议大家将二者结合起来学习，从多个角度出发，更加深入地理解相关知识。

2.1 变量的作用与含义

2.1.1 为什么需要使用变量

编程序其实就是将人类的思考过程，使用计算机语言描述出来，从而让计算机也能像人类一样去思考（计算）。人类大脑最基本的思考模式就是：将问题分解为若干个步骤，并依次计算→每计算完一个步骤，就记住这一步得到的结果→每个步骤都可能用到前面某一步的计算结果，直至完成最后一步并得到最终答案。在这个过程中，记住中间结果非常重要。

比如，当我们计算“2^2+3^2”这个算式时，会将它分解为三个主要步骤：

① 计算 2^2。得到 4 这个中间结果并记在大脑内部的某处；

② 计算 3^2。得到 9 这个中间结果，也将它记在大脑某处；

③ 把在①和②中记住的两个中间结果都取出来并相加，从而得到最终结果 13。

程序设计也一样。任何一个复杂的程序，都需要被分解为很多步骤，因此会产生和保存大量的中间结果。如果程序中没有保存某个步骤的结果，当需要使用它时，就不得不将该步骤重新计算一遍，这样写出来的程序代码就会变得很长，也影响效率。

案例 2-1：在图 2.1 所示的工作表中，存有员工张三的时薪和当月工时，二者相乘就是他的当月工资。现在，公司需要按照他的本月总工资为其发放岗位津贴、当月奖金和劳保补助，所以需要编写一个 VBA 程序，只要单击“计算本月福利”按钮就能把这三个金额计算并显示在单元格中。计算规则为：岗位津贴=当月工资×20%，当月奖金=当月工资×10 %，劳保补助=当月工资×5%。

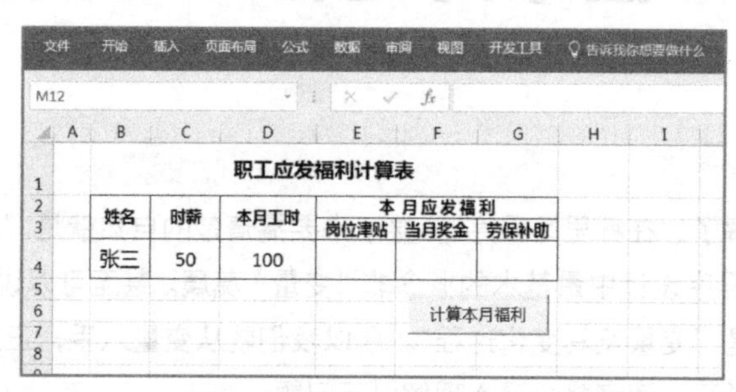

图 2.1 案例 2-1 工作表示意

按照前面讲过的 Cells 属性和算术运算等知识，读者可以很轻松地写出下面的程序，并将其关联到图中的按钮上，正确计算出各项应发福利。

```
Sub Payable()

    Cells(4, 5) = Cells(4, 3) * Cells(4, 4) * 0.2
    Cells(4, 6) = Cells(4, 3) * Cells(4, 4) * 0.1
    Cells(4, 7) = Cells(4, 3) * Cells(4, 4) * 0.05

End Sub
```

不过在这个程序中，“Cells(4,3) * Cells(4,4)”这段代码多次出现，写起来十分烦琐耗时，也让代码显得非常冗长。这段的含义是根据 C4 单元格的时薪与 D4 单元格的本月工时计算出当月工资，以便计算各项福利金额，但是当月工资的计算其实并不需要重复出现在所有语句中。如果让大家计算，一定会先把当月工资（50×100）作为第一个步骤计算出来，得到 5000 这个数字，将其作为中间结果记在心里或写在纸上。然后每计算一项福利时，就找出这个数字直接使用，而不是重新计算 50×100。

那么怎样修改这个程序，使它也能先计算出 50×100 的结果并记住，从而不必重写呢？使用“变量”就是解决这一问题的最好方法。

2.1.2　什么是变量

随便找一本计算机程序设计专业教材，都可以看到“变量”的学术定义，比如：

变量是指一个包含部分已知或未知的数值或信息（一个“值”）的内存单元，以及一个与之对应的符号名称（标识符）①。

如果读者从未学过程序设计，想必看到这段文字时会觉得不知所云。没关系，下面我们用通俗的语言解释一下变量的含义，虽然不完全精确，但足以帮助大家理解。

其实在执行案例 2-1 中的 VBA 程序时，计算机也是分解步骤并记住中间结果的。比如在执行“Cells(4,5) = Cells(4,3) * Cells(4,4) * 0.2”这一语句时，会先计算出 Cells(4,3) * Cells(4,4) 的结果，再将其与 0.2 相乘。

那么计算机是用哪个“部件”记住这个结果的呢？就是大家经常听到的“内存（Memory，直译为‘记忆体’）”这个部件。我们可以把内存想象成由很多个“小房子”排在一起组成的“城市”，每个“小房子”里面都可以存放一个数值。在执行代码时，中间结果就存放在某个“小房子”中，如图 2.2 所示。

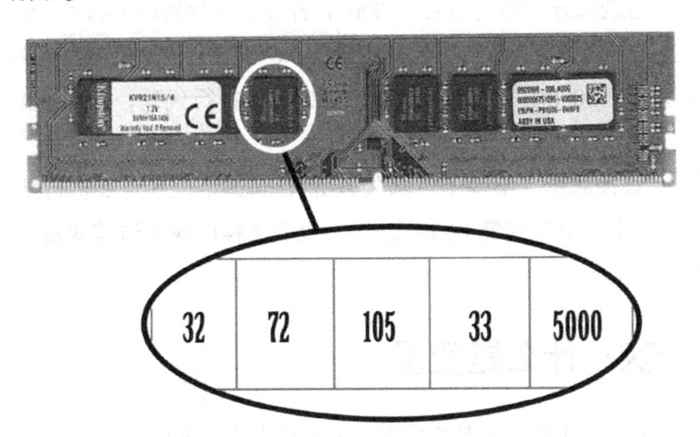

图 2.2　内存空间分配示意。图中上方是一个常见的内存条照片，下方是对内存空间的极简示意，每个方格就是一个“小房子”，可以存放一个数据

不过问题在于，当计算机执行完“Cells(4,5) = Cells(4,3) * Cells(4,4) * 0.2”这一语句，得到最终结果 1000（5000×0.2）并写入 E5 单元格之后，就自然而然地认为“5000”这个数字已经无用。所以马上就把它从内存中清除掉，腾出空间以便执行后面的计算。

因此，如果想“记住”5000 这个会反复用到的重要数字，必须在内存中指定一个“房子”作为“长期居所”。这种房子的特点是：不允许计算机执行完一行代码就自作主张地把它清空，而是要保持记忆。

申请到“长期居所”后，就把程序计算出的“5000”保存到其中，并且在需要的时候直接把它调取出来使用。此外，鉴于一个程序中可能需要指定很多“长期居所”，为了便于区分，我们还

① 摘译自维基百科（Wikipedia）词条，来源：https://en.wikipedia.org/wiki/Variable_(computer_science)。
英文原文为：In computer programming, a variable or scalar is a storage location (identified by a memory address) paired with an associated symbolic name (an identifier), which contains some known or unknown quantity of information referred to as a value.

要给每个“长期居所”起一个独一无二的名字。

内存中这种由我们亲自命名的“长期居所”就是“变量”。对应到前面那个专业的术语定义中就是：有标识符（起了名字）的内存单元（房子）。

理解了变量的概念，就可以修改案例 2-1 的代码。假如我们把保存数字 5000 的这个房子命名为“x”，就可以把上述代码改成下面这样：

```
Sub Payable()

    x = Cells(4, 3) * Cells(4, 4)

    Cells(4, 5) = x * 0.2
    Cells(4, 6) = x * 0.1
    Cells(4, 7) = x * 0.05

End Sub
```

这段程序中的“x”就是一个变量。计算机执行第一行代码时发现这是一条赋值语句，并要求用到一个名为“x”的变量，于是就先在内存中指定某个“房子”为“长期居所”，并且将其命名为“x”；然后计算等号右边的部分，得到结果“5000”，并将其保存到这个名为“x”的“房子”中。

在执行接下来的三行代码时，每当在代码中看到“x”变量，计算机就会到内存中找到名为“x”的“房子”，并将其内容（5000）取出用于计算。如此逐条执行代码，直到遇见“End Sub”，结束整个程序。

需要注意的是：“长期居所”不等于“永久居所”，当这个程序全部执行结束时，计算机还是会自动清空在它里面指定的所有变量（如 x）。因为没有了程序保留这些变量也无用，所谓“皮之不存，毛将焉附”。

2.1.3 再问一次：什么是变量

前面从内存单元的角度阐释了变量的概念，旨在让大家理解变量在计算机内部的物理实现方式，为后面更加深入的学习奠定基础。不过如果从程序逻辑的角度看，其实我们早在学习程序设计之前，就已经接触过变量的概念，因为代数这门课程用到的就是“变量”，比如在函数 $y=3x+2$ 中，x 被称为“自变量”，而 y 则被称为“因变量”。

x 和 y 的共同特征是可以代表任意一个数值。换言之，x 和 y 只是一个名字，而它们的值可以随需而变，任意赋值。这就是把它们称为“变量”的原因所在。

更进一步来说，对于 $y=3x+2$ 这种代数式，只要我们为 x 指定一个数值，就能够按照规定算法计算出对应的 y。换句话说，给这个式子输入一个 x，就能输出一个 y。看到这里大家是否觉得有点眼熟了呢？没错，一个程序甚至一台计算机本身，归根到底与一个代数式没有什么区别：无非就是给它输入一些数据，它就会按照指定规则输出对应的结果。比如在案例 2-1 中，用户在单元格 C4 和 D4 中输入的数字（时薪和本月工时）就是输入，而运行后显示在 E4 到 G4 中的数字就是这个程序的输出。而在案例 2-1 的程序代码中，x 等符号[①]就相当于代数式中用到的变量。从这个角度讲，一个计算机程序的执行过程本质上就是：

① 严格地说，其实也包括 Cells(4,3)等表达式。

① 接收若干个输入数值，存入变量（如 x）;

② 对这些变量中的数值按规则进行计算，根据需要将变化后的数值存入不同变量；

③ 所有计算完成后，某个变量中存放的数值就是最终结果，将其输出并结束整个程序。

所以我们在本章开始讲到：从某种意义上说，计算机程序的本质就是“变量及其变化过程”。如果大家对此有兴趣，可以自行科普一下“图灵机”的知识，相信会对计算机体系的本质有更加深刻的感悟。

2.1.4　前后对比——使用变量的好处

前面讲了很多变量的本质这种形而上的概念，接下来我们回到实用主义的视角，以案例 2-1 为例，对比一下使用变量之后程序的代码质量到底有哪些提升，如图 2.3 所示。

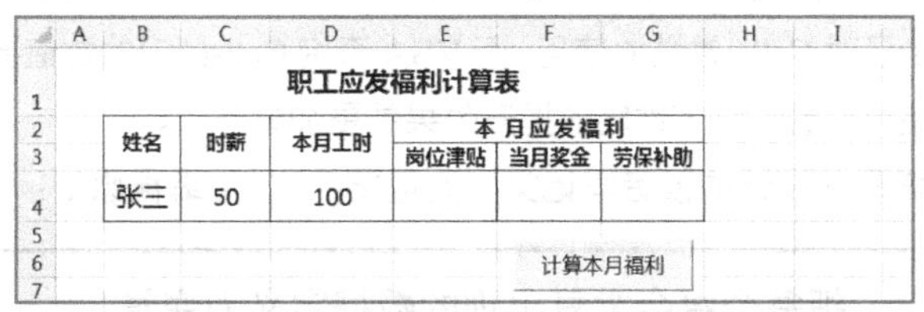

职工应发福利计算表

姓名	时薪	本月工时	本月应发福利		
			岗位津贴	当月奖金	劳保补助
张三	50	100			

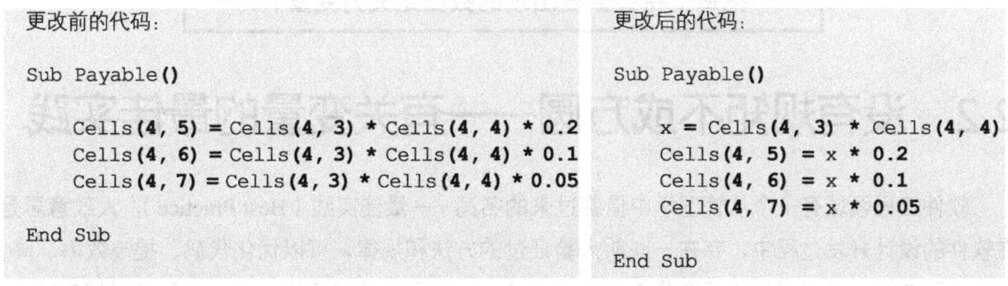

更改前的代码：

```
Sub Payable()

    Cells(4, 5) = Cells(4, 3) * Cells(4, 4) * 0.2
    Cells(4, 6) = Cells(4, 3) * Cells(4, 4) * 0.1
    Cells(4, 7) = Cells(4, 3) * Cells(4, 4) * 0.05

End Sub
```

更改后的代码：

```
Sub Payable()

    x = Cells(4, 3) * Cells(4, 4)
    Cells(4, 5) = x * 0.2
    Cells(4, 6) = x * 0.1
    Cells(4, 7) = x * 0.05

End Sub
```

图 2.3　案例 2-1 及其两种解决方案

（1）代码简洁，省时、省力。这一点可以非常直观地感受到：由于更改后的代码中使用变量 x 替代了 Cells(4,3) * Cells(4,4) 这一串字符，所以可以明显减少敲击键盘的次数，加快开发速度。而且新的代码阅读起来更加方便，不必每读一行都要去思考 Cells(4,3) * Cells(4,4)代表什么。

（2）降低了拼写错误的概率。在更改前的代码中，需要多次重写 Cells(4,3) * Cells(4,4) 这个复杂的表达式。我们必须保证这些重复书写的表达式完全相同，否则就会造成“数据不一致”这种错误，即计算某个项目时使用的数字，与计算其他项目时所使用的数字不同。

例如，如果将左边代码的第二行误写成 Cells(4,6) = Cells(4,3) * Cells(4,3) * 0.1，就等于在计算“当月奖金”时使用的“本月工时”数字是 C4 单元格的内容 50，然而在计算其他两项福利时，使用的“本月工时”仍然是 D4 单元格中的 100。

但在使用变量 x 以后，唯一能够发生这种错误的地方就是 x=Cells(4,3)*Cells(4,4)。而且即使在这里写错，比如误写为 x = Cells(4,3) * Cells(4,3)，后面所有用到 x 的算式也会同步地受到影响，相互之间至少还是一致的。而保持这种“一致性”，在很多场合下十分重要。

（3）便于修改，机动灵活。讲到“一致性”，就会引出使用变量的另一个优点——便于修改。假如我们对案例 2-1 中的表格进行了格式调整，把“时薪”的数据从 C4 单元格改写到 A4 单元格，把“本月工时”的数据从 D4 单元格改写到 B4 单元格，那么就需要对 VBA 程序也进行修改。

如果没有使用变量，我们需要把每行代码里面的 Cells(4,3)改成 Cells(4,1)，把 Cells(4,4)改成 Cells(4,2)，一共需要修改 6 处。但是在使用变量 x 的程序中，我们只需让 x = Cells(4,1) * Cells(4,2) 即可，一共只要修改两处，后面的语句完全保持不变。

我们学习程序设计的初衷就是希望能够把日常操作写成通用代码，从而一劳永逸，所以这种“稍加修改”甚至“不必修改”就能够适应不同表格结构的编程方法，实在是非常重要。

（4）减少重复计算，提高工作效率。在没有使用变量的代码中，每行代码都要执行两次乘法运算，整个程序执行了 6 次乘法运算。而在更改后的代码中，一共执行了 4 次乘法运算，速度自然有所提高。当然，对于计算机来说，多做两次乘法运算对性能的影响完全可以忽略不计。不过在实际工作中，我们往往需要处理数万条甚至数十万条数据，在这种情况下，如果每次处理可以节省一两次计算操作，整个程序的运行效率将会有非常明显的提升。除了减少乘法操作，使用变量 x 后的代码中还大量减少了对 Cells 属性的使用。而 VBA 查询 Cells(4,3)的数值要比查询变量 x 多耗费几倍的时间。因此，使用变量对程序性能的提升效果就更加显著了。

所以，请各位初学程序设计的读者牢记第一条重要的 VBA 编程原则：

把每个将会重复出现的数据定义为变量！

2.2 没有规矩不成方圆——有关变量的最佳实践

软件工程领域有一个从管理学中借鉴过来的名词——最佳实践（Best Practice），大致意思是：在软件的设计开发过程中，存在一些前人验证过的方法和规律，可以优化代码、提高效率、降低出错的可能性。如果我们能够充分借鉴这些经验，不仅可以把程序编出来，而且可以把它编得十分漂亮，或者说很有章法。

尽管编写一个简单的 VBA 程序远没有开发商业软件那么复杂，但同样存在很多“最佳实践”，凝结了无数代码先驱的血泪教训。如果能在学习编程的早期，就把这些宝贵的经验内化为自己的日常编程习惯，将会使你在未来的深入学习和实际开发中大大受益。因此，最佳实践的思想将贯穿本书各个章节，本节就先为读者介绍几个最基本的与变量使用有关的“最佳实践”。

2.2.1 变量的命名

在前面讲到，变量是一个带有标识符的内存单元，或者说是一个由开发者为之命名的“长期居所”。与注册公司一样，这个名称虽然可以随意指定，但是起一个合法又好听的名字仍然十分重要，这一点可以从案例 2-2 中看出来。

案例 2-2：在如图 2.4 所示的工作表中，C4 单元格存放了某位程序员的当月收入。现在需要计算扣除各种费用后，他真正能够留下的收入并存入 D4 单元格。下面列出的任何一个程序，都可以计算出该程序员的实际留存（为简化示例程序，这里没有使用真实的所得税算法）。

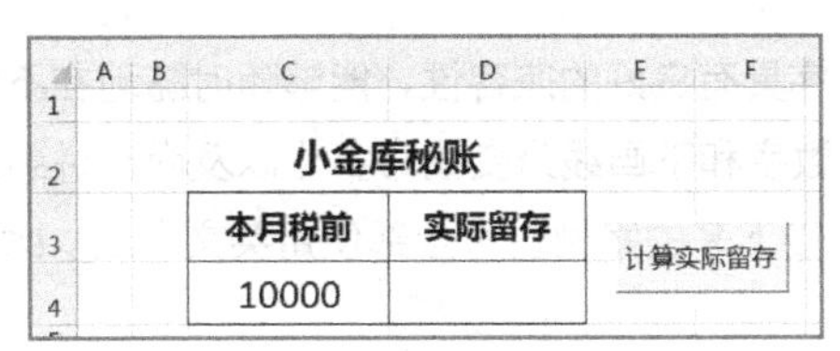


```
Sub Macro1()

    x = Cells(4, 3)
    y= x * 0.25
    z=(x-y)*0.8

    Cells(4,4)=x-y-z

End Sub
```

```
Sub 本月小金库( )

    税前收入 = Cells(4,3)
    所得税 = 税前收入 * 0.25
    夫人代管 = (税前收入-所得税)*0.8

    Cells(4,4) = 税前收入-所得税-夫人代管

End Sub
```

图 2.4　案例 2-2 的工作表及 VBA 代码示意

虽然上面两段代码的结构和功能完全相同，但是给人的感觉却明显不同：左边的程序读起来如同一道数学题，让人望而生畏；而右边的程序却如同一份流程说明书，逻辑清晰可见。造成这种差异的原因就是变量命名方式的不同。下面我们就看一下在 VBA 中给变量命名的原则。

1. 使用合法字符

中国公民在登记姓名时应当使用规范汉字[①]，同样，VBA 的变量名也只允许使用合法的字符，具体包括**英文字母、数字**和**下画线**。如果读者使用的是中文版 Office，也可以在变量名中使用汉字。此外，变量名的**第一个字符必须是英文字母**（或汉字），不可以使用下画线和数字。

所以，下图左侧列出的都是合法的 VBA 变量名；而右侧则是非法的变量名，会导致程序出错。

```
允许使用的变量名：

S
s2017
Salary_2017
工资_2017
二零一七年工资
s_2017_
```

```
不允许使用的变量名：

S,2017          错误原因：使用了逗号
salary-2017     错误原因：使用了减号
salary@2017     错误原因：使用了@符号
_s2107          错误原因：首字母是下画线
2017Salary      错误原因：首字母是数字
2017 年工资     错误原因：首字母是数字
```

另外需要注意的是，VBA 不会区分大小写字母，比如 Salary、salary，乃至 saLaRy 等写法，都被认为是同一个变量。由于这种特性，VBA 被归类为“大小写不敏感”的程序设计语言[②]。所以，如果读者在代码中使用了 Salary 和 saLaRy 这两种写法，VBE 会自动把它们统一成相同的写法：Salary 和 saLaRy 哪个先出现在程序中，就把它们统一成哪种写法。

事实上，根据 Office 的语言版本不同，VBA 还可能会支持其他语言的符号作为变量名。比如在一些中文版 Office 中甚至可以使用“**彼の給料**”这样的日语符号作为变量名。但是，一旦把这些含有中文符号或其他语言符号的 VBA 程序复制到不支持这些语言的计算机上，这些代码很可能无法被解读，导致程序无法运行。

---

① 《姓名登记条例（初稿）》，中华人民共和国公安部。

② 与之对应的，还有很多程序语言属于“大小写敏感”语言。比如在 C 语言中，salary 和 Salary 就是两个互不相干的变量。

所以，为了让 VBA 程序具有良好的兼容性，能够随时随地在不同环境下运行，还是建议大家**尽可能只使用英文字母、数字和下画线**为变量命名（以及尚未讲到的其他元素，如子过程、函数等）。如无特殊需要，本书接下来的案例也将全部使用英文命名。比如案例 2-2 中的代码，可以重新改成下面的样子：

```
Sub SecretFund()

    Dim Revenue, Tax, ForHer

    Revenue = Cells(4, 3)
    Tax = Revenue * 0.25
    ForHer = (Revenue - Tax) * 0.8

    Cells(4, 4) = Revenue - Tax - ForHer

End Sub
```

2. 突出变量的含义

通过案例 2-2 两种代码的对比还可以看出一点：之所以右侧的代码更加清晰、易懂，是因为每个变量名都能够反映出它的用途。比如“所得税”或“Tax”，看起来要比“x”“y”形象得多，让人对它们的含义一目了然。所以，给变量赋予一个有意义的名字也十分重要。

一般情况下，我们可以使用英文单词作为变量名，比如将表示工资的变量命名为“Salary”，也可以考虑使用汉语拼音（如 GongZi）作为变量名（这种做法在一些多年前开发且目前仍在使用的遗留系统，或称祖传代码中比较常见）。同时，在使用单词或拼音作为变量名时，大多数 VB 程序员都习惯将首字母大写，在此也可遵循这一惯例。

不过有的时候，单凭一个单词仍无法完全体现变量的含义，需要使用多个单词来命名。比如“税后工资”这个变量对应的英文为“Salary After Tax”，包含三个单词。在这种情况下，可以将这三个单词连在一起作为变量名，即 SalaryAfterTax，或者使用下画线作为分隔符，即 Salary_After_Tax。如果采用第一种方式（不使用下画线），建议大家将每个单词的首字母都大写，这样在阅读时可以轻松断句，比“Salaryaftertax”这种形式更清晰。

初学者需要注意的是：尽管这个变量名是由三个单词构成的，但是绝对不可以在这三个单词之间使用空格！因为空格是 VBA 的词汇分隔符。如果使用了空格，写出来就是“Salary After Tax”，VBA 会认为它们代表三个变量，分别叫作“Salary”“After”和“Tax”，与我们的初衷相悖！

最后指出一点：尽管使用多个单词可以更加精确地描述变量的含义，但并不意味变量名越长越好。如果最后的代码写出来是下面这样的，恐怕比使用“x”“y”“z”更令人痛苦。（在这个例子中，由于某些语句太长，所以使用下画线将其分写到了两行）

```
Sub AProgramToCalculateMySecretFundOfThisMonth( )

    MyRevenueBeforeTaxThisMonth = Cells(4,3)
    TaxIShallPayForMyRevenue = MyRevenueBeforeTaxThisMonth * 0.25
ChargedByMyWife = (MyRevenueBeforeTaxThisMonth - _
TaxIShallPayForMyRevenue) * 0.8

Cells(4,4) = MyRevenueBeforeTaxThisMonth - TaxIShallPayForMyRevenue _
 - ChargedByMyWife

End Sub
```

事实上，只要能让阅读者迅速领会变量的含义即可，变量名应该尽可能简洁。在不影响理解的情况下，使用单词的缩写也是可以的。比如表示“工资”的变量名可以写成“Salary”，也可以写成“Sal”，只要不会引起歧义就可以。而对于一些没有特定含义的变量，比如下一章中讲解 For 循环时用到的循环变量，也可以直接使用一个字母（如“i”“j”“k”）作为变量名。

3. 不能与 VBA 保留字重名

在 VBA 语言中，有一些词汇已经被赋予了专门的含义，因此被称为“关键字”或“保留字”。比如第 1 章就学过的“Sub”就是一个保留字，代表一个程序的开始位置，而“End”也是一个保留字，当二者同时出现时，代表一个程序结束。

如果把某个变量命名为某个保留字，就会导致 VBA 程序语义混乱，无法执行。比如下面这段代码执行时就会出错。

```
Sub Payable()

    Sub = Cells(4, 3) * Cells(4, 4)
    Cells(4, 5) = x * 0.2
    Cells(4, 6) = x * 0.1
    Cells(4, 7) = x * 0.05

End Sub
```

这段代码出错的原因在于，当 VBA 执行到“Sub = Cells(4,3)*Cells(4,4)”这一语句时，会认为是要创建一个新的 VBA 宏。然而 VBA 不允许在一个宏（Sub Payable）的内部再创建一个宏。退一步讲，即使 VBA 允许这样做，Sub 关键字的后面也应该是一个正确的宏名，但“= Cells(4,3)*Cells(4,4)”显然不是一个正常的宏名（事实上，宏名的命名规则与变量是完全一样的）。

广义地讲，VBA 保留字不仅包括 Sub 等词汇，而且包括 VBA 中已经定义好的各种事件、对象、方法、属性、常量等①，“Cells”也在此列。如果我们将一个变量命名为“Cells”，同样会导致程序出错。下面列出了 VBA 中最常见的一些保留字：

```
   Abs And Array As Boolean Byte Call Case CDate Close Const Declare Dim Do Double Each
Else Empty End Erase Event Exit False Fix For Friend Function Get GoTo If In Is Len Let
Like Long Loop Me Mod New Next Not Nothing On Open Option Or Private Public Resume Return
Select Set Single Stop String Sub Then To True Until Wend When While With
```

上面列举的并非全部 VBA 保留字，显然我们也不可能将所有保留字记下来。那么在给变量命名时怎样避开 VBA 保留字呢？这里介绍一个实用的小技巧：当第一次给某个变量命名时，比如打算将其命名为“AddressOf”，可以先将其以全部小写的形式写到代码中，即“addressof”，由于 VBA 中绝大多数保留字都是以首字母大写的形式命名的，所以假如“AddressOf”是一个保留字，VBA 编辑器会自动将输入的“addressof”更改为“AddressOf”，以便保持大小写统一。因此，如果发现 VBE 将输入的全小写变量名自动转换成了首字母大写格式，就说明它是一个 VBA 事先定义好的保留字，不能用于为变量命名。

最后需要补充的是：上面列出的变量命名规则，如只能使用合法字符，以及禁止使用保留字等，同样适用于 VBA 宏的命名（Sub 后面的程序名）及模块的命名，乃至本书后面将要介绍的“函数”“对象”等各种元素。因此，读者在编写 VBA 代码，需要为某个元素命名时，都要考虑到本节所讲的各项内容。

---

① 这些概念会在后面章节中分别讲解。

2.2.2 强制声明

1. 拼写错误带来的风险

规范的变量名可以提高程序的可读性，但仍然无法降低拼写错误导致的风险。仍以案例 2-2 为例，C4 单元格中存放的税前工资是 10000 元，那么程序运行之后的结果应该是实际留存 1500 元。但是假如我们在编写代码时不小心写错了一个字符，比如将最后一句代码中的“Revenue”误写成了“Revnue”（见图 2.5），再次运行这个程序时会发生怎样的情况呢？

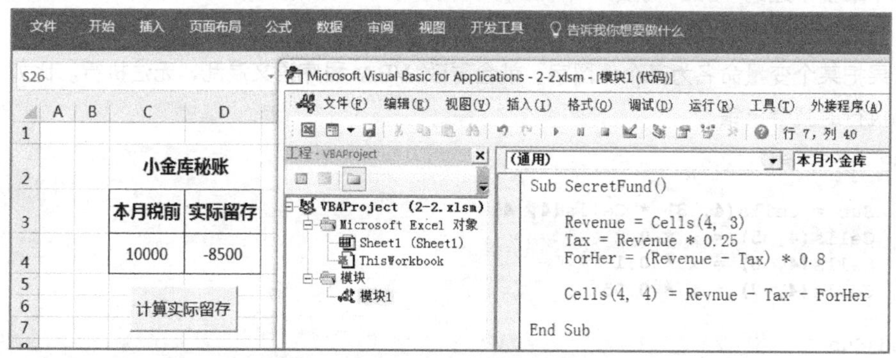

图 2.5　写错变量名后的代码和运行效果（右侧代码最后一行的 Revnue 漏写了字母“e”）

从图 2.5 中可以看到，虽然程序的最后一行代码写错了单词，但是 VBA 并没有提示“拼写有误，请检查修改”等错误信息，而是正常执行程序，但显示在 D4 单元格中的计算结果却是负债 8500 元。

为什么会导致这种结果呢？只要理解了变量的概念，即“一个带有标识符的内存单元”，就能够逐步分析出原因所在。

当我们单击“运行”按钮启动这个程序后，计算机会在内存中划分出一块专门的空间，专供这个程序使用。当执行第一行语句“Revenue= Cells(4,3)”时，VBA 意识到这要用到一个名为“Revenue”的变量，也就是一个标识符为“Revenue”的内存单元。但是这个程序刚刚开始运行，内存中还没有任何一个单元被指定为“Revenue”。所以 VBA 就会在这块内存中指定一个“长期居所”，并命名为“Revenue”。有了“房子”就可以办理入住，于是继续执行这个赋值语句，将等号右边 Cells(4,3)的内容（10000）保存到“Revenue”指向的内存单元中。保存之后，这个程序的内存单元及“变量名称登记簿”如图 2.6 所示。

同理，在执行第二行和第三行语句时，VBA 又指定了两个内存单元，分别命名为“Tax”和“ForHer”，并执行赋值操作。在计算等号右边的数值时，还会经常用到“Revenue”等之前已经创建过的变量，这时直接到内存中找到对应“房子”中的内容并取出来使用即可。图 2.7 就是这两行语句执行结束后内存单元的示意图。

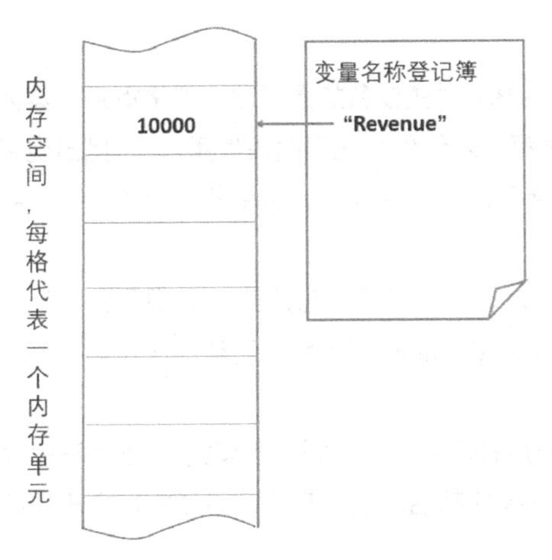

图 2.6　创建 Revenue 变量后的内存空间示意图

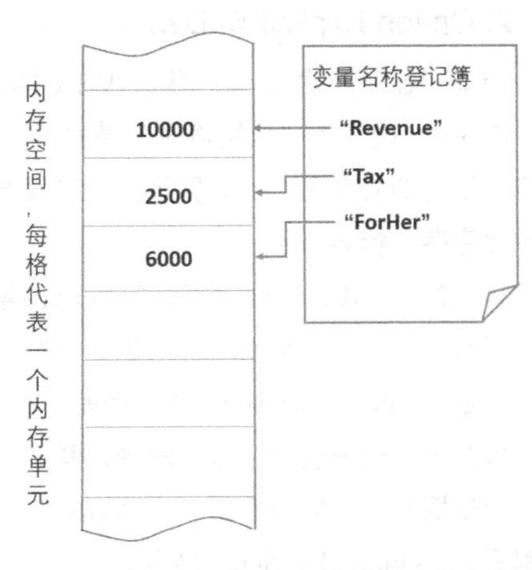

图 2.7　执行第二行和第三行代码后的内存空间

然而在执行到第四行语句，也就是"Cells(4, 4) = Revnue - Tax - ForHer"时，VBA 发现要用到名为"Revnue""Tax"和"ForHer"的三个变量。查询该程序的"变量名称登记簿"发现，"Tax"和"ForHer"对应的内存单元都可以找到，数值分别是 2500 和 6000，但是却没有任何一个内存单元的标识符与第一个变量的名字"Revnue"相同。

所以，与第一次看到"Revenue"这个变量名时一样，VBA 认为这一行代码需要用到一个名为"Revnue"的新变量。于是在内存空间里先指定一个"长期居所"，并命名为"Revnue"，然后继续执行这个赋值语句。而在这个赋值语句中，程序要求将"Revnue""Tax""ForHer"三个变量的内容取出来做减法运算，并将结果赋值给 D4 单元格。"Tax"和"ForHer"所存内容分别是 2500 和 6000，但是"Revnue"这个变量是刚刚创建的，还没有存入数字，那要怎样取出它的内容呢？

对于这个问题，VBA 语法进行了特别规定：如果一个变量从未被赋值，那么它的内容默认为"空（Empty）"，如图 2.8 所示。所谓"空"，就是如果该变量被当作数字使用，那么就认为它的数值是 0；如果该变量被当作一个字符串（文本），则认为它的内容是空字符串[①]。

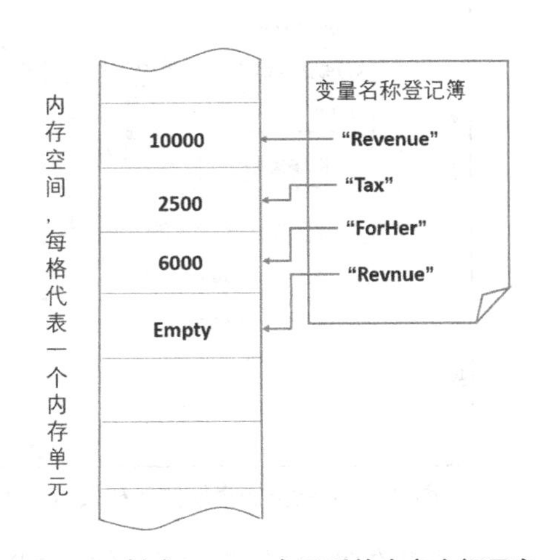

图 2.8　创建 Revnue 变量后的内存空间示意

因此在执行第四行语句时，等号右边"Revnue"变量的数值被认为是 0，而其他两个变量分别是 2500 和 6000，于是最终计算结果就是 −8500。

理解了上述过程，也就能够明白类似拼写错误带来的巨大隐患：一方面，程序会将写错的变量默认为空值，导致运行结果出错；另一方面，因为这个过程符合 VBA 规定，所以程序执行起来完全正常，不会给出任何警告。

显然，我们应该想办法避免这种笔误的发生，解决办法就是使用"强制声明"。

① 该问题涉及数据类型、字符串、Empty、Null 等很多知识点，本书后面会进行介绍。

2. Option Explicit 与 Dim

所谓“强制声明”，就是修改 VBA 的设置，让 VBA 对变量名加强管理、严格审查。具体来说，将 VBA 设置为“强制声明”模式后，所有变量都必须做到“先声明后使用”；一旦出现某个从未声明过的变量名，比如因为拼写错误产生的变量名，那么 VBA 就会中断程序的运行，并且提示程序存在错误。

将 VBA 设置为“强制声明”模式的常用方法，是在一个模块（包括第 1 章提到的“标准模块”“窗体模块”“类模块”等）的第一行写上“Option Explicit”命令[①]。注意：这句话并不是写在某个宏（Sub … End Sub）中，而是写在模块之中。

只要一个模块使用了这个命令，模块中的所有程序都将服从“强制声明模式”。不过该命令**仅对一个模块有效**。如果希望一个 VBA 工程中的所有模块都启动强制声明，必须在每个模块的前面都写上“Option Explicit”命令。

启动了强制声明模式之后就要对每个使用到的变量进行声明。声明的方法也很简单，就是使用 Dim 关键字：如果某行 VBA 代码中需要用到一个变量，就在这个宏的内部（Sub 与 End Sub 之间）及这行代码之前的任意某行，加入一句形如“Dim 变量名”的代码，如图 2.9 所示。

图 2.9 中的代码使用 Option Explicit 启动了强制声明，并且使用 Dim 语句声明了 Revenue、Tax 和 ForHer 三个变量。因此在执行前三条计算语句时一切正常，但是在执行最后一条计算语句时，VBA 发现其中用到的“Revnue”变量从未使用 Dim 声明过。由于“强制声明”的硬性规定，VBA 程序中断运行，并弹出一个消息框提示“变量未定义”，这样就可以提醒程序开发人员程序中存在变量名拼写错误的问题。

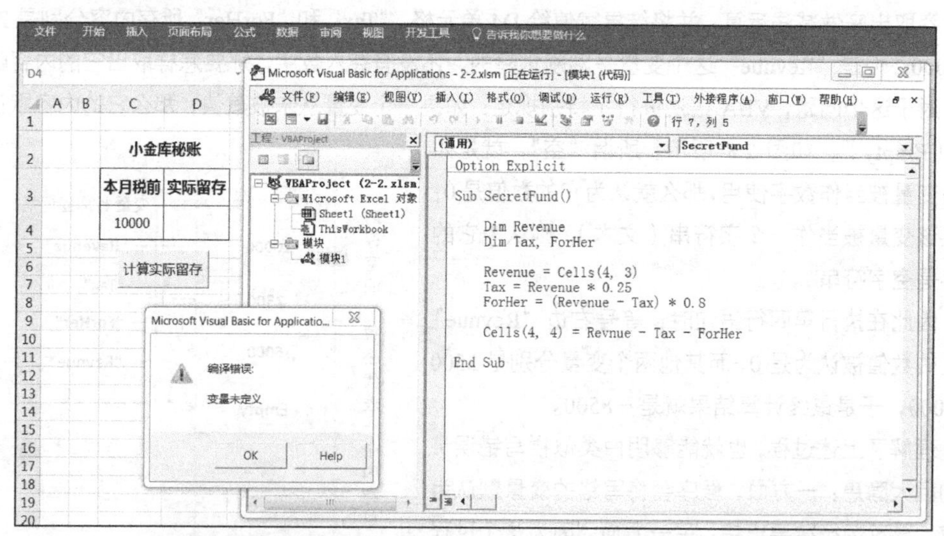

图 2.9 启动强制声明的代码及运行效果（最后一条计算语句的 Revnue 有拼写错误）

从图中的 Dim 语句中还可以看出：可以在一个 Dim 后面声明多个变量，从而把多个声明写到一行代码之中。具体的格式要求，就是在变量名之间使用半角逗号（最后一个变量名后面不需要

① 严格来讲，该命令的完整写法是“Option Explicit On”。由于“On”是默认选项，所以在实际开发中往往将其省略。

逗号）。所以对于图 2.9 中的演示代码来说，完全可以把前两条 Dim 语句合并到一行代码中，写作：“Dim　Revenue, Tax, ForHer”。

虽然 VBA 允许不使用强制声明，但是鉴于拼写错误存在的隐患，强烈建议大家在初学时就养成强制声明的习惯，以免在程序输出错误结果时摸不到头脑。

2.2.3　把重复数据都抽取为变量

前面已经提出这个重要的原则：将每个可能重复出现的数据都抽取为变量。本节我们将结合案例 2-1 深入领会这个原则的意义。案例 2-1 的工作表及代码如图 2.10 所示。

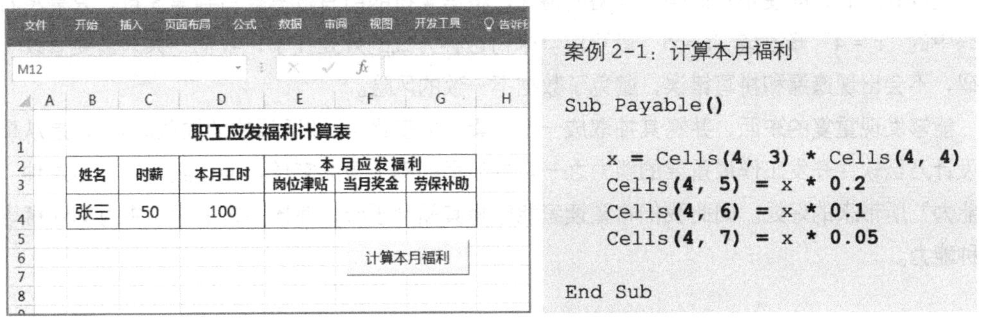

图 2.10　案例 2-1 的工作表及代码

在这个案例中，所有数据都保存在表格第 4 行的各个单元格中，所以在右边的 VBA 程序中也多次出现了“4”这个数字。假如用户修改了表格格式，要求把所有数据都保存到第 5 行的单元格中，那么程序也不得不随之修改，总共需要修改 5 处，如图 2.11 所示。

职工应发福利计算表

姓名	时薪	本月工时	本月应发福利		
			岗位津贴	当月奖金	劳保补助
张三	50	100			

计算本月福利

将第 4 行中的数据移至第 5 行后的代码

```
Sub Payable()

    x = Cells(5, 3) * Cells(5, 4)
    Cells(5, 5) = x * 0.2
    Cells(5, 6) = x * 0.1
    Cells(5, 7) = x * 0.05

End Sub
```

图 2.11　修改工作表格式后的案例 2-1 及代码

前面讲过，若在开发代码的过程中大量修改相同内容，很可能因为某处的遗漏或拼写错误导致数据不一致的错误，解决的办法就是应用“把重复数据抽取为变量”这一原则。比如在本例中，既然“4”这个行号重复出现多次，那么就可以定义一个变量（如“r”）来代表第 4 行，如图 2.12 所示。

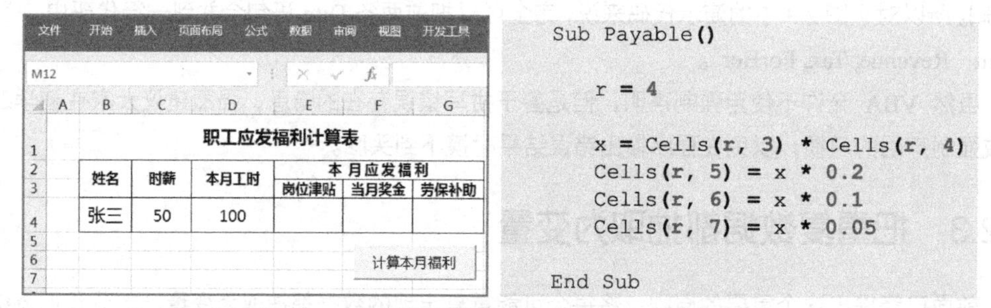

图 2.12　使用变量代表行号后案例 2-1 的代码

这样做之后，即使用户调整了表格的格式，将第 4 行的所有数据改写到第 5 行，只需将右侧代码中的“r = 4”修改成“r = 5”就可以。采用这种方式的好处在于，我们一共只需要修改 1 处代码，不会出现遗漏和拼写错误，避免了数据不一致的风险。

能够发现重复的东西，并将其抽取成一个元素（如变量），即所谓的“抽象能力”，是从事程序设计乃至软件开发工作最重要的能力之一。本节举的例子虽然简单，但已经能够看出这种“抽象能力”所带来的好处。因此我们希望读者能够将其领会于心，在接下来的学习中时刻注意培养这种能力。

2.3　常量——那些重复却不变的内容

如前所述，使用变量的意义在于将重复出现的内容抽取出来，并且根据需要对其进行运算，使其内容发生变化。不过有时我们还会遇到一些“重复出现但不允许变化”的数据，这时使用变量就会产生一定问题，比如案例 2-3 所示的几何计算程序。

案例 2-3：在图 2.13 所示的工作表中，B4 单元格存放了一个圆的半径。单击表格中的按钮可以执行宏 Geo，按照这个半径计算出圆的周长与面积，分别存入 C4 和 D4 单元格。

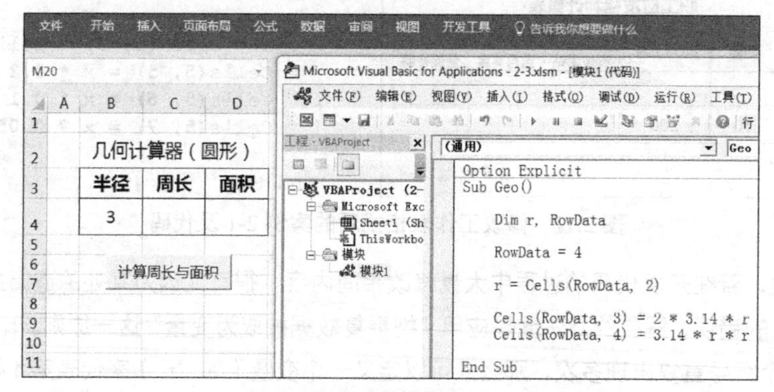

图 2.13　几何计算程序示例

在上面的代码中，因为需要多次使用圆周率 π，所以 3.14 这个数字也会出现多次。考虑到用户可能随时提出修改圆周率精度的要求，比如将 3.14 改为 3.14159，所以可以使用变量 Pi 代替 3.14，以便于修改及降低出错的风险。下面是使用变量 Pi 以后得到的程序代码。

```
Sub Geo()

    Dim r, RowData
    Dim Pi

    Pi = 3.14
    RowData = 4
    r = Cells(RowData, 2)

    Cells(RowData, 3) = 2 * Pi * r
    Cells(RowData, 4) = Pi * r * r

End Sub
```

可是即使这样，这个程序也存在计算标准不一致的隐患。因为 Pi 是一个变量，允许随时修改它的数值，所以下面这段代码完全符合语法要求。但是这段代码在计算完圆的周长之后，将 Pi 的值修改为 3.14159，从而导致计算圆的周长与面积时采用了不同的圆周率数值。

```
Sub Geo()

    Dim r, RowData
    Dim Pi

    Pi = 3.14
    RowData = 4
    r = Cells(RowData, 2)

    Cells(RowData, 3) = 2 * Pi * r

    Pi=3.14159
    Cells(RowData, 4) = Pi * r * r

End Sub
```

读者可能会觉得奇怪：谁会犯这种低级错误呢？如果去询问专业的软件开发人员，十有八九会得到这样的回复："永远不要高估自己的谨慎与细心"。随着学习和实践的深入，我们编写的程序会比这个案例复杂许多，而且往往需要不断进行调试与修改。在这个过程中，稍有疏忽就会犯下类似"重复赋值"的错误。此外，当几个人合作完成一个工程时，也难免会由于缺少沟通，把别人已经赋值的变量又重新修改。

所以为了避免这种风险，我们一方面希望使用变量符号将重复出现的数据抽取出来，另一方面又不能允许在程序中修改它们的内容。"常量"（Constant）就是为了解决这一问题而设计的。

与变量相同，也可以将常量理解为内存中一个带有标识符的单元。它们的区别在于，常量所在的"小房子"不是"长期居所"，而是"无期监禁牢房"——一旦入住了一个数据，就不允许它"出来"，也不允许其他数据进去。换言之：一经赋值，永不改变，直到不再需要（如程序结束）并清空所有内存时为止。

在 VBA 代码中使用常量与使用变量的方法很相似：遵循同样的命名规则，并且使用 Const 关键字进行事先声明，就像使用 Dim 关键字声明变量一样。只不过在使用 Const 声明常量的时候，必须同时指定它的取值，因为以后无法再为它赋值。所以 Const 语句的一般格式为："Const 常量名 = 值"。图 2.14 所示为在案例 2-3 中定义了常量 Pi 而得到的代码。

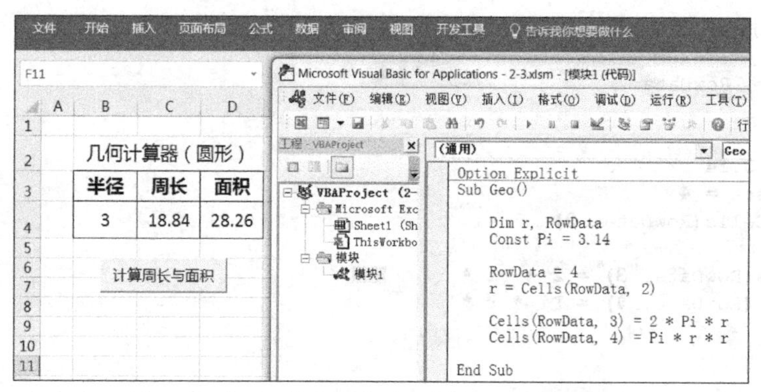

图 2.14　将 Pi 声明为常量（注意 Const 关键字）

将 Pi 声明为常量后，如果在代码中尝试修改 Pi 的数值，VBA 就会拒绝运行该程序，并提示出错，要求进行修改。比如在计算面积之前将 Pi 的数值重新修改为 3.14159，VBA 就会弹出错误提示框，如图 2.15 所示。

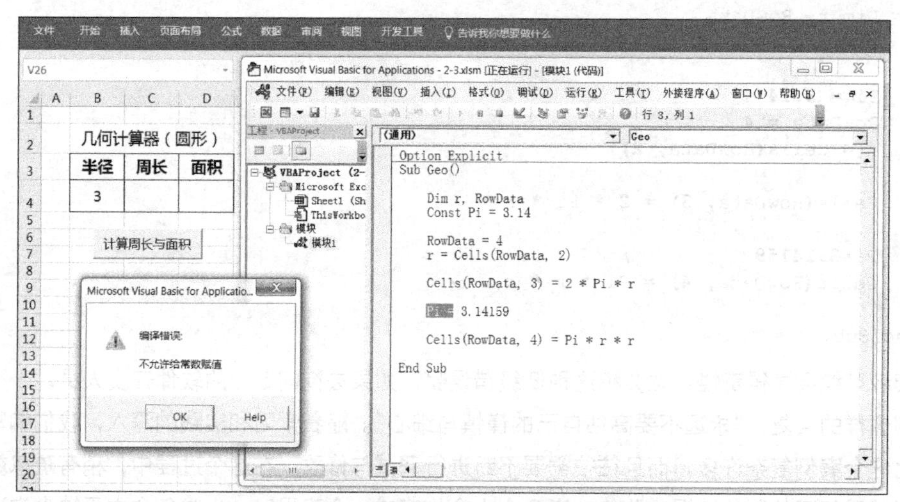

图 2.15　尝试给常量 Pi 赋值时引发的错误提示

从设计程序的角度来说，使用常量与使用变量并没有泾渭分明的界线，很多时候既可以使用一个变量保存某个数值，也可以定义一个常量代表它，关键在于这个数值是否发生变化。比如上图中代表数据所在行号的变量 RowData，把它定义成一个常量也没有问题，因为在这段代码中确实从未修改过 RowData 的取值。不过在讲解“循环”时，就会希望 RowData 能够在每次循环中都变成一个新的行号数字，从而实现对多行数据的批处理。在这种情况下，就必须把它定义为变量了。

最后需要特别指明的是，“常量”一词还经常用于指代程序中的所有数字、文本等“常数”。比如在图 2.15 所示的代码中，3.14、4、2、3 等数字也会经常被称作“常量”，只不过 VBA 在执行程序时，并没有给它们所在的内存单元起名字（标识符）。所以当读者在查阅资料或与别人交流时，如果遇到“常量”一词，需要注意区分这是由 Const 语句声明的狭义的常量，还是包括常数等在内的广义的常量。

本章小结

本章深入介绍了变量和常量的概念，特别讲解了它们在程序设计中的重要性。其实这部分内容涉及的知识点较少，掌握起来也不困难，所以很多教材只用较少的篇幅来介绍变量与常量。但是笔者在多年教学中深刻感悟到，越是基础的部分（如变量），越能够体现程序设计的本质与灵魂。对这些基础内容和思想的理解深度，将在很大程度上决定未来学习的难度与效果。然而，很多已经开始编写复杂程序的学生，仍然对变量等基础知识及其编程思想缺乏足够的理解，进而导致“内功不足，后继乏力”。所以本书在这一部分着墨甚多，以期在初学者能理解的范围内尽可能讲清楚变量的内涵，并引发读者对程序设计思想的思考。

讲到这里，可能有些经常使用 Excel 的读者会觉得不解：本章所举的例子都可以用公式轻松实现，为什么还要花费这么多力气去理解变量和编写程序呢？请各位不必着急，正如本书前面介绍的：编写 VBA 程序所能完成的工作远远超过公式甚至数据透视表等 Excel 工具可以完成的工作。只不过“不积跬步无以至千里”，要想掌握这种能力，必须从变量等最基本的 VBA 语法学起。而在初级学习阶段，我们还没有接触到 VBA 的各种实用技巧，工作效率自然没有使用公式或透视表时高。但随着学习地深入，很快读者就能发现 VBA 的强大之处。

经过本章的学习，读者需要重点理解和掌握的知识包括：

★ 所谓变量，就是一个带有标识符的内存单元，其内容可以随时被修改；当该变量不再被使用时（如程序结束），计算机将清空该内存单元以重做它用。

★ 在程序中使用变量，可以减少重复，降低不一致错误的风险，提高代码的可读性和运行效率。

★ 尽可能将多次重复的数据内容抽取为变量，这样可以充分发挥变量的优势。

★ 变量名只能使用规定字符，并且不能与 VBA 保留字重名。

★ 变量命名应符合“含义明确、长短适中”的原则。

★ 先通过 Option Explicit 命令启动强制声明，然后用 Dim 关键字声明变量，这是一个非常重要的编程习惯。

★ 对于多次重复出现但不允许取值发生变化的数据，可以使用 Const 关键字将其定义为常量。常量必须在声明的同时马上赋值。

第 3 章

力量的源泉——循环结构

小说家常言“天下武功，唯快不破”。其实用这句话来描述计算机程序相对人类大脑的优势，也是十分形象的。

从前面的简单示例中就可以看出，计算机程序远没有人类聪明——它只会死板地按照语法规则逐字解释和执行，如果遇到异常情况就只会报错，完全不能学习和理解任何超出既定规则的事物。但是，一旦我们需要执行大量的重复处理，比如计算十万个客户的日均消费金额，计算机的速度优势就会豁然显现。比如在讲解变量的案例中，若只要求处理一行数据，其实编写 VBA 程序还不如直接心算快。但是假如每张表格中都有几十万行数据需要做同样的处理，那么心算就远远不如编写 VBA 程序的速度。

所以如果有人问“在什么情况下，VBA 程序最能发挥作用”，最常见的答案就是：当存在规则明确、大量重复的批量处理时。可以说，高速、批量的处理能力，就是计算机程序的力量之源。而在程序设计中，批量处理大多通过循环结构实现，所以本章就围绕 For…Next 语句详细剖析循环结构的特点和用法。

经过本章的学习，读者将会深入理解以下问题：

★ 什么是循环结构？

★ 怎样使用 For…Next 循环语句？

★ For 循环有哪些常见的用法？

★ 初学者在使用 For 循环时有哪些最容易出错的地方？

★ 怎样使用 VBA 实现累加与计数等基本统计操作？

★ 为什么要强调“代码格式”？怎样使用“缩进”与“注释”写出清晰的代码？

本章内容主要与视频课程“全民一起 VBA——基础篇”的第五回“小 For 单挑大数据，Tab 独挺好文风”相对应。而关于“注释语句”的部分则见于“全民一起 VBA——基础篇”第十一回“单变量难解二维表，双循环突破小周天”7:20 处的讲解。视频课程中所举的例子与本书不同，建议读者配套学习，加深对这些知识点的理解。

3.1　循环结构概述

循环是程序设计中的基本结构或流程之一。这里说的“流程”，就是一个程序中各行代码的执行顺序。

在默认情况下，我们编写的 VBA 程序都属于顺序结构，其执行流程就是：各行代码按照由上至下的顺序依次执行，并且每行代码只执行一次。而循环结构（英文称为 Repeat 或 Loop）则允许把程序中的某几行代码反复执行多次，直到满足要求为止。这在处理大批量数据时显得尤为有用，比如案例 3-1 中的情况。

案例 3-1：在图 3.1 所示的工作表中存有三位同学的单科考试成绩。要求编写一个 VBA 程序，单击“计算成绩”按钮后能够计算出每个人的总分与平均分，并分别写入 F 列和 G 列单元格中。

	A	B	C	D	E	F	G	H	I
1									
2		姓名	语文	数学	英语	总分	平均分	计算成绩	
3		张三	91	85	88				
4		李四	75	56	47				
5		王五	88	89	58				
6									

图 3.1　案例 3-1 数据示例

在不使用循环结构的情况下，也可以编写程序解决案例 3-1 的需求，只不过会大量重复地书写相同语句，十分烦琐。

```
Sub Scores()

    Cells(3, 6) = Cells(3, 3) + Cells(3, 4) + Cells(3, 5)
    Cells(3, 7) = Cells(3, 6) / 3

    Cells(4, 6) = Cells(4, 3) + Cells(4, 4) + Cells(4, 5)
    Cells(4, 7) = Cells(4, 6) / 3

    Cells(5, 6) = Cells(5, 3) + Cells(5, 4) + Cells(5, 5)
    Cells(5, 7) = Cells(5, 6) / 3

End Sub
```

如果真的这样书写代码，相信很多读者都会使用复制和粘贴功能——先写出第 1 行和第 2 行代码，然后进行复制操作，最后把复制的代码中的数字换成对应的数字。如果稍有疏忽漏改某处，就会导致错误的运行结果。

还有稍微简单一点的办法，比如增加一个表示行号的变量 i，得到下面的代码：

```
Sub Scores()

    Dim i
```

```
    i = 3
    Cells(i, 6) = Cells(i, 3) + Cells(i, 4) + Cells(i, 5)
    Cells(i, 7) = Cells(i, 6) / 3

    i = 4
    Cells(i, 6) = Cells(i, 3) + Cells(i, 4) + Cells(i, 5)
    Cells(i, 7) = Cells(i, 6) / 3

    i = 5
    Cells(i, 6) = Cells(i, 3) + Cells(i, 4) + Cells(i, 5)
    Cells(i, 7) = Cells(i, 6) / 3

End Sub
```

这段改进的代码虽然比前面的代码多了几行，也需要把第 2 行到第 4 行的代码复制两次，但是每次复制后只需把 i=3 修改为 i=4 或 i=5 即可，这也是上一章讲到的“把相同的东西抽取出来”的优点之一。

即便如此，这个程序也很繁冗，而且假如表中的数据不是 3 行而是 100 行，那工作量就非常大了。怎样解决这个重复的问题呢？这时循环结构就有了用武之地。比如使用变量 i 代表行号的这段程序，其实可以改用下面的流程来实现（注意这只是流程说明，并不是可以运行的真实代码）。

```
Sub Scores()

    Dim i

    将下面两行代码重复执行 3 次，每次 i 的取值分别为 3、4、5
    Cells(i, 6) = Cells(i, 3) + Cells(i, 4) + Cells(i, 5)
    Cells(i, 7) = Cells(i, 6) / 3

End Sub
```

如果能够按照上面的模式书写程序，哪怕有 1 万名学生的数据，也只需要把“重复 3 次”改为“重复 10000 次”、把“i 的取值分别为 3、4、5”改写为“i 的取值分别为 3 到 10002 之间的每个数字”即可。

怎样把“重复 3 次”使用 VBA 语言表示出来呢？最简单的办法就是使用 For...Next 循环语句。

3.2 For...Next 循环语句

3.2.1 For...Next 循环语句的基本语法

For...Next 循环语句是 VBA 的循环语句之一，作用就是让一个变量（比如上面例子中的 i ）从一个数值开始逐步增加（或减少），直到变为另一个指定的数值。而且，数值每增加或减少一次，都会重复执行一次指定代码。

上面的例子就可以使用 For...Next 循环写成 VBA 程序：

```
Sub Scores()

    Dim i
```

```
    For i = 3 To 5
        Cells(i, 6) = Cells(i, 3) + Cells(i, 4) + Cells(i, 5)
        Cells(i, 7) = Cells(i, 6) / 3
    Next i

End Sub
```

从这段代码中可以看到，For...Next 循环语句由四个必不可少的关键字构成："For" "=" "To" 和 "Next"。如果把这四个关键字分别读成 "让" "从" "变化到" 和 "下一个"，那么这段代码的含义就十分明显了："让 i 从 3 变化到 5……执行两行代码……下一个 i"。具体来说，执行 For 循环的关键步骤如下。

（1）执行到 For 语句时，VBA 会让循环变量（本例中的 i ）等于等号后面的数值（如本例中的 "3"）。

（2）如果这个数值没有超出 To 后面的指定数值（如本例中的 "5"），就执行 For 与 Next 之间的所有语句（我们称之为 "循环体"）；否则直接跳过 For 循环，执行 Next 后面的语句。

（3）每次执行到 Next 时，都会自动将循环变量（本例中的 i）增加 1，并判断它是否超出 To 后面的数值。如果没有超出，则回到 For 的下一行，重复执行循环体；如果已经超出，则执行 Next 后面的语句，循环终止。

清楚了 For 循环的几个关键步骤，就可以理解上面这段代码的详细执行流程：

（1）定义变量 i，默认值是 0。

（2）遇到 For 循环语句，要求让 i 的值从 3 变到 5。于是先让 i = 3，由于 3 没有超出 To 后面指定的上限（5），所以进入循环体，执行下一行语句。

（3）执行循环体的第一行：Cells(i , 6) = ……。由于 i = 3，所以实际计算的是第 3 行数据的总分。同理，再向下执行一行，即 Cells (i , 7) = ……，计算的是第 3 行数据的平均分。

（4）再向下执行，遇到 Next i 语句，即 "下一个 i"，于是让 i 的值变为 4。接下来判断一下：i 的指定范围是从 3 到 5，那么 4 是否超出了范围？显然没有超出范围，于是重复执行 For 结构内部的代码，即 Cells(i , 6) =…… 和 Cells (i , 7) =……。

（5）这一次执行 Cells(i , 6) =…… 和 Cells (i , 7) =……这两个语句时，i 的值已经变为 4，所以实际计算的是第 4 行数据的总分与平均分。

（6）再向下执行，又遇到 Next i 语句，于是将 i 的值变为 5。由于 5 也在指定的范围内，所以再次执行 For 结构内部的代码。由于 i = 5，所以这次计算的是第 5 行数据的总分与平均分。

（7）再向下执行，又一次遇到 Next i，于是将 i 的值变为 6，但 6 已经超出了范围，说明 For 循环的任务已经完成，于是执行 Next i 的下一行语句。

（8）Next i 的下一行语句是 End Sub，所以程序执行至此宣告结束。

之所以使用这么多文字详细讲解 For 循环的执行流程，是因为很多人在初学 VBA 时没有注意到这个流程中暗藏的一些 "陷阱"，结果导致编写程序时发生了一些莫名其妙的错误。因此请读者仔细阅读上述流程，后面会详细讨论这些 "陷阱" 问题。

总之，For 循环的意义就是：当程序中有需要重复执行的代码时，可以把它们写在 For 与 Next 之间，通过在 For 语句中设置一个数值范围，来控制这段代码的执行次数。熟练使用 For 循环可以实现非常多的功能，下面就是一些最常用到的场景。

3.2.2 For…Next 循环的典型用法

1. 用循环变量控制次数

使用 For 循环最简单的方式，就是将一段代码重复运行指定次数。比如在 Excel VBA 中，可以使用 Worksheets.Add 语句为当前工作簿插入 1 张新的工作表，如下面左侧代码所示。那如果想在工作簿中插入 100 张新的工作表，就可以通过一个 For 循环，让命令重复执行 100 次，如下面右侧的代码。

代码示例：新建 1 张工作表

```
Sub AddSheets()

    Worksheets.Add

End Sub
```

代码示例：新建 100 张工作表

```
Sub AddSheets()
    Dim a
    For a = 1 To 100
        Worksheets.Add
    Next a
End Sub
```

在右侧代码的 For 语句中，我们把循环变量 a 的变化范围指定为 1 到 100。第一次执行循环操作时 a=1，并执行 Worksheets.Add 语句添加工作表。接下来 Next 语句让 a 变成 2，重复执行 Worksheets.Add 语句，直到 Next 语句让 a 变成 101 时终止循环。在这个过程中，循环体（Worksheets.Add）一共执行了 100 次，而循环变量 a 的作用就是精确地控制循环次数。

接下来再看一个有趣的例子：假如我们想计算 3^{10}，并且不允许使用 “^” 运算符（事实上，很多语言中都没有专门提供幂运算符号），那么怎样编写程序呢？我们可以分析一下 3^n 的计算规则：

$3^2=3\times3$　　：对 3 执行 1 次乘以 3 的操作

$3^3=3\times3\times3$　　：对 3 执行 2 次乘以 3 的操作

$3^4=3\times3\times3\times3$　　：对 3 执行 3 次乘以 3 的操作

……

显然，3^{10} 就是对 3 执行 9 次乘以 3 的操作。换言之，就是把 “乘以 3” 这个操作重复执行 9 次。所以可以写出下面的代码：

```
Sub demo()
    Dim x, i
    x = 3

    For i = 1 To 9
        x = x * 3
    Next i

    Cells(1, 1) = x
End Sub
```

这段代码一共声明了两个变量：x 用于计算最终结果，i 则用于控制计算的次数（循环次数）。程序首先执行 x=3 一句，将 x 这个 “小房子” 中的内容变为 3。接下来进入 For 循环，让 i 从 1 逐次变化到 9，每次变化均执行一遍 x=x*3 这个操作。

2. 用循环变量代表行号（列号）

作为一款经典的表格计算软件，Excel 的最大特点就是把数据按照 “行列结构” 进行存储。所以使用 VBA 处理 Excel 数据时，也会频繁遇到“按行/列扫描数据”的需求，案例 3-1 就是一个典型的“按行扫描”问题，如图 3.2 所示。

姓名	语文	数学	英语	总分	平均分
张三	91	85	88		
李四	75	56	47		
王五	88	89	58		

计算成绩

```
Sub Scores()

    Dim i

    For i = 3 To 5
        Cells(i, 6) = Cells(i, 3) + Cells(i, 4) + Cells(i, 5)
        Cells(i, 7) = Cells(i, 6) / 3
    Next i

End Sub
```

图 3.2　案例 3-1 及示例代码

在这个例子中，需要处理第 3 行到第 5 行的数据，因此设计了一个从 3 到 5 的循环变量 i。接下来，在循环体中又把 i 作为 Cells 的第一个参数来代表行号，从而实现了对第 3 行到第 5 行数据的逐次扫描。

同样的道理，如果将循环变量作为 Cells 的第二个参数，也可以实现“逐列扫描”的效果。

案例 3-2：在图 3.3 左侧所示工作表的第 3 行中，存有某食品商店常用配料的库存量，单位为千克。要求编写一个程序，能够以“磅”为单位重新计算各配料的库存量，并显示在原单元格中，如图 3.3 右图所示。（按 1 千克= 2.2 磅进行换算）

食盐	白糖	味精	胡椒粉	花椒	大料
10	5	2	2	1	2

食盐	白糖	味精	胡椒粉	花椒	大料
22	11	4.4	4.4	2.2	4.4

图 3.3　案例 3-2 数据及运行效果示例

对于案例 3-2，我们需要循环处理第 3 行第 2 列（B 列）到第 7 列（G 列）的数据，所以可以指定循环变量从 2 变化到 7，并将它作为 Cells 的第二个参数。代码如下：

```
Sub Demo_3_2()

    Dim i

    For i = 2 To 7
        Cells(3, i) = Cells(3, i) * 2.2
    Next i

End Sub
```

总之，由于 Cells 属性的两个参数都是使用数字代表行（列）号，所以只要将循环变量作为 Cells 属性的参数，就可以实现对行（列）数据的逐次扫描。这就是在 VBA 的各种单元格表示法（比如 Range(“D3”)、[D3] 等）中经常使用 Cells 属性的原因。

3. 用循环变量控制内容

循环变量除了可以在循环体中代表行号或列号，还经常直接用于循环体中的各种计算。

案例 3-3： 编写一个程序，能够计算出 1^2，2^2，3^2，…，9^2，并将结果分别保存在 A1 到 A9 单元格中。该程序代码及运行效果如图 3.4 所示。

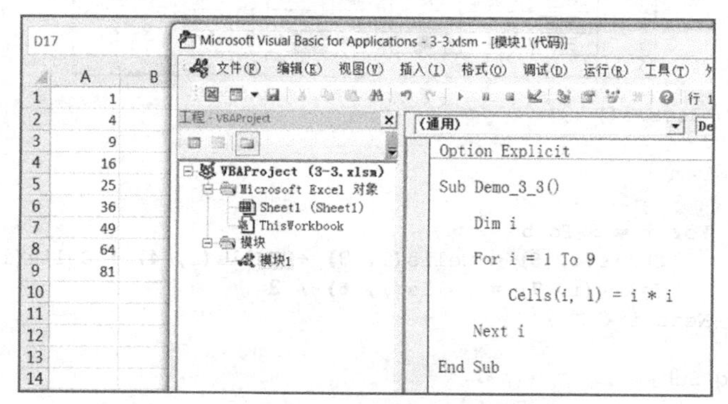

图 3.4　案例 3-3 程序代码及运行效果

在图 3.4 所示的代码中，循环变量 i 其实有两个用途：一是作为循环体中 Cells 属性的第一个参数，用于控制每次循环时需要写入的单元格行号；二是变量 i 又出现在等号右边的算式中，使其在每次循环时都会得到一个不同的平方数，并写入等号左边第 i 行的单元格中。

思考　*在案例 3-3 的基础上，请读者思考一个问题：假如把图 3.4 代码中的 Cells (i, 1) 修改为 Cells (i, i)，运行程序之后会得到怎样的结果？为什么？请读者先不要在电脑上操作，而是在心里运行代码，待推理出一个合理答案后再上机实际运行，看看答案是否与自己的推理一样。*

3.2.3　Step 子句

前面提到，每当执行到 For 循环的 Next 语句时，循环变量都会被自动增加 1。不过有的时候，我们会希望循环变量每次能够“多走几步”，比如遇到案例 3-4 中的情况时。

案例 3-4： 在图 3.5 所示的成绩表中，每个学生的信息均占用两行单元格，其中第一行是分科成绩。请编写 VBA 程序，可以根据每个学生的分科成绩计算出其总分与平均分，并写入对应的单元格中。

姓名	成绩明细					
张三	语文	85	数学	67	英语	91
	总分		平均			
李四	语文	77	数学	90	英语	70
	总分		平均			
王五	语文	92	数学	90	英语	88
	总分		平均			

姓名	成绩明细					
张三	语文	85	数学	67	英语	91
	总分	243	平均	81		
李四	语文	77	数学	90	英语	70
	总分	237	平均	79		
王五	语文	92	数学	90	英语	88
	总分	270	平均	90		

图 3.5　案例 3-4 数据示例（右图为运行 VBA 程序后预期得到的效果）

这个案例与案例 3-1 几乎相同，只不过各科成绩分别存放在第 3、5、7 行单元格中。也就是说，当程序在左图所示的工作表中读取了第 3 行的 3 个数据，并进行求和与求平均数计算之后，应当直接跳到第 5 行进行数据的读取和计算，而不需要读取第 4 行的数据。因此，如果仍然采用案例 3-1 的解法，使用 For 循环按照“3、4、5、6、7、8”的顺序去读取表格中的每行数据是不合适的。

那么能否让 For 循环每读取一行数据就自动跳过下一行，直接从再下一行开始读取数据呢？换言之，能否让代表行号的循环变量每次增加 2，从而能够从 3 增加到 5，再从 5 增加到 7 呢？答案是肯定的。For 循环中提供了一个可选子句—— Step 子句，专门用于控制循环变量每次增加的幅度。比如图 3.6 所示的代码也使用 For 循环向表格中逐行填写数据，但由于在 For 语句后面指定了“Step 3”，所以循环变量 i 每次都会增加 3，导致 Cells (i, 1) 在每次执行操作时都跳过两行。

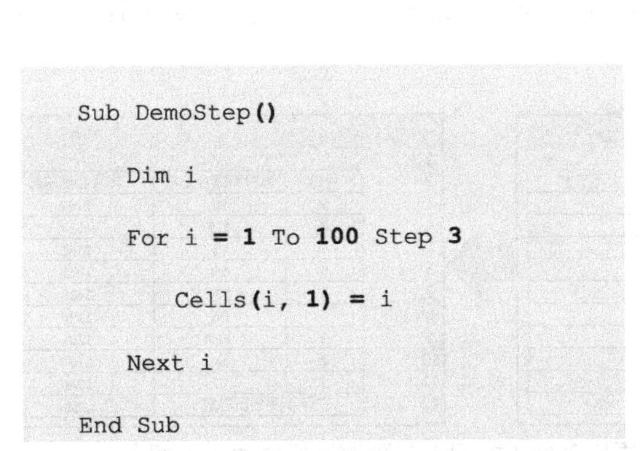

```
Sub DemoStep()
    Dim i
    For i = 1 To 100 Step 3
        Cells(i, 1) = i
    Next i
End Sub
```

图 3.6　使用 Step 子句实现跨行输出

Step 关键字可以形象地翻译为“步长”，也就是循环变量每走一步（一次循环）所迈过的距离。之所以将 Step 称为可选子句，是因为它在 For 语句中“可写可不写”。当不写 Step 子句时，VBA 默认循环变量的步长为 1，即每次循环自动增加 1。

所以对于案例 3-4，只要在 For 循环中指定 i 的步长为 2，就可以按照“3、5、7”的顺序读取数据，自动跳过第 2 行和第 4 行。下面的代码就是按照这种思路解决问题的。

```
Sub Demo_3_4()
    Dim i
    For i = 3 To 7 Step 2
        Cells(i + 1, 4) = Cells(i, 4) + Cells(i, 6) + Cells(i, 8)
        Cells(i + 1, 7) = Cells(i + 1, 4) / 3
    Next i
End Sub
```

在这段代码中，第一次执行循环时循环变量 i 的数值为 3，因此 Cells (i + 1 , 4)代表的是第 4 行 D 列单元格；同样，Cells (i + 1, 7)代表的则是第 4 行 G 列单元格。所以此时执行的计算，就是先将第 3 行 3 个数值的总和存入 D4 单元格，再根据 D4 单元格的数值计算出平均分并存入 G4 单元格。

接下来执行到 Next i 时，由于已经用 Step 子句指定该 For 循环的步长为 2，所以 i 直接从 3 变为 5。这时再重复执行循环体，读取的就是第 5 行的数据，并将结果存入第 6（i+1）行中。如此反复，直到处理完第 7 行数据后执行 Next 语句时，由于 i 的数值变为 9 已超出循环范围，所以终止循环，结束程序。

使用 Step 子句不仅能够“几步并做一步走”，而且还能让循环变量“倒着走”。原理很简单：将 Step 的步长设置为负数，比如 -1，则每次执行 Next i 时就会让循环变量“增加负一”，也就是自动减一。这种用法也许是 Step 子句带给我们的最大便利，因为它允许在 Excel 工作表中按照“从下向上”的顺序对单元格进行“倒序”遍历，从而解决类似案例 3-5 中提出的问题。

案例 3-5：在图 3.7 左侧所示的工作表中，存有某健身俱乐部客户的数据统计信息，包括去年年底的总会员数量，以及今年每个月的新增会员数量（假设没有会员退出）。要求编写 VBA 程序，能够根据表格已有数据计算出今年每个月月底的会员总数，并填入表格 D 列。预期运行结果如图 3.7 右图所示。

	A	B	C	D
1				
2		月份	当月新增会员数	当月会员总数
3		9	90	
4		8	117	
5		7	75	
6		6	55	
7		5	120	
8		4	66	
9		3	120	
10		2	64	
11		1	52	
12		去年年底会员总数：		988

	A	B	C	D
1				
2		月份	当月新增会员数	当月会员总数
3		9	90	1747
4		8	117	1657
5		7	75	1540
6		6	55	1465
7		5	120	1410
8		4	66	1290
9		3	120	1224
10		2	64	1104
11		1	52	1040
12		去年年底会员总数：		988

图 3.7　案例 3-5 原始表格（左图）与预期运行结果（右图）

对于这个案例，如果读者一时找不到思路，可以换个角度思考一下：假如我们使用 Excel 的公式来解决这个问题，会采用什么方法？相信大多数读者都会先在 D11 单元格中输入“= D12 + C11”，然后使用拖动柄或复制等方式，在 D10 单元格中输入“=D11+C10”……直至在 D3 单元格中输入“=D4+C3”为止。换言之，从第 11 行数据开始，让它的 D 列单元格的数据等于下一行 D 列单元格的数据加上本行 C 列单元格的数据。对其他各行重复此操作，直到第 3 行结束。

从 VBA 的角度看，这种思路显然也是一个循环结构，只不过循环的起点是第 11 行，终点则是第 3 行，属于典型的倒序循环，循环变量每次增加负一，于是就可以使用 Step 子句实现这个循环，代码如下：

```
Option Explicit

Sub Demo_3_5()

    Dim i

    For i = 11 To 3 Step -1

        Cells(i, 4) = Cells(i + 1, 4) + Cells(i, 3)

    Next i

End Sub
```

这段代码使用 i 作为循环变量，代表每次需要计算的数据所在行号。计算的规则与前面介绍的公式一样，就是让第 i 行 D 列单元格等于下一行（i＋1 行）D 列单元格与该行 C 列单元格之和。由于在 For 语句中指定了 i 从 11 开始且每次减 1，直到循环至 3 结束，所以第一次循环时计算的是第 11 行的数据，然后是第 10 行的数据，直至计算到第 3 行结束。

当然，这个问题也可以不使用“Step -1”这种倒序循环，仅用普通的正序循环来解决。不过这种思路需要使用一些算术技巧，比如：先做一个普通循环，计算出 C3 到 C11 所有数字的总和，再加上 D12，从而得到目前俱乐部的会员总数，并写入 D3 单元格；然后再做一个循环，从第 4 行开始循环到第 11 行，让每行的 D 列单元格的数据等于上一行 D 列单元格的数据减去该行 C 列单元格的数据，以此类推。具体代码如下，可以看到，这比使用倒序循环的解法还是麻烦了很多。

```
Sub Demo_3_5_B()
    Dim i

    Cells(3, 4) = Cells(12, 4)

    For i = 3 To 11
        Cells(3, 4) = Cells(3, 4) + Cells(i, 3)
    Next i

    For i = 4 To 11
        Cells(i, 4) = Cells(i - 1, 4) - Cells(i - 1, 3)
    Next i

End Sub
```

可能有的读者看到案例 3-5 时又会产生疑问：这个问题使用公式可以轻松解决，为什么还要考虑 VBA 的方案呢？这是因为：一方面，当数据量庞大（如十万行）时，在每行都书写一个公式会显著降低 Excel 的运行效率和计算速度。特别是在默认设置下，每当表格中的任何一个单元格发生改动，Excel 都会自动重算所有公式，因而打开工作簿、编辑工作表等日常操作都会受到明显的影响。另一方面，正如我们已经多次强调的，设计这些案例只是为了让大家快速理解 VBA 语法，一旦掌握了循环等语法和倒序循环等技巧，就可以用 VBA 解决很多公式、数据透视表等工具难以处理的问题。比如在“全民一起 VBA——基础篇”视频课程第 10 回中，我们演示了一个删除数据行的例子，就是使用倒序循环实现的。

3.2.4　For…Next 循环的“初学者陷阱”

与很多技术一样，For 语句虽然功能强大，但也存在很多“陷阱”，在编写程序时必须格外留心，以免产生各种莫名其妙的错误。下面就是笔者在多年教学观察中总结出来的一些最容易发生在初学者身上的问题。

1. 在倒序循环中忘写 Step 子句

由于 For 语句中的等号“=”和“To”容易给人一种“从……到……”句式的感觉，所以我经常看到初学者在编写一个倒序循环时，直接写下“For　i＝5　To　1”这种代码，以为 VBA 会自动将其理解成“让 i 从 5 变化到 1，每次减 1”，结果忘记在后面加上“Step -1”这个子句。

事实上本书前面已经讲解过，如果在 For 语句中没有写 Step 子句，那么 VBA 就会默认每次循环后将循环变量增加 1。所以对于上述情况，VBA 在第一次读到“For i = 5 To 1”时就认定这是一个不可能完成的循环。因为从算术角度来看，i 从 5 开始每次增加 1，是永远也不可能变成 1 的。不过，VBA 也不会因此弹出错误提示，而是先将 i 的数值设置为等号后面的 5，接下来直接跳出循环并转到 Next 语句后面继续运行，完全没有执行过循环体内的代码。

所以当编写了一个倒序循环而又忘记写 Step 子句时，VBA 程序看上去似乎运行正常，没有报错，但实际上这个循环却一次都没有执行过，也就得不到正确的结果。

2. 在循环体内修改循环变量

使用 For 循环的关键就是用好循环变量，前面也演示了循环变量的各种用法，比如依据循环变量指定行号、列号及内容等。不过读者可能注意到，在这些代码中我们只是读取了循环变量的数值，却从未尝试修改循环变量，比如在循环体里面写“i = 7”等。

这并不是因为 VBA 禁止在循环体中修改循环变量，事实上，我们完全可以在循环的任何地方像使用其他变量一样读写循环变量。之所以不推荐在循环体中修改循环变量，是因为它能够控制 For 循环的次数，一旦不小心修改了它，就很容易造成死循环这个严重的问题。

比如在下面的代码中，循环体内“i = i - 1”这句代码的功能就是修改变量 i 的数值，而变量 i 又恰巧是这个 For 循环的循环变量。作者原本希望它运行后能够在表格第 1 行到第 10 行的 A 列单元格中输出 10 个数字“2”，但实际运行的效果会是怎样呢？读者可以自己思考一下它的执行过程。

```
Sub DeadLoop()
    Dim i
    For i = 1 To 10
        Cells(i, 1) = 2
        i = i - 1
    Next i
End Sub
```

第一次进入这个循环时，变量 i 的数值为 1，于是在表格第 1 行第 1 列（A1 单元格）中写入数字 2。接下来遇到“i = i - 1”，这句代码的效果就是将变量 i 由 1 变为 0。然后执行到下一句“Next i”，VBA 会自动将循环变量 i 增加 1，结果就是将 i 又变回 1。由于这个 For 语句是让 i 从 1 递增到 10，所以当前的 i 没有超出循环范围。于是再次重复循环体，重新更新 A1 单元格的数值（尽管上一次循环时刚刚更新过），然后再次变成 1，再次循环……如此永不停止，谓之“死循环”也。

在大多数情况下，死循环都是导致程序崩溃的最严重错误之一[①]。而对于 For 循环来说，造成死循环的主要原因就是在循环体中修改循环变量，所以读者在初学编程时一定要格外注意。随着学习不断深入，我们会看到有些情况下在程序中巧妙地修改循环变量，也会轻松解决一些棘手问题，比如后面讲解“录制宏”时演示的“删除指定行”的技巧。但是对于这些技巧，我们能够找到其他方式进行替代，虽然这些方式可能不那么巧妙，但是减少了由于思考不周导致死循环的风险，所以还是建议大家不要随意修改循环变量。

如果不小心编写并运行了含有死循环的 VBA 代码，导致 Excel 进入完全无响应的假死机状态，那么可以尝试使用以下方式解决问题。

（1）先在键盘上找到“Pause”键（一般位于主键盘右上方区域，有些键盘上写为“Break”），然后多次同时按“Ctrl”和“Pause”这对组合键。“Ctrl + Pause”组合键是 VBA 指定的“程序暂停”快捷键，所以多数情况下这种操作可以让代码暂停执行，进入单步调试状态，此时再单击 VBE 工具栏上的“重置”按钮就可以结束程序。

（2）如果按“Ctrl + Pause”组合键不起作用，或者在键盘上找不到“Pause”键（比如在一些使用精简键盘的笔记本电脑上），那么就只能使用操作系统的“终止进程”功能强行退出 VBE 甚至 Excel。以 Windows 系统为例，先在屏幕下方的任务栏上单击鼠标右键，然后在弹出的“任务管理器”中找到 VBA 或 Excel 的任务图标（见图 3.8），再单击右下角的“结束任务”按钮，等待一段时间就可以看到 Windows 强行关闭了 VBA 和 Excel。如果这样做仍然不起作用，还可以在“任务管理器”中单击“进程（英文系统为 Processes）”标签，找到含有“Excel”字样的进程并单击右下角的“结束进程”按钮即可。

图 3.8　使用“任务管理器”关闭 VBA 或 Excel

① 在某些应用中，设计者会特意在程序中安排一些死循环来实现需求。比如在机器人程序中，控制程序本身就是一个巨大的死循环，只要不关机程序就会永远运行下去。而且每次循环都要检测一次传感器，看其是否刚刚发生了某些外部事件（比如前方是否有障碍物）。如果检测到事件，就执行相应的处理代码，并继续循环。这种机制称为“侦听”，在服务器和游戏开发中十分常见。

即使长年编写程序的开发人员，也无法避免遇到死循环这种情况。所以请读者一定养成良好的习惯：写好代码后先保存文件，再运行程序。这样即使在运行中发生问题，程序强行关闭，也不会丢失数据和之前写好的代码。

3. 在 Next 语句中忘写循环变量名

在我们的所有案例中，Next 的后面都是写有循环变量名的，比如在使用 a 作为循环变量时，就要写“Next a”。不过事实上，VBA 并不要求我们写变量名，如果在这句代码中删除了“a”，只写“Next”也是完全没有问题的。但是仍然强烈建议大家养成在 Next 后面书写变量名的习惯，因为随着学习不断深入，我们会大量编写嵌套循环的代码，如下面的代码。在这种模式下，如果每个 Next 后面都写有自己对应的循环变量名（右侧），会比不写变量名（左侧）更容易让阅读者分清每层循环的边界。

```
Sub Demo_Next_A()

    Dim i, j, k

    For i = 1 To 5
    ......
        For j = 2 To 7
        ......
            For k = 3 To 6
            ......
            Next
        ......
        Next
        ......
        For k = 5 To 8
        ......
        Next
    Next

End Sub
```

```
Sub Demo_Next_B()

    Dim i, j, k

    For i = 1 To 5
    ......
        For j = 2 To 7
        ......
            For k = 3 To 6
            ......
            Next k
        ......
        Next j
        ......
        For k = 5 To 8
        ......
        Next k
    Next i

End Sub
```

3.3 用循环实现汇总——累加器与计数器

Excel 最常见的应用就是对大批量数据进行统计汇总，特别是一些规则复杂、要求特殊的统计汇总需求，往往需要编写 VBA 程序来解决。而使用 VBA 实现数据汇总的基础，就是对循环结构的灵活运用。所以在本节中，我们将为大家介绍两个重要的 VBA 汇总基本功——累加与计数。

所谓“累加”，就是计算多个数值的总和；计数则是计算这些数值的个数。Excel 提供的“SUM”和“COUNT”两个表格公式，就分别对应这两个功能。现在我们就结合案例 3-6 来了解一下使用循环结构实现这两个功能的基本原理。

案例 3-6：在图 3.9 左侧所示的工作表中，存有某商铺部分客户的信息及其消费积分。请编写 VBA 程序统计出客户人数及他们所有积分之和，并显示在 F3 和 F4 单元格中。预期输出结果如图 3.9 右图所示。

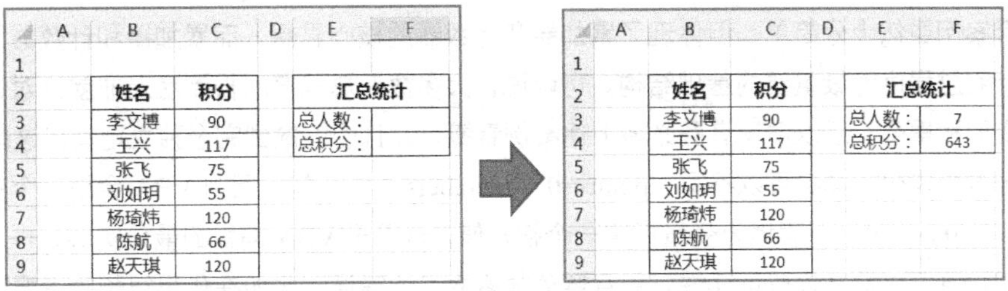

	A	B	C	D	E	F
1						
2		姓名	积分		汇总统计	
3		李文博	90		总人数：	
4		王兴	117		总积分：	
5		张飞	75			
6		刘如玥	55			
7		杨琦炜	120			
8		陈航	66			
9		赵天琪	120			

	A	B	C	D	E	F
1						
2		姓名	积分		汇总统计	
3		李文博	90		总人数：	7
4		王兴	117		总积分：	643
5		张飞	75			
6		刘如玥	55			
7		杨琦炜	120			
8		陈航	66			
9		赵天琪	120			

图 3.9　案例 3-6 原始数据与预期输出结果

没有编程经验的读者可以先思考一下：不使用计算机，自己心算总积分的过程是怎样的？大多数人会先看第一个数字（第 3 行 C 列），然后将“90”这个数字记在心里或写在纸上。接下来看第 4 行数字，然后把 117 与 90 相加得到数字 207。再向下看第 5 行数字，把 75 与 207 相加得到 282……

把这个过程用程序语言呈现出来就是：

① 准备一个变量，相当于“心”或“纸”，用于记录数字（由于此时尚未开始记录任何数字，所以让该变量的数值为 0）；

② 做一个循环，从第 3 行依次扫描到第 9 行；

③ 每扫描一行，就将该行 C 列的数字与刚才的变量相加，并用这个结果更新变量数值。

④ 反复执行直到循环结束。此时该变量存放的数值就是所有数字的累加结果。

同样，如果在上述循环中准备另外一个变量，每次循环都使其增加 1，那么循环结束后变量的数值就代表循环的总次数，在本案例中就是总人数。

这两个变量就是本节要说的“累加器”和“计数器”。具体代码如下：

```
Sub Demo_3_6()

    Dim i, points, members

    points = 0: members = 0

    For i = 3 To 9
        members = members + 1
        points = points + Cells(i, 3)
    Next i

    Cells(3, 6) = members
    Cells(4, 6) = points

End Sub
```

这段代码一共使用了三个变量：i 用于控制循环，代表每次处理的数据所在的行号；points 代表总积分；members 则代表总人数。按照上面的分析，points 应作为累加器，而 members 则应采用计数器模式。

在开始循环之前，首先将 points 和 members 两个变量都预置为 0；接下来循环扫描第 3 行到第 9 行的数据，每找到一行数据就让 members 增加 1，并让 points 增加该行 C 列的数值。当循环结束时，两个变量的最终数值就是想要的结果，并通过最后两行代码分别写入 F3 和 F4 单元格中。

这个案例虽然十分简单，但体现了累加器和计数器的核心思想，而累加器和计数器则是编写复杂统计汇总程序时最重要的基础结构。可以说，大多数汇总程序归根到底无非就是对这个结构的各种变形和重叠。所以请读者务必将上述案例看懂，并且能够做到完全独立地写出这段代码。

关于这段代码，其实可以不写“points=0 : members=0”一句，因为 VBA 会把一个变量的初始值默认为 0。不过，明确地为变量指定一个初始值，也属于 VBA 编程的最佳实践之一。因为明确指定初始值可以提高代码可读性，并且避免很多潜在的错误，比如在代码很长的情况下，开发人员很可能记不清变量在开始累加之前是否被其他语句修改过，致使其初始值已经不是 0。

此外，这些变量的初始值也并不一定都为 0。比如有时我们需要的不是累加而是累乘，那么就需要把 points 的初始值设置为 1 而非 0。

3.4 缩进与注释——提高代码的可读性

读者可能注意到，本书已经多次用到“可读性”或“便于阅读”等字样，反复强调要把代码写得清晰、易读。事实上，代码是否清晰、是否便于阅读，完全不影响计算机对它的理解，也不会对程序运行结果产生任何影响。那么为什么我们还是如此重视代码的可读性呢？简单来说，是因为**世界上没有不需要修改的程序**！

由于编写程序时可能存在错误，或者由于用户的需求发生变化，经常要把自己或别人写好的程序找出来，仔细阅读以便找到需要完善的地方。然而实践证明，对于大多数人来说，哪怕是自己亲手编写的程序，过一段时间以后也会忘记当时的编写思路。假如这段代码中存在一些不容易被发现的错误，想把它找出来更是难上加难。所以软件工程领域最佳实践之一，就是要求开发者必须按照规范的格式和清晰的结构书写代码，并为其编写注释甚至说明文档，以备将来自己或其他人阅读代码之用。

不过相对于职业的软件开发人员来说，我们使用 VBA 主要是编写一些短小的日常办公程序，无论规模还是复杂度都远远低于商品化软件。所以一般情况下，VBA 程序代码的规范性要求也没有那么高，只需要注意“缩进”与“注释”就可以满足大多数日常办公程序的要求。

3.4.1 代码缩进

所谓“缩进”，就是让程序中某些行的起始位置，相对于其他行更加靠右。比如下面的两段程序，左边代码所有行的起始位置都相同，而右边代码则各有缩进。比较这两段代码可以感受到，右边的代码逻辑结构看起来更加清晰，而其原因就在于对“缩进”的合理使用。

```
Sub Demo_3_6()

Dim i, points, members

points = 0: members = 0

For i = 3 To 9
members = members + 1
```

```
Sub Demo_3_6()

    Dim i, points, members

    points = 0: members = 0

    For i = 3 To 9
        members = members + 1
```

```
    points = points + Cells(i, 3)
Next i

Cells(3, 6) = members
Cells(4, 6) = points

End Sub
```

```
        points = points + Cells(i, 3)
    Next i

    Cells(3, 6) = members
    Cells(4, 6) = points
End Sub
```

之所以可以用缩进让代码的逻辑更加清晰，是因为可以用缩进直观地表现出各行代码之间的包含关系。在 VBA 中，有一些语句结构都是由成对的关键词组成的。比如“For”与“Next”、“Sub”与“End Sub”，以及接下来要介绍的“If”与“End If”等。在程序中，所有位于这些成对关键词之间的代码，逻辑上都属于这个语句结构。比如在 For 和 Next 之间的所有代码，都是 For 循环的循环体，它们何时运行、运行多少次，都由所处的 For 循环来控制。如果在书写代码时能够让这些语句都比 For 和 Next 缩进一层，就会让人直观地看到它们都属于这个 For 循环。

同样，所有处于 Sub 和 End Sub 之间的代码也属于这个宏。它们何时运行、运行多少次也都由这个宏来统一决定。所以这些代码也应该相对于 Sub 和 End Sub 缩进一层，以示其从属关系。

而对于那些没有成对关键字的语句结构，比如上例中 Dim 所在的行或 Points = 0 所在的行，就无法包含其他代码。因此它们之间不存在从属关系，也就不需要互相缩进。同样，Sub 与 End Sub 这两个词，以及 For 与 Next 两个词之间也互不从属，因为它们一个用于标明该结构的起始，另一个用于标明该结构的结束，地位完全平等，因而 End Sub 应该与 Sub 对齐，Next 则与 For 对齐。

所以，代码缩进的原则可以总结为以下两点。

① 如果一个语句结构是由成对关键字构成的，二者分别代表该结构的起始行和结束行，那么二者之间的所有行都要相对于它们缩进一层。

② 如果一个语句不存在成对关键字，则不需要让后面的语句相对于它缩进。

要想在代码中实现缩进，可以连续输入多个空格，比如连续输入四个空格代表一层缩进。不过更好的方法是使用“Tab”键。“Tab”键英文全称为 Tabulator，常被翻译为“制表符”，每按一下“Tab”键，光标就会自动向右移动若干位。读者可以根据自己的习惯，在 VBE 中指定每次按“Tab”键后光标移动几位。具体方法是在 VBE 的“工具”菜单中选择“选项”命令，并在弹出的“选项”对话框的“Tab 宽度”文本框中修改数值即可，如图 3.10 所示。如果读者需要修改 VBE 的字号和颜色，也可以在这个对话框中实现，单击“编辑器格式”选项卡，设置相应格式即可。

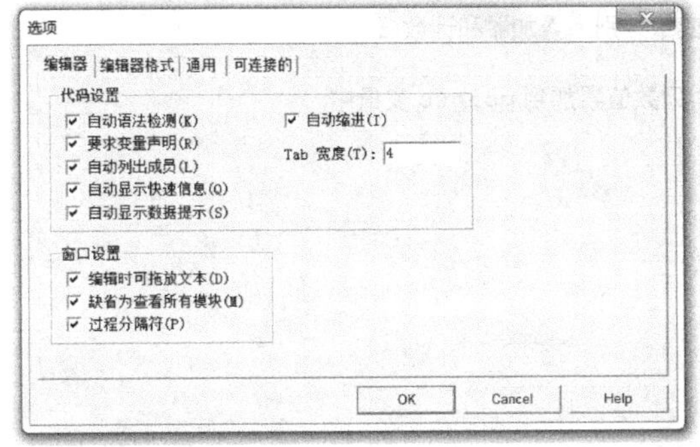

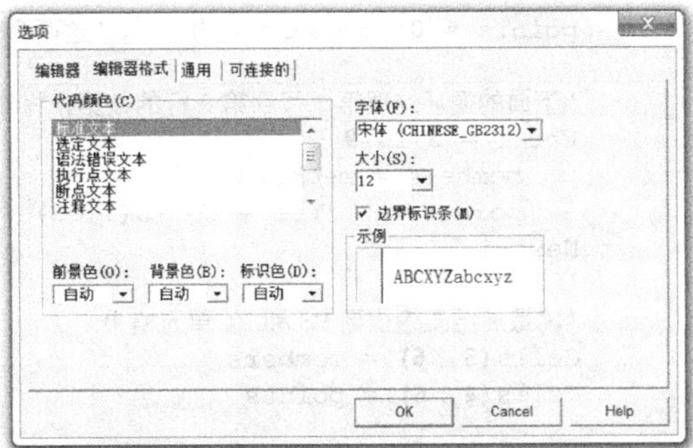

图 3.10　“选项”对话框

此外，在程序中适当加入一些空行，也会使代码格式变得清晰很多。比如下面左边所示的代码非常紧凑，没有空行，阅读起来比较吃力。而右边的代码则在不同功能的语句块间插入了空行，这些功能包括：

① 将第一行的变量定义视作一个单独的功能；

② 将第二行的初始值设定视作一个单独的功能；

③ 将负责单元格扫描的 For 循环（共包含四行代码）看作一个功能；

④ 将最后两句负责输出结果的赋值语句看作一个功能。

由于不同功能之间用空行隔开，右边的代码结构更加符合逻辑，看上去清晰了很多。

```
Sub Demo_3_6()
   Dim i, points, members
   points = 0: members = 0
   For i = 3 To 9
      members = members + 1
      points = points + Cells(i, 3)
   Next i
   Cells(3, 6) = members
   Cells(4, 6) = points
End Sub
```

```
Sub Demo_3_6()

   Dim i, points, members

   points = 0: members = 0

   For i = 3 To 9
      members = members + 1
      points = points + Cells(i, 3)
   Next i

   Cells(3, 6) = members
   Cells(4, 6) = points

End Sub
```

3.4.2 代码注释

毕竟 VBA 不是人类的自然语言，因此无论其书写得多么清晰，阅读起来都不会很轻松，特别是篇幅较长、逻辑复杂的程序，往往需要花费很长时间才能理解。

与其他编程语言一样，为了提高程序的可读性，VBA 也允许在代码中使用人类自己的语言随时对某段代码进行注释。比如在下面的程序中，每行中单引号“’”后面的内容都属于注释语句。

```
'本段代码用于演示注释语句的使用，从每个单引号到该行行尾之间的所有内容均属于注释语句，比如本行
Sub Demo_3_6()

   Dim i, points, members

   points = 0: members = 0      '这两个变量分别为累加器和计数器

   '下面的循环处理第 3 行到第 9 行的数据，将 C 列数值累加到 points 变量中
   For i = 3 To 9
      members = members + 1
      points = points + Cells(i, 3)
   Next i

   '将最终结果输出到 F3 和 F4 单元格中
   Cells(3, 6) = members
   Cells(4, 6) = points

End Sub
```

注释语句可以书写在程序的任何一行，其作用仅限于帮助阅读者理解代码含义，并不是可以执行的程序语句。当计算机执行 VBA 程序时，会自动忽略每行中单引号后面的文字，所以注释

语句并不会影响程序的运行结果[①]。

显然，在适当的地方插入注释，可以大幅降低程序的理解难度。因此强烈建议读者养成在关键语句前写注释的习惯，虽然这样会增加一些工作量，但是考虑到未来频繁的阅读和修改需求，这些付出将是非常值得的。本书在后面的示例程序中也会经常使用注释语句，以便于大家理解代码。

除了单引号，VBA 语法中还有一个注释语句标识，即“REM”。REM 是英文“Remark”的缩写，也是 Basic 系列语言中最早使用的注释符号。不过由于 REM 只能写在行首，不能像单引号一样写在一行代码的中间位置（比如上面的示例代码中 Points = 0 一行的注释语句），所以在实际开发中很少使用。

小技巧　除了帮助理解，注释语句还常用来实现另一个有趣的功能：屏蔽语句。有时候我们发现程序无法正确运行，会怀疑是否是其中某条语句出了问题，于是想暂时删除这条语句试一试。不过删除某些语句并调试程序之后，往往需要将其恢复回来，这个过程却比较麻烦，甚至会因为疏忽导致无法恢复，只能重新编写代码。但是使用注释语句却很简单：当需要删除某条语句时，直接在该语句的最前面输入一个单引号，它就从可执行代码变成了注释语句，再运行程序时就会被计算机完全无视，形如删除。当需要把它恢复回来时，只需将单引号删除即可，既方便又安全。

本章小结

本章为读者详细介绍了循环结构的含义，以及 For...Next 这个经典的循环结构的特点和各种用法。循环结构是程序设计中的三大结构之一，也是让程序充分发挥计算机的速度优势，高效解决实际问题的关键。所以对于初学者来说，深刻理解循环结构的执行过程和应用技巧，对实际编程具有非常重要的意义，这也是本书用了整章内容剖析 For...Next 语句的原因。

经过本章的学习，读者需要重点理解和掌握的知识包括：

★ 每当程序中出现“规则明确、大量重复”的代码时，就可以考虑将其放入循环体，使其自动重复执行。

★ 每当执行到 Next 语句时，循环变量都会被自动改变一次。

★ 用好 For 循环的关键，在于对循环变量的灵活运用，但是轻易不要在循环体中改变循环变量的数值。

★ 一旦发生死循环，可以尝试使用“Ctrl+Break”组合键使程序暂停运行；如果无法暂停，需要使用任务管理器结束 Excel 进程。

★ 编辑程序时一定要养成随时保存文件的习惯，以防发生意外时丢失代码。

★ 当需要执行倒序循环时，必须使用 Step 子句将步长声明为负数。

★ 累加与计数是通过循环实现数据统计的基本功，使用时一定要注意累加器和计数器的初始值设定。

★ 编写代码时应按照从属关系，适当通过“Tab”键使代码进行缩进，并使用单引号为重要语句添加注释。

---

① 在默认设置下，VBE 会将代码中所有注释语句显示为绿色，使其在视觉上与普通程序代码更容易区分。

第4章 智能的产生——判断结构

循环结构可以充分发挥计算机的速度优势，但是仅有速度仍然不够，我们还需要让 VBA 程序具有随机应变的能力，从而能够在执行过程中随时对不同的情况自动选用适当的处理方法。比如在循环处理多行数据时，能够根据每行数据的特点应用不同的计算规则。在程序语言中，与这种能力对应的就是本章所讲的判断结构。

通过本章的学习，读者将会理解和掌握以下知识：

★ 怎样使用 If 语句实现判断结构？

★ 怎样实现多分支判断？

★ 什么是嵌套的判断结构？什么时候使用这种结构？

★ 初学者在学习判断结构时容易产生哪些常见错误？

★ 什么是关系运算？在 VBA 中怎样比较数值大小？

★ 什么是逻辑运算？在 VBA 中怎样表达“与”“或”“非”？

★ 怎样使用 Select Case 语句实现多分支判断？

本章内容主要与视频课程“全民一起 VBA——基础篇”第六回“If 语句分清泾渭，关系运算明断忽微”相对应。关于“逻辑运算”的部分参见第八回“天下文章尽皆字符串，世间逻辑不过与或非”的后半部分；关于 Select Case 语句的内容则对应“全民一起 VBA——提高篇”第三十二回“Select 简化分支结构，静态变量坐看沧海桑田”的前半节视频。视频课程中所举的例子与本书不同，建议读者配套学习，加深对这些知识点的理解。

4.1　If 语句与关系运算

4.1.1　用 If 语句实现判断结构

与循环结构一样，判断结构也是程序设计中的基本结构之一，有时被称为“分支结构”。它的功能就是让计算机根据运行时遇到的实际情况，选择是否执行某段代码，或者从多段代码中择一而行。比如在案例 4-1 中，VBA 程序需要根据每名学生 F 列单元格（平均分）的数值大小，来选择是否将其 G 列单元格（奖学金）设置为“2000”，这就是典型的判断结构。

案例 4-1：在图 4.1 左侧的表格中列出了多名学生的单科成绩及平均成绩，现在需要编写一个 VBA 程序，根据每名学生的平均分（F 列数值）计算出其应得奖学金金额。奖学金发放规则为：平均 80 分及以上者得 2000 元，低于 80 分者不予发放。预期运行效果如图 4.1 右图所示。

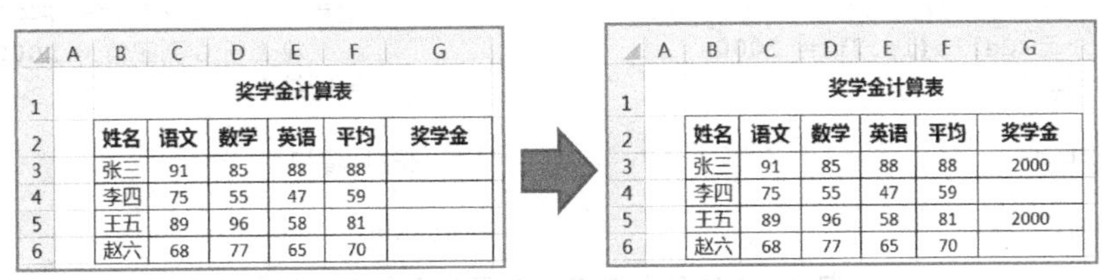

	A	B	C	D	E	F	G
1		奖学金计算表					
2		姓名	语文	数学	英语	平均	奖学金
3		张三	91	85	88	88	
4		李四	75	55	47	59	
5		王五	89	96	58	81	
6		赵六	68	77	65	70	

	A	B	C	D	E	F	G
1		奖学金计算表					
2		姓名	语文	数学	英语	平均	奖学金
3		张三	91	85	88	88	2000
4		李四	75	55	47	59	
5		王五	89	96	58	81	2000
6		赵六	68	77	65	70	

图 4.1　案例 4-1 原始数据及预期运行效果

怎样编写程序实现案例 4-1 的需求呢？我们还是采用老办法——先看看在不使用计算机的情况下是怎样思考和解决这种问题的。如果需要把这个表格交给一位新员工去处理，那么我们会事先把处理规则用类似下面的语言交代给他：

“首先请看第一个人，也就是第 3 行，观察这一行的 F 列数字”；

“然后判断一下，如果这个数字大于等于 80，就在该行 G 列输入‘2000’”；

“当然，如果这个数字不大于等于 80，那就什么也不用做”；

“接下来看第二个人，也就是第 4 行，还是看该行 F 列数字，和前面进行一样的处理”；

“就这样一行行反复处理，直到把第 6 行处理完就可以结束了”。

如果这位新员工就是计算机，交谈的语言不是汉语而是 VBA，那么只要把上面这段话用 VBA 语法写出来，程序代码就呼之欲出了。

这个思路从整体上看是一个非常明显的 For … Next 循环结构，循环变量代表行号，数值从 3 变化到 6。不过还需要用到“如果……那么……”这种结构。在 VBA 中，这个结构就是我们所说的“判断结构”，一般使用“If...Then...End If”来表达。图 4.2 所示为 If 语句最基本的用法及语法解释。

```
If  判断条件  Then
        一行或多行程序代码
End If
```

```
如果  符合判断条件  那么
        执行这一行或多行程序代码
判断结束（后面的代码是否执行与本 If 结构无关）
```

图 4.2　If 语句的基本结构及含义

在如图 4.2 所示的 If 结构中，“If”“Then”和“End If”是 VBA 语言规定的关键字，书写时必须一字不差。这里需要提醒大家注意的是：“End If”是由两个单词构成的关键字，中间的空格必不可少；而“If”与“Then”必须处于同一行中，除非使用下画线进行分行书写。在“If”与“End If”之间可以书写一行或多行代码，VBA 将会根据 If 后面的判断条件是否成立，选择运行或不运行这些代码。无论这些代码是否运行，“End If”后面，也就是 If 结构之外的代码都不会受到它的影响，始终按照正常顺序执行。

使用 If 结构，就可以对案例 4-1 中每行 F 列的平均分进行判断（看其数值是否大于等于 80），从而决定是否执行“在该行 G 列输入‘2000’”这个操作。案例 4-1 的参考答案及代码含义如图 4.3 所示。

```
Sub Demo_4_1()

    Dim i

    For i = 3 To 6

        If Cells(i, 6) >= 80 Then
            Cells(i, 7) = 2000
        End If

    Next i

End Sub
```

```
Sub Demo_4_1()

    声明：本代码将用到一个名为 i 的变量

    让 i 从 3 逐步递增到 6（步长为 1）

        如果 i 行 F 列的数值大于等于 80 那么
            将 i 行 G 列赋值为 2000
        判断结束

    将 i 增加 1

End Sub
```

图 4.3　案例 4-1 的参考答案（左图）及代码含义（右图）

对照图 4.3 右侧的代码注释，相信读者可以理清这个程序的执行流程。此外，在书写这段代码时使用了多层缩进，以便清晰地体现各行代码之间的从属关系。具体来说：

① Dim 到 Next 的代码都属于 Sub … End Sub，所以全部相对于 Sub 缩进一层；

② For 到 Next 之间的代码（If 结构）都属于循环体，每次循环时都要执行一遍，所以把它们相对于 For 缩进一层；

③ If 与 End If 之间的语句属于判断结构的内容，由判断条件决定是否执行，所以再把这一行语句相对于 If 缩进一层。

这种缩进格式（包括对空行的使用）可以清楚地反映各个结构（如 For 和 If）之间的关系，从而使阅读者能够正确理解程序的执行流程，一旦发现程序出错也能够迅速找出错误的根源。如果不使用缩进格式和空行，而是写成下面的格式，理解起来就会十分困难。所以再次提醒读者：合理运用缩进格式与空行，是程序开发中的最佳实践之一！

```
Sub Demo_4_1()
Dim i
For i = 3 To 6
If Cells(i, 6) >= 80 Then
Cells(i, 7) = 2000
End If
Next i
End Sub
```

4.1.2　用关系运算比较大小

在案例 4-1 的参考答案中，使用了“>=”字符来表示“大于等于”的关系，这在程序设计中被称为“关系运算”。

所谓“关系运算”或称“比较运算”，就是对两个元素进行比较，判断两者是否符合某种特定关系。这种关系一般包括“相等”“不等”“大于”“小于”“大于等于”及“小于等于”，VBA 语言中的运算符如表 4-1 所示。由于在大部分情况下，关系运算都是与 If 语句等需要进行判断的语句配合使用[1]，所以表 4-1 围绕 If 语句对各种运算符的用法进行了演示。

表 4-1　VBA 语言中的关系运算符

关　系	运 算 符	在 If 语句中的应用示例
相等	=	判断 a 是否等于 b：If a = b Then …
不等	<>	判断 a 是否不等于 b：If a <> b Then …
大于	>	判断 a 是否大于 b：If a > b Then …
小于	<	判断 a 是否小于 b：If a < b Then …
大于等于	>=	判断 a 是否大于等于 b：If a >= b Then …
小于等于	<=	判断 a 是否小于等于 b：If a <= b Then …

这些运算符的含义很容易理解，比如“大于等于”就是键盘上的“>”和“=”组合在一起；而“不等”就是“>”和“<”的组合，代表“可以大于也可以小于，就是不能等于”。需要注意的是，等号“=”在 VBA 语言中具有两种含义：在关系运算中用于判断“左边的值与右边的值是否相等”；在赋值语句中则代表“把左边的值设置为右边的值”。等号在功能上的这种“二义性”，有时候会给阅读代码带来一些困扰，此时应当先搞清楚这个语句是用于关系运算中，还是用于赋值操作，再确定它在这段代码中的具体含义。

4.1.3　用 Else 和 ElseIf 实现多分支判断

1. 使用 Else 实现双分支判断

从实际工作角度来看，图 4.3 中给出的参考答案并不完美。因为对于李四和赵六这两位没有得到奖学金的同学程序未做任何处理，G 列单元格仍然是空白，如图 4.4 左图所示）。但是根据通常的财务规定，这些单元格不能留白，应该明确填写“0”，以免造成混淆，如图 4.4 右图所示。

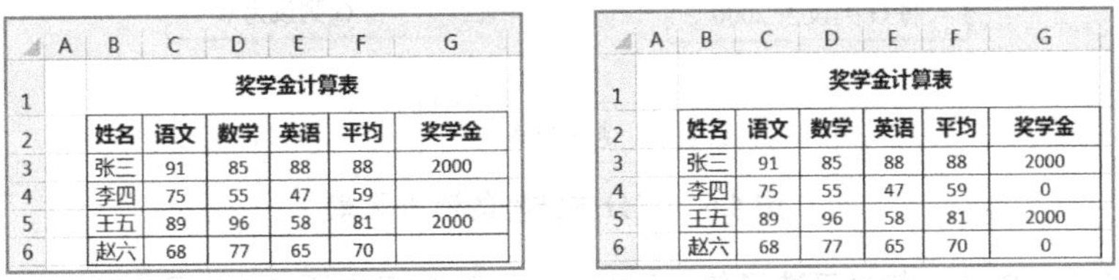

奖学金计算表

姓名	语文	数学	英语	平均	奖学金
张三	91	85	88	88	2000
李四	75	55	47	59	
王五	89	96	58	81	2000
赵六	68	77	65	70	

奖学金计算表

姓名	语文	数学	英语	平均	奖学金
张三	91	85	88	88	2000
李四	75	55	47	59	0
王五	89	96	58	81	2000
赵六	68	77	65	70	0

图 4.4　案例 4-1 的预期运行效果

为什么之前编写的程序会忽视了李四和赵六这两条记录呢？因为 If Cells(i,6)>=80 Then 的含

[1] 事实上，关系运算与算术运算一样，可以单独书写并返回一个运算结果（真或假），并非必须与 If、While 等结构搭配使用。本书讲解逻辑运算时会再次探讨这一问题。

义是“只有当第 i 行第 6 列（F 列）的数值大于等于 80 时，才执行 Then 与 End If 之间的内容”。而对于第 4 行（李四）和第 6 行（赵六）来说，F 列的数值小于 80，不符合上述条件，因此跳过 If 结构，直接执行 End If 之后的语句。而在我们的程序中，End If 之后并未对单元格进行任何操作，而是通过 Next i 继续循环，前往处理下一行数据，所以这两行单元格没有得到任何赋值操作。

怎样在判断结构中既处理符合条件的情况，也兼顾不符合条件的情况呢？换言之，能否在 VBA 代码中表达出“否则”的意思，从而将前面的解题思路改成下面这样呢？

如果平均分大于等于 80，就在这一行的 G 列输入“2000”；否则就在这一行的 G 列输入“0”。

答案是肯定的。VBA 的“If... End If”结构允许使用“Else”关键字实现上述思路。仍以案例 4-1 为例，使用 Else 关键字之后的参考答案如图 4.5 所示。

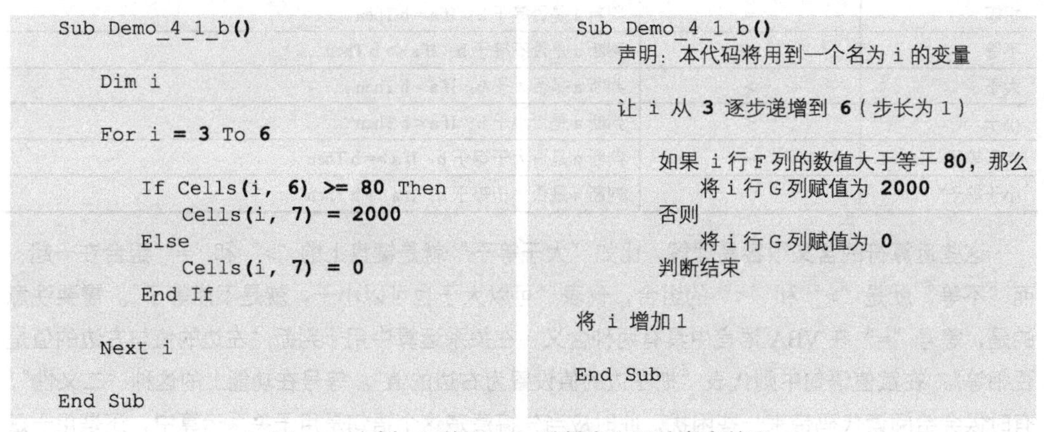

```
Sub Demo_4_1_b()

    Dim i

    For i = 3 To 6

        If Cells(i, 6) >= 80 Then
            Cells(i, 7) = 2000
        Else
            Cells(i, 7) = 0
        End If

    Next i

End Sub
```

```
Sub Demo_4_1_b()
    声明：本代码将用到一个名为 i 的变量

    让 i 从 3 逐步递增到 6（步长为 1）

        如果 i 行 F 列的数值大于等于 80，那么
            将 i 行 G 列赋值为 2000
        否则
            将 i 行 G 列赋值为 0
        判断结束

    将 i 增加 1

End Sub
```

图 4.5　案例 4-1 使用 Else 关键字之后的参考答案

可以看到，通过在 If 与 End If 之间插入 Else，就在这个判断结构中提供了两种不同的备选操作方案——将 G 列赋值为 2000，或者将 G 列赋值为 0。显然，在每次执行这个判断语句时，VBA 只能根据实际情况选择一种方案执行。所以将 If...Else...End If 这种结构称为“双分支”判断结构，流程如图 4.6 所示。

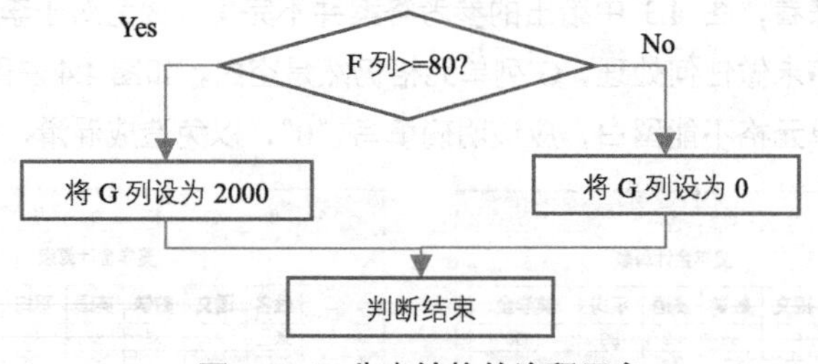

图 4.6　双分支结构的流程示意

在 If 结构中，Else 子句是可选子句，即在代码中可以不使用它，但是如果决定使用它，那么就必须保证它处于“If ... Then”与“End If”之间，否则它将无法被视作这个判断结构的一部分。如果 VBA 发现某个 Else 子句不属于任何 If 结构（比如图 4.7 所示的代码），就会弹出编译错误提示。

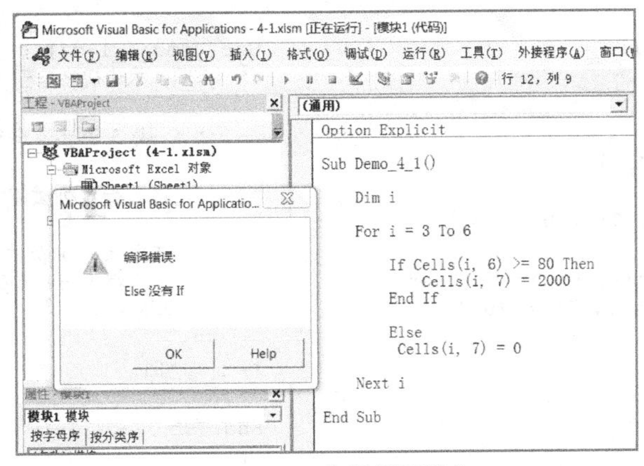

图 4.7　Else 位置错误警告

还需要注意的一点是，一个 If 结构中只能有一个 Else 子句。想象一下，如果老师在班会上说“明天下雨就正常上课，否则就开运动会，再否则就放假”，那么同学们一定会怀疑老师的真诚或智商，因为“放假”这个选项显然毫无意义，永远无法实现。同样的道理，如果我们在同一个 If 结构中使用了两次 Else 语句，也会导致程序出错，如图 4.8 所示。因为每个 If 结构中只能有一个 Else 子句，所以第一个 Else 就会被认为与这个 If 搭配使用，那么第二个 Else 就无法找到与之搭配的 If 语句了。

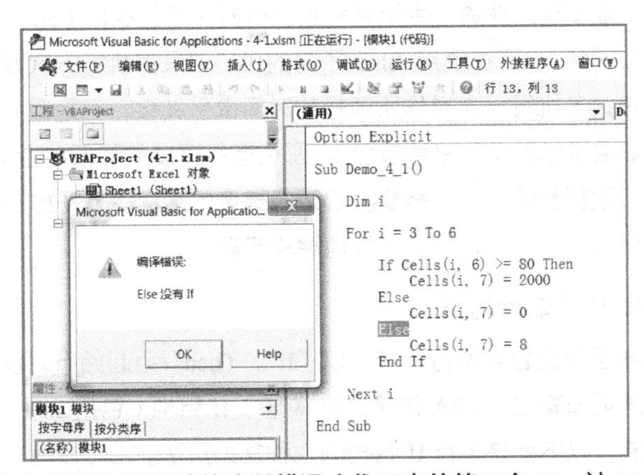

图 4.8　使用多个 Else 语句导致的编译错误（代码中的第二个 Else 被 VBA 高亮报警）

2. 使用“默认值”技巧替代 Else 子句

在有些情况下，不使用 Else 子句也能够实现“否则”的效果。仍以图 4.5 中案例 4-1 的参考答案为例，其计算规则是：

如果平均分大于等于 80，就在这一行的 G 列输入“2000”；否则就在这一行的 G 列输入“0”。

也可以换一个角度思考：

每找到一名学生，先在 G 列输入“0”；然后判断其平均分是否大于等于 80，如果是，就把 G 列的数值由“0”修改为“2000”。

按照这个思路，可以将图 4.5 中的代码修改为如下内容，如图 4.9 所示。

```
Sub Demo_4_1_c()

    Dim i

    For i = 3 To 6

        Cells(i, 7) = 0

        If Cells(i, 6) >= 80 Then
            Cells(i, 7) = 2000
        End If

    Next i

End Sub
```

```
Sub Demo_4_1_c()
    声明：本代码将用到一个名为 i 的变量

    让 i 从 3 逐步递增到 6（步长为 1）

        将 i 行 G 列赋值为 0

        如果 i 行 F 列的数值大于等于 80，那么
            将 i 行 G 列赋值为 2000
        判断结束

将 i 增加 1

End Sub
```

图 4.9　使用默认值替代 Else 子句

在这段代码中，每扫描到一行数据，就将该行的奖学金数额设置为“0”；再使用一个单分支的 If 结构判断是否将其修改为“2000”。假如数据不符合判断条件，那么 If 结构就不会执行，其奖学金数额仍然为“0”。换句话说，这个思路首先默认所有人的奖学金都是 0 元，就像司法理论中的“无罪推定”一样——先默认嫌疑人无罪，再寻找证据，以判断是否应该判其为有罪。

需要注意的是，使用默认值代替 Else 语句可能造成程序运行效率降低。比如在图 4.9 所示的代码中，那些符合奖学金发放条件的学生记录将被执行两次赋值操作（先在 G 列的单元格中写上“0”，再将其修改为“2000”），而在使用 Else 子句的代码中只需执行一次赋值操作即可。虽然以计算机的计算速度来讲，多执行一次操作所消耗的时间微乎其微，但是假如数据数以万计，且操作比赋值更复杂（比如要求修改单元格背景色），那么运行速度的降低就会非常明显。

尽管如此，在很多数据量较小、不需要担心运行速度的情况下，巧妙使用默认值往往可以使复杂的逻辑判断关系变得非常简洁，可以巧妙地解决问题。

3. If…Else…End If 的单行写法

一个完整的 If 结构至少应包含两行代码：以“If … Then”为起始行，以“End If”为结束行。不过为了使代码看起来更加简洁，VBA 语法允许将整个 If 结构（包括 Else 语句）写在一行之中，从而不必书写“End If”。以下就是单行 If 结构的几种常见用法。

（1）对于单分支 If 结构，删除“End If”，直接将剩余代码合并为一行即可。比如在下面左侧的代码中，If 结构一共占了三行，而改写为右侧的代码后只需占一行。

```
Sub Demo_If_a()
    Dim x, y
    x = 5
    If x > 0 Then
        y = 1
    End If
End Sub
```

```
Sub Demo_If_a()

    Dim x, y

    x = 5

    If x > 0 Then y = 1

End Sub
```

（2）对于双分支 If 结构，同样可以把“End If”之外的代码（包括 Else 子句）合并为一行，比如下面左侧的代码就可以改写为右侧的样子：

```
Sub Demo_If_b()

    Dim x, y

    x = 5

    If x > 0 Then
        y = 1
    Else
        y = -1
    End If

End Sub
```

```
Sub Demo_If_b()

    Dim x, y

    x = 5

    If x > 0 Then y = 1 Else y = -1

End Sub
```

（3）即使每个判断分支中都包含多行语句，也可以把它们合并成单行 If 结构，只要使用冒号“:”将它们分隔开即可：

```
Sub Demo_If_c()

    Dim x, y
    x = 5

    If x > 0 Then
        y = 1
        y = y * 8
    Else
        y = -1
        y = y * 4
    End If

End Sub
```

```
Sub Demo_If_c()
    Dim x, y
    x = 5

    If x>0 Then y=1 : y=y*8 Else y=-1 : y=y*4

End Sub
```

在这种写法中，只有每个分支内的各行之间需要使用冒号分隔，而对于 Then、Else 这两个关键字是不需要使用冒号的 ①。

必须注意的是，将 If 结构改成单行写法后，绝对不可以再写“End If”。因为在单行写法中，这行代码就是一个完整的 If 结构，行尾就代表了 If 结构的结束。所以如果下面再写一行“End If”，VBA 就会认为它对应另一个 If 语句，于是尝试将它与其他 If 语句进行配对，从而导致“End If 没有 If 块”等错误提示。

在一般情况下，我们还是推荐大家使用标准的 If 结构写法，即明确地使用“End If”表示判断结构的结束。标准写法一方面使阅读更加清晰；另一方面在需要修改判断结构，特别是需要在某个分支中添加代码时会很方便。不过如果程序中需要用到很多相互平行的简单判断，使用单行写法可以让代码看起来更加美观，如同写作时使用排比句一样。比如对于案例 4-1 来说，如果将其修改为以下规则，那么就适合使用单行写法：

语文成绩 85 分以上可得 1000 元单科奖学金；数学成绩 90 分以上可得 1500 元单科奖学金；英语成绩 90 分以上可得 800 元单科奖学金；如果多门学科的成绩符合上述规则，奖学金总金额为各科奖学金之和。

```
Sub Demo_4_1_b()

    Dim i
```

① 如果同时在 Then 的后面及 Else 的前后写上冒号也符合语法，但这种写法一般没有必要。

```
    For i = 3 To 8
        If Cells(i, 3) > 85 Then Cells(i, 7) = Cells(i, 7) + 1000
        If Cells(i, 4) > 90 Then Cells(i, 7) = Cells(i, 7) + 1500
        If Cells(i, 5) > 90 Then Cells(i, 7) = Cells(i, 7) + 800
    Next i
End Sub
```

4. 使用 ElseIf 实现多分支判断

使用 “If … Else … End If” 结构可以实现双分支判断，也就是提供两种备选方案供 VBA 选择。但是在实际工作中，还会经常遇到需要提供更多备选方案的情况。

案例 4-2：与案例 4-1 一样，图 4.10 左侧的表格仍为多名同学的成绩信息，要求编写程序计算出奖学金并填入 G 列，效果如图 4.10 右侧的表格所示。不过奖学金发放规则发生变化：平均分在 85 分及以上者发放奖学金 2000 元，80～84 分者发放奖学金 1500 元，60～79 分者发放奖学金 800 元，低于 60 分者为 0 元。

奖学金计算表（原始数据）

姓名	语文	数学	英语	平均	奖学金
张三	91	85	88	88	
李四	75	55	47	59	
王五	89	96	58	81	
赵六	68	77	65	70	
田七	69	88	44	67	
郑八	85	72	83	80	

奖学金计算表（预期运行效果）

姓名	语文	数学	英语	平均	奖学金
张三	91	85	88	88	2000
李四	75	55	47	59	0
王五	89	96	58	81	1500
赵六	68	77	65	70	800
田七	69	88	44	67	800
郑八	85	72	83	80	1500

图 4.10　案例 4-2 的原始数据及预期运行效果

在案例 4-2 中，需要为程序提供 4 个备选操作，即将 G 列单元格的内容设置为 2000、1500、800 或 0。换句话说，这次的判断结构将需要 4 个分支，如图 4.11 所示。

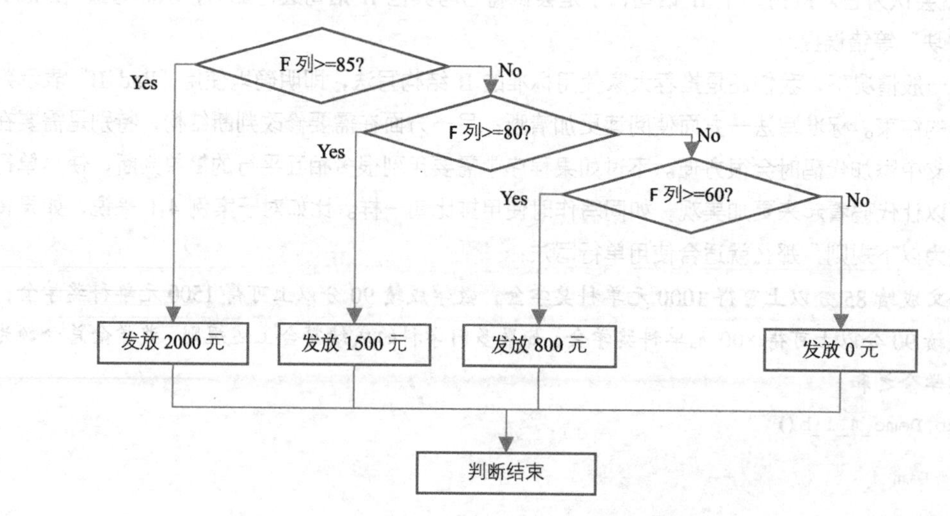

图 4.11　用多分支结构表述案例 4-2 中的奖学金计算规则

为了实现这种多分支判断结构，VBA 在 If 语句中提供了一个专门的可选关键字——ElseIf。显而易见，这个关键字是由“Else”和“If”两个单词合并而来，意为“否则如果”。下面的代码就使用这个关键字解决了案例 4-2 的问题，其中关键语句的含义均已给出注释。

```
Sub Demo_4_2()

    Dim i

    For i = 3 To 8

      If Cells(i, 6) >= 85 Then          '如果F列单元格中的数值大于等于85，则获得奖学金2000元
          Cells(i, 7) = 2000

      ElseIf Cells(i, 6) >= 80 Then'否则如果F列单元格中的数值大于等于80，则获得奖学金1500元
          Cells(i, 7) = 1500

      ElseIf Cells(i, 6) >= 60 Then'否则如果F列单元格中的数值大于等于60，则获得奖学金800元
          Cells(i, 7) = 800

      Else                               '否则（不符合上述任何条件）获得奖学金0元
          Cells(i, 7) = 0

      End If

    Next i

End Sub
```

从这段代码中也可以看到，在一个 If … End If 结构中，可以根据需要插入多个 ElseIf 子句，从而实现多个判断分支。不过对于初学者来说，在使用 ElseIf 子句时必须注意以下问题，否则很容易导致各种错误。

（1）切记“ElseIf”是一个单词，书写时不能插入空格使其变成“Else　If”。

比如在前面的例子中，如果将第一个 ElseIf 子句误写成“Else　If　Cells(i,6)>=80 Then…”，那么 VBE 马上就会把这行标记为红色高亮显示，并报出编译错误：“必须为该行的第一条语句”。这是因为在插入空格后，这一行语句中就包括了“Else”和“If”两个关键字。而 VBA 的语法规定：如果一行语句中含有 If 关键字，那么其必须处于该行的最前面。但是此处 If 关键字前面还有一个 Else 关键字，显然这违背了语法规定，于是报出错误，如图 4.12 所示。

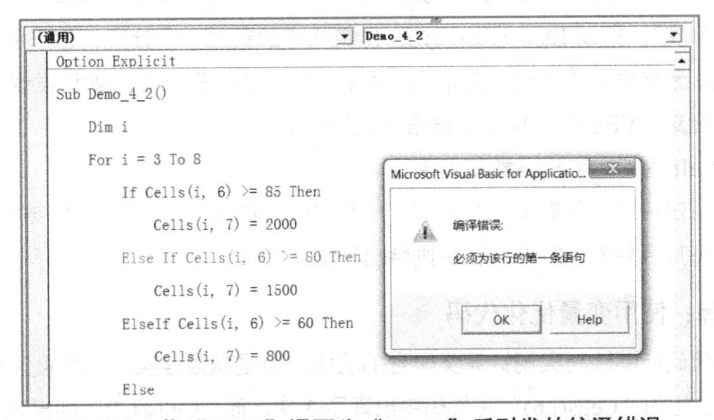

图 4.12　将“ElseIf”误写为“Else If”后引发的编译错误

此外，经常被初学者忘记的是，每个 ElseIf 子句必须含有一个“Then”关键字，不能将其省略。事实上，在一个 If 结构中，只有 Else 子句没有“Then”关键字。

（2）ElseIf 子句在执行时存在先后顺序，必须注意判断条件之间的包含关系。

当一个 If 结构中含有多个分支时，VBA 会严格按照“由上而下”的顺序检查。一旦发现符合某个分支的判断条件，就会执行其中的代码，并跳过后面的其他分支，直接执行 End If 后面的代码。这就意味着，如果有多个 ElseIf 符合条件，VBA 只会执行第一个 ElseIf 中的代码。

比如在案例 4-2 的奖学金计算程序中，如果我们把第一个 ElseIf（平均分>= 80）和第二个 ElseIf（平均分>= 60）位置对调，程序虽然能够正常执行，但是得到的结果却是错误的，如图 4.13 所示。因为所有大于等于 80 的平均分必然也大于等于 60，所以王五和郑八两位同学的成绩同时满足这两个 ElseIf 的条件。由于这两个 ElseIf 子句中最先出现的是大于等于 60，因此 VBA 只执行此分支，从而将两者的奖学金设置为 800 元，直接忽略了另一条规则的存在。

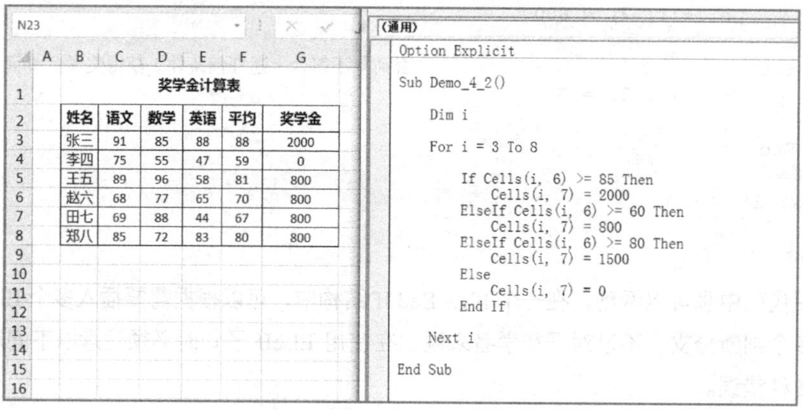

奖学金计算表

姓名	语文	数学	英语	平均	奖学金
张三	91	85	88	88	2000
李四	75	55	47	59	0
王五	89	96	58	81	800
赵六	68	77	65	70	800
田七	69	88	44	67	800
郑八	85	72	83	80	800

```
Option Explicit

Sub Demo_4_2()

    Dim i

    For i = 3 To 8

        If Cells(i, 6) >= 85 Then
            Cells(i, 7) = 2000
        ElseIf Cells(i, 6) >= 60 Then
            Cells(i, 7) = 800
        ElseIf Cells(i, 6) >= 80 Then
            Cells(i, 7) = 1500
        Else
            Cells(i, 7) = 0
        End If

    Next i

End Sub
```

图 4.13　调整分支顺序后的代码及其运行结果

换言之，如果在一个 If 结构中存在多个分支，而且前面分支的判断条件包含后面分支的判断条件，那么后面的分支将永远不会被执行。所以在书写多分支判断代码时，必须先厘清各个判断条件之间的顺序，避免出现“前面包含后面”的情况。

此外需要注意的是，这里所说的“多个分支”，不仅包括 ElseIf 子句，而且包括 If 语句中的表达式，以及 Else 分支所代表的“否则”分支。由于 Else 分支的含义是“假如不符合上述所有分支条件，则执行本分支”，所以 Else 分支必须是 If 结构中的最后一个分支，位于所有 ElseIf 子句的后面。否则，Else 分支后面的其他分支永远得不到运行机会（事实上，如果发现 Else 分支不是 If 结构的最后一个分支，VBE 会直接报出语法错误警告）。

（3）含有 ElseIf 的判断结构不能使用单行写法。

If 结构单行写法只适用于最多两个分支（If 和 Else）的情况。假如在 If 结构中出现了 ElseIf 关键字，就无法将其合并为一行书写，否则会出现语法错误。

5. 老调重弹：使用变量优化代码

尽管上面的代码能够顺利实现计算奖学金的功能，但是从最佳实践的角度来看，还是达不到简洁优雅的要求。比如“Cells(i,6)”在代码中出现了 3 次，而“Cells(i,7)”则出现了 4 次，这样不仅书写起来十分麻烦，也给以后的阅读和修改工作带来了隐患。

举一个例子：假如现在需要对工作表的格式进行调整，将平均分从第 6 列（F 列）改到第 5 列（E 列），将奖学金从第 7 列（G 列）改到第 8 列（H 列），那么就要对所有的“Cells(i,6)”和“Cells(i,7)”进行修改，共计修改 7 处。一旦某处发生错误，就会导致“数据不一致”的错误。

怎样才能够优化这段代码，从而避免上述风险呢？解决之道就是前面专门讲解过的最佳实践：

把每个将会重复出现的数据定义为变量！

比如在案例 4-2 中，既然存放平均成绩的 Cells(i,6)重复出现了 3 次，那么就可以创建一个变量代替它反复出现。为使代码清晰易读，可以将这个变量命名为“score（成绩）”。同样，可以再创建另一个变量“amount（金额）”来代替显示奖学金数额的 Cells(i,7)。用这个思路修改之前的程序，就可以得到下面这段优化后的代码：

```
Sub Demo_4_2()
 Dim i, score, amount                   '声明：本程序将用到 3 个变量

 For i = 3 To 8                         '用 i 代表行号，从第 3 行扫描到第 8 行

  score = Cells(i, 6)                   '每找到一行，就让 score 等于该行 F 列数值

  If score >= 85 Then                   '如果 score 的数值大于等于 85，则 amount 的数值为 2000
     amount = 2000
  ElseIf score >= 80 Then               '否则如果 score 的数值大于等于 80，则 amount 的数值为 1500
     amount = 1500
  ElseIf score >= 60 Then               '否则如果 score 的数值大于等于 60，则 amount 的数值为 800
     amount = 800
  Else                                  '否则，amount 的数值为 0
     amount = 0
  End If

  Cells(i, 7) = amount                  '让该行 G 列的内容等于 amount 的数值

 Next i                                 '然后将 i 增加 1，处理下一行

End Sub
```

在这段优化后的程序里，如果需要修改平均成绩和奖学金数额所在的列号，一共只需要修改两处代码，而且绝不会出现数据不一致的情形。同时，由于变量名能够反映其业务含义，所以“amount = 2000”这种语句要比“Cells(i,7) = 2000”更容易理解，不需要查看工作表就能搞清楚 Cells(i,7)里面存放的是什么数据。

正如第 2 章中讲到的：将重复的数据抽取为变量，是非常重要的编程习惯，应当在开始学习编程时就牢记于心并随时应用。不过在实际教学中，很多初学程序设计的同学在尝试应用这个原则时也会犯下一些“新手错误”，下面将最常见的错误列举如下。

（1）误以为“赋值”就是“别名”。

在上面的代码中，每次循环到一行学生记录，都会使用变量 amount 来存放计算结果，即应发奖学金的金额，而且将 amount 的数值通过“Cells(i,7) = amount”传递给第 i 行的 G 列单元格，使其内容变为这个计算出的数字。显然，这是一个典型的赋值操作。

不过常有同学会想到另一种思路：如果在程序开始时写下“amount = Cells(i,7)”，那么 amount

就是 Cells(i,7)，这样后面只需写 amount = 2000，就相当于让 Cells(i,7) 变成 2000。于是按此思路写出下面的代码，但运行程序后工作表却没有任何变化。

```
Sub Demo_4_2()

  Dim i, score, amount

  For i = 3 To 8

    score = Cells(i, 6)      '每找到一行学生记录，就让 score 等于该行 F 列的数值

    amount = Cells(i, 7)     '注意：本句实为让 amount 等于该行 G 列的数值

    If score >= 85 Then      '如果 score 的数值大于等于 85，则 amount 的数值为 2000
        amount = 2000
    ElseIf score >= 80 Then '否则如果 score 的数值大于等于 80，则 amount 的数值为 1500
        amount = 1500
    ElseIf score >= 60 Then '否则如果 score 的数值大于等于 60，则 amount 的数值为 800
        amount = 800
    Else
        amount = 0           '否则，amount 的数值为 0
    End If

  Next i                     '然后将 i 增加 1，处理下一行

End Sub
```

之所以此程序没有向工作表输出任何结果，是因为写下这段代码的同学误以为 amount 是 Cells(i,7)的别名，以为给 amount 赋值就是给 Cells(i,7)赋值。事实上，根据第 2 章讲解的知识，amount 与 Cells(i,7)在内存中是两个完全不同的“房子”，因此将 amount 的数值设为 2000，对 Cells(9,7) 中的内容没有任何影响。只有在执行“Cells(i,7)=amount”时，Cells(i,7)的数值才会被修改为与 amount 相同。所以请初学编程的读者注意：赋值不是起别名。

（2）写错赋值语句的位置。

在前面优化过的代码中，“score = Cells(i,6)”等操作都是写在循环结构的内部，即每次循环均会执行一次，也就是每找到一个学生记录，就将其平均成绩读取到 score 变量中，完全符合业务逻辑。

不过在实际编写代码时，很多同学会由于疏忽将这些语句放到循环结构之外，比如下面的代码（对于被错误地放到循环结构外的语句，注释中带有“注意:”字样）

```
Sub Demo_4_2()

  Dim i, score, amount

  score = Cells(i, 6)        '注意：此时变量 i 仍为 0，而 F0 单元格并不存在

  For i = 3 To 8

    If score >= 85 Then      '如果 score 的数值大于等于 85，则 amount 的数值为 2000
        amount = 2000
    ElseIf score >= 80 Then '否则如果 score 的数值大于等于 80，则 amount 的数值为 1500
        amount = 1500
    ElseIf score >= 60 Then '否则如果 score 的数值大于等于 60，则 amount 的数值为 800
        amount = 800
    Else
```

```
        amount = 0              '否则，amount 的数值为 0
    End If

  Next i                        '然后将 i 增加 1，处理下一行

  Cells(i, 7) = amount          '注意：运行至此 i 为 9，故实为设置 G9 单元格的数值

End Sub
```

执行这段代码时会马上报错。因为当程序执行到第二行语句"score = Cells(i,6)"时，i 还没有被赋予过任何数值，所以此时 i 的数值默认为 0，于是 Cells(i,6) 就代表 F0 单元格，这个语句的意思就成了"将变量 score 的数值设置为 F0 单元格的内容"。然而，Excel 工作表中并不存在行号为 0 的单元格，所以 VBA 无法执行这个命令，只能报出错误。

即使把这个语句放回正确的位置（For 循环的内部），执行上述程序也无法得到正确的结果。因为在整个循环期间，每次计算完一个学生的奖学金并将其存入变量 amount 后，没有进行任何将 amount 输出到单元格的操作，就直接通过"Next i"转去处理下一行学生记录。直到第 8 行计算完毕，amount 等于最后一个学生的成绩后，再次执行"Next i"，使 i 的数值变为 9，从而结束 For 循环。直到这个时候，程序才会执行"Cells(i,7) = amount"语句，将 amount 中存放的最后一个学生的奖学金金额输出到 G9 单元格中，并结束整个程序。

放错赋值语句的位置是初学编程者经常犯的错误，本书在讲解循环结构时就曾提及这一点，请读者在实践中要格外注意。

4.2　嵌套结构——多层 If 语句的使用

重新审视案例 4-2 的解决思路，可能有的读者会想到：完全不使用 ElseIf 语句也能够解决这个问题。比如把代码写成下面的样子：

```
Sub Demo_4_2()

    Dim i, score, amount

    For i = 3 To 8

        score = Cells(i, 6)

        If score >= 85 Then                '如果平均成绩在 85 分以上则发放 2000 元奖学金
            amount = 2000
        Else                               '否则执行下一层判断

            If score >= 80 Then            '如果平均成绩在 80 分以上则发放 1500 元奖学金
                amount = 1500
            Else                           '否则执行下一层判断

                If score >= 60 Then        '如果平均成绩在 60 分以上则发放 800 元奖学金
                    amount = 800
                Else                       '否则发放 0 元奖学金
                    amount = 0
                End If                     '第三层判断结构（>=60 分）的结尾

            End If                         '第二层判断结构（>=80 分）的结尾
```

```
        End If                          '第一层判断结构（>=85 分）的结尾

      Cells(i, 7) = amount

    Next i

End Sub
```

在这个新的解决方案中一共有 3 个完整的 If … End If 判断结构，而且这些判断结构的每个分支里还有可能包含另一个判断结构。这种“一环套一环”的写法，就被称为“嵌套判断结构”。

对于案例 4-2，使用嵌套结构显然不如直接使用 ElseIf 判断语句清晰简洁。因为该案例中奖学金的计算规则完全依据平均成绩这个因素，因此“>=85”“>=80”“>=60”可以被看作“相互平行、择一即可”的三个标准。但是假如需要根据多个因素进行判断，而且判断规则“层层递进”，那么使用嵌套结构就会更加符合业务逻辑，比如案例 4-3 所示的新的奖学金计算方案。

案例 4-3：重新修订案例 4-2 的奖学金发放规则：只有平均成绩在 80 分及以上的同学才有资格获得奖学金。其中数学成绩达到 90 分者可得奖学金 3000 元，否则发放奖学金 2000 元。案例 4-3 的原始数据及预期运行效果如图 4.14 所示。

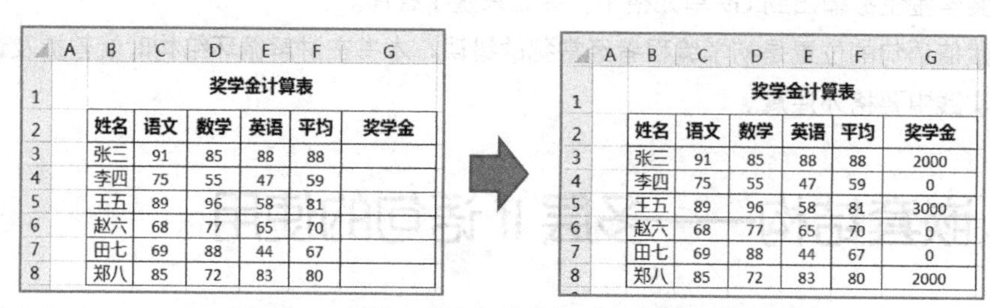

奖学金计算表

姓名	语文	数学	英语	平均	奖学金
张三	91	85	88	88	
李四	75	55	47	59	
王五	89	96	58	81	
赵六	68	77	65	70	
田七	69	88	44	67	
郑八	85	72	83	80	

奖学金计算表

姓名	语文	数学	英语	平均	奖学金
张三	91	85	88	88	2000
李四	75	55	47	59	0
王五	89	96	58	81	3000
赵六	68	77	65	70	0
田七	69	88	44	67	0
郑八	85	72	83	80	2000

图 4.14　案例 4-3 的原始数据及预期运行效果

在这个案例中，计算奖学金的金额时需要先看平均成绩，再看数学成绩，这属于典型的“递进关系”或“多层判断”，因此可以在代码中使用嵌套 If 结构。比如在下面的参考答案中，首先使用一个 If … Else … End If 结构，判断其平均成绩是否在 80 分以上。如果不是，就执行 Else 中的语句 “amount=0”，并结束判断；反之如果符合该条件，那么就执行 If 与 Else 之间的代码，也就是第一个分支。而在这个分支中，又会遇到一个新的判断结构，进一步判断其数学成绩是否大于 90 分，如果是则让 amount 等于 3000，否则让它等于 2000。

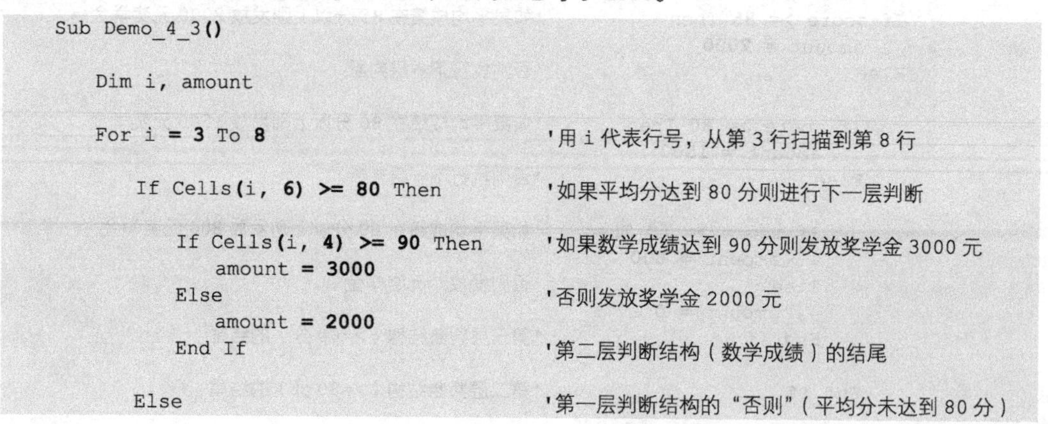

```
Sub Demo_4_3()

    Dim i, amount

    For i = 3 To 8                          '用 i 代表行号，从第 3 行扫描到第 8 行

        If Cells(i, 6) >= 80 Then           '如果平均分达到 80 分则进行下一层判断

            If Cells(i, 4) >= 90 Then       '如果数学成绩达到 90 分则发放奖学金 3000 元
                amount = 3000
            Else                            '否则发放奖学金 2000 元
                amount = 2000
            End If                          '第二层判断结构（数学成绩）的结尾

        Else                                '第一层判断结构的“否则”（平均分未达到 80 分）
```

```
            amount = 0
        End If                              '第一层判断（平均分）的结尾
        Cells(i, 7) = amount                '将计算结果输出到该行 G 列单元格
    Next i                                  '将 i 增加 1，处理下一行学生记录
End Sub
```

从这个例子可以看出，嵌套 If 结构可以清晰地表达层层递进的判断规则。不过如果想用好嵌套结构，还需要读者注意一些重要的技巧和细节。

（1）每个判断结构必须书写完整。

通过前面的学习可知，一个标准的 If 判断结构必须以“If ... Then”为起始，以“End If”作为结束，这两条语句缺一不可①。所以在嵌套结构中，必须保证每个 If 结构都有头有尾，书写完整，否则就会引发一些莫名其妙的错误。

比如在案例 4-3 的参考答案中，如果忘记书写第二层判断结构（数学成绩>=90）的 End If，就会引发一个奇怪的“Else 没有 If”警告，如图 4.15 所示。

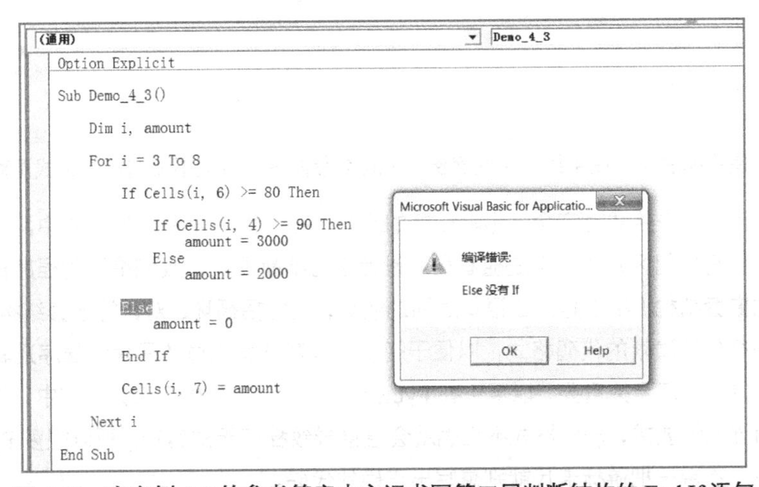

图 4.15　在案例 4-3 的参考答案中忘记书写第二层判断结构的 End If 语句

之所以出现这个错误，是因为 VBA 在执行到第二层 If 语句，即“If Cells(i,4)>=90 Then”时，发现这个结构的 Else 子句后面没有 End If 语句，而是一个 Else 语句，即“Else amount=0”，然后才出现“End If”。于是 VBA 理所当然地认为第二层 If 结构是以这个“End If”为结束的，而在这个结构中一共包含了两个 Else 子句。但实际上，一个 If 结构中只能出现一个 Else 语句，否则就会产生“Else 找不到 If”的错误。

通过观察图 4.15 中的代码和错误，还可以总结出一个规律：当程序中存在多个 If 结构时，VBA 会自己判断各个“If...Then”语句与“End If”语句之间的配对关系。判断的顺序归纳起来就是八个字：先内后外，近者优先。比如在图 4.15 所示的例子中，VBA 先为最内层的判断结构（数学成绩>=90）寻找 End If，找到离它最近的尚未配对的 End If 作为这个判断结构的结束；然后

① VBA 也允许把 If 语句完全写在一行中，从而不必再写 End If，这种只有一行代码的 If 语句也是一个完整的判断结构。

再考虑它外面的一层判断结构（平均分>=80），寻找离它最近的尚未配对的 End If，以此类推。所以，如果我们忘写某层判断结构的 End If，VBA 可能会把它外面一层判断结构的 End If 分配给它，最后导致最外层的判断结构缺少 End If。所以，把每个判断结构都书写完整，做到有 If 就有 End If，是非常重要的。

（2）合理使用缩进格式。

当多个判断结构嵌套在一起时，应当合理使用缩进，从而体现出各个判断结构之间的包含关系，否则会给阅读代码和调试错误带来极大的困扰。比如案例 4-3 的参考答案，如果不使用缩进格式，一旦出错将很难找出错误原因，如图 4.16 所示。

```
(通用)
Option Explicit

Sub Demo_4_3()
    Dim i, amount
    For i = 3 To 8
        If Cells(i, 6) >= 80 Then
            If Cells(i, 4) >= 90 Then
                amount = 3000
            Else
                amount = 2000
            End If
        Else
            amount = 0
        End If
        Cells(i, 7) = amount
    Next i
End Sub
```

```
(通用)
Option Explicit

Sub Demo_4_3()
Dim i, amount
For i = 3 To 8
If Cells(i, 6) >= 80 Then
If Cells(i, 4) >= 90 Then
amount = 3000
Else
amount = 2000
End If
Else
amount = 0
End If
Cells(i, 7) = amount
Next i
End Sub
```

图 4.16　使用缩进与不使用缩进格式案例 4-3 的参考答案，显然不使用缩进格式更难以阅读

当然，不使用缩进格式也完全不影响程序的运行，在计算机看来，图 4.16 中两种格式的代码是完全等价，没有任何区别的。但是随着程序设计学习不断深入，我们编写的程序日益复杂，将会出现大量的嵌套结构（不仅是判断语句之间的嵌套，还包括循环、对象等嵌套结构）。这时必须使用缩进和空行保持清晰的代码格式，以便于阅读，毕竟开发人员才是保证程序逻辑正确、灵活高效的关键因素。这点至关重要，以至于在 Python 等一些最新的程序设计语言中，正确使用缩进格式已经成为强制性要求，一旦格式不正确就会直接导致程序无法运行。所以很多 Python 开发者会开玩笑地说：不带一把游标卡尺就别想写出正确的代码。

（3）必须避免交叉嵌套。

当两个结构（如 If 判断结构或 For 循环结构）存在嵌套关系时，内层结构必须完整地包含于外层结构之中，否则就会形成交叉嵌套，导致程序无法运行。比如在图 4.17 所示的两段案例 4-1 的参考答案中，均包含一个 For 结构和一个 If 结构。在图 4.17 左侧所示的正确代码中，If 结构从开始（If ... Then）到结束（End If）都包含于 For 结构的循环体内；然而在图 4.17 右侧所示的错误代码中，If 结构的起始行（If...Then）处于 For 的循环体内，但其结束行（End If）却位于 For 的循环体之外，也就是在 Next 语句的后面。图 4.17 右侧所示代码的写法就是典型的交叉嵌套，无法被 VBA 理解和执行，只会导致错误警告。

```
Sub Demo_4_1()

    Dim i

    For i = 3 To 6

        If Cells(i, 6) >= 80 Then
           Cells(i, 7) = 2000
        End If

    Next i

End Sub
```

```
Sub Demo_4_1()

    Dim i

    For i = 3 To 6

        If Cells(i, 6) >= 80 Then
           Cells(i, 7) = 2000
    Next i

        End If

End Sub
```

图 4.17　正确嵌套的代码与错误的交叉嵌套代码示例

4.3　逻辑表达式——怎样表示“与”“或”“非”

4.3.1　逻辑表达式

使用嵌套的判断结构可以依据多个条件进行综合判断，比如案例 4-3 中根据平均成绩与数学成绩两个条件决定奖学金数额。不过在日常生活中，我们也会经常采用另外一种表达方式来描述这种规则，例如：

如果平均成绩达到 80 分并且数学成绩达到 90 分，则发放奖学金 3000 元；

否则，如果平均成绩达到 80 分并且数学成绩低于 90 分，则发放奖学金 2000 元；

否则，如果不符合上述任何一个条件，则不发放奖学金。

在这种表述形式中，每句判断规则都能够兼顾“平均成绩”与“数学成绩”两个因素，原因就在于它使用了“并且”这个表示逻辑关系的连词。类似的，人类语言中还会经常用到“或者”和“并非”两个连词，也就是逻辑学中的基础概念“与”“或”“非”。通过搭配使用这三个连词，可以将多个判断条件组合在一起，从而表达非常复杂的判断规则。因此 VBA 等程序设计语言也专门定义了一些逻辑运算符来表示这些逻辑关系，其中最常用的就是“And（与）”“Or（或）”和“Not（非）”。

使用这些关键字将多个条件拼合在一起，就构成一个逻辑表达式，比如“平均成绩 >= 80 And　数学成绩 >= 90”。本节就介绍一下怎样在 If 结构中使用这些逻辑表达式。

4.3.2　常见逻辑运算符的使用方法

1. 使用“And”表示“并且”

使用“And”将两个条件连接在一起时，只有两个条件都成立，才被认为符合整个判断条件，从而允许执行 Then 后面的分支。例如案例 4-3 也可以使用下面的代码来实现：

```
Sub Demo_4_3_b()

    Dim i, amount
```

```
    For i = 3 To 8

        '如果平均成绩达到 80 分并且数学成绩达到 90 分，则发放奖学金 3000 元
        If Cells(i, 6) >= 80 And Cells(i, 4) >= 90 Then
            amount = 3000

        '否则，如果平均成绩达到 80 分并且数学成绩低于 90 分，则发放奖学金 2000 元
        ElseIf Cells(i, 6) >= 80 And Cells(i, 4) < 90 Then
            amount = 2000

        '否则，若不符合上述任何条件，则发放奖学金 0 元
        Else
            amount = 0

        End If

        Cells(i, 7) = amount

    Next i

End Sub
```

读者可能会觉得这段代码并不比之前使用嵌套 If 结构书写的代码简单。没错，这是因为在案例 4-3 中，对于“平均成绩达到 80 分”和“数学成绩达到 90 分”这两个判断条件，我们必须既考虑其成立时的情况（比如数学成绩达到 90 分则发放奖学金 3000 元），又考虑其不成立时的情况（比如平均成绩小于 80 分则发放奖学金 0 元）。换言之，程序中存在很多 Else 分支。在这种情况下，使用嵌套循环往往能够更清晰地表现层层递进的结构。

但是当不需要为每个判断条件都书写 Else 分支时，使用嵌套结构就会让代码显得非常繁杂，例如遇到案例 4-4 的情况。

案例 4-4：重新修订案例 4-2 的奖学金发放规则，只有平均成绩在 80 分及以上，并且每科成绩都在 60 分以上的同学才有资格获得奖学金，金额一律为 1000 元。案例 4-4 的原始数据及预期运行效果如图 4.18 所示。

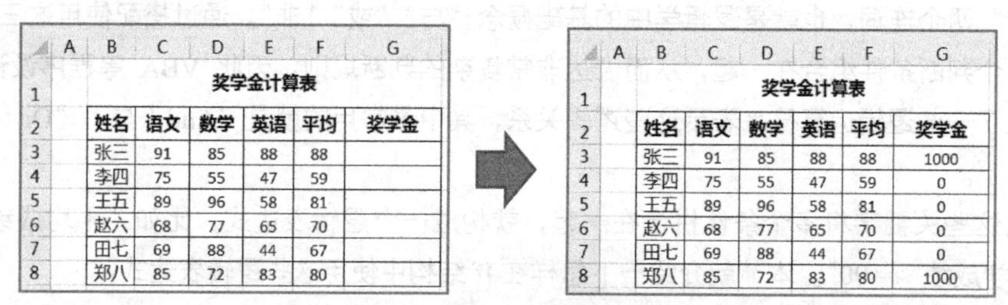
奖学金计算表（原始数据）

姓名	语文	数学	英语	平均	奖学金
张三	91	85	88	88	
李四	75	55	47	59	
王五	89	96	58	81	
赵六	68	77	65	70	
田七	69	88	44	67	
郑八	85	72	83	80	

奖学金计算表（预期运行效果）

姓名	语文	数学	英语	平均	奖学金
张三	91	85	88	88	1000
李四	75	55	47	59	0
王五	89	96	58	81	0
赵六	68	77	65	70	0
田七	69	88	44	67	0
郑八	85	72	83	80	1000

图 4.18　案例 4-4 的原始数据及预期运行效果

对于修改后的规则，如果使用嵌套的判断结构就需要书写 4 层 If 语句，形如下面的代码：

```
Sub Demo_4_4()

    Dim i

    For i = 3 To 8

        '使用默认值法：先将该行 G 列设为 0 元
        '然后判断所有成绩，只有全部满足要求时才将 G 列的数值修改为 1000
```

```
        Cells(i, 7) = 0

        If Cells(i, 6) >= 80 Then
            If Cells(i, 3) >= 60 Then
                If Cells(i, 4) >= 60 Then
                    If Cells(i, 5) >= 60 Then

                        Cells(i, 7) = 1000

                    End If
                End If
            End If
        End If

    Next i

End Sub
```

这种形如箭头般的嵌套结构很容易让人联想起《龙珠》等动漫中经常出现的气功波，可以说是很多程序员的噩梦之一。事实上，我们已经使用了用默认值代替 Else 语句的技巧来简化这段代码，否则还需要为每个 If 语句添加一句“Else Cells(i,7)=0”，代码将变得更加复杂（请读者思考一下：为什么需要为每个 If 语句都添加一个 Else 语句？）。

但是通过使用多个 And 运算符，将所有条件连接成一个逻辑表达式，只需书写一个 If 结构就能实现案例 4-4 的要求，阅读起来也很容易理解。

```
Sub Demo_4_4_b()

    Dim i

    For i = 3 To 8

      '由于 If 语句太长，所以使用下画线将其分解到两行书写

      If Cells(i, 6) >= 80 And Cells(i, 3) >= 60 And _
              Cells(i, 4) >= 60 And Cells(i, 5) >= 60 Then

              Cells(i, 7) = 1000
      Else
              Cells(i, 7) = 0
      End If
    Next i
End Sub
```

2. 使用“Or”表示“或者”

使用“Or”将两个条件连接在一起时，只要其中一个条件成立，无论另一个条件是否成立，都会认为符合整个判断条件，并执行 Then 后面的分支内容。例如案例 4-5 中再次修订的获得奖学金的规则。

案例 4-5：现将获得奖学金的规则改为“单科优秀成绩奖”，即只要有一门课程的成绩达到 90 分，就给予 3000 元奖学金，不必考虑平均成绩。若某些同学有多门课程的成绩达到 90 分，也只发放 3000 元奖学金。案例 4-5 的原始数据及预期运行效果如图 4.19 所示。

	A	B	C	D	E	F	G
1		奖学金计算表					
2		姓名	语文	数学	英语	平均	奖学金
3		张三	91	85	88	88	
4		李四	75	55	47	59	
5		王五	89	96	58	81	
6		赵六	68	77	65	70	
7		田七	69	88	44	67	
8		郑八	85	72	83	80	

	A	B	C	D	E	F	G
1		奖学金计算表					
2		姓名	语文	数学	英语	平均	奖学金
3		张三	91	85	88	88	3000
4		李四	75	55	47	59	0
5		王五	89	96	58	81	3000
6		赵六	68	77	65	70	0
7		田七	69	88	44	67	0
8		郑八	85	72	83	80	0

图 4.19　案例 4-5 的原始数据及预期运行效果

把“只要有一门课程的成绩达到 90 分”这句话细化一下，也就是“语文成绩达到 90 分，或者数学成绩达到 90 分，或者英语成绩达到 90 分”，显然可以用“Or”关键字直接表示为 VBA 语句，写成下面的代码：

```
Sub Demo_4_5()

    Dim i

    For i = 3 To 8

        If Cells(i, 3) >= 90 Or Cells(i, 4) >= 90 Or Cells(i, 5) >= 90 Then

            Cells(i, 7) = 3000
        Else
            Cells(i, 7) = 0
        End If

    Next i

End Sub
```

这段代码中只使用了一个 If 结构，但是其中包含了三个由 Or 连接起来的判断条件，只要三个条件中有一个条件成立就执行“Cells(i,7)=3000”这个语句。只有当三个条件都无法满足（也就是所有科目的成绩都少于 90 分）时，才会执行“Cells(i,7)=0”语句。这就是“或者”的含义。

就像使用含有 Else 语句的 If 结构可以不使用 And 一样，不使用 Or 也能够表达这种“或者”关系，只不过需要用到多个 If 语句：

```
Sub Demo_4_5()

    Dim i

    For i = 3 To 8

        '默认值方法：先将 G 列的数值设置为 0，然后通过三个判断语句
        '看是否需要将其修改为 3000

        Cells(i, 7) = 0

        If Cells(i, 3) >= 90 Then Cells(i, 7) = 3000

        If Cells(i, 4) >= 90 Then Cells(i, 7) = 3000

        If Cells(i, 5) >= 90 Then Cells(i, 7) = 3000

    Next i

End Sub
```

上面这段代码包含三个互相独立的 If 语句，每次循环到一行时都会把这三个 If 语句依次执行一遍。一旦执行某个 If 语句时发现符合条件，就会将 G 列单元格的数值由 0 修改为 3000。为了简化书写，这里既使用了默认值技巧，也使用了单行 If 语句的写法。显然，它的运行效果与使用 Or 是一样的。

3. 逻辑运算的优先级

将 And 与 Or 等逻辑运算符组合使用，可以表示各种复杂的判断条件。与算术运算中“先乘除，后加减”的优先级规则一样，不同的逻辑运算符之间也存在优先级问题，在混合使用时必须格外注意。比如遇到案例 4-6 中的情况。

案例 4-6：再次修订获得奖学金的规则：平均成绩达到 80 分，并且语文成绩达到 90 分或者数学成绩达到 85 分，则可获得 3000 元奖学金，其他情况无奖学金。案例 4-6 的原始数据及预期运行效果如图 4.20 所示。

奖学金计算表

姓名	语文	数学	英语	平均	奖学金
张三	91	85	88	88	
李四	75	55	47	59	
王五	89	96	58	81	
赵六	68	77	65	70	
田七	69	88	44	67	
郑八	85	72	83	80	

奖学金计算表

姓名	语文	数学	英语	平均	奖学金
张三	91	85	88	88	3000
李四	75	55	47	59	0
王五	89	96	58	81	3000
赵六	68	77	65	70	0
田七	69	88	44	67	0
郑八	85	72	83	80	0

图 4.20　案例 4-6 的原始数据及预期运行效果

对于这个计算规则，如果只是像下面的代码一样简单地将“并且”写成“And”，将“或者”写成“Or”，那么运行结果将发生错误，会为第 7 行的田七也发放 3000 元奖学金，如图 4.21 所示。

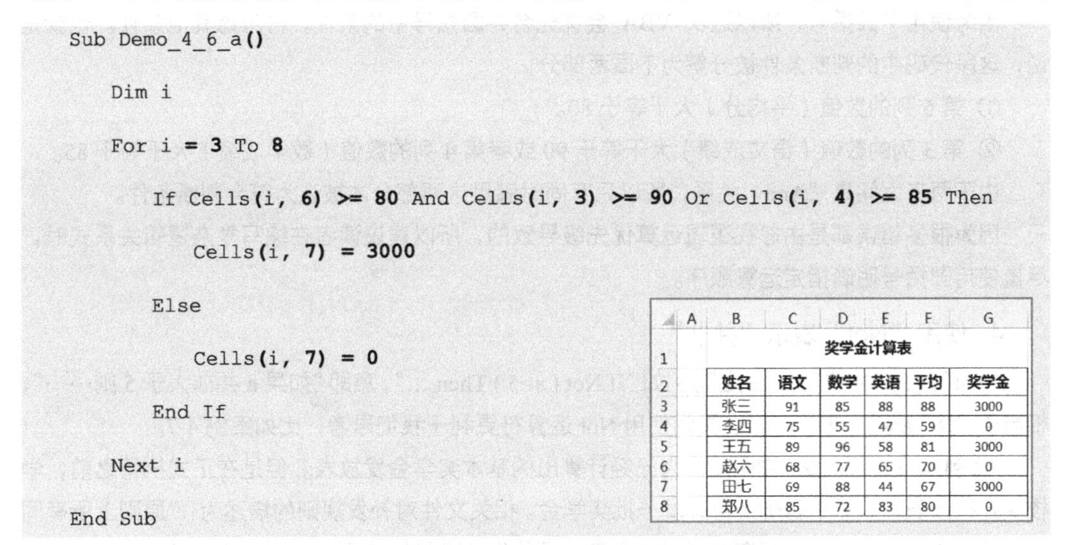

```
Sub Demo_4_6_a()
    Dim i
    For i = 3 To 8
        If Cells(i, 6) >= 80 And Cells(i, 3) >= 90 Or Cells(i, 4) >= 85 Then
            Cells(i, 7) = 3000
        Else
            Cells(i, 7) = 0
        End If
    Next i
End Sub
```

奖学金计算表

姓名	语文	数学	英语	平均	奖学金
张三	91	85	88	88	3000
李四	75	55	47	59	0
王五	89	96	58	81	3000
赵六	68	77	65	70	0
田七	69	88	44	67	3000
郑八	85	72	83	80	0

图 4.21　未考虑优先级的程序及其运行效果（右下角）

之所以会出现这种错误，是因为当 And 与 Or 同时出现时，VBA 会优先合并 And 两端的判断条件。换言之，And 的优先级高于 Or。所以这段代码中的 If 语句在执行中被分解为下面两部分：

① 第 6 列的数值（平均分）大于等于 80 并且第 3 列的数值（语文成绩）大于 90。

② 第 4 列的数值（数学成绩）大于等于 85。

由于①与②之间是“或者”关系，所以只要某个学生的成绩满足上面任何一个条件都被认为符合判断规则，并将其 G 列的值设置为 3000。因此，虽然第 7 行“田七”的平均分只有 67 分，不满足条件①，但是其数学成绩达到了 88 分，完全满足条件②，所以这个程序也在“田七”的 G 列中写入了数字 3000。

为了避免这种由于默认优先级导致的错误，VBA 允许使用圆括号改变逻辑运算的优先级，就像在算术运算中使用圆括号实现“先算加减，后算乘除”一样。因此案例 4-6 的正确代码写法如下：

```
Sub Demo_4_6_b()
    Dim i
    For i = 3 To 8
        If Cells(i, 6)>=80 And ( Cells(i, 3)>=90 Or Cells(i, 4)>=85 ) Then
            Cells(i, 7) = 3000
        Else
            Cells(i, 7) = 0
        End If
    Next i
End Sub
```

因为使用了圆括号，所以这次 VBA 会优先合并圆括号中的条件，再考虑其他条件。也就是说，这段代码中的判断条件被分解为下面两部分：

① 第 6 列的数值（平均分）大于等于 80。

② 第 3 列的数值（语文成绩）大于等于 90 或者第 4 列的数值（数学成绩）大于等于 85。

由于两者之间是“And”关系，所以只有同时满足这两部分才被认为符合判断条件。

因为很多错误都是由忽视逻辑运算优先级导致的，所以建议读者在编写复杂逻辑关系式时，尽量使用圆括号明确指定运算顺序。

4. 使用“Not”表示“并非”

“Not”意为“并非”或“否定”。例如“If Not (a>5) Then …”，意即“如果 a 并非大于 5 则……”，相当于“If　a<=5　Then …”。灵活使用 Not 运算符更利于我们思考，比如案例 4-7。

案例 4-7：图 4.22 左图所示为已经计算出的基本奖学金发放表。但是在正式执行之前，学校决定在该表格数据的基础上再补发一批奖学金。相关文件对补发规则的描述为：“原则上所有同学均补发 500 元奖学金，但存在以下情形者不予补发，而是维持原定金额：语文或数学成绩不及格，同时平均分低于 60 分”，预期运行效果如图 4.22 右图所示。

	A	B	C	D	E	F	G
1		奖学金计算表					
2		姓名	语文	数学	英语	平均	奖学金
3		张三	91	85	88	88	3000
4		李四	75	55	47	59	0
5		王五	89	96	58	81	3000
6		赵六	68	77	65	70	0
7		田七	69	88	44	67	0
8		郑八	85	72	83	80	0

	A	B	C	D	E	F	G
1		奖学金计算表					
2		姓名	语文	数学	英语	平均	奖学金
3		张三	91	85	88	88	3500
4		李四	75	55	47	59	0
5		王五	89	96	58	81	3500
6		赵六	68	77	65	70	500
7		田七	69	88	44	67	500
8		郑八	85	72	83	80	500

图 4.22　案例 4-7 的原始数据及预期运行效果

这个案例的特殊之处在于，文件是从“否定”的角度描述计算规则的，即文件中没有说在什么情况下应当重新计算奖学金，而是在什么情况下不重新计算。所以很多初学者在遇到这类“反向”问题时往往会编写出类似下面的代码：

```
Sub Demo_4_7_a()
    Dim i
    For i = 3 To 8
        If (Cells(i, 3) < 60 Or Cells(i, 4) < 60) And Cells(i, 6) < 60 Then
        Else
            Cells(i, 7) = Cells(i, 7) + 500
        End If
    Next i
End Sub
```

这段代码执行起来没有任何问题，但是 If 结构的第一个分支（Then 与 Else 之间）完全没有执行任何操作，因此这种写法实质上是在用一个双分支结构表述一个单分支问题。虽然运行结果正确，但是多出来的空白分支还是会给阅读和修改程序带来隐患。

当然，我们可以找出所有反例，对规则进行“逆向”描述，比如下面的代码：

```
Sub Demo_4_7_b()
  Dim i
  For i = 3 To 8
    If (Cells(i, 3) >= 60 And Cells(i, 4) >= 60) Or Cells(i, 6) >= 60 Then
     Cells(i, 7) = Cells(i, 7) + 500
    End If
  Next i
End Sub
```

这段代码中的判断条件含义为“如果语文和数学成绩都及格，或者平均分达到 60 分，则增发 500 元奖学金”。仔细想一下会发现，它其实就是案例 4-7 中规则的“逆向”表述，所以运行结果同样正确，而且只使用了一个判断分支。

只不过对于初学逻辑表达式的读者来说，往往很难把一个规则快速、准确地翻译成逆向表达形式。案例 4-7 属于非常简单的规则，思考起来尚且需要一点时间，而对于类似“**如果数学成绩低于 60 分并且语文成绩低于 70 分，或者英语成绩低于 60 分并且数学成绩和语文成绩中有一科低于 70 分，或者平均分低于 60 分并且某一科成绩也低于 60 分者，不予发放奖学金**”这样的规则，恐怕即使专业开发人员也需要运用看上去颇具反人类色彩的“布尔代数”进行推导。

但是使用 Not 运算符之后，这个问题就会变得十分简单：我们可以先按照文件中的规则编写逻辑表达式，即在何种情况下不发奖学金，然后只需在前面加上一个“Not”，就可以表达出“反之”的含义，也就是何种情况不属于不发奖学金，即应当发放奖学金。写成代码形式如下：

```
Sub Demo_4_7_c()

  Dim i

  For i = 3 To 8

    If Not( (Cells(i, 3)<60 Or Cells(i, 4)<60) And Cells(i, 6)<60 ) Then

        Cells(i, 7) = Cells(i, 7) + 500

    End If

  Next i

End Sub
```

在这段代码的 If 语句中，位于 Not 括号内的逻辑表达式就是对案例 4-7 中的文字（“语文或数学成绩不及格，同时平均分低于 60 分”）的直接翻译，但是由于加上了 Not，整个判断条件的含义就正好相反。

需要注意的是，当 Not、And 和 Or 同时出现在一个逻辑表达式中时，Not 的运算优先级最高，其次为 And，最后为 Or。所以如果删除这段代码中最外面的一层括号，也就是让判断条件变为如下形式，那么它的含义就会变成“对于语文和数学成绩都及格，同时平均分小于 60 分者，发放奖学金”，导致运行错误。

```
If Not( Cells(i, 3)<60 Or Cells(i, 4)<60 ) And Cells(i, 6)<60  Then

     Cells(i, 7) = Cells(i, 7) + 500

End If
```

5. 初学者陷阱——逻辑表达式必须书写完整

使用逻辑表达式时，初学者往往会习惯性地按照数学课本中的格式书写 VBA 代码，结果导致程序出错。比如，在表达“如果 a 大于 3 并小于 5，则……”时，正确的写法应该是：“If　a > 3　And　a < 5 Then”，但很多初学者会把它写成“If　3 < a < 5 Then”。这种写法虽然让人很容易理解，但是从计算机的角度来看，其含义却完全不同。因为这个判断是由“a 大于 3”和“a 小于 5”两个条件构成，而且它们之间是“并且”的关系，所以只有写成“If　a > 3　And　a < 5 Then”的形式才能被计算机正确识读。

同样的道理，若想表达“如果 a 等于 b 并等于 c”，也不能写成“If　a=b=c　Then”的格式，而是要将这个逻辑关系的每个部分都完整地写出来，即“If　a=b　And　a=c　Then”的格式。

不过即使写成“If　3 < a < 5 Then”或者“If　a=b=c　Then”的格式，VBA 程序也能够正常执行，不会提示任何错误。只不过由于这些代码的含义与我们的判断规则完全无关，所以运行的结果很可能发生严重的错误。至于为什么这些错误写法仍然能够正常执行，待讲解完数据类型中逻辑变量的知识后，读者就可以结合赋值语句的执行流程思考清楚。

4.4　Select…Case 结构

4.4.1　Select…Case 结构的基本用法

由于使用 If … ElseIf … Else 结构实现多分支判断比较烦琐，所以 VBA 专门针对这种情况提供了另外一种判断结构—— Select ... Case 结构。

Select…Case 结构最基本的用法是根据一个变量或表达式的取值自动选择执行某个分支，比如案例 4-8 中的情况。

案例 4-8：图 4.23 左侧所示的表格中记录了每个学生的奖学金等级，最后一位同学无奖学金，所以 C 列单元格中的内容为“—”。根据规定，1 等奖学金发放 3000 元，2 等奖学金发放 2000 元，3 等奖学金发放 1000 元，4 等奖学金发放 500 元。请编写程序，参照 C 列奖学金等级，自动在 D 列单元格中填写奖学金金额，预期运行效果如图 4.23 右图所示。

姓名	奖学金等级	奖学金金额
张三	1	
李四	3	
王五	2	
赵六	3	
田七	4	
郑八	—	

姓名	奖学金等级	奖学金金额
张三	1	3000
李四	3	1000
王五	2	2000
赵六	3	1000
田七	4	500
郑八	—	0

图 4.23　案例 4-8 的原始数据及预期运行效果

这个案例中的判断规则显然是一个多分支判断结构，可以使用 If … ElseIf 结构实现，也可以使用 Select ... Case 结构实现。下面就是使用这两种代码的对比：

```
Sub Demo_4_8_a()

 Dim i, amount

   For i = 3 To 8

     If Cells(i, 3) = 1 Then
         amount = 3000
     ElseIf Cells(i, 3) = 2 Then
         amount = 2000
     ElseIf Cells(i, 3) = 3 Then
         amount = 1000
     ElseIf Cells(i, 3) = 4 Then
         amount = 500
     Else
         amount = 0
```

```
Sub Demo_4_8_b()

    Dim i, amount

    For i = 3 To 8

        Select Case Cells(i, 3)
            Case 1:
                amount = 3000
            Case 2:
                amount = 2000
            Case 3:
                amount = 1000
            Case 4:
                amount = 500
            Case Else:
```

```
    End If

    Cells(i, 4) = amount

  Next i

End Sub
```

```
        amount = 0
    End Select

    Cells(i, 4) = amount

  Next i

End Sub
```

从右侧的代码可以看到，Select…Case 结构以“Select Case *变量或表达式*”开始，以“End Select”结束。在这两行代码之间，可以书写多个“Case *取值 n* ：”形式的语句，每个 Case 语句的冒号后面都可以书写若干行代码，代表一个判断分支。假如“Select Case”后面的变量或表达式的取值等于某个 Case 语句中指明的取值，程序就会直接执行这个 Case 语句冒号后面的代码。假如这个变量或表达式的取值不符合任何一个 Case 分支的要求，就会执行“Case Else”后面的语句。

通过与左侧的 If … ElseIf 结构对比，可以更加清楚地理解 Select…Case 结构各部分的含义：Case 语句相当于 If 和 ElseIf 语句，而 Case Else 语句则相当于 If 结构中的 Else 子句。与 If 结构一样，Case Else 子句也是一个可选子句，可以不写。

在 Select…Case 结构中，用于判断的变量或表达式只需要书写一次，而在各个 Case 子句中仅需指明不同的取值，所以相应代码比使用 If 结构更加简洁和清晰。因此在实现“同一变量，不同取值”形式的多分支判断时十分常用。

此外，如果把每个 Case 取值想象成一条电线，把用于判断的变量想象成开关，那么取不同的值就相当于用这个开关连接不同的电线，也就是基本电路中典型的“单刀多掷开关”结构。因此，Select…Case 结构也常被形象地称为“开关结构”[①]。

4.4.2 在 Case 语句中表示复杂条件

Case 语句不仅可以表示变量是否“等于”某个值，也可用于表示更加复杂的逻辑关系。比如在案例 4-2 中，需要判断平均分是否“大于等于”某个数值，也可以使用 Select…Case 结构实现。下面就是使用 If 结构和 Select 结构编写案例 4-2 代码的对比。

```
Sub Demo_4_2()

  Dim i

  For i = 3 To 8

    If Cells(i, 6) >= 85 Then
        Cells(i, 7) = 2000

    ElseIf Cells(i, 6) >= 80 Then
        Cells(i, 7) = 1500
```

```
Sub Demo_4_2()

  Dim i

  For i = 3 To 8
     Select Case Cells(i, 6):

        Case Is >= 85:
            Cells(i, 7) = 2000

        Case Is >= 80:
            Cells(i, 7) = 1500
```

① 事实上，在很多其他程序设计语言（如 Java）中，就是使用“Switch Case”（Switch 即“开关”之意）的形式表示这种多分支结构的。

```
        ElseIf Cells(i, 6) >= 60 Then
            Cells(i, 7) = 800

        Else
            Cells(i, 7) = 0

        End If

    Next i

End Sub
```

```
            Case Is >= 60:
                Cells(i, 7) = 800
            Case Else:
                Cells(i, 7) = 0

        End Select
    Next i
End Sub
```

在右侧的代码中，每个 Case 语句都使用了关系运算符，但是必须使用“Is”关键字代表“Cells(i,6)”这个用于判断的变量或表达式，不能直接写作“Case　>= 85”。

除了“Is”关键字，Case 语句中还允许使用“To”关键字来代表“当开关变量大于等于 a 并且小于等于 b 时”的含义。例如，如果把第一个 Case 语句改为“Case　80 To 100 :”，那么当 Cells(i,6)的数值在 80～100 之间时，就会进入这个分支。

事实上，VBA 语言中的 Select…Case 结构允许完全使用 If 语句的写法，所以功能非常灵活。比如此处的 Case 语句，还可以像 If 语句一样写成“Case　Cells(i,6)>=85 And Cells (i,5)=1 :”这种形式，从而实现 If 语句能实现的所有功能。只不过这种写法可能比使用 If…ElseIf 结构更加烦琐，所以在实际开发中并不经常使用。

本章小结

顺序结构、循环结构与判断结构是 VBA 程序设计中最基础的三大结构。可以说，绝大多数程序设计技巧都是这三种结构的组合应用。虽然相关语法知识并不复杂，只需一两页纸就能列示完整，但是对于初学者来说，其中蕴含的程序设计思维、常用技巧和常见错误，确实会给理解和实践造成很多困扰。事实上，笔者在多年教学中也深刻感到，初学者在学习前期，对这三个结构理解得越透彻，后期的学习效果和实践能力就越强。所以本书对循环结构与判断结构进行了深入介绍，就是希望初学程序设计的读者能够真正理解它们的含义，并且逐步领会程序设计的思维方式。

经过本章的学习，读者需要重点理解和掌握的知识点包括：

★ 标准的 If 语句由“If … Then”开始，以“End If”结束，中间可以书写多行代码。

★ If 结构可以包含一个分支（不写“Else”和“ElseIf”）、两个分支（写一句“Else”或“ElseIf”），甚至多个分支。

★ “ElseIf”是一个单词，不能在中间插入空格。

★ 在使用多分支时，必须注意前后各分支之间的包含关系，避免出现永远不可能被执行的分支。

★ 在嵌套使用 If 结构时，必须注意不能出现交叉嵌套的情况。

★ If 结构可以全部书写在一行中以简化代码，但此时不可以再写“End If”。

- ★ VBA 的关系运算符包括 >、<、=、>=、<=、<>。需要注意区分表示关系的等号与用作赋值的等号。
- ★ 可以使用 And、Or 和 Not 将多个条件组合成一个逻辑表达式，实现复杂判断。三者的运算优先级为 Not > And > Or。
- ★ 可以使用 Select … Case 结构实现多分支结构，简化代码。

第 5 章

文字的表述——字符串基础

到目前为止，我们所举的例子都是在处理数字，没有涉及另一个重要的日常需求——处理文字内容，也就是文本信息。比如，怎样在单元格中显示一段文字？能否根据数据特点自动生成这段文字？能否从几万份简历中抽取所有人的联系方式，并且列示在一个工作表中？或者像视频课程“全民一起 VBA——基础篇”的“导言”中演示的，自动将几万个公司地址按照“路、号、弄”的结构自动分解到不同列中……在日常办公中，这些文字处理任务往往比数字计算更加枯燥烦琐，如果能够使用 VBA 让其自动完成，将使办公效率极大提高。

文字处理的基础就是字符串的使用，因为在 VBA 程序中，文本内容一般都以字符串形式进行表述。所以本章将通过几个例子，为读者讲解字符串的基本知识和用法，以及一些初学者必须明白的字符串特性。通过本章的学习，读者将理解和掌握以下知识：

★ 什么是字符串?

★ 数字字符、空白字符及大小写字符。

★ 什么是空字符串?

★ 怎样将多个字符串连接在一起?

★ 怎么让程序按照模板自动构造字符串?

本章内容主要与视频课程“全民一起 VBA——基础篇”第八回“天下文章尽皆字符串，世间逻辑不过与或非”的前半部分相对应，同时使用更多示例和篇幅，详细讲解了构造字符串这种重要的编程技巧。建议读者结合视频课程配套学习，加深对这些知识点的理解。

5.1 字符串的基本概念与格式

5.1.1 什么是字符串

人类语言中的每个文字，比如一个英文字母、一个数字符号、一个汉字等，在 VBA 中都被视作一个“字符”。所以顾名思义，“字符串（String）”就是把任意个字符“串”在一起形成的内容，可以容纳人类语言中的一个词、一句话，甚至一篇文章。

在 VBA 中表示字符串非常简单，只要在字符的两边“套上”一对半角双引号，就可以像使用数字一样使用它，比如使用赋值语句将字符串赋值给某个单元格，从而在表格中显示这段文本内容。图 5.1 所示的代码，就是通过这种方式在工作表中连续输出 5 行相同的文本内容。

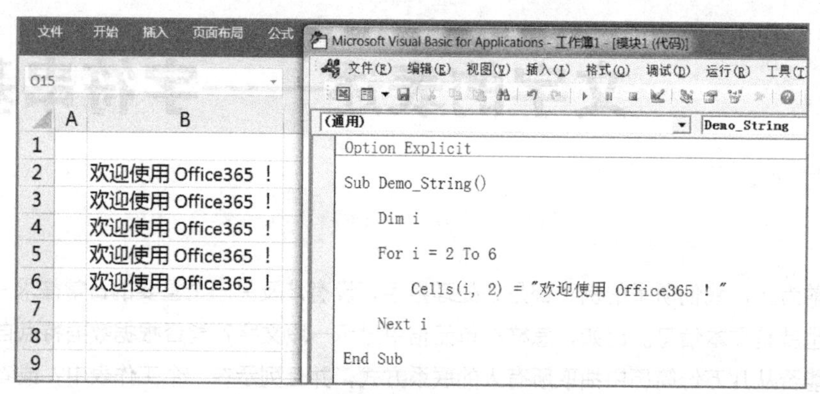

图 5.1　在单元格中写入字符串示例

对于 VBA 来说，字符串与数字一样，都是可以赋值给变量的合法内容。所以图 5.1 中的程序还可以使用变量改写为如图 5.2 所示的代码。

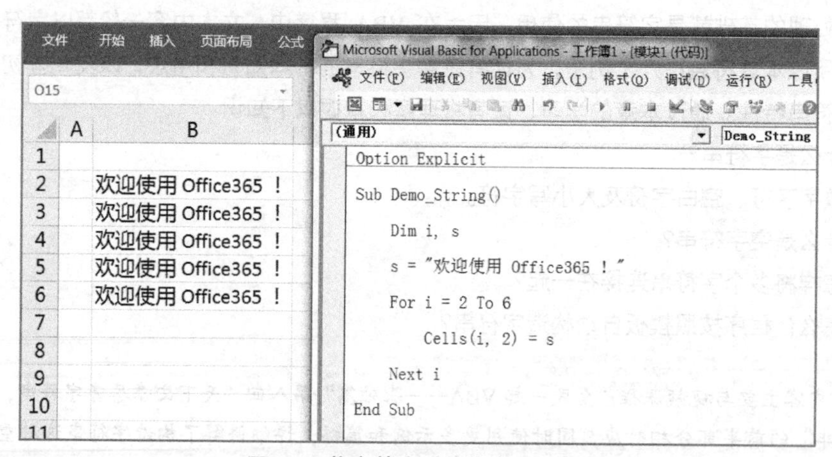

图 5.2　将字符串赋值给变量示例

同样，也可以像比较数字一样使用等号比较两个字符串是否相等。比如在案例 5-1 的代码中，就是通过检查单元格中的字符串来决定采用哪种汇率数值。

案例 5-1：在图 5.3 左侧所示的工作表中存有多个商品的进口价格，但是各自采用不同的货币单位计价。请编写一个 VBA 程序，将所有价格都换算为人民币价格，具体换算汇率为：1USD=6.5RMB、1EUR=8.2 RMB、1CAD=5.1RMB、1JPY=0.07RMB。预期效果如图 5.3 右侧的表格所示。

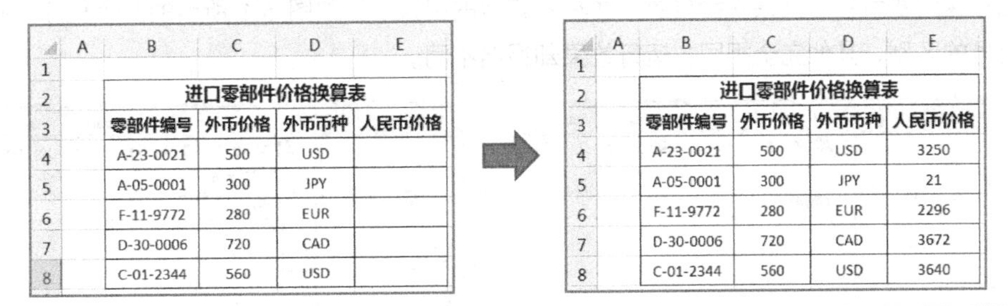

进口零部件价格换算表			
零部件编号	外币价格	外币币种	人民币价格
A-23-0021	500	USD	
A-05-0001	300	JPY	
F-11-9772	280	EUR	
D-30-0006	720	CAD	
C-01-2344	560	USD	

进口零部件价格换算表			
零部件编号	外币价格	外币币种	人民币价格
A-23-0021	500	USD	3250
A-05-0001	300	JPY	21
F-11-9772	280	EUR	2296
D-30-0006	720	CAD	3672
C-01-2344	560	USD	3640

```
Sub Demo_5_1_a()

    Dim i, cur, rate

    For i = 4 To 8

        '将该行 D 列中的文本取出来存放到变量 cur 中。这样，后面的 If 语句
        '就不必在每个分支中都书写 Cells(i,4) ，从而便于修改
        cur = Cells(i, 4)

        '根据 cur 的字符串内容，决定使用哪个汇率数值，并存入 rate 变量
        '使用 rate 变量，就不必在每个分支中都书写 Cells(i,5)=Cells(i,3)*汇率
        If cur = "USD" Then
            rate = 6.5
        ElseIf cur = "EUR" Then
            rate = 8.2
        ElseIf cur = "CAD" Then
            rate = 5.1
        ElseIf cur = "JPY" Then
            rate = 0.07
        End If

        '使用 rate 变量中存放的汇率数值，根据该行 C 列的价格计算人民币价格
        '并存入该行 E 列单元格中
        Cells(i, 5) = Cells(i, 3) * rate

    Next i

End Sub
```

图 5.3　案例 5-1 的数据、预期效果及参考答案

在参考答案中，我们使用了一个多分支 If 结构对每行数据的币种进行判断。如果这行 D 列单元格中的字符串等于“USD”，就让变量 rate 等于 6.5；否则如果该行 D 列等于“EUR”，就让变量 rate 等于 8.2，以此类推。当然，也可以使用 Select…Case 结构代替 If … ElseIf 结构，代码如下：

```
Select Case cur
    Case "USD":  rate = 6.5
    Case "EUR":  rate = 8.2
    Case "CAD":  rate = 5.1
    Case "JPY":  rate = 0.07
End Select
```

5.1.2 区分字符串与变量

从语法上看，字符串最重要的标识就是括在两端的双引号。然而初学者在书写字符串时往往会忘记写这对双引号，结果就会导致一些莫名其妙的错误。比如图 5.4 所示的两个程序，除了有无双引号的区别，其他完全相同，运行效果却迥然不同。

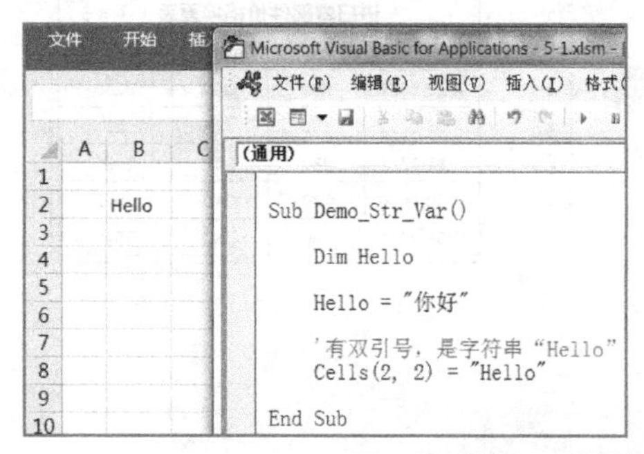

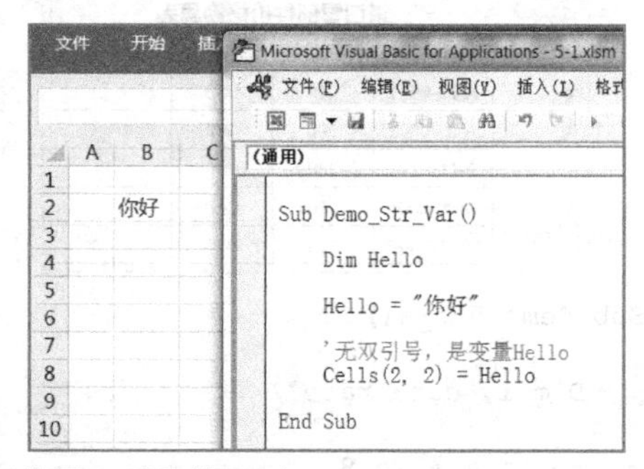

图 5.4　使用双引号与不使用双引号的区别

在图 5.4 左边的程序中，最后一行代码在 Hello 两边套上了双引号，因此这一句的含义就是把字符串“Hello”赋值给 B2 单元格，所以运行程序之后，B2 单元格中显示的内容就是“Hello”。

但是在图 5.4 右边的程序中，最后一行代码没有在 Hello 两边套上双引号，因此 VBA 不会把它当作一个字符串，而是把它当作一个普通变量，就如前面所举的例子那样。巧合的是，在这个程序的第一行就定义了一个名为 Hello 的变量，并在第二行中给它赋值为“你好”这个字符串。所以这句代码的含义就是：将变量 Hello 的值赋予 B2 单元格，也就是在 B2 单元格中显示“你好”。

换句话说，在 VBA 代码中，如果一段文本两端有双引号，那么 VBA 会把它当作一个字符串值；反之，VBA 就会把它当作一个变量的名字。

进一步思考　*假如图 5.4 右侧的程序没有使用 Dim 事先声明一个名为 Hello 的变量会怎么样呢？这就要看是否在该模块的最前面书写了“Option Explicit”语句。如果没有写“Option Explicit”语句，也就是不要求强制声明变量，那么尽管 VBA 在执行到最后一行代码时找不到名为 Hello 的变量，也会自动创建一个名为“Hello”的变量，并将其内容默认为“空”。所以程序的执行效果就是在 B2 单元格中输出一个空字符串，结果就是表格没有任何变化。反之，如果在模块中写有“Option Explicit”语句，要求使用变量前必须事先声明，那么 VBA 执行到最后一行代码时发现并不存在名为 Hello 的变量，就会直接提示出错。*

此外，经常使用中文输入法的读者还要注意，字符串两边要求使用半角双引号，而不是输入中文时常用的全角双引号。尽管后者看起来漂亮许多，但是与 VBA 语法完全无关，千万不要混淆。

5.1.3 在字符串中表示特殊符号

1. 怎样在字符串中表示双引号

如前所述，双引号代表一个字符串或者说一段文本的开始和结束，那么假如文本中间含有双引号这个字符，程序该怎样分辨呢？显然，像书写其他字符一样直接书写双引号，很可能会导致 VBA 理解混乱，使程序无法执行，就像图 5.5 所示的情况一样。

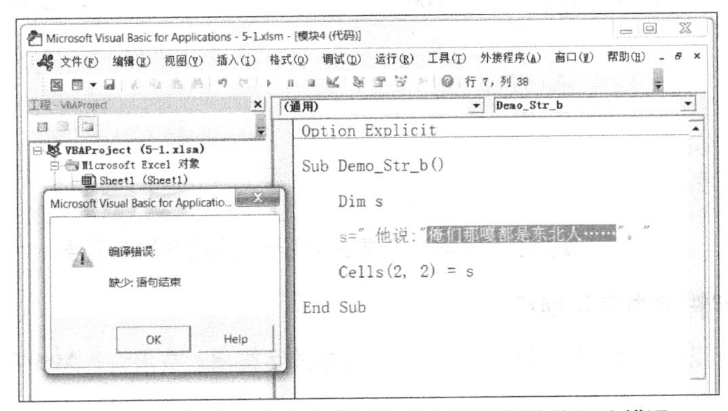

图 5.5　在字符串中直接书写半角双引号导致的语法错误

引发语法错误的原因在于，当 VBA 看到等号后面第一个 “"” 时，意识到从这里开始将是一个字符串，“"” 就是该字符串的起点。当看到冒号后面的 “"” 时，根据语法，VBA 认为这就是该字符串的结束位置，也就是说，需要赋值给变量 s 的字符串就是 “他说:”。既然如此，赋值语句到此就理应结束，可事实却是第二个 “"” 后面还有很多内容，即 “俺们……”。因此 VBA 认为这行代码在第二个 “"” 后面缺少一个语句结束标识（比如可以将两个语句分隔开的冒号），提示出错。

那么当字符串中确实需要出现双引号时，应该怎样避免出错呢？最简单的办法就是像图 5.6 一样，在字符串内部使用单引号或全角双引号。由于它们与半角双引号完全不是同一个字符，所以就不会引起 VBA 的误解。

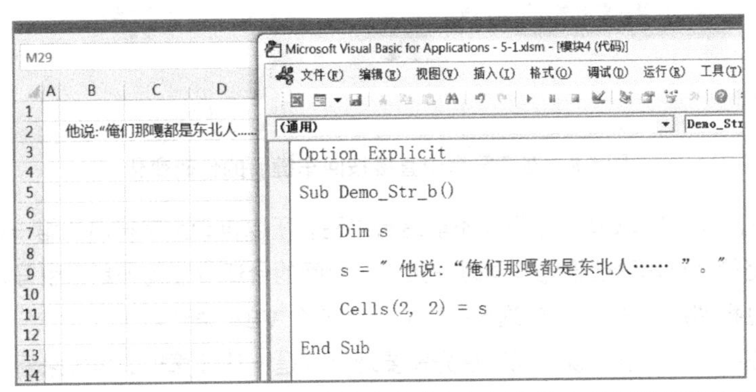

图 5.6　在字符串中使用全角双引号（请注意半角双引号和全角双引号的外观区别）

如果必须在字符串中出现半角双引号，那么只要把它连写两次，VBA 就会知道这是一个仅用于文本内容的半角双引号，并且不会把它看作字符串的起始标识。图 5.7 就演示了这种用法。

这种通过连写等模式改变某些特殊符号含义的方法，一般被称作 “字符转义”，在各种编程语言及工具中都很常见，在讲解正则表达式时会遇到类似用法。

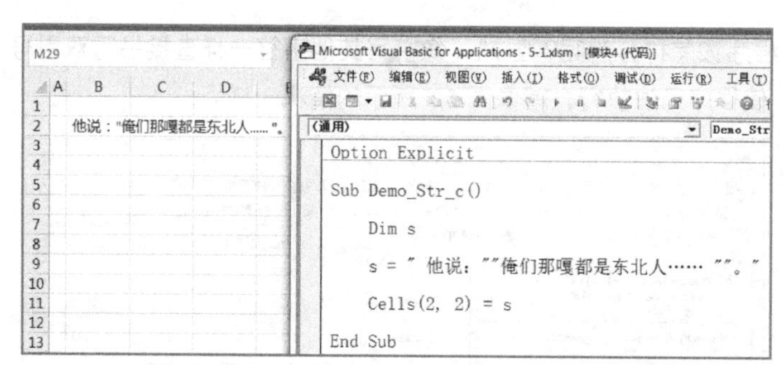

图 5.7　使用连续书写方式表示仅用于文本内容的双引号

2. 怎样在字符串中表示换行

另一个常见问题是：怎样书写一个包含多行文本的字符串，或者说，怎样在一个字符串中插入换行符。

如果在编写 VBA 代码时直接在一个字符串中间按回车键，并不代表该字符串含有多行文本。根据 VBA 语法的规定，一个字符串只能书写在同一行代码中，不允许跨行书写。所以当我们按回车键后，VBA 会自动尝试在每行补全双引号，使其成为两个字符串，以便保持语法正确，如图 5.8 所示。

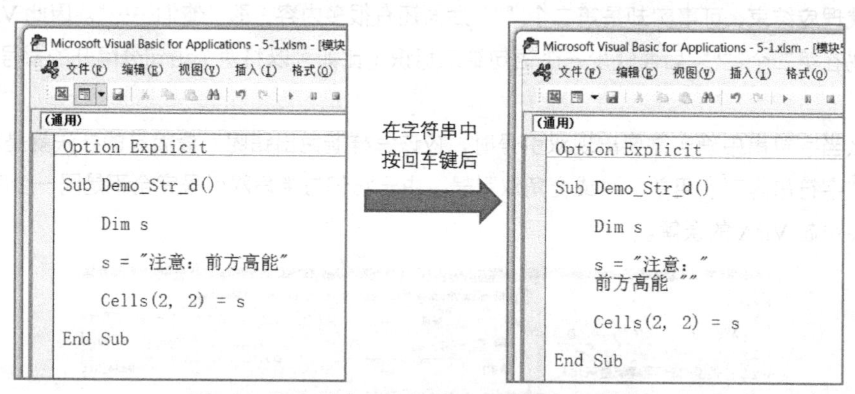

图 5.8　在字符串中直接按回车键后的代码变化

在图 5.8 中，由于 VBA 要求字符串不能跨行书写，所以自动为字符串的第一行补足引号，使其成为一个完整的字符串赋值语句；同时在第二行中间的合适位置也补足了引号，从而使这行看上去像一个“过程调用”语句[①]，让这行在形式上也符合 VBA 语法。

那么怎样在字符串中表示换行呢？首先需要理解的是：从计算机的角度来看，如同英文字母或标点符号一样，换行也是一个字符[②]。所以只要能够在字符串中间插入表示换行的字符，就能够表明该字符串在这个位置需要换行显示。

关于换行字符的详细内容，本书将在数据类型章节中讲解字符串数据类型时详细介绍。这里大家只要知道 VBA 已经事先定义了一些“系统常量”，可以代表各种换行字符即可。

---

① 关于过程调用语句的格式和用途，本书随后会讲解。在这个例子中，VBA 补全双引号后该语句的含义就变成：请调用一个名为“前方高能”的子过程或函数，并为其传递一个空字符串作为参数。

② 严格地说，在 Windows 系统中，换行需要使用两个不同字符来表示。

所谓“系统常量”，就如同使用“Const”关键字在程序中定义的常量，可以使其代表一些特定值并且不允许修改。只不过系统常量并非由我们定义，而是微软公司的开发人员在设计 VBA 系统时已经定义好的，用于代表一些常用数值。由于不同操作系统使用不同字符表示换行，所以 VBA 提供了多个表示换行符的常量，具体如表 5-1 所示。

表 5-1　各种操作系统中代表换行符的 VBA 系统常量

常 量 名	适用操作系统	对应 ASCII 字符
vbCr	在 Mac OS 及 AppleII 操作系统中代表换行	Chr(13)
vbLf	在 Linux 及 Mac OS X 操作系统中代表换行	Chr(10)
vbCrLf	在 Windows 操作系统中代表换行	Chr(13)&Chr(10)
vbNewLine	同 vbCrLf，在 Windows 操作系统中代表换行	Chr(13)&Chr(10)

根据表 5-1 所示，在 Windows 操作系统的 Office 软件中，可以使用 vbCrLf 或 vbNewLine 两个系统常量在 VBA 中表示换行。那怎样把这些系统常量插入一个字符串中呢？比如在图 5.8 所示的例子中，如果直接写“注意：vbNewLine 前方高能”，那么由于 vbNewLine 位于双引号之内，VBA 就会把它看作一个普通的文本内容，也就是一连串英文字母，而非一个变量或常量。所以实际的输出结果中会出现“vbNewLine”这个单词，而不会有任何换行效果。

正确的做法是把 vbNewLine 写在双引号之外，并使用字符串连接符将它与字符串其他部分连接在一起，如图 5.9 所示。

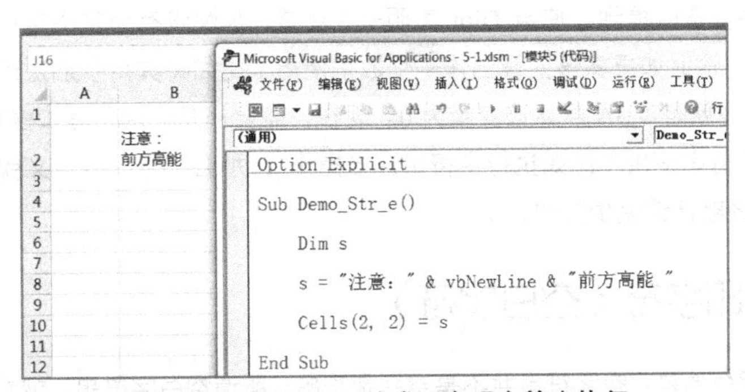

图 5.9　使用 VBA 系统常量实现字符串换行

5.2　字符串的理解要点

5.2.1　空字符串

前面说到一个字符串是由任意个字符连接而成，“任意个”既包括“多个”，也包括“一个”，甚至还包括“零个”。字符串之所以称为字符串，关键不在于其含有多少个字符，而在于其具有“串”的能力。

在视频课程中，我们用一段关于羊肉串的动画描述了字符串的这一特点：只要具有随时将多个字符连接在一起的能力，即使当前一个字符都没有，仍然被视作一个字符串，因为我们可以随时向其中添加字符。

如果一个字符串中没有任何字符，就称之为“空字符串”。空字符串写出来如同图 5.10 代码中一样，只有两个紧连在一起且中间毫无间隔的半角双引号。如果把空字符串赋值给一个单元格，那么就是让这个单元格的内容变成“一无所有”，等同于“清空单元格”的操作。比如在如图 5.10 所示的例子中，在运行程序前，B2 单元格中有两行文本内容；在运行程序之后，B2 单元格的内容则被完全清空。

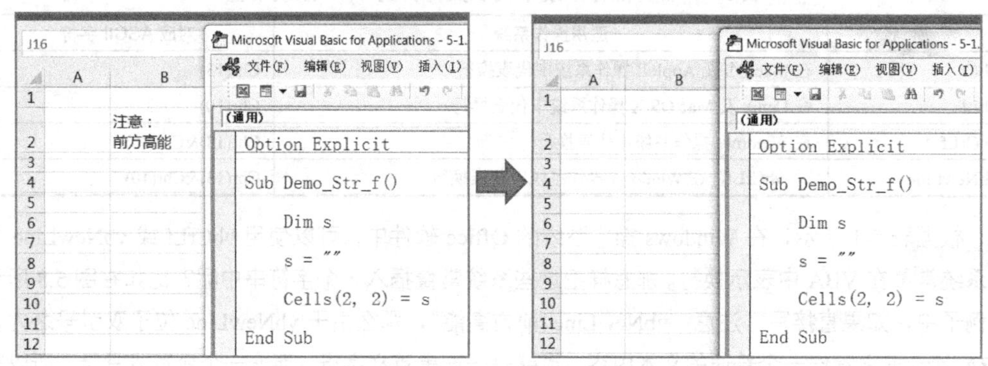

图 5.10 使用空字符串为单元格赋值的效果

空字符串对于文本处理来说，就如同“0”对于算术运算一样重要，所以我们在后面的学习中，会经常使用空字符串解决一些基本问题。

此外，在讲解变量时提到：使用 Dim 声明一个变量，但又没有为其指定初始值时，VBA 默认该变量为“空”，这时如果将该变量当作一个数字使用（比如将其用于加法运算），则“空”的含义就是数字 0，也就是 VBA 默认该变量为 0。现在，需要补充一点：假如程序将这个默认为空的变量当作一个字符串使用（比如执行字符串连接操作），那么“空”的含义就是“空字符串”，也就是说，VBA 将默认该变量为“”。

5.2.2 非打印字符（空白字符）

接下来需要明白的是：空字符串并不是空白字符串。所谓空白字符串，就是由空格符（Space 键）、制表符（Tab 键）、回车符及其他各种不可显示的字符（一般称为“非打印字符”或“空白字符”）所构成的字符串，比如由 5 个空格符构成的字符串：“   ”。

这个字符串虽然看上去一片空白，没有内容，但从计算机的角度来看，它仍然是由多个字符构成的，就是由 5 个空格字符构成，或者说字符串长度为 5。只不过根据操作系统字库的设定，将这些字符绘制到屏幕上时不需要将任何像素染成黑色，所以我们用肉眼看不到它们。换言之，空白字符的特点是“有内容，不显示”。

这一点与前面讲解的空字符串有很大区别。因为空字符串中完全没有字符，也就是完全没有内容，整个字符串的长度为 0。

由于空白字符的存在，两个字符串即使看上去非常相似，也不一定完全相等。比如“abcd”与“ abcd ”，前者是一个包含 4 个字符，即长度为 4 的字符串；但是后者首尾各有一个空格字符，所以包含 6 个字符（长度为 6），因此二者并不相同。

小心检查空白字符，对于 Excel 表格处理非常重要。因为一个单元格是否是真正的空单元格、是否包含空白字符等，往往很难用肉眼观察出来。特别是在数据量较大又使用了“居中对齐”等排版操作后（见图 5.11），更加难以直接判断。因此，在编写 VBA 程序对单元格文本进行比较时，必须考虑如何消除空白字符的影响。本书会在介绍字符串函数的章节中详细讲解这方面的经验。

	A	B	C	D	E	F	G
1							
2	特点	无空格	两端有空格	两端全角空格	空单元格	一个全角空格	一个普通空格
3	内容	大家好	大家好	大家好			

图 5.11　含有各种空格与无空格的单元格比较（表格格式为居中对齐）

5.2.3　区分大小写字符

字母分为大写与小写两种形式，虽然大小写字母（如“A”与“a”）含义相同，但是在计算机中却被严格地区分为完全无关的两个字符。

所以在使用 VBA 进行字符串比较时必须考虑字母的大小写问题，切记 Abc 与 abC 是完全不同的两个字符串，二者的比较结果是“不相等”。例如在案例 5-1 中，如果把第 4 行零部件报价的货币单位符号改成“usd”，那给出的代码就不能将其对应到判断结构中的“USD”分支，就无法进行正确计算（请读者思考：在这种情况下，案例 5-1 的运行结果，并说明原因。请在电脑上亲自运行验证）。

读者可能还记得，本书第 1 章中讲到 VBA 是一个大小写不敏感的语言，比如在代码中写“IF”和“if”，都会被当作符合语法的判断语句。那么为什么这里又提醒大家必须注意大小写呢?

这是因为程序设计语言中的“大小写不敏感”，是专门针对程序代码中的语法元素而言的，包括“Sub”“For”等各种关键字（保留字），以及变量名、程序名等自定义名称。它们与字符串最明显的区别就在于没有两边的双引号。而对于双引号内的字符串，以及存储在文本文件或 Excel 单元格内的文字等，代表的是存储于计算机内部的文本数据，与 VBA 程序语法没有任何关系，所以不适用“大小写不敏感”这种说法。

由于我们在 Excel、Word 等 Office 软件中经常会遇到缩写、人名、地名等信息，因此在 VBA 编程中需要充分注意大小写字母对字符串比较带来的影响。

5.2.4　区分数字与字符串

另一个初学者经常混淆的问题就是“数字”与“数字字符”之间的区别。在 VBA 代码中，如果一个数字出现在某对双引号之内，比如“123”，那么它代表的就是由 1、2 和 3 三个表示数字的字符构成的字符串，如同 a、b 和 c 构成字符串“abc”一样。

我们知道，字符串代表的是一段文本，因此不能像数字那样执行各种数学运算（比如求取字符串“齐天大圣——孙悟空”的平方，是一个完全没有意义的操作）。所以，尽管字符串 123 看上去与数字 123 完全一样，但是二者却有本质的不同，因为前者是一段文本而非数值，不能进行数学运算①。图 5.12 演示了为数字添加引号后，程序运行结果的变化。

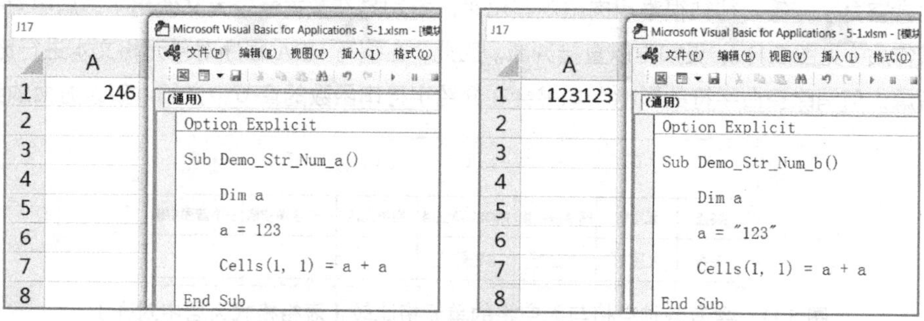

```
Option Explicit

Sub Demo_Str_Num_a()

    Dim a
    a = 123

    Cells(1, 1) = a + a

End Sub
```

```
Option Explicit

Sub Demo_Str_Num_b()

    Dim a
    a = "123"

    Cells(1, 1) = a + a

End Sub
```

图 5.12 数字与数字字符串的区别

在图 5.12 左侧的代码中，变量 a 被赋值为数字“123”，请读者将其读作“一百二十三”。因此在执行 a + a 操作时，就是执行算术加法运算，并将结果“246”写入 A1 单元格。但是在图 5.12 右侧的代码中，a 被赋值为字符串“123”，由于不是数字，因此各个字符之间也不存在进位关系，所以应当读作“一二三”。这时若执行 a + a 操作，VBA 就认为这不是一个算术加法运算，而是一个字符串加法，即字符串连接操作。因此，右侧程序的执行结果是将两个字符串“123”连接在一起，得到的结果为“123123”，读作“一二三一二三”，而不是“十二万三千一百二十三”。

总之，带有双引号的数字字符串本质上与一串英文字母或一行汉字没有区别，只是人类用于信息交流的符号，不能像数字一样进行算术运算。事实上，数字与数字字符串在计算机中的存在方式是完全不同的——数字“123”被视作一个数据存放，而字符串“123”则被视作紧密关联的 3 个数据（字符“1”“2”和“3”）存放。因此，为避免出现误解和歧义，请读者一定要厘清二者的关系。

5.3 字符串连接操作

5.3.1 字符串连接符——“+”与“&”

刚刚提到，字符串之间也可以执行“加法”，例如“123” + “123” = “123123”。这种操作的正式名称是“字符串连接”，也就是将两个字符串按照前后顺序连在一起，构成一个新的字符串。

虽然在 VBA 中允许使用普通加号“+”执行字符串加法，但是如果加号两边分别为数字和字符串，比如 a = “123” + 123，这个加号的功能就会存在歧义：既可以将数字 123 转换为字符串“123”，从而执行字符串连接操作得到“123123”，也可以将字符串“123”转换为数字 123，从而执行数字加法操作，得到 246。对此 VBA 统一规定：一律将字符串转换为数字，执行算术加法

① 不过如果用本书目前讲解到的知识编写程序，会发现数字字符串也可以进行算术运算，比如执行语句 Cells(1,1) = “123” * 2，也能够在 A1 单元格输出 246。这是因为 VBA 为了降低初学者的学习难度，在执行程序时会尽力猜测开发者的意图。因此，当我们使用数字字符串进行算术运算时，VBA 不会“严厉”地提示出错，而是主动将字符串转换为数字进行运算。然而这种处理方式也常常导致程序出错，所以还是尽量避开为好。

操作，所以这个语句执行后的实际效果是让变量 a 变为数字 246。

普通加号的这种歧义性经常给我们编写代码带来困扰。特别是在实际工作中，有些 Excel 文件中常会存放格式混乱的数据，看上去像是文本内容，实际上却是以数字形式存放。这时当我们想使用加号将多个单元格的文本连接在一起时，实际执行的却有可能是算术加法，导致错误结果。

因此，请读者牢记一个重要的 VBA 最佳实践：除非有特殊需求，否则不应使用加号执行字符串连接操作，而应使用另一个字符串连接符号——&。

在 VBA 语言中，字符串连接的正式操作符是“&”，也就是在标准键盘中数字 7 上的符号。如果在 VBA 代码中写　s = “abc” & “123　甲乙丙”，就会将变量 s 赋值为字符串“abc123　甲乙丙”。图 5.13 所示的例子演示了&符号的典型用法。

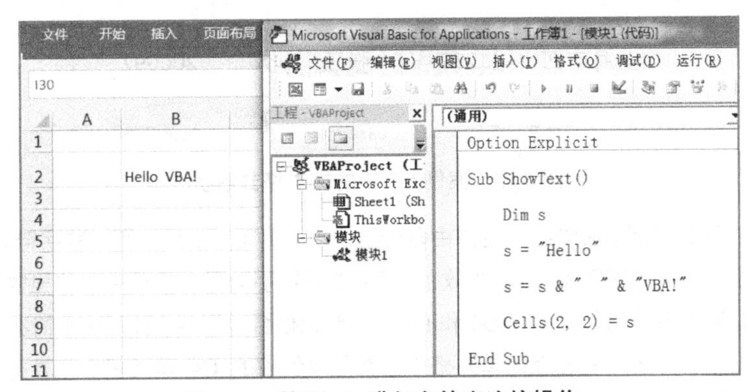

图 5.13　使用 & 进行字符串连接操作

在图 5.13 的代码中，首先将字符串“Hello”存放在变量 s 中。在接下来的一句代码里，把变量 s 的内容（“Hello”）、一个由连续空格构成的字符串（“　　”），以及另一个字符串“VBA!”连接在了一起，从而得到一个新的字符串“Hello　VBA!”，并赋值给变量 s。这时变量 s 的内容就会被改写为这个新的字符串，并最终赋值给 B2 单元格，于是得到左边的输出结果。

需要特别指出的是：在执行字符串连接操作的语句中，&符号的左边必须留有一个空格。待读者学完数据类型相关章节后就会知道，如果没有空格，VBA 可能会认为 & 符号的用处是指明前面的变量是长整型数字，而非代表字符串连接操作。

5.3.2　灵活构造字符串

字符串连接操作的最大用处就是可以帮助我们按照特定格式（或称“模板”）灵活构造出新的文本。案例 5-2 演示了这种最简单的需求。

案例 5-2：在如图 5.14 左侧所示的工作表中，C3 到 E3 单元格存放了一个快递包裹的收件人信息。现在希望编写一个程序，能够自动将这些信息按邮寄格式组成一句话，并保存在 C4 到 E4 组成的合并单元格中，以备打印。图 5.14 右侧所示的表格就是执行程序以后预期得到的效果。

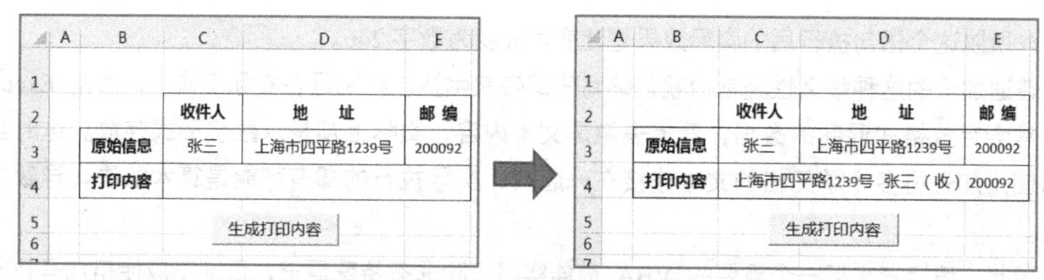

图 5.14　案例 5-2 示例（右侧为单击“生成打印内容”按钮后的运行结果）

在这个案例中，我们希望得到的最终结果可以分解为图 5.15 所示的几个部分，而 VBA 程序的任务就是根据表格中已有的信息，按照如图 5.15 所示的规则构造出一个字符串。

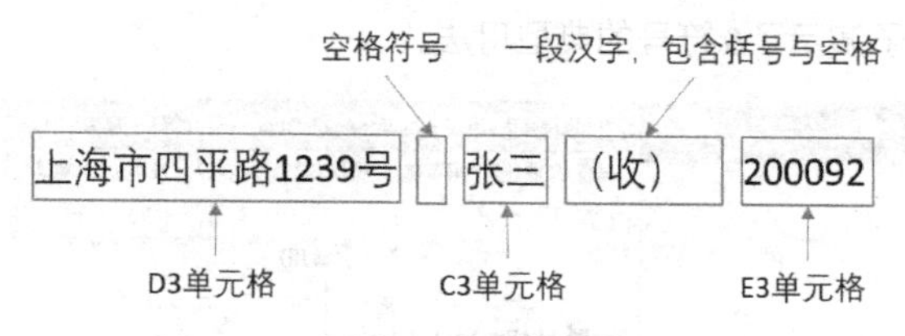

图 5.15　案例 5-2 中的文本格式解析

从图 5.15 中可以看到，最终结果应该由多个字符串合并而成，其中有一些字符串（如“张三”）来自单元格内容，而其他字符串（如“(收)　”）则需要手动写在代码中。这里需要说明的是，用于显示最终结果的单元格是由 C4、D4 和 E4 三个单元格合并而成。针对这种情况，我们在 VBA 代码中可以直接用合并区域的左上角单元格（也就是本例中的 C4 单元格）代表整个合并区域。所以在本例中直接给 Cells(4,3) 赋值，就可以把结果显示在这个合并区域中。

按此思路，本例的需求可以使用下面的程序代码来实现。

```
Sub Demo_5_2()
    Dim s
    s = Cells(3, 4) & " " & Cells(3, 3) & "（收） " & Cells(3, 5)
    Cells(4, 3) = s
End Sub
```

在这段代码中，空格字符串“　”和文字“（收）　”是固定内容，无论收件人信息如何变化，这两个内容都不会发生改变；而 Cells(3,4) 等代表的都是变化内容，完全取决于用户填写的信息。通过这种连接操作，我们就能够根据表格内容和要求格式，构造出期望的文本信息。

最后，我们再讨论一个需要综合运用循环结构、判断结构、逻辑表达式及字符串连接操作的案例。

案例 5-3：图 5.16 左侧所示的工作表中存放了 5 位同学的文化课及体育成绩，并且已经按照每个人的文化课成绩从高到低进行了排序。现在需要根据这些成绩评选学习明星奖，评选规则为：体育成绩必须达到“良”才有资格获奖，而获奖名次则依据文化课成绩由高到低排序。请编写 VBA 程序实现这个功能，最终在 E 列单元格中按照“第 *N* 名”的格式输出排名结果。对于体育成绩不达标因而无资格获奖的同学，在其 E 列单元格中输出“—”。预期运行效果如图 5.16 右侧的工作表所示。

学习明星奖排名表

姓名	文化课	体育	获奖名次
王五	587	优	
田七	566	中	
张三	564	优	
李四	539	良	
赵六	530	中	

学习明星奖排名表

姓名	文化课	体育	获奖名次
王五	587	优	第 1 名
田七	566	中	–
张三	564	优	第 2 名
李四	539	良	第 3 名
赵六	530	中	–

图 5.16　案例 5-3 原始数据及预期运行效果

这个案例乍看上去似乎并不复杂，使用普通的表格公式就能解决问题。可是仔细思考一下就会发现事情并不那么简单，因为它要求能够跳过体育成绩不达标因而不能获奖的同学，同时还要保持获奖同学排名的连续性。

这种“跳跃—连续”的需求在实际工作中十分常见，解决起来也非常简单，只要创建一个变量专门用于记录这种数字（比如本例中的获奖名次）即可。具体来说，我们可以让程序从上向下扫描整个表格。当扫描到第 4 行并发现王五有资格获奖时，一共只发现一人（王五自己）获奖，所以王五必然是第 1 名；接下来扫描到第 6 行发现张三也有资格获奖，此时程序一共发现两人（王五与张三）获奖，所以张三必是第 2 名，以此类推。

```
Sub Demo_5_3()

    Dim i, k

    k = 0    '用变量 k 代表当前已经获奖的人数。开始时尚无人获奖，故 k 初始值为 0

    '循环扫描表格中每行数据，每找到一行就判断其是否应当获奖
    For i = 4 To 8

        '如果第 i 行体育成绩达标，即“优”或“良”，则进入评奖排名的分支
        If Cells(i, 4) = "优" Or Cells(i, 4) = "良" Then

            '将 k 增加 1，代表当前多了一名获奖者
            k = k + 1

            '因为表格已经按文化课成绩排序，所以当前的获奖人数就是这名学生的排名
            '可以使用 k 直接构造出获奖名次信息，并写入 E 列单元格
            Cells(i, 5) = "第 " & k & " 名"

        Else          '若体育成绩不达标则直接在 E 列输出“–”

            Cells(i, 5) = "–"

        End If

    Next i

End Sub
```

在这段代码中，使用了字符串连接操作 *“第” & k & “名”* 来构造获奖名次。这个表达式将三个元素连接为一个字符串，分别包括字符串“第”“名”及变量 **k**。虽然变量 **k** 存放着一个数字（当前获奖人数），但是由于 VBA 发现这是一个字符串连接操作，所以会自动将 **k** 的数值转换为一个数字字符串（如“3”），从而顺利完成连接操作。所以每当执行到这句代码时，由于 **k** 的数值刚刚被增加 1，E 列单元格就会输出一个由新数字构成的字符串。

在实际教学中，笔者发现很多初学者虽然能够理解上面这段代码，但实际练习时却经常犯一个错误：把变量 k 写到双引号中。比如写成*“第　k 名”*或 *“第 ”& “k” & “ 名”*，甚至写成如图 5.17 所示的样子。这种写法会导致最终输出结果出错，因为 k 不再代表存放获奖人数的变量，而是代表一个固定不变的小写英文字母。同理，“&”也不再是一个字符串连接操作符，而是一个位于双引号内部的字符，代表一个普通标点符号。

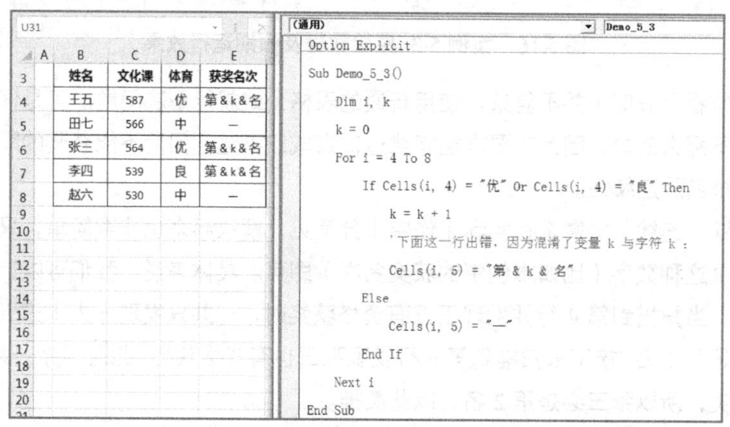

图 5.17　将变量 k 与操作符 & 写在双引号内部导致的问题

总之，将固定不变的内容与可变的内容合并在一起，从而灵活构造出规范文本的操作，这在实际工作中非常重要且会频繁遇到，所以请初学程序设计的读者一定要理解透彻。

本章小结

处理文本是最重要的日常工作之一，这也是为什么职场中经常使用“文案”“文书”等名词指代办公岗位的原因。使用 VBA 程序可以灵活地实现各种文本处理，能够大幅提高工作效率，本书也将用大量篇幅介绍这些技术。而熟练使用这些技术的基础，就是掌握本章介绍的字符串知识。经过本章的学习，读者需要重点理解和掌握的知识点包括：

★ 字符串必须写在半角双引号内，否则会与变量或数字等混淆。

★ 如果在字符串中书写半角双引号，需要连续输入两次以“转义”。

★ 一个字符串必须书写在一行代码中，如果需要换行，可以使用 vbNewLine 等系统常量。

★ 空字符串也是字符串，与由空格等空白字符构成的字符串完全不同。

★ 字符串中的拉丁字母需要区分大小写。

★ 数字与数字字符串有本质区别，不过 VBA 经常会自动进行转换。

★ 使用“+”和“&”符号都可以实现字符串连接操作，但是前者在数字与字符串混合使用时会产生歧义。

★ 使用“&”符号连接字符串时，一定要在它的前面使用空格。

★ 构造字符串时，切记将变量、数字等元素写在双引号之外，并通过“&”符号与其他字符串连接在一起。

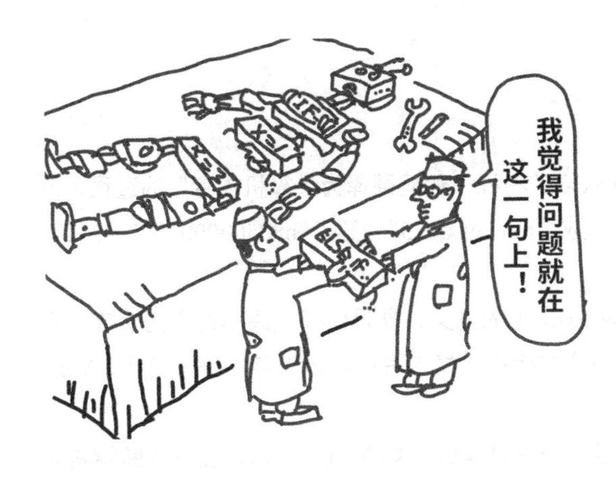

第 6 章

诊断的技巧——程序调试

习武之人应先学疗伤，练习编程则必学“调错”。由于尚不熟悉程序语言特性和计算机内部原理，初学者编写的程序往往充斥着语法和逻辑错误，导致程序无法运行，或者虽然程序能够运行但输出结果并不正确。随着本书内容的展开，读者已经开始编写含有循环、判断等多种结构的程序，于是也会更加频繁地遇到代码错误。因此，能否独立快速地定位并纠正程序错误，对于下一步的学习至关重要。

如同医生看病讲究“望闻问切”一样，诊断 VBA 程序中的错误也有一套成熟的方法和工具，其中最重要的就是“设置断点”“添加监视”和“单步执行”三大调试工具。本章就结合一些常见错误，讲解这三个调试工具的使用方法和经验。通过本章的学习，读者将了解以下知识：

★ 为什么要把程序错误分为“编译错误”“运行时错误”和“逻辑错误”？

★ 怎样在代码中添加和清除断点?

★ 怎样在调试模式下观察表达式数值?

★ 怎样通过单步执行排查错误?

本章内容主要与视频课程“全民一起 VBA——基础篇”第七回“人在江湖飘 谁能不挨刀，用好调试器 一刀学一招”相对应，同时拓展讲解了错误类型、Debug 命令、逐语句与逐过程调试的区别等知识。建议读者结合视频课程配套学习，加深对这些知识点的理解。

6.1 程序错误的类型与排查

程序错误可以分为多种类型，在调试过程中需要区别对待。具体来说，VBA 中的程序错误一般被划分为“编译错误”“运行时错误”和“逻辑错误”三种。

6.1.1 编译错误

在程序设计领域中，“编译”这个术语一般代表“将程序代码翻译为计算机指令”的过程，也就是将“x = 5”这种人类能够看懂的语言，翻译成“mov eax,0x5”乃至“b805000000”这种只有计算机才能理解的指令。

因此，编译错误（Compile Errors 或 Syntax Erros）的含义，就是由于代码不符合语法等，导致 VBA 无法将我们书写的代码转换为计算机指令去运行。换句话说，因为存在语法错误，VBA 读不懂我们书写的程序代码。

其实在前面几章的学习中，我们已经多次遇到过编译错误。如图 6.1 所示，在写判断结构时忘记书写“End If”，或者在字符串连接操作中忘记在“&”连接符前面加上空格，都有可能引发编译错误。由于这种错误太过明显，VBA 会拒绝运行程序，并直接弹出错误警告。

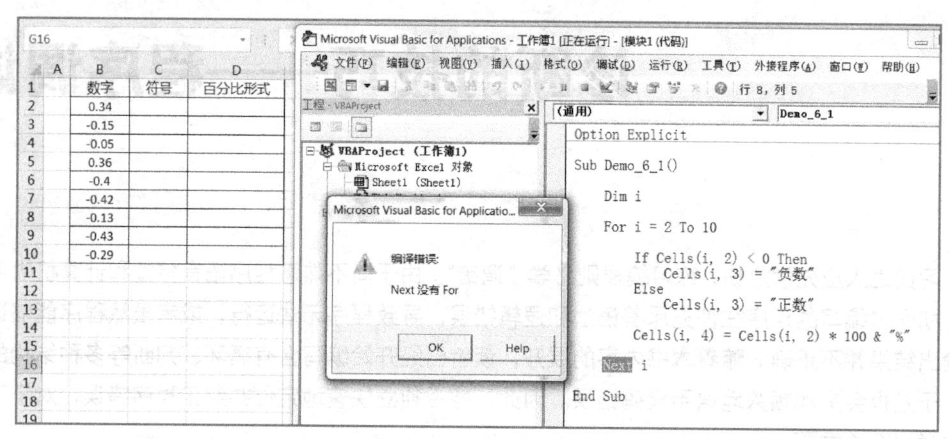

图 6.1　由于语法错误（在 If 结构中忘记书写“End If”）导致编译错误

不过，虽然 VBA 能够及时发现编译错误并预警，但是往往无法准确地告诉我们错误原因。比如在图 6.1 的例子中，明明是因为没有书写“End If”导致的错误，可是 VBA 弹出的警告框中却认为是“Next 没有 For”。

为什么会出现这种情况呢？还是我们反复强调的那句话：“计算机并不聪明，它只会死板地按照语法规则逐字理解”。以上面的代码错误为例，当 VBA 发现 For 语句后，根据语法规则从下面一行开始都属于循环体内容。接下来它看到了 If 语句，于是再次查阅语法规则，知道从这一行直到 End If 之间的内容均属于这个判断结构。然后 VBA 继续向下检查代码并发现了“Next i”这一句话。可是直到这时还没有看到“End If”字样，所以 VBA 认为“Next i”语句也是位于判断结构之内的。

我们在第 4 章中曾经讲过，程序语法中禁止交叉嵌套。所以 VBA 理所当然地认为“Next i”语句所对应的“For i=x to y”也必须处于 If 结构之内，否则就会形成交叉嵌套，违反语法规则。可是在图 6.1 的 If 语句后面没有发现任何 For 语句，因此 VBA 认定“Next i”语句没有与之匹配的 For 语句，所以弹出提示“Next 没有 For”。

换言之，虽然我们很清楚“Next i”语句对应的 For 语句就是“For i=2 To 10”，但是 VBA 却无法从开发人员的视角去思考。它只能逐行逐字地根据所读到的局部信息去理解代码，因此认定既然还没有遇到“End If”语句，那么“Next i”语句就是判断结构内部的内容，与 If 结构外面的 For 语句完全无关。

所以当读者遇到这种编译错误警告时，请保持耐心，并按照 VBA 语法规则去逐行分析，一定能够查找出错误的真正原因。而这种摒弃人类视角，尝试按照计算机的视角去理解代码的习惯，也是程序设计学习过程中最重要的一条最佳实践：

> **把自己当作计算机，忠实而严格地遵循语法，在大脑中逐行执行程序代码。**

6.1.2　运行时错误

在某些情况下，虽然我们编写的代码符合语法，不会导致编译错误，但是在运行时却会导致程序出错，使程序无法继续运行。这种错误就被称为“运行时错误（Runtime Errors）”，即只有在程序实际运行中才会被发现的错误。

最典型的运行时错误就是“除零”，也就是在除法算式中将 0 作为除数，如图 6.2 所示。

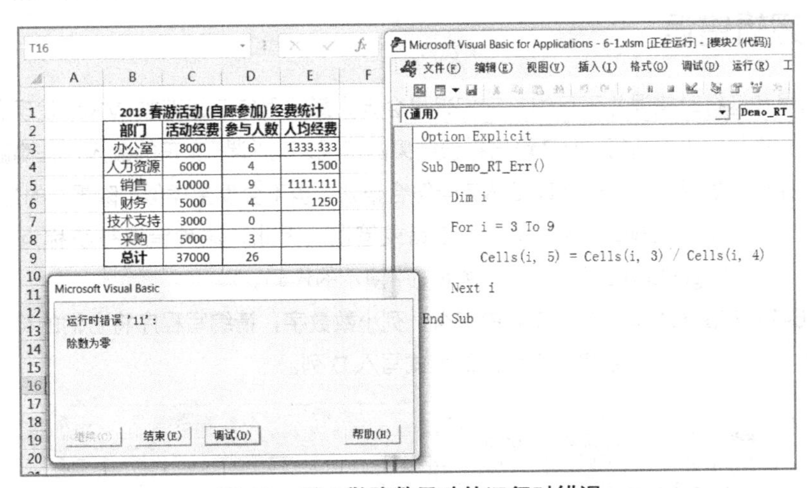

图 6.2　用 0 做除数导致的运行时错误

这段程序代码看上去没有任何问题，而且也正确计算出了表格第 3 行到第 5 行的人均经费。但是当循环变量 i 等于 7，也就是计算第 7 行人均经费时，由于技术支持部门无人参加春游活动，所以 Cells（7, 4）的数值为 0。于是循环体内的代码就是要求计算机计算“3000 ÷ 0”这个算式，并将结果写入其对应的 E 列单元格。可是基本算术规则中禁止使用 0 作为除数，所以计算机无法完成这个语句，程序也就无法继续执行下去，最终只能中断程序运行，并提示“除数为零”的错误。

显然，上面这种错误不可能像编译错误那样在运行程序之前就被分析出来，因为 VBA 根本不知道用户会在 Excel 表格中输入什么样的数字。这也是它被称为“运行时错误”的原因。

需要补充说明的是，当程序执行中发生运行时错误时，VBA 弹出的警告框里给我们提供了两种处理办法，也就是“结束”和“调试”两个按钮（见图 6.2）。如果单击“结束”按钮，那么就会停止程序运行，回到开发状态。如果单击“调试”按钮，程序并不会就此结束，而是转入调试模式的“单步执行”状态，暂停在发生错误的代码上。此时读者可以使用各种调试工具细致分析错误原因。在发现错误原因后，先单击“重新设置”按钮（见图 6.3）使程序完全终止，然后修改代码即可重新运行程序。

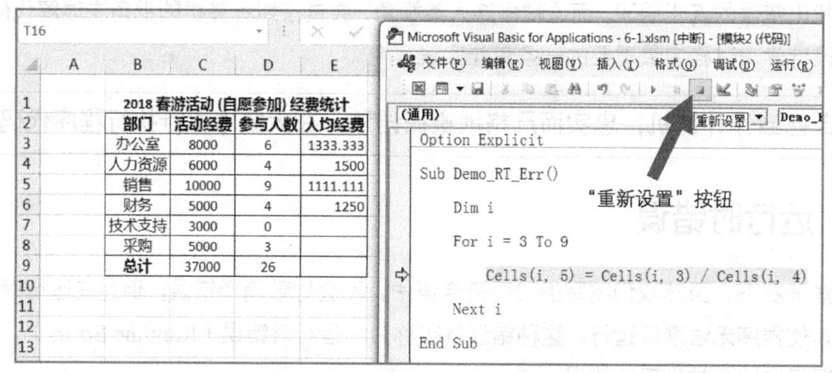

图 6.3　进入调试模式后的 VBE 及“重新设置”按钮的位置

6.1.3　逻辑错误

编译错误和运行时错误并不可怕，它们迟早会因为影响程序运行而被 VBA 发现和报警。真正危险的是允许程序正常运行，但又输出错误结果的情况，正所谓“真正的敌人往往隐藏在内部”。

出现这种错误的原因，在于代码虽然完全符合语法，也不会发生类似“除零”的运行时错误，但是在设计思路也就是逻辑流程上发生了差错或笔误。因此，这种错误被统称为“逻辑错误（Logical Errors 或 Logic Errors）”，比如案例 6-1 中演示的代码。

案例 6-1：在图 6.4 所示的工作表中存有一列小数数字，请编写程序将它们的符号（正数或负数）写入 C 列，并将这些数字以百分比的形式写入 D 列。

数字	符号	百分比形式
0.34	正数	340%
-0.15	负数	-150%
-0.05	负数	-50%
0.36	正数	360%
-0.4	负数	-400%
-0.42	负数	-420%
-0.13	负数	-130%
-0.43	负数	-430%
-0.29	负数	-290%

```
Option Explicit

Sub Demo_6_1()
    Dim i, sign

    For i = 2 To 10
        If Cells(i, 2) < 0 Then sign = "负数" Else sign = "正数"
        Cells(i, 3) = sign

        '本行代码将B列数字乘以100后，再连接字符"%"
        '从而构成一个字符串并写入D列单元格
        Cells(i, 4) = Cells(i, 2) * 1000 & "%"

    Next i
End Sub
```

图 6.4　案例 6-1 示例代码及运行效果（运行结果不正确）

上图中的代码能够正常执行，并且其输出结果看上去也没有什么问题。不过仔细查看，却发现 D 列所有百分数都与 B 列的小数数值相差 10 倍，这是非常严重的计算错误。错误的原因就是代码不小心把乘以“100”写成了乘以“1000”。

由于逻辑错误不违反 VBA 语法和计算规则，所以即使运行结果有误也不会收到任何警示，只能依靠我们根据程序输出结果自行排查。大家经常听说的软件“Bug”，指的主要就是这种错误，本章接下来介绍的各种调试工具，主要也用于逻辑错误的诊断。

6.2　使用断点与监视

在程序设计中，“调试”的意思就是排查代码中存在的错误（主要是逻辑错误）。由于程序错误常被称为“Bug”，所以“调试”对应的英文单词就是“Debug”。与所有现代程序开发工具一样，VBA 也提供了比较全面的调试工具，也就是本节将要介绍的断点、监视和单步执行。

关于 Bug 和 Debug 这两个术语的来历，计算机界流传着不同版本的故事。其中被公众普遍认可的说法是，在 1946 年（或 1947 年），哈佛大学科学家 Grace Hopper 工作时发现一台 Mark II 计算机出现错误，经过她与同事的排查，最终发现故障原因是一只飞蛾卡在了中继器上。由于 Bug（虫子）一词早在 1870 年代就已经被爱迪生等人用于指代“技术错误”，所以 Hopper 等人也从这只飞蛾开始，将计算机错误称为 Bug。Debugging 一词也是在此之前就被航空业用于指代“错误排查”，所以在 Hopper 提出“Bug”的称谓后，计算机界很快也开始使用 Debug 一词代表“错误调试”（引自维基百科）。图 6.5 所示为 Hopper 当时记录的错误日志。

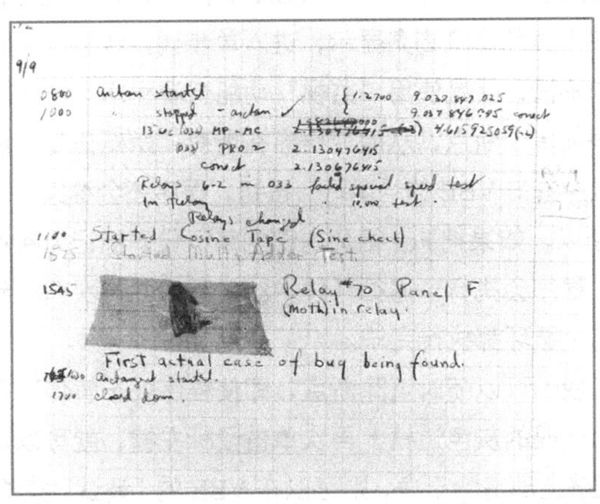

图 6.5　Hopper 等人发现的史上第一个计算机 Bug（那只被钉在错误日志上的飞蛾）

6.2.1　“望闻”之术——设置断点

假如我们觉得 VBA 程序的输出结果不正常，进而怀疑其中某行代码存在逻辑错误，那么最直接的诊断办法就是让程序在“嫌疑代码”前暂停运行，从而让我们能够仔细观察它是否存在问题。这就像中医看诊时首先要“望气听声”，通过观察初步判断病源部位，以便后面聚焦于此并深入检查。

这种让程序在某行代码前暂停运行的技术，就称为在该行代码前添加一个“断点（Break Point）”。具体操作十分简单：在 VBE 中用鼠标单击该行代码前面的灰色边框即可。图 6.6 演示了这个过程。

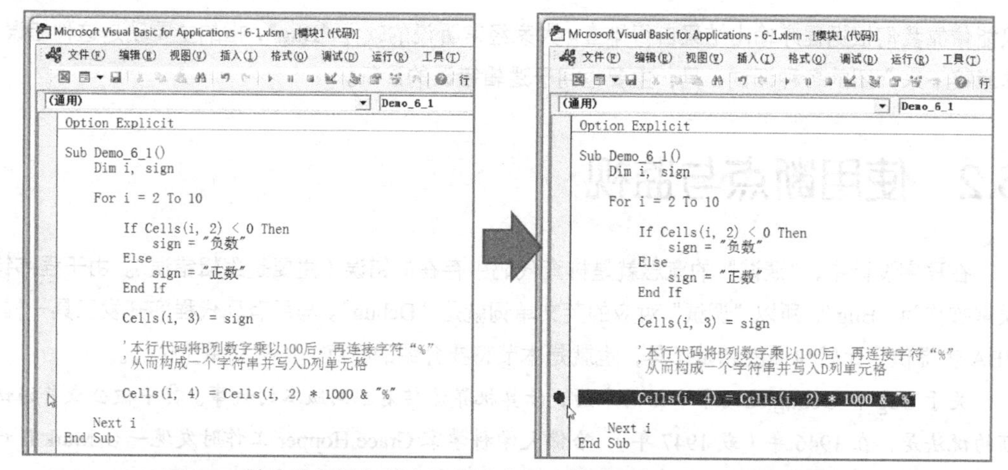

图 6.6　单击边框添加断点示例（右图为单击鼠标左键之后的效果）

需要提醒读者的是，那些在理论上不可能发生逻辑错误，或者对于调试程序没有明显意义的代码行，是不能添加断点的。比如代码中的空白行、没有任何代码的注释语句行、Option Explicit，以及使用 Dim 声明变量的语句前，都没有办法也没有必要添加断点。

一旦某行代码前被添加了断点，再次运行 VBA 程序时，程序就会在执行到这行语句时自动暂停，同时把这行代码使用黄色背景高亮显示，进入单步调试状态。注意，此时这行代码还没有被执行！而接下来要做的事情，就是使用“监视”功能查看程序当前状态了。

在一个程序中可以添加多个断点，从而让程序在所有“嫌疑语句”前停止运行。当程序在断点处暂停运行后，如果再次单击 VBE 的“运行”按钮，程序还会继续执行下去，直到遇见下一个断点或 End Sub 为止。所以，如果把 For 循环内部的某行代码标记为断点，那么在程序暂停运行后再单击“运行”按钮，程序会执行一遍循环体中的代码，并再次循环到这个语句，从而再次暂停。如此反复，直到把整个循环都执行完毕。

最后需要说明的是，我们可以随时清除断点，即使程序处于暂停运行状态。与添加断点的操作相同，只要在某行断点代码的灰色边框上再次单击鼠标左键，就可以清除断点标记。如果代码中有很多个断点，希望能够全部清除干净，则可以在 VBE 的“调试”菜单中选择“清除所有断点”命令，或者使用快捷键“Ctrl + Shift + F9”。

6.2.2 “问”的技巧——添加监视

当程序因遇到断点而暂停运行时，我们可以深入观察程序此时的状态，特别是每个变量或表达式的当前取值。如果某个变量的数值与预期不符，那么从它入手，顺藤摸瓜，就可以找出错误产生的根源。

怎样在程序暂停运行时观察一个变量的取值呢？最简单的办法，就是在 VBE 中把鼠标光标移动到这个变量上并静止不动，这时很快就会看到一个黄色背景的文字框，里面显示的就是这个变量当前的取值。图 6.7 演示了这一技巧。

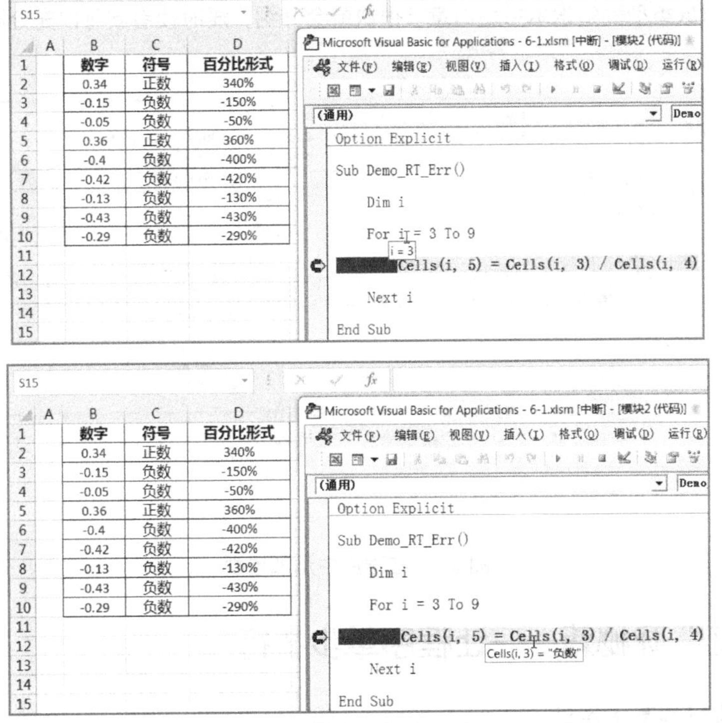

图 6.7　在程序暂停时移动光标查看取值

在图 6.7 的第一个截图中，由于光标悬停在变量 i 的上方，所以可以看到“i = 3”的提示信息，即在程序执行到当前黄色高亮的这一行（断点行）时，变量 i 的取值为数字 3。而在第二个截图中，光标悬停在表达式“Cells (i , 3)”的上方，所以这时的提示信息就变成了第 i 行第 3 列单元格的内容，也就是“负数”。

使用光标悬停方法查看程序状态十分方便，但是必须把光标移动到某个变量或表达式上方才能观察其取值，无法同时、持续地观察多个内容。因此，VBA 为我们提供了另一个更加正规的观察工具，即“监视（Watch）”。

只要在 VBE 代码窗口中单击鼠标右键，并在弹出的菜单中选中“添加监视”（在英文版 Office 中为“Add Watch”）命令，就可以弹出“添加监视”对话框。在“表达式”一栏中输入想查看的变量或表达式，并单击“确定”按钮，就会发现 VBE 下方出现一个“监视窗口”，我们要观察的内容也会详细地列示在这个窗口中。图 6.8 就是通过上述方式添加了变量 i 和单元格 Cells(i,3)两个监视，同时正在准备添加对 Cells(i,4)内容的监视。

一旦对某个表达式添加了监视，它的各种信息就会一直显示在监视窗口中，使我们不移动鼠标也能随时看到它的取值变化，除非在监视窗口中单击鼠标右键并选择“删除监视”命令。如果不小心关闭了监视窗口也没有关系，只要在 VBA 编辑器的菜单栏中找到“视图”—“监视窗口”命令，就可以让它重新出现在屏幕上。

读者可能还注意到，图 6.8 监视窗口中的第一行“Cells(i,3)”前面有一个加号。这是因为 VBA 中的 Cells 单元格其实是“对象类型”数据，内部包含了大量的属性信息，比如这个单元格的位置、行列号、大小等。所以只要单击加号，“Cells(i,3)”就会展开显示它内部的所有属性，供开发者深入分析。关于对象类型的知识本书后面章节很快就会介绍，届时读者就可以充分利用监视窗口的这个功能。

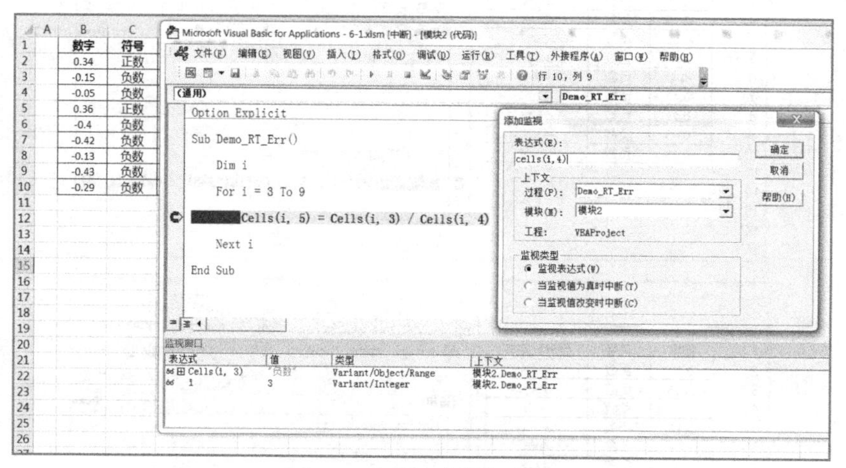

图 6.8　在程序中添加监视

6.2.3　“切”脉秘籍——让程序单步执行

1. 单步执行的基本用法

若想快速分析出错误的原因，单靠观察断点处的表达式取值仍然不够。只有深入程序执行流程的内部，看到每行代码运行后的结果，才能逐行排查，最终找到错误根源，这就像中医诊脉时通过持续观察脉象的变化来判断病情一样。

想让程序每运行一行都暂停一次，当然可以通过把每行代码都标记为断点的方式实现，不过实际操作起来十分烦琐。更简单的方法就是使用 VBA 调试器中的“单步执行”工具。

假如代码中存在一个断点，那么当程序暂停在断点行之后，只要按键盘上的“F8”键，就可以让程序再执行一行并暂停。此时可以看到，断点的下一行代码被高亮显示为黄色背景，相应的，监视窗口中各个表达式的数值也可能因为这次执行而发生变化。连续按“F8”键，就可以持续观察程序状态的变化过程，一旦在单步执行某行时发现异常，就可以基本确定错误与这行有关。下面就结合案例 6-2 的需求和代码（包含错误），演示这种典型的调试过程。

案例 6-2：如图 6.9 所示，工作表中存有某学习机构四个季度的报名人数，并要求做一个 VBA 程序，能够自动将所有人数汇总至 C7 单元格中。但是由于程序中存在逻辑错误，实际输出结果（及存在错误的代码）并不正确。请利用 VBA 调试工具发现错误原因并纠正。

在这个案例中，我们发现总计人数计算出错，所以理所当然地想到最有可能出错的地方就是“s=s+Cells(i,3)”这行代码，因为它会直接影响最终汇总结果，所以我们可以在这行代码前面标记断点，如图 6.10 所示。

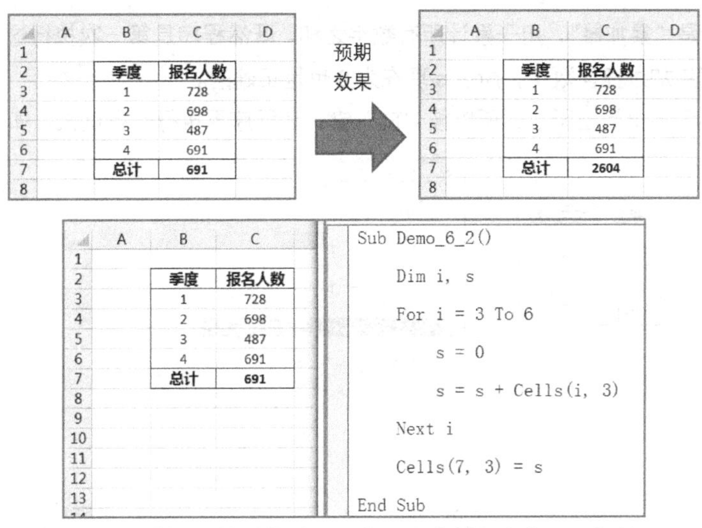

图 6.9　案例 6-2 的预期效果、代码（含错）和实际运行结果

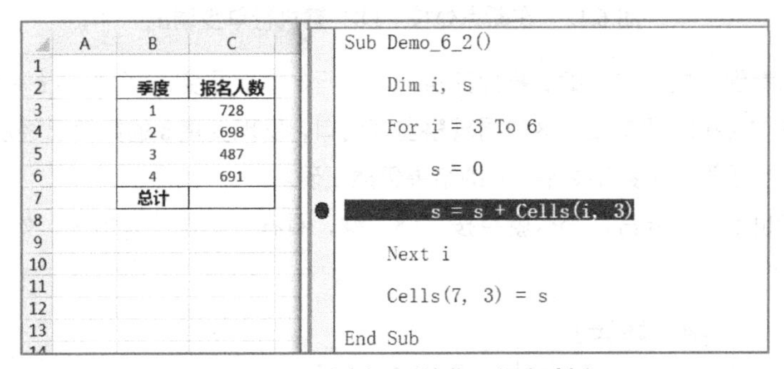

图 6.10　为案例 6-2 的代码添加断点

单击“运行”按钮，程序暂停在断点行上。为了深入观察程序变化，我们为变量 s 和单元格 Cells(i,3)添加两个监视，如图 6.11 所示。

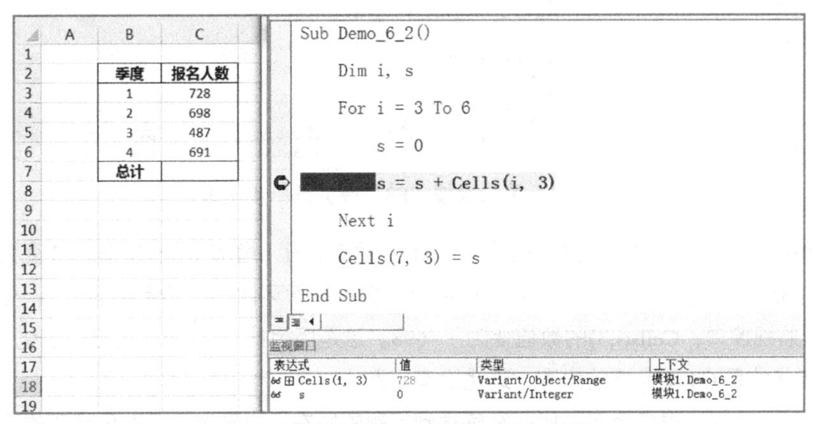

图 6.11　为案例 6-2 的代码添加监视

此时可以看到，程序第一次进入 For 循环就暂停在这里，因而循环变量 i 为 3，相应的单元格 Cells(i,3) 也就是 C3 单元格内容为 728，完全正常。变量 s 现在的数值为 0，也符合我们的预期，

因为 s 的作用就是“累加器”，用于累计所有数字之和。既然程序是第一次执行这句加法操作，而在此之前还没有累加过任何数字，所以 s 现在为 0 也是正确的。

因此现在还看不出问题所在，所以按“F8”键，让程序再执行一行试试，如图 6.12 所示。

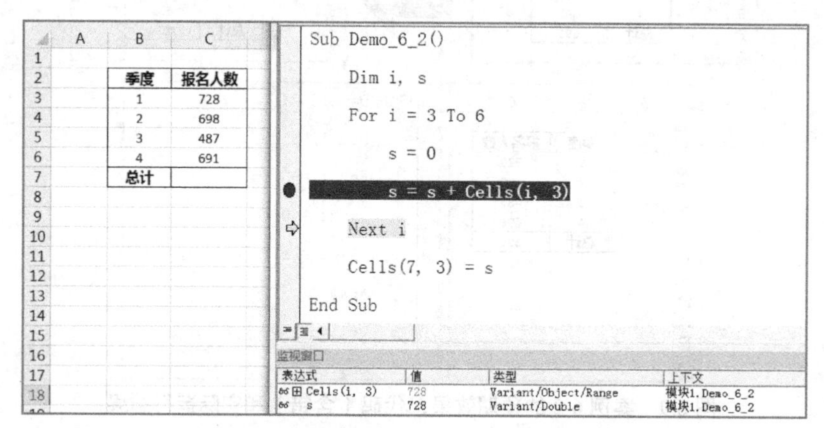

图 6.12　在断点处按“F8”键执行单步调试

从上图可以看到，按“F8”键后程序又执行了一行，也就是完成了“s = s + Cells(i,3)”的计算，然后暂停在“Next i”语句上。这时再观察监视窗口，发现变量 s 的数值已经从 0 变化为 728。也就是说，在累加了第一个数字之后，s 的结果仍然正确。

既然这一步也看不出异常，那么就再按“F8”键，看看会出现什么情况，如图 6.13 所示。

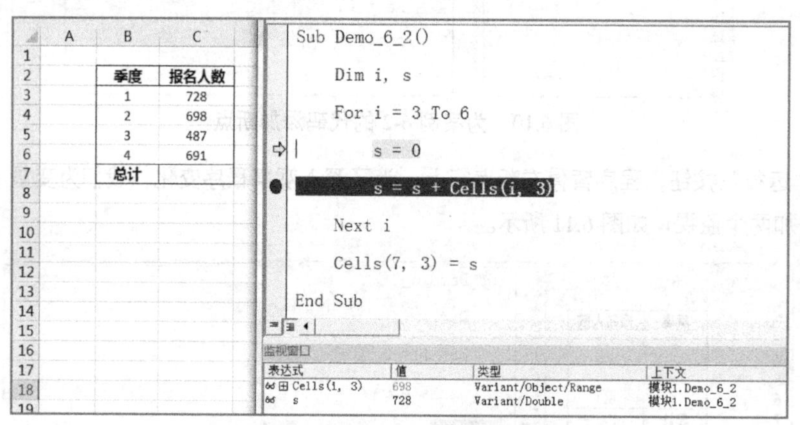

图 6.13　第二次按“F8”键执行单步调试

第二次执行单步调试后，程序运行了“Next i”语句，让 i 增加 1（也就是从 3 变为 4）。由于 i 没有超出 For 语句中指定的范围（3 到 6），所以再次执行循环体，让光标停留在“s = 0”这一句。注意此时的监视窗口，Cells(i,3)的数值变为了 698。这是因为此时 i 的数值已经变化为 4，所以 Cells(i,3) 指代的是 C4 单元格的内容，这也没有问题。

不过到这一步时，很多读者可能已经感觉到问题的所在：如果执行完黄色高亮的这条语句，s 的数值就会变回 0，也就是说之前累加的结果 728 将被完全清空，失去意义。为了验证这个猜想，第三次按“F8”键，让程序实际执行这行代码看看结果怎样，如图 6.14 所示。

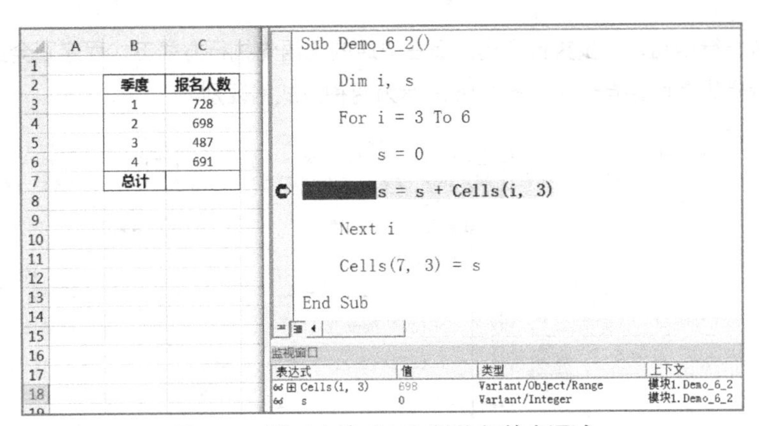

图 6.14　第三次按“F8”键执行单步调试

果然，执行完这行代码之后监视窗口中 s 的值变为了 0，符合我们的分析。如果此时再次按“F8”键，错误原因就更加明显了，如图 6.15 所示。

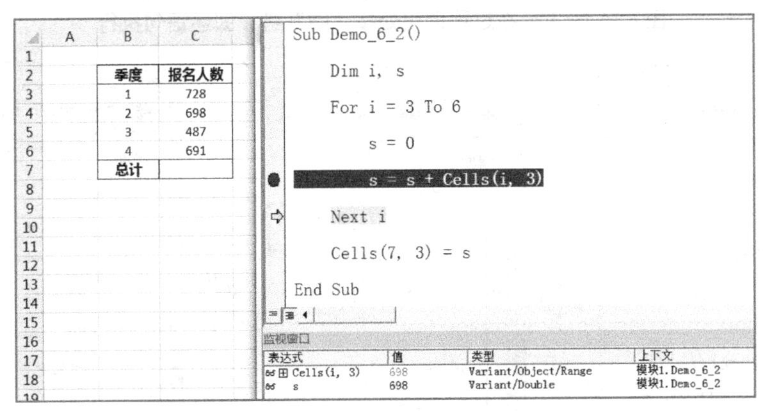

图 6.15　第四次按“F8”键执行单步调试

可以看到，由于 s 之前已被清零，所以再次执行加法操作后 s 的数值等于 698，也就是 C4 单元格的内容，而上一次循环中记录在 s 中的 C3 单元格数值则被完全抛弃。可以想见，下次循环时 s 又会先被清零，再通过加法操作变成 C5 单元格的数值；最后一次循环时再变成 C6 单元格中的数值 691，也就是图 6.9 中所示的最终错误结果。于是通过断点、监视和单步这三大调试工具，我们终于查清了这段代码中的逻辑错误。

最后需要说明的是，单步调试并非一定要与断点功能联合使用。如果程序中没有设置断点，按“F8”键后程序将从第一行开始逐行单步执行，此时同样可以使用监视窗口查看表达式数值。

2. 逐语句与逐过程的区别

前面介绍的单步调试属于逐语句执行，也就是每按一次“F8”键就执行一行代码。除此之外，VBA 中还支持另一种单步调试，称为“逐过程执行”，操作方法为同时按“Shift”键和“F8”键。这种单步调试是针对存在“过程调用”的 VBA 代码设计的，而有关过程调用的知识将在后面章节中讲解。

之所以称为“逐过程执行”，是因为当代码中存在过程调用时，使用这种方法可以把被调用的整个过程当作一行语句，一步执行完毕。而在普通的逐语句执行方式下，程序则会进入被调用的过程，在每行代码上均暂停一次。图 6.16 所示为两种方式的区别。

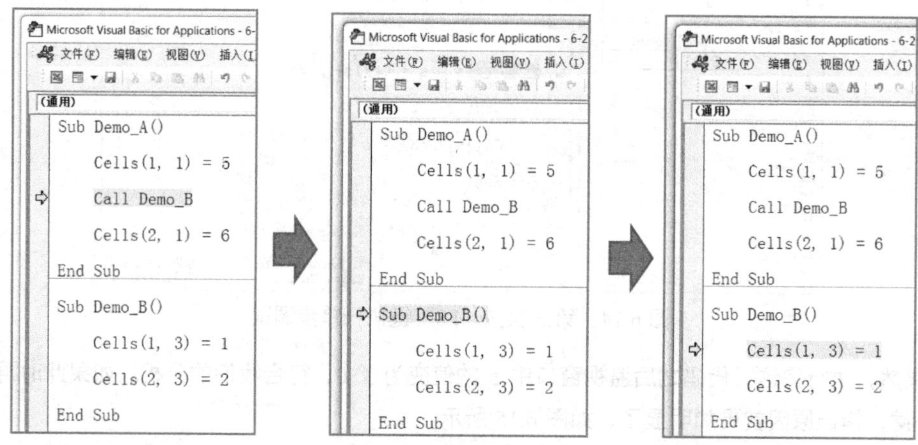

图 6.16（a） 在过程调用处按“F8”键，即逐语句执行

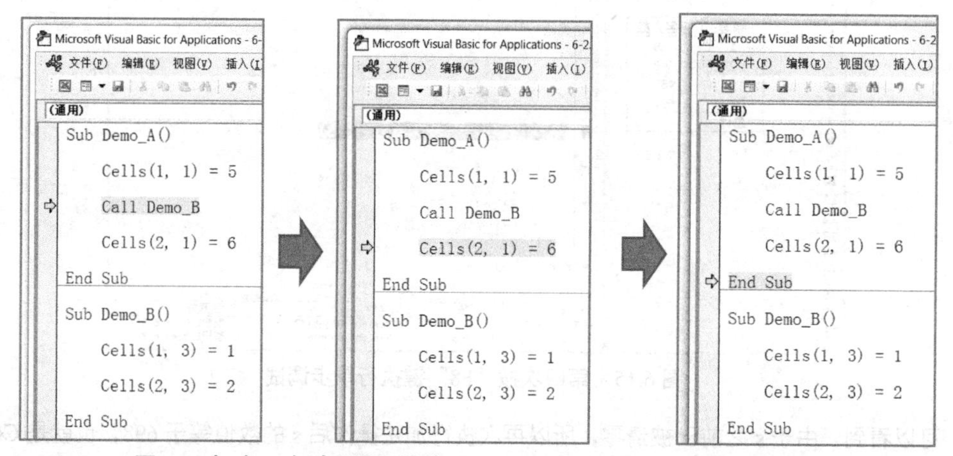

图 6.16（b） 在过程调用处按“Shift + F8”组合键，即逐过程执行

图 6.16 中的代码包括 Demo_A 和 Demo_B 两个子过程，并且 Demo_A 中的一行代码调用了 Demo_B（Call Demo_B）。如果按“F8”键使用逐语句方式对 Demo_A 进行单步调试，那么在执行完调用语句后就会转入 Demo_B 中逐行执行。但是如果像图 6.16（b）那样按“Shift + F8”组合键，程序则会一次性把 Demo_B 运行完毕，并直接停到调用语句的下一行。

如果觉得“Shift + F8”这种快捷键组合不便记忆，读者也可以直接在 VBA 编辑器的“调试”菜单中选择“逐过程”命令，程序运行效果与使用快捷键完全相同。此外，“调试”菜单中还有一个名为“跳出”的菜单。它的用处是：如果像图 6.16（a）中那样因为按“F8”键而进入被调用子过程 Demo_B 中，那么可以随时使用这个功能把 Demo_B 的剩余代码一次性执行完毕，并跳回 Demo_A 的下行代码上。当程序中存在大量子过程与函数的调用时，使用逐过程执行和跳出功能可以明显提高调试效率。

6.3　代码“无间道”——Debug.Print 与立即窗口

使用断点、监视与单步执行等方法调试程序，都必须打断程序的正常运行。但是有时候我们会希望在不干扰程序运行的情况下，也能观察程序的运行过程并排查出可能存在的错误。

针对这种需求，VBA 专门提供了一个合格的“线人”——Debug 对象。关于“对象”的概念本书会在后面章节中详细介绍，读者无须深究，只需了解 Debug 对象最常用的形式——Debug.Print 即可。

如果我们想了解代码运行中某个表达式（变量、单元格等）的变化，只需要在代码中合适的位置写下“Debug.Print　该表达式”，程序每次运行到这句话时，Debug 对象就会把这个表达式的取值“暗中”报告给我们。之所以说“暗中”报告，是因为它会把这个数值输出到一个名为“立即窗口（Immediate Window）”的地方。读者只要在 VBA 编辑器的“视图”菜单中选择“立即窗口”命令，就能在编辑器下方看到它。

比如针对案例 6-2，如果我们在 For 循环中再添加一行语句“Debug.Print　s”，即将 s 变量当前的数值输出到立即窗口中。既然这个代码中的 For 循环重复执行了 4 次（循环变量 i 从 3 变化到 6），相应地也就执行了 4 次“Debug.Print　s”，所以程序运行结束后我们就可以在立即窗口中看到 4 个数字，对应 s 的 4 次变化。具体运行效果如图 6.17 所示。

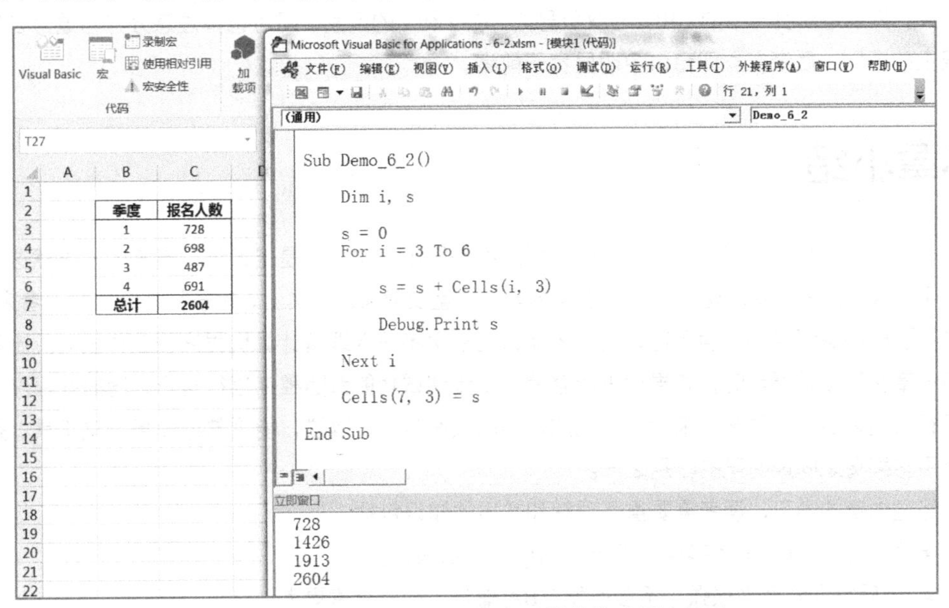

图 6.17　使用 Debug.Print 将变量数值输出到立即窗口

更方便的是，Debug.Print 还允许我们在输出结果中插入一些说明文字，也就是字符串，从而让输出的结果更容易被读懂，比如“s 的数值变化为　1913”。具体做法是：把所有想输出的字符串及变量等都写在 Debug.Print 的后面，并用分号或逗号把它们隔开。如果使用分号，代表前后两个内容并连在一起；如果使用逗号，代表两个内容之间相隔一个缩进符的宽度（相当于在两者之间按“Tab”键）。图 6.18 演示了这种效果。

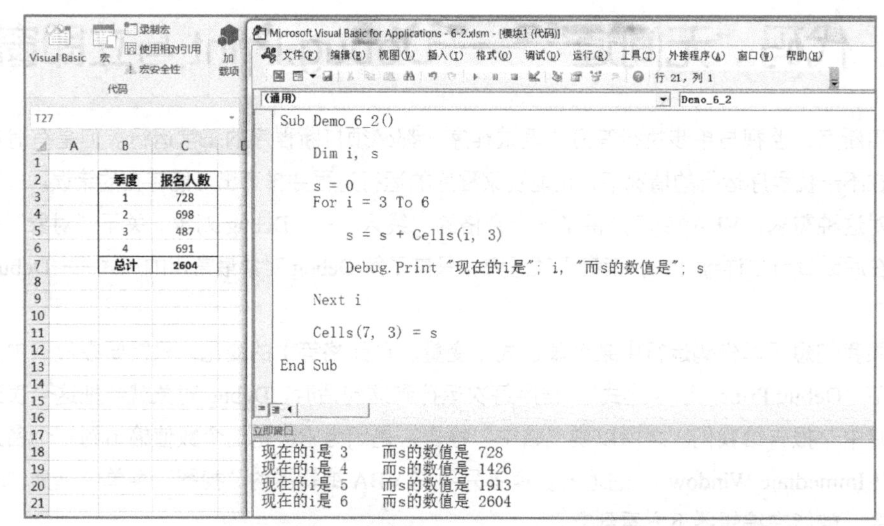

图 6.18　在 Debug.Print 中输出多个字符串和表达式

在图 6.18 所示的示例中，我们在一个 Debug.Print 语句中同时输出了两个字符串（“现在的 i 是”和“而 s 的数值是”）与两个变量（i 和 s），并分别使用分号和逗号将它们隔开。可以看到，这样输出的效果更加清晰易读，在调试复杂程序时会格外有用。请读者仔细思考这个例子中的输出结果，特别是双引号中的 i 和 s 与双引号之外的 i 和 s 的区别。同时也请注意分号与逗号在输出效果上的区别：后者在立即窗口中明显宽于前者。

本章小结

程序员中一直流传着一个说法：好的程序不是编出来的，而是“调试”出来的。虽然这个说法并不严谨，但是足以体现出调试对于程序设计的重要意义。事实上，对于初学编程的读者来说，调试不仅能够保证程序正确运行，而且还能帮助初学者深入理解计算机程序的工作机制。比如，在下一章学习多重循环时，如果读者能够使用单步调试功能跟随程序逐行执行，同时在程序执行到每行时随之思考，理解起来会比单纯的读书高效许多。可以说，能否熟练使用调试工具，是编程老手与菜鸟之间最明显的区别之一。

经过本章的学习，读者需要重点理解和掌握的知识包括：

★ 程序错误分为编译错误、运行时错误和逻辑错误。

★ 逻辑错误隐蔽性很强，不会引发 VBA 警告，相对危害更大。

★ 用鼠标单击灰色边框可以设置断点，但是有些语句前无法设置断点。

★ 使用光标悬停和“添加监视”的方式都能随时观察表达式取值。

★ 使用“F8”键可以实现单步逐语句执行，使用“Shift+F8”组合键则可以实现单步逐过程执行。

★ 在代码中插入 Debug.Print 语句，可以在不打断程序的情况下让其输出中间结果，从而便于分析。

★ Debug.Print 允许将多个字符串或表达式合并输出，但要使用分号或逗号将其隔开。

第 7 章

维度的拓展——再谈循环结构

到目前为止，我们已经能够编写一些简单的小程序，并且初步感受使用循环结构批量处理单元格的威力。不过在前面各章的例子中，一个循环结构只能处理同一行内或同一列内的所有单元格，却无法同时处理多行多列数据。换言之，这些程序只能处理“一维”数据，还不具备处理工作表这种二维结构的能力。

虽然小说《三体》中告诉我们“降维打击”才是宇宙高阶智慧生命的标志，但是对于整日面对屏幕翻检数据的人而言，尽快提升 VBA 水平，从而能够处理多维数据才是避免失业的王道。所以本章首先为大家讲解二维数据处理的关键技巧——多重循环（或称嵌套循环）结构。事实上，多重循环不仅是处理表格数据的基础技能，也是绝大多数实用程序中最常见的代码结构，因此希望读者能够仔细学习本章内容，透彻理解它的执行过程。

此外，本章还会介绍怎样使用 Exit 语句和 Goto 语句中途退出循环，以及怎样使用 VBA 的另一种循环语句——Do While 循环及其变体形式。通过使用 Do While 循环，我们可以在不知道表格中数据行数（列数）的情况下，正确控制循环次数，因此它是 For 循环的重要补充。

具体来说，通过本章的学习，读者将会理解以下知识：

★ 什么是多重循环，为什么需要使用多重循环结构?

★ 怎样使用 Do While 循环? 它与 For 循环的区别是什么?

★ Do While 循环的各种变体形式及区别。

★ 怎样使用 Exit 语句与 Goto 语句? 为什么不推荐大量使用这两个语句?

本章内容主要与视频课程“全民一起 VBA——基础篇”第十回“While 执守抱柱信，不见楼兰终不停”和第十一回“单变量难解二维表，双循环突破小周天”的内容相对应，但是讲解顺序相反，本章先讲多重循环，后讲 While 结构。此外，Exit 语句与 Goto 语句的内容对应视频课程“全民一起

VBA——提高篇”中的“Goto 语句不走寻常路，Exit 跳出轮回圈”，但所举案例不一样。因此建议读者将本章与视频课程相应章节结合学习，从多个角度加深理解。

7.1 多重循环

7.1.1 双重循环的概念

所谓多重循环，其实就是将多个循环结构嵌套在一起，就像嵌套 If 语句一样。而最简单的多重循环，就是在一个循环体内再书写一个循环结构，从而实现“循环套循环”的效果，也就是“双重循环”。下面结合案例 7-1 讲解双重循环的基本用法。

案例 7-1：如图 7.1 所示，工作表中存有多个国外供应商的产品报价，需要编写程序将所有价格转换为人民币，汇率为：1 美元=6.5 元人民币。

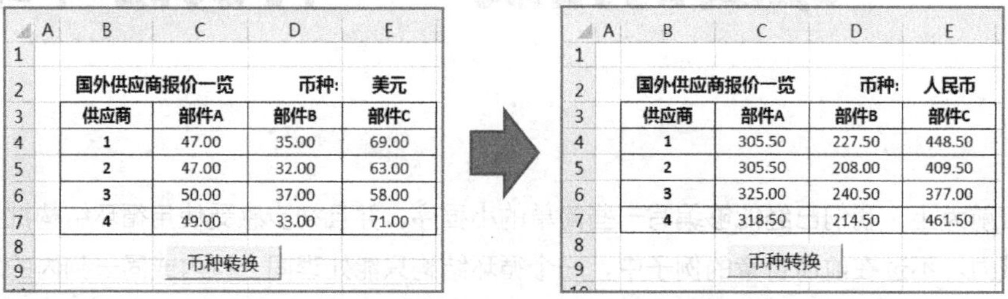

国外供应商报价一览　币种：美元

供应商	部件A	部件B	部件C
1	47.00	35.00	69.00
2	47.00	32.00	63.00
3	50.00	37.00	58.00
4	49.00	33.00	71.00

币种转换

国外供应商报价一览　币种：人民币

供应商	部件A	部件B	部件C
1	305.50	227.50	448.50
2	305.50	208.00	409.50
3	325.00	240.50	377.00
4	318.50	214.50	461.50

币种转换

图 7.1　案例 7-1 原始数据及预期运行效果

假如案例 7-1 的数据只有一行，比如只有第 4 行一个供应商的报价，那么只需一个普通的 For 循环就能把该行每列数字都进行转换，代码如下：

```
Sub Demo_7_1_a()

    Dim j

    '用 j 代表列号，从 3 变化到 5；每次循环均重算第 4 行第 j 列的数字
    For j = 3 To 5
        Cells(4, j) = Cells(4, j) * 6.5
    Next j

    '将 E2 单元格中的币种名称修改为字符串“人民币”
    Cells(2, 5) = "人民币"

End Sub
```

但是如果想在一个程序内把第 4 行到第 7 行的所有数据都计算一遍，就需要把上面代码中的循环语句复制粘贴 4 次，而且每次还要把 Cells(4 , j) 修改为 Cells(5 , j)、Cells(6 , j) 等不同的行号。这种做法的代码具体如下：

```
Sub Demo_7_1_b()
    Dim j

    For j = 3 To 5
        Cells(4, j) = Cells(4, j) * 6.5
    Next j
```

```
    For j = 3 To 5
        Cells(5, j) = Cells(5, j) * 6.5
    Next j

    For j = 3 To 5
        Cells(6, j) = Cells(6, j) * 6.5
    Next j

    For j = 3 To 5
        Cells(7, j) = Cells(7, j) * 6.5
    Next j

    Cells(2, 5) = "人民币"
End Sub
```

显然，这样书写代码已经失去了编程的意义，因为其中存在大量的机械重复。根据编程最佳实践，存在重复代码就应想到循环，也就是要把重复执行的代码放到循环体中。而在上面的代码里，被反复执行的是一个以 j 为循环变量的 For 语句，那么就应该把这个 For 语句放到一个循环结构中，这就是典型的双重循环，代码如下：

```
Sub Demo_7_1()

    Dim i, j

    For i = 4 To 7                        '外层循环，循环变量 i 代表行号

        For j = 3 To 5                    '内层循环，循环变量 j 代表列号
            Cells(i,j) = Cells(i,j)*6.5   '修改第 i 行第 j 列单元格的数值
        Next j                            '内层循环边界，转到下一列

    Next i                                '外层循环边界，转到下一行

    Cells(2, 5) = "人民币"                '最后将 E2 单元格中的内容设置为"人民币"

End Sub
```

这段代码包含两个 For 循环结构，循环变量分别为 i 和 j。其中 j 循环的代码完全嵌入 i 循环的内部，因此每当外层循环执行一次，修改 i 的数值并进入其循环体，j 循环就会从头开始，让 j 从 3 逐次变化到 5，也就是执行 3 次。具体来说，这段代码的执行顺序如表 7-1 所示。

表 7-1　代码的执行顺序

步骤	执行代码	i 值	j 值	执行效果
1	For i = 4 To 7	4	0	让循环变量 i 从 4 开始
2	For j = 3 To 5	4	3	让循环变量 j 从 3 开始
3	Cells(i,j)= Cells(i,j)*6.5	4	3	修改 Cells(4,3)即 C4 的数值
4	Next j	4	4	让 j 增加 1，继续内层循环
5	Cells(i,j)= Cells(i,j)*6.5	4	4	修改 Cells(4,4)即 D4 的数值
6	Next j	4	5	让 j 增加 1，继续内层循环
7	Cells(i,j)= Cells(i,j)*6.5	4	5	修改 Cells(4,5)即 E4 的数值
8	Next j	4	6	j 增加 1 后超出范围，停止内层循环
9	Next i	5	6	让 i 增加 1，继续外层循环
10	For j = 3 To 5	5	3	重新开始内层循环，j 从 3 开始
11	Cells(i,j)= Cells(i,j)*6.5	5	3	修改 Cells(5,3)即 C5 的数值

续表

步骤	执行代码	i 值	j 值	执行效果
12	Next j	5	4	让 j 增加 1，继续内层循环
13	Cells(i,j)= Cells(i,j)*6.5	5	4	修改 Cells(5,4)即 D5 的数值
14	Next j	5	5	让 j 增加 1，继续内层循环
15	Cells(i,j)= Cells(i,j)*6.5	5	5	修改 Cells(5,5)即 E5 的数值
16	Next j	5	6	j 增加 1 后超出范围，停止内层循环
17	Next i	6	6	让 i 增加 1，继续外层循环
……				
33	Next i	8	6	i 增加 1 后超出范围，停止外层循环
34	Cells(2, 5) = "人民币"	8	6	循环都已停止，继续执行至结束

如果读者是第一次学习编程，那么我们强烈建议耐心地逐行读完上述表格，然后回到前面的双重循环代码中，把自己当作计算机，用手指“点读”每行，按照表格中的顺序把这 34 个步骤依次执行一遍。这样反复几次，就可以真正领会多重循环的执行流程，为编写稍微复杂的程序奠定非常重要的基础。

另一个有助于看懂程序流程的办法，就是使用“单步调试”工具。读者可以先将这段代码写在自己计算机的 VBA 编辑器中，然后按“F8”键让其单步运行，并添加 3 个监视：i、j 和 Cells(i,j)，从而能够实际观察程序的执行流程，并且随时看到各个变量的取值变化。

理解这段代码的关键在于想通一个问题：Cells(i,j)=Cells(i,j)*6.5 语句一共执行了 12 次。这是因为外层的 i 循环每执行 1 步，内层的 j 循环就会从头开始执行，共计 3 步（j 从 3 变化到 5）。由于这行语句写在 j 循环里面，所以**实际运行次数是外层循环的步数乘以内层循环的步数**。理解执行次数的计算方法非常重要，因为在编写程序处理大批量数据时，稍微调整循环的次序往往能够大幅减少关键语句的执行次数，从而提高程序运行速度。

这段代码中还有一点与之前的示例不同，就是我们在使用 Cells 属性时，将它的两个参数（行号和列号）都写成了变量形式（分别为 i 和 j）。通过这种方式，我们将 Cells 属性的位置与 i 和 j 两个循环语句关联在一起，从而实现了“外层循环控制行号，内层循环控制列号”的效果。

其实双重循环这种流程在日常生活中比比皆是，比如时钟的时针和分针，时针每走一格，分针就要循环一圈。还有地球的公转与自转，因为自转周期是一天，公转周期是一年，所以公转执行 1 次则自转执行 365 次（不考虑闰年等问题），公转执行 10 次则自转执行 3650 次。

7.1.2 初学者常见错误

案例 7-1 是多重循环最典型且最简单的应用情景，因此相对容易理解。不过根据作者的教学经验，即使对于这种比较简单的应用，初学者往往会也犯一些语法和逻辑错误。因此本节把使用多重循环时最常见的几个错误列示出来，以供读者参考。

1. 循环变量不能重用

在 VBA 语言中，一个 For … To … Next 语句必须有一个循环变量，否则无法控制循环的次数。而一个循环变量只能同时用于一个 For 语句，否则会使程序逻辑混乱难懂，极易出错。比如在案例 7-1 的代码中，如果把两个循环变量都写成 i，程序的流程和结果就会发生巨大变化，如图 7.2 所示。

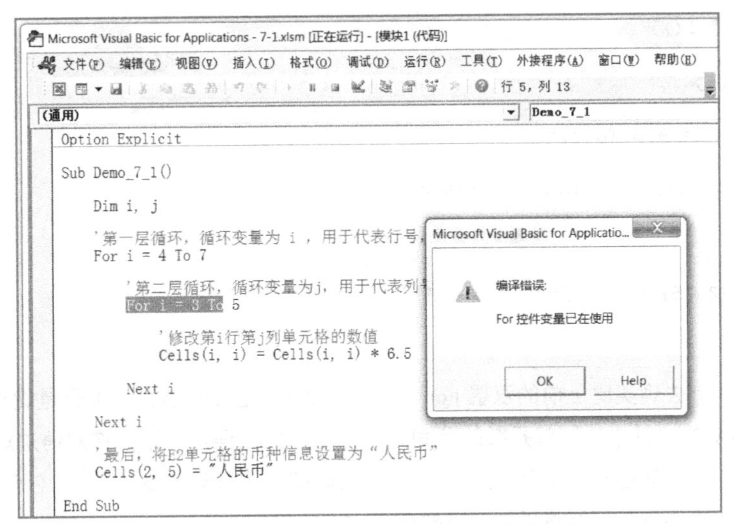

图 7.2　重复使用循环变量导致的错误警告

之所以出现这个警告，就是因为 VBA 的设计者认为重复使用循环变量是极度危险且没有实际意义的行为，所以直接在 VBA 语法中禁止了这种操作[①]。如果在开发程序时看到这个提示，就要想到重复使用循环变量的问题。

另外需要提醒读者的是，引发这种错误的原因是把一个变量"同时"用于多个循环。如果当一个循环结束后把它的循环变量用于另一个循环，并不属于这个范畴，也不会引发错误。比如在下面的代码中，虽然两个 For 循环都使用变量 j 作为循环变量，但是因为二者互不嵌套，不可能同时运行，所以程序并不存在语法错误和逻辑问题。

```
Sub Demo_7_1_b()
    Dim j

    For j = 3 To 5
        Cells(4, j) = Cells(4, j) * 6.5
    Next j

    For j = 3 To 5
        Cells(5, j) = Cells(5, j) * 6.5
    Next j

    Cells(2, 5) = "人民币"
End Sub
```

其实深入思考一下就会发现，重复使用循环变量之所以危险，根本原因在于这种方式相当于在循环体中修改了循环变量，这也是初学者常犯的错误。比如图 7.2 中导致错误警告的代码，就是在外层循环已经使用 i 作为循环变量时，又在内层循环中将 i 修改为 3，并且每次增加 1。

2. 循环语句不能共享

另一个初学者常犯的语法错误，是试图将两个循环的 For 语句与 Next 语句合写在一起，从而实现"精简代码"的效果。比如作者在实际教学中经常见到有人将案例 7-1 的代码写成如下形式：

① 很多其他编程语言并没有在语法层面严格禁止这种操作。在使用这些语言时，如果写出类似的代码，程序仍然会逐行执行，但是执行过程和输出结果很可能存在巨大错误，甚至造成死循环。

```
Sub Demo_7_1()

    Dim i, j

    For i,j = 4,3 To 7,5

        Cells(i,j) = Cells(i,j)*6.5

    Next i,j

    Cells(2, 5) = "人民币"

End Sub
```

这种写法看上去确实比之前的双层 For 语句简洁优雅(是否合理另说)，但是编程也要遵守“基本法”，而 VBA 的“基本法”就是微软公司为我们定义好的语法规范。按照语法规范，一个 For 语句中只能有一个循环变量，一个 Next 语句中也只能有一个循环变量。所以，任何尝试用逗号等形式投机取巧的违法行为，都将受到严重警告。

3. 语句位置必须搞清

使用循环结构特别是多重循环结构时，必须时刻提醒自己：哪些语句应该放在循环体内，哪些语句应该放在循环体外。而正确判断的关键就是要牢记一个原则：循环体外的代码只会执行一次，但循环体内的代码可能执行很多次。

很多初学者都会在这个问题上犯糊涂，结果放错语句位置导致程序低效甚至出错。比如在案例 7-1 的参考代码中，“Cells (2,5) =“人民币”” 这个语句只需运行一次就能满足要求，即在全部表格计算完后修改 E2 单元格的币种。所以如果像下面的代码一样把它误写在循环结构之内，相当于每计算完一行数据就向 E2 单元格中写入一个字符串“人民币”，尽管这个单元格在上次循环时已经被修改为“人民币”。假如工作表中有几万行数据，E2 单元格就会被毫无意义地修改几万次，严重降低程序的运行速度。(读者可以对下面的代码做进一步思考：如果把语句 Cells (2,5) =“人民币” 写在内层 j 循环中，程序效率是否会进一步降低？)

```
Sub Demo_7_1()
    Dim i, j
    For i = 4 To 7                                 '外层循环，循环变量 i 代表行号

        For j = 3 To 5                             '内层循环，循环变量 j 代表列号
            Cells(i,j) = Cells(i,j)*6.5            '修改第 i 行第 j 列单元格的数值
        Next j

     Cells(2, 5) = "人民币"                         '此行代码位置不合适，会严重降低效率

    Next i
End Sub
```

效率的降低尚可容忍，但是很多时候写错语句位置还会导致程序逻辑混乱，输出错误计算结果。比如遇到案例 7-2 所示的情况。

案例 7-2：如图 7.3 所示，工作表中存有某产品不同季度在不同地区的销量数据，请编写程序对每个季度的全国销量进行汇总，并将结果写入 K 列单元格中。

各地区销量汇总表（单位：千件）

季度	北京	上海	广州	深圳	重庆	沈阳	武汉	成都	全国总计
1	354	274	289	647	476	618	653	591	
2	362	554	387	652	332	208	586	209	
3	377	510	693	530	567	202	209	569	
4	644	511	536	612	397	538	266	234	

图 7.3　案例 7-2 的原始数据

显然，这个 VBA 代码需要用到“累加器”，以便对每行数据进行求和运算。因此正确的代码应该如下：

```
Sub Demo_7_2()
    Dim i, j, s                        's 为累加器，用于计算每行数据的总和

    For i = 4 To 7                     '外层循环，用 i 扫描各行号

        s = 0                          '每行都要重新汇总，所以先把 s 清空为 0

        For j = 3 To 10                '内层循环，用 j 扫描各列号
            s = s + Cells(i, j)        '将第 i 行第 j 列的数值汇总到 s 上
        Next j

        Cells(i, 11) = s               '内层循环结束后，s 就是第 i 行数据的总和

    Next i

End Sub
```

在这段代码中，每次进入外层循环的循环体时，首先会将变量 s 清零。接下来进入内层循环，将第 3 列到第 10 列数据逐个加到 s 上。于是 s 从 0 开始逐渐增加，直到最后内层循环结束时，变成该行各列数字的总和。这时再将 s 写入该行第 11 列（J 列）单元格，然后让外层循环去处理下一行数据即可。

上面的说明很容易理解。不过在独立完成类似程序时，很多初学者会搞不清“s=0”这个语句的位置（或者干脆忘记书写这个语句），把程序写成下面的样子：

```
Sub Demo_7_2_b()

    Dim i, j, s                        's 为累加器，用于计算每行数据的总和

    s = 0                              '错误：后面每统计一行数据时，s 从未清零

    For i = 4 To 7                     '外层循环，用 i 扫描各行号

        For j = 3 To 10                '内层循环，用 j 扫描各列号
            s = s + Cells(i, j)        '将第 i 行第 j 列的数值汇总到 s 上
        Next j

        Cells(i, 11) = s               '内层循环结束后，s 就是第 i 行数据的总和

    Next i

End Sub
```

在这段代码中，“s = 0”被放在外层 For 循环之前，因此只在程序最开始时执行过一次[①]。这

① 由于 VBA 变量默认值为 0，所以此句写与不写在功能上没有区别。

样当第一次进入外层循环（i = 4）时，由于 s 为 0，所以第 4 行的累加结果没有错误，在内层循环结束后 s 的数值就是第 4 行数据的总和。但是再次循环（i = 5）时，s 的数值没有发生任何变化，仍然是第 4 行数据的总和。此时再次执行内层循环，把第 5 行数据依次加到 s 上，最后得到的 s 将等于第 4 行数据与第 5 行数据相加的结果，显然这不是我们想要的结果。如此循环下去，最终每行得到的“全国总计”的数据都将是前面各行数据之和，如图 7.4 所示。

G	H	I	J	K
总表（单位：千件）				
重庆	沈阳	武汉	成都	全国总计
476	618	653	591	3902
332	208	586	209	3290
567	202	209	569	3657
397	538	266	234	3738

G	H	I	J	K
总表（单位：千件）				
重庆	沈阳	武汉	成都	全国总计
476	618	653	591	3902
332	208	586	209	7192
567	202	209	569	10849
397	538	266	234	14587

图 7.4　案例 7-2 的正确结果（左）与错误结果（右）对比

还有的同学会把“s = 0”写到内层循环的里面，类似下面的代码：

```
Sub Demo_7_2_b()

    Dim i, j, s                    's 为累加器，用于计算每行数据的总和

    For i = 4 To 7                 '外层循环，用 i 扫描各行号

        For j = 3 To 10            '内层循环，用 j 扫描各列号
            s = 0                  '错误：每个单元格均从 0 开始累加
            s = s + Cells(i, j)    '将第 i 行第 j 列的数值汇总到 s 上
        Next j

        Cells(i, 11) = s           '内层循环结束后，s 就是第 i 行数据的总和

    Next i

End Sub
```

关于这段代码的错误，我们在介绍单步调试时已经结合案例 6-2 详细讲解过。由于每次遇到一个单元格时程序都会先将 s 清零，所以变量 s 完全失去了累加的意义。待内层循环结束后，s 的数值只等于该行最后一列（第 10 列）的数值，所以输出结果仍然是错误的，如图 7.5 所示。

G	H	I	J	K
总表（单位：千件）				
重庆	沈阳	武汉	成都	全国总计
476	618	653	591	3902
332	208	586	209	3290
567	202	209	569	3657
397	538	266	234	3738

G	H	I	J	K
总表（单位：千件）				
重庆	沈阳	武汉	成都	全国总计
476	618	653	591	591
332	208	586	209	209
567	202	209	569	569
397	538	266	234	234

图 7.5　案例 7-2 的正确结果（左）与错误结果（右）对比

所以，做代码与做人一样，摆正位置方为正道。具体到循环结构来说，就是要明确每个语句的实际作用和意义，从而想清楚需要执行一次还是多次，或者需要在哪层循环中执行多次。如果实在想不清楚，也可以先把它写出来（哪怕是错误的位置），然后使用单步调试功能逐行运行代码，直接观察程序流程并得出正确的结论。

7.1.3　更多层次的嵌套循环

双重循环是多重循环最简单的形式，却是初学者从一维步入多维最关键的一步。理解了双重循环的流程和意义，我们就可以轻松将它扩展到更多层次的循环嵌套。比如案例 7-3 就是在案例 7-2 的基础上进一步扩充数据所得，因而可以用三重循环解决。

案例 7-3：如图 7.6 所示，工作表中包括三个大小完全相同、起止行号也完全相同的子表格。请编写程序对每个子表格每行的数据进行季度汇总操作，并将汇总结果写入“总计”列。

	A	B	C	D	E	F	G	H	I	J	K	L	M	N	O	P	Q	R
1																		
2		华北区销量汇总表（千件）						华东区销量汇总表（千件）						东北区销量汇总表（千件）				
3		季度	北京	天津	青岛	总计		季度	上海	杭州	南京	总计		季度	沈阳	大连	长春	总计
4		1	354	274	289			1	354	274	289			1	354	274	289	
5		2	362	554	387			2	362	554	387			2	362	554	387	
6		3	377	510	693			3	377	510	693			3	377	510	693	
7		4	644	511	536			4	644	511	536			4	644	511	536	

图 7.6　案例 7-3 数据示例

如果案例 7-3 中只有一个子表格，就会完全等同于案例 7-2，使用一个双重循环便可解决问题。现在有三个子表格，就意味着这个双重循环需要被重复执行三次，也就是把双重循环再放到一个循环中，构成三重循环。

进一步思考，在将双重循环重复三次的过程中，每次都要处理不同的子表格，而每个子表格的数据范围分别是：第 3 列到第 5 列（子表格 1）、第 9 列到第 11 列（子表格 2）、第 15 列到第 17 列（子表格 3）。所以在重复三次这个循环中，应该体现出每次循环（每个子表）的起始列号变化。所以参考代码如下：

```
Sub Demo_7_3()

    Dim k, i, j, s                         's 为累加器，计算每行数据的总和

    For k = 3 To 15 Step 6                 'k 为每个子表格的起始列号，即 C、I 和 O 列

        For i = 4 To 7                     '选中一个子表格后，用 i 扫描其各个行号

            s = 0                          '进入每行时，先将累加器清零

            For j = k To k + 2             '扫描该子表格列号时从变量 k 开始，共 3 列
                s = s + Cells(i, j)        '将第 i 行第 j 列的数值汇总到 s 上
            Next j

            Cells(i, k + 3) = s            's 是第 i 行数据的总和，k+3 是该子表格最后一列

        Next i

    Next k

End Sub
```

结合代码中的注释，读者应该可以读懂这个程序。不过相信很多读者在没有看到这个参考代码前，仍然难以独立编写出这段代码，特别是不知道怎样构思出外面这一层 k 循环的写法。其实这个思路十分容易理解：对于本案例来说，三个子表格的唯一区别就是起始列号不同，所以让 k 等于不同的列号，就相当于找到不同的子表格。巧合的是，本例中三个子表格的起始列号恰巧是 3、

9、15 这个等差数列，所以可以使用 For 循环配合 Step 子句准确地得到这三个数字。

接下来，由于每次处理不同子表格时，最内层的 j 循环起始范围也不相同，因此无法像案例 7-2 那样直接写成“For j = 3 to 5”。不过既然 k 已经代表了当前子表格的起始列号，那么子表格的数据列自然就是第 k、k+1 和 k+2 列。因此只要让 j 从 k 循环到 k+2，变量 j 的数值就是该子表格的每个数据列号。搞清楚这几个问题，案例 7-3 的解决方案就呼之欲出了。

在 Excel 中，多重循环会经常用在处理多个工作表甚至工作簿的程序里。比如在后面章节中会看到，如果要对多个工作表中的各行各列数据进行汇总，就可以用第一层循环扫描每个工作表，然后用第二层循环扫描工作表中的每行，最后用第三层循环扫描该行中的每列。假如进一步提升需求，需要对多个工作簿文件进行汇总，而且每个文件中包含多个工作表，那么就要再加上一层循环用于扫描所有工作簿文件。

其实从程序设计的最佳实践角度看，太多层次的嵌套循环（以及嵌套判断等）会显得逻辑复杂难懂，运行效率也难以提高。所以在实践中我们会利用各种方式减少代码中的嵌套深度，例如在学过 Application 对象后，可以考虑使用工作表的 Sum 函数代替案例 7-3 最里面的 j 循环等。不过作为初学者建立编程思想的重要环节之一，我们现在必须做到能够熟练驾驭多重循环等复杂结构，先理解怎样“自己造轮子”，然后才能得心应手地调用“别人造好的轮子”。

7.2 While 循环

在编写 For i = *A* To *B* … Next 这种循环结构时，我们必须写清楚 *A* 和 *B* 这两个数字，换句话说，在编写程序时必须事先知道预期的循环次数（$B - A + 1$）。例如在案例 7-3 中，我们必须事先知道表格数据的起始行是第 4 行及结束行是第 7 行，然后才能写出代码“For i = 4 To 7”。

但是在大多数情况下，我们在编写 VBA 程序时根本无法知道将来工作表中会包含多少行数据，更何况用户还可以随时在表格中执行添加或删除操作。无法确定数据的起止行号（*A* 和 *B*），就无法书写 For i = *A* To *B* 语句，也就不能使用循环结构处理问题。所以，VBA 中的 For 循环虽然简单易懂，但在实际应用中还是存在一定的局限性。

幸运的是，VBA 还为我们提供了另一个非常重要的循环结构——While 语句及其各种变形，可以完美弥补 For 语句的上述不足。

7.2.1 Do While 循环的基本用法

与 For 语句不同，While 语句不要求指明循环的次数，但是要求指明“在什么情况下应该继续循环”，或者说“在什么情况下应该停止循环”。这就是为什么使用“While”这个单词作为这个循环的关键字，因为“While”的含义就是“当……时”，即“当符合某个条件时，请执行循环体”。

While 循环有多种写法，其中最常用的就是 Do While … Loop，格式如下：

```
Do While 循环条件          '符合条件（如 i<5）就执行循环体，否则跳到 Loop 后面的语句
循环体        '需要重复执行的代码
Loop          '回到第一句（Do While），再次判断循环条件是否成立
```

从上面的格式可以看到，该循环结构以“Do While”为起始，到“Loop”结束，中间的代码都属于重复执行的循环体。在关键字 While 后面可以书写一个条件表达式，比如“Do While i < 5”，就像在 If 语句中使用的判断表达式一样。如果这个表达式成立，那么就会进入循环体执行其中的代码，直至遇到关键字“Loop”会再次回到第一句“Do While”上。此时再次判断 While 后面的循环条件是否成立，如果仍然成立就再次执行循环体。反之，如果在刚才的执行过程中，由于某些变化使得循环条件不成立，那么 VBA 就跳过循环体并停止循环，直接执行 Loop 后面的其他语句。下面以案例 7-4 中的需求为例，具体演示一下 Do While 的使用方法。

案例 7-4：如图 7.7 所示，工作表中含有某个部件的美元报价清单。请编写程序将全部数据转换为人民币报价（汇率：1 美元=6.5 人民币），预期效果如右图所示。

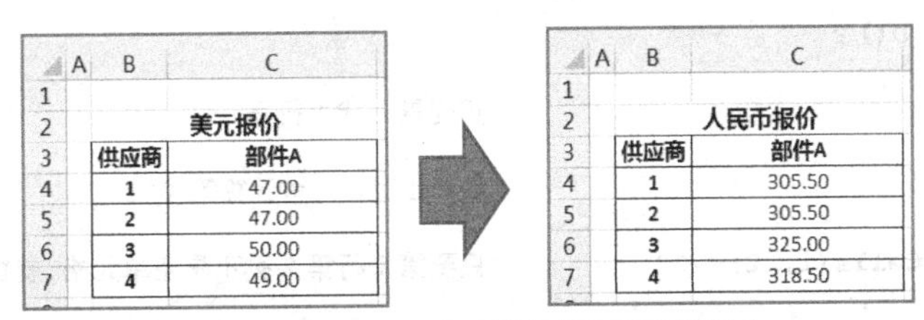

	A	B	C
1			
2		美元报价	
3		供应商	部件A
4		1	47.00
5		2	47.00
6		3	50.00
7		4	49.00

	A	B	C
1			
2		人民币报价	
3		供应商	部件A
4		1	305.50
5		2	305.50
6		3	325.00
7		4	318.50

图 7.7　案例 7-4 的原始数据及预期效果

相信读者都能够很熟练地使用 For 循环解决这个问题，只要用一个循环变量（如 i）代表行号，并让它从 4 递增到 7 即可。那么怎样使用 Do While 循环实现同样的功能呢？关键思路就是：把“i 应当从 4 开始到 7 结束，每变化一次就执行循环”这个规则，转换为“当 i 符合某个条件时就执行循环”这种叙述方法。具体参考代码如下：

```
Sub Demo_7_4()
    Dim i                                   '用变量 i 代表行号
    i = 4                                   '最开始时，应该计算第 4 行
    Do While i < 8                          '只要 i 小于 8，就执行循环体
        Cells(i,3)= Cells(i,3)*6.5          '在循环体中首先更新第 i 行数据
        i = i + 1                           '然后将 i 增加 1，以便下次处理下一行
    Loop                                    '回到 Do While 处再次判断 i 是否小于 8
    Cells(2, 2) = "人民币报价"              '当 i 等于 8 时循环结束，修改表格题目
End Sub
```

可以看到，这个程序中的 Do While 循环与“For i=4 To 7”这种写法具有完全相同的功能，都使用了一个变量 i 代表行号，并且在每次循环中都要将 i 的数值增加 1。但是很明显，使用 Do While 循环在写法上更加烦琐一些，因为它不能像 For 语句那样直接通过“=”与“To”指定 i 的起止数值，而是需要书写单独的语句“i = 4”“i < 8”和“i = i + 1”来完成这些工作。读者可以思考一下（思考即可，千万别急着在计算机上试验）：如果删除其中某个语句，比如“i = i + 1”，程序运行后会是怎样的结果？答案会在下一小节揭晓。

如果 Do While 循环写起来比 For 循环麻烦，为什么 VBA 还要提供这种语句呢？奥妙就在于

While 后面的这个“循环条件”——灵活地设计这个条件表达式，我们就可以随心所欲地实现各种循环结构。

例如，重新考虑案例 7-4 的需求。假如在编写 VBA 程序时无法确定工作表中供应商的数量，因为用户可能随时向其中添加新的供应商或删除已有供应商，使用 For 循环来完成这个工作就不太方便。但是，只要该表格各行数据记录都是连续存放的，中间不允许存在空白行（这也是最常见的格式要求），那么使用 Do While 循环就可以轻松解决问题。因为我们可以把循环条件设置为“当第 i 行的第 2 列不是空白单元格时，就执行循环体”，这样一旦第 i 行第 2 列单元格（供应商名称）的内容为空白时，循环就会自动结束。

按照这个思路，可以使用下面的代码来解决“行数未知”的问题。

```
Sub Demo_7_4_b()

    Dim i                               '用变量 i 代表行号

    i = 4                               '最开始时，应该计算第 4 行

    Do While Cells(i, 2)<>""            '只要第 i 行第 2 列不是空单元格,就执行循环体

        Cells(i,3)= Cells(i,3)*6.5      '循环体中首先更新第 i 行数据

        i = i + 1                       '然后将 i 增加 1，以便下次处理下一行

    Loop                                '回到 Do While 处再次判断 i 是否小于 8

    Cells(2, 2) = "人民币报价"            '当 i 等于 8 时循环结束，修改表格题目

End Sub
```

这段代码与前面代码的写法几乎相同，只不过在 Do While 一句中修改了循环条件。这样当第一次执行到 Do While 语句时，由于变量 i 刚刚被赋值为 4，所以本句的含义就是“当第 4 行第 2 列的内容不等于空字符串时执行循环体”。由于表格中 B4 单元格内容为第一个供应商的名字“1”，不是空字符串，所以符合条件并执行循环体。

接下来，在循环体中变量 i 的数值因增加 1 而变成了 5，于是通过 Loop 语句再次回到 Do While 一行时，循环条件就变成了“当第 5 行第 2 列的内容不等于空字符串时执行循环体”。由于 B5 单元格的内容是“2”而不是空字符串，所以仍然符合条件，再次执行循环体……直到处理完第 7 行数据且让 i 从 7 变成 8 后，循环条件变成了“当第 8 行第 2 列的内容不是空字符串时”。而在工作表中，B8 单元格没有任何内容，所以 B8 单元格的内容就被认为是空字符串（或数字 0），因而循环条件不再成立。这样当 i 等于 8 时，Do While 循环自动停止，程序转到 Loop 后面的语句继续执行，直至结束。

可以看到，在这种写法中我们只需要指定表格数据的起始行号（i = 4），完全不必提及表格数据的最后一行在哪里，因为 Do While 循环会从起始行开始逐行寻找下去，直至遇到第一个空白行为止。通过这种方式，我们就可以轻松应对数据规模无法确定的工作表。

更方便的是，Do While 结构中的循环条件与 If 结构的判断条件一样，可以使用全部关系运算符，以及 And、Or 和 Not 等逻辑运算符，组合出各种复杂的条件表达式，比如下面的写法也是完全符合要求的（该段代码仅用于格式示例，与案例 7-4 无关）：

```
Do While Cells(i, 2) <> "" And i < 100 Or Cells(i - 1, 2) = "待补充"
    …… 循环体 ……
Loop
```

7.2.2 While 循环结构的初学者陷阱

与之前介绍过的其他语句一样，While 循环结构在使用中也有很多陷阱，很容易让初学者犯错误。

1. 误入死循环

在讲解 For 语句时，我们已经介绍过“死循环”的概念和原因。对于 For 语句来说，只要不在循环体内修改循环变量的数值，就基本不会写出死循环代码。但是对于 While 语句来说，只要循环条件能够永远成立，就会造成死循环，因而出现这个问题的概率要高出很多。

最典型的一种情况，就是在逐行扫描工作表时忘记对行号变量执行“增 1”的操作。比如在案例 7-4 的代码中，如果在循环体里面忘记书写“i = i + 1”，就会出现这种情况。

```
Sub Demo_7_4_c()
    Dim i
    i = 4
    Do While Cells(i, 2)<>""
        Cells(i,4)= Cells(i,3)*6.5    '根据第 3 列的数据计算人民币价格,并写入第 4 列单元格中
                                      '循环体内忘记将 i 增加 1，所以 i 永远是 4
    Loop
    Cells(2, 2) = "人民币报价"
End Sub
```

上面这个程序对案例 7-4 的需求进行了一点修改：在根据 C 列单元格中的数据计算出人民币价格后，不是重新回到 C 列中，而是把人民币价格写入 D 列单元格。但是由于忘记对 i 执行增 1 操作，所以在每次执行循环体时，i 的数值都是 4，因而计算的都是第 4 行数据。更重要的是，每次从 Loop 跳回 Do While 执行判断时，循环条件都是“当第 4 行第 2 列不为空字符串时执行循环体”。由于 B4 单元格的内容一直是“1”，所以该条件永远成立，这个循环就会永远执行下去，形成一个死循环。

另外一种更加直白的死循环，就是直接写出一个永远成立的循环条件，比如一些“老派”的 C 语言程序员在设计侦听程序时愿意使用下面的方法：

```
Do While 1=1          '因为 1 永远等于 1，所以该条件永远成立，循环永不终止
…… 循环体 ……
Loop
```

这个写法堪称程序设计中“暴力美学”的经典代表之一。那么运行这种循环的程序是否真的无法中断呢？答案也不尽然，后面要讲解的“跳转语句”就是专门应对这种情况的，这里暂不赘述。

2. 循环变量并非必需

从刚刚演示的死循环代码中还可以看到：While 循环的循环条件可以任意书写，并非必须使用一个循环变量。这一点与 For 循环有着明显的区别，同时也是 Do While 循环比 For 循环更加灵活强大的原因。

但是很多初学者在使用 Do While 循环时，总是挖空心思想为其安排一个循环变量，即使这个程序事实上完全用不到循环变量。在本书后面章节中会经常看到这样的例子，所以请读者提前理解：For 循环使用循环变量来控制循环次数，但是 While 循环根本不关心循环次数，只关心让循环继续的条件。所以 While 循环并不需要循环变量。

3. 空单元格不是空格

像案例 7-4 演示的那样，我们经常会使用 “Cells(i,1) <> “””这种方式，通过判断某行单元格是否为空字符串来决定是否继续 While 循环。但是在实际工作中，常有一些单元格看上去一片空白，实际上却包含了多个空格字符。

在讲解字符串时我们专门讲到：空格字符也是字符，与不包含任何字符的空字符串完全不同。所以，尽管空单元格常被简称为“空格”，但它的含义是“内容为空字符串的单元格”，与“内容为若干空格字符的单元格”存在本质区别，二者不能混淆。

所以在案例 7-4 中，假如第 8 行 B 列单元格的内容是两个空格，那么从肉眼上看我们仍然会认为它是一个空白行，于是认为程序会在执行到第 8 行时自动停止（因为循环条件是“第 i 行不为空”）。但是在实际执行程序时，由于 B8 单元格的内容并非 “”，此时的循环条件 Cells (i,2)<> “” 仍然成立，进而继续执行循环体并对第 8 行也进行计算，效果如图 7.8 所示。

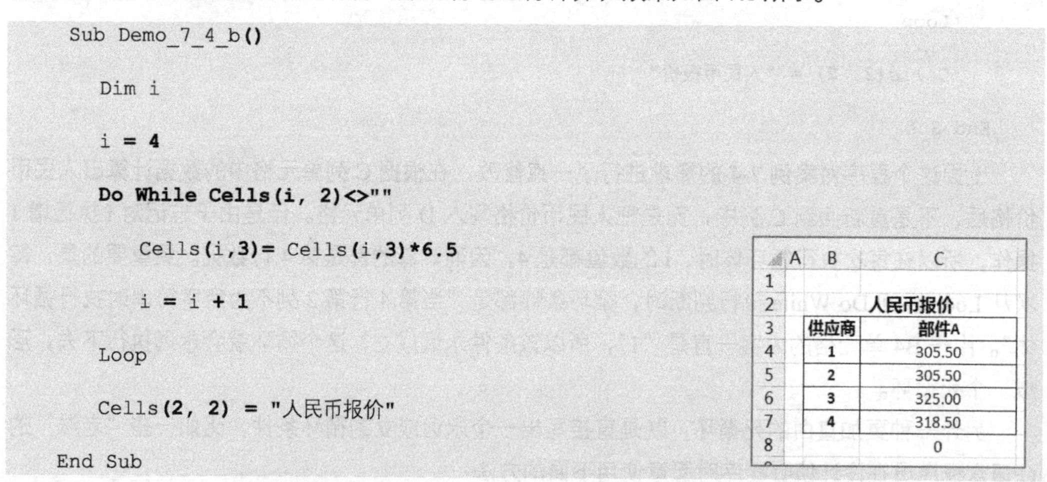

```
Sub Demo_7_4_b()

    Dim i

    i = 4

    Do While Cells(i, 2)<>""

        Cells(i,3)= Cells(i,3)*6.5

        i = i + 1

    Loop

    Cells(2, 2) = "人民币报价"

End Sub
```


图 7.8　案例 7-4 代码及在 B8 单元格输入空格后的运行结果

B8 单元格含有两个空格，于是在程序运行后 C8 单元格也被执行了计算，将其原来的内容（空单元格内容被默认为数字 0 或空字符串）乘以 6.5，得到新的结果（数字 0）并显示。

为了避免这种肉眼难以发现的错误，我们可以使用“字符串函数”来解决这个问题，即把 Do While 一句改为 “Do While Trim(Cells(i,2))<> “””。这样即使单元格的内容是由多个空格构成，最终也会被转换为空字符串统一处理。关于“函数”的概念及这种写法的原理，本书会在相关章节中详细介绍。

7.2.3　Do While 循环的典型应用

从功能上讲，VBA 中的 Do While 循环完全可以替代 For 循环，利用 Do While 循环不限定循环次数的特点，还可以实现更多 For 循环不易实现的功能，比如下面这两种十分常用的操作。

1. 查找指定内容所在的单元格位置

由于用户可能随时在 Excel 工作表中插入或删除行列，所以在编写程序时往往不能确定数据所在的行列位置，也就无法使用 VBA 自动处理这些数据。案例 7-5 就是这样的例子。

案例 7-5：年末，各地区子公司分别上交了一份季度销售报表，并由总公司财务部门拷贝到同一个 Excel 文件的不同工作表中（每个子公司报表占用一个工作表），准备分别进行汇总计算。但是由于在拷贝过程中没有注意格式，每个工作表中的数据起始列都有所不同。请编写一个 VBA 程序，使之无论计算哪个工作表，都能够准确定位到该表中的销售数据并进行汇总操作。图 7.9 给出了其中两个工作表的示例和预期效果。

在图 7.9 左侧的两个工作表中，两个子公司的起始列（“季度”所在列）分别为 C 列和 B 列，而“总计”列则分别位于 G 列和 E 列。此外，华北地区数据表中共包含三列数据，而华东地区数据表中只包含两列数据，汇总范围也不相同。

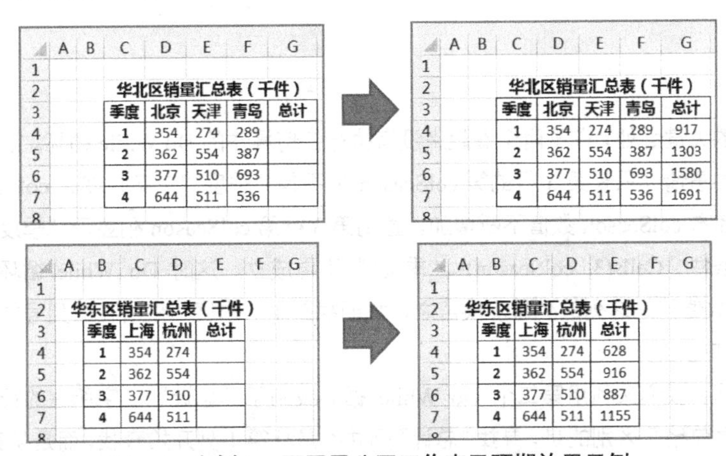

华北区销量汇总表（千件）

季度	北京	天津	青岛	总计
1	354	274	289	
2	362	554	387	
3	377	510	693	
4	644	511	536	

华北区销量汇总表（千件）

季度	北京	天津	青岛	总计
1	354	274	289	917
2	362	554	387	1303
3	377	510	693	1580
4	644	511	536	1691

华东区销量汇总表（千件）

季度	上海	杭州	总计
1	354	274	
2	362	554	
3	377	510	
4	644	511	

华东区销量汇总表（千件）

季度	上海	杭州	总计
1	354	274	628
2	362	554	916
3	377	510	887
4	644	511	1155

图 7.9　案例 7-5 不同子公司工作表及预期效果示例

我们知道，类似这种二维汇总的问题都可以使用本章前面介绍的双重 For 循环结构解决。具体来说，先用外层循环扫描第 4 行到第 7 行的每行（因为每个子表格都是从第 4 行开始，并且包含四个季度的数据），然后用内层循环扫描从“季度”后面一列（第一个城市所在的列）直到“总计”前面一列（最后一个城市所在的列）的数据。只要在这个双重循环中使用一个累加器变量，就可以对每行数据进行汇总。

但是问题在于，内层的 For 循环要求事先知道“季度”和“总计”两列的列号，否则无法指定 For 语句中循环变量的起止数值。那么怎样能够得知这两个列号呢？这就是 Do While 循环的用武之地，请见下面的参考代码及注释。

```
Sub Demo_7_5()

  Dim colSeason, colSum          'colSeason 为“季度”栏的列号，colSum 为“总计”栏的列号
  Dim i, j, s                    's 为累加器，统计每行数据的总和
```

```
    colSeason = 1                        '让 colSeason 从第 1 列开始查找“季度”二字

    Do While Cells(3, colSeason)<>"季度" '如果第 colSeason 列不是“季度”二字，则继续循环
      colSeason = colSeason + 1          '每次均增加 1，从而使再次循环时检查下一列，直至
    Loop                                 '遇到“季度”二字为止，此时 colSeason 即该列号

    colSum = colSeason + 1               '让 colSum 从“季度”列的下一列开始查找“总计”

    Do While Cells(3, colSum)<>"总计"    '如果第 3 行第 colSum 列不是“总计”二字则继续循环
       colSum = colSum + 1               '每次均增加 1，从而使再次循环时检查下一列，直至
    Loop                                 '遇到“总计”二字为止，此时 colSum 即该列号

    '至此，colSeason 和 colSum 中记录了“季度”和“总计”二字所在的列号，下面可以使用双重 For 循
环汇总

    For i = 4 To 7                       '从第 4 行开始汇总数据，直到第 7 行

      s = 0                              '进入每行时，先将累加器清零
      For j = colSeason+1 To colSum-1    '扫描该子表格的每列，从“季度”列之后到“总计”列之前
          s = s + Cells(i, j)            '将第 i 行第 j 列的数值汇总到 s 上
      Next j

      Cells(i, colSum) = s               '将第 i 行数据的总和写入该行的“总计”列

    Next i

  End Sub
```

这个方案的关键之处，在于两个看起来没有执行任何操作的 Do While 循环。第一个 Do While 循环只做了一件事情：只要第 3 行的第 colSeason 列不是“季度”二字，就将 colSeason 增加 1，并重新检查。随着 colSeason 数值不断增加，直到第 3 行第 colSeason 列显示“季度”二字所在的单元格，循环条件“Cells(3, colSeason)<>“季度””不再成立。这时 Do While 循环终止，而变量 colSeason 中的数值就是这列的列号。换言之，我们找到了“季度”栏所在的列号并把它保存到了变量 colSeason 中。

同样的道理，我们又利用第二个 Do While 循环找到了“总计”二字所在的行号并存入变量 colSum 中。与之前略有区别的是，寻找“总计”列并不是从第 1 列开始查找，而是从第 colSeason+1 列开始。因为已经找到了“季度”二字的列号，而“总计”列一定出现在“季度”列的后面，所以完全没有必要再从第 1 列开始搜索，直接让 colSum=colSeason+1，然后进入 Do While 循环逐次增一即可。

这样，只要工作表第 3 行中确实依次存在“季度”和“总计”两个单元格，两个 Do While 循环就都可以正常结束并将它们的列号保存到 colSeason 和 colSum 中。接下来使用双重 For 循环就可以实现汇总计算。与案例 7-2 不同的是，内层循环在扫描各列时，起止列号不再是固定的数字，而是 colSeason+1 与 colSum−1。

这种除了将循环变量增加 1 不执行任何实质性操作的循环，常被形象地称为“空循环”（注意：空循环不是死循环，后者可以执行很多操作，但永远不会结束）。在程序设计中，使用空循环定位到指定内容是一个很常用的基本技巧。尽管 Excel VBA 中还提供了很多简单高效的方法（如 Find 方法）可以查找单元格，但是在处理一些特殊需求，或者需要在工作表之外执行其他查找定位操作时，空循环仍然是不二之选。所以请读者仔细阅读和理解这部分内容。

另外必须说明的是，本例中的参考代码其实存在一个重大缺陷：假如用户提供的表格的第 3 行中没有“季度”或“总计”两列，那么 Do While 循环的循环条件就永远无法成立，会一直循环查找下去。不过这也不会导致死循环，因为 Excel 工作表的行数和列数均存在上限，比如在 Excel 2016 中最大行号是 1048576，最大列号是 16384。所以当变量 colSeason 增加到 16385 时，Cells(3,colSeason) 就已经超出了 Excel 表格的最大范围，指向了一个不存在的单元格。这时由于无法找到这个单元格，VBA 会报出一个编号为 1004 的运行时错误警告，提示“应用程序定义或对象定义错误”，如图 7.10 所示。

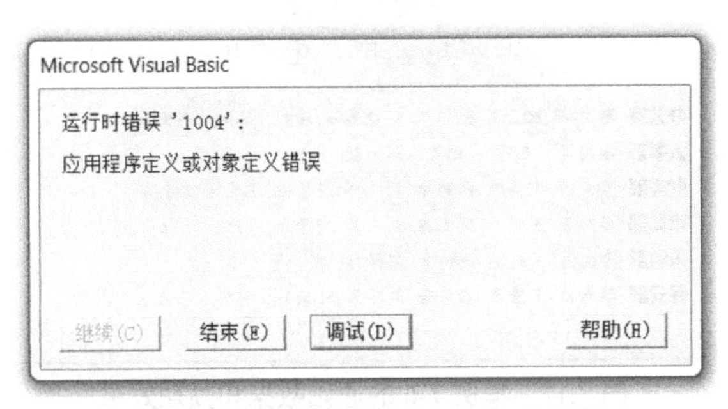

图 7.10　运行时错误“1004”警告框

所以一旦遇到这个错误提示，就应想到是否是某个 Cells 引用了不存在的单元格（比如超出最大行列号，或者引用第 0 行、第 0 列等），进而检查代码的逻辑问题。

不过对于普通用户来说，在运行 VBA 程序时如果遇到这个警告框，一定会感到十分紧张和不解。那么能否让这个 VBA 程序在工作表中没有“季度”列时也不引发异常警告，或者弹出一个我们自己设计的友好提示，例如“请检查第 3 行中是否有‘季度’或‘总计’单元格”呢？答案是肯定的：有很多编程技巧可以解决这个问题。本章最后就会结合 Goto 语句介绍其中很常用的一种方式，更多方法则会在讲解相关内容时介绍给大家。

2. 与其他结构嵌套使用

各种循环和判断结构都可以相互嵌套，完成复杂的程序逻辑，Do While 循环也不例外。比如对于前面所有使用多重循环的案例，我们都可以把其中的 For 循环改写成 Do While 循环，用多重 Do While 循环实现相同的功能。事实上，由于 For 循环在处理已知循环次数的问题时语法更加简单（不需要手动编写 i=i+1 等语句），而 Do While 循环则能轻松搞定未知循环次数的问题，所以我们经常将两者搭配嵌套，以便高效完成任务。案例 7-6 就是一个例子。

案例 7-6：在图 7.11 上图所示的工作表中显示了六个部门的员工名单，并用不同背景色标记出了不同部门，以呈现简单的柱形图效果。请编写程序统计每个部门的总人数，并将其显示在紧邻该部门最后一个员工姓名的单元格中，预期效果如图 7.11 下图所示。

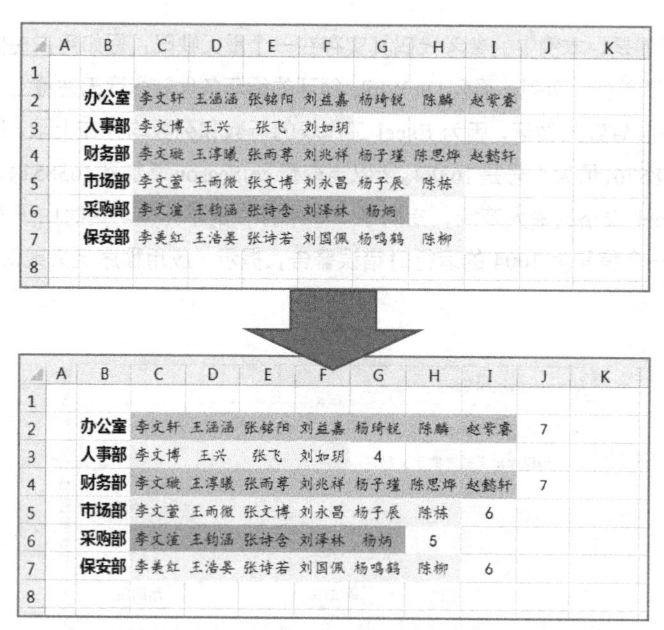

	A	B	C	D	E	F	G	H	I	J	K
1											
2		办公室	李文轩	王涵涵	张铭阳	刘益嘉	杨琦锐	陈麟	赵紫睿		
3		人事部	李文博	王兴	张飞	刘如玥					
4		财务部	李文璇	王淳曦	张雨荨	刘兆祥	杨子瑾	陈思烨	赵懿轩		
5		市场部	李文萱	王雨微	张文博	刘永昌	杨子辰	陈栋			
6		采购部	李文滢	王钧涵	张诗含	刘泽林	杨炳				
7		保安部	李美红	王浩晏	张诗若	刘国佩	杨鸣鹤	陈柳			
8											

	A	B	C	D	E	F	G	H	I	J	K
1											
2		办公室	李文轩	王涵涵	张铭阳	刘益嘉	杨琦锐	陈麟	赵紫睿	7	
3		人事部	李文博	王兴	张飞	刘如玥	4				
4		财务部	李文璇	王淳曦	张雨荨	刘兆祥	杨子瑾	陈思烨	赵懿轩	7	
5		市场部	李文萱	王雨微	张文博	刘永昌	杨子辰	陈栋	6		
6		采购部	李文滢	王钧涵	张诗含	刘泽林	杨炳	5			
7		保安部	李美红	王浩晏	张诗若	刘国佩	杨鸣鹤	陈柳	6		
8											

图 7.11　案例 7-6 的原始数据和预期效果

这个案例的特点是：行数确定（公司部门一般不会轻易增减），但每行数据的列数不固定。因此适合使用 For 循环扫描各行，并使用 Do While 循环扫描各列，参考代码如下：

```
Sub Demo_7_6()

    Dim i, j

    For i = 2 To 7

        j = 3                           '每行名单均从第 3 列开始

        Do While Cells(i, j) <> ""      '扫描名单，直至某列为空
            j = j + 1                   '每次增加 1，以便下次扫描下一列，直到
        Loop                            '循环终止时，j 即第一个空单元格的列号

        Cells(i, j) = j - 3             '在该行名单第一个空单元格中填写人数
                                        '第一个人在 C 列，所以 j-3 即总列数或人数
    Next i

End Sub
```

这段代码也使用了“空循环定位”技巧，用于找到每行的第一个空单元格，也就是案例需求中描述的“紧邻该部门最后一个员工姓名的单元格”。由于每个姓名占用一列，且第一个姓名位于第 3 列，所以第一个空单元格的列号减去 3 就是总列数，也就是员工总数。

根据不同语句（For、While、If … Then、Select … Case）的功能和特点，通过嵌套组合实现复杂逻辑，是每个编程初学者必须熟练于心的基本功。本章列出的案例和参考代码属于最典型的基本用法，希望读者能够读懂并做到独立编写。

7.2.4 While 循环的各种形式

Do While...Loop 循环并不是唯一一种 While 循环，VBA 还提供了很多其他形式的 While 循环。尽管这些循环与 Do While ... Loop 循环没有本质区别，可以相互替代，但是在某些情况下选择不同形式确实可以简化编程。下面就是 VBA 支持的各种 While 循环。

1. While...Wend 循环

While...Wend 循环与 Do While ... Loop 循环的功能完全相同，只是不需要写“Do”关键字，同时将“Loop”换成“Wend”（“While End”的缩写）。比如下面两段代码的运行流程和结果是完全一样的。

```
Sub Demo_While_1()
    Dim i

    i = 1

    Do While i <= 5
       Cells(i, 1) = i
       i = i + 1
    Loop

End Sub
```

```
Sub Demo_While_1()
    Dim i

    i = 1

    While i <= 5
       Cells(i, 1) = i
       i = i + 1
    Wend

End Sub
```

既然 While...Wend 循环的效果与 Do While...Loop 循环效果相同，而且还少写了一个关键字，为什么 Do While...Loop 循环却更加常用呢？这是因为 Do While...Loop 循环允许使用“Exit”随时跳出循环，而 While...Wend 循环却不能使用 Exit 语句。此外，Do While ... Loop 循环还可以轻松变形为 Do ... Loop While 循环。所以尽管 While ... Wend 循环看上去更像“正宗”的 While 循环，但在实际编写程序时使用更多的还是 Do While 循环。

2. Do While ... Loop 循环和 Do ... Loop While 循环

如果把 Do While ... Loop 循环中的 While 放在最后一行，也就是 Loop 的后面，就得到了 Do ... Loop While 循环结构，意为“请执行循环体，当符合某个条件时”。

Do...Loop While 循环的含义看起来与 Do While...Loop（当符合某种条件时，请执行循环体）没有区别，但对于计算机这种死板的机器而言却有很大的区别。事实上，二者的区别就在于“判断循环条件”与“执行循环体”的顺序上：Do While ... Loop 循环会先判断是否符合条件，再决定是否执行循环体；而 Do ... Loop While 循环则先执行一遍循环体，再判断是否符合条件。

从另一个角度讲，Do ... Loop While 循环能够保证循环体至少被执行一次，而 Do While ... Loop 循环则有可能一次都不执行。比如下面这段代码，虽然 i<5 这个循环条件从程序一开始就不成立，但是 Do ... Loop While 循环仍然会执行一次，修改了第 5 行单元格的内容。

```
Sub Demo_While_1()
    Dim i

    i = 5                        '先将 i 初始化为 5

    Do                           '不做任何检查，直接进入循环体
       Cells(i, 1) = i           '将第 i 行 A 列(A5)写为 i 的数值(5)
```

```
        i = i + 1              'i 增加 1，变为 6

    Loop While i < 5           '如果 i 小于 5 则继续循环，否则终止循环
End Sub
```

Do … Loop While 循环虽然很少使用，但这种“先斩后奏，至少执行一次”的特点，在某些场合十分有用，本书后面在讲解一些复杂技巧时就会用到这个结构。

3. Do Until … Loop 循环和 Do … Loop Until 循环

与 Do While … Loop 循环相对应的，VBA 还提供了一个 Do Until … Loop 循环，意为“在符合条件之前，请执行循环”。换言之，由于将“While”（当……时）换成了“Until”（直到……时），循环的条件就发生了变化，变成了“如果尚不符合条件则执行循环，一旦符合条件就停止循环”。下面两段代码就分别使用这两种循环实现了同样的功能。

```
Sub Demo_While_1()
    Dim i

    i = 1

    Do While i <= 5
        Cells(i, 1) = i
        i = i + 1
    Loop

End Sub
```

```
Sub Demo_Until_1()
    Dim i

    i = 1

    Do Until i > 5
        Cells(i, 1) = i
        i = i + 1
    Loop

End Sub
```

左边代码的含义是“当 i 小于等于 5 时继续循环”，右边代码的含义则是“在 i 大于 5 之前继续循环”，其实二者表达的是相同的意思。事实上，如果想把代码中的“While”和“Until”互换，只需要把循环条件反写一遍，或者直接在前面加上一个逻辑运算符“Not”就可以了。比如前面的代码还可以写成：

```
Sub Demo_While_1()
    Dim i

    i = 1

    Do While i <= 5
        Cells(i, 1) = i
        i = i + 1
    Loop

End Sub
```

```
Sub Demo_Until_1()
    Dim i

    i = 1

    Do Until Not(i <= 5)
        Cells(i, 1) = i
        i = i + 1
    Loop

End Sub
```

所以，当我们希望编写“一旦符合某个条件，请马上终止循环”的代码时，就可以使用 Do Until … Loop 循环结构，这样可以直接把条件写到代码中，不需要再进行反写。

此外，与 Do … Loop While 循环一样，Until 也可以放在 Loop 的后面，构成 Do … Loop Until 循环结构。它的特点也是先执行后判断，循环体至少能够执行一次。

7.3　Exit 语句与 Goto 语句

到这里，本书已经将 VBA 中的顺序结构、判断结构与循环结构三大结构中的主要语法介绍完毕。不过在这些规范的执行流程之外，VBA 还为我们提供了一些可以“直接跳转”的方法，以便在有特别需要时方便编程。本节就介绍最常用的两类跳转命令——Exit 语句和 Goto 语句。

7.3.1　跳出当前结构——Exit 语句的使用

有时候我们希望在循环尚未结束时，就能够提前中止并跳转到循环后面的代码继续执行。这种情况下使用 Exit 就是最简单（但并非最佳）的处理方式，如案例 7-7 的需求和参考代码。

案例 7-7：在图 7.12 左侧所示的工作表中存有 12 个月的销量数据。请编写程序计算截至哪个月的月底，当年累计销量已经超过 1 万，并将该月份显示在 E3 单元格中，预期结果如图 7.12 右图所示（如果截至 12 月底销量仍未超过 1 万，则在 E3 单元格中显示“全年未能破万”）。

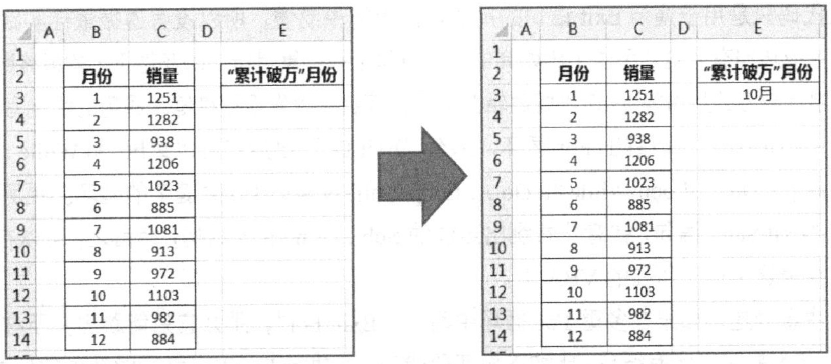

	A	B	C	D	E
1					
2		月份	销量		“累计破万”月份
3		1	1251		
4		2	1282		
5		3	938		
6		4	1206		
7		5	1023		
8		6	885		
9		7	1081		
10		8	913		
11		9	972		
12		10	1103		
13		11	982		
14		12	884		

	A	B	C	D	E
1					
2		月份	销量		“累计破万”月份
3		1	1251		10月
4		2	1282		
5		3	938		
6		4	1206		
7		5	1023		
8		6	885		
9		7	1081		
10		8	913		
11		9	972		
12		10	1103		
13		11	982		
14		12	884		

图 7.12　案例 7-7 的原始数据和预期结果

下面这段代码可以解决案例 7-7 中的问题，思路与之前做过的累加汇总程序完全相同，只不过每次累加一个数据后都会判断是否已经达到 1 万。如果在某次循环时发现已经达到了 1 万，就跳出循环，并把当时的月份写入 E3 单元格。

```
Sub Demo_7_7()

    Dim i, s

    s = 0                                   's 用于累加销量

    For i = 3 To 14                         '扫描全部数据
        s = s + Cells(i, 3)                 '计算当前累计销量

        If s > 10000 Then                   '如果累计销量破万，则跳出 For 循环
           Exit For
        End If
    Next i

    If i < 15 Then                          '如果累计销量从未破万，For 循环会正常执行
      Cells(3, 5) = (i-2) & "月"            '直至结束，因而 i 会变成 15。所以如果
    Else                                    'i 小于 15 则代表累计销量破万跳出，将月份写入 E3 单元格
      Cells(3, 5) = "全年未能破万"           '否则代表累计销量未曾破万，将提示写入 E3 单元格
```

```
        End If

    End Sub
```

这段代码从第 3 行开始扫描每行数据，并不断将各个数据加总到累加器 s 中。当 i 等于 12 时，也就是累加到 10 月的数据时，s 的数值变成 10654，第一次超过 10000。这就符合 If 语句中的条件，于是执行 Exit For 语句。

顾名思义，“Exit For”就是“退出 For 循环”的含义。所以程序执行至此，就会停止 Exit For 语句所在的“For i = 3 To 14”循环，直接跳转到“Next i”语句后面执行。注意此时变量 i 的数值仍然是 12，符合“i < 15”的条件，于是将月份数字（本例中的月份都等于行号减 2，所以直接写成 i – 2 ）写入 E3 单元格。

读者可能不理解为什么要在程序最后写一个 IF…Else 判断结构，而不是直接把月份写入 E3 单元格。这是因为假如表格中 12 个月的数据加在一起没有超过 1 万，那么 For 循环在执行到 i=14 时仍然不会执行“Exit For”语句。这样再执行“Next i”后 i 就会变成 15，然后正常结束 For 循环，此时程序就会把 i - 2，也就是 13 当作销量破万的月份并写入 E3 单元格。

这段代码只是用于演示 Exit 语句的用法，力求简单易懂，所以没有遵循最佳实践原则，而是采用了一些取巧但有风险的手法（比如其中使用行号 i 来计算月份，以及基于 i 的最终数值判断是否发现销量累计破万的月份等）。待讲解逻辑变量后，读者可以发现更稳健、通用的优化写法。

既然“Exit For”可以跳出 For 循环，那么“Exit Do”自然就可以跳出 Do While … Loop、Do Until … Loop、Do … Loop While 和 Do … Loop Until 等含有 Do 关键字的循环。更厉害的是，如果我们写“Exit Sub”语句，就意味着跳出当前的 Sub … End Sub 结构，换言之，可以在“End Sub”语句之前结束这个语句所在的 VBA 宏。

需要注意的是，如果在多重 For 循环中写上“Exit For”，那么它只能跳出其所在的最近一层 For 循环，而不是跳出所有循环。比如下面两段代码，在执行 Exit For 之后跳转到的位置各不相同。

```
Sub demo_exit_1()

  Dim i, j

  For i = 1 To 10

     For j = 1 To 10
        If j > 3 Then Exit For
     Next j

  'Exit For 会跳转到这里继续执行

  Next i

End Sub
```

```
Sub demo_exit_1()

  Dim i, j

  For i = 1 To 10

     For j = 1 To 10

     Next j

     If i > 3 Then Exit For

  Next i

  'Exit For 会跳转到这里继续执行

End Sub
```

使用 Exit 语句跳出当前一层结构（循环、子过程等）非常方便，但是如果频繁使用会让代码变得很难理解。因为这种直接跳转打破了循环语句的标准流程，会给阅读代码和调试程序增加很多麻烦。所以在实际编写程序时，除非必要，否则应当尽量使用其他方式代替 Exit 语句。比如对于案例 7-7，可以改用 Do While 循环，将跳出循环的条件（ s>10000 ）直接写作 Do While 的循环条件，从而实现同样的功能。具体代码如下：

```
Sub Demo_7_7_b()

    Dim i, s

    s = 0: i = 3

    Do while s<=10000 And i<15        '思考：为什么要用“And”？
        s = s + Cells(i, 3)
        i = i + 1
    Loop

    If i <= 15 Then                   '思考：为什么要用“<=”？
     Cells(3, 5) = (i-3) & "月"       '思考：为什么要用“i-3”而不是“i-2”？
    Else
     Cells(3, 5) = "全年未能破万"
    End If

End Sub
```

上述代码的流程不再详述，请读者自己思考理解，并思考用注释语句提出的三个问题。可以将该段代码与之前使用 Exit 语句的代码相对比，体会它们的优点和局限。

7.3.2　随心所欲难免逾矩——Goto 语句及其利弊

Exit 语句只能跳出指定的几种结构，而且只能跳出最近的一层。相比之下，真正威力无穷的跳转语句非 Goto 语句莫属。

顾名思义，Goto 语句就是“去往一个地方”。只要我们在一个宏的任何一行代码上做出标记，Goto 语句就可以让程序直接跳转到这行代码上，完全忽略中间其他语句。比如在下面这段代码中，我们在多重循环内部书写了一个 Goto 语句，同时在所有循环之后写下一句“End_Of_All:”。由于 Goto 语句指明要跳转到“End_Of_All”，所以当程序执行到 Goto 语句时就会跳出所有循环，直接执行“End_Of_All:”后面的语句。

```
Sub demo_goto_1()

    Dim i, j
    For i = 1 To 9
        For j = 1 To 9                '若无 Goto 语句，本程序本应输出乘法表

            GoTo End_Of_All           '直接跳转，不会执行后面的语句

            Cells(i, j) = i * j
        Next j
    Next i

End_Of_All:                           '自定义标签，为 Goto 语句指明目的地

    Cells(11, 1) = "运行结束"         'Goto 到上面的标签后，会继续执行本行

End Sub
```

在这个例子中，“End_Of_All:”被称为一个“标签（Label）”，其命名规则与变量的命名相同，比如中间不能出现空格，以及不能使用数字开头等。此外，它最大的特点在于必须以一个半角冒

号“:”结尾，否则会被 VBA 误解为一个变量或子过程的名称。

Goto 语句十分灵活，只要标签书写在同一个宏内，就能直接跳转过去。然而它的灵活性也意味着代码的复杂性，比如下面两段代码的功能完全相同，都是在工作表中输出一个九九乘法表。但是很明显，右边使用 Goto 语句的程序远不如左边使用 For 循环的程序容易理解。

```
Sub demo_goto_2()

    Dim i, j

    For i = 1 To 9

        For j = 1 To 9

            Cells(i, j) = i * j

        Next j

    Next i

    Cells(11, 1) = "运行结束"

End Sub
```

```
Sub demo_goto_2()

    Dim i, j

    i = 1

Next_I:
    j = 1

Next_J:
    Cells(i, j) = i * j

    j = j + 1

    If j < 10 Then GoTo Next_J

    i = i + 1

    If i < 10 Then GoTo Next_I

    Cells(11, 1) = "运行结束"
End Sub
```

这个使用 Goto 语句代替 For 循环的程序虽然不便阅读，但至少还属于规范的使用方法。更可怕的是在程序中频繁使用 Goto 语句，时而跳出循环，时而跳回某个结构，这样整个程序的执行流程就会混乱如麻，非正常人所能理解。所以几十年前，计算机专家就为频繁使用 Goto 语句的程序起了一个形象的名字——面条式代码。虽然 Goto 语句灵活易用，对初学者具有巨大的吸引力，但滥用 Goto 语句又可以轻松地摧毁代码的可读性和可维护性，所以下面这个最佳实践早已成为软件开发领域的共识。

不要使用 Goto 语句！

7.3.3 异常处理——On Error Goto 语句

既然不推荐读者使用 Goto 语句，为什么还要介绍这个语句呢？这是因为当需要随手编写一个小程序或者解决临时任务时，偶尔使用 Goto 语句实现跳出全部循环等功能确实会大大节省时间。而且，VBA 提供了一个十分有用的异常处理命令，其中也用到了 Goto。

所谓“异常处理”，就是在编写程序时专门安排一些代码，一旦程序在运行中发生错误就自动转去执行这些代码，而不是让 VBA 弹出让人望而生畏的错误警告。这些在发生错误时被执行的代码，被称为“异常处理程序”。

如果 VBA 程序尝试引用一个不存在的单元格（比如行号或列号为 0，或者超出表格最大行列范围），就会引发编号为 1004 的运行时错误，并弹出一个警告框。能否不弹出警告框，而是由程序自己来处理这种错误呢？使用 VBA 提供的异常处理语句 On Error Goto 就可以满足这个要求。

On Error Goto 意为“在发生错误时跳转到……”。只要把这个语句写在程序里，并且在 Goto 后面写上一个标签名称，它后面的代码在执行时遇到任何异常都会直接跳转到标签所在地，而不会引发 VBA 的警告机制。比如，图 7.13 所示的程序尝试调用第 0 行第 2 列单元格，但是由于使用了异常处理语句，所以实际运行后不会引发 VBA 报警，而是跳转到标签“No_Such_Cell”的位置，在 A1 单元格输出了一个错误警告“无此单元格”。

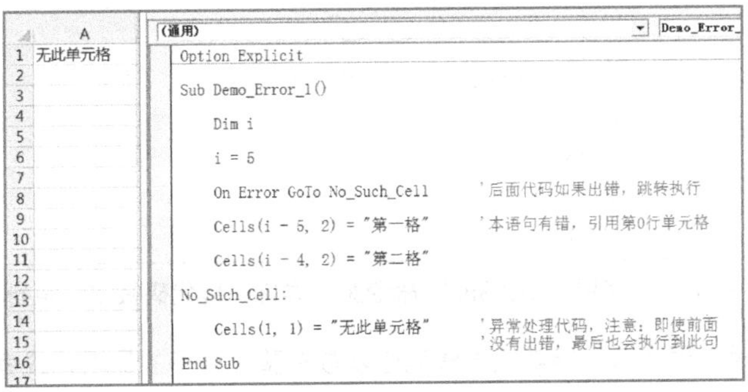
A
1 无此单元格
(通用)
Demo_Error_
Option Explicit
Sub Demo_Error_1()
Dim i
i = 5
On Error GoTo No_Such_Cell
'后面代码如果出错，跳转执行
Cells(i - 5, 2) = "第一格"
'本语句有错，引用第0行单元格
Cells(i - 4, 2) = "第二格"
No_Such_Cell:
Cells(1, 1) = "无此单元格"
'异常处理代码，注意：即使前面
'没有出错，最后也会执行到此句
End Sub

图 7.13　异常处理语句及其实际效果

在上面的示例中，当程序逐行执行到“On Error”时 VBA 就会接到指令：从这一行开始，后面只要发生运行时错误就转移到“No_Such_Cell”处继续运行，不弹出警告框。因此，当执行到单元格赋值时，由于 i – 5 等于 0，导致尝试调用 B0 单元格并出错。此时根据“On Error”给出的指令，直接跳转到最后一行代码处，在 A1 单元格输出我们设计的警告提示，避免用户陷入恐慌。

不过上述示例存在一个严重的缺陷：即使代码完全没有错误，程序能够顺利地给两个单元格赋值并执行到最后，语句“Cells(1,1)=“无此单元格””仍然会被执行一次。因为从程序逻辑的角度看，这行代码与其他代码并无区别，只不过恰巧位于“No_Such_Cell”这个标签的后面而已。而在 VBA 语法中，On Error Goto 标签只是说当发生错误时请跳转到标签后面的代码，却从未规定如果没有错误就不允许执行标签后面的代码。这就像“开心时应当微笑”，但并不代表“不开心时严禁微笑”一样。

因此，即使上面的程序没有出错，我们也会在 A1 单元格看到“无此单元格”的警告，如图 7.14 所示。

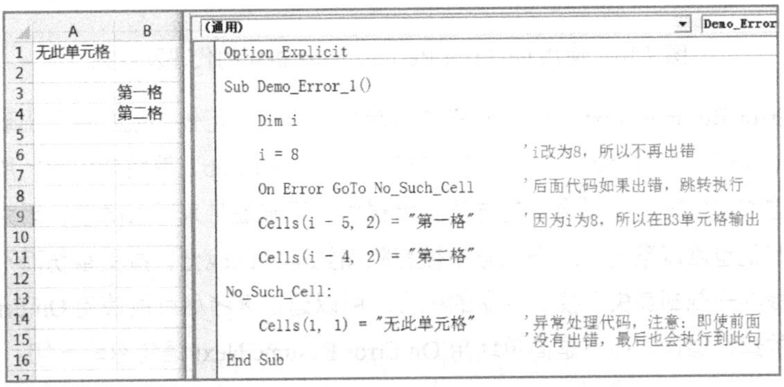
A B
1 无此单元格
3 第一格
4 第二格
(通用)
Demo_Error
Option Explicit
Sub Demo_Error_1()
Dim i
i = 8
'i改为8，所以不再出错
On Error GoTo No_Such_Cell
'后面代码如果出错，跳转执行
Cells(i - 5, 2) = "第一格"
'因为i为8，所以在B3单元格输出
Cells(i - 4, 2) = "第二格"
No_Such_Cell:
Cells(1, 1) = "无此单元格"
'异常处理代码，注意：即使前面
'没有出错，最后也会执行到此句
End Sub

图 7.14　程序无错时也会执行标签后的语句

怎样避免这个问题，让标签后面用于异常处理的代码只在发生异常时执行呢？一个比较常用的办法，就是在程序没有出错而正常执行到这段代码时，就让程序提前停止运行，也就是使用前面介绍的“Exit Sub”命令。图 7.15 演示了这种代码和效果。

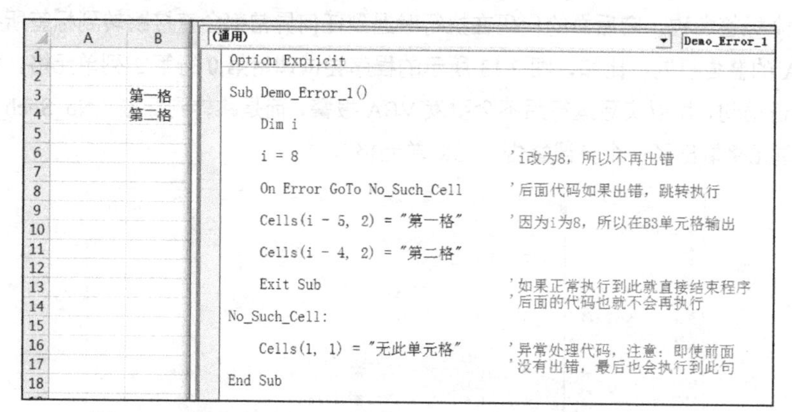

图 7.15　使用“Exit Sub”命令避免异常处理代码被错误执行

使用这种方式时必须注意：异常处理代码必须放在整个程序的最后，或者说，在“Exit Sub”和“End Sub”之间的代码应当全部用于异常处理。如果把正常功能代码写在这个区间，除非程序发生运行错误，否则这些功能不可能被执行。

VBA 提供了多种异常处理语句，On Error Goto 语句只是其中之一。另一个经常见到的异常处理语句是 On Error Resume Next 语句，意为“如果某行代码发生错误，忽略该行并继续执行下一行”，也就是忽略一切错误，正常逐行运行。图 7.14 中的代码如果改用这种方法，即使第一个单元格赋值语句出错（尝试引用工作表的第 0 行），程序也会正常执行并正确处理第二个单元格赋值语句，直到程序执行完毕也不会弹出任何错误警告，如图 7.16 所示。

	A	B
1		第二格

```
Option Explicit
Sub Demo_Error_2()
    Dim i
    i = 5
    On Error Resume Next        '后面代码如果出错，忽略并继续
    Cells(i - 5, 2) = "第一格"   '引用第0行出错，但错误被忽略。
    Cells(i - 4, 2) = "第二格"   '正常执行，在B1输出文字信息
End Sub
```

图 7.16　使用 On Error Resume Next 语句的代码及效果

由于 On Error Resume Next 语句用起来非常简单，只需一行代码就避免了出现警告框，而不必像 On Error Goto 语句那样精心设计异常处理代码及“Exit Sub”等跳转语句，所以非常受初学者欢迎。但是这种“忽略一切错误”的方法会给程序的正确性带来巨大隐患，因为即使程序中存在严重错误，我们也难以察觉。就像电影中被移除痛觉神经的战士，身受重伤而不自知，虽然这样做能够勉强战斗一刻却丧失了挽回生命的机会。所以建议读者尽可能使用 On Error Goto 语句，明确处理发现的运行错误，而不是简单地用 On Error Resume Next 语句忽略一切。

VBA 中的错误处理语句还包括一些细节语法，如 Resume Next、On Error Goto 0 等，有兴趣的读者可以自行查阅资料。

本章小结

循环结构是初学编程者最重要的基本功之一。根据笔者在高校的多年教学经验，只有能够流利解决多重循环问题的同学，才被认为具备了基本编程思维，能够顺利进入下一阶段的学习。所以本章再次耗费了大量笔墨，力图将循环结构的典型用法厘清讲透，也希望读者能够仔细阅读书中案例，并在计算机上独立完成。

本章关键知识点包括：

★ 将多个循环结构嵌套在一起，即为“多重循环”，其中每个循环结构各自独立，循环变量和循环语句不能互相混淆或共享。

★ Do While 循环可以解决循环次数无法确定的问题，其循环条件可以像 If 语句一样书写为任意条件表达式。

★ Do While 循环不需要使用循环变量。无论是否使用循环变量，都应注意循环条件是否永远成立，以免陷入死循环。

★ 如果尝试引用不存在的单元格，会引发“1004”运行时错误。

★ Do … Loop While 循环至少执行一次，而 Do While … Loop 循环可能一次都不执行。

★ VBA 还支持 While … Wend、Do Until … Loop 和 Do … Loop Until 几种循环形式。

★ 可以使用 Exit 语句跳出 For 循环、Do 循环或 Sub 等，但是只能跳出 Exit 语句所在的那一层结构。

★ 使用 Goto 语句可以跳转到同一个程序中的任意标签位置。

★ 标签命名原则与变量命名原则一样，并且必须使用冒号结尾。

★ 可以使用 On Error Goto 语句实现异常处理，一般将异常处理代码写在程序最后，位于 Exit Sub 和 End Sub 之间。

★ 使用 On Error Resume Next 语句可以忽略一切错误，这样做方便但有风险。

★ 如非绝对必要，勿用 Goto 语句！

第8章

名字的魔力——面向对象与录制宏

如果 VBA 的功能仅止于计算单元格内容，那么我们一定会劝读者转去学习公式或透视表，毕竟后两者也精于数据计算，而且更加易学易用。事实上，VBA 真正的威力在于能够“重现”人类操作，实现对工作表、工作簿、单元格、插图等各种 Excel 元素，甚至 Windows 文件系统、打印输出系统、网络通信系统等 Office 外部功能的灵活控制。而使用 VBA 控制这些元素的关键，就是掌握它们的名字。

在很多古代民族的文化中，名字被认为具有特殊的魔力——只要知道一个人的真实姓名，就可以通过巫术彻底控制或伤害他。在 Excel 中也一样，每个元素（如工作表）都被视作一个具有名字的“对象”。只要把“对象”的名字写在 VBA 代码中，就可以调用它的“属性”改变其外观、内容，或者调用它的“方法”使其自动执行某个操作。所以本章就为读者初步介绍这种称为“面向对象”的编程技术，以及一种可以快速获知对象或操作名称的方法——录制宏。

具体来说，通过本章的学习，读者将会理解以下知识：

★ 什么是“面向对象”？

★ 面向对象的四个关键概念——类、对象、属性、方法。

★ Excel 中有哪些常用对象？

★ 怎样通过 Range 对象设置表格格式？

★ 为什么及怎样录制宏？

★ 怎样解读和运用录制下来的宏代码？

本章内容主要与视频课程“全民一起 VBA——基础篇”第九回“录制宏依样学样，读代码见招拆招”、第十二回“面向对象描绘万物，属性方法刻画细节”相对应，并涵盖第二十回“Range 对象围场圈地、众单元格进退划一”的内容。书中讲解顺序及案例与视频课程有所不同，建议读者结合学习，从不同视角加深理解。

8.1　面向对象——程序员的世界观

8.1.1　面向过程与面向对象简述

开发一个软件，其实就是在计算机中重现或创建一个世界。比如编写游戏时，开发者如同造物主，写下的每行代码都将决定这个虚拟世界的规则和命运。编写管理信息系统也是一样，开发者需要洞悉业务流程和规则架构，并去粗存精、优化补全，从而构建出一个比真实部门效率更高的虚拟企业。这就是为什么真正热爱编程的人，虽然整日面对着枯燥单调的屏幕，却始终能够乐在其中。

既然要重现一个世界，就要树立一种观察和描述世界的方法，也就是“世界观”。具体到软件开发中，就是“面向过程”“面向数据”“面向对象”乃至“领域驱动”等各种层出不穷的编程思想。初学编程的非专业人士不需要对这些理论进行全面探讨，只需要理解一点：这些编程思想都是为了回答一个问题——怎样使用软件语言把一个复杂的系统描述清楚。

在这些编程思想中，最被广泛接受的就是“面向过程”与“面向对象”两大范式。所谓“面向过程（Procedure Oriented）”，就是将软件看作一个可以执行各种功能的机器，在把一个目标世界转换为程序之前，先分析出它应该包含哪些功能，再将每个功能编写成一个过程，这样运行软件就是根据需要随时调用不同的功能。

可以说，面向过程是读者目前最熟悉的编程思想，因为 VBA 中的每个 Sub…End Sub 形式的宏，都可以看作一个过程。当我们在一个 Excel 工作簿中写下多个宏来完成不同任务时，其实就是把目标世界（日常业务）划分为不同的功能，并且把每种功能写成一个 VBA 过程（宏）。

举例来说，如果我们需要编写一个五子棋游戏，那么按照面向过程的方法，会编写如图 8.1 所示的六个主要过程，并通过对它们的依次调用来运行游戏。

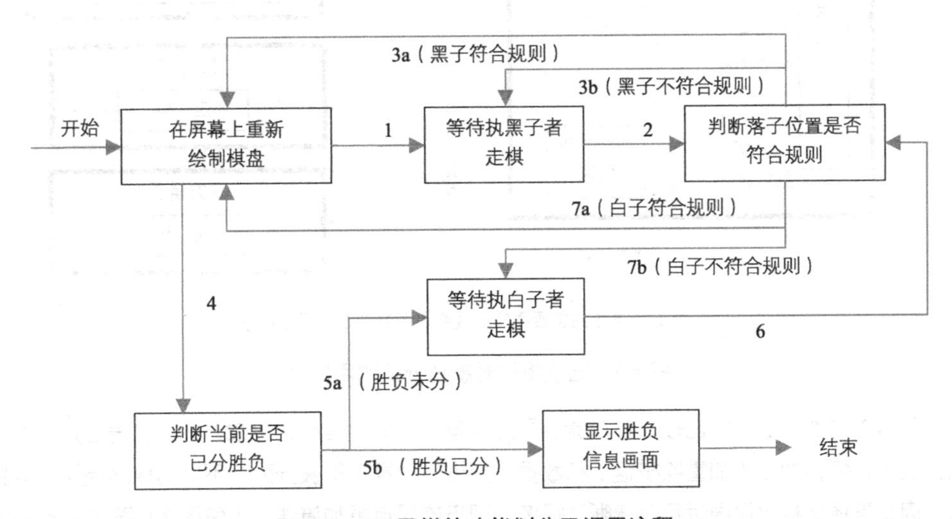

图 8.1　五子棋的功能划分及调用流程

在编写小型程序时，这种面向过程的方式可以做到直观易懂、性能高效，但是当系统规模比较庞大，或者功能规则比较复杂时，纯粹的面向过程的方法就很容易让代码变得冗余、难以驾驭[①]。

因此，随着大型软件日益增多，软件界开始推广另一种编程思想，也就是目前主流的“面向对象”。“对象”一词译自英文“Object”，更确切的含义是“客观事物”。所谓“面向对象（Object Oriented）”的编程思想，就是要求程序员把软件中的世界，看作由很多个对象构成的系统，每个对象都可以独立自主地控制某些数据或完成某些功能。当我们完成某个任务时，只要通知拥有相关功能的对象，它们就可以自行处理并将结果返回给我们。

仍然以五子棋游戏为例，如果采用面向对象的设计思路，可以先考察一下真实世界的棋类比赛都由哪些事物（对象）构成。

首先，一个棋局包括两个名为“棋手”的事物。这两个对象在本质上完全相同，只不过拥有不同的名字和棋子颜色，但都拥有一种称为“走棋”的功能。

其次，一个棋局包括一个名为“棋盘”和若干个名为“棋子”的事物。考虑到本例相对简单，可以把棋盘和棋子合并为一个对象，统称为“棋盘”。该对象拥有两个主要能力：记住棋子的位置，以及根据位置把所有棋子绘制在棋盘上。

最后，一个棋局还应包含一名“裁判”。裁判在每步走棋中都要做出决定，这些决定包括：现在应该由谁走棋、这一步走棋是否符合规则、是否已经分出胜负、是否需要通知棋盘去更新画面等。因此对象要拥有一种功能：决定下一步的动作。而且这种功能可能还会细分为多个更具体的能力：判断是否合规、判断胜负、通知棋盘更新、通知棋手走棋等。

这样，这个游戏程序就变成了几个对象之间的交互过程，如图 8.2 所示。

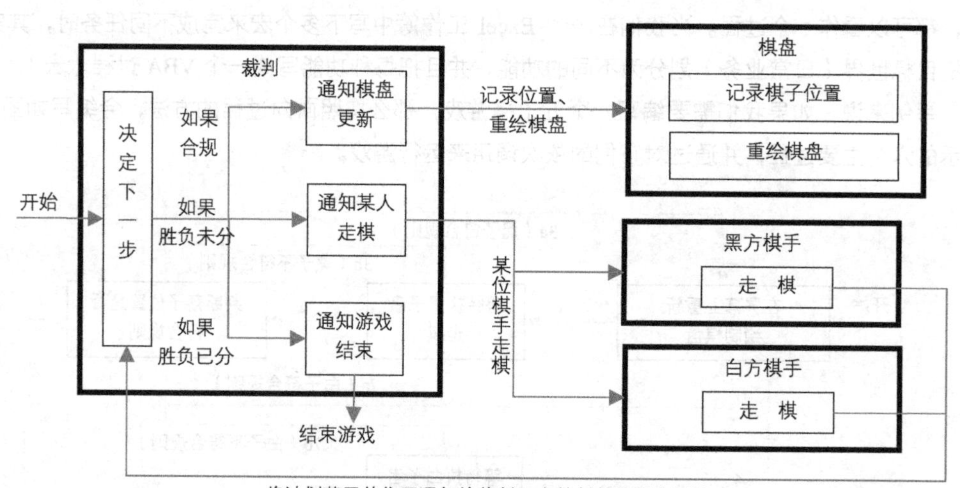

图 8.2 五子棋的对象划分及调用流程

将图 8.2 与图 8.1 进行比较，可以看到面向对象与面向过程两种思维方式的显著区别。在面向对象方式下，各种功能（如重绘棋盘）和数据（如棋子位置）都被分配给不同的程序模块（对象）保管，因此整体架构比面向过程时清晰了很多，调用流程也更加简洁，不像图 8.1 那样缠绕纠结。

---

① 经过精心设计，面向过程的思想完全可以驾驭复杂软件系统（如很多操作系统）的开发。不过这种设计思路在本质上往往与面向对象异曲同工，只是在语法和编译等技术层面上不同而已。

这只是对面向对象和面向过程的一个形象描述，真正编程实现时还有很多环节需要深入讨论和完善。不过由于本书尚未开始讲述小型软件设计的方法，这里只是为下面介绍基本概念提供一个参考，所以读者现在只需要大体感受面向对象的特点即可，不必深究具体思路。

最后需要说明的是，尽管不同编程思想各有特色，但它们之间都是互有借鉴甚至互相包含的。这一点在 VBA 中体现得非常明显，因为它就是一个以面向过程为基础，同时引入了一些面向对象特性的开发工具：Sub…End Sub 程序结构遵循的就是面向过程开发的思路。而当需要调用控制 Excel 中的各种元素时，就必须按照面向对象的方式编写代码。

8.1.2　类、对象、属性、方法

1. 类与对象

在五子棋游戏的例子中提到：黑白两名棋手虽然是两个对象（在图 8.2 中显示为右下角的两个方框），但其本质相同，都属于同一类型的对象。这种“一个类型，多个对象”的结构，是面向对象思想中最基本的思维方式。

对象的类型，在面向对象的方法中称为“类（Class）”。如果把对象看作一张真实的钞票，那么就可以把类看作一个印制钞票的“模板”：

① 使用一个模板，可以印制出无数张钞票（数字产品不存在磨损）；同样，一个类可以用来创建无数个该类型的对象。

② 一个模板描绘了一种钞票的共同特征（尺寸、面额）和功能（可以交换商品）；同样，一个类规定了一种对象的共同特征和功能，同一类型的对象必然具备这些共同特征与功能。

③ 同一模板印出的钞票，虽然拥有模板规定的共同特征（所有钞票都拥有一个流水号，流水号的字体和位置完全相同），但是印制出来后可以随时修改某个特征的具体内容，从而使其各自不同（每张钞票都会补印上不同的流水号数值）；同样，虽然同一类对象具有相同特征（比如棋手类都具有“姓名”这一特征），但是这些特征的取值可以各不相同（比如一个棋手对象的“姓名”可以赋值为“黑方”或“白方”）。

④ 虽然模板可以印制钞票，但模板本身不是钞票，如果把模板当作钞票购买商品是不可以的；同样，类虽然定义了对象的全部特征，但类本身不是对象。如果将类当作对象使用，将会触发 VBA 错误警告。

具体以 Excel 对象体系为例：工作簿中的每张工作表都是一个对象，但是所有对象都属于同一类型——工作表类，并具有共同的特征（都具有工作表名称，都拥有大量单元格……）。所以我们把每张具体的工作表都称为“工作表类的一个对象”。

换一个角度说，“类”代表“概念”或“定义”，比如字典上的词条“人——能思维，能制造并使用工具进行劳动，并能进行语言交际的高等动物”。而“对象”则是符合这个概念的真实事物，比如张三、李四等实际存在的个人。全世界几十亿人都符合字典词条中的定义，每个人都是“人”这个类的具体对象，但是字典上的词条文字却永远不是真实的个人。由于对象是类的具体实现，所以在软件开发中也常把对象称作一个类的“实例（Instance）”。

2. 属性与方法

同类对象具有共同的“特征”和“功能”，按照面向对象的术语，这两者对应的概念就是对象的“属性”与“方法”。

属性用于描述一类对象拥有哪些方面的特征或状态。比如所有人都拥有性别、身高、体重、肤色、民族、发色、母语、姓名、年龄、文化程度等属性。而当我们想描述某个人是什么样子时，也都是通过列举这些属性来实现的①。

如果说属性代表的是静态特征，那么方法则代表同一类对象都能够执行的动态行为。比如所有人类对象（个人）都具有“吃饭”“行走”“思考”等功能，并且可以随时根据需要实施这些行为。因此对于“人”这个类来说，上述行为都属于“方法”。

属性与方法之间的区别如下。

① 属性一般都是名词，而方法一般都是动词。比如对于“人”类来说，“行走”是一个方法，代表“人”类对象可以实施的行动；而“行走速度”则是属性，可以用来描述一个“人”类对象的特点（显然，竞走运动员与耄耋老者的行走速度完全不同）。

② 属性可以随时观测，而方法只有在需要时才会执行。比如对于一个“人”类对象，我们随时可以观测他的身高和体重；但除非给他下达一个“行走”的命令，否则他不会执行“行走”的方法。

③ 属性如同变量，表现为一个具体的取值（比如“某人的行走速度是 100 米/分钟”）；而方法则如同一个 VBA 宏，表现为一段可以执行的代码指令（比如“左腿高度提升 0.3 米；左腿位置前移 0.5 米；左腿高度降低为 0”）。

④ 属性可以读取和修改，从而了解或设置一个对象的状态。比如读取一个“人”类对象的“行走速度”属性，就可以了解这个人在行走能力方面的状态（行走能力）；而如果修改了他的“行走速度”属性，则可以重新设置他的行走能力。相比之下，方法不能被读取，只能被调用执行，不过某些方法被执行之后也可能修改对象的状态（比如某个“人”类对象在执行完“行走”方法后，“体能”属性的数值显著降低）。

图 8.3 以足球电子游戏中的运动员为例，说明了类、对象、属性和方法之间的关系。

读者可以尝试按照图 8.3 中的思路，去描述任何自己熟悉的环境或业务。比如对于一个常见的财务部门，可以认为它包括“出纳”“会计”“财务主管”“明细账”“总账”“资产负债表”等多个类②，每个类都可能具有多个对象，比如两名出纳、两名会计等。接下来可以思考每个类所具有的方法，比如会计类对象都具有登记总账、阅读总账、编制资产负债表等方法；而财务主管类则

---

① 需要注意的是，属性指的是某个方面的特征，其具体取值并不固定。比如发色可以作为“人”类的一个属性。在实际创建一个“人”类对象（某个具体的个人）后，可以将该对象的“发色”属性具体设置为红、黄、白、黑等不同颜色，从而与“人”类的其他对象区分开。但是“黑色头发”却不宜作为“人”类的属性，因为它已经规定了一个固定的取值，如果把它作为“人”类属性，就意味着所有“人”类对象的发色都是黑色，不允许修改也无法互相区分。

② 按照更加专业的面向对象设计方法，这些类之间的关系也应表述出来。比如“出纳”、“会计”和“财务主管”三个类同时属于“企业员工”这个类型，因此应该再设计一个“企业员工”作为它们的“接口（Interface）”或“父类（Super Class）”。不过 VBA 仅支持最基本的面向对象概念，并不直接支持继承等机制，所以读者在 VBA 编程中也不会遇到这种层面的需求。

具有调阅总账、更正资产负债表等功能。如此扩展和细化下去，我们会发现身边的一切都可以使用面向对象的方式直观清晰地表述出来。这就是面向对象思想被软件界广泛接受的主要原因。

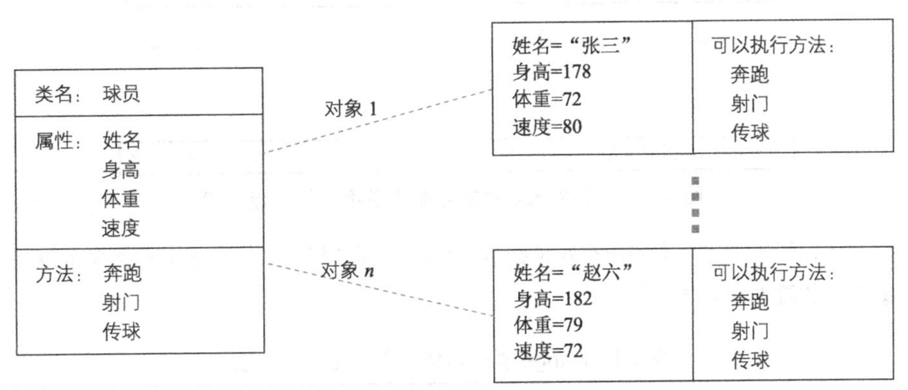

图 8.3　类、对象、属性及方法示意

8.2　从 Range 看 VBA 对象的使用方法

前面介绍了面向对象的基本概念和思维视角，接下来我们就看一下怎样把这些抽象的理论与 Excel VBA 的具体应用结合起来。

在设计 Excel 的整个软件（包括 VBA）时，微软公司的开发团队就已经事先编写了很多类和对象的代码，使我们可以在 VBA 中直接调用它们。这些类分别代表了 Excel 中的不同元素（如工作表、单元格），而其属性和方法则代表了这些元素的特征和操作（如单元格的背景色特征、单元格的清空操作）。因此，在 VBA 中读取某个对象的属性，就可以获知对应 Excel 元素的特征（比如读取某个单元格的背景颜色），而修改这个属性则可以重置这个特征。同样，要求指定对象执行某个方法（比如要求某个单元格执行清空方法），就可以用 VBA 代码实现相应的操作行为。

下面就以代表单元格的 Range 对象为例，详细讲述怎样在 VBA 中调用 Excel 对象。

8.2.1　Range 对象概述

英文"Range"一词的含义是"范围"，因此微软公司的开发团队使用这个单词代表"单元格区域"类的名字。所谓"单元格区域"，就是一张工作表中任意多个单元格组合在一起构成的整体。比如按住鼠标左键，随意在工作表中拖动后，显示为灰色的单元格就是一个"单元格区域"，也就是 Range 类型的一个对象。如果在这个操作中只选择了一个单元格，那么就得到只包含一个单元格的 Range 对象。比如，图 8.4 中展示的各种情况，都可以由一个 Range 对象代表，即使这些选中区域并不连续。

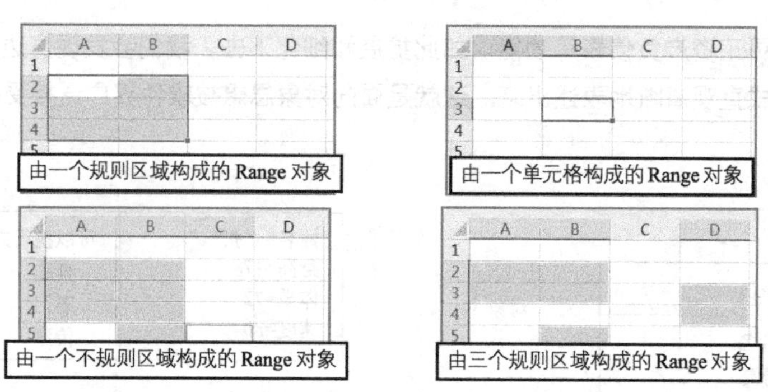

图 8.4　一个 Range 对象可能代表不同的区域形状

如前所述，属于同一个类的所有对象都具有相同的属性和方法。表 8-1 中列举的就是 Range 类的对象常用的属性和方法。

表 8-1　Range 类的对象常用的属性和方法

属　性		方　法	
属性名称	**含义与用途**	**方法名称**	**含义与用途**
Value	单元格区域的内容	Select	使该区域处于选中状态
Row	单元格所在行号	Clear	清除该区域的内容、格式等
Column	单元格所在列号	ClearContents	仅清除该区域的内容
Font	单元格的字体（Font 本身也是一个对象）	ClearFormats	仅清除该区域的格式
Interior	单元格内部格式（Interior 本身也是一个对象）	Copy	复制该区域
Address	单元格的绝对地址	Delete	删除该区域
Height	整个区域的高度	Merge	将该区域合并
Width	整个区域的宽度	Find	在该区域中执行查找命令
Comment	单元格的批注（Comment 本身也是一个对象）	PrintOut	打印该区域

在作者写作本书时，微软公司官方文档中一共列出了 Range 对象的 96 个属性和 78 个方法，所以上表的内容仅是其中很少的一部分。但是从描述中可以看出，仅使用这些属性或方法，就已经能够在很多方面读取和控制单元格的状态。

比如，如果在代码中使用了一个名字为 r 的 Range 对象代表图 8.4 右下角的选中区域，那么只要在代码中书写"r.Value=5"，就可以让所有选中单元格的内容变成数字 5。如果再调用它的 Clear 方法，即在代码中书写"r.Clear"，那么选中单元格的内容又将被全部清空，单元格格式也恢复到 Excel 的默认格式。

接下来我们就看一下，这些 Range 对象调用的代码到底应该如何书写。

8.2.2　Range 对象的基本用法与技巧

1. 标准流程——使用变量指代对象

一段 VBA 程序中往往会使用多个 Range 对象，每个 Range 对象代表一个不同的单元格区域。那么怎样区分这些 Range 对象呢？最常用的办法就是定义若干个变量，让每个变量代表一个 Range 对象。这样只要调用不同的变量，就可以操作不同的 Range 对象。

具体来说，使用 Range 对象的标准流程和代码如下。

① 声明一个变量，准备用它代表某个 Range 对象。

② 得到一个 Range 对象并指定其代表的单元格范围。

③ 将该 Range 对象赋值给①中声明的变量。

④ 调用该变量（Range 对象）的属性或方法。

```
Sub Demo_Range()

  Dim r1

  Set r1 = Range("A2:B3")

  r1.Value = "Hello"

End Sub
```

这段代码就是一个典型的 Range 对象调用过程。虽然只有三行代码，但每行都值得仔细分析。

第 1 行：Dim　r1

按照标准流程，首先应该声明一个变量，用以指代某个对象，方便后面的调用。由于我们希望用它代表一个 Range 类型的对象，所以在给这个变量命名时使用字母“r”开头显得更加清晰。如果在声明变量的同时能够明确告知 VBA 它将用于代表 Range 类型，会给程序开发带来更多的好处。这一点本节稍后就会讲解。

第 2 行：Set r1 = Range (“A2:B3”)

这行代码涵盖了前述标准过程的 ② ③ 两步，是整个过程中最关键的语句。

由于等号的存在，这句代码显然是一个赋值语句，也就是先执行等号右边的操作，再将结果赋值给等号左边的变量。因此我们先来分析等号右边的“Range(“A2:B3”)”。

“Range(单元格地址)” 是一种获得 Range 对象的方式 [①]，只要指定不同的地址范围，就可以提供代表不同单元格区域的 Range 对象。比如 Range(“A2:B3”) 的含义就是：请提供一个 Range 对象，使其代表当前工作表中以 A2 为左上角、B3 为右下角的单元格区域。

在“Range(单元格地址)”这种方式中，单元格地址是一个普通的字符串，所以需要用双引号括起来。这个字符串的写法非常灵活，功能也十分强大，下面举例说明：

① Range (“B2”)：只包含一个单元格的 Range 对象。

② Range(“B3:F4”)：得到代表 B3 为左上角、F4 为右下角的矩形区域的 Range 对象。

③ Range(“B3:F4, B2, D7:E8”)：得到的 Range 对象包括 B3:F4 矩形区域、B2 单元格及 D7:E8 矩形区域。如果修改它的属性，这些区域中的单元格都将受到同样的影响。

所以在上面的 VBA 程序中，等号右边的 Range(“A2:B3”)执行后，就会得到一个代表当前工作表中 A2:B3 矩形区域的 Range 对象。接下来按照我们熟悉的赋值操作过程，这个 Range 对象将被交给左边的变量 r1，从而可以在后面的程序中随时用 r1 代表这个对象。

与普通赋值语句不同的是，在这个赋值语句前有一个“Set”关键字。根据 VBA 的语法规定，只要赋值语句等号的右边是一个对象（无论什么类型），就必须在语句的最前面写上 Set 关键字，以示不同于普通赋值语句（如 r1 = 5）。

---

① 更确切地说，是调用 Application 对象的 Range 属性，从而获得 Range 对象。

学习过其他程序语言的读者可能对此感到不解，因为这种为对象赋值语句专门安排特殊语法的现象，在其他程序语言中很少见到，后面会为大家进行解释。现在只需要读者记住：对象赋值必须使用 Set 关键字，否则很可能导致运行时错误或逻辑错误。

第 3 行：r1.Value = “Hello”

第三行代码又是一个赋值语句，将字符串“Hello”赋值给等号左边的内容。而等号左边的内容，则是由代表 Range 对象的变量“r1”和 Range 类的属性“Value”通过小数点“.”连接而成。这里的小数点是面向对象的代码中最常见的一个符号，代表两者之间的从属关系。大家只要把它读作“的”就可以理解此句的含义：“将字符串 Hello 赋值给 r1 的 Value 属性”。

由于 r1 代表一个 Range 对象，所以这句代码执行后会让 Range 对象中所有单元格（也就是 A2:B3 矩形区域）的内容变成字符串“Hello”，效果如图 8.5 所示。

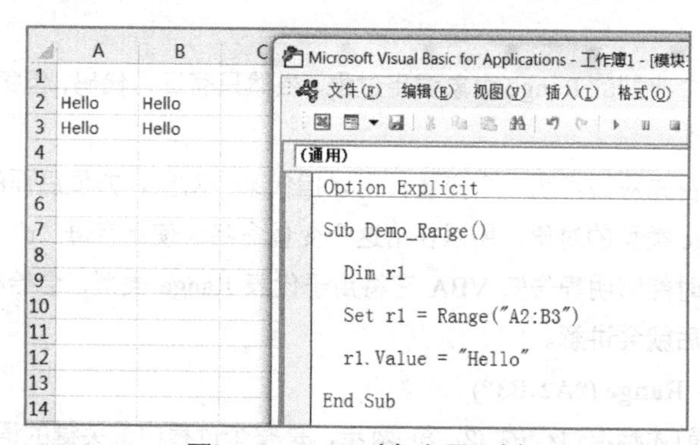

图 8.5　Range 对象应用示例

在这个例子中，我们通过为 Value 属性赋值的方式，修改了 Range 对象的状态（让其单元格内容变成“Hello”）。反过来，如果我们把 Value 属性放在等号右边，从而将它赋值给某个变量，就相当于读取 Range 对象的当前状态。

调用对象的方法也是使用点号“.”。以 Range 对象为例，如果我们写“r1.Clear”，含义就是“请执行 r1 对象的 Clear 方法”，即清空所有内容及格式。所以下面这段代码的运行效果，就是先将 r1 对象中的内容读入变量 s 中[①]，然后清空 r1 中所有内容，再将 s 中保存的内容写入 r2 对象代表的单元格范围，如图 8.6 所示。

```
Sub Demo_Range_2()

    Dim r1, r2, s

    Set r1 = Range("A2:B3")          '指定 r1 和 r2 代表的单元格范围
    Set r2 = Range("B3:C4")

    s = r1.Value                     '将 r1 中的内容保存到 s 中

    r1.ClearContents                 '调用 r1 的 ClearContents 方法清空其中的内容
```

① 细究起来，本例中的变量 s 与之前学过的变量略有不同。VBA 会自动将 s 视作一个“二维数组”，因此可以把 r1 中每个单元格的内容都保存在 s 中，再完整地赋值给 r2 中的各个单元格。关于二维数组的概念及其与 Range 对象的相互赋值，会有专门章节讲述。

```
    r2.Value = s                  '将 s 中保存的内容显示到 r2 中
End Sub
```

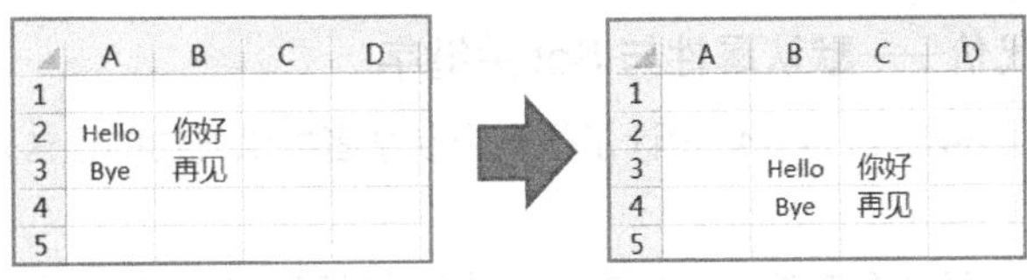

图 8.6　使用 Range 拷贝单元格示例（左图为运行前格式，右图为运行后的效果）

2. 简化写法——省略变量

在程序中使用变量的主要原因之一，是可以用它代替“多次重复出现”的内容。因此，如果一个对象在程序中只需要使用一次，那么也没有必要使用变量代表它。比如图 8.6 所示代码中的 r2 对象就可以省略变量，从而改成下面的代码：

```
Sub Demo_Range_2()
    Dim r1, s
    Set r1 = Range("A2:B3")       '指定 r1 代表的单元格范围
    s = r1.Value                  '将 r1 中的内容保存到 s 中
    r1.ClearContents              '调用 r1 的 ClearContents 方法清空其中内容
    Range("B3:C4").Value = s      '将 s 中保存的内容显示到 B3:C4 区域中
End Sub
```

这段程序的简化主要体现在“Range(“B3:C4”).Value = s”这句代码中。再次重申：“Range(“B3:C4”)”本身并不是一个 Range 对象，而是运行后可以给我们提供指定 Range 对象的方法，所以这部分语句在运行后会交给程序一个代表 B3:C4 的 Range 对象。不过与之前用变量 r2 指代这个 Range 对象不同，这次没有给 Range 对象“起名字”，而是直接调用它的 Value 属性，并修改为 s 中的内容。

如果进一步观察这段代码，会发现变量 s 似乎也是只出现一次的“路人甲”角色，因此可以考虑把它也简化掉，得到下面的代码：

```
Sub Demo_Range_2()
  Dim r1
  Set r1 = Range("A2:B3")             '指定 r1 代表的单元格范围
  Range("B3:C4").Value = r1.Value     '将 r1 中的内容保存到 B3:C4 区域中
  r1.ClearContents                    '调用 r1 的方法清空其中内容
End Sub
```

请读者注意各行代码的执行顺序：先把 r1 的内容赋值给 r2，再执行清空操作。

需要指出的是：这种写法虽然省去了变量 s，但其实存在很大的风险，很可能造成意想不到的结果。个中道理请读者自行思考，我们只做一个提示：如果本例的需求是将 A2:B3 单元格中的内容转移到 B2:C3 单元格中，即把这段程序中的 Range("B3:C4").Value 改成 Range("B2:C3").Value，程序运行后会是什么结果？

3. "方便"的代价——默认属性与 Set 关键字

为了对初学者尽可能友好，VBA 设计了很多为初学者提供方便的语法规则，"默认属性"就是其中之一。

VBA 中的类往往拥有多个属性，比如 Range 对象就具有 Value、Font 等 96 个属性。为了简化代码，VBA 会在类的全部属性中选择最常用的作为某个类的"默认属性"。这样在需要读写该属性时，只写对象名称就可以，不必再写点号和属性名。

比如在 Range 类的各个属性中，Value 属性由于最为常用而被指定为 Range 的默认属性。所以在图 8.6 所示的省略 r2 对象后的代码中，"r1.Value""Range("B3:C4").Value"等表达式中的".Value"都可以直接删掉，代码如下：

```
Sub Demo_Range_2()

    Dim r1, s

    Set r1 = Range("A2:B3")         '指定 r1 代表的单元格范围

    s = r1                          '将 r1 中的内容保存到 s 中

    r1.ClearContents                '调用 r1 的 ClearContents 方法清空其中内容

    Range("B3:C4") = s              '将 s 中保存的内容显示到 B3:C4 区域中

End Sub
```

"默认属性"的规定虽然在一定程度上方便了编程，却会导致"语法歧义"的风险。比如"s = Range("A1")"这句代码，可以被理解为两种完全不同的含义：① 让变量 s 代表一个 Range 对象，该对象覆盖的范围是 A1 单元格；② 让变量 s 等于 A1 单元格中的内容（一个数字或字符串）。如果计算机按照第一种方式理解，那么 s 就代表一个 Range 对象，后面的代码可以使用"s.Clear"等形式修改单元格的格式；如果计算机按照第二种方式理解，s 只是一个普通的数字或字符串，与前面各章讲解的案例没有区别，不能使用"s.Clear"等形式。

为了避免歧义性，让计算机明确地知道 s 代表什么数据，VBA 设计了一个独特的关键字——Set 关键字。就像前面讲解的，如果赋值语句前面写有 Set 关键字，比如"Set s = Range("A1")"，那么就把 s 看作一个对象；如果赋值语句前面没有 Set 关键字，比如"s = Range("A1")"，就认为 s 是一个普通变量，并把 Range("A1")的默认属性（Value）的值保存到 s 中。

这就是 VBA 专门设计 Set 关键字，并且要求在对象赋值时必须写上它的原因。即便如此，使用默认属性还是容易导致误解，比如将单元格的内容保存到字典对象时若不使用 Value 属性，实际保存的将是一个 Range 对象（详见本书后面介绍字典与集合的章节）。因此，请读者记住 VBA 编程中的最佳实践之一：

调用对象的属性时，应当将属性名称书写完整。

4. 异曲同工——Range 对象与 Cells 对象

看到 Range 对象的 Value 属性，很多读者一定会想到我们已经非常熟悉的老朋友——Cells。本书从第 1 章开始就在使用 Cells 对象读写单元格的内容，现在又推出了 Range 这个同样能够处理单元格的对象。那么这两者到底有何异同呢?

答案很简单：Cells(1,1)与 Range("A1") 一样，也是一种得到一个指定 Range 对象的方法[①]。换句话说，Cells(x,y)在执行后也为程序提供了一个 Range 类型的对象，只不过这个 Range 对象只能涵盖一个单元格。所以按照标准流程，Cells 对象的完整用法应该如下：

```
Sub Demo_Range_2()
    Dim r1, s
    Set r1 = Cells(2, 2)      '指定 r1 为 Range 对象，代表 B2 单元格
    s = r1.Value              '将 r1 中的内容保存到 s 中
    r1.ClearContents          '调用 r1 的 ClearContents 方法清空其中内容
    Cells(3, 3).Value = s     '将 s 中保存的内容显示到 C3 单元格中
End Sub
```

由于 Value 属性是 Range 对象的默认属性，所以 "Cells(3,3).Value = s" 这种写法可以进一步简化为 "Cells(3,3) = s"。

将这段代码与前面使用 Range 对象的代码比较，就可以看到 Cells 对象与 Range 对象的本质其实相同。不过由于二者的语法各有特点，所以具有不同的优势。

当需要对多个单元格进行统一操作（比如修改一片区域的背景）时，Range("B3:F8, C9")这种方式可以返回一个涵盖所有单元格的 Range 对象。而 Cells 返回的 Range 对象只能涵盖一个单元格，因此不宜用在这种场合。

但是，如果我们需要按照行号或列号对单元格进行扫描（比如前几章的各种计算案例），使用 Range("B1:AK1") 这种方式就比较吃力，因为按照 "A、B、C...Z、AA、AB" 的顺序生成字母列号既不方便也不直观。相比之下，Cells 的行列参数全都允许使用数字，可以与循环结构无缝衔接。这也是本书先讲解 Cells 这种方式的原因。

那么如果我们既想使用循环按行列号扫描表，又想在每次扫描时统一处理多个而非一个单元格，该怎么办呢? VBA 为我们提供了一种将二者结合起来获取 Range 对象的方法：Range (Cells(r1,c1)， Cells(r2,c2))。

通过这种写法得到的 Range 对象，可以代表以 Cells(r1,c1) 单元格为左上角、Cells(r2,c2) 单元格为右下角的整个矩形区域。同时由于 r1、c1、r2 和 c2 都允许是数字，所以完全能够由循环语句进行控制。读者在下一节的案例中就会看到这种方法的典型应用。

最后需要指出的是，Range (Cells(r1,c1)， Cells(r2,c2))这种写法必须使用两个 Cells 作为参数，分别代表左上角和右下角的单元格。即使希望 Range 对象只代表一个单元格，也必须把二者都写出来，只不过这两个 Cells 的参数相同，即 Range (Cells(r1,c1)和 Cells(r1,c1))。

---

① 更确切地说，这种写法是调用 Application 对象的 Cells 属性，从而获得一个 Range 对象。

8.2.3 设置单元格格式—— 字体、颜色及 With 结构

1. Font——身为对象的属性

如果想修改单元格中的字体格式，就要使用 Range 对象的 Font 属性。与 Value 属性不同的是，Font 属性本身也是一个对象，拥有很多自己的属性和方法。这是因为“字体”包含很多方面的信息，如字号、颜色、名称等，所以无法像 Value 那样只保存一个数字或一个字符串即可。

把一类对象作为另一类对象的属性，是面向对象思想中十分常见的做法。比如一个公司对象会有“财务部”“人事部”等多个部门类的属性。而每个部门类的对象又有“主管”“秘书”“职责规范书”等不同类型的属性。甚至可以更进一步细分，每个主管又是一个“员工”类的对象，拥有“姓名”“工号”“级别”等属性……所以当我们想查阅某个公司人事部经理的姓名时，就要使用多个点号来指明它们之间的从属关系，使用“Cells(3,2) = 公司 1. 人事部. 主管. 姓名”这种形式的代码。

Range 对象中的 Font 属性也是如此。在 VBA 中有一个名为“Font”的类，该类对象没有常用的方法，但却拥有以下常用属性。

表 8-2　Font 对象的常用属性

属性名称	含义与说明
Size	字号。设置为不同数字可以改变字号大小
Name	字体名称。字符串形式
Color	字体颜色。使用 RGB 函数或 VBA 颜色常量为其赋值
Bold	是否设置为粗体字。设置为 True 代表粗体，False 为正常
Italic	是否设置为斜体字。设置为 True 代表斜体，False 为正常
Underline	是否添加下画线。设置为 True 代表添加下画线，False 为正常

案例 8-1 演示了 Font 这种“对象型属性”的使用方法，同时也应用了上一节中介绍的将 Range 与 Cells 结合使用的技巧。

案例 8-1：图 8.7 左侧所示的工作表是各月的销量统计，所有单元格的字号都是 12 号。请编写程序找到总销量达到 100 万（1000 千）件的月份，并用 14 号粗体字将其整行突出显示，未达标的各行的字号则缩小为 10 号。预期效果如图 8.7 右图所示。

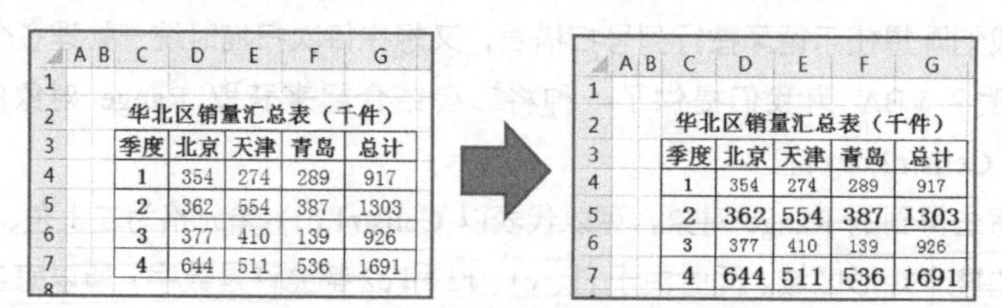

图 8.7　案例 8-1 原始表格及预期效果

下面这段参考代码可以解决案例 8-1 的需求，设置字号时使用了“r.Font.Size = **14**”的语句，读作“将 r 对象的 Font 属性的 Size 属性设置为 14”。在设置粗体字时，则需要使用“r.Font.Bold = **True**”这种写法。因为 Bold 属性的含义是“是否为粗体”，所以它的取值只有“是”和“否”两种可能。而在 VBA 中，要求使用逻辑值 True 和 False（注意不要使用双引号，因为它们不是字符

串）代表“是”和“否”。关于逻辑值的具体含义和用法，本书将在后面章节中详细介绍，这里读者只需了解这种用法即可。

```
Sub Demo_8_1()

    Dim i, r

    For i = 4 To 7

        '让 r 代表以第 i 行 C 列为左上角，第 i 行 G 列为右下角的区域
        Set r = Range(Cells(i, 3), Cells(i, 7))

        '根据 G 列中的总计销量，设置 r 区域（第 i 行 C 列到 G 列）的字体
        If Cells(i, 7) > 1000 Then

            r.Font.Size = 14
            r.Font.Bold = True
        Else

            r.Font.Size = 10
        End If

    Next i

End Sub
```

从表 8-2 可以看到，将字体设置为斜体和下画线形式需要使用 Italic 属性和 Underline 属性，它们的用法与 Bold 属性相同，也是赋值为 True 或 False，这里不再赘述。

2. 颜色表示

表 8-2 还列出了 Font 对象的 Color 属性，用来设置字体颜色。在使用该属性之前，我们先要了解在 VBA 程序中怎样表示不同的颜色。

首先，所有可以显示的颜色都以数字形式表示，不同的数字代表不同的颜色。比如 255 代表正红色，65280 代表纯绿色等。所以使用代码 r1.Font.Color=255，就可以把 r1 范围内所有单元格的字体设置为红色。

目前的计算机普遍都能显示一千万种以上颜色，常用颜色也有七八种，所以记忆这些数字十分不便。因此，VBA 为开发者定义好了 8 个系统常量，每个常量都等于一个颜色数字，而且名称很好记忆，如表 8-3 所示。

表 8-3　表示颜色数值的系统常量

常量名称	数　值	代表颜色
vbBlack	0	黑色
vbRed	255	红色
vbGreen	65280	绿色
vbYellow	65535	黄色
vbBlue	16711680	蓝色
vbMagenta	16711935	品红色
vbCyan	16776960	青色
vbWhite	16777215	白色

使用这些系统常量就可以轻松地在程序中表示颜色。比如“r1.Font.Color=vbRed”就是将 r1 中的字都设置为红色，不需要记住 255 这个代表红色的数字。所以，使用下面这段代码可以把案例 8-1 中的达标月份显示为红色，而未达标月份则显示为绿色。

```
Sub Demo_8_1_b()
    Dim i, r

    For i = 4 To 7

        '让 r 代表以第 i 行 C 列为左上角，第 i 行 G 列为右下角的区域
        Set r = Range(Cells(i, 3), Cells(i, 7))

        '根据 G 列中的总计销量，设置 r 区域（第 i 行 C 列到 G 列）的字体
        If Cells(i, 7) > 1000 Then

            r.Font.Size = 14
            r.Font.Bold = True
            r.Font.Color = vbRed
        Else

            r.Font.Size = 10
            r.Font.Color = vbGreen

        End If

    Next i

End Sub
```

VBA 提供的颜色常量毕竟只有 8 种，那么怎样才能不记忆数字就可以表示剩余的成千上万种颜色呢？一般有以下两种方法可供选择。

（1）在 Excel 中把某个单元格的字体手动设置为期望颜色，同时使用录制宏功能，把整个过程录制成 VBA 代码。这样在代码中就可以看到整个颜色的对应数字，并把这个数字用在自己的程序中。

（2）使用 VBA 系统函数“RGB（r，g，b）”。我们知道，自然界中所有颜色都可由红（Red）、绿（Green）和蓝（Blue）三种原色混搭而成，只是三者所占的比例不同。基于这个原理，VBA 为我们提供了以它们的首字母命名的函数，只要分别指定三者数量的多少，就可以自动计算出相应的颜色数字。该函数的三个参数依次代表红、绿和蓝的数量，每种颜色最少为 0，最多为 255。

比如下面这段代码就是使用 RGB()函数设置案例 8-1 中字的颜色。其中 RGB(255 , 0 , 0) 计算的是一种由 255 份红色、0 份绿色和 0 份蓝色混合而成的颜色，显然就是红色。而 RGB(150 , 50 , 240) 则是三种颜色各有一些，但以蓝色为主，显示为一种淡紫色。

关于“函数”和“系统函数”的概念，我们会在接下来的几章中为大家详细讲解。

```
Sub Demo_8_1_c()
    Dim i, r

    For i = 4 To 7

        '让 r 代表以第 i 行 C 列为左上角，第 i 行 G 列为右下角的区域
        Set r = Range(Cells(i, 3), Cells(i, 7))

        '根据 G 列中的总计销量，设置 r 区域（第 i 行 C 列到 G 列）的字体
```

```
        If Cells(i, 7) > 1000 Then
            r.Font.Size = 14
            r.Font.Bold = True
            r.Font.Color = RGB(255, 0, 0)
        Else
            r.Font.Size = 10
            r.Font.Color = RGB(150, 50, 240)
        End If

    Next i
End Sub
```

3. 使用 With 结构简化代码

在面向对象的程序代码中，调用每个属性或方法时都要用点号指明它属于哪个对象。如果这个对象本身又是另一个对象的属性，需要再用一个点号指明，比如在上段代码中，我们多次书写了“r.Font”这个前缀，十分烦琐。

针对这种情况，VBA 提供了“With…End With”语法结构，从而不必重复书写相同的对象前缀。下面这段代码仍以案例 8-1 为例，演示了 With 结构的用法。

```
Sub Demo_8_1_c()
  Dim i, r

  For i = 4 To 7

    Set r = Range(Cells(i, 3), Cells(i, 7))

    If Cells(i, 7) > 1000 Then

      With r.Font                   '将共同前缀 r.Font 抽取出来
        .Size = 14                  '补足前缀即相当于 r.Font.Size
        .Bold = True                '补足前缀即相当于 r.Font.Bold
        .Color = RGB(255, 0, 0)     '补足前缀即相当于 r.Font.Color
      End With

    Else
      With r.Font
        .Size = 10
        .Color = RGB(150, 50, 240)
      End With
    End If

  Next i
End Sub
```

从这段代码中可以看到，对于 r.Font.Size、r.Font.Bold、r.Font.Color 这些语句，只要把它们放在一个 With…End With 结构中，并把它们共同的前缀 r.Font 写在 With 后面，就可以不再书写前缀，直接写上点号和各自不同的属性名即可，从而简化成类似“.Size”的形式。

使用 With 结构时需要注意以下几点。

（1）将 With 后面的前缀（比如此例中的“r.Font”）与 With…End With 中每一个以点号开头的表达式（比如此例中的“. Size”）连接在一起，必须恰好构成一个完整、正确的对象调用语句。例如“r.Font”与“.Size”连接后形成的就是“r.Font.Size”，这个语句没有任何问题。但如果写成

图 8.8 中的代码则会出错，因为“r.Font”与“.Font.Size”连接后形成的是“r.Font.Font.Size”，意为“r 对象的 Font 属性的 Font 属性的 Size 属性”，而 Font 属性没有一个名为 Font 的属性。

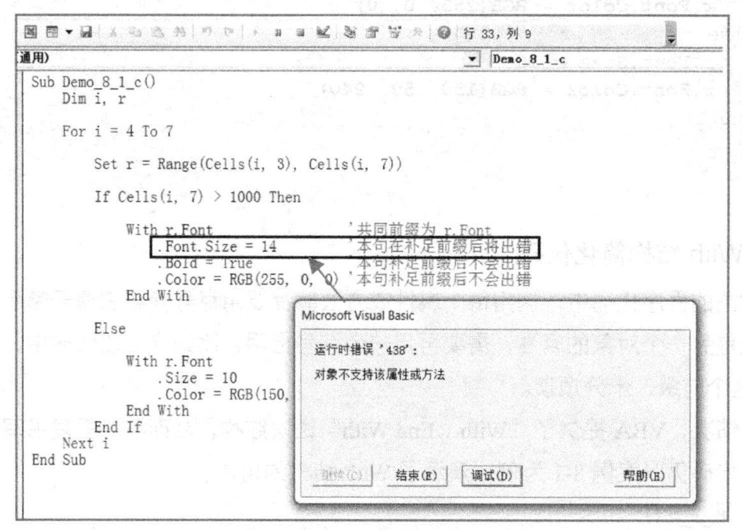

图 8.8　With 结构的错误用法

（2）如果 With 和 End With 之间的某个表达式不是以点号开头，那么 VBA 会将其视作普通语句正常执行，不会将它与 With 后面的前缀连接起来。所以，前面的代码可以进一步简化，只保留一个 With 结构即可。

```
Sub Demo_8_1_d()

  Dim i, r

  For i = 4 To 7

      Set r = Range(Cells(i, 3), Cells(i, 7))

      With r.Font                             '共同前缀为 r.Font

          If Cells(i, 7) > 1000 Then          '没有以点号开头的表达式，正常执行

              .Size = 14                      ' ".Size" 以点号开头，所以补齐前缀
              .Bold = True                    ' ".Bold" 以点号开头，所以补齐前缀
              .Color = RGB(255, 0, 0)         ' ".Color" 以点号开头，所以补齐前缀

          Else                                '没有以点号开头的表达式，正常执行
              .Size = 10                      ' ".Size" 以点号开头，所以补齐前缀
              .Color = RGB(150, 50, 240)      ' ".Color" 以点号开头，所以补齐前缀
          End If                              '没有以点号开头的表达式，正常执行

      End With                                'With 结构结束，后面有无点号都不补齐前缀

  Next i

End Sub
```

如果读者有兴趣进一步简化这段代码，可以发现变量 r 只出现一次，因此也可以省略掉。所以这段代码还可以进一步简化为下面的形式。

```
Sub Demo_8_1_d()

  Dim i

  For i = 4 To 7

      With Range(Cells(i,3),Cells(i,7)).Font  '共同前缀

          If Cells(i, 7) > 1000 Then        '没有以点号开头的表达式，正常执行

              .Size = 14                      ' ".Size" 以点号开头，所以补齐前缀
              .Bold = True                    ' ".Bold" 以点号开头，所以补齐前缀
              .Color = RGB(255, 0, 0)         ' ".Color" 以点号开头，所以补齐前缀

          Else                                '没有以点号开头的表达式，正常执行
              .Size = 10                      ' ".Size" 以点号开头，所以补齐前缀
              .Color = RGB(150, 50, 240)      ' ".Color" 以点号开头，所以补齐前缀
          End If                              '没有以点号开头的表达式，正常执行

      End With                                'With 结构结束，后面有无点号都不补齐前缀

  Next i

End Sub
```

由于在实际工作中经常需要引用某个 Office 对象的多个属性或方法，所以熟练使用 With … End With 结构可以节省大量的编码工作。此外，从 VBA 底层执行机制的角度来看，程序中用于对象操作的点号"."越多，执行速度就会越慢。而在这段代码中，With 结构显著减少了代码中的点号，所以对提高效率也有积极影响。

4. Range 对象的其他常用属性

除了 Value 属性和 Font 属性，表 8-1 还列出了 Range 对象的其他常用属性与方法，含义都很容易理解。需要注意的是 Row 属性和 Column 属性，这是代表 Range 对象行号和列号的两个属性。

首先，这两个属性属于"只读属性"，只允许读取，不允许赋值。也就是说，对于一个代表 A1 单元格的 Range 对象，如果把它的 Row 属性（行号）改成 5，并不会让它代表 A5 单元格，只会提示出错，如图 8.9 所示。

其次，如果一个 Range 对象由很多个单元格构成，那么它的 Row 属性和 Column 属性代表的是该区域左上角单元格的行号和列号。比如 Range("B3:E5") 的 Row 属性数值为 3，而 Column 属性数值为 2，也就是其左上角单元格 B3 的行列号。

除了 Row 属性和 Column 属性，Range 对象另一个经常用到的属性是 Interior。该属性与 Font 属性一样，本身也是一个对象，代表了单元格的内部格式设定，如背景色、底纹式样等。Interior 对象也有一个 Color 属性，用于设置单元格的背景色，在实际工作中十分常用。比如使用"Range("B3:E5").Interior.Color = vbYellow"这句代码，就可以将 B3:E5 所有单元格都以黄色背景高亮显示出来。

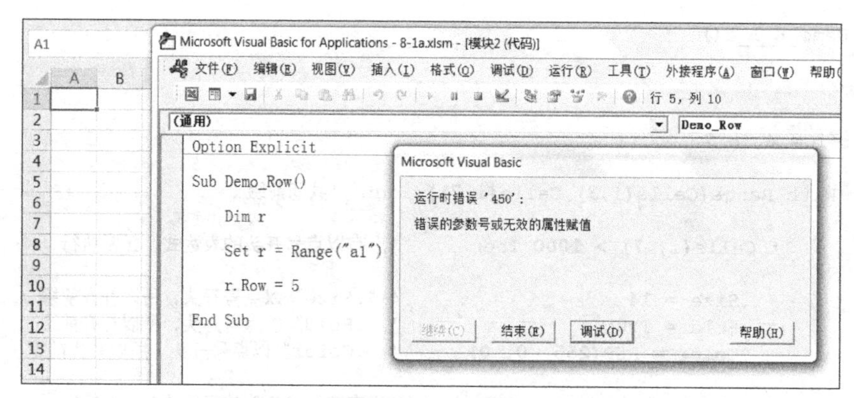

图 8.9　对只读属性 Row 赋值导致的错误

8.2.4　智能提示——使用 As 关键字声明对象类型

到这里，虽然只是简单介绍了 Range 对象的几个常用属性，读者已经接触到“Font”“Interior”“Column”等很多英文，只要输错一个字母就会导致程序错误。可以想象，随着更多 Excel 对象的引入，本书读者或许会成为单词达人，或者不得不准备一本英语词典随时翻阅。

其实在实际工作中，我们并不需要准确记住这些属性和方法的名字，因为 VBA 在编辑器中已经提供了“智能提示”功能。当 VBE 意识到代码是在调用一个对象时，就会在你输入点号后自动弹出一个下拉列表框。这个列表框中显示了该对象的所有方法与属性，并且可以随着后续输入自动调整，如图 8.10 所示（显示为“绿色飞行书”图标的项目是方法，显示为“手指点选”图标的则是属性）。

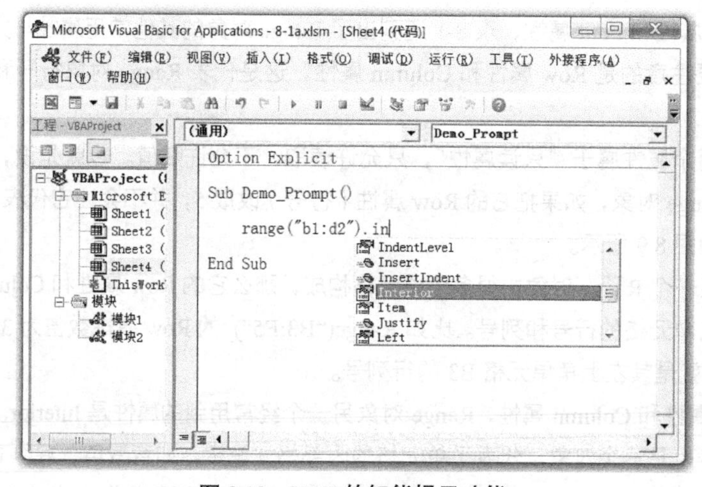

图 8.10　VBE 的智能提示功能

不过当我们使用变量代表某个对象时，VBE 并不会意识到这个变量是对象，也就无法弹出智能提示。比如在前面案例中经常使用的 r1=Range(“A1:B3”) 这种方式中，如果接下来在代码中写 r1.Interior.Color，就不会得到任何智能提示。

怎样让 VBE 知道这些变量也是 Range 类型的对象呢？这就要在变量声明语句（Dim）中使用

As 关键字，在声明变量时就明确告诉 VBA：这个变量将专门代表 Range 对象，请将它当作 Range 看待。

As 关键字的语法很简单，就是“ 变量名　As　类型 ”的格式，中间用空格隔开。比如，在图 8.11 所示的代码中，就使用 As 关键字将 r1 变量和 r2 变量都声明为 Range 类型，因此在调用相关属性时会得到 VBE 的智能提示。

必须指出的是，As 关键字的意义绝不只是让 VBE 能够自动弹出智能提示。事实上，在良好的 VBA 代码中，所有变量都应该指明数据类型，这对提高程序效率、降低错误风险等具有重要意义。本书将在随后的“数据类型”章节中对此详加论述。

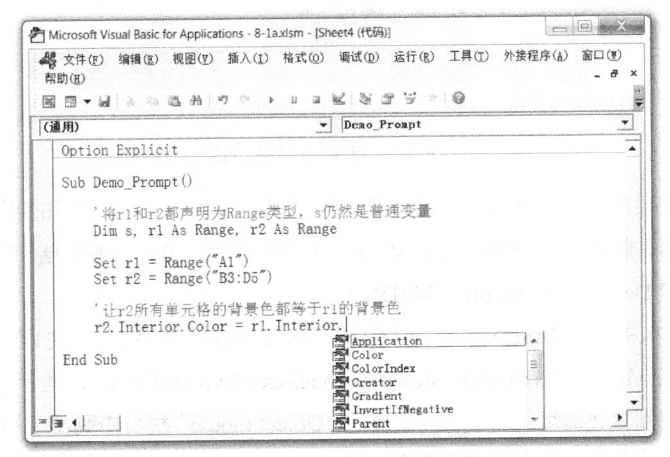

图 8.11　使用 As 关键字激活智能提示功能

8.3　Excel 对象体系

8.3.1　了解所有对象——对象浏览器与 MSDN

使用 Range 对象可以操作单元格，那么怎样操作工作表、工作簿、图表等其他元素呢？显然也要通过不同类型的对象来实现。

Excel 中类和对象的数目非常庞大，Word、PowerPoint 等 Office 软件也是如此。而且不同版本的 Office 软件中类库各有差别，微软公司也会随时更新，所以不可能在一本书或手册中窥视全貌。因此，如果读者需要了解所有对象的名称、属性和方法，最有效的方式就是在 VBE 中选择“视图”菜单中的“对象浏览器”命令，这样在图 8.12 所示的界面中就可以看到当前 Office 类库的完整清单。

在对象浏览器中，左上角下拉框用于选择“库”，也就是告诉对象浏览器“显示哪个软件包中的类”。左边的栏目显示了这个库中所有类的名字，单击某个类后，右边就会显示该类的所有成员，也就是所有属性和方法。与 VBE 的智能提示功能一样，对象浏览器中显示“绿色飞行书”图标的是方法，显示“手指点选”图标的是属性。此外，在一些对象中还会看到显示为“黄色闪电”图标的成员，代表它是该对象的一个事件（本书后面有专门章节讲述）。

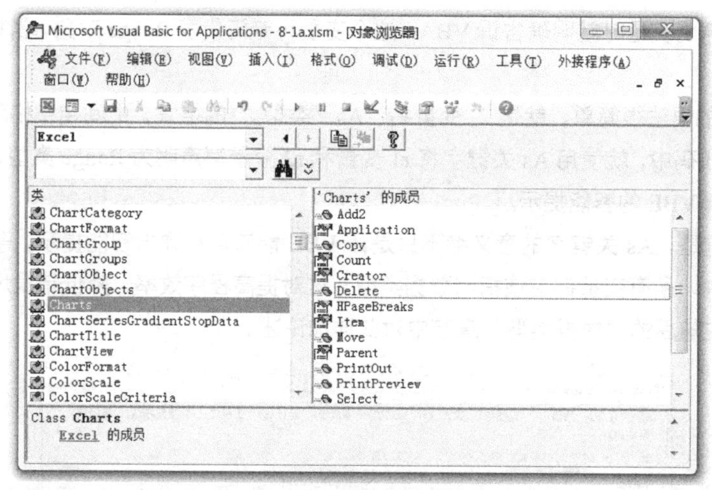

图 8.12　对象浏览器示例

只看到类与成员的名字显然不够，我们更希望了解它们的含义、用法和注意事项。此时最全面也最权威的资料，就是微软公司专门为 VBA 开发者提供的 VBA 参考文档，它发布于微软开发者网络（Microsoft Developer Network，MSDN）。

在笔者撰写本书时，MSDN 上专门介绍 Excel VBA 类库的英文网址是 https://msdn.microsoft.com/en-us/vba/excel-vba/articles/object-model-excel-vba-reference，读者也可以通过百度或谷歌等搜索引擎找到上述网址。这个网页左侧的“Object model”栏目中列出了所有 Excel 类名称，单击其中的任意链接都可以在网页右侧看到该类对象的用法、属性、方法及使用示例，如图 8.13 所示。

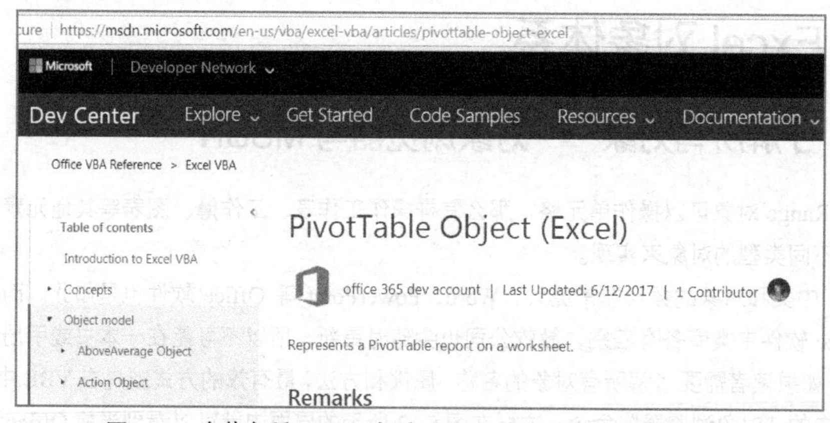

图 8.13　在英文版 MSDN 查看 PivotTable（透视表类）的用法

如果读者感到英文版资料阅读不便，只需将上述网址中的“en-us”改成“zh-cn”，就可以转到对应的中文版页面。不过由于中文资料大多为机器翻译的结果，所以有些文字生涩难懂，最好还是结合英文版资料阅读。而且，在机器翻译的网页中已经提供了一种功能——只要将鼠标悬停在网页中的某段文字上，对应英文就会自动弹出来，如图 8.14 所示。

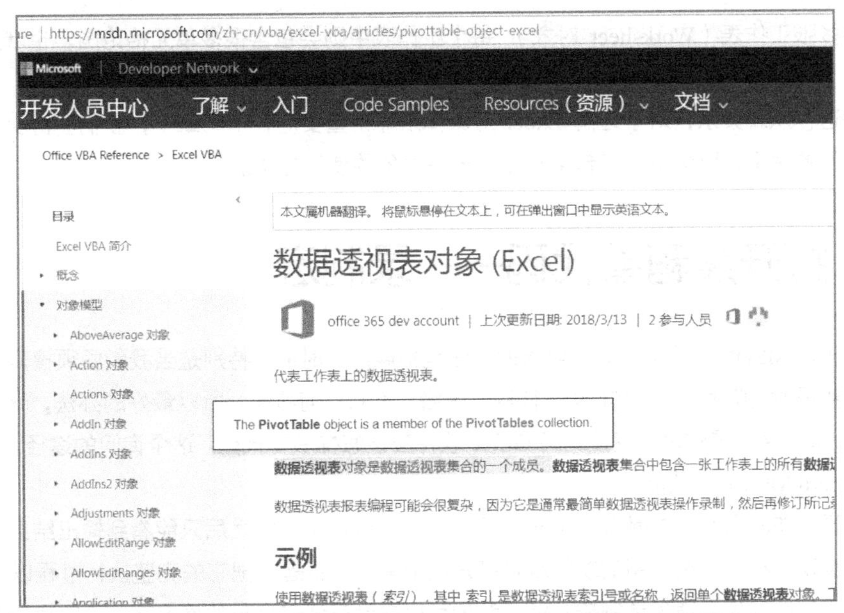

图 8.14　在中文版 MSDN 查看 PivotTable（透视表类）的用法

尽管 MSDN 上的 VBA 官方文档阅读起来比较枯燥，但这是 VBA 编程的顶级权威，其地位无以替代，内容也完全超越任何其他教科书或参考手册。所以希望读者逐渐养成使用 MSDN 查阅技术知识的习惯，以便随时探索教科书上未曾讲过的各种功能。

8.3.2　最常用的 Excel 对象

尽管 Excel 的类库十分庞大，但是大多数时候我们使用的只是很小一部分，因为日常工作的核心无非就是单元格、工作表和工作簿等。本节简单描述一下这些常用对象的含义和关联，下一章会专门讲述。这些 Excel 对象包括以下几种。

Application 对象——代表正在运行的 Excel 软件本身，可以用于设置 Excel 或调用其功能。比如让 Excel 不再弹出警告框，甚至让 Excel 窗口完全隐藏等。

Workbooks 对象——代表当前 Excel 中打开的所有工作簿（Excel 文件），可以用于管理工作簿。比如打开新的工作簿；统计当前打开工作簿的总数等。

Workbook 对象——代表一个打开的工作簿，可以用于设置工作簿或调用其功能。比如保存这个工作簿文件；以及对该工作簿添加密码保护等。

Worksheets 对象——代表一个工作簿中的所有工作表，可以用于管理工作表。比如在工作簿中添加新的工作表；扫描工作簿中的每一张工作表等。

Worksheet 对象——代表一张工作表，可以用于设置工作表或调用其功能。比如修改这个工作表的名称；让这个工作表隐藏起来等。

Range 对象——代表一个工作表中的单元格范围。

读者也许可以感觉到，这六个对象之间存在着“相互包含”的从属关系。因为一个运行中的 Excel 程序（Application 对象），可能会同时打开很多个工作簿（Workbook 对象）；每个工作簿又会包含很多张工作表（Worksheet 对象）；每个工作表中则会包含很多单元格范围，也就是 Range 对象。

理解这种从属关系，对于理解 Excel 对象体系非常重要。在下一章中，我们会再次讨论这六个对象之间的关系，以便讲解工作簿与工作表等对象的使用方法。

8.4 打开黑箱看代码——录制宏

通过浏览 MSDN 来学习 Excel 对象的用法是枯燥而耗时的。特别是当我们亟须搞清楚一种操作该怎样实现时，临时查阅 MSDN 往往没有头绪，不知从何看起。所以最好的办法，就是在需要使用 VBA 实现某个操作时，直接询问 Office 软件应该怎样书写代码。这个询问的途径，就是“录制宏（Record Macro）”功能。

如果说 Office 软件的功能操作是一个黑箱——用鼠标单击它之后只能看到输出结果，无法知道内部的实现过程，那么录制宏功能就是打开这个黑箱的钥匙，把它的完整执行过程以 VBA 代码的形式展现给我们。通过录制宏功能，我们可以在没有任何资料的情况下，及时搞清楚需要哪个对象来实现某种 Office 功能。

8.4.1 宏的录制过程

录制宏的过程十分简单，与使用录音机一样，只需三个步骤：① 开启录制模式；② 在 Excel 中执行各种操作；③ 停止录制。以 Excel 2016 为例，具体过程如下。

① 开启录制模式。单击 Excel 工具栏“开发工具”选项卡中的“录制宏”按钮，会弹出“录制宏”对话框，要求为即将录制的宏起一个名字，如图 8.15 所示。换言之，每次录制的一系列操作，最终都会被保存为一个 VBA 宏，也就是前几章一直在编写的“Sub…End Sub”形式的 VBA 程序。

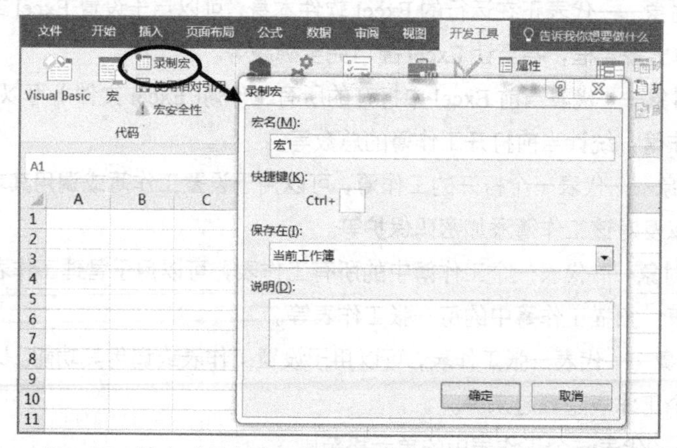

图 8.15 单击“录制宏”按钮后弹出的“录制宏”对话框

如果只是通过录制宏学习 VBA 操作，并不打算直接使用这个录制下来的宏，那么可以不为它专门命名，使用“宏名”栏中已有的“宏 1”“宏 2”等默认名称即可。

② 执行需要录制的操作。单击“录制宏”对话框中的“确定”按钮后，Excel 就进入录制状态，“录制宏”按钮也变为“停止录制”按钮，如图 8.16 所示。从这时开始，我们在 Excel 中的所有“有意义的”操作都将被记录并转译成 VBA 代码。

这里所说的“有意义的”操作，是指能够直接影响文件内容和状态的操作，比如选中单元格、添加工作表、保存工作簿、修改单元格内容或格式、插入图表等。而使用鼠标在不同选项卡中切换等操作，只是在浏览 Excel 的功能菜单，并未真正改变文件的状态，所以不会被记录下来。

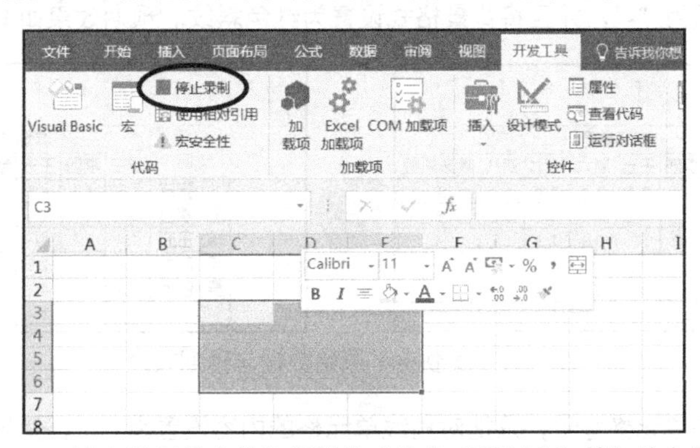

图 8.16　进入录制状态并执行操作（注意“录制宏”按钮的变化）

③ 停止录制，查看代码。当执行完所有需要录制的操作后，单击“开发工具”选项卡中的“停止录制”按钮，即可退出录制状态。此时打开 VBE 就能找到录制下来的宏代码，如图 8.17 所示。需要说明的是，Excel 在录制宏时往往会新建一个模块，并将录制的宏代码保存到新模块中。

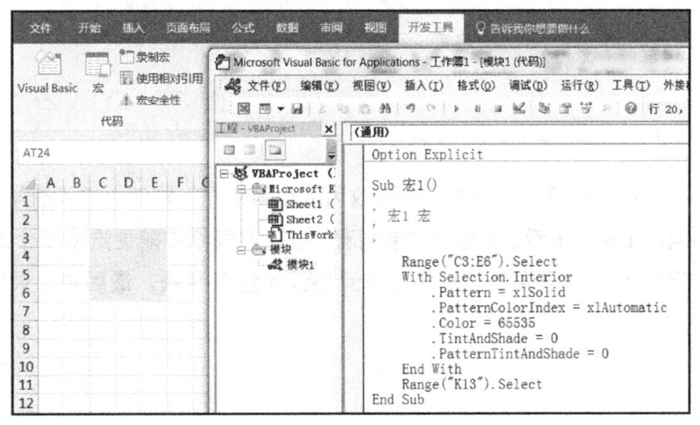

图 8.17　在 VBE 中查看录制的宏代码

如果这些宏代码在被解读和学习之后不再需要，可以在代码中将它们删除，或者直接删除存放它们的整个模块。删除模块时只要在工程窗口中用鼠标右键单击该模块名称，并在弹出的菜单中选择“移除 模块”即可。如果不需要将这个模块中的代码长久保存在磁盘上，在弹出的“是否将其导出”对话框里单击“否”即可。

通过以上步骤就可以得到实现某项功能的 VBA 代码。接下来就解读代码并将其应用到程序中。

8.4.2 宏代码的解读与运用

若想读懂一段宏代码，一方面需要具备“面向对象”的知识基础，另一方面需要运用“猜测”和“想象”的能力。下面结合一个案例来讲解。

案例 8-2：图 8.18 左图所示为一个乒乓球双循环比赛的积分表，每两名参赛者之间都要在各自的主场进行两次比赛。由于参赛者不可能与自己进行比赛，所以请编写程序将 D4 到 I9 的对角线单元格全部填写为 “-”，并且将背景格式设置为红色斜纹。预期效果如图 8.18 右图所示。

	A	B	C	D	E	F	G	H	I	J
1										
2				客场参赛						
3				张三	李四	王五	赵六	田七	刘八	胜场总数
4		主场参赛	张三		4:1	4:1	1:4	1:4	1:4	4
5			李四	3:2		1:4	2:3	4:1	3:2	5
6			王五	1:4	3:2		0:5	2:3	1:4	4
7			赵六	3:2	4:1	2:3		1:4	3:2	7
8			田七	1:4	1:4	4:1	0:5		0:5	4
9			刘八	4:1	0:5	1:4	4:1	3:2		6

	A	B	C	D	E	F	G	H	I	J
1										
2				客场参赛						
3				张三	李四	王五	赵六	田七	刘八	胜场总数
4		主场参赛	张三	-	4:1	4:1	1:4	1:4	1:4	4
5			李四	3:2	-	1:4	2:3	4:1	3:2	5
6			王五	1:4	3:2	-	0:5	2:3	1:4	4
7			赵六	3:2	4:1	2:3	-	1:4	3:2	7
8			田七	1:4	1:4	4:1	0:5	-	0:5	4
9			刘八	4:1	0:5	1:4	4:1	3:2	-	6

图 8.18 案例 8-1 原始数据与预期效果

如果不需要修改单元格背景，只把对角线单元格的内容设置为 “-”，使用一个简单的 For 循环就能够解决问题，代码如下：

```
Sub Demo_8_1_a()

    Dim i
                                    '本例中对角线单元格的行列号
    For i = 4 To 9                  '恰巧相同，所以可均用 i 表示

        Cells(i, i) = "-"           '将第 i 行第 i 列的内容写为 “-” 字符

    Next i

End Sub
```

那么怎样用 VBA 代码将单元格的背景修改为红色斜纹呢？既然之前没有学过该内容，就可以通过录制宏功能向 Excel 请教。先单击“录制宏”按钮在表格中随便选中一个单元格（如 B1），然后在“开始”选项卡中使用涂色工具将该单元格设为红色背景，最后停止录制即可得到下面的宏代码：

```
Sub 宏1()
'
' 宏1 宏
'

'
    Range("B1").Select
    With Selection.Interior
        .Pattern = xlLightUp
        .PatternColor = 255
        .ColorIndex = xlAutomatic
        .TintAndShade = 0
        .PatternTintAndShade = 0
    End With

End Sub
```

虽然已经学过 Range 对象的一些属性和方法，但读者看到这段代码时可能仍然觉得它晦涩难懂，充斥着各种陌生词汇。不必担心，即使经常使用 VBA 的“老鸟”在阅读宏代码时也会遇到很多不认识的属性和方法。只要我们按照面向对象的语法去逐行分析，就能猜测出它的运行原理。

首先看第一句“Range(“B1”).Select”。“Select”是一个动词，意为“选中”，显然是 Range 对象的一个方法，因而可以读作“请执行 B1 单元格的选中方法”。此时回忆一下录制这个宏时的第一步操作就会恍然大悟，这条语句的功能相当于单击 B1 单元格，从而使 B1 单元格处于被选中的状态。

接下来的代码使用了“With ... End With”结构，从而简化了下面 5 条语句，而这 5 条语句的共同前缀是 With 后面的“Selection.Interior”。我们已经知道 Range 对象有一个 Interior 属性用于设置背景格式，可是这里的“Selection”又是什么呢?

思考一下，“Selection”是一个名词，意为“被选中的事物”。那么什么被选中了呢? 当然是刚刚执行过 Select 方法的 Range(“B1”)，所以我们可以大胆猜测：此处的 Selection 就等同于 Range(“B1”)，再联系 Interior 属性，一切就更加顺理成章：因为 Selection 代表的就是被选中的 Range 对象，所以 Selection.Interior 就是 Range(“B1”).Interior。而 With 结构里面的 5 条语句，其实就是在调用 Range(“B1”).Interior 的 5 个属性，以把 B1 单元格的背景格式设置为红色斜纹。

如果读者愿意进一步猜测，可以发现“.Pattern = xlLightUp”和“.PatternColor = 255”这两句最有可能与我们需要的设置有关。因为“LightUp”可以理解为“轻微向上”，255 则明显是红色的颜色数值。不过不思考这些问题也没有关系，因为我们已经清楚只要使用这 5 个属性就能做出想要的效果。

所以接下来的事情就是将这段宏代码复制到自己的程序中，使其每次循环时不仅将单元格内容修改为“-”，而且用这个宏修改其背景格式。

```
Sub Demo_8_1_a()

    Dim i
                                  '本例中对角线单元格的行列号
    For i = 4 To 9                '恰巧相同，所以可均用 i 表示

        Cells(i, i) = "-"         '将第 i 行第 i 列的内容写为 "-" 字符


        Range("B1").Select
        With Selection.Interior
            .Pattern = xlLightUp
            .PatternColor = 255
            .ColorIndex = xlAutomatic
            .TintAndShade = 0
            .PatternTintAndShade = 0
        End With

    Next i

End Sub
```

到这里这个程序已经基本成形，但是运行后却只能修改 B1 单元格的背景。原因很简单：每次循环都是选中 B1 单元格，并对选中区域的背景进行修改。所以只要把 Range(“B1”)改成 Cells(i,i)，

就能够在每次循环时选中不同的单元格，问题也就迎刃而解。所以最终参考代码如下：

```
Sub Demo_8_1_b()

    Dim i
                                    '本例中对角线单元格的行列号
    For i = 4 To 9                  '恰巧相同，所以可均用 i 表示

        Cells(i, i) = "-"           '将第 i 行第 i 列的内容写为 "-" 字符


        Cells(i, i).Select
        With Selection.Interior
            .Pattern = xlLightUp
            .PatternColor = 255
            .ColorIndex = xlAutomatic
            .TintAndShade = 0
            .PatternTintAndShade = 0
        End With

    Next i

End Sub
```

8.4.3 对录制宏代码的初步优化

事实上，这段代码还可以做非常多的优化，比如：既然 Selection 就是 Cells(i,i)得到的 Range 对象，那么就可以直接用 Cells(i,i).Interior 代替 Selection.Interior。如果不再需要 Selection，那么也就不再需要 Cells(i,i).Select。

此外，如果".Pattern = xlLightUp"和".PatternColor = 255"这两个属性已经指定了"斜纹"和"红色"，那么后面三个属性也不必再写。因此，我们可以把代码改写如下：

```
Sub Demo_8_1_c()

    Dim i
                                        '本例中对角线单元格的行列号
    For i = 4 To 9                      '恰巧相同，所以均可用 i 表示

        Cells(i, i).Value = "-"         '将第 i 行第 i 列的内容写为 "-" 字符

        With Cells(i, i).Interior
            .Pattern = xlLightUp
            .PatternColor = 255
        End With

    Next i

End Sub
```

这种简化方法不仅可以让代码更加精练，而且能够提高程序的运行速度。这是因为 Range.Select 在执行中需要修改单元格的状态，并且在屏幕上将其高亮显示，所以效率很低。如果程序需要循环很多次，每次循环都调用一次 Select 方法，程序性能将会直线下降。而删掉的其他几个语句虽然不似 Select 方法那样严重，但毕竟也耗费了一定的运行时间，所谓"多一事不如少一事"。

也许读者在实际工作中见过一些运行非常缓慢的 VBA 程序，运行时能感觉到屏幕在不断地闪烁和切换，需要很长时间才能结束。以笔者的经验，这种 VBA 程序往往都利用了大段的录制宏代码，但是却没有对其进行优化。因而其中各种不必要的操作，特别是大量的 Select 语句严重降低了程序效率。如果能够按照本章讲述的规则对其稍加优化，很可能会让运行速度明显提升：

① 删除不必要的 Select 语句和 Selection 语句。

② 删除不必要的属性和方法设置。

③ 在调用一个对象的多个属性方法时，使用 With 结构减少点号的数量。

以上只是优化宏代码的基本策略，更多技巧将随着本书内容的展开逐步介绍给读者。

本章小结

面向对象是现代程序设计最重要的理论之一。尽管 VBA 并不是一个真正意义上的面向对象的编程语言，但是在操控 Office 软件方面却完全基于面向对象的概念和方法。本章前半部分详细介绍了面向对象的基础知识，并且特别强调了很多认识误区和特殊语法，目的就是让读者在引用 VBA 对象时不会为各种奇怪的语句和错误所困扰，有能力逐步解读代码的含义和运行机理。

此外，本章还讲解了怎样通过 MSDN 官方文档、录制宏及对象浏览器等途径，随时了解和自学所需知识。由于 Office 功能庞杂且不断更新，根据需要随时自学对于 VBA 开发者来说至关重要。除了这些正规途径，读者遇到问题时还可以访问世界顶尖的计算机技术问答论坛 http://stackoverflow.com，从中搜索类似的问题及专家解答。

通过本章的学习，应当掌握的关键知识点包括：

★ 面向对象是一种用程序语言描述世界的思维方式。

★ 每个“事物”都是一个对象，每个对象都属于某个“类”。

★ “类”（如模板）规定了该类对象共有的属性与方法，按照这个类创建的对象，都具有这些属性与方法。

★ 属性描述一类对象的静态特征，方法代表一类对象可以执行的动作。

★ 对象的属性既可以是数字、文本，也可以是另外一个对象。

★ 在 VBA 中将对象赋值给变量时，必须使用 Set 关键字。

★ Excel 中最常用的类和对象包括 Application、Workbooks、Workbook、Worksheets、Worksheet、Range 等，可以通过 MSDN 查阅详细信息。

★ Range 对象的 Value 属性是默认属性，但最好将 Value 属性写全，以免产生歧义。

★ Range(地址范围)和 Cells(行号,列号)都是获取 Range 对象的方法，各有利弊且可结合使用。

★ 需要调用一个对象的多个属性或方法时，可以使用 With 结构简化代码。

★ 使用变量代表对象时，最好在声明变量时用 As 关键字指定其类型。

★ 通过录制宏代码可以直接掌握某种操作对应的 VBA 代码，不过在使用该代码前最好对其进行优化。

第 9 章

能力的释放——批量处理工作表与工作簿

在学习过多重循环技巧后，我们已经能够让 VBA 程序扫描一张工作表内的全部数据，实现对二维行列结构的批量处理。接下来的问题就是：怎样进一步突破工作表甚至工作簿的边界，自动处理分布在不同 Excel 文件中的所有工作表中的所有数据。为了实现这个功能，我们需要搞清楚在 VBA 代码中怎样表示工作表与工作簿这两个 Excel 元素，也就是本章重点介绍的工作表对象与工作簿对象的用法。

具体来说，通过本章的学习，读者将理解以下知识：

★ Excel 程序、工作簿及工作表的关系。

★ 使用 Worksheets 与 Worksheet 处理工作表。

★ 使用 For Each 循环扫描所有工作表。

★ 使用 Workbooks 与 Workbook 处理工作簿。

★ 工作簿文件的地址与批量处理技巧。

本章有关工作表对象的内容主要与视频课程“全民一起 VBA——基础篇”第十三回“面向对象初显威力，Worksheets 玩转表单”、第十四回“双重循环可解多表汇总，按名引用莫学楚人刻舟”相对应；For Each 循环部分与“全民一起 VBA——基础篇”第十八回“For Each 轻取工作表，串函数巧解文字栏”的前半节相对应；工作簿部分则见于“全民一起 VBA——基础篇”第十九回“数据寄身不同文件，Workbook 从容汇集”。由于纸质教材需要突出知识的模块性，以便于读者快速查阅参考，所以本章内容的阐释顺序相较视频课程有所调整，请读者参照学习。

9.1　个体与集合——再谈 Excel 常用对象间的关系

最常用的 Excel 对象包括代表 Excel 程序本身的 Application 对象、与工作簿有关的 Workbooks 和 Workbook 对象、与工作表有关的 Worksheets 与 Worksheet 对象，以及代表单元格的 Range 对象。这些对象之间存在着层次分明的从属关系，比如：既然一个工作表必然存在于某个工作簿中，那么一个 Worksheet 对象也必须从属于某个 Workbook 对象。图 9.1 形象地阐明了这些类（对象）之间的从属关系。

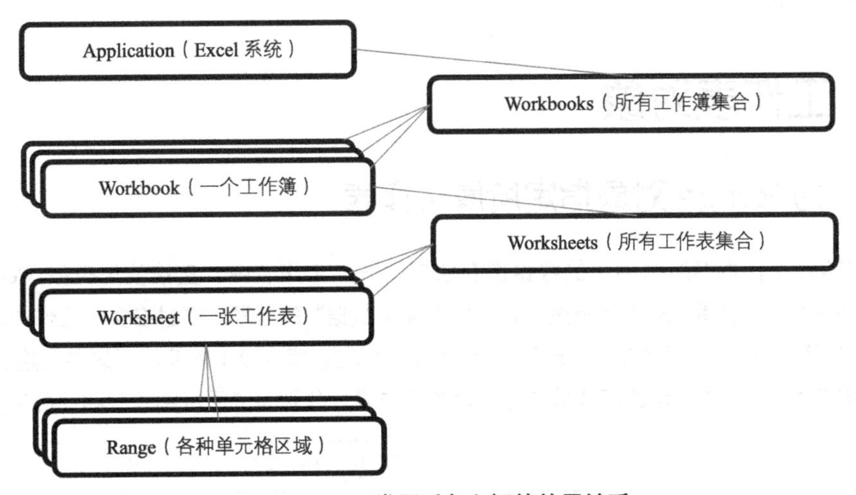

图 9.1　Excel 常用对象之间的从属关系

这种“单元格属于工作表、工作表属于工作簿、工作簿属于 Excel 程序”的从属关系，可以说是 Excel 用户的入门常识。不过可能让人感到奇怪的是，图 9.1 中却多出了“Workbooks”和“Worksheets”两个对象，从而将上面的关系改成了“一个工作簿包含一个 Worksheets，而这个 Worksheets 中包含了所有工作表”的形式。

这样设计其实也不难理解，以工作表为例：由于一个工作簿里面的工作表个数并不确定——可能有几十个也可能只有一两个，所以最方便的办法就是在工作簿对象中设置一个叫作“工作表小组”的属性，不论有多少张工作表，都放到小组中统一管理。这就像一个公司内可能有很多名市场销售人员，而且随时会有离职和招聘。但是 CEO 并不需要记住销售人员的总数及每个人的姓名，因为他们都从属于“市场部”这个小组，由其统一管理。所以当 CEO 需要了解销售人员的信息，或者指派他们做事时，只要直接把指令下达给“市场部”即可。同样的道理，Workbook（工作簿）相当于公司，Worksheets（工作表小组）相当于“市场部”，而每个 Worksheet（工作表）相当于一名销售人员。所以，虽然 Worksheets 与 Worksheet 只相差一个字母“s”，但是其含义和用途完全不同。

由于一个 Worksheets 可以存放多个元素（如 Worksheet 对象），我们把类似 Worksheets 的对象统称为“集合”对象或“容器”对象，如同一个装有多个鸡蛋的篮子。

搞清楚集合对象的概念，再看图 9.1 就可以完全读懂 Excel 常用对象之间的关系：

① Application 对象代表一个运行中的 Excel 程序①；

② Application 对象有一个属性——Workbooks 集合，负责管理当前打开的所有工作簿文件，即 Workbook 对象；

③ 每个 Workbook 对象都有一个属性——Worksheets 集合，负责管理工作簿文件中的所有工作表，即 Worksheet 对象；

④ 每个 Worksheet 对象都含有多个 Range 对象，不经过集合对象即可直接调用。

理解了对象之间的从属关系，再看它们的使用方法就会比较容易理解。接下来我们就从工作表对象开始学习。

9.2 工作表对象

9.2.1 为 Range 对象指定所属工作表

到目前为止，本书所举例子的数据都存放在同一张工作表中，直接使用类似 Cells(3,3)或 Range("C3")的方式引用，从未涉及过“跨工作表读取数据”的问题。不过在实际工作中，如果总是假设工作簿中只有一张工作表，很可能导致严重的问题。案例 9-1 就演示了这种风险。

案例 9-1： 图 9.2 所示的工作簿中含有两个工作表，分别为“季度销售”和“员工分布”。

季度销售报表（单位：万）				
季度	华东区	华北区	华南区	总计
1	369	459	470	
2	202	242	190	
3	380	561	107	
4	384	293	528	

季度销售　员工分布

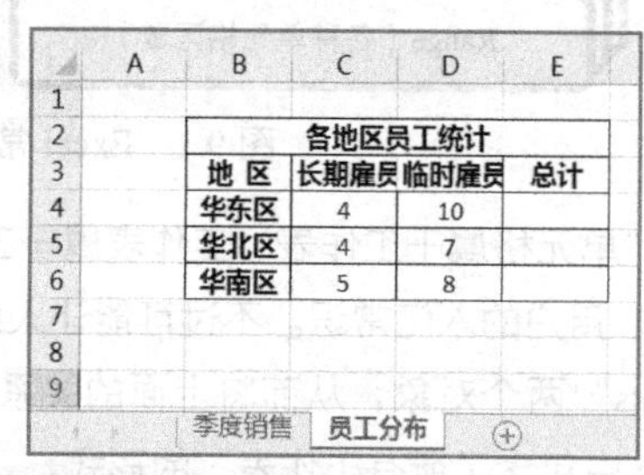

各地区员工统计			
地 区	长期雇员	临时雇员	总计
华东区	4	10	
华北区	4	7	
华南区	5	8	

季度销售　员工分布

图 9.2　案例 9-1 工作簿的两张工作表内容

张三编写了一个 VBA 程序，可以依据第一张工作表计算公司各季度的总销售额，并填入该工作表的 F 列，代码和预期效果如图 9.3 所示。

不过运行这段代码前，张三不小心在 Excel 窗口中单击了工作表标签栏上的“员工分布”，使“员工分布”工作表显示在最前面。这时运行 VBA 程序，得到的结果如图 9.4 所示。

虽然案例 9-1 中编写的 VBA 程序用于计算“季度销售”表，但是在图 9.4 的运行结果中可以看到，“季度销售”表没有任何输出，而“员工分布”表却在 F 列输出了一些数字。为什么会出现这种奇怪的现象呢？问题就出在图 9.3 代码中的“Cells”调用上。

---

① 严格来说，应该是“Application 类的一个对象代表一个运行中的 Excel 程序实例”。不过由于计算机同时打开的只有一个 Excel 进程，所以一般情况下 Excel VBA 中只有一个 Application 类的对象，因此简称“Application 对象”。

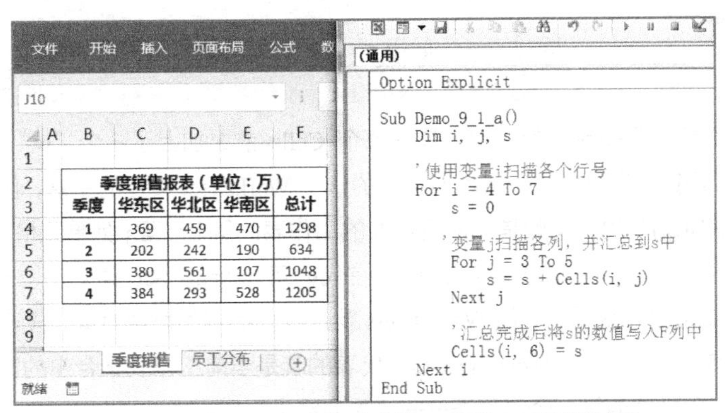

图 9.3　案例 9-1 中计算季度销量的代码及预期效果

季度销售报表（单位：万）

季度	华东区	华北区	华南区	总计
1	369	459	470	
2	202	242	190	
3	380	561	107	
4	384	293	528	

季度销售　员工分布

各地区员工统计

地 区	长期雇员	临时雇员	总计		F
华东区	4	10			14
华北区	4	7			11
华南区	5	8			13
					0

季度销售　员工分布

图 9.4　将“员工分布”表激活后运行程序的结果

认真思考一下会发现，当写下类似“a = Cells(2,3)”或“Cells(2,3) = s”的代码时，我们并没有告诉 Excel Cells(2,3)指的是哪张工作表的 C2 单元格。因此，VBA 会将其默认为“当前活动工作表”的 C2 单元格。所谓“当前活动工作表”，就是这个工作簿中正显示在最前端、处于查看或编辑状态的工作表。比如在案例 9-1 中，当张三在 Excel 窗口中单击“员工分布”标签后，“员工分布”工作表就会显示在最前端，成为当前活动工作表。

所以，此时再运行 VBA 汇总程序时，代码里面 Cells 所指的都是“员工分布”工作表中的单元格。因此实质上就变成对“员工分布”表的第 4 行到第 7 行进行分组统计，并将每行的结果写到“员工分布”表的 F 列，从而得到了图 9.4 所示的效果。

那怎样在代码中指定 Range 属于哪个工作表呢？当然就是用 Worksheet 对象来代表工作表。下面就是改进后的代码：

```
Sub Demo_9_1_a()

    Dim i, j, s
    Dim w As Worksheet                      '用变量 w 代表一个工作表对象

    Set w = Worksheets(1)                   '让 w 指向工作表集合中的第一个工作表

    For i = 4 To 7
        s = 0

        For j = 3 To 5
            s = s + w.Cells(i, j)           '读取 w 工作表指定单元格的数据
        Next j

        w.Cells(i, 6) = s                   '将计算结果写入 w 工作表的 F 列
```

```
    Next i
End Sub
```

这段代码与之前的代码最大的区别就是在每个 Cells 前面加上了一个“w.”，也就变成了“w 的 Cells”。查看代码第二行可知，w 是我们定义的一个 Worksheet 类型的变量，代表一个工作表对象。所以，“w.Cells(i,j)”的含义就是“w 所代表的工作表的第 i 行第 j 列单元格”。

那么 w 代表的是哪张工作表呢？答案就在代码第三行的 Set 语句中。这个 Set 语句将“Worksheets(1)”赋值给了变量 w，而 Worksheets 就是我们提到的集合对象，代表当前活动工作簿中的所有工作表集合[①]。所以，Worksheets(1) 代表的就是当前工作表集合中的第一个元素，也就是 Excel 窗口从左向右数的第一个工作表——“季度销售”表。

理解了这几个关键点，这段代码的优势就显而易见了：不论用户正在浏览哪张工作表，只要运行这段代码，都只读取“季度销售”工作表中的数据，计算结果只会写入“季度销售”工作表的 F 列，完全与当前活动工作表无关，案例 9-1 中张三遇到的计算混乱问题也就不会发生。

因此，笔者要在这里向读者致歉：我们从第 1 章就开始学的 Cells 用法，其实是一种存在“跨表计算风险”的不正规简化写法[②]，请大家将其忘记，并牢记下面这个最佳实践：

引用 Range 对象（包括使用 Cells 方式）时，必须指定其所属工作表！

关于这段代码还有一点需要说明：因为 Worksheet 对象有一个 Cells 属性，代表该工作表中所有由一个单元格构成的 Range 对象，所以我们写下“w.Cells(2,3)”时，实际上会得到一个代表该工作表 C2 单元格的 Range 对象。

此外，Worksheet 对象还有一个 Range 属性，使我们可以通过“w.Range(“B2:C4”)”等形式得到代表任何单元格区域的 Range 对象。因此“w.Range(“C2”)”与“w.Cells(2,3)”的效果完全相同，都是返回一个代表该工作表 C2 单元格的 Range 对象。

9.2.2 技巧与陷阱——With 与 Range

其实，在案例 9-1 中不定义变量 w，而是直接写“s = s + Worksheets(1).Cells(i,j)”和“Worksheets(1).Cells(i,6) = s”也没有任何问题。只不过对于多次重复出现的表达式“Worksheets(1)”，使用一个变量来代替它会使代码清晰易改。

而且，由于本例代码中的所有 Cells 都是针对同一张工作表，所以可以使用 With…End With 结构将其简化：只要在所有用到 Cells 的代码外面写一层“With Worksheets(1)…End With”，就意味着所有“.Cells”都代表“Worksheets(1).Cells”。这样“Worksheets(1)”只需出现一次，既简化

---

① 进行深入思考的读者可能会奇怪，为什么这段代码中不需要指定 Worksheets 所属的 Workbook 对象。待读者学完 Application 就会知道，这里使用的 Worksheets 是 Application 对象的一个属性，代表的是当前活动工作簿中的工作表集合。而对于非活动工作簿，仍然要使用 Workbook.Worksheets 属性。

② 其实，“先讲解简化写法，后引出正规写法”是本书的主要风格之一，主要目的是让学习过程循序渐进，每次聚焦于一个知识点，避免过早接触太多繁杂事项。所以本书不仅在 Range 对象的调用方面如此进行讲解，在其他一些知识点上也遵循同样的讲解风格。

了代码又方便修改。具体如下：

```
Sub Demo_9_1_a()
    Dim i, j, s

    With Worksheets(1)         '从这里到 End With 之间所有点号开头的表达式，
                               '都被认为是工作表 Worksheets(1) 的属性或方法
        For i = 4 To 7

            s = 0

            For j = 3 To 5
                s = s + .Cells(i, j)     '累加第 1 张工作表指定单元格
            Next j

            .Cells(i, 6) = s             '将计算结果写入第 1 张工作表的 F 列

        Next i

    End With

End Sub
```

另外，在为一个 Range 对象指定所属工作表时，还有一个十分常见的陷阱需要读者注意。在前面讲到，可以使用“Range (Cells(2,3), Cells(5,5))”这种形式，得到一个以 C2 单元格为左上角、E5 单元格为右下角的 Range 区域，相当于“Range (“C2:E5”)”。由于这种写法结合了 Cells 属性使用数字表示行列号的优点，所以会被频繁用于循环结构中。

但是当我们需要为这个 Range 指定所属工作表（如 w）时，不能仅仅在 Range 前面加上“w.”，而且要在每个 Cells 前面也写上“w.”。换句话说，写成“w.Range (Cells(2,3), Cells(5,5))”是错误的，必须写成“w.Range(w.Cells(2,3) , w.Cells(5,5))”才可以正确执行。

之所以这样要求，其实也不难理解。如果忘记为 Range 里面的 Cells 指定工作表，写成“w.Range (Cells(2,3), Cells(5,5))”的格式，那么 VBA 会认为括号里面的两个 Cells 指的是当前活动工作表中的 C2 和 E5 单元格，而外面的 Range 则是工作表 w 中的一个单元格范围。假如工作表 w 并非当前活动工作表，“w.Range (Cells(2,3), Cells(5,5))”的含义就变成“请在工作表 w 中找到一个区域，并让该区域包含另一张工作表（活动表）中的 C2:E5 单元格”。这显然是不可能做到的事情，所以 Excel 会报出编号为 1004 的运行时错误，如图 9.5 所示。

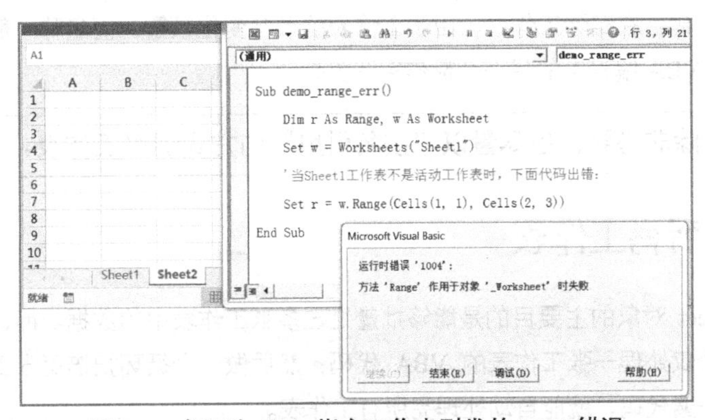

图 9.5　忘记为 Cells 指定工作表引发的 1004 错误

9.2.3 最佳实践——按名引用工作表

如前所述，使用 Worksheets(n)可以得到从左向右第 *n* 张工作表。但是这种写法存在一个明显的隐患：一旦用户在 Excel 窗口中拖动工作表标签，改变这些工作表之间的顺序，就会导致代码引用到错误的工作表。比如在案例 9-1 中，如果张三改变了工作表顺序，使“员工分布”表成为左起第一张工作表（见图 9.6），那么 Worksheets(1)返回的 Worksheet 对象就代表“员工分布”表而不是“季度销售”表。

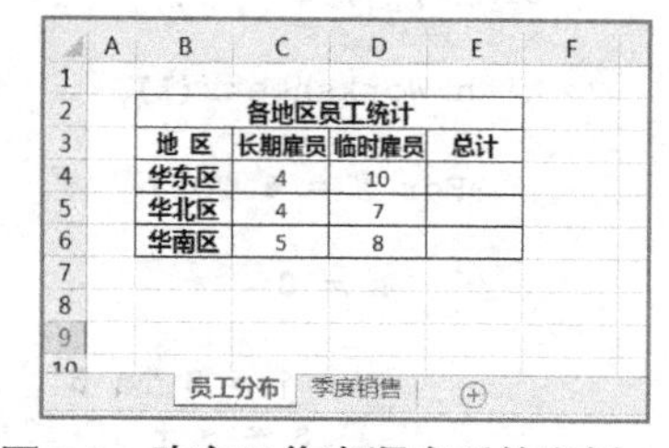

图 9.6 改变工作表顺序后的案例 9-1

我们编写 VBA 程序时无法保证未来的用户不修改工作表顺序，所以最好的办法就是使用另一种工作表调用形式：按名引用。具体形式为 Worksheets(工作表名称)，其中“工作表名称”是一个由双引号括起来的字符串。仍以案例 9-1 为例，使用按名引用后的代码如下：

```
Sub Demo_9_1_a()

    Dim i, j, s
    Dim w As Worksheet                     '用变量 w 代表一个工作表对象

    Set w = Worksheets("季度销售")          '让 w 指向名为“季度销售”的工作表

    For i = 4 To 7

        s = 0

        For j = 3 To 5
            s = s + w.Cells(i, j)          '读取 w 工作表指定单元格的数据
        Next j

        w.Cells(i, 6) = s                  '将计算结果写入 w 工作表的 F 列

    Next i

End Sub
```

在这段代码中，工作表按照名称而非显示顺序调用，所以无论用户怎样调整工作表的顺序，程序读写的都是“季度销售”表中的单元格，不会造成混乱。除非用户修改了工作表名称，否则不需要修改程序代码。在实际工作中，由于工作表的顺序变化频繁，而名称一般相对固定且含义明确，所以 Excel VBA 编程中的另一个最佳实践就是：

除非必要，应尽量以“按名引用”的方式调用工作表。

9.2.4 遍历所有工作表

学习 Worksheet 对象的主要目的是能够批量处理多张工作表中的数据。而这种处理的基本思路就是先写好一个仅处理一张工作表的 VBA 代码；然后做一个循环扫描每张工作表，每找到一张工作表即运行一遍代码，就能自动处理完所有工作表。

怎样使用 VBA 代码扫描每张工作表呢？既然 Worksheets 中包含所有 Worksheet 对象，那么扫描每张工作表就是列举 Worksheets 集合中的每个元素。列举可以通过两种方式实现：使用普通 For 循环与 Worksheets.Count 属性，或者使用 For Each 循环结构。下面分别介绍这两种方法。

1. 使用普通 For 循环与 Worksheets.Count 属性

Worksheets 对象有一个名为 Count 的属性，代表当前包含的工作表总数。例如，如果工作簿中共有 5 个工作表，那么它的 Worksheets.Count 就等于 5。利用这个属性，就能通过 Worksheets(n) 的方式取出其中的每一个 Worksheet：从左向右数第一个工作表是 Worksheets(1)，第二个工作表是 Worksheets(2)……最后一个工作表的序号必然等于工作表总数，即 Worksheets.Count，所以可以用 Worksheets(Worksheets.Count)找到它。这样，只要做一个从 1 递增到 Worksheets.Count 的循环，就可以按序号列举出每个工作表，如案例 9-2。

案例 9-2：图 9.7 所示的工作簿中含有 4 个工作表，每个工作表中都含有格式相同的销售数据表格。请编写一个 VBA 程序，自动计算每个表格中的销售总额并写入该表格的 F 列。

季度销售报表（单位：万）（产品A）

季度	华东区	华北区	华南区	总计
1	369	459	470	
2	202	242	190	
3	380	561	107	
4	384	293	528	

产品A　产品B　产品C　产品D

季度销售报表（单位：万）（产品C）

季度	华东区	华北区	华南区	总计
1	490	533	586	
2	546	777	410	
3	349	503	622	
4	732	783	310	

产品A　产品B　产品C　产品D

图 9.7　案例 9-2 原始数据示例

在这个案例中，每个工作表的格式和数据行数都完全相同，所以可以先编写一个只处理一个工作表（如“产品 A”）的程序。显然，这个程序就是案例 9-1 的参考答案。

```
Sub Demo_9_2_a()

    Dim i, j, s
    Dim w As Worksheet

    Set w = worskheets("产品A")        '指定w代表“产品A”工作表

    For i = 4 To 7
        s = 0
        For j = 3 To 5
            s = s + w.Cells(i, j)    '累加工作表w的指定单元格
        Next j
        w.Cells(i, 6) = s            '将计算结果写入工作表w的F列
    Next i

End Sub
```

这段代码可以将第一个工作表（产品 A）的数据逐行汇总。现在，只要在这段代码的外面再套一层循环，使之分别用于每个工作表即可。按照前面介绍的思路，使用 Worksheets 方法得到下面的代码。

```
Sub Demo_9_2_a()
```

```
    Dim i, j, s, k
    Dim w As Worksheet

    For k = 1 To Worksheets.Count        '让 k 从 1 变化到工作表总数

        Set w = Worksheets(k)            '指定 w 代表第 k 张工作表

        For i = 4 To 7
            s = 0
            For j = 3 To 5
                s = s + w.Cells(i, j)    '累加工作表 w 的指定单元格
            Next j
            w.Cells(i, 6) = s            '将计算结果写入工作表 w 的 F 列
        Next i

    Next k

End Sub
```

这段代码最大的改动就是增加了变量 k，使其从 1 逐步变化到 Worksheets.Count。每当 k 变为一个新的数值时，就让 w 指向第 k 个工作表，并针对 w 的单元格进行读写计算。这样，随着 k 的数值逐个变化，每个工作表也都按照从左到右的顺序被依次处理一遍。

2. 使用 For Each 循环列举所有工作表

在上面的例子中，变量 k 仅用于从小到大列举工作表的序号。而事实上，在进行汇总计算时，我们并不关心工作表的序号——先处理"产品 A"还是先处理"产品 C"都没有问题。当顺序不重要的时候，可以使用 VBA 中的另一种循环语句——For Each 循环，使程序更加简洁。

For Each 循环的完整语法如下。其中 s 是一个集合（如 Worksheets），而 x 则是一个变量，可以代表集合中的一个元素。

```
For Each x In s
    ......
Next x
```

它的执行流程是：先读取集合 s 中的第一个元素，并将其赋值给 x；然后执行循环体，直到遇见 Next x。重复循环，读取 s 中的下一个元素，并将其赋值给 x……直到把 s 中的所有元素都读取过一次为止。

换言之，For Each 循环的特点是：每次循环均能让 x 代表集合 s 中的一个元素。以工作表为例，如果写"For Each w In Worksheets"，那么假设当前共有四个工作表，这个循环就会执行四次。第一次循环时 w 代表第一个工作表，第二次循环时 w 代表第二个工作表……直到第四次循环结束。这样，案例 9-2 的代码可以用 For Each 循环改写如下：

```
Sub Demo_9_2_b()

    Dim i, j, s
    Dim w As Worksheet

    For Each w In Worksheets             '让 w 代表集合中的一个工作表

        For i = 4 To 7
            s = 0
            For j = 3 To 5
                s = s + w.Cells(i, j)    '累加工作表 w 的指定单元格
```

```
        Next j
        w.Cells(i, 6) = s            '将计算结果写入工作表 w 的 F 列
      Next i

    Next w                           '让 w 代表下一个工作表

End Sub
```

与之前使用 Worksheets.Count 的程序相比，这段代码不需要定义变量 k，也不需要在每次循环中使用 Set 语句将 Worksheets(k)赋值给变量 w，明显简洁了许多。

在 VBA 中有很多集合类型的数据结构，比如 Worksheets 和 Workbooks 这样的集合类对象，以及本书将要介绍的数组和 Collection 类等。对于所有这些集合，每当需要列举其中的所有元素时，我们都可以使用 For Each 循环实现。不过 For Each 循环也有局限性，特别是在需要修改数组内容的时候，这一点会在后面介绍数组时专门讲解。

9.2.5　多个工作表汇总的常用技巧

将多个工作表的数据汇总在一起执行计算，是日常办公中经常遇到的事情。案例 9-2 就是一种最简单的多工作表处理，在实际工作中我们遇到的情况会比它复杂许多。特别是当各个工作表格式不统一时，不论使用公式还是透视表，汇总等操作都十分烦琐。但是如果用好基本的循环技巧，使用 VBA 程序实现这些功能就会非常简单。本节讲解的就是汇总处理多工作表时常用的技巧。

1. 筛选指定工作表

使用 Worksheets 集合可以处理工作簿中的所有工作表，但是很多时候我们希望跳过其中的某几个工作表，对其他工作表自动执行统一操作，比如案例 9-3 中的需求。

案例 9-3：图 9.8 所示的工作簿中共有 13 个工作表，包括 12 个月度销售报表和 1 个年度汇总报表。每个月度报表的格式相同，但是数据行数各异。请编写一个 VBA 程序，计算各月所有产品的总销售额并写入该月报表的最后一行。而且，将各月的销售额加总，得到年度总销售额并填入汇总表的 B3 单元格。

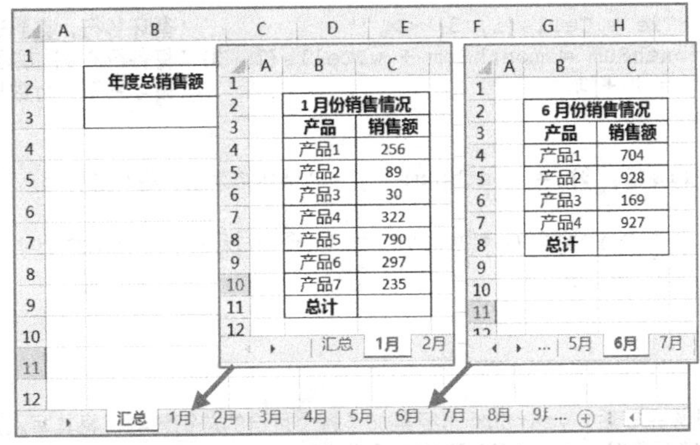

图 9.8　案例 9-3 工作表示例

这个案例与前面的案例基本相同，都需要用一个循环列举 Worksheets 中的工作表，并对每个

工作表执行汇总计算。但是本例中多了一个汇总表，它不应该像月份表那样执行汇总计算，在扫描各个工作表时应该跳过它。

读者可能会想到，使用“For i = 2 To Worksheets.Count”形式的循环，就可以只列举从左起第二个到最后一个工作表，从而略过汇总表。这样做确实可以实现效果，但是正如前面指出的：一旦用户有意无意地移动了汇总表的位置，比如将其移到最后，那么再执行这个程序就会出错。所以，我们还是遵循最佳实践，尽可能避免按照顺序引用工作表。

具体来说，常用的思路是：先使用 For Each 等循环列举出所有的工作表；然后每找到一个工作表，就通过它的一些特点来判断其是否属于我们要操作的类型。如果这个工作表不属于我们希望操作的类型，就略过并继续循环寻找下一个工作表。

这里所说的“特点”，可以是工作表的名称。比如本例中如果工作表名称是“汇总”，那么就认为它不属于我们想要执行计算的月度报表；也可以是工作表中的某个单元格，比如在本例中，如果发现这个工作表的 B2 单元格是“年度总销售额”，就说明它不属于要计算的月度报表。还有很多其他特点也可以作为判断条件，比如某个单元格的格式特征、是否包含某些特定的图表对象等。总之，只要读者能够用肉眼识别出需要处理（或不需要处理）的工作表的某个共同特征，就可以以它为依据，通过判断语句对每个工作表进行筛选，从而只处理特定工作表。

现在以工作表名称为依据，对工作表进行筛选。Worksheet 对象有一个名为“Name”的属性，代表的就是工作表的名称，也就是显示在 Excel 窗口下方的标签文字。所以，我们可以编写下面的代码，通过判断 Worksheet.Name 是否为“汇总”来判断其是否应该被“跳过”。

```
Sub Demo_9_3()

    Dim i, w As Worksheet
    Dim monthSum, yearSum                  '分别用于月度汇总和全年汇总

    For Each w In Worksheets               '扫描全部工作表

        If w.Name <> "汇总" Then           '如果表名不是“汇总”则执行计算

            monthSum = 0                   '将用于月度汇总的累加器清零

            i = 4                          '从该工作表的第 4 行开始扫描数据

            Do While w.Cells(i, 3) <> ""               '循环各行，直到遇到空行为止
                monthSum = monthSum + w.Cells(i, 3)    '将各行 C 列加总到 monthSum 上
                i = i + 1                              '循环到下一行数据
            Loop

            w.Cells(i, 3) = monthSum       '循环结束后，将月总计写入该表最后一行的 C 列

            yearSum = yearSum + monthSum   '将该月总计累加到变量 yearSum 上

        End If

    Next w

    '所有工作表计算完毕后，yearSum 已经累加了各个月份的总销售额，将其写入汇总表的 B3 单元格
    Worksheets("汇总").Range("B3").Value = yearSum

End Sub
```

这段代码使用了两个累加器变量，名为 monthSum 和 yearSum，分别用于每个工作表内部的月度累加，以及所有工作表总销售额的年度累加。需要注意的是，由于本例中每个工作表的数据行数并不固定，所以使用 Do While 循环对各个工作表汇总。

事实上，这段程序除了 w.Name 这个知识点，使用的都是累加器等基本循环技巧。这里不再进行详细讲解，但请对编程不熟练的读者逐行进行分析，因为这个例子体现了处理类似问题的基本框架。

2. 处理“栏目映射”

把案例 9-3 修改一下会得到另外一个常见的需求：将各月度报表的销售数据分别填写到汇总表的对应行上，也就是建立从月度表最后一行到汇总表某一行之间的映射。这么说可能过于抽象，读者看一下案例 9-4 的描述就能理解。

案例 9-4：图 9.9 所示的工作簿中共有 13 个工作表，包括 12 个月度销售报表和 1 个年度汇总报表。每个月度销售报表的格式相同，但是数据行数各异，而且每个月的总销售额已经计算出来并显示在该月报表的最后一行中。请编写一个 VBA 程序，将各月最后一行的总销售额自动填写到汇总表中该月所在行的 C 列。

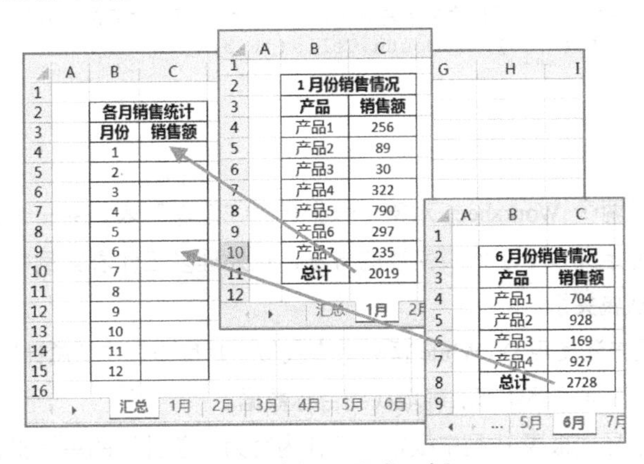

图 9.9　案例 9-4 需求示例

对于映射型问题，在设计程序时应该首先思考数据的“来源”与“目的地”之间的关联模式。比如在案例 9-4 中，关联模式可以体现为以下三种。

（1）汇总表第 4 行中应填写“1 月”表格的数据、第 5 行中应填写名为“2 月”表格的数据……所以汇总表第 N 行应填写名为“N−3 月”表格的数据。

（2）汇总表中 B 列数字为“1”，则填写“1 月”表格的数据；B 列数字为“2”，则填写“2 月”表格的数据……所以汇总表 B 列为 N，则填写“N 月”表格的数据。

（3）检查某个工作表 B2 单元格的内容（如“6 月份销售情况”表）。如果该字符串以数字 N 开头，那么就将这个表格的数据写入“汇总”表中第 N+3 行（参考模式 1），或汇总表中 B 列为数字 N 的那一行（参考模式 2）。

使用任何一种关联模式，都可以描述月度报表与汇总表之间的映射关系，据此完成 VBA 程序。其中（3）需要用到下两章讲解的字符串函数知识，所以暂时不表；而（1）过于依赖汇总表的格式（数据从第 4 行开始），所以目前最好的办法是使用（2）中的关联模式。参考代码如下：

```
Sub Demo_9_4()

    Dim wMonth As Worksheet, wYear As Worksheet
    Dim i, j, shtName

    '让 wYear 始终代表“汇总”表
    Set wYear = Worksheets("汇总")

    '扫描“汇总”表中的每行
    For i = 4 To 15

     '根据“汇总”表中第 i 行第 2 列的数字，构造对应月度表的表名，将其存入 shtName 变量
        shtName = wYear.Cells(i, 2) & "月"

     '让 wMonth 代表名字为 shtName 的工作表，即与“汇总”表第 i 行对应的月度表
        Set wMonth = Worksheets(shtName)

     '在月度表中找到 B 列为“总计”的那一行
        j = 4
        Do While wMonth.Cells(j, 2) <> "总计"
            j = j + 1
        Loop

     'Do 循环结束后，j 就是月度表中的总计行。将该行数字写入“汇总”表第 i 行
        wYear.Cells(i, 3) = wMonth.Cells(j, 3)

    Next i

End Sub
```

这段代码定义了两个 Worksheet 对象，一个代表“汇总”表，另一个在每次循环时代表正在处理的月度表。这种定义多个工作表变量的方法，在处理多工作表案例中经常用到，可以清晰地指明每个 Range 的从属关系。

此外，这段代码中还使用 Do While 循环来查找每个月度报表中“总计”所在的行号。这样无论月度报表中有多少行数据，都能够准确地找到目标数据。

不过，假如某个月度报表 B 列中根本不存在内容为“总计”的单元格，这个程序就会一直循环下去，直到搜索完工作表中的所有行（在 Excel 2003 等旧版本中，一个工作表最多有 65536 行；在 2007 版之后的新版本中，一个工作表的最大行号为 1048576）。当程序再次循环去寻找下一行时，由于已经超过了 Excel 工作表的最大行号，所以 VBA 会弹出错误警告，中断执行。

如果读者希望把程序做得十分完善，避免因为工作表中不存在“总计”而导致出错，可以考虑使用下面的思路来改进代码。

首先，Worksheet 对象有一个名为 Rows 的对象属性，代表该工作表中所有行的集合。而 Rows 对象也有一个名为 Count 的属性，代表所有行的总数。所以，如果写 Worksheet.Rows.Count，得到的就是该工作表对象所有行的总数，也就是该工作表的最大行号。假如 VBA 程序运行在旧版本的 Excel 中，那么 Worksheet.Rows.Count 会返回 65536；若在新版本 Excel 中运行，它的值就是 1048576。

接下来，我们可以使用 For 循环和 Exit 语句替代 Do While 循环，代码如下：

```
Sub Demo_9_4()

  Dim wMonth As Worksheet, wYear As Worksheet
```

```
  Dim i, j, shtName

  Set wYear = Worksheets("汇总")

  For i = 4 To 15

    shtName = wYear.Cells(i, 2) & "月"

    Set wMonth = Worksheets(shtName)

    '扫描月度表中的所有数据行，一旦发现 B 列单元格的内容为“总计”，就将其写入“汇总”表
    For j = 4 To wMonth.Rows.Count

      If wMonth.Cells(j, 2) = "总计" Then
        wYear.Cells(i, 3) = wMonth.Cells(j, 3)
        Exit For  '既然已经发现“总计”二字就没必要再扫描后面各行，此时退出程序可以大大节省时间
      End If

    Next j

  Next i

End Sub
```

如果工作表中不存在“总计”单元格，For 循环会从工作表第 4 行一直扫描到最后一行，绝不会多扫描一行，因此不会引发运行错误。然而，假如扫描到某行时发现了“总计”二字，就会执行 IF 结构内部的代码，将该行数据写入“汇总”表，并及时退出 For 循环，以免再扫描后续各行浪费时间（读者可以删除 Exit For 语句再运行程序，亲自体验一下速度的差异）。

3. 先定位再处理

从案例 9-1 到案例 9-4，我们始终假设各个工作表的格式完全相同，比如月度报表中的 B 列都是产品名、C 列都是销售额。可是在实际工作中，也常会遇到格式不完全一致的情况，比如案例 9-5。

案例 9-5：图 9.10 所示的工作簿与案例 9-4 的基本相同，但是各月度工作表的格式并不一致（比如 1 月的报表共有 3 列内容，而 6 月的报表有 4 列内容）。不过经观察，发现所有月度报表都是从第 4 行开始，而且销售数字所在列的表头名称均为“销售额”。请编写 VBA 程序，计算每个月的销售总额，并将该数字直接填写到“汇总”表的对应行中。数据和预期效果如图 9.10 所示。

这个案例中各工作表的数据位置并不固定，因此需要使用 Do While 循环定位技巧，在第 3 行中找到“销售额”单元格所在的列号（其实在案例 9-4 中已经用过类似的技巧，只不过目标是找到“总计”单元格所在的行号而已）。下面这段参考代码就是利用定位技巧解决该案例的需求。

```
Sub Demo_9_4()
  Dim wMonth As Worksheet, wYear As Worksheet
  Dim i, j, k, shtName

  Set wYear = Worksheets("汇总")

  For i = 4 To 15
    shtName = wYear.Cells(i, 2) & "月"
    Set wMonth = Worksheets(shtName)

    '在第 3 行各列中依次查找“销售额”。循环结束后 k 就是“销售额”单元格所在的列号，即数据所在列号
    k = 1
```

```
    Do While wMonth.Cells(3, k) <> "销售额"
      k = k + 1
    Loop

    '将该工作表 k 列所有数字逐个加总到“汇总”工作表 i 行的 C 列，循环结束后 C 列即该月销售额总和
    j = 4
    Do While wMonth.Cells(j, k) <> ""
      wYear.Cells(i, 3) = wYear.Cells(i, 3) + wMonth.Cells(j, k)
      j = j + 1
    Loop

  Next i

End Sub
```

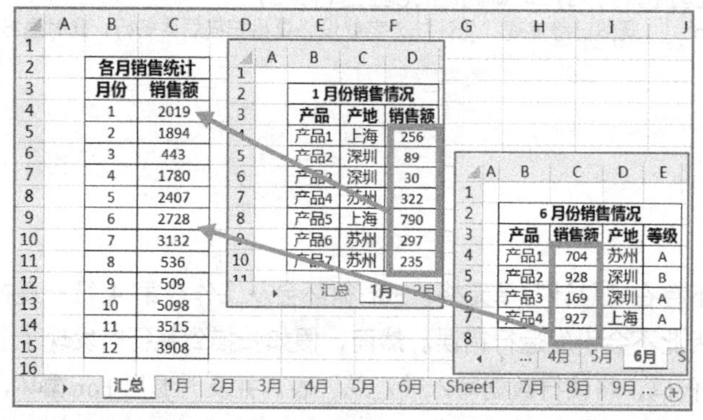

图 9.10 案例 9-5 月度报表格式示例及汇总表预期结果

这段代码定义了一个变量 k。每当 For 循环让 wMonth 指向一个月度工作表后，首先都会让 k 等于 1，然后通过 Do While 循环让 k 不断增加，直到该表第 3 行的第 k 列单元格内容为“销售额”为止。换句话说，当 Do While 循环结束时，wMonth 工作表的第 3 行第 k 列内容肯定是“销售额”，k 就是“销售额”所在列号。

得到了数据所在的列号，下面的操作就与之前的案例一样，使用另一个 Do While 循环对第 k 列的所有数据（从第 4 行开始，直到第一个空行）进行累加。不过考虑到教材案例的简洁，没有定义专门的累加器变量，而是在每次循环时直接将数据加到“汇总”表（wYear）的第 i 行第 C 列单元格中。这样做可以少写一个变量，让代码更加简洁，但也会造成程序运行速度下降，因为每次修改单元格内容时都要耗费很多时间，而修改变量则会快很多。

如果读者有兴趣，可以在本案例的基础上再加一点变化，让每个工作表数据的起始行也不相同，仍用定位技巧加以解决。

在实际工作中，工作表汇总的需求千差万别，任何一本书都不可能将这些需求全部列举出来。不过，只要先观察它们之间的关联和特征，然后组合运用筛选工作表、映射单元格和定位行列号三个基本技巧，再配合字符串、数据类型判断等知识，就可以轻松解决大多数此类问题。

9.2.6 工作表的其他常用操作

1. Worksheet 对象的常用属性与方法

除了前面介绍的 Name 属性，VBA 还在 Worksheet 对象中设计了 30 个方法和 55 个属性（截

至本书写作时），每种方法和属性都可以对工作表执行某个特殊的操作或设置。下面为大家列举其中最常用的几个，读者可以登录 MSDN 了解其他属性与方法。

1）让某个工作表成为当前活动工作表

使用 Activate 方法可以激活某个工作表，使之显示在最前面。比如执行 Worksheets(3).Activate，就会让当前活动工作簿中的第三个工作表成为活动工作表。

2）复制或移动工作表

使用 Copy 方法，可以将工作表复制到另外的位置。比如执行 Worksheets(3).Copy，就会自动创建一个新的工作簿，并将之前工作簿中的第三个工作表复制到新的工作簿中。

如果想把工作表复制到其所在的工作簿中，需要为 Copy 方法指定 Before 或 After 参数。比如执行"Worksheets(3).Copy　Before :=　Worksheets(2)"，就会把第三个工作表复制并粘贴到第二个工作表之前。如果把"Before"改成"After"，粘贴位置就变为第二个工作表之后。需要注意的是，Before 后面使用的不是等号，而是"冒号加等号"。

Worksheet 对象还有一个 Move 方法，其用法与 Copy 十分相似。它的作用是将工作表移动到指定位置，也可以使用 Before 和 After 两个参数。比如执行"Worksheets(3).Move　After := Worksheets(1)"，就可以把第三个工作表移动到第一个工作表之后。

3）删除工作表

执行 Worksheet 对象的 Delete 方法，就可以在工作簿中删除工作表。比如下面的代码就会将工作簿中除了"汇总"表的所有工作表删除：

```
For Each w In Worksheets
    If w.Name <> "汇总" Then w.Delete
Next w
```

由于删除操作不可恢复，所以使用这个方法时一定要非常小心，并且一定要在运行前对文件执行备份。

4）打印工作表

执行 Worksheet 对象的 PrintOut 方法，就相当于单击"打印"按钮，可以将工作表的内容全部输出到打印机上。这个方法还提供了很多可选的参数，可以设置打印的范围、份数等。若与 Worksheet 对象的 PageSetup 属性配合使用，还能指定打印方向、表头信息等。可以说，Excel 中支持的所有打印功能，都可以通过这几个方法和属性在 VBA 中自动执行。

如果再配以简单的循环判断等 VBA 技巧，使用 PrintOut 方法还能实现 Excel 默认不支持的功能，比如奇偶页打印、自动修改每页表头信息等。而且通过循环扫描所有工作表乃至所有工作簿文件，一个 VBA 程序就可以自动打印完成千上万份 Excel 文件。

如果读者对 PrintOut 和 PageSetup 方法有兴趣，可以参见视频课程"全民一起 VBA——实战篇"中专题五"表格格式操作与 Excel 功能"的第一回"文件打印仅需单行代码，页面设置全靠一个对象"和第二回"分页打印常遇特殊规定，巧写代码可解各种问题"，通过动画演示等方式详细讲解了常用的自动化打印技巧。

5）保护工作表

Worksheet 对象的 Protect 和 UnProtect 方法分别用于对工作表施加保护和解除保护。二者的用法也很简单，比如只要写"Worksheet.Protect　密码字符串"，就能用指定密码保护工作表。此外，这两个方法还提供了很多可选参数，可以详细设置工作表的保护范围，有兴趣的读者可以参见“全民一起 VBA——实战篇”视频课程专题五的第五回“深度隐藏工作表、批量保护工作簿”。

必须提醒读者的是，截至本书写作时，Excel 的工作表保护机制并不安全，可以在不知道口令的情况下通过简单的操作解除保护，“全民一起 VBA——实战篇”专题五第九回中对此有详细介绍。所以请需要严密保护工作表数据的读者考虑使用其他加密软件，不能单纯依赖 Excel 本身的保护功能。

2. 添加新的工作表

删除自己是每个工作表对象的个人权利，所以 VBA 为 Worksheet 对象安排了一个 Delete 方法。但是对于创建工作表这个权利，VBA 则交给了 Worksheets 这个所有工作表的管理者。因此，添加一个新的工作表，需要使用 Worksheets 对象的 Add 方法。下面的代码执行了 20 次 Worksheets.Add，所以会自动在工作簿中添加 20 个空白工作表。

```
Sub Demo_Add_Worksheets()

    Dim i

    For i = 1 To 20

        Worksheets.Add

    Next i

End Sub
```

有的时候我们不仅希望添加 20 个新的空白工作表，还希望对每个新工作表进行一些设置，比如修改它的名称，以及指定它的单元格内容等。这时就需要在执行一次 Worksheets.Add 之后，先让某个变量（如 w）指向新创建的工作表，再通过 w.Name 或 w.Range 等形式设置新工作表。具体代码如下：

```
Sub Demo_Add_Worksheets()

    Dim i, w As Worksheet

    For i = 1 To 12

        Set w = Worksheets.Add

        w.Name = "第" & i & "月"

        w.Range("B2") = i & "月销售汇总"

    Next i

End Sub
```

这段代码的关键在于“Set　w = Worksheets.Add”一句，其含义就是：“执行 Add 方法创建一个新工作表，并将该工作表赋值给变量 w”。因此在执行此句之后，w 就会代表新的工作表，所以 w.Name 和 w.Range 等设置都会作用在这个工作表上。这段代码的执行结果是生成 12 个工作表，名称分别为“第 1 月”、“第 2 月”等，而且每个工作表的 B2 单元格内容都设置为“N 月销售汇总”的形式。如果再加入一些单元格格式设置，就会实现一个漂亮的“自动生成报表模板”程序。

使用 Worksheets.Add 方法自动生成工作表，是实践中经常使用的操作之一。比如在对工作簿内所有工作表进行统计汇总后，可以新生成一个工作表，并把统计结果输入新的工作表内，作为最终报告。

9.3　工作簿对象

理解了工作表对象的用法，再学习工作簿对象就会十分简单。与 Worksheets 和 Worksheet 相似，在 VBA 中引用工作簿也要用到两个对象：代表当前 Excel 中所有打开工作簿的 Workbooks，以及代表一个工作簿的 Workbook。

9.3.1　工作簿文件的打开、保存与关闭

最常见的工作簿操作，就是让 Excel 自动打开计算机中的某个工作簿文件（扩展名为.xls、.xlsx、.xlsm 等形式的 Excel 文件）。从 VBA 的角度看，就是唤醒某个“躺在”硬盘角落中的文件，让它加入 Workbooks 小组中，成为一个显示在屏幕上且可以编辑或浏览的 Workbook 对象。

这个操作可以使用 Workbooks 集合对象的 Open 方法实现，最常见的写法如下：

```
Set  w = Workbooks.Open (文件名)
```

这句代码中的“文件名”是一个字符串，应包含工作簿文件的完整存储路径（一般称为绝对路径）和文件名称，比如“D:\公司报表\2018\2\销售记录.xlsx”[①]。假设图 9.11 中的 VBA 代码保存在名为“年度汇总.xlsm”的工作簿中，那么程序运行之后就会自动打开另一个名为“销售记录.xlsx”的 Excel 文件。程序运行前后的效果如图 9.11 所示。

不过在实践中，指定完整存储路径的方式有时候会给开发者带来一些困扰。因为当我们把含有 VBA 程序的工作簿（如图 9.11 所示的“年度汇总.xlsm”）及相关数据文件发送给用户后，用户很可能把它们保存在计算机的其他文件夹下，比如保存为“C:\数据文件\销售记录.xlsx”。这时如果 VBA 程序仍然要求打开“D:\公司报表\2018\2\销售记录.xlsx”，就会发生“文件不存在”的运行时错误。

对于这种情况，比较常见的处理方式是将含有 VBA 程序的工作簿（如图 9.11 所示的“年度汇总.xlsm”）与需要自动打开的数据工作簿（如“销售记录.xlsx”）保存在同一个文件夹中，并且一起发送给用户（一般会用压缩软件制作一个压缩包）。同时修改 VBA 程序，将“Workbooks.Open (“ D:\vbademo\销售记录.xlsx”)”修改为：

```
Workbooks.Open ( ThisWorkbook.Path & "\销售记录")
```

ThisWorkbook 是 Application 对象的一个属性，本质上就是一个 Workbook 类型的对象，代表

---

① 在 Windows 操作系统中，绝对路径是从盘符（如“D:”）开始，包含文件所在的每层文件夹（目录）名称的字符串，每层文件夹之间都使用反斜线“\”隔开。相对的，不是从盘符开始的路径字符串被称为“相对路径”。在某些版本的 Excel 中，允许使用相对路径作为 Workbooks.Open 的参数，不过目前官方推荐的做法倾向于强制使用绝对路径。

这段 VBA 程序所在的工作簿（保存该 VBA 代码的 xlsm 文件）。比如在图 9.11 所示的例子中，由于 VBA 代码保存在“年度汇总.xlsm”工作簿中，所以如果在这段代码中使用 ThisWorkbook 对象，则 ThisWorkbook 代表的就是“年度汇总.xlsm”工作簿。

同时，Workbook 类的对象有一个 Path 属性，代表工作簿所在文件夹的绝对路径。所以 ThisWorkbook.Path 代表的就是 VBA 所在工作簿的绝对路径。以图 9.11 为例，如果“年度汇总.xlsm”工作簿被用户保存在“C:\data\”中，那么 ThisWorkbook.Path 就是字符串“C:\data\”。所以，表达式“ThisWorkbook.Path & “销售记录””就是执行字符串连接操作，得到“C:\data\销售记录.xlsx”，也就是一个包含绝对路径的文件地址。显然，这时 VBA 程序查找的就是与“年度汇总.xlsm”工作簿保存在同一个文件夹中的“销售记录.xlsx”文件。因此无论用户将收到的文件保存在什么位置，只要 VBA 程序所在工作簿与待打开的数据工作簿文件保存在同一个文件夹内，就能正确找到这个文件。

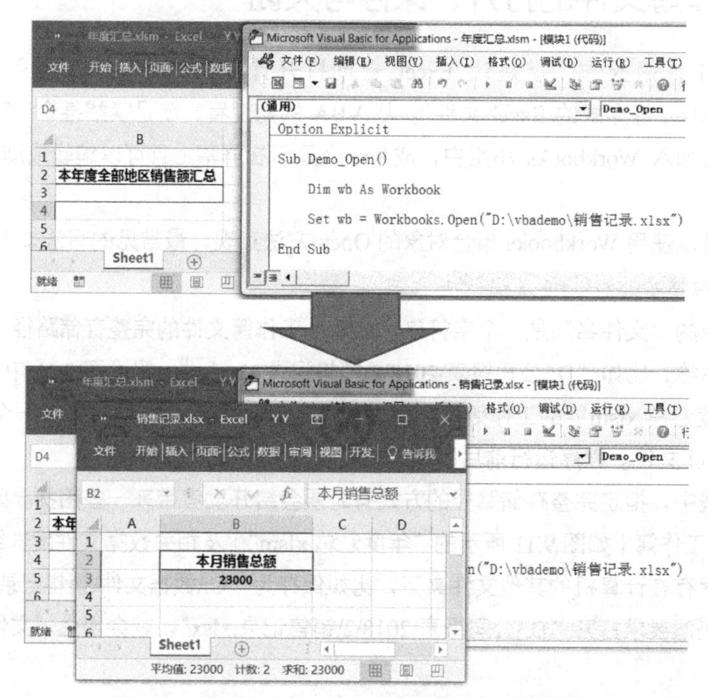

图 9.11 运行 Workbooks.Open 方法的前后效果

VBA 能够打开工作簿，自然也能创建、保存和关闭工作簿。创建新的空白工作簿需要使用 Workbooks 的 Add 方法，而其他操作则需要使用 Workbook 对象的其他方法。

★ Workbooks.Add：创建一个新的空白工作簿，用法与 Worksheets.Add 几乎相同，比如：Set wb = Workbooks.Add。

★ Workbook.Save：保存工作簿文件。如果该 Workbook 代表的是一个尚未命名的新建工作簿，Excel 会自动弹出对话框，要求为其指定文件夹和文件名。

★ Workbook.SaveAs“文件名”：将工作簿文件按照指定路径和文件名保存，相当于 Excel“文件”菜单中的“另存为”命令。

★ Workbook.Close：关闭工作簿文件，相当于在 Excel 中单击该工作簿窗口的“关闭”按钮。执行此操作后，Workbooks 集合中不再含有该工作簿对象。

综合利用上述方法，就可以批量处理多个 Excel 文件，如案例 9-6。

案例 9-6：如图 9.12 所示，在“D:\vbademo\chapter9\”文件夹下存有 12 个 Excel 工作簿文件，统一按照“2018 年第×月.xlsx”的格式命名。每个工作簿中都有多个工作表，其中名为“销售记录”的工作表含有企业销售数据。所有工作簿中的“销售记录”表的格式都完全相同，其 B2 单元格均为报表的标题。请编写 VBA 程序统一处理这 12 个工作簿文件，使每个工作簿中只保留“销售记录”工作表，删除其他工作表，并将“销售记录”表中的 B2 单元格内容修改为红色粗体字格式。

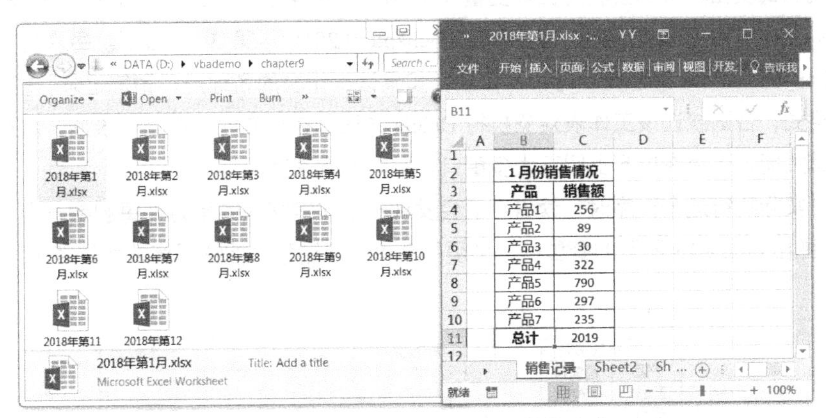

图 9.12　案例 9-6 的目录结构及工作簿内容示例

删除工作表及修改单元格格式的办法，之前已经介绍过。所以解决这个问题的关键在于怎样用 Workbooks.Open 方法自动打开 12 个工作簿文件，或者说怎样自动生成 12 个文件名。

观察这个案例就会发现，所有文件的名称都是三个字符串连接在一起的：“2018 年第” & 数字 & “月”。所以只要做一个循环，顺序生成从 1 到 12 的数字，并按照前面的形式连接在一起就能得到全部文件名。事实上，这种思路在案例 9-4 中已经使用过了。

有了这种思路，就可以开始编写 VBA 程序。首先，为了容纳和运行这个 VBA 程序，需要先新建一个 xlsm 文件；然后在其中插入模块，并输入下面的代码。

```
Sub Demo_9_6()

    Dim i, wb As Workbook, ws As Worksheet

    '循环生成 12 个数字，构造 12 个工作簿文件名
    For i = 1 To 12

        '括号内的字符串连接操作可以构造一个包含绝对路径的完整文件名
        Set wb =Workbooks.Open("d:\vbademo\chapter9\2018 年第" & i & "月.xlsx")

        '检查该工作簿中的每个工作表，如果是“销售记录”则修改格式，否则删除
        For Each ws In wb.Worksheets

            If ws.Name = "销售记录" Then
                ws.Range("B2").Font.Color = vbRed
                ws.Range("B2").Font.Bold = True
```

```
            Else
                ws.Delete
            End If

        Next ws

        '处理完这个工作簿之后，将之保存并关闭，继续循环处理下一个工作簿
        wb.Save
        wb.Close

    Next i

End Sub
```

上述代码每次循环时都会利用循环变量 i 构造一个完整的文件路径。比如当 i 等于 3 时，Workbooks.Open 中的字符串就是“d:\vbademo\chapter9\2018 年第 3 月.xlsx”。每次打开这个工作簿文件，For Each 循环都会检查每个工作表，如果该工作表的名称是“销售记录”就修改其 B2 单元格的格式，否则就让该工作表对象执行 Delete 方法。在检查完所有工作表后，就可以保存工作簿并将其关闭，以免在屏幕上留下太多窗口，影响执行速度。

不过在实际执行这个程序时，读者可能会发现一个非常恼人的地方：每删除一个工作表时，Excel 都会弹出如图 9.13 所示的警告框，必须手动单击“删除”按钮程序才能继续运行。

图 9.13　执行 ws.Delete 方法时弹出的警告框

针对这种问题，比较常见的处理方式是使用 Application 对象的 DisplayAlerts 属性，来通知 Excel 不再弹出警告框。如前所述，Application 对象代表了整个 Excel 程序，所以它的各种属性也代表了当前 Excel 的各种设置。顾名思义，DisplayAlerts 属性的含义就是“是否显示警告”，所以将其设置为 False（否），意即让 Excel 不显示任何警告；将其设置为 True 则代表显示警告。

所以，只要先在代码开始处写上 Application.DisplayAlerts=False，再产生类似“删除文件”等常规警告时，Excel 都不会弹出警告框。不过，为了让用户在程序结束后能像以前一样正常使用 Excel，还要在代码结尾处将该属性设置为 True，也就是恢复显示各种警告。代码如下：

```
Sub Demo_9_6()

    Dim i, wb As Workbook, ws As Worksheet

    '通知 Excel 程序：从现在开始不要显示任何警告
    Application.DisplayAlerts = False

    '循环生成 12 个数字，构造 12 个工作簿文件名
    For i = 1 To 12

        '括号内的字符串连接操作可以构造一个包含绝对路径的完整文件名
```

```
        Set wb =Workbooks.Open("d:\vbademo\chapter9\2018年第" & i & "月.xlsx")

        '检查该工作簿中的每个工作表，如果是“销售记录”则修改格式，否则删除
        For Each ws In wb.Worksheets

            If ws.Name = "销售记录" Then
                ws.Range("B2").Font.Color = vbRed
                ws.Range("B2").Font.Bold = True
            Else
                ws.Delete
            End If

        Next ws

        '处理完这个工作簿之后，将之保存并关闭，继续循环处理下一个工作簿
        wb.Save
        wb.Close

    Next i

    '由于本程序已经结束，所以通知 Excel 程序：从现在开始恢复显示各种警告
    Application.DisplayAlerts = True

End Sub
```

读者可能会觉得这个案例存在一定的偶然性，因为所有工作簿文件的名称都是统一的格式，可以使用 For 循环简单地列举出来。但假如实际工作中要汇总的文件名完全没有规律可言，该怎样让 VBA 程序扫描所有文件呢？对于这种问题，需要使用 VBA 提供的文件系统函数 DIR，或者 Windows 的文件系统对象 FSO 解决，具体办法会在本书后面的章节详细阐述。

9.3.2　常用技巧——工作簿的拆分与汇总

案例 9-6 演示了怎样对多个工作簿文件执行统一的修改操作。另外两个常见的应用则是怎样把一个工作簿中的所有工作表分别保存到多个工作簿中，以及怎样把多个工作簿中的工作表汇总到一个工作簿中。下面分别介绍一下解决这两种问题的基本思路。

1. 拆分工作簿

拆分工作簿的最基本思路如下。

① 循环扫描原工作簿中的各个工作表。

② 每找到一个工作表，就打开需要插入该工作表的工作簿文件，或者根据要求创建一个新的工作簿文件。

③ 使用 Worksheet 对象的 Copy 或 Move 等方法将该工作表插入目标工作簿，如果只需导入部分单元格，则可以利用 Range 对象将数据复制到目标工作簿的对应工作表中。

④ 保存并关闭该工作簿，并继续循环处理原工作簿中的下一个工作表。

当然，我们在实际工作中遇到的拆分要求也千变万化，经常会有新的特点和要求。所以上面列出的只是最基本的思路，读者在透彻理解之后，可以根据实际问题具体分析和设计。下面以案例 9-7 为例演示这种基本的拆分方法。

案例 9-7：图 9.14 所示的工作簿中含有 12 个月份的销售报表及一个汇总表。请编写 VBA

程序，自动生成 12 个 xlsx 文件，每个文件均含有一个月度报表。这些文件应全部保存在“D:\vbademo\chapter9”文件夹下，并统一按照“2018 年第×月.xlsx”的格式命名。预期效果如图 9.14 下图所示。

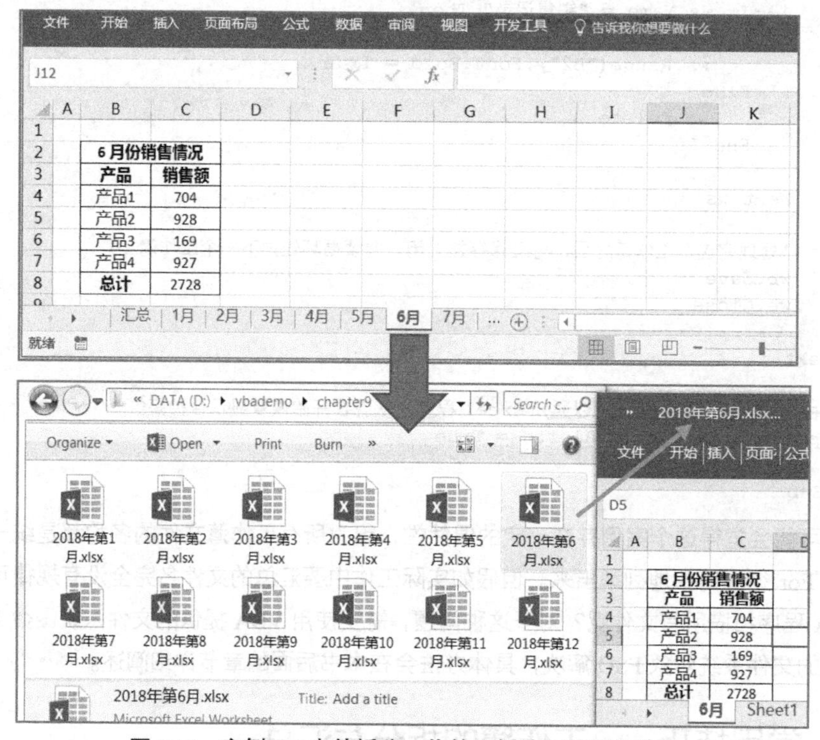

图 9.14　案例 9-7 中待拆分工作簿及拆分后的预期效果

按照前述拆分思路，可以使用下面的代码解决该问题：

```
Sub Demo_9_7()

    Dim i, ws As Worksheet, wb As Workbook

    '循环生成 1 到 12，构造源数据工作簿中的工作表名，以及新建工作簿的文件名
    For i = 1 To 12

        '让 ws 指向源数据工作簿中的月度工作表。由于本程序保存在这个工作簿中，
        '所以 ThisWorkbook 代表的就是源数据工作簿
        Set ws = ThisWorkbook.Worksheets(i & "月")

        '创建一个新的空白工作簿，存放月度工作表
        Set wb = Workbooks.Add

        '将月度工作表拷贝到新工作簿中，位置在最左侧
        ws.Copy before:=wb.Worksheets(1)

        '使用“另存为”方法，为新工作簿命名并保存到指定文件夹
        wb.SaveAs "D:\vbademo\chapter9\2018 年第" & i & "月.xlsx"

        '关闭新工作簿，继续循环处理下一个月度工作表
        wb.Close
```

```
    Next i
End Sub
```

在这段代码中，需要注意的事项有以下几点：

（1）由于这段 VBA 程序写在含有各月报表的“源数据工作簿”中，所以在代码中可以使用 ThisWorkbook 代表这个工作簿。

（2）由于题目中要求将整个工作表复制到新工作簿中，所以可以直接使用工作表的 Copy 方法。而此次复制的目标位置，则通过 before 参数指定为新工作簿的第一个工作表之前（每新建一个工作簿，Excel 都会为其创建一个 Sheet1 工作表）。

（3）由于新工作簿尚未命名，所以不能直接使用 Save 方法保存，但可以通过 SaveAs 方法指定名称并保存。SaveAs 方法后面的参数由字符串连接操作生成，既包含保存位置又包含随变量 i 变化的文件名。

需要特别指出的是：当涉及多个工作簿操作时，必须明确地告诉 VBA 每个工作表所属的工作簿。比如本例中“Set ws = ThisWorkbook.Worksheets（i & “月”)”这句不应该简写为“Set ws =Worksheets (i & "月")”。因为后者代表的是“让 ws 指向当前活动工作簿中的某个工作表”，而我们无法保证源数据工作簿在程序运行过程中始终显示在最前端。事实上，每执行一次 Workbooks.Open 或 Workbooks.Add 方法后，新打开的工作簿都会自动成为最前端的活动工作簿。因此，如果不指明工作表所属的工作簿，让 VBA 将其视作当前活动工作簿的内容，很可能会导致程序从错误的工作簿中读写数据。

初学者另外一个常见的错误，就是把代表工作表的变量误写为工作簿的属性。比如对于上述代码，常有同学会把“ws.Copy”写成“ThisWorkbook.ws.Copy”，认为这样可以指明 ws 工作表属于 ThisWorkbook 工作簿。

但是从 VBA 语法的角度看，这种写法的含义却是：请找到 ThisWorkbook 工作簿对象的 ws 属性，并执行这个属性的 Copy 方法。然而在 VBA 的类库定义中，工作簿对象（Workbook）并没有一个名为“ws”的属性，所以执行这句代码会导致程序出错。

其实在上面的程序中，写下“Set ws = ThisWorkbook.Worksheets (i & “月”)”这句代码后，就已经明确了 ws 与 ThisWorkbook 之间的从属关系，因为这个语句就是把 ThisWorkbook 的某个工作表赋值给 ws 这个变量。所以，在后面的代码中写下 ws 就足够了，不必再指出 ws 代表的工作表到底属于哪个工作簿。

2. 汇总工作簿

对于读取多个工作簿中的数据并汇总到一个工作簿中的需求，基本的解决思路如下。

（1）循环打开每个待汇总的工作簿。

（2）读取计算工作簿中的数据，并将结果记录在目标工作簿中。

（3）关闭该工作簿，继续循环，计算下一个待汇总工作簿。

下面以案例 9-8 为例演示上述思路。

案例 9-8：如图 9.15 所示，在“D:\vbademo\chapter9\”文件夹下存有 12 个 Excel 工作簿文件，统一按照“2018 年×月.xlsx”的格式命名。每个工作簿中都有多个工作表，名为“销售记录”的工作表含有企业销售数据。所有工作簿的“销售记录”表的格式完全相同，最后一行 C 列中存放了当月总计销售额。请在工作簿“9-8.xlsm”（如图 9.15 下图所示）中编写一个 VBA 程序，将这 12 个工作簿的月度销售总计数字填写到“9-8.xlsm”中“汇总”表的对应行中。

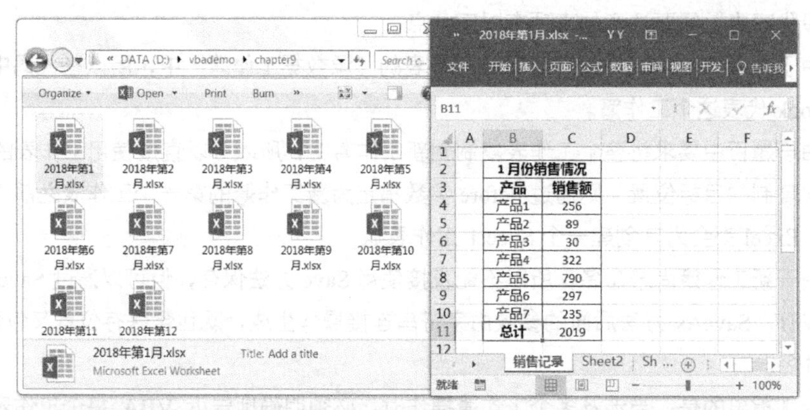

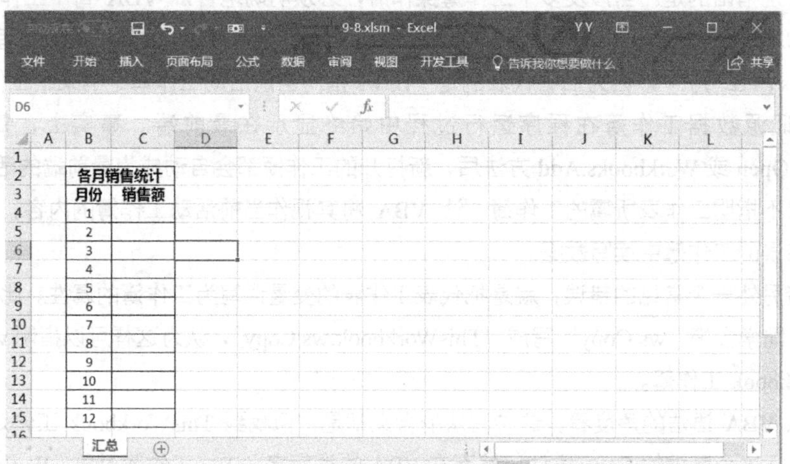

图 9.15　案例 9-8 的待汇总工作簿及目标工作簿（9-8.xlsm）

这个案例的文件名与案例 9-6 完全相同，因此可以使用一个简单的 For 循环自动生成所有文件名，这样就可以依次打开每个待汇总的工作簿文件。接下来要做的事情就非常简单了：使用 Do While 循环找到该工作簿中“销售记录”工作表的最后一行，并将这行的 C 列数字填写到工作簿“9-8.xlsm”的“汇总”表中即可。具体代码如下：

```
Sub Demo_9_8()

    Dim i, j, wb As Workbook, ws As Worksheet

    '循环生成 1 到 12，构造待汇总的工作簿名称
    For i = 1 To 12

        '根据变量 i 构造出工作簿路径与文件名，并打开该工作簿且让 wb 指向它
        Set wb =Workbooks.Open("D:\vbademo\chapter9\2018 年第" & i & "月.xlsx")

        '让变量 ws 代表该工作簿中的“销售记录”工作表
        Set ws = wb.Worksheets("销售记录")

        '利用 Do While 循环找到总计数字所在的行号。注意：为避免工作表中无“总计”二字
        '导致的死循环问题，可以使用 For...Exit 技巧替代 Do While 循环
```

```
            j = 4
            Do While ws.Cells(j, 2) <> "总计"
                j = j + 1
            Loop

            'Do 循环结束后，j 就是总计数字所在行号，将该行数字写入目标工作簿的“汇总”表
            '此处利用了“汇总”表的格式特点，即第 i 月的数字处于表格中第 i+3 行
            ThisWorkbook.Worksheets("汇总").Cells(i + 3, 3) = ws.Cells(j, 3)

            '关闭该工作簿，继续循环，汇总下一个月的报表
            wb.Close

        Next i

    End Sub
```

这段代码的注释已经比较详细地阐明了主要技术环节，读者仔细阅读即可明白，这里不再赘述。实际工作中的汇总要求可能比这个案例复杂很多，比如需要先对每个工作簿中的数字进行统计，然后才能写入“汇总”表等。但是我们在讲解工作表汇总等技巧时已经解决了这些问题，所以只要在这段代码的框架下，根据需要添加之前讲过的各种代码，就完全能够解决各种看似复杂的汇总任务。但需要时刻注意一点：一定要保证代码中出现的每个 Range 对象都明确属于某个 Worksheet 对象，每个 Worksheet 对象也必须明确属于某个 Workbook 对象。如果让 VBA 根据当前活动工作簿或活动工作表“乱点鸳鸯谱”，很可能会造成严重的计算错误。

本章小结

能否批量处理多个工作表与工作簿，是衡量 Excel VBA 应用水平的关键能力指标之一。如果只能使用 VBA 对一个工作表内的数据进行计算分析，那么在大多数情况下还不如直接使用公式或透视表更方便。所以，本章通过 8 个连续的案例，尽可能将处理多工作表和多工作簿时的常见需求和常见错误介绍给读者，希望读者认真学习之后，能够真正发挥出 VBA 的威力。

此外，本章开始大量用到面向对象的思想，程序代码中大部分篇幅都涉及各种对象、属性和方法。希望读者能够从此开始习惯面向对象的表述方式，以便为后续学习打下基础。

本章关键知识点包括：

★ Workbooks 与 Worksheets 属于集合类型的对象，容纳和管理多个 Workbook 或 Worksheet。

★ 在规范的 VBA 程序中，应确保用到的每个 Range 对象都明确归属于某个 Worksheet 对象，每个 Worksheet 对象则明确归属于某个 Workbook 对象。

★ 在使用 Range(Cells(r1,c1), Cells(r2,c2)) 这种形式时，必须确保 Range 和两个 Cells 都属于同一个 Worksheet 对象。

★ 应尽量通过“按名引用”的方式调用工作表。

★ 在统一处理多工作表或多工作簿数据时，应首先观察这些数据的共同特征（如工作表名、单元格内容或格式等）及映射关系（比如“3 月”工作表的数据应存入“汇总”工作表中内容为“3 月汇总”的单元格后面），然后据此编写 VBA 代码。

★ Worksheet、Workbook 等对象均拥有几十个属性和方法，分别对应各种 Excel 操作与设置。通过查阅 MSDN 官方文档，可以随时了解它们的功能和用法。

★ 在使用 Worksheets.Add 或 Workbooks.Add 创建新的工作表/工作簿时，应同时将其赋值给一个变量，以便之后操作该工作表或工作簿。

★ 使用 Workbooks.Open 方法打开工作簿文件时，应指定文件的完整存储路径（绝对路径）与文件名。如果被打开的文件与 VBA 程序所在工作簿保存在同一个文件夹中，可使用 ThisWorkbook.Path 得到 VBA 所在工作簿的绝对地址。

★ 在处理多个工作簿文件时，可以随时使用 ThisWorkbook 代表 VBA 代码本身所在的工作簿对象。

★ 在代码中设置 Application.DisplayAlerts 属性为 False，可以禁止 Excel 弹出操作警告。不过在代码结束前，应将其属性修改为 True，以免影响用户正常操作。

★ 不要混淆变量与属性。比如 ThisWorkbook.Worksheets(1) 是正确的写法，因为 Workbook 对象确实有名为 Worksheets 的属性，代表所有工作表的集合。但是 ThisWorkbook.ws 则是错误的写法，即使 ws 已经被赋值为 Worksheets(1)，因为 Workbook 并没有一个名为 ws 的属性。

第 10 章

结构的艺术——过程、函数与字符串处理

在笔者小时候，木匠和瓦匠是乡下颇受尊敬的职业，技艺娴熟者甚至可以一个人盖起一间漂亮的房屋。但即使天才级别的瓦匠，如果没有接受过系统的学习和训练，也不会被人称为建筑师。这是因为对于动辄几十层的复杂建筑项目，真正重要的不再是手艺技能，而是对整体结构的驾驭和优化。

软件开发也是一样①，如果不重视代码结构的设计，程序会变得非常复杂难懂，常人根本无法驾驭，这一点对于本书讲解的 VBA 小程序同样适用。读者可能已经感觉到，随着学习不断深入，编写的程序代码已经越来越长，而且在一个程序中往往会包含三四层循环或判断结构，越发让人难以理解。

怎么让复杂的程序变得清晰易懂？VBA 语言主要通过划分“子过程”和“函数”的方式来解决这个问题，也就是所谓的“结构化程序设计”方法。本章就开始介绍这种思想，并让读者理解 VBA 中子过程与函数的基本用法。

同时，由于 VBA 中的函数可以直接在工作表中作为公式调用，所以读者在本章还会学习编写自定义公式的技巧。此外，VBA 中提供了大量有用的系统函数，最常用的莫过于各种用于文本分析和处理的字符串函数，所以本章还将对此进行详细讲解。

具体来说，通过本章的学习，读者将理解以下问题：

★ 什么是“子过程”，为什么要划分子过程？

---

① 此言非虚。软件领域的很多经典理论都是从建筑和工程管理等学科中借鉴而来。比如面向对象理论中大名鼎鼎的“设计模式”思想，就在很大程度上受到著名建筑师 Alexander 系列著作的影响。

★ 怎样调用子过程，以及怎样为子过程传递参数？
★ 什么是“函数”，它与子过程有什么区别？
★ 怎样用函数实现表格公式？
★ 什么是系统函数？VBA 中提供的主要系统函数有哪些？
★ 怎样使用系统函数对字符串进行分析和处理？

本章内容主要与视频课程“全民一起 VBA——基础篇”第十五回“子过程分工明确，模块化益处良多”、第十六回 “函数可将结果反馈，公式也能自己开发”及第十七回“系统函数功能强大，文本内容操作自如”相对应。同时，结合字符串函数处理复杂工作表的技巧，则在“全民一起 VBA——基础篇”第十八回“For Each 轻取工作表，串函数巧解文字栏”的后半节中讲解。视频课程中提供了较多的动画演示，所用案例也与本书不同，所以建议读者配合学习，从多个角度加深理解。

10.1 子过程与“结构化程序设计”

10.1.1 子过程基本概念与调用方法

1. 结构化程序设计

所谓“子过程”，其实读者并不陌生——我们在 VBA 编辑器中写下的每个“Sub … End Sub”形式的宏，都是一个“子过程”。事实上，“Sub”关键字就是“Sub Procedure（子过程）”的缩写[①]。

之所以引入“子过程”的概念，是为了通过模块化来降低软件开发的复杂度，这种机制在现代工业生产中已经十分常见。比如在汽车工业中，设计团队会先将汽车分解为底盘、发动机、驾驶舱、电控系统等多个模块，分别交给不同的部门或供应商制造，最后将这些模块组装起来，组装成一台完整的汽车。在这种模块化的机制下，每个生产部门只需专注于一个模块的制造，不需要太多关注其他问题，因此无论工作效率还是产品质量，都远远高于 19 世纪末在一个作坊里制造整台汽车的模式。

开发软件也一样。如果编写一个 VBA 宏来实现一个非常复杂的任务，那么这个宏里面可能会有几百行代码。读者可以想象一下阅读这样的程序会是一种怎样的感受。更大的问题是，一旦程序运行出错，想从几百行混杂在一起的代码中找到 Bug 的根源也会非常困难。

如果把一个 VBA 宏看作一个生产部门，那么使用一个宏解决整个复杂任务的方式，就相当于在一个作坊中生产整台汽车。改进的办法自然就是将复杂任务先划分为多个“子任务”，分别交给不同的生产部门——也就是多个“子过程”去完成。最后再编写一个“主程序”，统一调用执行子过程就能完成整个复杂任务。这个主程序起到的作用，就相当于汽车生产中的“组装”车间。这种模块化的思想在软件领域中称为“结构化程序设计”。

① 由于 Basic 语言出现的时间较长，版本众多，所以也有人认为 Sub 是“Sub Routine（子例程）”的缩写，不过其含义与“Sub Procedure”没有本质区别。

2. 子过程的设计与调用

下面结合案例 10-1，为大家讲解怎样在 VBA 中应用结构化程序设计思想。

案例 10-1： 图 10.1 左侧所示的工作表名为“产品 A”，其中列示了某产品在中华各区的经营情况。请编写 VBA 程序，自动计算每个地区的税前净利（= 营收 - 成本 - 费用），并写入 F 列。同时，计算出 4 个地区的指标汇总，并写入第 8 行。此外，如果第 4 行至第 7 行 F 列（税前净利）中的数值小于 0，则以红色字体显示。预期效果如图 10.1 右图所示。

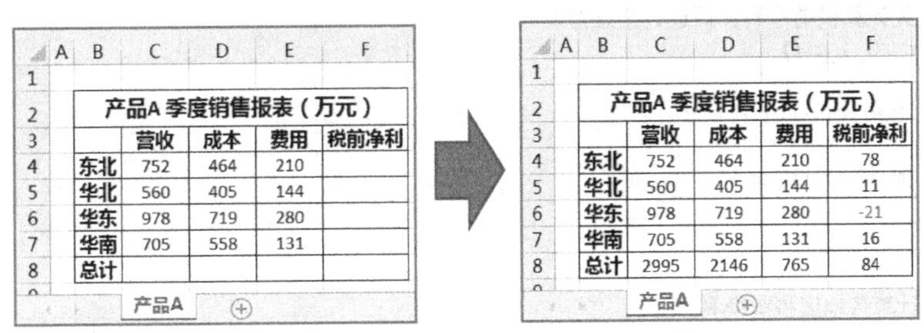

产品A 季度销售报表（万元）

	营收	成本	费用	税前净利
东北	752	464	210	
华北	560	405	144	
华东	978	719	280	
华南	705	558	131	
总计				

产品A 季度销售报表（万元）

	营收	成本	费用	税前净利
东北	752	464	210	78
华北	560	405	144	11
华东	978	719	280	-21
华南	705	558	131	16
总计	2995	2146	765	84

图 10.1　案例 10-1 的原始数据及预期效果

根据之前学过的知识，使用下面的代码就可以完成任务：

```
Sub Demo_10_1_a()

    Dim i, j, s, w As Worksheet

    Set w = Worksheets("产品 A")          '按照最佳实践，应为所有 Cells 指明工作表

    For i = 4 To 7                        '任务 1：循环计算各行税前净利并存入 s

        s = w.Cells(i, 3) - w.Cells(i, 4) - w.Cells(i, 5)

        w.Cells(i, 6) = s                 '将 s 中的数字写入 F 列

        If s < 0 Then                     '判断 s 的大小，如果是负数则修改字体颜色
            w.Cells(i, 6).Font.Color = vbRed
        End If

    Next i

    For i = 3 To 6                        '任务 2：用双循环分别汇总各列，i 代表列号

        s = 0                             '汇总每列之前，先将累加器变量清零

        For j = 4 To 7                    '遍历该列的每行，并将数字加总到 s 上
            s = s + w.Cells(j, i)
        Next j

        w.Cells(8, i) = s                 '将该列总和写入该列第 8 行（“总计”行）

    Next i

End Sub
```

这个案例只是为演示子过程用法而设计，因此需求其实很简单，甚至只需要使用公式就能解决，所以这段代码看起来也不是很烦琐。但接下来还是使用多个子过程对它进行重构，让读者通过解剖这个“麻雀”把结构化程序设计的“五脏”看全。

首先，我们发现 Demo_10_1_a 这个宏（也就是一个子过程）中其实包含了两段相互独立的代码，每段代码分别解决一个子任务：第一个 For 循环解决了各地区的净利计算及显示颜色问题，第二个双循环实现了各财务指标的全国汇总。

既然这两段代码在功能上相互独立，按照结构化程序设计的思想，应该考虑将其写入两个不同的子过程。这样 Demo_10_1_a 只需先调用完成任务 1 的子过程，再调用完成任务 2 的子过程，就能实现全部需求。参考代码如下：

```
'主程序：先计算税前净利，再进行全国汇总
Sub Demo_10_1_b()

    Call RegionalProfits

    Call NationalTotal

End Sub

'任务 1：计算各地区税前净利
Sub RegionalProfits()

    Dim i, s, w As Worksheet          '这个子程序中并不需要用到变量 j

    Set w = Worksheets("产品 A")

    For i = 4 To 7
        s = w.Cells(i, 3) - w.Cells(i, 4) - w.Cells(i, 5)
        w.Cells(i, 6) = s
        If s < 0 Then
            w.Cells(i, 6).Font.Color = vbRed
        End If
    Next i

End Sub

'任务 2：对所有指标进行全国汇总
Sub NationalTotal()

    Dim i, j, s, w As Worksheet

    Set w = Worksheets("产品 A")

    For i = 3 To 6
        s = 0
        For j = 4 To 7
            s = s + w.Cells(j, i)
        Next j
        w.Cells(8, i) = s
    Next i

End Sub
```

从改进后的代码中可以看到，这次定义了三个子过程，名字分别为“Demo_10_1_b”、“RegionalProfits”及“NationalTotal”。后面两个子过程都是一个完整的 VBA 宏，都可以直接运行并完成一种计算任务。比较特别的是 Demo_10_1_b 宏，只有两行形如“Call 子过程名”的语句。

“Call”是 VBA 语言中的一个关键字，可以理解为“呼叫”，即“调用”或“执行”某个子过

程。因此如果运行 Demo_10_1_b 子过程，当执行到“Call RegionalProfits”一句时，VBA 就会跳转到“Sub RegionalProfits”，执行 RegionalProfits 子过程中的语句，直到遇见它的“End Sub”为止。不过在执行 RegionalProfits 的过程中，VBA 会始终牢记自己是从 Demo_10_1_b 的 Call 语句跳转而来，因此在遇到 RegionalProfits 的“End Sub”后，VBA 会回到 Demo_10_1_b 中的 Call 语句上，继续执行下一条语句。如此逐行向下，直到遇见 Demo_10_1_b 的“End Sub”才彻底结束。

把这个过程用图形描述出来如图 10.2 所示。

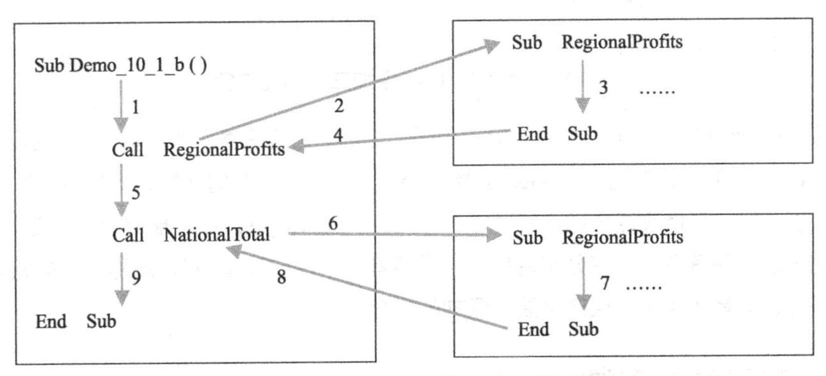

图 10.2　案例 10-1 中的子过程调用顺序

最后需要说明一点：在讲解案例 10-1 的代码时，尽管我们把 Demo_10_1_b 称为“主程序”，但其实质仍然是一个普通的子过程，与另外两个子过程没有区别。只是因为我们使用它来统一调用其他两个子过程，所以从业务逻辑的角度看，它处于支配地位。但是在计算机看来，它的地位与另外两个子过程完全平等，只是它有调用其他子过程的 Call 语句而已。

3. 使用子过程的意义

案例 10-1 的需求非常简单，所以结构化设计的优势体现得并不明显，分解成三个子过程以后代码的总行数反而增加了。即便如此，由于每个子过程的长度都明显小于改进前唯一的宏 Demo_10_1_a，还是带来了很多方便之处。比如当别人想要理解某个任务的实现算法，或者发现某个任务执行结果出错时，只要聚焦于其中一个子过程就可以，所以整个程序的结构比以前更加清晰，阅读和调试也更加容易。

VBA 中的子过程还有一个独特的优势，即可以把每个子过程作为一个宏独立运行。比如在案例 10-1 中，如果按照图 10.3 所示添加三个按钮，分别关联到三个不同的子过程，就可以实现“仅计算地区净利”“仅计算全国汇总”及“计算净利及汇总”三种功能。而在改进之前的代码中，则需要把 Demo_10_1_a 中的两段代码分别复制成一个宏，才能支持这三个按钮。不过在这种模式中，用于计算各地区净利润的 For 循环既要出现在 Demo_10_1_a 中，也要出现在支持“计算净利及汇总”按钮的宏中。这样不仅增加了代码长度，而且在需求变化时（比如把负数的颜色由红色改为蓝色），必须将这两段代码进行完全相同的修改才可以，很容易导致不一致错误。

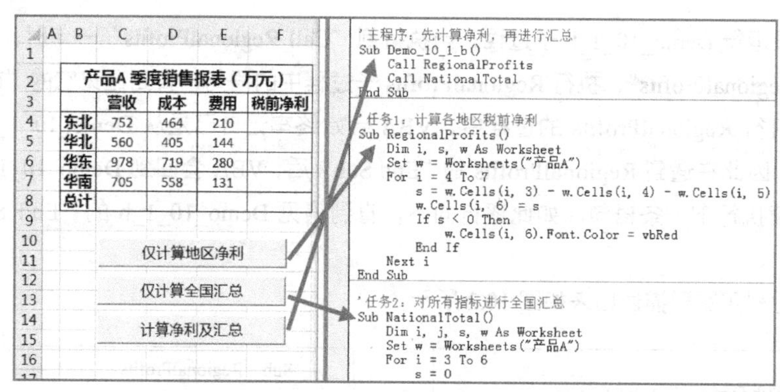

图 10.3　为案例 10-1 添加三个功能按钮

而在图 10.3 所示的用法中，相同功能的代码（如计算各地区净利）只会出现一次，不论是直接运行 RegionalProfits 宏，还是运行 Demo_10_1_b 宏，在计算净利时实际执行的都是同一段代码。当需求发生改变时，只修改这个地方就可以。事实上，像 RegionalProfits 这样的子过程只需要书写一次，就可以被任意多个程序分别调用，实现最基本的“代码重用”，或称“代码共享”。在讲解“函数”时，读者将对这一点产生更加深刻的体会。

10.1.2　变量的作用域

在案例 10-1 的代码中，RegionalProfits 和 NationalTotal 两个子过程都定义了 i、s、w 几个变量。尽管这些变量名相同，但它们之间没有任何关系，VBA 在执行不同的子过程时也不会把它们混淆在一起。

这是因为每个变量都有自己的“生存空间”，或称“作用域”。一个变量声明于哪个子过程或模块，它的作用域就局限在这个子过程或模块中。因此从 VBA 的视角看，一个变量的标识并不仅仅是我们给它起的名字，而且包括它所在的作用域。

比如上述代码在模块 1 的子过程 RegionalProfits 中定义了变量 s，那么它的全名就是“模块 1 的 RegionalProfits 的 s”；而在模块 2 的子过程 NationalTotal 中定义的 s，其全名则是“模块 2 的 NationalTotal 的 s”。

这就解释了为什么在 RegionalProfits 和 NationalTotal 两个子过程中，都要书写“Set w = Worksheets(“产品 A”)”这句完全相同的代码。因为前者是对“模块 1 的 RegionalProfits 的 w”赋值，而后者则是对“模块 2 的 NationalProfit 的 w”赋值。所以尽管这两行代码看上去完全相同，但实际影响的却是互不相干的两个变量。

作用域不仅避免了同名变量之间的混淆，而且直接决定了一个变量的生命周期，也就是这个变量何时被创建，以及何时在内存中彻底消失。比如在执行子过程 RegionalProfits 的 Dim 语句时，变量 i 将被创建出来并用于接下来的运算；但是当执行到这个子过程的 End Sub 语句时，由于整个 RegionalProfits 子过程都将结束并消失，变量 i 也失去了它的生存空间，因此也会被 VBA 从内存中完全清除，所谓“皮之不存，毛将焉附”。

关于变量的作用域，还有很多有趣的知识和应用技巧，比如在模块中定义一个变量，它的作用域和生命周期将是怎样的？以及如何突破作用域界限，实现跨模块的变量调用等。对此本书将逐一介绍，现在需要读者真正领会的就是“变量全名”与“仅生存于作用域”两个关键点。

10.1.3　参数的概念

不管怎样，在案例 10-1 的代码中，“Set w = Worksheets(“产品 A”)” 这句话重复出现了两次。这就意味着，一旦我们想处理“产品 A”工作表，就要在 RegionalProfits 和 NationalTotal 两个子过程中同时进行修改，一旦疏漏了一个就会造成错误。

对比一下人类的协同工作方式：一个团队的领导人专门负责制订目标（比如“全力投标甲公司项目”），并把目标告知团队所有成员，让每个成员都为这个目标各尽其力。如果需要变更目标（比如“放弃甲公司项目，改投乙公司项目”），只需要领导人自己做好决策，并告知团队成员即可。同样，在案例 10-1 的参考代码中，也应该由主程序 Demo_10_1_b 来决定处理哪张工作表，并把决定告知另外两个子过程，而不是让子过程使用 Set 语句各自决定目标工作表。

实现这个思路的关键，就是主程序（更确切地说，应该是“调用方”子过程）怎样把它的决定（目标工作表是谁）告知被调用的子过程，也就是调用方怎样向被调用方传递消息。这个功能一般使用子过程的“参数传递”机制来实现，以案例 10-1 为例，其基本格式如图 10.4 所示。

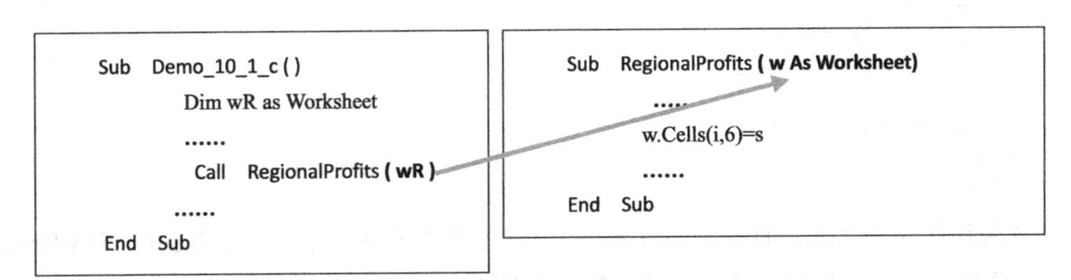

图 10.4　子过程参数传递的基本格式

在图 10.4 所示的代码示例中，“Sub RegionalProfits”这行代码的括号里比之前多了一个表达式“w As Worksheet”。把 Dim 语句中的变量声明写入子过程名字后的括号里，就是通知 VBA：在调用 RegionalProfits 子过程时，必须传来一个 Worksheet 类型的对象，无论 Worksheet 对象之前的名字是什么，在 RegionalProfits 中都将以“w”的名字称呼它，这个 w 就被称为子过程 RegionalProfits 的一个参数。

所以在图 10.4 所示的 Demo_10_1_c 中，调用 RegionalProfits 的 Call 语句也多了一个括号，内含一个名为 wR 的工作表类型变量。在调用 RegionalProfits 时，wR 将同时被传递；而 RegionalProfits 接收到 wR 之后，则在内部的代码中用 w 称呼它，不过 w 只是该对象的一个别名，与 Demo_10_1_c 中的 wR 代表的是同一个工作表。

按照这个格式，将案例 10-1 的代码改写如下：

```
'主程序：先计算净利，再进行汇总
Sub Demo_10_1_c()
    Dim wReport As Worksheet
    Set wReport = Worksheets("产品 A")    '让 wReport 代表“产品 A”工作表

    Call RegionalProfits(wReport)        '执行任务 1，并传递 wReport
```

```
    Call NationalTotal(wReport)         '执行任务 2，并传递 wReport
End Sub

'任务 1：计算各地区税前净利
'括号含义：被调用时将接收一个工作表对象，在本子过程内名字为 w
Sub RegionalProfits(w As Worksheet)
    Dim i, s

    '下面的代码中出现的 w，就是本子过程被调用时接收的工作表对象参数
    For i = 4 To 7
        s = w.Cells(i, 3) - w.Cells(i, 4) - w.Cells(i, 5)
        w.Cells(i, 6) = s
        If s < 0 Then
            w.Cells(i, 6).Font.Color = vbRed
        End If
    Next i
End Sub

'任务 2：对所有指标进行全国汇总
'括号含义：被调用时将接收一个工作表对象，在本子过程内名字为 w
Sub NationalTotal(w As Worksheet)
    Dim i, j, s

    '下面的代码中出现的 w，就是本子过程被调用时接收的工作表对象参数
    For i = 3 To 6
        s = 0
        For j = 4 To 7
            s = s + w.Cells(j, i)
        Next j
        w.Cells(8, i) = s
    Next i
End Sub
```

在这段程序中，如果运行 Demo_10_1_c，该子过程会首先声明一个工作表类型的变量 wReport，并用 Set 语句使其指向“产品 A”工作表。接下来在调用子过程 RegionalProfits 时，wReport 被放在了 Call 语句的括号中，被一并传递给 RegionalProfits。

RegionalProfits 收到 wReport 之后，为其起了一个别名 w。所以在 RegionalProfits 中，任何出现变量 w 的语句，实际处理的都是 wReport 所指向的工作表，也就是“产品 A”。另一个子过程 NationalTotal 的处理过程与此完全相同。

需要特别提醒初学者的是：“Sub　RegionalProfits (w As Worksheet)”一句已经声明了变量 w，所以在 RegionalProfits 中不应该再次使用“Dim w As Worksheet”来声明 w。否则会在 RegionalProfits 作用域中出现两个同名变量，导致 VBA 报错。

另外需要阐明的是：一方面，RegionalProfits 中的变量 w 相当于 wReport 的别名，二者本质上是同一个对象；另一方面，wReport 的作用域只存在于声明它的 Demo_10_1_c 中，所以只能在 Demo_10_1_c 中使用 wReport 这个名字。如果在 RegionalProfits 中使用了“wReport”，会因为无法在当前作用域（RegionalProfits 子过程）中找到 wReport 的声明而导致出错。

同样，尽管在 NationalTotal 中也把参数名称定义为“w”，但是 w 的作用域仅限于 NationalTotal，因此与 RegionalProfits 中的 w 相互独立，互不影响。

事实上，我们完全可以把上述代码中的两个参数 w 都改名为“wReport”，与调用方 Demo_10_1_c 中的变量名完全相同；或者把 Demo_10_1_c 中的变量改名为“w”，使之与另外两

个子过程中的参数同名。这样做完全符合 VBA 语法，因为尽管这三个名称相同，但其实隶属于不同的子过程，作用域互不重叠，因而不会让 VBA 混淆。

通过使用参数，子过程不仅可以承担调用方的一部分代码，而且能接收调用方的命令，从而更加灵活地完成任务。案例 10-2 就是一个简单的示例。

案例 10-2：图 10.5 所示的工作簿与案例 10-1 基本相同，只是多出了“产品 B”“产品 C”等工作表。所有工作表的格式和行数完全相同，只是具体数字不同。请编写 VBA 程序，自动计算出所有表格的各地区税前净利（负数显示为红色），并进行全国汇总。

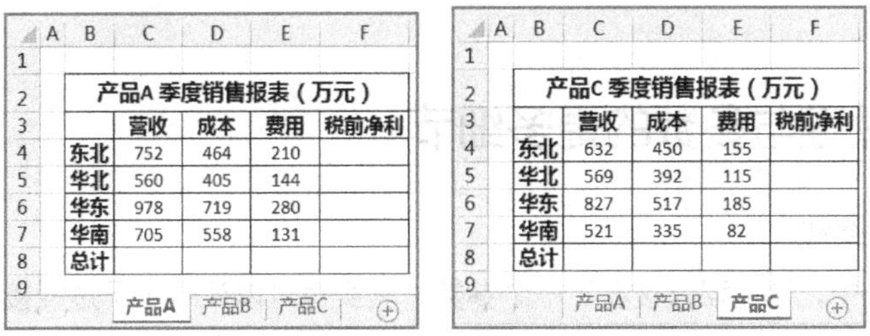

产品A 季度销售报表（万元）

	营收	成本	费用	税前净利
东北	752	464	210	
华北	560	405	144	
华东	978	719	280	
华南	705	558	131	
总计				

产品A　产品B　产品C

产品C 季度销售报表（万元）

	营收	成本	费用	税前净利
东北	632	450	155	
华北	569	392	115	
华东	827	517	185	
华南	521	335	82	
总计				

产品A　产品B　产品C

图 10.5　案例 10-2 中的工作表示例

对于这个案例，我们只要在主程序中做一个扫描所有工作表的循环，每找到一个工作表，就将其作为参数交给两个子过程去完成即可。对于子过程 RegionalProfits 和 NationalTotal 来说，每个工作表的处理方法完全相同，所以根本不会在意 w 具体指向哪个工作表。因此，完全不需要修改子过程的代码，只要在主程序中添加一个循环就能实现案例 10-2 的需求。

```
'主程序：先计算净利，再进行汇总
Sub Demo_10_2()
    Dim wReport As Worksheet

    For Each wReport In Worksheets      '每次循环，wReport 均代表一个工作表

        Call RegionalProfits(wReport)  '执行任务 1，并传递 wReport

        Call NationalTotal(wReport)    '执行任务 2，并传递 wReport

    Next wReport

End Sub

'任务 1：计算各地区税前净利
'括号含义：被调用时将接收一个工作表对象，在本子过程内将以 w 命名
Sub RegionalProfits(w As Worksheet)
    Dim i, s

    '下面代码中出现的 w，就是本子过程被调用时接收的工作表对象参数
    For i = 4 To 7
        s = w.Cells(i, 3) - w.Cells(i, 4) - w.Cells(i, 5)
        w.Cells(i, 6) = s
        If s < 0 Then
            w.Cells(i, 6).Font.Color = vbRed
        End If
    Next i
End Sub

'任务 2：对所有指标进行全国汇总
```

```
'括号含义：被调用时将接收一个工作表对象，在本子过程内将以 w 命名
Sub NationalTotal(w As Worksheet)
    Dim i, j, s

    '下面代码中出现的 w，就是本子过程被调用时接收的工作表对象参数
    For i = 3 To 6
        s = 0
        For j = 4 To 7
            s = s + w.Cells(j, i)
        Next j
        w.Cells(8, i) = s
    Next i
End Sub
```

10.1.4　子过程与参数的更多细节

1. 使用多个参数

在前面的例子中，子过程只接收了一个参数，其实也可以让一个子过程接收多个参数，只要把这些参数用逗号隔开即可。这些参数连同逗号一起被称为“参数列表”。

比如在下面这个程序中，子过程 ChangeColor 一共接受了三个参数，用于修改某个单元格区域的格式。第一个参数 rng 代表要修改的单元格区域。第二个参数 clr 代表颜色码。第三个参数 opt 则被用作“操作指令”：如果接收到的是数字 1，就将 rng 的背景色设置为 clr；如果接收到数字 2，则将 rng 的字体颜色设置为 clr。

```
Sub ColorTest()

    '将 A3:B5 单元格区域设置为黄色背景
    Call ChangeColor(Range("A3:B5"), vbYellow, 1)

    '将 D4:I9 单元格区域设置为红色字体
    Call ChangeColor(Range("D4:I9"), vbRed, 2)

    '将 F2:H8 单元格区域设置为绿色背景
    Call ChangeColor(Range("F2:H8"), vbGreen, 1)

End Sub

'本子过程实现一个通用的颜色设置功能，可以设置指定 Range 对象的背景色或字体色
'调用时，如果指定参数 opt 为 1 则设置背景色；如果指定参数为 2 则设置字体色，否则不做任何操作
Sub ChangeColor(rng As Range, clr, opt)

    If opt = 1 Then
        rng.Interior.Color = clr
    ElseIf opt = 2 Then
        rng.Font.Color = clr
    End If

End Sub
```

从这段代码中可以看到，子过程 ChangeColor 中的三个参数全部声明于过程名后面的括号中，并且使用半角逗号隔开。与 Dim 语句一样，代表 Range 对象的 rng 参数被指明为“As Range”，而代表数字的 clr 和 opt 则没有指明类型。按照规范的 VBA 语法，应当为所有参数指明类型，不过这可以在学习完“数据类型”的章节后再考虑。

既然 ChangeColor 已经声明本子过程有三个必选参数，其他子过程在调用它时就必须提供三个参数，而且顺序也必须与其完全一致。所以在本例的调用方 ColorTest 中，每个 Call 语句都在括号中提供了三个参数：Range 对象、颜色常量和操作代码。如果在 Call 语句中写错顺序，比如写成“Call　ChangeColor (Range(“A3”) , 2 , vbRed)”，ChangeColor 就会把命令理解为：目标单元格 rng——A3、颜色码 clr——2（近乎于黑色）、操作代码 opt——255（常量 vbRed 的数值）。

所以，在默认情况下使用多参数必须注意三点：参数必须用逗号隔开；调用时必须写全所有参数；调用方提供的参数顺序必须与参数列表完全一致。

不过 VBA 在参数传递方面还提供了很多有趣的设定，比如允许调用方按照名称而非顺序提供参数，以及允许将某些参数设为“可选项”，从而在调用时不必提供等。这些技巧会在深入介绍过程与函数时详细讲解。

2. Call 关键字的省略

相信读者现在已经习惯了 Call 语句的用法。不过在实际开发程序时，“Call”关键字已经很少使用，因为按照 VBA 的语法，省略“Call”关键字也可以正常调用子过程，只要把括号也一起删除即可。

比如在前面的 ChangeColor 案例中，就可以删除“Call”关键字及括号，写成下面的代码：

```
Sub ColorTest()

    '将 A3:B5 单元格区域设置为黄色背景
    ChangeColor Range("A3:B5"), vbYellow, 1

    '将 D4:I9 单元格区域设置为红色字体
    ChangeColor Range("D4:I9"), vbRed, 2

    '将 F2:H8 单元格区域设置为绿色背景
    ChangeColor Range("F2:H8"), vbGreen, 1

End Sub
'本子过程实现一个通用的颜色设置功能，可以设置指定 Range 对象的背景色或字体色
'调用时，如果指定参数 opt 为 1 则设置背景色；如果指定参数 opt 为 2 则设置字体色，否则不做任何操作
Sub ChangeColor(rng As Range, clr, opt)

    If opt = 1 Then
        rng.Interior.Color = clr
    ElseIf opt = 2 Then
        rng.Font.Color = clr
    End If

End Sub
```

这种写法看起来更加赏心悦目，而且不用输入括号也给习惯用小键盘的朋友省去了很多麻烦。不过请读者切记：有时候不写“Call”关键字，也必须把括号写全。这个问题主要体现在“函数”的用法中，后面将会介绍。

3. “引用传递”的陷阱

前面讲到，当调用方把一个变量（如案例 10-1 中的“wReport”）传递给子过程时，子过程中

使用的参数名（如案例 10-1 中的“w”）只是这个对象的别名。这就意味着，无论子过程中的别名还是调用方的变量名，实际指向的都是同一个内存单元。

这种机制在程序设计中被称为“引用传递”。它的特点是：如果在被调用的子过程中修改了别名变量，那么调用方对应变量的取值也会随之变化，因为二者在本质上是同一个内存单元。图 10.6 就是一个简单的示例。

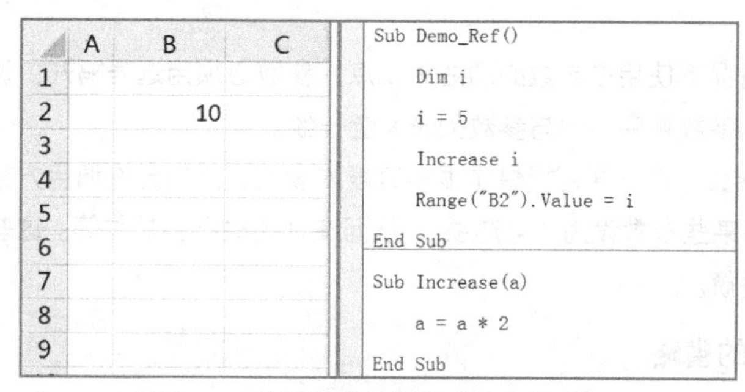

图 10.6　引用传递示例程序及运行结果

在这个程序中，调用方 Demo_Ref 先声明了一个变量 i，并将它的值设置为 5。然后调用 Increase 子过程，并将变量 i 作为参数传递过去。Increase 子过程把这个参数命名为 a，所以 Increase 中的 a 与 Demo_Ref 中的 i 都是同一个内存单元的不同名称，因此 a 的值自然也是 5。接下来，Increase 执行了一个让 a 等于自身两倍的语句，于是 a 的值变为 10。换言之，在 a 所指向的内存单元中，存储的数值从 5 变为 10。

当 Increase 子过程执行结束并返回调用方 Demo_Ref 时，Demo_Ref 中的变量 i 也变为 10，因为它与 a 代表的都是同一内存单元中的内容。所以，虽然整个程序中从来没有出现过“i=i*2”或“i=10”等语句，但是运行结果却是在 B2 单元格中显示 10，而不是 5。

引用传递这种“在子程序中修改变量会导致主程序发生变化”的特点，很容易导致程序混乱，所以在很多其他高级语言中，往往默认采用“按值传递”机制传递参数。关于引用传递和按值传递的更多知识和用法，本书后面深入探讨过程和函数的章节中会介绍。这里只需要读者了解引用传递的特点，并注意尽量避免在子过程中修改参数变量。

10.2　函数与自定义公式

Sub 子过程只是 VBA 过程的一种形式，另一种常用的 VBA 过程被称为“函数（Function）”，用法与 Sub 非常相似。

10.2.1　函数的格式与功能

1. 基本格式

从某种角度看，函数可以被看作一种特殊写法的子过程，只要把一个子过程的“Sub”和“End Sub”改写成“Function”和“End Function”，这个子过程就变成了一个函数。比如在上一节所举的设置单元格颜色的例子中，把 Sub 替换为 Function 后，ChangeColor 就从一个子过程变为一个函数，而整个程序的功能没有受到任何影响，运行结果与之前完全相同：

```
Sub ColorTest()

    '将 A3:B5 单元格区域设置为黄色背景
    ChangeColor Range("A3:B5"), vbYellow, 1

    '将 D4:I9 单元格区域设置为红色字体
    ChangeColor Range("D4:I9"), vbRed, 2

    '将 F2:H8 单元格区域设置为绿色背景
    ChangeColor Range("F2:H8"), vbGreen, 1

End Sub

'本子过程实现一个通用的颜色设置功能，可以设置指定 Range 对象的背景色或字体色
'调用时，如果指定参数 opt 为 1 则设置背景色；如果指定参数 opt 为 2 则设置字体色，否则不做任何操作
Function ChangeColor(rng As Range, clr, opt)

    If opt = 1 Then
        rng.Interior.Color = clr
    ElseIf opt = 2 Then
        rng.Font.Color = clr
    End If

End Function
```

既然如此，为什么 VBA 中还要专门设计“函数”这种特殊的过程呢？原因就在于：函数不仅能够被其他过程调用，而且能把运行结果告知调用它的人，也就是能够给调用方返回一个值。下面结合案例 10-3 介绍函数的这个特点及用途。

案例 10-3：图 10.7 左侧所示的工作表中列出了多名学生的成绩。请编写 VBA 程序，按照每名学生的平均分确定其综合评定等级。规则如下：平均分在 90 分以上者为“A”，平均分在 80 分以上者为“B”，平均分在 60 分以上者为“C”，其余为“D”。预期效果如图 10.7 右图所示。

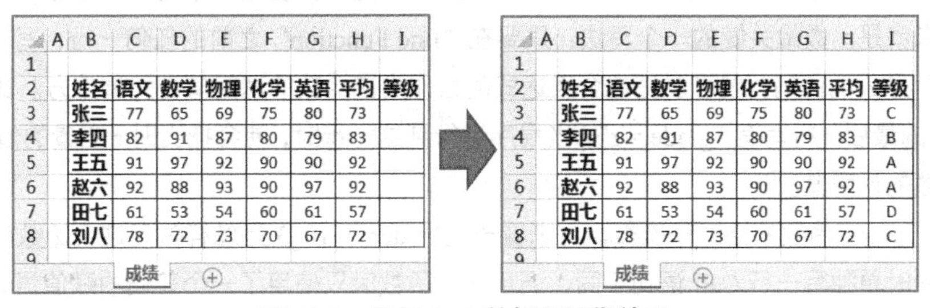

姓名	语文	数学	物理	化学	英语	平均	等级
张三	77	65	69	75	80	73	C
李四	82	91	87	80	79	83	B
王五	91	97	92	90	90	92	A
赵六	92	88	93	90	97	92	A
田七	61	53	54	60	61	57	D
刘八	78	72	73	70	67	72	C

图 10.7　案例 10-3 数据及预期效果

这个案例的解决方法读者早在学习循环语句时就已经掌握。不过这里我们采用结构化程序设计的思路，把根据平均分确定成绩等级的这段规则，单独抽取出来做成一个独立的函数，代码如下：

```
Sub demo_10_3()

    Dim i, w As Worksheet

    Set w = ThisWorkbook.Worksheets("成绩")

    For i = 3 To 8
```

```
        '将第 i 行 H 列中的内容作为参数，传递给 grade 函数进行计算
        '并将 grade 函数返回的计算结果赋值到该行的 I 列单元格中

        w.Cells(i, 9) = grade(w.Cells(i, 8).Value)

    Next i

End Sub

'定义名为 grade 的函数，可以根据传来的 score 参数计算对应的等级字母并返回
Function grade(score)
    Dim r

    '根据传来的 score 参数，按规则确定其等级字母，并存入变量 r
    If score >= 90 Then
        r = "A"
    ElseIf score >= 80 Then
        r = "B"
    ElseIf score >= 60 Then
        r = "C"
    Else
        r = "D"
    End If

    '将 r 的内容赋值给函数名变量 grade，就可以把这个字母作为返回值
    grade = r

End Function
```

这段代码中的“Function　grade (score)　…　End Function”定义了一个名为 grade 的函数，就像“Sub　grade (score) … End Sub”可以定义一个名为 grade 的子过程一样。grade 函数要求调用者传来一个参数，并为其起了一个别名“score”，以便在内部使用。

当 grade 函数被调用并接收到一个参数后，就会从它的第一行代码开始执行。假设它收到的参数是 73，即 score=73，那么在执行完 If 结构之后其变量 r 的值就是字符串“C”。

接下来就是函数最关键的一个写法：只要在“End Function”之前的任何一行，写下“函数名 = 表达式”形式的代码，就可以把这个表达式的值作为该函数的返回值告知调用方。比如本例在 grade 函数的最后一行写有“grade = r”，当程序运行到这一行时，就会把当时 r 变量的值（如“C”）作为该函数的返回值。

理解了 grade 函数的格式和流程，再来看子过程 demo_10_3 是怎样调用这个函数的。与之前调用子过程时单独写一行 Call 语句不同，调用这个函数时只使用了一个普通的赋值语句，即“表达式 =　函数名(参数列表)”的形式。

本书多次提到，赋值语句的执行顺序是从右向左，所以这种形式的语句在执行时会先按照右边的要求，调用这个函数并为其传递参数。然后 VBA 会转移到这个函数，按照前面介绍的流程去逐行执行，直到遇见“End Function”后返回到这条赋值语句上来，同时会“带回”一个返回值。于是赋值语句等号右边的部分就变成了返回值，其含义就是将返回值赋值给左边的表达式。

所以本例中“w.Cells(i, 9) = grade(w.Cells(i, 8).Value)”的意思，就是先调用执行 grade 函数，并将 w 工作表第 i 行第 8 列的内容（平均分数字）作为参数，待 grade 函数依据参数计算出返回

值（如字符串“C”）后，将返回值赋值给等号左边的 Cells(i,9)，也就是在第 i 行第 9 列中显示这个字母。

2. 理解要点与常见问题

从案例 10-3 中可以看到 VBA 函数的基本格式和用法，不过对于初学者来说，若想用好函数还要理解以下常见问题。

1）函数能否替代子过程

既然函数在本质上与子过程相同，而且还比子过程多了一个返回值的功能，那么是否意味着可以把所有子过程都改写为函数呢?

首先，把子过程都改写为函数在语法上是完全允许的，因为函数也可以使用 Call 语句直接调用，或者干脆省略“Call”关键字，直接作为一行代码。比如在下面的程序中，三种调用 mySqr 函数的方法都完全符合 VBA 的要求。

```
Sub Demo_Call_Fun()

    Call mySqr(5)               '使用 Call 语句调用函数，此时返回值无用
    mySqr 5                     '省略 Call 语句调用函数，此时返回值无用
    Range("A1") = mySqr(5)  '在赋值语句中调用函数，返回值将被显示在 A1 单元格中

End Sub

'自己编写的平方计算函数，返回参数 k 的平方值
Function mySqr(k)
    mySqr = k * k
End Function
```

所以从语法角度看，如果在案例 10-1 和案例 10-2 的被调用子过程中把“Sub”都改为“Function”，程序一样可以正常运行，结果也完全相同。

但是，子过程本身就是一个宏，可以在 Excel 的“运行宏”窗口中看到并运行。而函数则不会被看作一个宏，因而用户无法像执行宏一样单独运行某个函数。比如在案例 10-1 中，我们曾经在工作表里面放了三个按钮，分别用于运行三个子过程。但是如果把“Sub RegionalProfits”和“Sub NationalTotal”都改成 Function 形式，那么就无法把它们两个关联到按钮上，也就无法实现单独运行某个功能的需求。

2）什么时候需要写括号

VBA 的函数设计中有一个非常不便的地方，就是函数的括号问题。这个问题不仅使初学编程者烦恼，更让学习过 C、Java 等其他语言的读者感到困惑。比如在下面这段代码的函数调用语句中，有些正确，有些错误，不知读者能否从中找到一些规律。

```
Sub Demo_Call_Fun()

    Call mySqr(5)                   '正确
    Call mySqr 5                    '语法错误，无法运行
    Call myAdd(3, 5)                '正确
    Call myAdd 3, 5                 '语法错误，无法运行

    mySqr 5                         '正确
    mySqr (5)                       '运行结果正确，但实质含义存在问题
    myAdd 3, 5                      '正确
    myadd (3,5)                     '语法错误，无法运行
```

```
    myRng Range("A1")              '正确
    myRng (Range("A1"))            '语法正确，但运行时出错

    Range("B2") = mySqr(5)         '正确
    Range("B2") = mySqr 5          '语法错误，无法运行

End Sub

'计算参数 k 的平方
Function mySqr(k)
    mySqr = k * k
End Function

'计算参数 a 与 b 的和
Function myAdd(a, b)
    myAdd = a + b
End Function

'接收一个 Range 对象为参数，运行后将 Range 对象的数值乘以 2
Function myRng(r As Range)
    r.Value = r.Value * 2
End Function
```

相信大多数读者看完上述代码后摸不到头脑，不知道到底什么时候应该写括号。其实，只要严格遵守下面两条原则，就不会因为误用括号导致错误。

★ 语句中会用到函数的返回值时，必须书写括号，否则不能书写括号。

★ 使用“Call”关键字时，必须书写括号。

所谓“用到函数的返回值”，包括在赋值语句中将函数返回值赋值给其他变量，或者将一个函数的返回值作为参数传递给其他函数或子过程等。在这种情况下，必须使用括号的形式将参数列表与函数名联结在一起，否则如果形如“Range(“A1”).Value = mySqr 5”，VBA 会把数字 5 与 mySqr 当作两个无关的表达式。

如果把函数当作子过程也一样，只是调用它执行几行代码，并不使用它的返回值，那么假如想在它前面使用“Call”关键字，则仍然必须书写括号。但是如果省略了“Call”关键字，这个括号也必须省略。否则运行结果有可能正确（如“myAdd 3，5”一行），也有可能错误（如“myRng (Range(“A1”))”）。

之所以“myRng (Range(“A1”))”这种形式会导致错误，是因为 VBA 中的括号除了表示过程的参数列表，还有一个含义——执行 Evaluate 运算（一般译为“求值运算”）。在不写括号，也就是为“myRng Range(“A1”)”时，传递给 myRng 函数的参数是一个代表 A1 单元格的 Range 对象。然而在书写括号，也就是为“myRng (Range(“A1”))”时，VBA 会认为 myRng 后面的括号是求值运算符，先对 Range(“A1”) 进行求值，得到这个单元格里面的内容。假如单元格当前显示的是数字 5，那么最终传递给 myRng 函数的参数就是数字 5，而不是代表 A1 单元格的 Range 对象。由于在 myRng 函数的定义中要求传来一个 Range 类型的对象作为参数，所以数字 5 不符合这个规定，结果导致运行错误。

关于求值运算的细节本书不多介绍，有兴趣的读者可以自行搜索相关资料。不过只要大家牢记上述两条原则，就一定不会出现错误。如果觉得难以时刻注意这个原则，可以养成一个习惯：

“把函数当作过程调用时从不省略‘Call’关键字”。这样无论是否使用函数的返回值，都必须书写圆括号，不必再费心思考是否删除括号了。

3）忘记指明返回值会怎样

与其他语言相比，VBA 函数的一个独特之处就在于声明返回值的方式——用函数名代表返回值。读者可以把这个机制想象成：一个函数中默认带有一个变量（不需要使用 Dim 语句声明），该变量的名字与函数名完全相同，每当函数执行结束后就会把该变量作为返回值。

这样就很容易理解与返回值有关的各种问题。比如在下面这段代码中，虽然没有在 myAdd 函数中指明返回值，但是调用方仍然可以得到该函数的返回值，并将其显示在单元格 A1 中。因为 myAdd 中始终存在一个名为 myAdd 的变量，如果没有给这个变量赋过值，它的取值始终保持默认初始值，即“空”（可以转换为数字 0 或空字符串）。所以这个函数返回的就是一个空字符串。

```
Sub Demo_Call_Fun()

    Range("A1") = myAdd(3,5) '在赋值语句中调用函数，返回值将被显示在 A1 单元格

End Sub

'计算参数 a 与 b 的和，但是忘记返回计算结果，漏写了 myAdd = r 。
Function myAdd(a, b)

    Dim r

    r = a + b

End Function
```

同样的道理，如果用 Dim 语句声明了一个与函数同名的变量，就会导致函数中存在两个同名变量，进而导致运行出错，如图 10.8 所示。

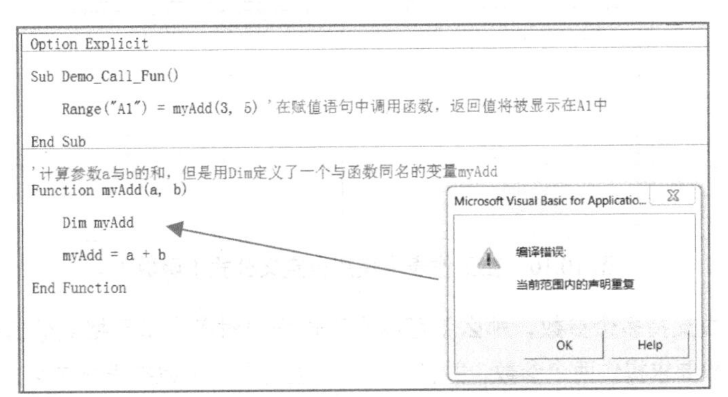

图 10.8　在函数中声明同名变量导致的错误

10.2.2　将函数作为表格公式

虽然在 VBA 中编写的函数不能像子过程一样作为独立运行的宏，但却能实现另外一种重要的 Excel 功能——自定义表格公式。

在图 10.9 所示的代码中，编写了一个用于计算累加和的函数。（这里所说的“累加和”，是指从 1 到这个数字本身所有自然数的总和。比如 5 的累加，就是 1+2+3+4+5，也就是 15，代数表示

为 $\sum_{x=1}^{5} x$)。如果使用子过程 Demo_Formula 调用它，可以计算任何数字的累加和并显示在指定单元格中，效果如图 10.9 所示。

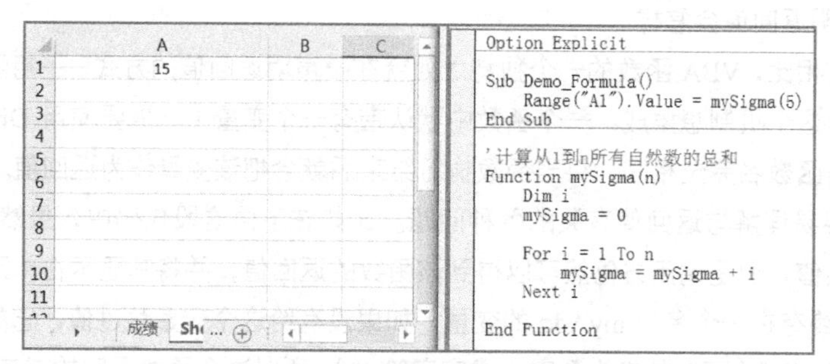

图 10.9　计算累加和的函数及运行效果

不过也完全可以不使用甚至不写 Demo_Formula 子过程，而是直接在单元格中像引用表格公式一样使用 mySigma 函数。如图 10.10 所示，在 A2 单元格中输入公式 “= mySigma(8)”，按回车键之后，A2 单元格就会显示运算结果为 “36”。也可以像 Excel 自带的公式一样，把一个单元格直接作为参数传递给 mySigma 函数，让它根据该单元格内容计算累加和。比如在 A3 单元格中输入公式 “= mySigma (A2)”，就会计算出 A2 单元格的内容（36）的累加和 “666”。

	A	B
1	15	
2	=mySigma(8)	

```
Option Explicit

'计算从1到n所有自然数的总和
Function mySigma(n)
    Dim i
    mySigma = 0

    For i = 1 To n
        mySigma = mySigma + i
    Next i

End Function
```

	A	B
1	15	
2	36	
3	=mySigma(A2)	

```
Option Explicit

'计算从1到n所有自然数的总和
Function mySigma(n)
    Dim i
    mySigma = 0

    For i = 1 To n
        mySigma = mySigma + i
    Next i

End Function
```

图 10.10　在工作表中使用自定义公式（函数）

如果这个函数支持多个参数，那么就可以在工作表中对多个单元格或数值进行运算。比如图 10.11 中的函数要求提供两个参数，并计算二者的立方和，所以在表格中可以将两个单元格作为参数。

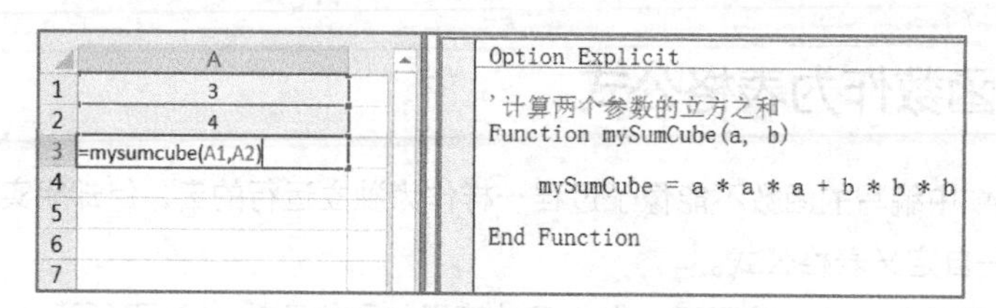

图 10.11　在自定义公式中使用多个参数

善用自定义公式，可以为日常办公提供很多便利，比如把复杂的所得税累进计算规则编写到一个函数中后，在表格中用“= 个人所得税（B2）”的形式就可以直接调用。当然，编写相对复杂的函数时，需要读者对循环判断等程序流程非常熟练。

需要指出的是，自定义公式不能像 Excel 自带公式那样，可以随时在任何工作簿中使用。因为自定义公式的 VBA 代码一般保存在一个 xlsm 文件中，所以只能在这个 xlsm 文件中找到这个函数，进而只能在这个文件的工作表中使用它。如果读者希望自己编写的函数可以像 Excel 自带公式一样，能够应用在任何工作簿中，可以将函数保存在扩展名为“xlam”的“Excel 加载宏”文件里，使其作为一个加载项永久添加到 Excel 中。因篇幅所限，本书不介绍其操作方法，感兴趣的同学可以在视频课程“全民一起 VBA——实战篇”专题六的第三回中看到详细讲解和演示。

此外，Sum 等 Excel 自带函数还允许直接将“A1:B5”形式的 Range 对象作为参数，计算其中所有单元格数值的总和。然而在图 10.11 所举的例子中，mySumCube 函数只能有两个参数，不能多也不能少。而且，它的每个参数只能是一个数值，不能使用“A1:B5”这种形式。我们将在后面学习 Range 对象的更多技巧时，讲解怎样在自定义公式中实现同样的功能。

10.2.3　系统函数

通过前面的讲解可以看到，编写函数的意义在于：把工作中常用的规则、算法等写成相对独立的函数，在进行同类计算的时候，只要写下函数名并传递具体的参数，就可以得到计算结果。换言之，同样的计算规则只需要编写一次代码，就可以随时随地调用执行。

基于同样的考虑，微软公司已经把一些常用算法和功能，写成了 VBA 函数。只要安装了 VBA，就可以直接调用这些函数（不过我们看不到它们的源代码）。这种随 VBA 系统直接赠送的函数，就称为“系统函数”。

一般来说，工作中经常用到的系统函数包括（但不限于）以下几类。

1. 数学函数

顾名思义，数学函数就是与各种数学运算和数学功能相关的函数，如我们自己编写的“立方和”等。表 10-1 中列出了 VBA 中最常用的一些数学函数，其用法非常直观，很容易理解，在“数据类型”等章节中还会对其中比较特殊的函数进行深入介绍。

表 10-1　VBA 常用数学函数示例

函数名称与主要参数	常用功能及返回值含义
Sin(x)、Cos(x)、Tan(x)、Atan(x)	计算 x 的各种三角函数值
Log(x)	计算 x 的自然对数
Exp(x)	计算自然对数 e 的 x 次幂
Abs(x)	计算 x 的绝对值
Int(x)	返回 x 的整数部。比如 Int(3.8)返回数字 3
Sgn(x)	判断 x 的正负：正数返回 1，负数返回-1，零返回 0
Sqr(x)	计算 x 的平方根
Round(x)	对 x 进行四舍五入（采用银行家算法）
Rnd()	返回 0 到 1 之间的随机小数

2. 字符串函数

字符串函数专门用于对字符串进行各种操作，比如删除字符串两端的空格，在字符串中查找某个指定内容等。由于字符串函数在日常工作中非常重要，所以后面将对此专门进行介绍。

3. 日期函数

日期函数用于处理与日期和时间相关的操作，比如获取当前的系统时间，计算从当前开始 80 天以后是星期几等。日期函数在企业经营管理中十分常见，不过最好结合“日期类型变量”一起学习。所以本书将在讲解 Date 数据类型时详细介绍。

4. 数据类型函数

通过这类函数可以了解变量的数据类型，或者将其从一个数据类型转换为另一种数据类型。

10.2.4 MsgBox 函数

MsgBox 函数是 VBA 中专门处理用户输出的系统函数，可以给实际开发程序带来很多方便。这个单词是“Message Box”的缩写，意即弹出一个含有指定信息的消息框。比如，图 10.12 所示的程序在运行后就会将变量 k 的内容显示在一个消息框中。

消息框弹出之后，会一直停留在屏幕上等待用户响应，VBA 程序也会暂停执行。直到用户单击按钮或关闭该消息框，VBA 程序才会继续运行，执行下一个程序指令。

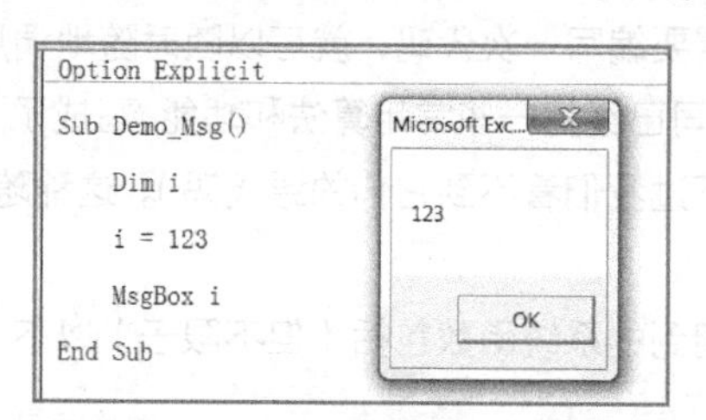

图 10.12　MsgBox 函数最简单的用法

图 10.12 显示的是 MsgBox 函数最简单的用法：只提供一个参数，且不使用其返回值。事实上，MsgBox 函数还提供了很多可选参数，使我们能够进一步定制消息框的外观和功能。

在之前讲解的函数格式中，每个参数都是必选参数，调用时无论是否需要都不能省略；而可选参数则允许在调用函数时省略它们。关于可选参数，深入讲解过程与函数时会专门介绍，这里读者只要理解其含义即可。

MsgBox 函数最重要的两个可选参数是“button”和“title”，分别代表该消息框中的按钮类型和标题栏里面的文字，其排列顺序如下：

MsgBox (提示内容 ，　按钮类型　，　标题文字)

其中，标题文字（title 参数）与提示内容都是字符串；按钮类型则是一个数字类型的参数，不同的数字代表不同风格的按钮。比如数字 0 代表最常见的对话框形式，即只显示一个“确定”（英文版系统中为“OK”）按钮；数字 1 会在对话框中显示两个按钮，分别为“确定（OK）”与“取消（Cancel）”。与表示颜色的方法一样，为了便于记忆和使用这些数字代码，VBA 定义了一些系统常量来代替这些数字。表 10-2 就是代表常见按钮组合的 VBA 系统常量。

表 10-2　代表常见按钮组合的 VBA 系统常量

常 量 名	对应数值	显示效果
vbOKOnly	0	只显示“确定”按钮
vbOKCancel	1	显示“确定”和“取消”两个按钮
vbAbortRetryIgnore	2	显示“放弃”“重试”和“忽略”三个按钮
vbYesNoCancel	3	显示“是”“否”和“取消”三个按钮
vbYesNo	4	显示“是”和“否”两个按钮
vbRetryCancel	5	显示“重试”和“取消”两个按钮

所以，运行图 10.13 所示的代码后，就会弹出带有“确定”和“取消”两个按钮的消息框，而其提示信息和标题栏文字也都由这段代码指定。

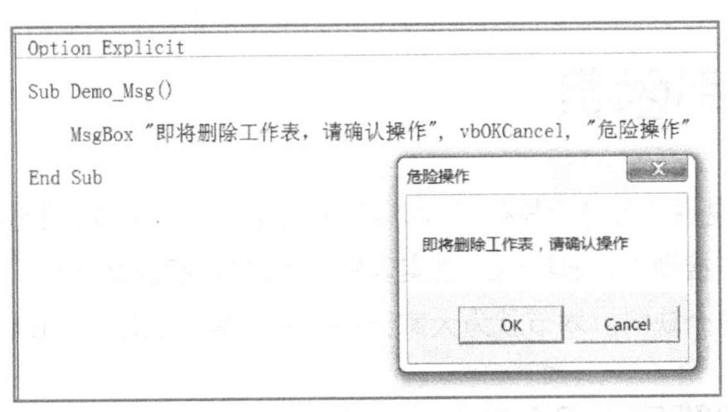

图 10.13　指定按钮风格和标题栏的 MsgBox 函数

那么问题来了：如果消息框中有两个按钮，我们怎么知道用户单击哪个按钮了呢？这就要用到 MsgBox 函数的返回值。当用户在消息框中单击某个按钮后，消息框在屏幕上消失，而 MsgBox 函数也就完成任务并返回一个数字。不同的数字代表用户单击不同的按钮，比如 1 代表单击“确定（OK）”按钮、2 代表单击“取消（Cancel）”按钮等。为了方便记忆，VBA 也定义了一些系统常量替代这些数字代码，如表 10-3 所示。

表 10-3　代表常见按钮组合的 VBA 系统常量

常 量 名	对应数值	代表的按钮
vbOK	1	确定
vbCancel	2	取消
vbAbort	3	放弃
vbRetry	4	重试
vbIgnore	5	忽略
vbYes	6	是
vbNo	7	否

知道用户单击的按钮，就可以根据用户的指示开展不同的操作。比如下面这段代码的功能是清空当前活动工作表中 A1:B5 单元格的内容与格式。不过，在执行 Range.Clear 方法前会先弹出一个消息框，提示用户进行确认。如果用户单击“确定”按钮，MsgBox 函数就会返回 vbOK 给变量 k，否则返回 vbCancel 给变量 k。所以，使用 If 语句对 k 的数值进行判断，就可以知道用户是否真的想执行清空操作。如果用户单击“取消”按钮，就不会执行 Clear 方法，而是再次弹出

消息框，告诉用户该操作已取消。

```
Sub Demo_Msg()

    Dim k

    k = MsgBox("即将清空单元格，请确认操作", vbOKCancel, "危险操作")

    If k = vbOK Then
       Range("A1:B5").Clear
    Else
       MsgBox "放弃清空单元格，未执行任何操作！"
    End If

End Sub
```

10.3 字符串函数

VBA 为数字计算提供了各种运算符，可以实现所有常用数学运算。但是我们只学过怎样用“&”运算符对字符串进行连接操作，显然这无法实现复杂的文本处理和分析。不过，VBA 提供的字符串函数可以充分弥补这个缺陷。本节就为大家详细介绍最常用的几个 VBA 字符串函数。

10.3.1 计算字符串长度

在 VBA 中，字符串的长度一般指其中包括多少个字符。比如，在“ABC　你好　123”这个字符串中，共包括 3 个英文字母、2 个中文字符、3 个数字字符及 2 个空格。

系统函数 Len (s) 可以获取字符串 s 的长度，也就是计算 s 字符串中有多少个字符。图 10.14 所示的两段代码分别用 MsgBox 函数显示了两个字符串的长度，第二个程序的字符串来自于工作表的 B3 单元格。

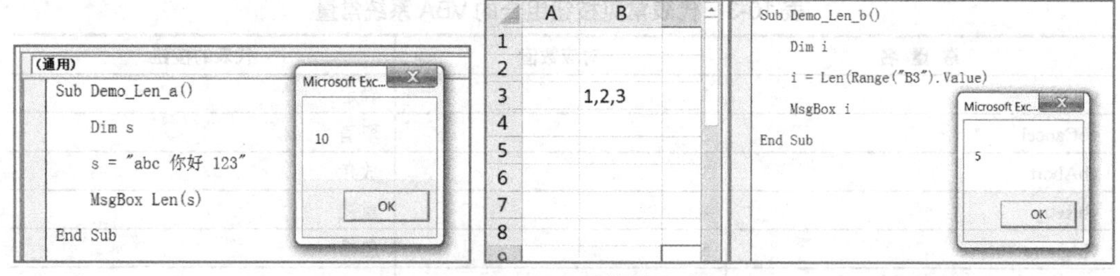

图 10.14　Len 函数的用法

获取字符串的长度对于处理文本非常重要。比如，可以根据 Len(s) 是否返回 0，判断 s 是否为空字符串（空字符串中没有任何字符，所以长度为 0）；也可以将 Len 函数与 Instr、Mid 等函数搭配使用，实现复杂的文本分析功能。

除了 Len 函数，VBA 还提供了另一个判断长度的函数——LenB。这个函数不仅可以判断字符串的长度，还可以判断数字、日期等其他类型变量的长度。这是因为，LenB (s) 返回的不是 s 中的字符个数，而是存放 s 中的内容一共占用了多少个字节（Byte）。由于 VBA 中每存储一个字符需要占用两个字节，所以 LenB(“abc 你好”) 得到的结果是 10，而不是 5。这里需要提醒资深 Excel 用户：VBA 中的 LenB 函数虽然名称与 Excel 表格公式 LENB 相同，但是两者的计算方法并不一样，不能混为一谈。比如，在 Excel 2016 的工作表中输入 “=LENB(“abc 你好”)”，得到的结果是 5。

10.3.2　将字符串规范化

在讲解字符串时曾经强调过，比较单元格内容时必须注意两个问题：空格也是一个字符，所以“Alice”和“ Alice ”两个字符串并不相等；大写字母与小写字母是不同的两个字符，所以“Bob”和“BoB”两个字符串也不同。

但是在企业中实际处理过商业数据的读者会知道，几乎所有的 Excel 表格中都存在多出几个空格或大小写混淆的情况。比如在图 10.15 所示的案例中，VBA 程序希望将所有由特工“Claire”执行的任务都标记为“绝密”，但是实际运行后却因为空格与大小写的关系漏掉了两条（第 3 行与第 5 行）。

任务编号	特工姓名	任务地点	密级
X07005	Claire	浣熊市	
X06332	Ada	东京	
X04009	Claire	东京	绝密
X03027	Leon	布达佩斯	
X03011	CLAIRE	纽约	

```
Sub Demo_Str_a()

    Dim i

    For i = 3 To 7

        If Cells(i, 3) = "Claire" Then
            Cells(i, 5) = "绝密"
        End If

    Next i

End Sub
```

图 10.15　由于空格和字母大小写导致单元格比较失败

怎样解决这种问题呢？常用的办法就是使用 Trim、LCase 和 UCase 三个 VBA 系统函数，得到规范化的字符串，并进行比较。

Trim (s) 的作用是忽略字符串 s 两边的空格后，将剩余部分作为新的字符串返回。比如 “a = Trim (“　abc　”)” 这句代码运行后，会将变量 a 赋值为字符串 “abc”，也就是把 s 两边空格去掉后的样子。而 “a = Trim (“ab　c”)” 运行后，得到的 a 也是字符串 “ab　c”，与 s 完全相同。这是因为 Trim 函数只能去掉字符串两端的空格，不会清除中间部分的空格。

此外需要特别注意：Trim (s) 并没有修改它的参数 s，而是依照 s 的内容生成一个不含两端空格的新字符串，详见图 10.16 中的代码演示。

图 10.16 所示的代码将字符串变量 s 作为参数交给了 Trim。但是执行 Trim 之后，在第二个 MsgBox 中可以看到，s 的值仍然是两边带有空格的字符串，并没有发生任何变化。真正去掉空格的是 Trim 函数新创建的一个字符串，并通过等号赋值给变量 t，也就是第一个 MsgBox 显示出来的内容。

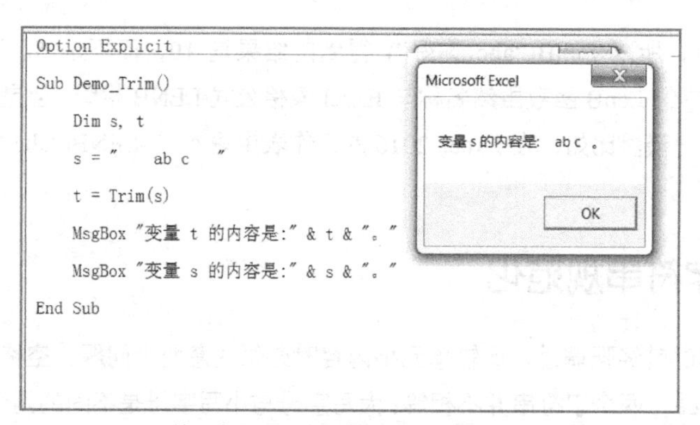

图 10.16　Trim 函数示例（为节省篇幅本图将两个消息框合并展示）

Trim 等字符串函数只是创造了新的字符串，而不是修改了参数字符串。理解这一点对于理解字符串函数的行为非常重要，请读者牢记。

Trim 函数解决了两端有空格的问题，字母大小写问题则要通过 LCase 或 UCase 函数来解决。LCase (s) 可以根据 s 创建新的字符串，所有英文字母统一为小写字母，无论其在 s 中是大写还是小写。而 UCase 则正好相反，它将所有英文字母统一为大写字母。比如 LCase (“你好 AbCd 123”) 的返回结果是字符串“你好 abcd 123”；而 UCase (“你好 AbCd 123”) 返回的结果则是“你好 ABCD 123”。

与 Trim 函数一样，LCase 和 UCase 函数也不会改变它们的参数，而是创建新的字母统一大小写后的字符串并返回。

掌握了这几个函数，就可以避免图 10.15 中因为空格和字母大小写导致的单元格比较失败。办法就是：首先将单元格中的字符串作为参数交给 Trim 函数，得到两端无空格的字符串；然后将字符串作为参数交给 LCase（或 UCase），得到一个字母全小写（或大写）且两端无空格的字符串；最后，将其与“claire”比较，判断是否一样。

按照这个思路，可以写出下面的代码：

```
Sub Demo_Str_a()
    Dim i, s

    For i = 3 To 7

        s = Trim(Cells(i, 3))       's 等于单元格去掉两端空格后的字符串

        s = LCase(s)                '根据 s 生成字母全小写的字符串，并赋值给 s

        If s = "claire" Then
            Cells(i, 5) = "绝密"
        End If

    Next i
End Sub
```

有的读者看过这段代码后可能感到奇怪：既然 LCase 函数不能改变参数 s，为什么 s 的内容会变成小写字母形式呢？其实在这段代码中，LCase 函数确实没有改变 s 的内容，只是根据 s 生成了新的小写字母形式的字符串。但是我们在代码中使用了一个赋值语句，把新生成的字符串又赋值

给了变量 s，导致 s 的内容变成字母全小写形式的字符串。换句话说，改变 s 的不是 LCase 函数，而是等号，这与“i = i + 1”是一个道理。

其实在这个程序中，变量 s 本身没有存在的必要，可以把一个函数的返回值直接作为另一个函数的参数，不需要由 s 来中转。所以上述代码可以改成下面的形式：

```
Sub Demo_Str_a()
    Dim i

    For i = 3 To 7

        If LCase(Trim(Cells(i, 3))) = "claire" Then
            Cells(i, 5) = "绝密"
        End If

    Next i
End Sub
```

熟悉表格公式的读者一定对“LCase (Trim (Cells(i,3)))”这种层层嵌套的写法不陌生。它的含义就是：先取得最里层表达式 Cells(i,3) 的值，也就是 C 列单元格中的内容；然后将该内容作为参数交给 Trim 函数，得到一个两端无空格的字符串；再将这个字符串作为参数交给 LCase 函数，得到一个两端无空格且字母统一小写的字符串。由于表达式被放在一个 If 语句中，所以字符串直接与“claire”进行比较，以判断是否将该记录设为“绝密”。

在比较字符串之前，先根据需要选用 Trim、LCase 或 UCase 等函数进行规范化，这是经常使用的技巧，可以避免很多风险。

比如在查找第一个空白行时，以前都是用“While　Cells (i, 1) <> “””，即如果第 i 行 A 列单元格中不是空字符串，就继续执行循环，一旦遇到完全空白的单元格，While 循环就会及时中止。但是，假如用户不小心在空白行单元格中输入了几个空格，虽然肉眼看起来仍然是一片空白，While 语句却会认为它的内容并不等于空字符串，所以不会及时中止，而是继续向下循环，导致结果错误。

学会 Trim 函数的使用方法后，可以把代码改写成“While Trim(Cells (i, 1)) <> “” ”，也就是“如果忽略两端空格后单元格内容仍然不等于空字符串，则执行循环”。这样，假如单元格内容由多个空格组成，那么得到的结果就是一个空字符串，因为对于完全由空格构成的字符串来说，删除所有空格就意味着删除所有字符。所以在实际开发中这种写法更为常用。

最后需要补充的是，VBA 中还提供了 LTrim 和 RTrim 两个函数，分别代表“忽略左侧所有空格，保留右侧空格”和“忽略右侧所有空格，保留左侧空格”，作为 Trim 函数的补充。如果遇到只排除一端空格的需求，就可以考虑使用这两个函数。

10.3.3　替换文本

Trim 函数只能去除字符串两端的空格，那怎样把字符串中间的空格也全部去掉呢？办法之一就是使用文本替换函数 Replace。

Replace 函数的基本格式为：Replace (s , a , b)，意即在字符串 s 中寻找所有字符串 a，并将它们全都替换为字符串 b，从而得到一个新的字符串并返回。比如在图 10.17 所示的例子中，变量 s

保存的文本中存在错别字。于是通过 Replace 函数，将其中所有的“姓”字替换为“性”字，从而返回一个新的字符串并赋值给变量 r。

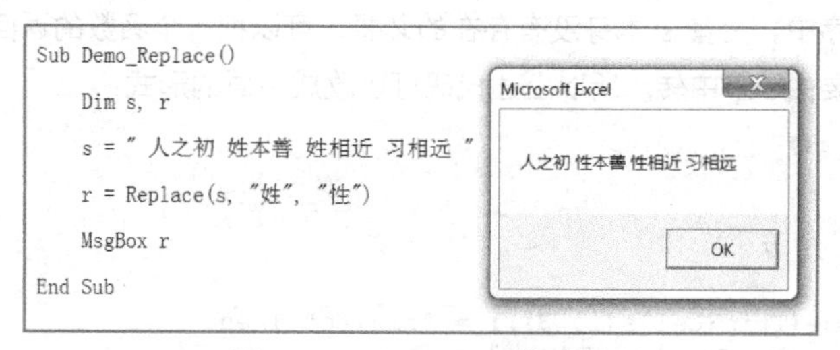

图 10.17 Replace 函数示例

与 Trim 函数一样，Replace 函数也没有改变参数字符串，它的工作原理并不是把变量 s 中的字符串替换掉，而是生成一个新的替换后字符串，并将其作为返回值。所以在图 10.17 所示的例子中，变量 s 一直没有发生变化，始终带着错别字“姓”。

使用 Replace 函数把指定的字符串替换为空字符串，就可以实现删除功能。如图 10.18 中的代码所示，将 s 中的空格替换为空字符串，结果就是删掉了其中的所有空格。

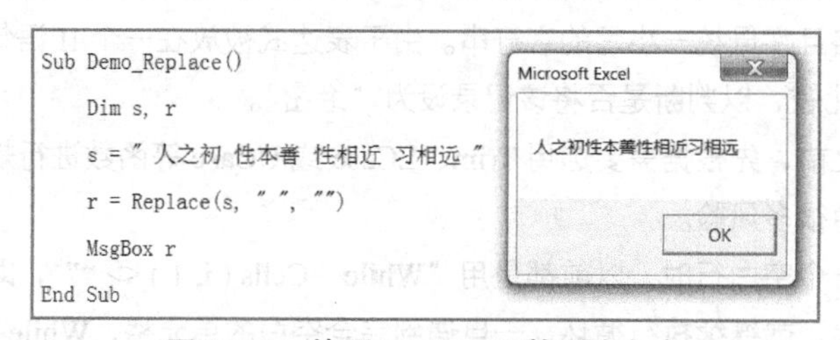

图 10.18 使用 Replace 函数删除文本

此外，Replace 函数还支持三个可选参数，完整格式如下：

```
Replace ( expression , find , replace , [start] , [count] , [compare] )
```

用方括号标识出来的三个参数都是可选参数[①]。可选参数 start 是一个数字，代表从该位置截取字符串。在图 10.18 中，如果写“r = Repalce (s, “性”, “姓” , 5) ”，那么 r 的内容就将从 s 的第五个字符（“性”）开始，所以最终结果是“ 姓本善 姓相近 习相远 ”。

可选参数 count 也是一个数字，代表最多可以替换几个字符。在图 10.18 中，如果写“r = Replace (s, “性”, “姓” , 1 , 1)”，就意味着“从 s 的第一个字符开始，最多只执行一次替换”。所以得到的结果是“ 人之初 姓本善 性相近 习相远 ”，只有第一个“性”字被替换为“姓”字。

可选参数 compare 代表特殊的字符比较方式（如二进制比较、Access 数据库比较等），在实际工作中很少用到，有兴趣的读者可以在 MSDN 上自行查询。

10.3.4 子串操作

前面介绍的函数主要用于修改字符串，而另一种常见的文本操作则是分析字符串，也就是从一个大的字符串中抽取我们感兴趣的“子字符串”，简称“子串”。

① 在计算机科学领域，普遍使用方括号代表某个元素是可选的。

1. 定位子串

如果想知道字符串中是否包含某个内容，以及其出现在什么位置，一般使用 InStr 函数实现。

InStr 函数的基本格式为 InStr (s1 , s2)，意即在字符串 s1 中查找是否存在字符串 s2。如果字符串 s1 中不存在字符串 s2，InStr 返回数字 0；如果字符串 s1 中存在字符串 s2，则返回字符串 s2 在字符串 s1 中出现的位置。假如字符串 s2 在字符串 s1 中出现很多次，则返回第一次出现的位置。具体效果如图 10.19 所示。

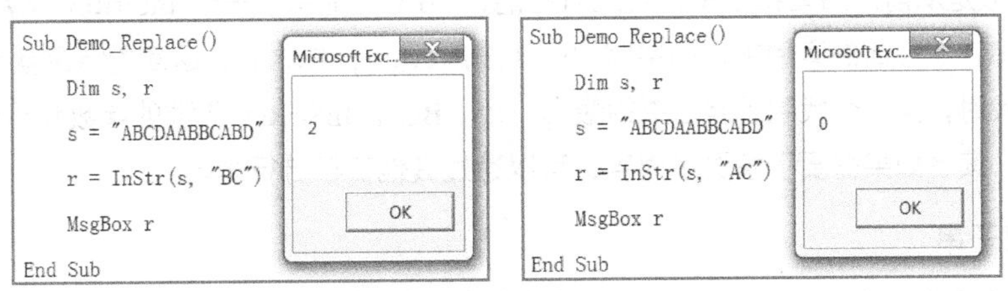

图 10.19　InStr 函数的基本用法和效果

图 10.19 左侧的示例使用 InStr 函数在 s 中查找字符串“BC”。而在变量 s 的字符串中，BC 前后共出现两次，所以，InStr 函数返回的结果就是“BC”第一次出现的位置，也就是 2。而图 10.19 右侧的示例则是在 s 中寻找字符串“AC”，由于 s 中并不存在“A”和“C”连在一起的情况，所以返回数字 0。

在 s1 和 s2 两个参数之前还可以加上一个可选参数“start”，代表从第几个字符开始查找。比如在图 10.20 所示的例子中，就是从 s 的第三个字符开始查找“BC”字符串，因此实际找到的是 s 中的第二个“BC”，也就是第八位和第九位的两个字符，因此这次返回的结果是 8。

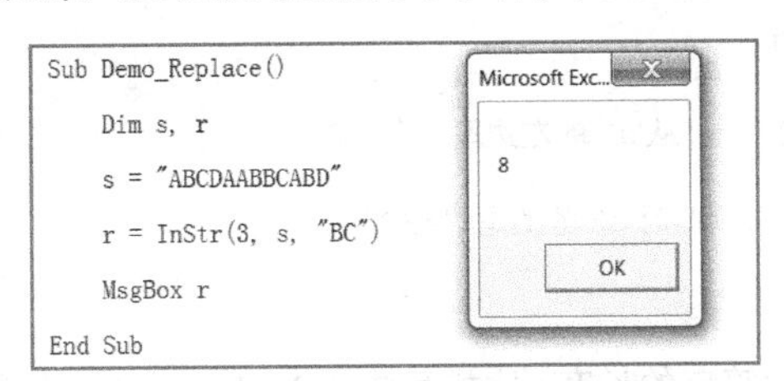

图 10.20　InStr 函数的可选参数示例

将参数 start 与循环等语句结合起来，可以查找所有出现过的子串。比如下面的代码就可以找到 s 中的所有“AB”，而且每找到一次就弹出一个消息框告知其位置。这段代码虽然不长，但有一定的技巧性，需要读者逐行分析并仔细思考。思路已经在注释语句中说明，不再赘述。

```
Sub Demo_Replace()
    Dim s, r
    s = "ABCDAABBCABD"
    r = InStr(s, "AB")                  '尝试查找第一个“AB”
    Do While r > 0                      'r>0 说明查找成功
        MsgBox r                        '进入循环并显示 r
        r = InStr(r + 1, s, "AB")       '从 r 的下一位开始继续查找
```

```
    Loop                                '回到 While 循环，检查这次是否找到
End Sub
```

使用 InStr 函数时还要注意一个细节：假如欲查找的内容 s2 是空字符串，那么 InStr 函数返回的结果就是 1（假设未指定 start 可选参数）。因为 VBA 认为在字符串每个字符的前面都有一个空字符串。

InStr 函数是从前向后查找子串，与之对应的，VBA 还提供了一个 InStrRev 函数，可以从后向前查找子串。在上面的案例中，如果写“r = InStrRev (s , “BC”)”，返回的结果就是 8。因为在从后向前查找时，第一个找到的是 s 中的最后一个“BC”。InStrRev 函数的参数和用法与 InStr 函数大同小异。读者如果需要了解更多内容，可以通过其他资料自行学习。

2. 提取子串

InStr 函数实现的功能是“已知子串，查找它的位置”，而另一种分析字符串的方式则是“已知位置，看看那里的子串是什么”，也就是从字符串的指定位置提取子串。

1）Left 函数

Left 函数共有两个参数，完整格式是 Left (s , n)。它的含义就是从字符串 s 的第一位开始提取 n 个字符，从而构成一个新的字符串并返回。下面这段代码就是使用 Left 函数得到字符串“ABCDEFGHIJ”的前三位子串。

```
Sub Demo_Left()
    Dim s1, s2
    s1 = "ABCDEFGHIJ"
    s2 = Left(s1, 3)     '从 s1 的左边取三个字符
    MsgBox s2            '此时 s2 的值是“ABC”
End Sub
```

假如参数 n 超出了原字符串的长度，比如写成“s2 = Left (s1 , 20)”，Left 函数也会正常执行，不过返回的就是原字符串 s1。

2）Right 函数

Right 函数与 Left 函数的用法非常相似，只不过提取时从右边开始计数。它的完整格式是 Right (s , n)，含义就是取字符串 s 最右边的 n 个字符，构成一个新的字符串并返回。仍以刚才的代码为例，改用 Right 函数后的写法和说明如下：

```
Sub Demo_Right()
    Dim s1, s2
    s1 = "ABCDEFGHIJ"
    s2 = Right(s1, 3)     '从 s1 的右边取三个字符
    MsgBox s2             '此时 s2 的值是“HIJ”
End Sub
```

与 Left 函数一样，如果 Right 函数中的参数 n 大于字符串 s 的长度，返回的也是完整的原字符串 s。

3）Mid 函数

威力最强大的子串函数非 Mid（Middle 的缩写）莫属，它可以从字符串的任意位置开始提取任意多个字符。Mid 函数的完整格式是 Mid (s , m , n)，意即从字符串 s 的第 m 个字符开始连续提取 n 个字符，并将新构成的字符串返回。下面的代码使用 Mid 函数从 s1 的第三位开始连续提取了四个字符，所以得到的结果是“CDEF”。

```
Sub Demo_Mid()
    Dim s1, s2
    s1 = "ABCDEFGHIJ"
    s2 = Mid(s1, 3, 4)          '从 s1 的第三位开始连续提取四个字符
    MsgBox s2                   '此时 s2 的值是“CDEF”
End Sub
```

Mid 函数的第三个参数（提取字符的个数）是可选参数，如果省略该参数，代表一直提取到最后一个字符。如果上例写成“s2 = Mid (s1 , 3)”，得到的就是字符串 s1 从第三位开始直到最后一位的子串，即“CDEFGHIJ”。

Mid 函数使用起来非常灵活，只要稍微运用一些算术技巧，就可以完全替代 Left 和 Right 函数。因为按照 Mid 函数的描述方式，Left (s , n) 的功能就是“从字符串 s 的第一个字符开始连续提取 n 个字符”；而 Right (s , n) 的功能则是“从字符串 s 的倒数第 n 位开始连续提取 n 个字符(一直提取到 s 的结尾)”。所以可以使用 Mid 函数实现 Left 函数与 Right 函数的功能：

```
Sub Demo_Mid_b()
    Dim s1, s2
    s1 = "ABCDEFGHIJ"
    s2 = Mid(s1, 1, 3)          '从 s1 的左边取三个字符，等同于 Left(s1,3)
    MsgBox s2                   '此时 s2 的值是“ABC”
    '下面的代码是从 s1 的倒数第三位取到结尾，等同于 Right(s1,3)
    '常用公式：“倒数第 n 位”的具体位置，等于“总位数-n+1”，读者可以自行推导
    s2 = Mid(s1, Len(s1) - 3 + 1)
    MsgBox s2                   '此时 s2 的值是“HIJ”
End Sub
```

这段代码中使用了“Len(s1) – n + 1”的方式代表 s1 中的倒数第 n 位，这种算术技巧在文本分析中非常实用，比如对于“提取 s1 中的第五位到倒数第三位的所有字符”这种需求，就可以使用 Mid 函数和这个公式来解决。

10.3.5 字符串函数的应用

只要将各种字符串函数灵活组合，就可以解决所有与文本分析相关的问题。

比如在案例 9-4 中，根据工作表的名称（“1 月”“2 月”……“12 月”）来判断该工作表存放的是哪个月份的报表，并将其总计数字填写到“汇总”工作表的对应单元格中。但如果像案例 10-4 一样工作表名没有规律，存放 1 月数据的工作表名为“ERP_0304”，存放 2 月数据的工作表名为“ERP_0315”，显然就无法再使用工作表名来进行判断。

案例 10-4：图 10.21 左侧所示的工作簿中包含“汇总”工作表和多张月度报表，每个月度报表的格式完全相同，但是数据行数不一。此外，所有月度报表均在不同时期从 ERP 系统导出，所以名称和顺序没有规律（可能 6 月报表排在 3 月之前）。请编写 VBA 程序，将所有月报表中的“总计”数字填写到“汇总”报表对应月份的 C 列单元格中。预期效果如图 10.21 右图所示。

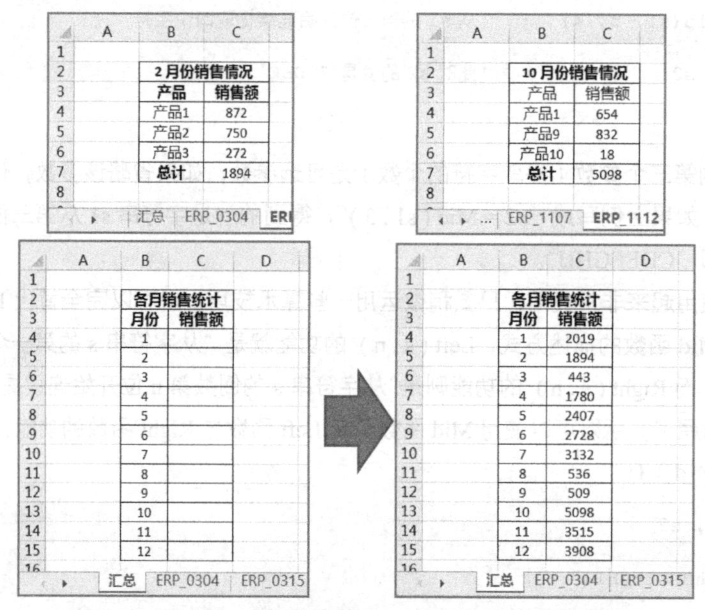

图 10.21 案例 10-4 的月度报表、“汇总”报表及预期效果

尽管案例 10-4 中的表名没有规律，但是在一般情况下，这种表格总会用类似标题的单元格指明报表内容，否则我们也很难理解数据的含义。因此，可以利用字符串函数分析每个工作表的单元格，以判断它是哪个月份的报表。比如在图 10.21 所示的例子中，每个工作表的 B2 单元格都是表格标题，文本都以代表月份的数字（如 2 和 10 等）开始，因此可以考虑使用 Left 或 Mid 函数。

不过在这个例子中，有时候只需取出一个字符（比如“2 月份销售情况”中的“2”），有时需要取出两个字符（比如“10 月份销售情况”中的“10”）。那怎样才能够让程序判断应该取几位字符呢？其实只要稍加思考就可以发现：这两种情况完全可以用同一个规律来表示，即代表月份的数字都是从第一个字符开始，到“月”字之前结束。只要先使用 InStr 函数找到第一个“月”字的位置，然后用 Left 函数提取它之前的字符就可以了。

具体来说，如果用变量 title 代表 B2 单元格中的标题字符串，那么 InStr(title,“月”) 就能告诉我们“月”字最早出现在 title 中的第几位。假如它返回的是 2，就代表 title 中左边一位是数字；

如果返回的是 3，则代表 title 中左边两位都是数字。换言之，用 InStr 函数的返回值减去 1，就是 title 中代表月份的数字的长度。知道了长度，就可以用 Left 函数把它精确地取出来。

所以，可以使用 For Each 循环扫描每个工作表，完全不需要知道工作表的名称。每找到一个工作表，就用上面的方法从 B2 单元格中取出代表月份的数字。由于汇总表的格式是在第 4 行填写 1 月总计；在第 5 行填写 2 月总计……所以只要把第 N 月的总计数字填入汇总表第 N+3 行即可。

按照这种思路，最终参考代码如下：

```
Sub Demo_10_4_()

    Dim wMonth As Worksheet, wYear As Worksheet
    Dim title, mon, j

    Set wYear = Worksheets("汇总")

    '循环扫描每个月份表
    For Each wMonth In Worksheets

        '如果表名为"汇总"，则不做任何处理；否则认为是月份表，进行汇总
        If wMonth.Name <> "汇总" Then

            '根据 B2 单元格的标题内容，确定该月份表的月份数字，存入 mon
            title = wMonth.Range("B2")
            mon = Left(title, InStr(title, "月") - 1)

            '在该月份表中循环查找"总计"行，一旦找到就将其数字
            '存入"汇总"工作表。由于汇总表的格式为：在第 4 行存放 1 月数据；
            '在第 5 行存放 2 月数据……所以 mon 月数据存入汇总表第 mon+3 行
            For j = 4 To wMonth.Rows.Count

                If wMonth.Cells(j, 2) = "总计" Then
                    wYear.Cells(mon + 3, 3) = wMonth.Cells(j, 3)
                    Exit For
                End If
            Next j

        End If

    Next wMonth

End Sub
```

当然，在现实工作中遇到的问题可能比这个案例复杂许多。不过归根结底，只要找到文本内部的规律，就可以使用字符串函数解决问题，只不过需要再多费些脑筋而已。

除了本节介绍的内容，VBA 还有一个非常重要的字符串函数——Split，可以按照指定分隔符将一个字符串拆分成多个子串。由于该函数需要用到数组知识，所以放在后面讲解。此外，对于复杂的文本分析任务（如网页内容分析），比字符串函数更加强大的工具是"正则表达式"，本书后面对此会进行初步介绍。

本章小结

合格的程序员必须具备的一个基本能力，就是把一段冗长的代码按照功能划分为多个子过程

或函数，从而实现初步的结构化程序设计。不过，从笔者接触到的 VBA 用户来看，大多数人编写 VBA 程序只是为了解决一些日常需求，所以并没有强烈的模块化需求，写在一个过程中也无妨。

尽管如此，理解子过程和函数的特点与用法仍然十分必要。因为 VBA 本身就是建立在结构化甚至部分对象化的基础之上，不掌握作用域、参数等知识，就很难用好 VBA 的函数、方法乃至事件等功能。因此希望读者阅读本章之后，能够深入理解以下要点。

★ VBA 的过程包括子过程 Sub 与函数 Function 两种形式：前者无返回值，可以作为宏单独运行；后者有返回值，可以作为自定义公式在单元格中使用。

★ 把程序分解为多个子过程或函数，可以使代码更加清晰易懂，方便调试错误，并且可以将专注于某个功能的函数或子过程反复重用。

★ 可以使用 Call 关键字调用子过程或函数，Call 关键字也可以省略不写。

★ 子过程或函数中定义的变量，其作用域和生命周期都仅限于该子过程或函数；不同作用域中的同名变量相互无关，不会混淆。

★ 在默认情况下，子过程或函数中使用的参数名只是一个“别名”。如果在子过程或函数中修改了参数变量，调用方对应的变量也会受到影响。

★ 调用函数时，如果该行代码用到了该函数的返回值，则必须书写括号，否则不应写括号；如果使用 Call 语句，即使未用到返回值也应书写括号。

★ VBA 函数返回的是一个与函数名同名的变量，该变量不能使用 Dim 自行声明。

★ 自定义函数只能在 VBA 代码所在的工作簿中使用。如果需要用于任意工作簿，应当使用“xlam（Excel 加载宏）”文件。

★ Trim、LCase、UCase、Replace 等字符串函数不会修改作为参数的原字符串，而是生成一个新的字符串作为返回值。

第11章

万物的源头——Application 对象

上一章讲解了函数的编写方法及常用系统函数，相信很多读者会联想到功能丰富的 Excel 内置公式。显然，如果能够在 VBA 中直接使用 Excel 的表格公式调用财务、统计等各种功能，开发程序将变得简单很多。幸运的是，Excel VBA 确实允许在代码中调用大部分 Excel 内置公式，方法就是使用 Application 对象。

如果把 Excel VBA 中主要对象之间的从属关系画出来，会看到一个“族谱树”图形：Range 对象生长在 Worksheet 对象上，Worksheet 对象生长在 Workbook 对象上……此外，还有 Shape、PivotTable 等其他对象形成的不同分支。但是，所有分支最终都可以回溯到起点 Application，因为它代表了整个 Excel 程序，而工作簿、透视表等一切元素都是 Excel 程序的一部分。

所以，要想透彻理解 Excel VBA 的对象体系，必须理解 Application 对象的作用和意义。否则我们无法解释一些常用语句的写法，比如为什么可以在代码中直接写“Cells(1,2)”，而无须指定它所属的工作表；也无法实现一些超越工作簿之外的系统功能，比如怎样让 Excel 自动关闭。因此本章就为读者全面揭示 Application 这个掌控一切对象的“终极 BOSS”。

通过本章的学习，读者可以理解或解决以下问题：

★ 为什么不指定上级对象就能调用 Cells、Worksheets 等对象？

★ 怎样通过 Application 对象使用表格公式？

★ 怎样通过 Application 对象修改 Excel 的重要设置？

★ 怎样通过 Application 对象实现系统功能？

本章内容主要与视频课程“全民一起 VBA——基础篇”第二十一回“众对象你方唱罢我登场，真 Boss 藏身幕后笑风云”一致，也提及一些出现在视频课程“提高篇”和“实战篇”中的高级技巧。读者可以参照学习，加深理解。

11.1 隐藏的 Application 对象

11.1.1 Cells 的真实来历

本书在讲解“Cells(r , c)”的用法时，就把它称作 Cells 属性。而在讲解面向对象时又提到必须用点号“.”指明属性或方法属于哪个对象。

不过在类似下面的代码中，我们从未使用“Worksheets(1).Cells(3,5)”的格式指定 Cells 是哪个 Worksheet 对象的属性，但 VBA 却并不认为这行代码存在语法错误。那么 Cells 到底是哪个对象的属性？为什么不写对象只写属性也符合语法呢？

```
Sub Demo_Cells()
    Cells(3, 5) = "我是谁？我来自何处？"
End Sub
```

第一个问题的答案是：与“Worksheets(1).Cells”不同，这个独立出现的 Cells 不是某个 Worksheet 对象的属性，而是 Application 对象的一个属性。

为了方便编写程序，VBA 在 Application 对象中专门设置了一个 Cells 属性，其就是一个 Range 对象，代表当前活动工作表中的某个单元格。所以上面代码的完整写法应该是：

```
Sub Demo_Cells()
    Application.Cells(3, 5) = "我是谁？我来自何处？"
End Sub
```

可是为什么 VBA 允许把“Application.”省略掉呢？这是因为细究起来，Excel 中的所有对象最终都属 Application 所有，如果书写完整，代码将会变成下面的格式：

```
Sub Demo_Application()
    Dim w As Worksheet, r As Range, s As Shape
    Set w = Application.Workbooks(1).Worksheets(1)
    Set r = Application.Workbooks(2).Worksheets(1).Range("B2")
    Set s = Application.Workbooks(1).Worksheets(2).Shapes(1)
    ......
End Sub
```

如果在一切对象前书写“Application.”，那么“Application.”也就没有存在的必要了。这就像在参加国际会议时，一般人都会自我介绍“我是来自中国上海的张三”，而没有必要使用“我是来自地球上的中国上海的张三”这种完整的描述。Application 对象就如同地球，既然所有参会人士都属于这个范畴，就不必再提及了。

所以，VBA 中规定：对于 Application.Cells 这种用于获取 Excel 常用元素的属性或方法，书写时可以省略前缀“Application.”[①]。

这就是为什么能够直接在代码中写“Cells (3,5) = 1”的原因。需要再次提醒读者的是：在这种情况下调用的是 Application 对象的 Cells 属性，而在“w.Cells(3,5) = 1”这种形式中，调用的则是工作表对象 w 的 Cells 属性。两者都能返回 Range 对象，但 w.Cells(3,5)返回的一定是 w 工作表中的 E3 单元格，而 Cells(3,5)返回的则是当前活动工作表的 E3 单元格，来源并不固定。

11.1.2　与 Cells 类似的情况

通过 Application 的 Cells 属性，可以简单地调用当前活动工作表的单元格。与之相似，Application 还提供了另外一些属性，以便简化工作表、工作簿等元素的调用方式。

1）Range、ActiveCell 与 Selection 属性

除了 Cells 属性，还经常使用 Range(“B5:D7”) 的形式获取当前工作表中的单元格范围，比如下面代码中的第一个 Range 属性调用：

```
Sub Demo_Range()

    Dim r1, r2

    '使用 Application 对象的 Range 属性为 r1 赋值
    Set r1 = Range("B5:D7")

    '使用 Worksheet 对象的 Range 属性为 r2 赋值
    Set r2 = Worksheets(1).Range("B5:D7")

End Sub
```

与 Cells 属性一样，第一个赋值语句中也没有指明 Range 属性属于哪个对象，因此调用的就是 Application 对象中的 Range 属性，代表当前活动工作表中的一个单元格区域。

除了 Cells 与 Range 属性，Application 对象还提供了一个代表单元格的属性——ActiveCell。ActiveCell 属性也返回 Range 对象，代表当前活动工作表中被用户用鼠标选中的单元格。比如下面的例子，如果用户先在 Excel 中选中某个单元格再运行程序，就会自动把选中的单元格设置为红色背景。

```
Sub Demo_ActiveCell()

    Dim r As Range

    Set r = Application.ActiveCell

    r.Interior.Color = vbRed

    '以上三行代码可以合并为下面一行代码：
    'Application.ActiveCell.Interior.Color = vbRed

End Sub
```

---

① MSDN 文档中的官方说明是：Many of the properties and methods that return the most common user-interface objects, such as the active cell (ActiveCell property), can be used without the Application object qualifier 。(https://msdn.microsoft.com/en-us/vba/excel-vba/articles/application-object-excel)

Application 的另一个属性 Selection，也可以获取 Range 对象，不过其代表的是用户通过拖动鼠标等方式选中的单元格区域。关于 Selection 对象，其实在讲解"录制宏"时就已经讲过，代表录制宏过程中手动选中的单元格。

不过，Excel 不仅允许用户选中单元格，还允许选中图表、形状等任何元素。所以，Selection 属性不仅能够返回 Range 对象，也可以返回其他对象。比如用户用鼠标选中了工作表中插入的某张图片，运行 VBA 程序时 Selection 属性返回的就是 Picture 类型的对象，而不是 Range 对象。所以在使用这个属性操作单元格时，最好先判断返回值的类型再做处理（判断类型的方法在讲解数据类型时会介绍）。

2）Worksheets 与 ActiveSheet 属性

我们知道，Worksheets 是 Workbook 类对象的一个属性，代表 Workbook 中所有工作表的集合，可以使用 Workbook.Worksheets(1) 等方式取得某个工作表。不过，Application 中也提供了 Worksheets 属性，代表当前活动工作簿中的工作表集合。因此可以像上面的示例那样，直接书写"Set r2 = Worksheets(1).Range("B5:D7")"。

此外，Application 还提供了 ActiveSheet 属性，可以得到当前活动工作表（或当前活动的图表工作表）。比如下面的代码可以用消息框显示当前活动工作表的名称：

```
Sub Demo_ActiveSheet()

    Dim w As Worksheet

    Set w = Application.ActiveSheet

    MsgBox w.Name

End Sub
```

不过需要注意的是，Excel 中除了常用的工作表（Worksheet），还有一种称为"图表工作表（Chart Sheet）"的表格。图表工作表虽然与普通工作表一样并列显示在标签栏上，却属于另一种类型的对象——Chart 对象。但无论当前活动表格是普通工作表还是图表工作表，ActiveSheet 属性都会把它作为返回值。这也是该属性叫作 ActiveSheet 而非 ActiveWorkSheet 的原因，因为它能够代表所有类型的 Sheet。

假如在运行上面的程序时，当前活动表格是一个图表工作表，那么 ActiveSheet 返回的就是 Chart 类型的对象。这时由于 w 被定义为 Worksheet 类型的对象，与 ActiveSheet 的返回值类型不一致，将会导致运行时错误。

在学习完数据类型的内容后，读者将掌握 TypeName 函数或 TypeOf…Is 语句，届时就可以在代码中判断出 ActiveSheet 返回的到底是工作表还是图表，从而避免发生类型不一致的错误。不过，由于图表工作表在实际工作中较少使用，在默认情况下，本书均假设工作簿中只存在普通工作表，以使教学示例尽可能简明易懂。

3）Workbooks、ActiveWorkbook 与 ThisWorkbook 属性

Workbooks 本身就是 Application 对象的属性，代表 Excel 程序中打开的所有簿集合。由于"Application."可以省略，所以都是直接写成" set wb = Workbooks(1)"形式。

与 ActiveSheet 属性一样，Application 对象还提供了 ActiveWorkbook 属性，代表当前活动工作簿。其用法与 ActiveSheet 属性等非常类似，这里不再赘述。

此外，ThisWorkbook 也是 Application 对象的一个属性，返回 Workbook 对象，代表 VBA 代码所在的工作簿。请读者注意活动工作簿与 VBA 代码所在工作簿的区别：在 VBA 运行程序期间，任何工作簿都有机会成为 ActiveWorkbook（比如用 Workbooks.Add 方法创建新的工作簿时，新工作簿就自动成为活动工作簿），但是 ThisWorkbook 始终是保存该程序的工作簿。

11.2　通过 WorksheetFunction 属性调用公式

灵活多样的表格公式是 Excel 最实用的功能之一，因此微软公司在开发 VBA 时也为其提供了调用部分表格公式的能力。显然，表格公式是 Excel 自身的功能，不属于某个工作簿文件，因此也被划归 Application 对象掌管。

Application 对象有一个 WorksheetFunction 属性。这个属性本身也是一个对象，并含有近 400 种方法[①]，每种方法均对应一个表格公式。如图 11.1 所示，在 VBE 中输入"Application. WorksheetFunction."后，VBE 的自动提示功能就会将这些方法都列示在下拉列表框中，以供选择。

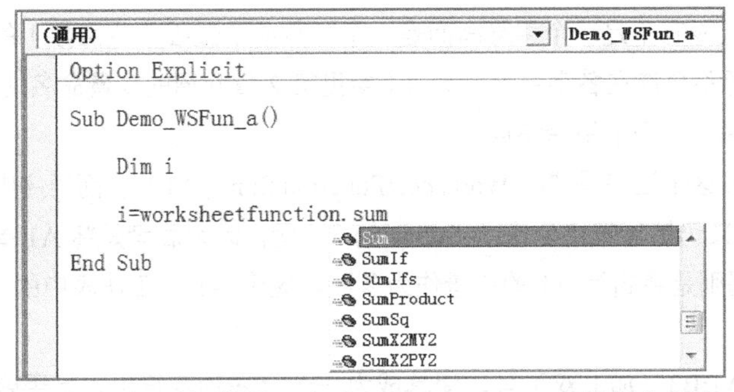

图 11.1　通过智能提示查看 WorksheetFunction 的所有方法

所以，只要想使用的表格公式在此范围内，就可以使用下面的代码直接调用：

```
Sub Demo_WSFun_a()

    Dim i, a, b, c

    a = 3: b = 4: c = 8

    '用表格公式 StDev 计算三个变量的标准差
    i = WorksheetFunction.StDev(a, b, c)

    MsgBox i

End Sub
```

需要提醒读者的是：在 VBA 中，这些表格公式其实都是 WorksheetFunction 类中定义的方法，

① 截至撰写本书时，MSDN 上列出的 WorksheetFunction 方法共计 387 种（Office 365 版本）。

只不过名称与 Excel 表格公式相同。因此调用规则必须完全符合 VBA 语法，不能采用在 Excel 工作表中惯用的形式。

两者最明显的区别就是将单元格作为参数时的写法。比如表格公式 SUM，在工作表中直接使用该公式对 A1:B3 单元格汇总时，其写法为“= sum (a1:b3)”，如图 11.2 右上角所示。但是如果在 VBA 程序中引用这个公式，却不能写成“s = WorksheetFunction.Sum(A1:B3)”，否则会引起如图 11.2 所示的语法错误。

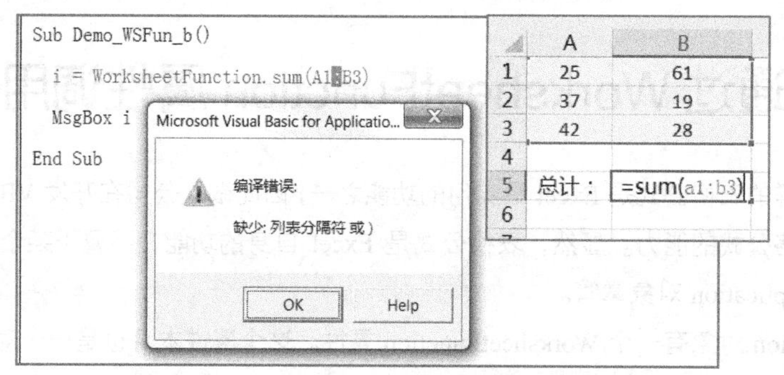

图 11.2　将单元格作为参数时的错误写法

出现这种错误的原因，其实在讲解字符串时就已经介绍过：按照 VBA 语法，如果 A1:B3 两边没有双引号，就代表它不是一个字符串而是一个变量或子过程（或函数）的名字。然而，无论变量还是子过程，都不允许在名字中出现冒号（参见第 2 章介绍的变量命名规则），所以这个语句肯定不符合语法，属于典型的编译错误。

退一步讲，假设这个语句是“i = WorksheetFunction.Sum (A1)”，而程序中又恰好有一个名为 A1 的变量，它的含义仍然与表格公式“=Sum(A1)”不同。因为后者是将 A1 单元格中的内容作为参数，而 VBA 代码则是将名为 A1 的变量作为参数。这个 A1 与工作表中的 A1 单元格没有任何关系。

那么如果为“A1:B3”加上双引号，使其成为一个合法的字符串，是否就能解决这个问题了呢？答案仍然是运行出错，如图 11.3 所示。

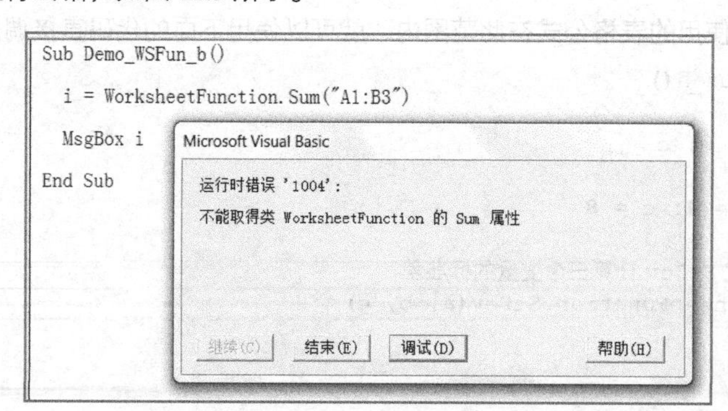

图 11.3　将单元格作为参数时的另一种错误写法

这一次出错的原因在于：字符串并不是单元格。“A1:B3”与“abcde”一样，只是由五个字符构成的一个字符串，可以做连接、取子串，但是与单元格、工作表等 VBA 对象没有任何关系，也不能像数字一样进行加减汇总运算。所以当 WorksheetFunction.Sum 方法收到这个参数后会感到困惑，因为它不知道怎样对这五个字符进行汇总计算（如果参数为数字，如 WorksheetFunction.Sum(3,5)，是可以正常运行并返回 8 作为结果的）。同时，VBA 只能尝试从其他角度理解该字符串，将其看作属性名称标识，结果导致出错。

那么应该怎样把 A1:B3 作为一个单元格范围提供给 Sum 方法呢？当然就是使用 Range 对象。A1:B3 单元格在 VBA 中的钦定写法是 Range(“A1:B3”)，该表达式返回的就是代表该单元格范围的 Range 对象。如果把 Range 对象作为 WorksheetFunction.Sum 的参数，Sum 方法就会对 Range 对象中的所有单元格进行汇总计算，并返回运算结果，如图 11.4 所示。

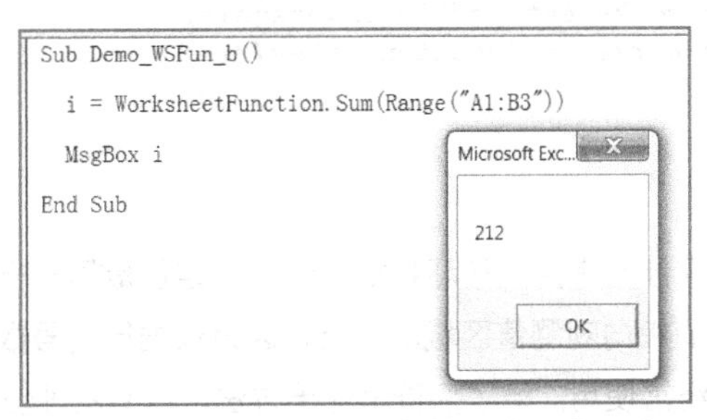

图 11.4　将单元格作为参数时的正确写法

在 VBA 代码中引用表格公式，不仅可以避免重复编写常用的计算功能，而且能够充分发挥 VBA 程序灵活强大的优势。比如案例 11-1 在双重循环里调用各种统计公式，从而简单快速地计算出所有工作表数据的统计指标。

案例 11-1：图 11.5 所示的工作簿中含有多个格式相同的工作表，每个工作表的 C 列都保存有多个观测数据，但数据总量不相同。请编写 VBA 程序，自动计算每个工作表中所有样本数据的平均值和标准差，分别显示在该表的 F2 和 F3 单元格中。

	A	B	C	D	E	F
1						
2		病人号	测量值		平均值：	
3		1	153		标准差：	
4		2	112			
5		3	152			
6		4	111			
7		5	162			
8		6	149			
9		7	187			
10		8	163			
11		总人数	8			

P-1　P-2　P-3　P-4　P-5

	A	B	C	D	E	F
1						
2		病人号	测量值		平均值：	
3		1	140		标准差：	
4		2	198			
5		3	100			
6		4	124			
7		5	178			
8		总人数	5			
9						
10						
11						

P-1　P-2　P-3　P-4　P-5

图 11.5　案例 11-1 数据表示例

循环处理所有工作表已经是我们非常熟悉的技术，但是如果自己编写计算平均值和标准差的函数，毕竟还要多写几行代码。既然 WorksheetFunction 提供了对单元格区域进行统计的公式，就可以像下面的参考代码一样直接调用：

```
Sub Demo_11_1()
  Dim w As Worksheet, i, r As Range
  For Each w In Worksheets                  '循环扫描每个工作表
```

```
        '从第 3 行开始查找该表格最后一行“总人数”的行号
        i = 3
        Do While Trim(w.Cells(i, 2)) <> "总人数"
            i = i + 1
        Loop

        '此时 i 的数值就是“总人数”所在行号，因而最后一条观测值在 i-1 行
        '将“C3:C”与数字 i-1 连在一起，可以构成“C3:C8”形式的字符串
        '通过这个字符串，可以让变量 r 指向本表格的观测值数据区域
        Set r = w.Range("C3:C" & (i - 1))

        '调用表格公式，计算 r 区域的平均值和标准差并存入该工作表相应单元格
        w.Range("F2") = WorksheetFunction.Average(r)
        w.Range("F3") = WorksheetFunction.StDev(r)

    Next w

End Sub
```

这段代码并不复杂，只涉及常用的循环扫描工作表、定位最后一行数据和构造字符串几个技巧。初学者要注意让变量 r 指向观测值区域的一行，因为根据行列号数字生成单元格地址字符串的方法，在实际开发中会经常使用。除了字符串连接方法，本例还可使用 w.Range(w.Cells (3, 3) 和 w.Cells(i - 1 , 3)) 的形式获得数据区域的 Range 对象，读者可以在实际工作中根据需要酌情选用。

最后必须提醒读者的是：在 VBA 中通过 WorksheetFunction 调用公式，本质上与调用 VBA 系统函数或自己编写的函数完全相同，只不过它们是 WorksheetFunction 类的方法而已。因此，案例 11-1 的参考代码运行后，并没有在 F2 和 F3 单元格中输入“=Average(C3:C8)”，而是先在 VBA 代码中计算出结果（如 148.63），再将结果写入 F2 或 F3 单元格。换言之，程序运行结束后，工作表中只有数字，没有公式。这与在单元格中手工输入公式有着本质的区别，特别是涉及自动重算、复制粘贴等问题时，二者的运作模式完全不同，希望读者不要混淆。

11.3 Application 的其他属性与方法

Excel 功能庞大，设置繁多，相应地，Application 对象自然也拥有非常多的属性和方法。截至本书写作时，MSDN 上共列出了 Application 对象的 209 个属性和 50 种方法，Cells、Selection 或 WorksheetFunction 等只是一小部分。不过在编写普通 VBA 程序时，Application 对象的大部分属性和方法很少用到，本节抽取最常用的属性和方法进行简单介绍。

11.3.1 常用属性

1. 表示 Excel 外观的属性

1）Caption 属性

“Caption”的字面意思是“标题或说明”，在 Windows 等图形化操作系统中一般特指一个窗口的标题栏文字。既然 Application 对象代表 Excel 程序，那么 Application.Caption 代表的就是当前

Excel 窗口的标题栏内容。所以可以通过 Caption 属性读取 Excel 标题栏的文字，也可以如图 11.6 所示，修改该属性实现“自定义标题栏”的功能。

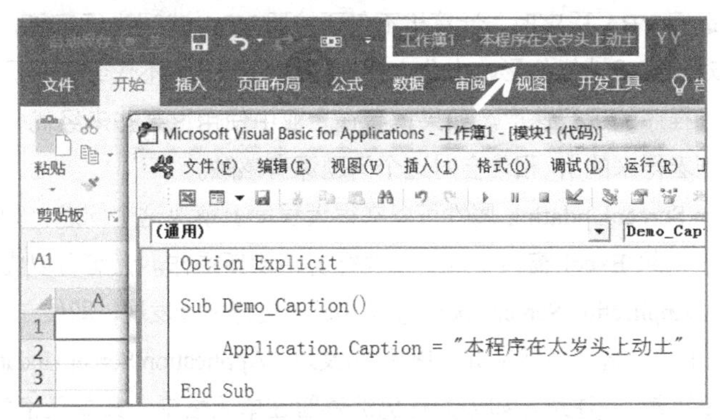

图 11.6　使用 Caption 属性修改 Excel 标题栏

2）WindowState 和 DisplayFullScreen 属性

Application.WindowState 属性代表当前 Excel 窗口的大小，即“最大化”“最小化”和“正常模式”。这个属性的取值是数字类型，用三个不同的数字代表不同模式。与颜色代码一样，VBA 也定义了三个系统常量代表这三个数字，即 xlMaximized、xlMinimized 和 xlNormal。比如“Application.WindowState = xlMinimized”就会让 Excel 窗口最小化。

Application.DisplayFullScreen 也可以改变 Excel 窗口的显示模式。如果将该属性设置为 True，就会进入全屏显示状态，即隐藏 Excel 标题栏和菜单栏，只显示工作表内容。

3）Visible 属性

“Visible”的含义是“可见性”，所以 Application.Visible 属性代表当前 Excel 窗口是否在屏幕上可见。在 VBA 代码中运行“Application.Visible = False”，就会让 Excel 消失不见，再运行“Application.Visible = True”，又会让 Excel 重新回到屏幕上来。

将这个特性与本书后面讲解的用户窗体等 GUI 元素结合起来，可以做出让人印象深刻的图形特效。利用这个属性也可以做一些恶作剧程序，比如视频课程“全民一起 VBA——实战篇”专题五第四回中，就将该属性与 Application 定时器及工作簿打开事件放在一起，使工作簿一打开就自动消失，5 秒后又自动恢复正常。

2. 与运行控制有关的属性

1）DisplayAlerts 属性

我们已经使用过 Application.DisplayAlerts 属性，以便在 VBA 程序自动删除工作表时不让 Excel 弹出“是否确定删除？”的消息框。这个属性可以被赋值为 True 或 False，分别代表“正常弹出警告信息”和“不弹出警告信息”。在默认情况下，DisplayAlerts 属性取值为 True，除非在代码中将其修改为 False。所以再次提醒读者，当我们在程序中将其修改为 False 后，应在程序结束前再将其改回 True，让 Excel 回到正常的工作状态。

2）ScreenUpdating 属性

当使用 VBA 程序批量处理大量工作表或工作簿中的数据时，往往会感到屏幕上的 Excel 窗口在不断闪烁。这是因为每当 VBA 程序修改了一个单元格，或者激活一个工作表时，Excel 都要把这个动作显示在屏幕上，也就是让屏幕上单元格的内容随之变化，或者让这个工作表显示在最前面等。

这就意味着在运行 VBA 程序时，计算机不仅要按照 VBA 代码进行运算，还要随时重新绘制屏幕图形，而后者对计算机性能的影响十分大。在这种情况下，不仅会因为屏幕闪烁产生视觉疲劳，而且严重降低了程序的运行速度。如果读者在企业中使用过某些未经优化的 VBA 宏（大多数都是通过直接录制宏得来的），相信会对这个问题深有感触。

使用 Application.ScreenUpdating 属性可以在很大程度上解决这个问题：如果将该属性设置为 False，就代表从这一刻起 Excel 窗口不再主动执行屏幕刷新操作。读者可以尝试编写一个仅有一行语句的 VBA 宏："Application.ScreenUpdating=Fasle"。运行后会发现，即使在工作表中手工输入内容，屏幕也没有任何响应。直到回到 VBE 中把代码改为"Application.ScreenUpdating= True"并再次运行，一切才会恢复正常。（注意，如果光标仍然停留在单元格中，即单元格仍然处于编辑状态，在 VBE 中无法输入文字，必须在 Excel 窗口用鼠标单击其他地方退出单元格编辑状态才可以）

所以，对于可能导致大量屏幕闪烁的 VBA 程序，可以在程序开始时把 ScreenUpdating 属性设为 False，在结束前将其设置为 True。这样程序运行期间计算机就可以专注于计算处理，避免在重绘问题上浪费时间。

3. 与系统信息有关的属性

1）Version 与 OperatingSystem 属性

Application.Version 代表 Excel 程序的版本信息，Application.OperatingSystem 属性则代表当前操作系统的版本信息。在 VBA 程序中读取这两个属性，可以确认当前 Office 软件版本是否符合要求。不过需要注意的是，这两个属性返回的都是微软公司使用的内部版本号（如"16.0"），而不会返回"Excel 2007"形式的字符串。

2）Path 与 PathSeparator 属性

Application.Path 代表 Excel 在电脑上的安装路径，如"C:\Program Files\Microsoft Office\root\Office16"。

Application.PathSeparator 代表当前操作系统使用的"路径分隔符"。所谓路径分隔符，就是在文件路径中用来分隔每层文件夹的符号，比如"D:\demo\ch10\a.txt"中的反斜线"\"。与 Windows 系统不同，UNIX 操作系统中使用斜线"/"作为文件分隔符（如"/usr/yy/document"），而苹果公司某些版本的 Mac 操作系统则使用冒号":"作为文件分隔符。

所以，假如编写了一个 VBA 程序，但不知道用户会在哪种操作系统上运行，就不能在代码中直接写"\demo\a.xlsm"，而是要写成 Application.PathSeparator & "demo" & Application.PathSeparator & "a.xlsm"。

当然，如果读者觉得这种写法太烦琐，可以将 Application.PathSeparator 属性赋值给一个字符串变量，从而简化代码。也可以先书写"\demo\a.xlsm"，然后用 Replace 函数把所有反斜线替换为 Application.PathSeparator。

11.3.2　常用方法

1. Quit 方法

“Quit” 就是退出的意思，所以执行 Application.Quit 方法，就相当于单击 Excel 窗口右上角的 “关闭” 按钮，退出整个 Excel 程序。假如已经将 Application.DisplayAlerts 设置为 False，即使当前文件尚未保存，Excel 也会瞬间关闭而不发出任何警示。

2. InterSect 方法

Application.InterSect 是一种非常实用的方法，可以得到多个 Range 对象相互重叠的区域。比如图 11.7 所示的代码中定义了 r1 和 r2 两个 Range 对象，分别代表 A1:D5 和 B2:C7 两个单元格区域，使用 Application.Intersect(r1, r2) 会返回新的 Range 对象，代表两者的重叠区域 B2:C5。将这个区域赋值给 r3 变量并染色，就是左边的运行效果。

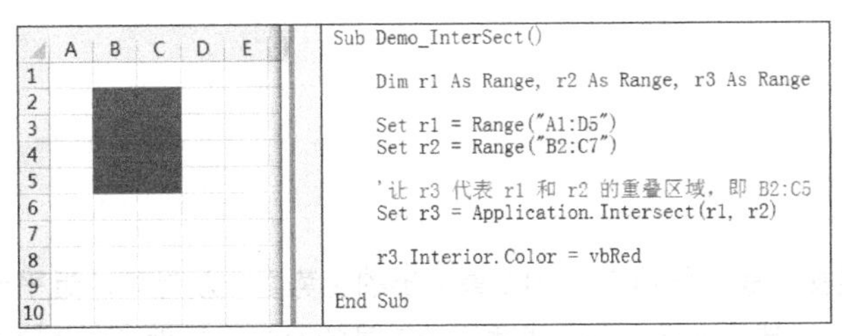

图 11.7　InterSect 方法示例

InterSect 方法最多可以接收 30 个参数，也就是最多可以找到 30 个 Range 对象的重叠区域。本书讲解单元格处理的高级技巧时会经常用到这个方法。

3. GetOpenFileName 与 GetSaveAsFileName 方法

使用 Application.GetOpenFileName 方法可以弹出 “文件打开” 对话框，就像在 Excel 的 “文件” 菜单中选择 “打开” 命令后的效果。类似的，“文件另存为” 对话框则可以通过 Application.GetSaveAsFileName 方法实现。

本书后面章节会专门讲解怎样在 VBA 中打开和保存外部文件。在文件操作的程序中使用这两种方法，可以让用户更加方便地指定欲打开或保存的文件名。此外，Application 对象还支持 FileDialog 属性，可以实现更加强大的文件对话框功能。有兴趣的读者可以自行查阅资料，或者通过视频课程学习。

4. Wait 与 OnTime 方法

使用 Application.Wait 方法可以让 VBA 程序暂停执行，直到某一时刻自动恢复运行。比如下面的代码，在执行到 Application.Wait (“ 2018-04-04 21:15”) 一句时会暂时停止，直到到达 2018 年 4 月 4 日 21:15 才会继续执行下一行代码。

```
Sub Demo_InterSect()

    Dim r1 As Range, r2 As Range, r3 As Range

    Set r1 = Range("A1:D5")
    Set r2 = Range("B2:C7")
    Set r3 = Application.Intersect(r1, r2)
```

```
        Application.Wait ("2018-4-4 21:15")
        r3.Interior.Color = vbRed
    End Sub
```

更多的时候，我们会使用“Application.Wait Now + TimeValue(“00:00:05”)”这种用法实现“暂停 5 秒后运行”的功能，而不是“暂停到 21 点 15 分再运行”这种模式。讲解数据类型时会详细讲解 VBA 的时间表示方法。

Application 对象还提供了另一种与时间有关的方法，即 OnTime。该方法又被称作“定时器”，可以让 Excel 在指定时间自动运行编写的某个 VBA 宏。通过 OnTime 方法可以实现很多功能，比如编写无人值守的打印程序等。因篇幅所限，本书无法详细介绍该方法，有兴趣的同学可以在 MSDN 上深入了解，或者参见“全民一起 VBA——实战篇”视频课程专题五第三回和第四回的动画演示。

本章小结

与公式、数据透视表等工具相比，VBA 最突出的优势之一就是可以近乎无限制地控制 Excel，更不用说 Word、PPT 等其他未提供公式或透视表工具的 Office 软件。而这种控制力依托的就是微软公司为 VBA 提供的庞大类库，所以对类库的理解程度会直接影响 VBA 实战水平。

不过，理解类库并不代表记忆类库。虽然我们只学习过 Application、Worksheet、Range 等少数类型，它们所拥有的属性和方法已经成百上千，普通人不可能一一记熟。理解和掌握类库的真正办法，是厘清 Excel 类库的主线；理解为什么如此设计；想清楚为什么某些功能放在这个类中实现，而另一些功能由另一个类来实现。如果具备了这样的思维方式，在需要编程实现从未遇到过的特殊功能时，就会很自然地猜测出大概需要用到哪几个类，再有针对性地查询资料，很快就能找到想要的答案。

因此，本书从第 8 章的 Range 对象开始逐层展开，直到本章讲解的 Application 对象为止，以剥洋葱的方式让读者循序渐进地感受 Excel 类库的主干脉络。希望读者通过这几章的学习，不仅了解主要对象的常见用法，还在潜移默化中培养出用面向对象的方式看待 Excel 的视角。只要具备了这种能力，VBA 开发技术的提高就只是经验和技巧的问题了。

本章需要读者领会的关键知识点包括：

★ 在 VBA 代码中不指明所属对象的 Cells、Range 属性等，都是在调用 Application 对象的相关属性。调用这些常用属性时，VBA 允许省略前缀“Application.”。

★ ActiveSheet 属性代表当前活动表格，但返回值可能是 Worksheet 对象，也可能是 Chart 对象；类似的，Selection 属性返回当前选中的对象，该对象有可能是 Range，也有可能是 Shape、Picture 等其他类型。

★ 使用 WorksheetFunction 属性调用表格公式时，如果需要将单元格范围作为参数，必须使用 Range 对象，不能直接书写字符串。

★ 在 VBA 中调用表格公式，是在计算出结果后将结果写入单元格，而不是把公式直接写到单元格中。

★ 合理设置 ScreenUpdating 属性，可以降低屏幕闪烁，提高 VBA 运行效率。

★ 不同操作系统使用的路径分隔符可能不同，所以在开发跨系统运行的 VBA 程序时，应使用 Application.Separator 属性代表分隔符。

★ 使用 Application.InterSect 方法可以便捷地找出多个单元格区域的重叠部分。

★ 使用 Wait 方法可以让 VBA 程序暂停运行，并在指定时间恢复运行。

第 12 章

细分的好处——VBA 数据类型

古今中外，先贤圣哲们都非常重视对事物的细致分类，告诫我们要“因地制宜”“因材施教”“具体问题具体分析”。在计算机技术中，分类的重要性更是格外突出，因为对于只会死板地按照预定规则执行命令的机器来说，任何环节的细微差异都可能导致完全不同的运行结果。

比如，“13”和“130000”在我们看来都是简单的数字。但是从 VBA 的角度看来，它们的类型却完全不同，因为它们占用了不同的内存空间。在某些情况下，这就会导致 VBA 程序错误。

所以，本章将为读者详细剖析 VBA 中的各种数据类型，看看 VBA 到底为什么要把数据分为不同的类型、不同类型的数据又有怎样的特点，以及怎样使用“日期型”“逻辑型”和“对象型”数据增强程序功能等。

通过本章的学习，读者可以理解以下知识点：

★ 划分数据类型的意义。

★ 使用变体类型的优点和缺点。

★ 各种数字类型的特点和用处。

★ 不同数字类型之间的转换规则。

★ 字符串的本质与转换。

★ 日期型数据的特点和用法。

★ 使用日期函数处理日期数据。

★ 逻辑型数据的特点和运算。

★ 对象型数据的特点和应用。

本章内容较多，主要涵盖了视频课程“全民一起 VBA——提高篇”从第一回“变体能容、高矮胖瘦皆适用，数据细分、大小黑白各不同”到第八回“文本字符也是数字，编码函数两界穿梭”等多节课程。由于这部分内容涉及一些相对抽象的理论知识及各种应用技巧，所以强烈建议读者结合视频课程中的动画和案例对照学习，以便加深理解。

12.1　VBA 数据类型概述

12.1.1　为什么要划分数据类型

首先需要澄清：数据并不是数字，而是可以被解读为某种特定含义的一串符号。因此，“12345”“全民一起 VBA”“の”“2011-11-11 11:11:11”等各种符号序列，都属于数据的范畴。

尽管上面列出来的符号串都是数据，但是它们的含义和特点却有着明显的区别。比如，“12345”可以被理解为一个数字，能够进行加、减、乘、除等算术运算；而“2011-11-11 11:11:11”则代表日期和时间，可以进行加、减运算（比如推算一周之后是哪一天），但无法进行乘、除运算。

事实上，这些数据不仅在含义和特点上不同，而且在计算机内部的存储方式上也存在显著差异。举一个直白的例子：在方格纸上书写数字 1 和 999999999，显然后者需要占用更多的地方；同样，如果在下面这个程序中用两个变量分别代表这两个数字，那么后一个变量也要比前一个占用更大的内存空间。

```
Sub Demo_Var_1()

    Dim a, b, c

    a = 1

    b = 999999999              '如果输入更大的数字，VBE 会自动添加“#”

    c = "结果是:"

    MsgBox c & (a + b)         '弹出消息框，显示“结果是:1000000000”

End Sub
```

这就引出一个问题：按照第 2 章讲解的知识，当 VBA 执行到第一句“Dim a, b, c”时，发现定义了三个变量，马上就会在内存中为它们各自指定一个“小房子”。但是此时 VBA 还没有执行后面的代码，完全不清楚将在“小房子”中存放多大的数字，那么应该怎样分配空间给 a、b 和 c 呢?

如果分配三个大到足以装下任何内容的空间，后面的程序执行起来不会有问题。但是对于开了“上帝视角”的读者来说，很容易就会发现变量 a 的空间将彻底浪费，因为 a 的数值只是“1”而已。如果所有程序都按照这个标准来分配空间，恐怕很快就要升级内存。

但如果分配三个很小的空间，虽然避免了浪费，却会在执行到“b = 999999999”一句时发生错误，因为这么大的数字是不可能塞进一个“小房子”的。更麻烦的是，变量 c 中要存放的不是一个数字，而是一个字符串。虽然本书没有对 VBA 底层内存机制进行深入介绍，但是读者可以想到：存放两种完全不同内容的“小房子“，在结构和特点上也应该有区别。打个不恰当的比喻：

数字需要的是一个四合院，而字符串需要的则是一座公寓楼。所以对于刚刚执行到 Dim 语句，还不清楚会在变量 c 中放入什么内容的 VBA 来说，不仅不知道应该分配多大的空间，还不知道应该分配什么类型的空间。

设身处地地替 VBA 思考一下，读者就会理解为什么需要划分数据类型：如果能够在 Dim 语句中把变量将要存放的数据类型明确告知 VBA，VBA 就会给它们分配合适的内存空间，避免左右为难的尴尬局面。

其实在本书前面的一些案例中已经部分体现了这种思想，比如“Dim w As Range”语句，就是告知 VBA：变量 w 将要存放 Range 类型的对象，所以请为它分配一个能够容纳这种对象的“小房子”。当时这样书写，是为了获得 VBE 的智能提示功能，因为当 VBE 知道 w 是一个 Range 对象后，会自动列出 Range 对象的各种属性与方法。其实，在 Dim 语句中指明 w 的类型，不仅能够带来智能提示，而且能解决“分配什么样的内存空间”这个更加本质和重要的问题。

按照这种思路，可以在前面的程序中指明所有变量的类型，代码如下：

```
Sub Demo_Var_2()

    '指明各变量的类型：a 是整数，b 是长整数，c 是字符串
    Dim a As Integer, b As Long, c As String

    a = 1

    b = 999999999  '如果输入更大的数字，VBE 会自动添加“#”

    c = "结果是:"

    MsgBox c & (a + b)  '弹出消息框，显示“结果是:1000000000”

End Sub
```

在 Dim 声明语句中，每个变量后面都使用 As 关键字指明了类型，就像声明 Range、Worksheet 等对象变量一样，Integer、Long、String 等关键字分别代表不同的 VBA 数据类型。

看到这里，读者可能会产生疑问：之前编写的代码中从未声明过变量类型，为什么 VBA 也能正确执行程序，从不出错呢？奥妙就在于“变体”这个特殊的数据类型。

12.1.2 变体类型的功与过

1. 变体类型及其原理

作为一个尽可能对初学者友好的语言，VBA 设计了“变体（Variant）”这种数据类型，意即可以根据需要随时变成想要的房子。当我们在 Dim 语句中不指明变量的具体类型时，VBA 就会默认变量属于“变体类型”。比如在下面这个简单的程序中，变量 a 就被当作变体类型变量来使用。

```
Sub Demo_Var_3()

    'Dim 语句中没有指明变量 a 的类型，所以 VBA 将其默认为变体类型
    Dim a

    a = 1000                          '让 a 能够容纳一个数字
```

```
    a = "变形金刚——最后的骑士"                 '让 a 能够容纳一个字符串
    Set a = Worksheets(1).Range("A2")      '让 a 能够容纳一个 Range 对象
    a.Font.Color = vbRed
End Sub
```

我们在这个程序中先后三次为变量 a 赋值，而且每次存放到 a 中的数据都属于不同类型。VBA 是怎么做到这一点的呢？就是因为它对“变体类型”采用了特殊执行方式。

首先，VBA 在执行 Dim 语句时没有发现 a 后面的 As 关键字，因此确定 a 是一个变体类型。鉴于此时尚不确定 a 要存放什么类型的内容，VBA 决定先不为其分配内存，只是记住 a 这个名字，也就是“先登记，后造房”。

接下来执行到“a = 1000”这个赋值语句时，VBA 马上意识到：需要用 a 存放一个数字。根据规则，只要变体变量用来存放数字，无论数字大小都要分配一个 8 字节的内存空间，盖一个相当大的“房子”以备万一。所以 VBA 才真正为 a 分配了内存空间，并把 1000 这个数字存放进去。

再向下执行，VBA 看到了“a =“变形金刚——最后的骑士””这行代码，要求 a 由存放数字改为存放字符串。由于这些字符串需要存放在 22 字节的内存中，所以 VBA 迅速展开“拆迁”工作，将上一步刚刚分配的 8 字节空间全部废弃，重新为变量 a 分配了一个 22 字节的空间，并且按照字符串的独特要求建起另一种风格的“房屋”。完成这些操作之后，将“变形金刚——最后的骑士”中的全部字符按顺序存到新的空间中。同时，VBA 还把这个“房子”标记为“字符串类型”，以便系统将来使用时能够把它们当作字符而非数字看待（字符最终也以数字形式存放在内存中，所以要防止计算机混淆，详见本章后面讲解）。

不过刚刚完成这次转换，下一行代码就变成“Set a = Worksheets(1).Range(“A2”)”，也就是让 a 代表 Range 类型的对象①。根据规定，代表对象的变量需要占用 4 字节的内存空间，所以 VBA 再次启动“拆迁”工作，废弃刚刚分配的 22 字节的空间，重新盖起了一个 4 字节符合对象要求的“小房子”。然后再将 a 的内容（Range(“A2”) 对象的“身份证号码”）保存到“房子”中，并将其标记为“对象类型”。

最后，当程序代码要求将 a 对象的字体颜色设置为红色时，VBA 就先到 a 的最新地址——刚刚分配的 4 字节“小房子”中，找出其中存放的“身份证号码”，再根据号码到 Excel 系统内存中找到对应的单元格对象，并对其进行各种设置。

变体类型“随拆随建”的处理流程，就是可以不在 Dim 语句中指明数据类型的原因所在。由于将变量声明为变体类型（也就是在 Dim 语句中不做任何声明）后，可以随时将其赋值为任意数据，完全不需要关心数据类型的问题，所以确实给初学者带来了很大的方便。不过读者肯定也能感觉到：享受这种灵活性并非没有代价，因为处理流程既复杂又耗时。流程复杂会增加出错风险，操作耗时会降低执行效率。因此在 VBA 中使用变体类型是存在缺陷的。

① 注意：这句代码中使用了 Set 关键字，即“对象赋值”，所以 a 会被赋值为 Range 对象。如果没有使用 Set 关键字，a 会被赋值为 A2 单元格中的数字或字符串，即 Range(“A2”).Value。

2. 变体类型的缺陷

1）增加程序出错的风险

从前面介绍的流程中可以看到，每当为一个变体类型变量赋值时，VBA 都要自行判断一下赋值的类型，以便决定分配怎样的空间。同样，当需要用到变体类型变量时，VBA 也要猜测变量中的数据应该被当作哪种类型来使用。这在某些情况下就会导致歧义，进而产生意想不到的结果，如图 12.1 所示。

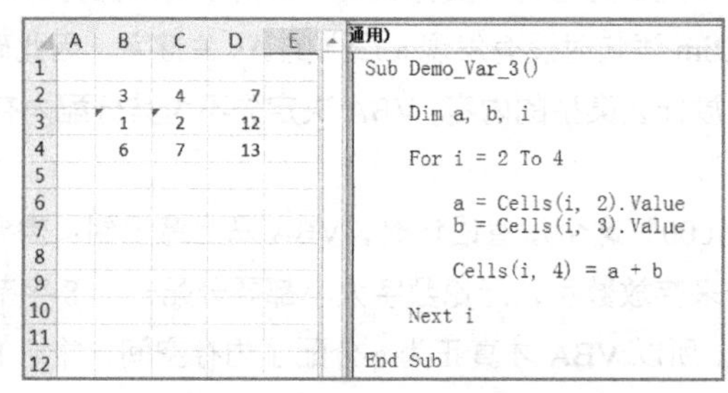

图 12.1　与变体类型相关的歧义现象

这个例子的本意很简单，就是先把每行 B 列和 C 列单元格的数字赋值给 a 与 b 两个变量，然后对它们求和并将结果显示在 D 列中。可是问题在于，第三行的两个数字（1 与 2）相加的结果居然不是 3，而是 12，这是为什么呢?

请读者留意图中 B3 与 C3 单元格左上角的绿色箭头：B3 与 C3 单元格的格式被设定为了“文本”，而非“数字”[①]。这就意味着，变量 a 与变量 b 收到的是两个字符串“1”和“2”，而非数字 1 与数字 2。所以，第三行的运算结果是“1”与“2”连接而成的字符串“12”。

这个例子让我们看到了灵活性的负面影响：由于 a 与 b 是变体类型，因此无论单元格中的内容是数字还是字符串，它都能照单全收并按照自己的理解得出结果，不会提出任何警告。想象一下，假如这个工作表中有几万条数据，但只有几条数据存在类似的格式问题，那我们几乎无法发现这种计算错误。不幸的是，由于 Excel 让人抓狂的格式转换问题，这种把数字存为文本的情况在实际工作中屡见不鲜，经常使用 Excel 的读者一定对此深有感触。

如果在定义变量时就明确告诉 VBA 这两个变量只能是数字类型，也只能被当作数字使用，那么上述问题就迎刃而解了。图 12.2 就是将 a 与 b 都声明为整数类型（Integer）之后运行的效果。

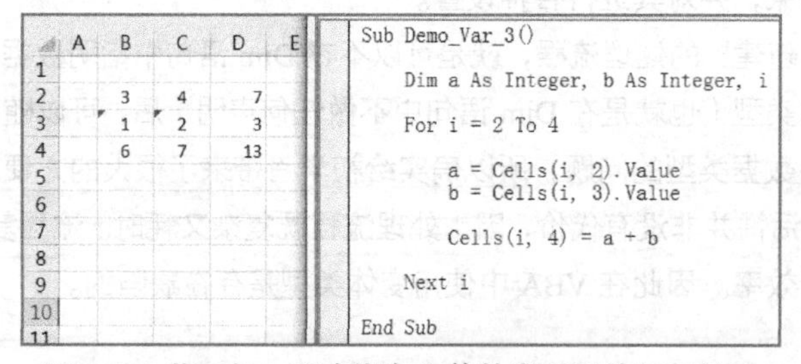

图 12.2　将 a 与 b 明确指定为整数类型后的运行结果

---

① 在 B3 单元格上先单击右键菜单“设置单元格格式”，然后在“分类”中双击“文本”，最后在工作表中用鼠标双击 B3 单元格，就会看到绿色三角标识。如果最后没有双击 B3 单元格，绿色三角标识可能不会出现，B3 单元格中仍然是数字而非文本。

尽管 B3 与 C3 单元格仍是文本格式（绿色三角标识仍在），但是程序运行的结果却是数字 3。这是因为 a 与 b 被明确指定为整数类型，所以 VBA 在执行赋值语句时，只得通过“自动类型转换”机制把字符串“1”与“2”强制转换为数字 1 和数字 2，以便完成赋值。因此下一行代码中加号的含义就是对两个数字进行加法计算。

2）降低程序执行效率

严格地说，增加程序出错风险并不是变体类型本身存在的缺陷，而是没有指明变量类型导致 VBA 对代码理解错误。不过接下来的问题就实实在在地属于变体类型的设计缺陷——严重影响程序执行效率。

从变体类型原理和处理流程中可以看出，每当为变体类型变量赋值时，VBA 都要进行一个操作，即判断这次是把什么内容赋值给这个变量，以及是否需要重新为该变量分配内存空间。这种额外增加的判断过程，其实是很耗费时间的底层操作，如果程序运行中多次对变体类型赋值，总计耗费的时间就会变得十分明显。在“全民一起 VBA——提高篇”第一回的视频课程中演示了一个非常简单的双循环结构，当把循环变量都设置为变体类型时，程序执行的时间是把变量设置为 Integer 时的两倍之多。

而且，假如对赋值语句的判断结果是需要为变体变量重新分配内存空间，那么还要进行“拆迁”操作，废弃原内存空间并找到新的内存空间“盖房子”，而在内存中寻找新的空间也是一个非常耗时的底层操作。所以频繁地将一个变体变量赋值为不同类型的数据，运行速度的降低将更加明显。

因此，尽管 VBA 的变体数据类型提供了极大的方便性和灵活性，但是业界专家普遍支持的最佳编程实践是：

除非必要，否则应为每个变量指明数据类型，尽量避免使用变体类型。

所谓“必要”，指的是在某些情况下，VBA 程序中只能使用变体类型。比如根据 VBA 语法规定，For Each 循环中的循环变量只能是变体类型或对象类型。所以，如果一个变量被声明为 Integer、String 等类型，则无法用于 For Each 循环。

此外，有些方法或函数的返回值就是变体变量，例如可以显示文件打开对话框的方法 Application.GetOpenFilename，其返回值有可能是逻辑值 False（代表用户单击了“取消”按钮），也有可能是字符串（代表用户选中的文件名），还可能是数组（代表用户同时选中了多个文件名）。所以该方法的返回值被直接定义为变体类型，以便适应任何需要，相应的，我们也要把它的返回值赋值给变体类型的变量才能使程序继续执行。

12.1.3　VBA 中的数据类型概览

整体来说，VBA 中的数据类型包括“数字”“字符串”“日期（时间）”“逻辑”“对象”和“变体”几大类，数字类型又根据数字大小和精度分为“整数”“浮点数”等七种[①]，如表 12-1 所示。

---

① 严格地说，VBA 中的字符串也可以细分为“固定长度字符串”和“动态长度字符串”两种，变体也能细分为“数字型变体”和“文本型变体”两种类型。不过这几种细分对初学者影响不大，而且它们使用的仍然是 String 和 Variant 两个关键字，所以本书不做深入介绍。

表 12-1 VBA 数据类型一览

关键字	类型名称	可存放内容	占用内存	简写符号
Byte	字节型数字	0 到 255 之间的整数	1 字节	无
Integer	整型数字	－32768 到 32767 之间的整数	2 字节	%
Long	长整型数字	－2147483648 到 2147483647 之间的整数	4 字节	&
Single	单精度数字	负数：-3.402823×10^{38} 到 -1.401298×10^{-45} 正数：1.401298×10^{-45} 到 3.402823×10^{38}	4 字节	!
Double	双精度数字	负数：$-1.79769313486232\times10^{308}$ 到 $-4.94065645841247\times10^{-324}$ 正数：$4.94065645841247\times10^{-324}$ 到 $1.79769313486232\times10^{308}$	8 字节	#
Currency	货币型数字	－922337203685477.5808 到 922337203685477.5807	8 字节	@
Decimal	定点小数	不带小数点时： ±79228162514264337593543950335 带小数点时： ±7.9228162514264337593543950335 其中小数点后有 28 位数字	14 字节	无
String	字符串	变长字符串：最多大约 20 亿(2^31)个字符 定长字符串：最多大约 65400 个字符	变长字符串为 10+1 字节，定长为字符串长度	$
Date	日期时间	100 年 1 月 1 日到 9999 年 12 月 31 日	8 字节	无
Boolean	逻辑值	逻辑值 True 或 False	2 字节	无
Object	对象	Excel 中的任何对象	4 字节	无
Variant	变体	任何数据	数字为 16 字节，字符串为 22 字节	无

12.2 数字类型

从表 12-1 中可以看到，VBA 中有七种表示数字的数据类型——Byte、Integer、Long、Single、Double、Currency 和 Decimal。这些类型之间的主要区别有以下两点：

（1）占用内存空间的大小不同。占用的空间越大，字节越多；反之，占用的字节越少。

（2）对小数点的处理不同。有一些类型（如 Integer 和 Long）完全不支持小数，只能用来表示整数；另一些类型则支持固定位数的小数（比如 Currency 支持 4 位小数）；还有一些类型（如 Single 和 Double）则支持不定位数的小数。这三种处理方式在计算机科学中分别称为“整型”“定点型”和“浮点型”，涉及计算机数值表示等原理，有兴趣的同学可以自行查阅资料。

12.2.1 常用类型：Integer、Long 和 Double（符号问题）

在所有数字类型中，最常使用的莫过于 Integer、Long 和 Double 三种。

1. Integer 与 Long

Integer 是"整数"的意思，顾名思义，就是表示不带小数点的数字。不过由于 VBA 中使用 2 个字节（16 个二进制位）的空间保存 Integer 类型的数据，所以 Integer 类型的变量只能存放 65536 个数字[①]。考虑到正负数公平分配的原则，VBA 规定该类型表示的范围是-32768 到 32767。

假如把超过范围的数字赋值给 Integer 类型的变量，会有什么现象发生呢？答案是会导致溢出错误，就像把 10 升水强行倒入一个容量为 5 升的水壶。如图 12.3 所示，把 32767 赋值给整型变量没有问题，但是尝试让其增加 1 变成 32768，就超出了最大容量，VBA 就会中断运行并提示溢出错误。

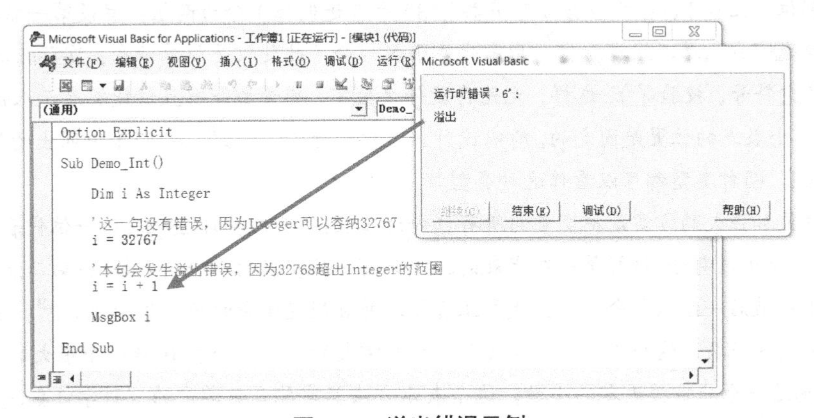

图 12.3　溢出错误示例

那么怎样在程序中使用更大一点的整数呢？一般情况下我们会考虑使用 Long 类型。Long 的含义是"长整数"，在内存中会占据 4 字节（共计 32 位）的空间，所以可以表示 2^{32} 个数字，也就是从 - 2147483648 到 2147483647 之间的所有整数。因此，只要处理的数字在这个范围内，都可以放心使用 Long 类型。

事实上，即使处理完全处于 Integer 范围之内的数据，也建议读者使用 Long 类型的变量，而非 Integer 类型的变量。换句话说，除非在特殊情况下，否则建议读者用 Long 完全替代 Integer，即使 Integer 看上去只占用 2 字节，似乎可以节省内存空间。这样做的原因在于：现代操作系统都是 32 位系统甚至 64 位系统，即使把变量声明为 Integer 类型（占用 2 字节共 16 位），计算机在执行底层运算时仍然要将其补全为 32 位才能执行计算。这就相当于把声明为 Integer 的变量转换为 Long 类型的变量，不仅没有节省空间，反而增加了底层处理时间。

此外，-32768 到+32767 的容量限制对于目前的数据处理能力来说已经非常吃力。即使 Excel 中的工作表，最大行号也已经达到了 1048576，远远超过了 Integer 类型的上限。所以当需要使用 Do While 等循环逐行扫描单元格时，必须将行号变量设置为 Long 类型。

---

① 计算机中的所有信息都以 0/1 二进制形式存放。一个 0 或 1 称为"一位"，每 8 位称为一个"字节"。由于 Integer 类型占据 2 字节，所以共包含 16 位，每位均有 0 或 1 两种可能的取值。按照基本的排列组合原理，16 个 0 或 1 能组成的所有组合数是 2^{16}，也就是 65536。这就是 Integer 类型的数据可以表示 65536 个数字的原因。

2. Double 与浮点数

Integer 类型与 Long 类型都存在问题：一方面，它们无法表示小数；另一方面，对于整数来说，Long 类型只能容纳 10 位数。因此很多时候还要使用 Double 类型，也就是“双精度浮点数”。这个看起来很“高大上”的名词，涉及计算机数值表示中的一些基本理论，有兴趣的读者可以先从下面的“小知识”中了解一二，再查阅相关资料。

小知识

什么叫作“浮点数”呢？这就涉及怎样在计算机中表示小数。一种简单的方法是，把变量的所有二进制位（比如 Long 类型有 4 字节共计 32 个二进制位）分为两组：假设第一组有 24 位，用来代表整数部分；第二组有八位，用来代表小数部分（此处仅是简单示意，实际情况要复杂很多，比如考虑符号、校验等）。这样，无论存放什么数字，变量都能够且仅能够表示八位二进制小数，换言之，小数点的位置是固定的。所以这种方案被称为“定点数”。表 12-1 中列出的“Currency”和“Decimal”两种类型都可以看作这种类型。

另一种更加强大的方案是把变量的所有位分为三组：第一组共计 23 位，第一位代表整数部分，其余 22 位代表小数部分，这样第一组代表的就是只有一位整数的二进制小数 A；第二组包括八位，代表数字 B；最后一组只包含一位，代表正负号。并且规定变量的数值等于 $A\times2^B$。这样，如果 B 是一个很大的正数，这个变量就可以表示一个非常大的数字；如果 B 是一个很大的负数，$A\times2^B$ 表示的就是一个非常接近零的小数。这个表示方法其实就是数学中的“科学计数法”，只不过使用的是 2^B，而不是 10^B。

由于第二种方案表示的数字范围很广，小数位数不确定，所以称为“浮点数”。

Double 类型使用多达 8 字节的空间，按照浮点数机制表示数值，因此既能存放小如 $\pm4.94\times10^{-324}$ 的数字，也能表示 1.79×10^{308} 的超大数字。但必须注意的是：浮点数采用类似“科学计数法”的方式表示数字，再加上二进制小数与十进制小数互相转换时的差异，Double 类型表示的数值有时会存在精度误差。这种误差是由计算机本身所产生的，即使使用 Excel 的表格公式也有可能遇到这种问题，所以唯一的办法就是采用一些技巧予以弥补，讲解 Decimal 时会对此进行介绍。

不管怎样，一般情况下，Double 类型导致的精度误差对程序基本没有影响，所以在表示含有小数点的数值时，Double 仍然是最常用的选择。

12.2.2 其他类型：Byte、Single、Currency 和 Decimal

除了以上几种常用类型，VBA 还提供了另外四种数字类型作为补充。

1. Byte 类型

Byte 就是“字节”的意思，因此一个 Byte 类型的变量，实际占用的内存空间就是 1 字节（8 位二进制）。所以 Byte 类型可以容纳 2^8 个数字，也就是 0 到 255（VBA 规定 Byte 类型只存放正整数）。前面讲过，Integer 类型应该由 Long 类型代替，相比之下，Byte 类型更没有优势，除非遇到某些特殊情况，否则不建议使用。

2. Single 类型

Single 类型被称为“单精度浮点数”，与 Double 类型（双精度浮点数）非常类似，只不过占用 4 字节的内存空间。显然，使用的二进制位数越多，所能表达的数字就可以越精细，所以 Single 数据的精度明显低于 Double。这就是把它称为“单精度”，而把 Double 类型称为“双精度”的原因所在。

对于精度要求不高的小数运算，使用 Single 类型既可以满足需要，又能够比 Double 类型节省一半的内存（也就减少了 CPU 的运算时间），所以在实际工作中比较常用。不过考虑到小数运算会经常出现小数点后有几十位数字的情况，所以只要不是特别在意效率问题，使用 Double 类型还是更可靠一些。

3. Currency 类型

在金融等领域，数字的小数位数有限（比如只保留小数点后 4 位），而且在计算过程中不允许出现精度误差，那么就可以考虑使用 Currency 类型。Currency 类型占用 8 字节的空间，可以表示 -922337203685477.5808 到 922337203685477.5807（9 百万亿）之间的数字。而且该类型的数据属于“定点数”，固定保留 4 位小数，所以在涉及 4 位以内的小数运算时可以避免精度误差。

4. Decimal 类型

Decimal 可以说是 VBA 中最特殊的一种数字类型，因为它只存在于传说之中。之所以这样讲，是因为不可以使用“Dim　a　As Decimal”这种方式将一个变量声明为 Decimal 类型，只能够使用 CDec()函数将变体类型数据当作 Decimal 类型使用。

Decimal 类型的功能十分惊人，使用了整整 14 字节表示 1 个数字，与其他数字类型相比绝对算得上豪华高配版本。因此，在用 CDec()函数将一个整数转换为 Decimal 类型时，它可以容纳 $\pm 7.9 \times 10^{28}$ 之间的所有整数。如果用它表示小数，精度最多可以达到小数点后 28 位（不过此时表示的数据范围只能在 ±7.9 之间）。

所以，当对计算数字范围或小数精度有特殊要求时，可以考虑使用 CDec()函数将其转换为 Decimal 类型。比如在图 12.4 所示的例子中，通过一个循环对 a 和 b 两个变量进行 1000 次“自增”操作。每次循环时两个变量都会增加 0.1，同时把每次自增的结果显示在工作表第 i 行。不过在 a 变量的自增操作中，我们使用的是用 Double 类型变量保存的 0.1；而在 b 变量的自增操作中，使用的则是转换为 Decimal 类型后的 0.1。结果如图 12.4 所示，当执行到第 60 次加法时，显示在 A 列单元格中的变量 a 就已经出现了明显的误差，而显示在 B 列中的变量 b 则一切正常，没有出现任何问题（如果读者想在自己的计算机上运行本程序，建议将 A 和 B 两列单元格的格式设置为“小数位数 14 位”）。

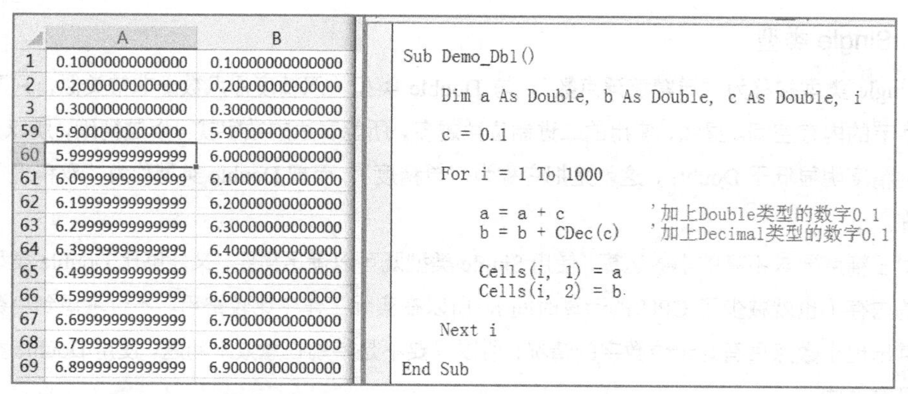

	A	B
1	0.10000000000000	0.10000000000000
2	0.20000000000000	0.20000000000000
3	0.30000000000000	0.30000000000000
59	5.90000000000000	5.90000000000000
60	5.99999999999999	6.00000000000000
61	6.09999999999999	6.10000000000000
62	6.19999999999999	6.20000000000000
63	6.29999999999999	6.30000000000000
64	6.39999999999999	6.40000000000000
65	6.49999999999999	6.50000000000000
66	6.59999999999999	6.60000000000000
67	6.69999999999999	6.70000000000000
68	6.79999999999999	6.80000000000000
69	6.89999999999999	6.90000000000000

```
Sub Demo_Dbl()
    Dim a As Double, b As Double, c As Double, i
    c = 0.1
    For i = 1 To 1000
        a = a + c           '加上Double类型的数字0.1
        b = b + CDec(c)     '加上Decimal类型的数字0.1
        Cells(i, 1) = a
        Cells(i, 2) = b
    Next i
End Sub
```

图 12.4 Double 类型与 Decimal 类型的精度比较

12.2.3 简写符号

对于“Dim x As Long”这种声明格式，VBA 提供了一种简化写法，只使用一个特殊符号“&”就可以替代子句“As Long”，也就是“Dim x&”。这里需要注意的是，变量名“x”与“&”符号必须紧密相连，中间不可以出现空格。

相似的，其他五种 VBA 常用类型也有各自对应的简写符号，比如：

Dim x As Integer —— Dim x%

Dim x As Single —— Dim x!

Dim x As Double —— Dim x#

Dim x As Currency —— Dim x@

Dim x As String —— Dim x$

使用简写符号可以让 Dim 语句变得十分简洁，但也增加了阅读难度，毕竟单词“Integer”的含义要比“%”明确很多。所以从规范编程的角度考虑，还是尽量使用完整的写法。

不过，VBA 提供简写符号并非仅为了简化 Dim 语句，因为在另一种情况下，必须使用简写符号才能保证程序正常运行。这就是下面要讲的常数类型声明问题。

12.2.4 初学者陷阱：常数有时也要声明类型

这里所指的常数（也经常被称为“常量”），不是使用“Const”关键字声明的不可更改的常量，而是所有出现在代码中的数字、字符串乃至日期等数据，比如“x = 30000 + 8”中的 30000 和 8，就是两个常数。

我们已经知道，当代码中出现一个新的变量 x 时，VBA 会为它分配一块内存空间来存放内容。那么当代码中出现数字 30000 时，VBA 要怎样在内存中保存它呢？VBA 也会自动在内存中分配一块空间，并把数字 30000 放进去，以便后面计算时拿出来使用。只不过与变量 x 相比，存放数字 30000 的这个“小房子”只是一个“临时仓库”，没有被起名字，一旦执行完这条语句就会马上清空。

既然要分配内存空间，那么自然要涉及“应该分配多大的房子”的问题。对此，VBA 的主要原则是“随机应变”。比如对于数字 327，VBA 会把它看作 Integer 类型的数据，分配 2 字节；对于数字 60000，VBA 则会把它看作 Long 类型的数据，分配 4 字节。

这种分配方式看起来没有问题，可是一旦把它应用到计算中就可能出现莫名其妙的错误，如图 12.5 所示。

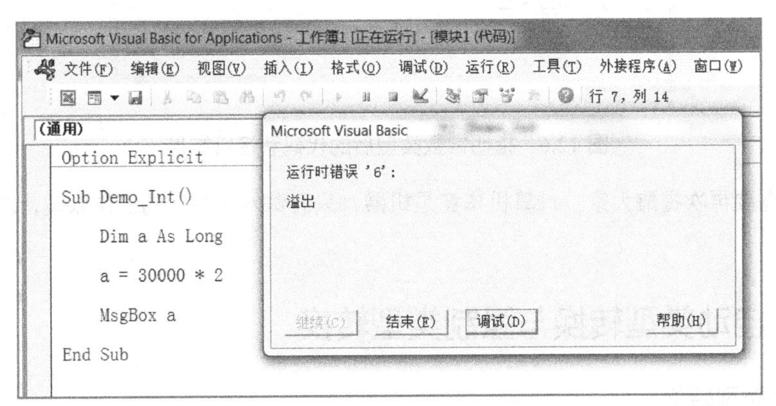

图 12.5　常数计算中的溢出错误

在这个例子中，我们只是想计算 30000×2 的结果，而且考虑到乘积是 60000，已经事先将变量 a 设置为 Long 类型，以免无法容纳这个数字。即便如此，程序还是发生了溢出错误。

原因在于：VBA 在计算 30000×2 时，需要事先准备一个内存空间存放两者的计算结果。但是在完成计算之前，VBA 无法预知这个结果的大小，不知道应该预留出多大的内存空间来存放它。于是 VBA 中规定：为这个乘积所预留的空间，应当与 30000 和 2 两个乘数中占用内存最大者相同。而 30000 和 2 都被认为是 Integer 类型的数据，所以 VBA 也会为两者的乘积预留一个 2 字节的空间。

可是在计算结束后，实际得到的结果是 60000，已经超出了 Integer 类型所能容纳的最大数值，因此当 VBA 尝试把 60000 放到 2 字节的“临时仓库”中时，就发生了溢出错误。

那么怎样避免这种错误呢？基于上面的原理，我们可以想到一种办法：如果能让 VBA 把 30000 或 2 看作 Long 类型的数据，那么这两个乘数中占用内存最大者的内存空间就是 4 字节。因此，VBA 为运算结果预留空间时，也会划分一块与占用内存最大者相同大小的空间，自然就会为其预留一个 4 字节空间，足够存放数字 60000。

让 VBA 把一个整数看作 Long 类型很简单，只要在它的后面写上 Long 类型的简写符“&”即可，所以把上述代码改成图 12.6 所示的代码后，再次运行就不会出错。

比较特殊的是 Decimal 类型，因为它并没有相应的简写符号。所以如果需要让 VBA 把一个数字视作 Decimal 类型（一般是为了提高计算的精度，避免小数部分的误差），需要使用 CDec()函数。比如“a = a +　CDec (0.005)”这个语句，就要求 VBA 将数字 0.005 视作 Decimal 类型，保存在 14 字节的空间中。

上面的规则对于加法、减法和乘法完全适用。唯一例外的是除法运算，因为考虑到即使两个整数相除结果也很可能是小数，所以 VBA 规定：无论被除数和除数各是什么类型，一律预留一个 Double 类型的空间存放计算结果。所以一般来说，在除法运算中不书写简写符，也不会出现溢出错误。

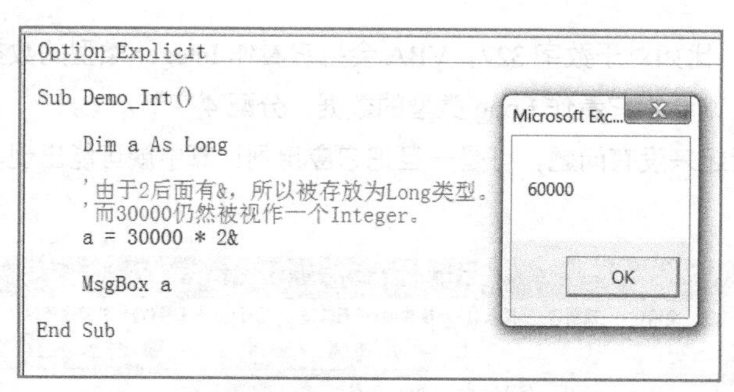

图 12.6 指明常数类型后的代码和运行结果

总之，需要再次提醒大家：计算机毕竟是机器，只有深入了解它的工作原理，才能真正让它服从命令。

12.2.5 自动类型转换与强制类型转换

1. 自动类型转换

如果把 Long 类型的数值赋值给 Integer 类型的变量，会产生什么结果？反过来，把 Integer 类型的数值赋值给 Long 类型的变量又会怎样呢？如果把 Double 类型的小数赋值给 Long 类型的变量，VBA 会不会报错？

这些问题都涉及 VBA 中的“自动类型转换”机制。所谓自动类型转换，就是把一个类型的数据赋值给另一个类型的变量时，VBA 按照自己的理解尽可能自动完成转换任务。只要接收方能够容纳这个数据且不会导致溢出，就不弹出错误警告。

所以，当把 Long 类型的数据赋值给 Integer 变量时，只要 Long 类型的数据没有超过 Integer 变量的表示范围，就会一切正常执行。但是如果 Long 类型的数据超出了 Integer 变量的表示范围，VBA 就提示溢出错误。图 12.7 分别演示了这两种情况。

反之，如果把 Integer 类型的整数赋值给 Long 类型的变量，则肯定不会出现问题，因为 Long 类型的空间足以容纳任何 Integer 类型的数据。

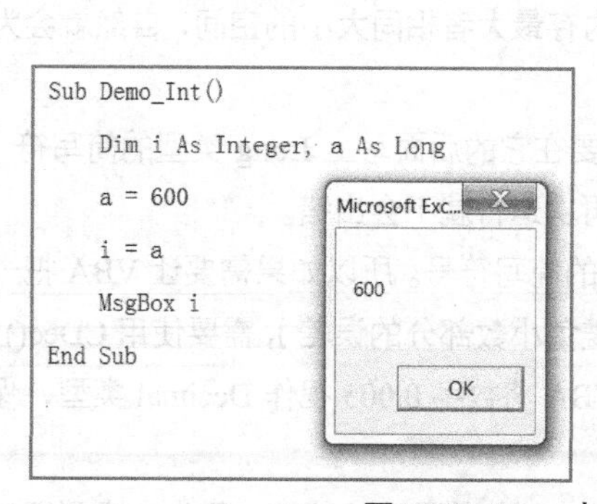

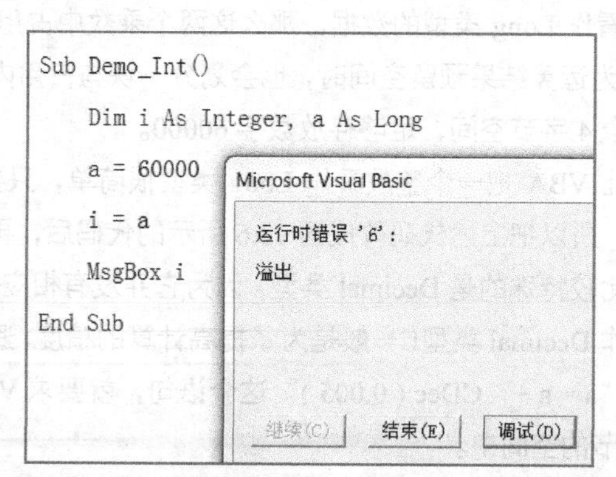

图 12.7 Long 与 Integer 的自动类型转换

Double 类型与 Long 或 Integer 类型之间也是一样的道理。首先，Double 类型的表示范围足以容下所有 Long 或 Integer 类型的数字，所以把 Long 或 Integer 类型赋值给 Double 类型没有任何问题，只不过多了一个小数点。而把 Double 类型的数字赋值给 Long 或 Integer 类型时，假如数字没有超出范围则不会引发溢出错误，只需要把小数部分“砍掉”即可，如图 12.8 所示。

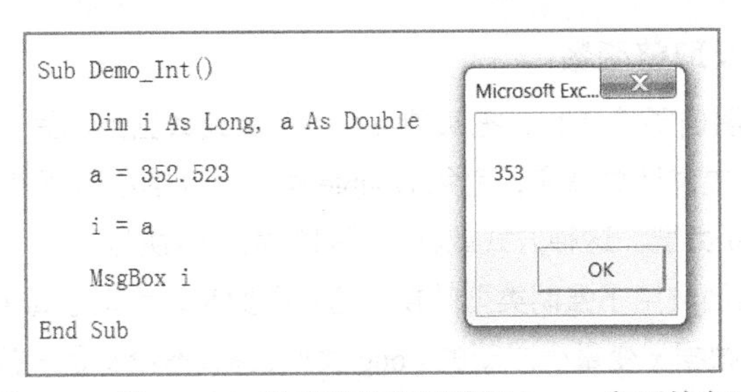

图 12.8　将 Double 类型的数据赋值给 Long 类型的变量

从图 12.8 中可以看到，由于数字 352.523 处在 i（Long 类型）的表示范围内，因此程序可以顺利执行。而对于原数字中小数点后面的部分，VBA 则按照“四舍五入”原则将其进位成 353。

很多人不了解的是，Excel（不仅仅是 VBA）中普遍使用的四舍五入算法被称作“银行家算法”，而不是我们熟悉的“逢五进一”算法。所以图 12.9 中 B 列的 4 个数字转换成整数后（也就是四舍五入后）的结果可能会让一些读者感到奇怪。

	A	B	C
1			
2		原数字	转换后
3		3.5	4
4		4.5	4
5		5.5	6
6		6.5	6
7			
8			

```
Sub Demo_Round()
    Dim i As Long, a As Long
    For i = 3 To 6
        '将B列中的Double数字赋值给Long类型的i
        '这个类型转换过程中会发生四舍五入
        a = Cells(i, 2)

        Cells(i, 3) = a
    Next i
End Sub
```

图 12.9　自动类型转换中的四舍五入

按照我们比较熟悉的四舍五入算法，4.5 四舍五入后应该进位为 5，而 6.5 四舍五入后则应进位为 7。为什么 VBA 执行四舍五入后它们会退位为 4 和 6 呢？因为后者从大批量数据统计的角度看，具有更好的平衡性。简单地说，对于 0.1～0.9 这 9 个需要化整的小数，按照“逢五进一”的原则，就会有 5 个数字变成 1，4 个数字变成 0。于是可以看到：化整之前这 9 个小数的平均值是 0.5，但是化整后的平均值=(1+1+1+1+1+0+0+0+0)÷9=0.56。换言之，在“逢五进一”算法中，向上进位的数字总是比向下退位的数字多一点，从而导致最后的结果略微偏大。

因此，在银行等需要经常对大量数字进行四舍五入计算的场景中，国际上普遍采用的是“银行家算法”。这个算法的规则是：如果一个数字的尾数为 5，那么进位还是退位取决于 5 前面的一位。假设 5 前面一位是奇数就执行进位操作，反之就执行退位操作。所以在图 12.9 所示的例子中，3.5 和 5.5 都执行了进位操作，变成 4 和 6；而 4.5 和 6.5 则执行退位操作，于是也变成 4 和 6。

在银行家算法下，当数据量非常庞大时，进位的 5 和退位的 5 各占一半，几乎完美地保持了平衡，各种统计指标与原数据集之间相比也不会存在太大的偏差。所以目前各种主流的办公软件和程序语言都以“银行家算法”为准，请读者在使用时格外留意。

自动类型转换不仅适用于数字之间，也适用于所有 VBA 数据类型之间的转换。比如把字符串“1234.56”赋值给 Double 类型的变量时，VBA 就会自动根据字符串生成数字 1234.56，并存放到 Double 变量的内存单元中。

2. 强制类型转换及取整函数

有的时候，我们会明确要求 VBA 把某种类型的变量或数据当作另一种类型来使用。比如在图 12.4 的例子中，为了提高计算精度，避免 Double 类型导致的小数误差，我们就使用 CDec()函数将变量 c 当作 Decimal 类型。这种方式就称为“强制类型转换”。

VBA 中提供了一套函数用于强制类型转换，这些函数都以大写字母 C 开头，以示“Change”之意。比如 CLng(x)可以根据 x 变量生成新的 Long 类型数据，不论 x 是字符串“123.45”还是 Double 类型的数字“123.45”。当然，如果 x 是根本无法表示为数字的内容，比如字符串“abc123”，那么使用转换函数 CLng()还是会发生错误。表 12-2 列出了 VBA 常用的类型转换函数。

表 12-2 VBA 中的主要类型转换函数

函数名称和格式	功　能
CBool(a)	根据 a 生成一个逻辑值
CByte(a)	根据 a 生成一个字节型数字
CCur(a)	根据 a 生成一个货币型数字（Currency）
CDate(a)	根据 a 生成一个日期型数据
CDbl(a)	根据 a 生成一个 Double 型数字
CDec(a)	根据 a 生成一个 Decimal 型数字
CInt(a)	根据 a 生成一个 Integer 型数字（小数点后四舍五入）
CLng(a)	根据 a 生成一个 Long 型数字（小数点后四舍五入）
CSng(a)	根据 a 生成一个 Single 型数字
CStr(a)	根据 a 生成一个字符串
CVar(a)	根据 a 生成一个变体类型的数据

此外，VBA 还提供了一些数字处理函数，以便实现更加丰富的转换功能。其中最常用的当属 Int()和 Fix()这两个取整函数。

如果 a 是一个带有小数的数字（如 Double 类型），那么 Int(a) 可以返回小于 a 的第一个整数，下面分两种情况进行讨论。

当 a 是正数时，Int (a) 返回的就是 a 的整数部分①，完全忽略小数部分。例如，“c = Int (3.97)”执行后的结果就是 3。因为 3 是小于 3.97 的第一个整数，所以 Int (3.97) 返回的是数字 3。

当 a 是负数时，返回的结果就不再是数字的整数部分。比如 Int(-3.2)返回的结果不是-3，而是-4，因为-4 才是小于-3.2 的第一个整数。

如果大家对负数处理方式感到不习惯，还可以使用 Fix()函数。Fix(a)的功能非常容易理解：无论 a 是正数还是负数，一律取其整数部分返回。所以 Fix (3.97)返回的仍然是 3，而 Fix(-3.2)返回的则是-3。

除了这两个取整函数，VBA 中也提供了 Round()这个四舍五入函数，以便明确地进行四舍五

① 尽管这个函数的名字是 Integer 的缩写 Int，但只代表“取整数部分”的意思，并不是说一定返回 Integer 类型的变量。事实上，Int()函数可以返回非常大的整数。

入处理。此外，Excel 的表格公式有一个功能更加强大的 Round 公式，也可以通过 Application.WorksheetFunction.Round 的形式在 VBA 中使用。

12.3　字符串类型

与数字一样，字符串也是 VBA 程序中最常见的数据类型。关于字符串的基本概念和用法，第 5 章已经做过详细讲解，并且在第 10 章中介绍了多种常用字符串函数，从而实现复杂的文本处理功能。

尽管如此，有关字符串的最后一层神秘面纱还未揭开。那就是：字符串到底是怎样存放在计算机中的？

12.3.1　字符的本质

计算机中的存储设备——无论内存储器还是外存储器——都只能用 0 和 1 两个数字存放信息，每个 0 或每个 1 都称为一个“二进制位”。多个 0 或 1 组合在一起就是一个二进制数字（比如“1101”就是数字 13 的二进制形式），可以直接换算成十进制数字，所以把数字存放在计算机中是很容易的事情。但是“abcd 一二三四”等文本字符与数字完全没有关系，计算机怎样用 0 和 1 表示它们呢？

计算机解决这个问题的方案很简单：强行在字符与数字之间建立关系，以便用数字来表示字符。这种映射关系一般被称为“字符编码”，也就是为每个字符指定唯一的数字编码（比如指定“A”的编码为 65，“B”的编码为 66）。计算机内部可以使用 0 和 1 的形式保存每个文字的数字编码，而在我们需要阅读的时候，底层软件就会找到它们对应的字符图形并显示在屏幕上[①]。所以如果使用 Windows 记事本编写文本文件（也就是扩展名为“.txt”的文件），其内容为“AB　C”，那么硬盘上实际保存的就是“65 66 20 67”4 个数字，分别为这 3 个字母及空格的数字编码。

所以从计算机的角度看，所谓字符就是数字。

任何人都可以设计自己的字符编码方案（假如笔者开发了一个系统，很可能会规定“杨”的编码为 65，“洋”的编码为 66），但是这样做在不同计算机之间分享数据就会变成噩梦，因为同一个文件在不同计算机上显示的内容会完全不同。比如存有“65 66”两个字符编码的文件，在某台计算机上可能被解释为“AB”，而在使用另一种编码方案的计算机上就会被解释为“杨洋”，这就是所谓的“乱码”现象。所以为了便于信息交换共享，各国及国际的标准化组织提出了一些统一的编码方案，也就是经常说的“UTF-8”“GB2312”等。由于现代计算机的操作系统都支持这些主流的统一编码方案，所以才会正确显示各种来源的文字信息。

在这些编码方案中，最基础的就是 ASCII 编码（American Standard Code for Information Interchange）。这种编码使用 0~127 共计 128 个数字表示英文字母、数字及格式符号等最常用的

① 这个过程其实很复杂，涉及编码集、字库文件等多个环节。因篇幅所限，这里不做深入介绍，有兴趣的读者可以参见“全民一起 VBA——提高篇”第八回“文本字符也是数字、编码函数两界穿梭”中的动画演示。

字符。表 12-3 就是标准 ASCII 码表（其中 0~31 一般称为“不可见字符”，多用于格式和通信控制）。

表 12-3　标准 ASCII 字符编码

编　码	含　义	编　码	含　义	编　码	含　义	编　码	含　义
0	空字符 Null	32	空格	64	@	96	`
1	标题开始	33	!	65	A	97	a
2	正文开始	34	"	66	B	98	b
3	正文结束	35	#	67	C	99	c
4	传输结束	36	$	68	D	100	d
5	请求	37	%	69	E	101	e
6	收到通知	38	&	70	F	102	f
7	响铃	39	'	71	G	103	g
8	退格	40	(	72	H	104	h
9	水平制表符	41	)	73	I	105	i
10	换行键	42	*	74	J	106	j
11	垂直制表符	43	+	75	K	107	k
12	换页键	44	,	76	L	108	l
13	回车键	45	-	77	M	109	m
14	不用切换	46	.	78	N	110	n
15	启用切换	47	/	79	O	111	o
16	数据链路转义	48	0	80	P	112	p
17	设备控制 1	49	1	81	Q	113	q
18	设备控制 2	50	2	82	R	114	r
19	设备控制 3	51	3	83	S	115	s
20	设备控制 4	52	4	84	T	116	t
21	拒绝接收	53	5	85	U	117	u
22	同步空闲	54	6	86	V	118	v
23	结束传输块	55	7	87	W	119	w
24	取消	56	8	88	X	120	x
25	媒介结束	57	9	89	Y	121	y
26	代替	58	:	90	Z	122	z
27	换码（溢出）	59	;	91	[	123	{
28	文件分隔符	60	<	92	\	124	|
29	分组符	61	=	93	]	125	}
30	记录分隔符	62	>	94	^	126	~
31	单元分隔符	63	?	95	_	127	删除

标准的 ASCII 方案只能表示 128 个字符，因此人们又设计了 GBK、Unicode 等其他方案来表示中文等其他语言的字符集。不过常见的主流编码方案都兼容 ASCII 方案，也就是说，都使用数字 65 代表字母“A”，因此熟悉 ASCII 编码对于日常编程来说非常实用。

考虑到 ASCII 码的重要性，VBA 专门提供了两个字符串函数 Asc() 和 Chr()。前者用于获取字符的 ASCII 码数值，后者则根据 ASCII 码数值返回对应的字符。图 12.10 所示为这两个函数的使用示例。

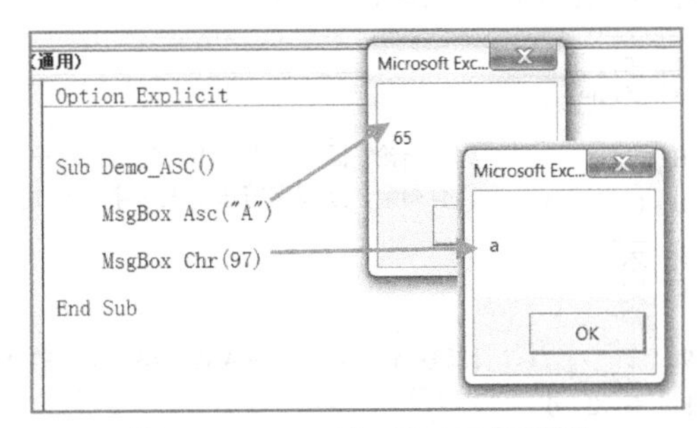

图 12.10　Asc()与 Chr()函数示例

12.3.2　像数字一样处理字符串

1. 比较字符串大小

既然字符的本质就是数字，那么“字符串”无非就是“数字序列”。这就意味着可以按照数字的方式处理字符串，例如比较字符串的大小。

在自然语言中，文字（字母）之间是没有大小关系的，比如无法比较“?”和“=”两个符号的大小。但是从计算机的角度看，这两个字符其实就是 63 和 61 两个编码数字（参见表 12-3 中二者的 ASCII 码），显然 63 大于 61，所以二者不仅可以比较，而且比较的结果是“?”>“=”。我们可以用 VBA 程序测试这个比较结果，效果如图 12.11 所示。

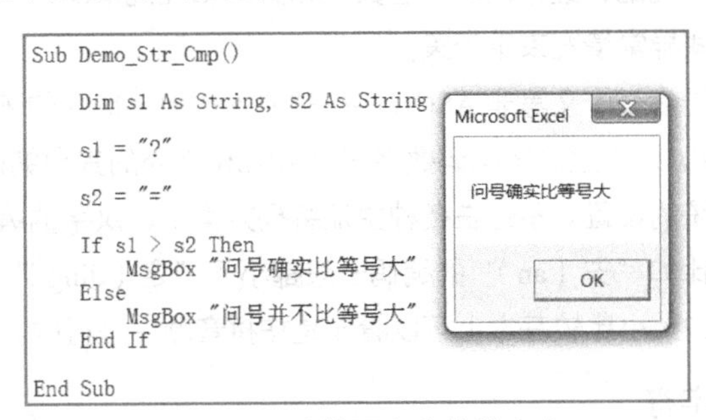

图 12.11　比较两个字符的大小

在图 12.11 所示的例子中，s1 和 s2 只含有一个字符。那么由多个字符构成的字符串是否也能进行比较呢？答案是肯定的。根据 VBA 的设定，字符串之间的比较规则如下：

（1）首先比较两者左边的第一位字符，如果相同再比较第二位字符……如此逐位比较。

（2）如果在比较某一位字符时发现两者不同，就将这两个字符的比较结果作为整个字符串的比较结果，结束比较。

（3）如果在比较某一位字符时发现其中一个字符串已经到达末尾（该字符串比另一个字符串短），则判定仍有剩余的字符串更大。

（4）如果两个字符串长度相同，且每位对应的字符也相同，则判定两者相等。

图 12.12 就是字符串比较规则的体现。

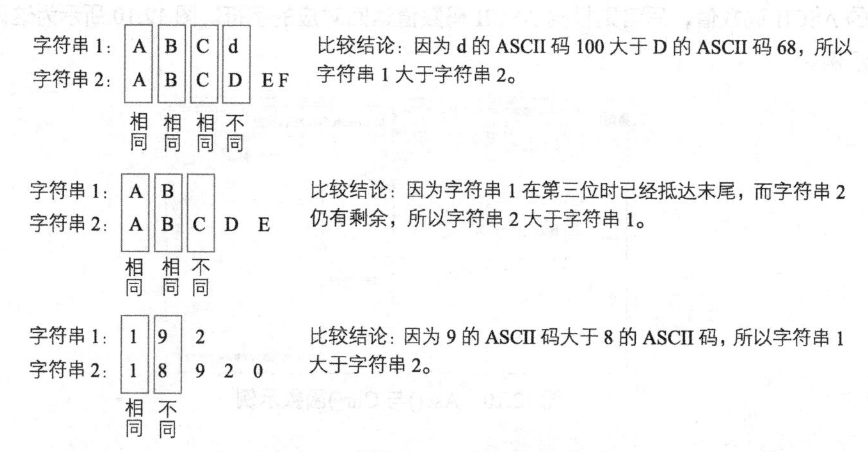

图 12.12　字符串比较规则示意

读者可能会对“小写字母大于大写字母”感到不习惯，而对 192 大于 18920 更是感到困惑。这里只能提醒大家牢记第 5 章中讲解的道理：字符串 192 与数字 192 是完全不同的两种类型数据，适用的规则自然也不相同。结合本节所介绍的原理，两者的区别更加具体：字符串 192 是由“1”“9”和“2”3 个字符构成，因此在计算机内部被保存为三者对应的 ASCII 编码，也就是“49　57　50”3 个数字。而数字 192 是 Integer 类型的数值，与字符编码毫无关系，所以在计算机中直接表示为数值 192。显然，两者除了在屏幕上显示的图形相同，在其他方面完全不一样[①]。

能够从 ASCII 码的角度去理解字符比较，对于实际工作有很重要的意义。因为很多时候 Excel 中存放的数据格式会发生混乱，经常出现一些数字和文本相互混淆的情况，如果不理解字符串比较的原理，很可能对一些异常情况束手无策。

上述规则同样适用于含有中文等非 ASCII 字符的文本比较，比较的依据也是每个字符（如一个汉字字符）的编码数字。只不过这些编码数字来自 ASCII 之外的其他编码方案，例如 UTF-8 等，具体取决于当前操作系统的设置。不过在各种主流编码方案中，汉字的编码顺序基本是按照拼音顺序从小到大排列的，比如“安（an）”的编码一般都小于“定（ding）”的编码。所以如果没有特别要求，中文字符串的大小比较基本上可以看作是按拼音顺序进行的。

2. 将数字转化为字符

数字可以计算，也可以循环。既然字符也是数字，那么就可以把字符用到计算和循环中。比如下面的代码通过一个 For 循环，使用 Chr()函数连续生成 10 个字母并显示在工作表中。

```
Sub Demo_CHR_For()

    Dim i As Long, s As String

    ' “A”的 ASCII 码是 65，“J”的 ASCII 码是 74，让 i 在此区间内递增
    For i = 65 To 74
```

① 还有一点值得读者留意：如果把数字 192 和字符串 18920 放在一起比较，VBA 会自动把字符串 18920 视作数字 18920 使用，于是这个操作就变成了两个数字之间的比较，结果就是 192 小于 18920。

```
        '用 Chr()函数找到数字 i 对应的字母，并与“子公司”连接，如“子公司 D”
        s = "子公司" & Chr(i)

        '将连接后的字符串显示在从第 1 行开始的单元格中
        Cells(i - 64, 1) = s

    Next i

End Sub
```

这段程序直接把 65 和 74 两个 ASCII 编码写到了代码中，也就是说需要事先记住“A”与“J”的 ASCII 码值。但是如果使用 Asc()函数，根本不需要记住任何字符的编码，则上面的程序可以改写为：

```
Sub Demo_CHR_For()

    Dim i As Long, s As String

    For i = 1 To 10

        '用 Chr()函数找到数字 i 对应的字母，并与“子公司”连接，如“子公司 D”
        s = "子公司" & Chr( Asc("A") - 1 + i )

        '将连接后的字符串显示在从第 1 行开始的单元格中
        Cells(i, 1) = s

    Next i

End Sub
```

这个程序的关键之处是表达式“Chr(Asc(“A”) − 1 + i)”。如前所述，Asc(“A”) 会返回字母 A 的数字编码，也就是 65；因此这个表达式其实就是 Chr(65 − 1 + i)，即 Chr(64 + i)。如果循环变量 i 是 1，那么它就是 Chr(65)，也就是字母 A。而当 i 循环到 3 时，就是 Chr(67)，也就是字母 C。

这个例子提示我们：通过 Asc()和 Chr()函数，可以把英文字母的顺序映射到连续数字的顺序上。利用这个技巧可以巧妙解决很多问题，比如案例 12-1。

案例 12-1：图 12.13 左侧所示的工作表存有多个产品批次的抽检结果，C 列数字是每个批次中发现的残品数量。请编写 VBA 程序根据残品数量为各批次标注质量等级，等级标准为：A 级——0～9 件残品、B 级——10～19 件残品、C 级——20～29 件残品、D 级——30 件及以上残品。预期效果如图 12.13 右图所示。

	A	B	C	D
1				
2		本月抽检报告		
3		批次编号	残品数量	质量等级
4		2018335	21	
5		2018336	11	
6		2018337	4	
7		2018338	6	
8		2018339	16	
9		2018340	31	
10		2018341	80	
11		2018342	0	

	A	B	C	D
1				
2		本月抽检报告		
3		批次编号	残品数量	质量等级
4		2018335	21	C级
5		2018336	11	B级
6		2018337	4	A级
7		2018338	6	B级
8		2018339	16	C级
9		2018340	31	D级
10		2018341	80	D级
11		2018342	0	A级

图 12.13　案例 12-1 数据与预期效果

按照以前学习过的知识，我们会使用多分支判断结构（If 或 Select Case）来解决这个问题。但是仔细观察需求会发现：本例中的质量等级就相当于残品数量的十位数字。比如残品数量为 15 时，十位数就是“1”，也就是“1”级；残品数量为 23 时，十位数是“2”，就是“2”级；而残品数量为 7 时，十位数是“0”，就是最高的“0”级。只要把 0、1、2、3 这几个级别转换为字母 A、B、C、D，就可以实现需求。按照这个思路，我们可以使用下面的代码解决问题。

```
Sub Demo_12_1()

    Dim i As Long, r As String, k As Long

    For i = 4 To 11

        '将残品数量除以 10 并赋值给 Long 类型的 k。例如 21 除以 10 的结果是 2.1，于是 k 就是 2。
        '因为每增加 10 件残品，质量等级就降低一级，所以此时的 k 其实就代表质量等级
        k = Cells(i, 3) / 10

        '由于 30 件以上残品一律等同于 D 级，所以如果 k 大于 3，
        '就将 k 修改为 3，以便统一处理
        If k > 3 Then k = 3

        '将 k 的数值与字符“A”的 ASCII 码相加，就得到从 A 到 D 的某个字母，填入 D 列即可
        Cells(i, 4) = Chr(Asc("A") + k) & "级"

    Next i

End Sub
```

这个程序只用了 6 行代码就完成了任务，具体环节请读者阅读代码中的注释。其中用到的 3 个关键技巧分别是：

（1）将残品数量除以 10，再赋值给一个整数类型（Long 或 Integer）的变量，就可以得到它的十位及更高位数字。

（2）通过“If k > 3 Then k = 3”，可以确保最终得到的 k 始终在 0～3 的范围内。这个限定范围的技巧在编写各种程序时会经常遇到，请读者留意。

（3）使用“Chr(Asc(“A”) + k)”技巧，可以把数字 k 转换为大写字母。

以上只是把字符看作数字的简单示例。在实际工作中，只要灵活运用这些技巧，把这种思想融入日常编程之中，就会巧妙解决更多的复杂问题。

12.4 日期类型

日期和时间也是日常办公中经常遇到的数据类型，相关需求往往也比较烦琐，比如“从 2018 年 9 月 10 日到 2019 年 5 月 8 日共有多少周？”等。尽管 Excel 提供了很多表格公式用于日期和时间计算，但是如果在 VBA 中也能方便地计算日期，那么就可以实现批量处理多个工作表或工作簿，或者设计像闹钟一样能够在指定时间自动运行的程序。而在 Word、Access 等没有公式的 Office 软件中，用 VBA 处理日期是重要甚至唯一的选择。

有鉴于此，VBA 特别设计了“日期型”数据类型，并配套提供了很多日期和时间函数，足以应付各种计算需求。

12.4.1 日期和时间的一般表示

VBA 中日期类型的关键字是“Date”。一个 Date 类型的数据，可以代表从公元 100 年 1 月 1 日 00:00:00 到公元 9999 年 12 月 31 日 23:59:59 的所有时间点[①]，这个表示范围明显超过了 Excel 单元格中允许填写的日期范围，因为在单元格中填写的日期不能早于 1900 年，否则就会被当作普通文本。所以如果需要计算 1900 年以前的日期，使用 VBA 是最好的方式。

为 Date 类型的变量赋值的标准写法，是使用“#”将符合 Excel 格式要求的日期文字括起来。比如下面的几种写法都符合语法要求，而且 VBE 还会自动将它们转换成 Excel 的标准显示格式：

```
Sub Demo_Date_Express()
     Dim d As Date

     d = #2018/1/31#
     d = #1/31/2018#
     d = #2018/1/31 3:00:00 PM#
     d = #2018/1/31 15:00#
     d = #23:15:20#
End Sub
```

不过在实际应用中，更常见的写法不是使用“#”，而是直接用字符串为 Date 类型的变量赋值。因为根据 VBA 的自动类型转换规则，只要字符串中的内容符合 Excel 的日期表示格式，就可以自动将其转换为日期类型的数据，以便赋值。所以上面的代码改成下面的写法也是没有问题的：

```
Sub Demo_Date_Express_2()
     Dim d As Date

     d = "2018/1/31"
     d = "1/31/2018"
     d = "2018/1/31 3:00:00 PM"
     d = "2018/1/31 15:00"
     d = "23:15:20"
End Sub
```

从这段代码中可以看到，Date 类型不仅能够表示“年月日”这种日期信息，还能够表示“时分秒”这种时间信息。如果不指定“时分秒”，比如“2018/1/31”，那么 VBA 会将其默认为“0 时 0 分 0 秒”，即“2018/1/31 00:00:00”。但是如果不指定“年月日”，VBA 则将其默认为 1899 年 12 月 30 日。所以上面代码执行“d = “23:15:20””一句后，d 的实际取值是 1899 年 12 月 30 日 23 点 15 分 20 秒。

12.4.2 常用日期函数

处理日期数据主要依靠的是 VBA 提供的多个日期函数，这些函数大体可以分为三类，分别实现获取、分析和计算三种功能。

1. 获取日期与时间

如果想知道当前系统的时间，可以使用 Now、Date 和 Time 三个函数之一。这三个函数不需

① Excel VBA 的标准时间精度为 1 秒。如果需要处理毫秒等更加精细的时间单位，应当考虑使用 Timer 函数或 Windows 系统提供的 API 函数。这些函数的返回值不是 Date 类型，而是代表时间的数字。

要指定参数，功能分别为“返回当前日期与时间”“返回当前日期”与“返回当前时间”。图 12.14 所示的三个案例显示了它们的调用方法和输出结果。

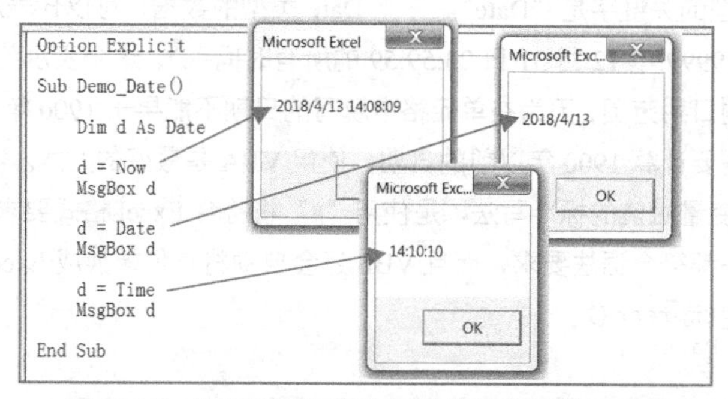

图 12.14　使用不同函数获取系统当前日期与时间

读者可能注意到，图 12.14 中的代码在调用 Date、Time 和 Now 三个函数时，都没有书写括号，即使在这几个函数名后面书写括号，VBE 也会自动将括号删除。原因在于：VBA 认为函数括号的主要用处就是容纳参数列表，既然这三个函数不需要参数，也就不需要括号，去除之后反而会让代码看起来更美观一些（是否美观只能说见仁见智，笔者还是更喜欢 C 系语言中强制使用括号的风格）。

此外需要说明的是，函数 Date 与数据类型关键字 Date 并不是一回事。后者用在 Dim 语句中表示变量的类型，前者则是在代码中获取当前系统日期。尽管它们去除括号后看起来一模一样，但计算机执行的却是完全不同的命令，请读者千万不要将两者混淆。

得到当前日期与时间（也就是运行 VBA 程序的时刻），可以完成很多实用的功能。比如每次打开存有项目日程的工作表，都可以马上获知当前距离各个关键节点还有多少天等。后面讲解日期分析和计算函数时，会对此举例说明。

除了这三个函数，VBA 还提供了 Timer 函数。这个函数的用法与 Time 函数非常相似，不过它的返回值不是 Date 类型的日期数据，而是 Single 类型的浮点数。比如 36241.25，这个数字的含义是从当日零点开始到现在一共逝去了多少秒。所以，36241.25 代表的就是当天上午 10 点 04 分 1.25 秒（10 小时×3600 秒/时 + 4 分钟×60 秒/分+1.25 秒）。虽然 Timer 函数的返回值不包含年、月、日，但是时间精度却可以接近毫秒，所以常被用于一些需要精确计算时间的程序中。比如利用图 12.15 中的代码，就可以观测这段程序中的 For 循环一共运行了多长时间。

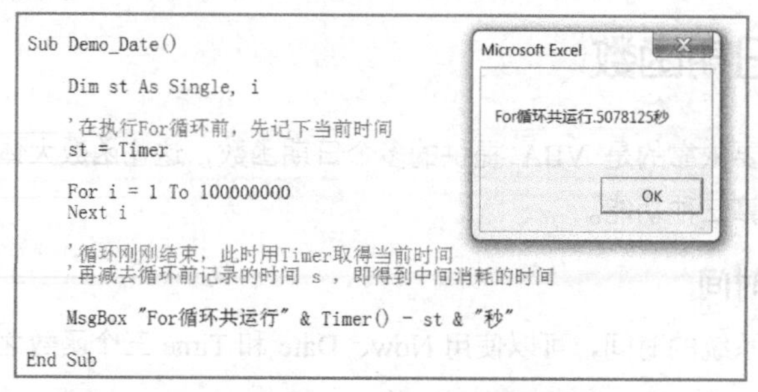

图 12.15　使用 Timer 函数监测程序运行时间

根据 MSDN 官方文档的说明，Timer 函数在 Mac 版 Office 软件中目前只能达到 1 秒的精度，无法像在 Windows 系统中一样可以精确到十分之一甚至百分之一秒。事实上，即使在 Windows 系统的 Office 中，Timer 函数的精确度往往也无法达到要求，所以希望在程序中进行毫秒级控制的读者，需要查阅 timeGetTime、GetTickCount 等 Windows 系统 API 的相关知识。（本书后面会讲解怎样在 VBA 中调用 Windows 系统 API）

2. 分析日期与时间

假如已经得到一个日期数据，怎样能够知道它是哪一年、哪一天、哪一秒，以及“这一天是星期几”等信息呢？这就要用到 VBA 中分析日期数据的一系列函数，如表 12-4 所示。

表 12-4　常用的日期分析函数

函数名及格式	功　能
Day（d）	返回一个 1 到 31 之间的整数，表示日期 d 是所在月份的哪一日
Month（d）	返回一个 1 到 12 之间的整数，表示日期 d 是所在年的哪一月
Year（d）	返回一个整数，表示日期 d 的年份
WeekDay（d, f）	返回一个整数（1 到 7），表示日期 d 是星期几。f 是可选参数，用于指定数字 1 代表星期几
Hour（d）	返回一个 0 到 23 之间的整数，表示 d 的小时部分
Minute（d）	返回一个 0 到 59 之间的整数，表示 d 的分钟部分
Second（d）	返回一个 0 到 59 之间的整数，表示 d 的秒数部分

这些函数的用法都很直观：将一个日期类型的数据作为参数，它就能返回代表日期相应部分的整数。比较特殊的是 WeekDay 函数，因为有的地区会将星期日作为每周的第一天，而有的地区可能会将星期一作为每周的第一天，有些企业甚至出于财务计算等要求，可能将星期五等其他日期作为每周的第一天。所以该函数提供了一个可选参数，用于指定本次计算以星期几作为数字 1（每周的第一天）。设置这个参数时可以使用 VBA 定义好的系统常量，即 vbMonday、vbTuesday、vbWednesDay、vbThursday、vbFriday、vbSaturday 和 vbSunday，还可以将该参数设置为 vbUseSystemDayOfWeek，意即由操作系统决定。

图 12.16 所示的两个案例分别使用星期一和星期三作为每周的第一天，可以看到输出结果的差异。

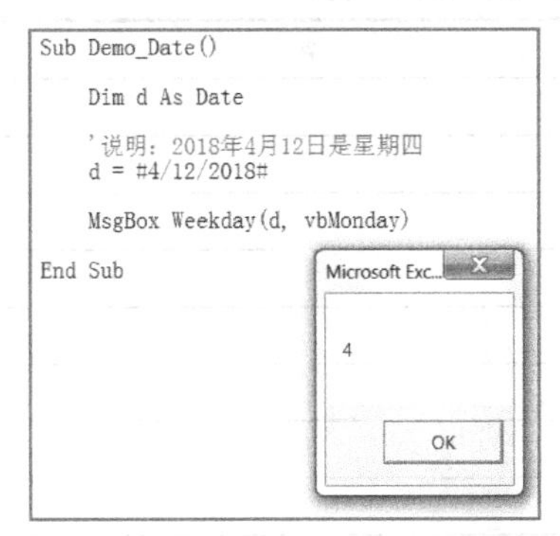

图 12.16　可选参数值对 WeekDay 函数的影响

3. 计算日期与时间

日期与时间的计算，主要包括加法和减法两种操作，分别对应 DateAdd 和 DateDiff 函数。

1）DateAdd 函数

DateAdd 函数的格式是“DateAdd（时间单位，数量，起始日期）”。其功能是：从起始日期开始继续推进若干个时间单位（如 100 分钟），会得到哪个日期（时间）。比如图 12.17 中的代码使用 DateAdd 函数，计算出了指定日期之后 100 天的日期，输出结果如右图所示。

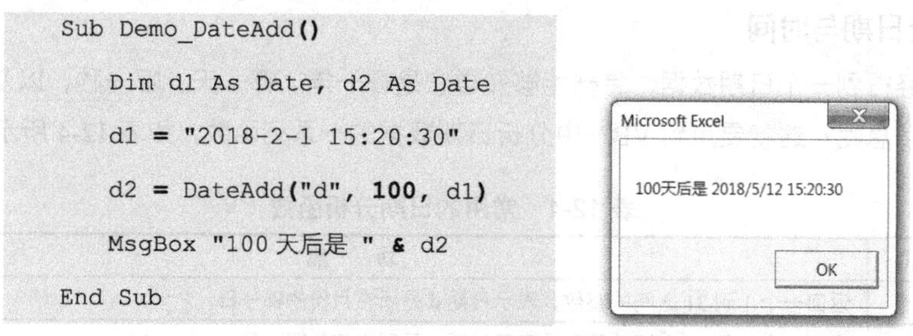

图 12.17　DateAdd 函数示例 1

在图 12.17 所示的代码中，我们用字符串“d”代表时间单位“天”，因此 DateAdd 函数会从 d1 的日期开始推进 100 天。如果把这个字符串改成其他时间单位，比如代表“分钟”的“n”，就是 d1 之后 100 分钟的时间，结果如图 12.18 所示。

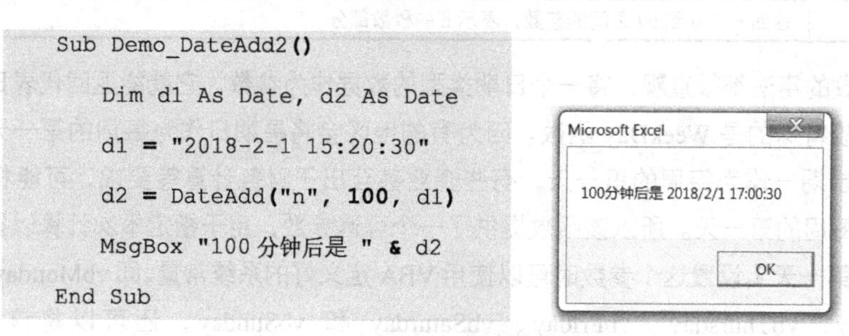

图 12.18　DateAdd 函数示例 2

像“d”“n”这种表示时间单位的字符串还有很多，详见表 12-5。

表 12-5　表示时间单位的常用字符串

字符串	含　义
yyyy	年
q	季度
m	月
ww	周
d	日
h	小时
n	分钟
s	秒
y	一年中的第几天
w	一周中的第几天

表 12-5 最后两行单位——“y”和“w”——的功能与“d”相同，都代表“天”，实际使用时可以相互替代。有些参考资料中将“w”翻译为“工作日（workday）”，其实是一种误解，MSDN 官方文档中已经对此特别阐明[①]。

使用 DateAdd 函数也可以方便地推算指定日期之前的时间，办法就是使用负数作为参数。比如使用图 12.19 中的代码就可以显示出 2018 年 2 月 1 日之前三个季度的时间点。

```
Sub Demo_DateAdd3()
    Dim d1 As Date, d2 As Date
    d1 = "2018-2-1 15:20:30"
    d2 = DateAdd("q", -3, d1)
    MsgBox "三个季度之前是 " & d2
End Sub
```

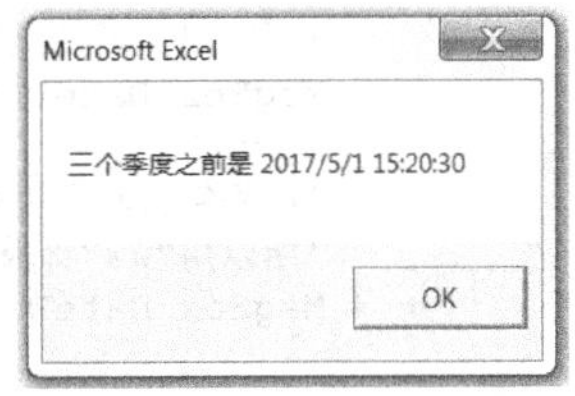

图 12.19 使用 DateAdd 函数向前推算时间

2）DateDiff 函数

如果给定两个日期型数据，使用 DateDiff 函数就可以得到两者之间相隔的时间长度。DateDiff 函数的常用格式为“DateDiff (时间单位,日期 1,日期 2)”，意即日期 2 在日期 1 之后多久。比如利用图 12.20 中的代码就可以计算出两个日期之间相隔了多少秒。

```
Sub Demo_DateDiff1()
    Dim birth As Date, death As Date
    birth = "1930-3-14 14:23:00"
    death = "2016-6-8 02:30:00"
    MsgBox DateDiff("s",birth,death) & "秒"
End Sub
```

图 12.20 DateDiff 函数示例

可以看出，DateDiff 函数的用法与 DateAdd 函数十分相似，特别是时间单位字符串的部分几乎相同。事实上，表 12-5 中列出的时间单位字符串对两者都适用。只不过需要指出一点：“w”在 DateDiff 函数中的功能与在 DateAdd 函数中存在很大的差别。

在 DateAdd 函数中，“w”的功能与“d”一样，都代表天数。但是在 DateDiff 函数中，“w”却与“ww”相同，代表“相隔几个星期”。细究起来，“w”计算的是日期 1 和日期 2 之间相隔多少个完整的“7 天”（不含日期 1），而“ww”计算的则是日期 1 与日期 2 之间相隔多少个“星期日”（不含日期 1）。所以有的时候，两者的计算结果会出现差异，比如图 12.21 所示的情况。

① 详见 http://msdn.microsoft.com/en-us/vba/language-reference-vba/articles/dateadd-function。

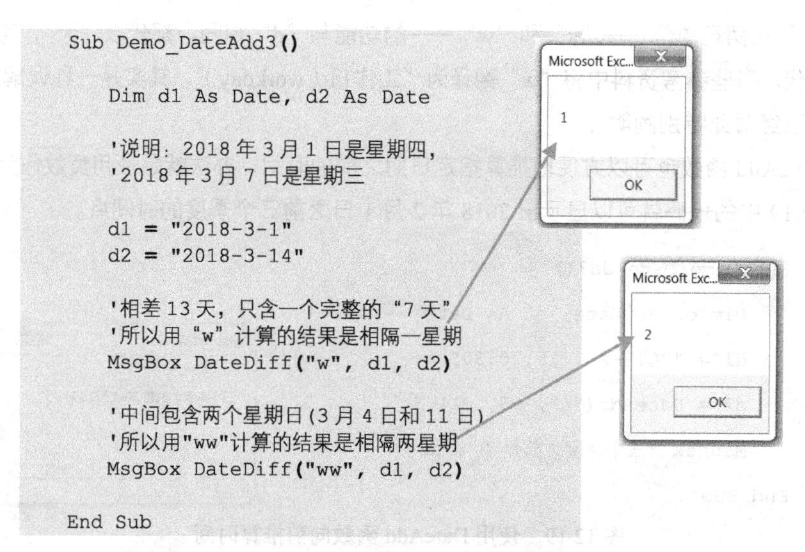

图 12.21 DateDiff 函数两种不同的星期计算方法

假如 DateDiff 函数中的第二个参数（日期 1）比第三个参数（日期 2）更晚，那么就会返回一个负数。比如把图 12.21 中的语句改成 DateDiff (“ww”, “2018-3-14”, “2018-3-1”)，得到的结果就是“−2”。

此外，DateDiff 函数还提供了两个可选参数，可以在计算相隔几个星期时指定“以星期几为每星期的第一天”，以及计算相隔几年时指定“以哪一天作为每年的第一天”。如果读者需要深入了解这两个参数，可以查阅 MSDN 等参考资料（视频课程“全民一起 VBA——实战篇”中对此也有详细介绍，详见专题三第二回 Format 函数的讲解）。

综合运用各种日期函数，可以编写一些有趣的应用，比如案例 12-2。

案例 12-2：图 12.22 中的工作表存放了某公司所有员工的生日。按照公司规定，如果某一天有员工过生日，人事部门应在当天组织小规模的庆祝。请为人事经理编写一个 VBA 程序，能够自动找到当天过生日的员工，并弹出消息框，提示人事经理这是员工的多少周岁生日。

	A	B	C	D	E
1					
2		工号	姓名	部门	出生日期
3		A001	张三	办公室	1982/3/5
4		A002	李四	办公室	1991/5/7
5		A003	王五	财务部	1975/4/13
6		A004	赵六	财务部	1988/11/12
7		A005	田七	财务部	1992/7/5
8		A006	刘八	市场部	1983/6/2
9		A007	徐九	市场部	1991/9/7

Microsoft Excel

今天是王五的43周岁生日

OK

图 12.22 案例 12-2 的数据和预期效果（假设当前日期为 2018 年 4 月 13 日）

这个案例的关键在于怎样判断生日和年龄。所谓生日，就是与当前日期的月和日相同、年份随意，所以可以使用 Month 和 Day 函数取出月和日的数字，并与当前时间（可以通过 Date、Now 等函数取出）的月和日进行比较。而周岁年龄则是出生日期与当前日期之间的差，可以通过 DateDiff 函数计算，并以“yyyy”（年）为时间单位。所以下面的代码可以很好地实现这个功能。

```
Sub Demo_12_2()

    Dim w As Worksheet, i As Long, d As Date, age As Long

    Set w = ThisWorkbook.Worksheets("全员生日")

    '从第 3 行开始扫描所有员工信息
    i = 3
    Do While Trim(w.Cells(i, 2).Value) <> ""

        '将该员工的出生日期存入日期变量 d
        d = w.Cells(i, 5)

        '如果出生日期的月和日与当前时间（通过 Now 函数获得）相同
        If Month(d) = Month(Now) And Day(d) = Day(Now) Then

            '则计算出生日期与当前时间之间相差的年数，即周岁
            age = DateDiff("yyyy", d, Now)

            '通过字符串连接符，将姓名与年龄等信息合并显示
            MsgBox "今天是" & Cells(i, 3) & "的" & age & "周岁生日"

        End If

        i = i + 1
    Loop

End Sub
```

12.4.3　日期类型的本质

讲解字符串类型时提到，计算机内部只能以 0/1 形式存放数字，即使字符串也要被转换为编码数字后才能保存。那么日期类型是怎样保存在计算机内部的呢？当然也是以数字的形式。其实，VBA 中的 Date 类型本质上就是 Double 类型的浮点数。

在 VBA 中，日期“1899 年 12 月 30 日 0 点 0 分”被认为是数字 0。从这一时刻开始，每向后一天，对应的数字就会增加 1，而向前一天则会减少 1。比如“1899 年 12 月 31 日零点整”其实就是数字 1，而“1900 年 1 月 1 日零点整”则是数字 2……同时，因为 1 天是由 24 个小时构成的，假如时间向后增加 1 个小时，对应的数字就增加 1/24，大约就是 0.04167；而增加 12 个小时就是增加 0.5。所以“1899 年 12 月 31 日 12 点整”对应的数字就是 1.5，而“1900 年 1 月 1 日 16 点 20 分 15 秒”对应的数字就是 2.68073。

因此当给日期变量赋值时，VBA 实际保存的就是 Double 类型的数字。我们可以使用类型转换函数 CDbl 将日期类型的数据转换为 Double 类型，甚至可以直接在日期类型数据上进行加法运算，如图 12.23 所示。

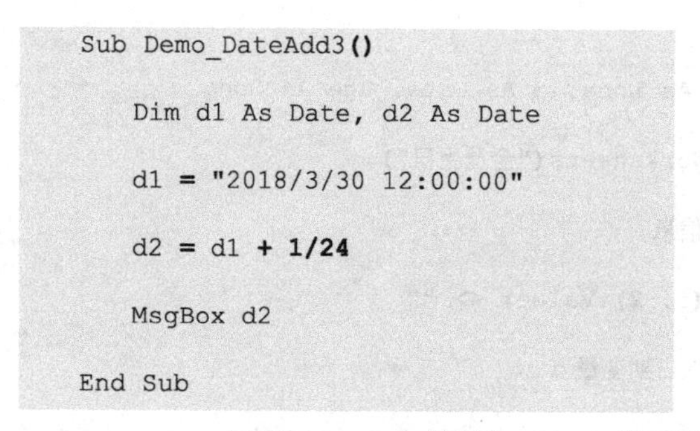

```
Sub Demo_DateAdd3()
    Dim d1 As Date, d2 As Date
    d1 = "2018/3/30 12:00:00"
    d2 = d1 + 1/24
    MsgBox d2
End Sub
```

图 12.23　Date 类型与 Double 类型的关系

这段代码将日期类型的变量 d1 与一个浮点数（1 ÷ 24 所得的数字）直接相加，实质上就是将 d1 对应的 Double 数值与 1/24 相加。因此右边的算式会得到一个新的 Double 数值，赋值给另一个 Date 类型的变量 d2 后，对应日期就是在 d1 的基础上向后一个小时。

了解 Date 类型与数字之间的关系，可以帮助我们进一步理解程序运行的原理，并且也能提供一些特殊的技巧。需要注意的是，由于 Date 类型以 1899 年 12 月 30 日为数字 0，所以在此之前的日期将以负数表示。因此如果加上 1/24，则代表向前一小时（比如从 12 点变到 11 点）；而减去 1/24 则代表向后一小时（比如从 12 点变到 13 点），有兴趣的读者不妨亲自试验一下。

12.5　逻辑类型

12.5.1　逻辑值与逻辑运算

逻辑类型的关键字是 Boolean，又称为“布尔类型”，是以现代逻辑代数奠基人——英国数学家 George Boole 命名的一种表示“真”与“假”的数据，其实在前面各章节中我们已经多次使用过逻辑类型的数据。比如在将单元格对象的字体加粗时，相应代码是“Range.Font.Bold = True”，关键字 True 就是代表“真”或“是”的逻辑值。如果把它改成另一个逻辑值 False，即“Range.Font.Bold = False”，就代表取消粗体设置，因为 False 的含义是“假”或“否”。

将变量声明为 Boolean 类型，意味着变量的值只能是 True 或 False，如图 12.24 所示代码的赋值语句。请读者注意，这里的 True 和 False 是 VBA 关键字，代表两个常数，如同“1”代表数字 1、#2018-3-2# 代表 2018 年 3 月 2 日一样。如果在 True 和 False 的两边加上双引号，表示的就是由多个英文字符构成的字符串“True”和“False”，本质完全不同。

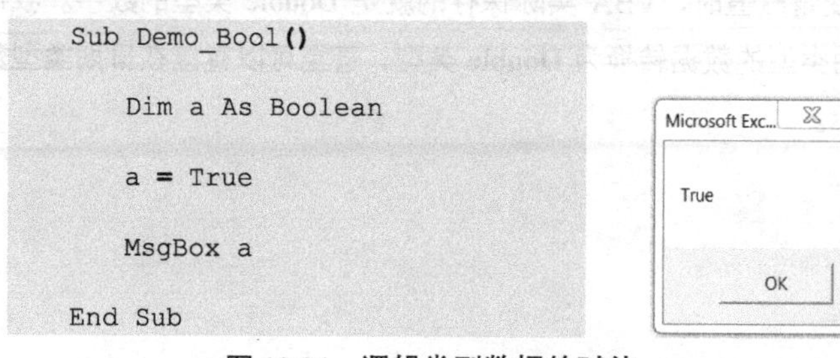

```
Sub Demo_Bool()
    Dim a As Boolean
    a = True
    MsgBox a
End Sub
```


图 12.24　逻辑类型数据的赋值

不过有趣的是，即使把字符串“True”或“False”赋值给一个逻辑变量，VBA 也不会报错。更夸张的是，即使把数字甚至日期数据赋值给逻辑变量，VBA 还是能够照单全收。比如在下面这段代码中，每行语句都能够顺利执行，不会出错。

```
Sub Demo_Bool()

    Dim a As Boolean

    a = False          '标准写法：让 a 等于 False

    a = "False"        '自动类型转换会将字符串“False”视作逻辑值 False

    a = "TRUE"         '自动类型转换会将字符串“TRUE”视作逻辑值 True

    a = 5.27           '自动类型转换会将所有非零数字视作逻辑值 True

    a = 0              '自动类型转换会将 0 视作逻辑值 False

    a = #3/5/2018#     '日期数据本质也是数字，所以同样被转换为逻辑值 True

End Sub
```

之所以字符串“TRUE”也能被赋值给逻辑变量，是因为 VBA 自动类型转换机制——只要字符串的内容可以被理解为逻辑数值，VBA 就尽可能想办法把它看作一个逻辑值，以便完成赋值操作，从而不打断程序运行。

使用数字或日期也能给逻辑变量赋值的原因就是本章多次提到的观点：在计算机看来，一切类型都是数字。根据 VBA 规则，当 Boolean 变量 a 等于 True 时，VBA 真正记住的其实是数字-1，而 False 则被记为数字 0。反过来，如果把数字 0 赋值给 Boolean 变量，VBA 会自动把它当作 False；而所有不是 0 的数字（无论正负），都会被看作逻辑值 True。至于日期型数据，它本质上就是 Double 类型的数字，所以也符合这个转换规则。

数字类型和日期类型都有各自的计算规则，逻辑值也不例外。有逻辑值参与的计算类型主要包括以下两种。

1. 关系运算

关系运算我们已经很熟悉，就是使用“>”“<”“=”“<>”“<=”和“>=”等符号，对左右两边的数据进行比较。但是不知道读者是否想过：凡是运算必有结果（比如 1+1 的结果就是 2，#2018-1-1# + 1/24 的结果就是元旦凌晨一点），那么关系运算的结果是什么呢？

答案很简单：关系运算的计算结果就是一个逻辑值，也就是 True 或 False。比如关系式“5 > 3”的结果是 True，因为 5 确实比 3 大，而“5 < 3”或“5 <= 3”的结果则是 False。也就是说，如果关系式的描述符合事实，计算结果就是 True，反之则为 False。

所以，在 VBA 中也可以书写关系表达式，如图 12.25 所示。

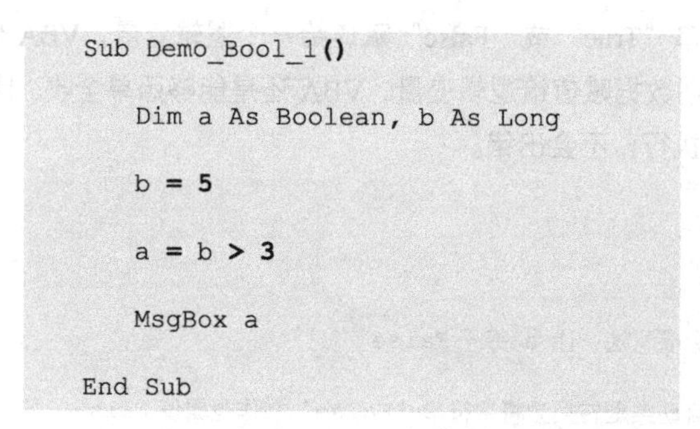

图 12.25　关系表达式的计算结果

读者可能对"a = b > 3"这个语句感到不习惯。其实只要回忆赋值语句的运行流程，它的作用就很好理解：当 VBA 看到第一个等号时，意识到这是一个赋值语句，于是先计算等号右边的算式；接下来发现等号右边是一个关系运算，而 b 的值（5）又确实大于 3，于是得出右边的计算结果为逻辑值 True；最后将等号右边的计算结果赋值给左边的变量 a，从而让 a 的值也是 True。

比较大小也是一种计算，True 和 False 也是一种数值。理解了这一点，就可以避免很多认识误区。例如，笔者在教学中经常看到有同学写出"a = b = 3"这样的代码，认为这样可以把数字型变量 a 和 b 都赋值为 3。不过运行的结果却很奇怪：假设 b 在此之前是 5，那么执行这个赋值语句后，b 的值仍然是 5，但 a 的值却变成了 0。

仔细分析一下就会发现其中的原因：当 VBA 遇见第一个等号时，认定这是一个赋值语句，需要计算等号右边"b = 3"的结果并赋值给 a。由于 b 的数值是 5，所以"b = 3"并不成立，也就是比较结果为 False，因此会将 False 赋值给变量 a。鉴于 a 是一个数字型的变量，VBA 还要把 False 转换为数字才能交给 a，所以 a 的最终结果就是 0。

2. 逻辑运算

除了代表关系运算的结果，逻辑值本身也可以像数字加减一样构成运算式，使用的就是逻辑运算符——And、Or 和 Not 等 [①]。

在 If 语句中，And 的含义是如果两边的条件都成立，就认为符合要求；而从逻辑值的角度看，这句话也可以理解为：如果两边都为真，就认为结果也为真，换言之，True　And　True 的结果是 True。同样，如果 And 两边任何一个逻辑值是 False，也就是至少有一个条件不符合事实，那么计算结果就是 False。所以 And 的计算规则如下所示（为简单起见，下面一律用 T 代表 True，用 F 代表 False）：

T　And　T → T，T　And　F → F，F　And　T → F，F　And　F → F

图 12.26 中的例子演示了 And 运算的特点。

① 除了"与""或""非"，VBA 还支持"异或（XOR）"、"蕴含（IMP）"和"等价（EQV）"等逻辑运算符。由于初学者很少用到它们，所以本书对此不做讲解，有兴趣的读者可自行查阅相关资料。

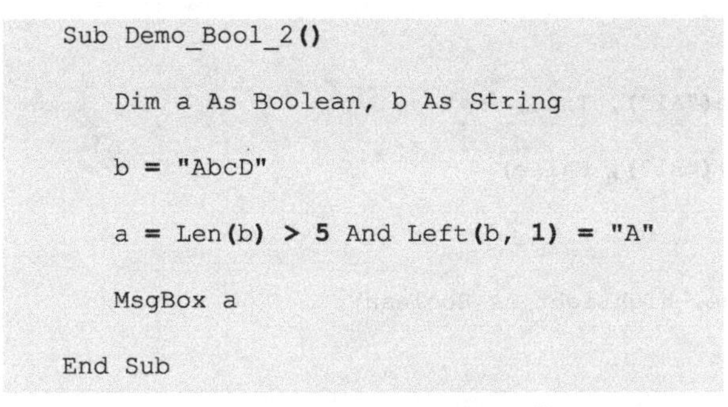

```
Sub Demo_Bool_2()
    Dim a As Boolean, b As String
    b = "AbcD"
    a = Len(b) > 5 And Left(b, 1) = "A"
    MsgBox a
End Sub
```

图 12.26　逻辑运算 And 示例

这个程序中的赋值语句，是将“Len(b)>5　And　Left(b,1)=“A””的运算结果赋值给变量 a。当 VBA 看到运算式中的 And 时，就会知道这是逻辑运算，需要分别检查 And 两边各自为 True 还是 False。于是首先检查左边的关系式“Len(b)>5”，发现它并不符合事实（因为字符串 b 的长度只有 4），相应的结果为 False；而右边的关系式“Left(b,1)=“A””的结果则是 True，因为字符串 b 确实是以字符 A 开头[①]。

因此，这个赋值语句被简化为“a =　False　And　True”。根据 And 的运算规则，两边只要有一个 False，结果就是 False，所以最终赋给 a 的逻辑值是 False。

同理，Or 的运算规则是：只要 Or 两边有一个 True，结果就是 True；如果两边都是 False，结果就是 False。具体如下所示：

T　Or　T　→　T　，T　Or　F　→　T，F　Or　T　→　T　，　F　Or　F　→　F

至于 Not 运算符，其作用就是“取反”，也就是将 True 变成 False，或者将 False 变成 True。因此它的规则是：

Not　T　→　F　，　Not　T　→　F

12.5.2　逻辑类型的应用

1. 用逻辑变量标识“是否”

在 VBA 程序中，凡是需要表示“是”或“不是”的地方，都可以使用逻辑类型数据。比如在“Range.Font.Bold = True”这种语句中，因为“是否将单元格字体设为粗体”这个问题只有“是”或“否”两种答案，所以 VBA 开发团队将 Bold 属性设计为逻辑类型数据，可以用 True 或 False 赋值。

也可以自己定义逻辑变量来表示“是否”。比如下面程序中的子过程 setFormat 可以设置指定单元格范围的字体格式，还接收了第二个参数 highLight，代表是否将单元格的背景颜色改成黄色。如果调用方将该参数设置为 True，就修改 r 的背景色，从而实现高亮效果。

---

① 学习过 C 语言等的读者可能会认为：计算机并没有真正检查 And 右边的关系式，因为左边的结果是 False 就已经可以确定 And 的最终结果就是 False，即所谓“短路机制”。但是在 VBA 中，并没有“短路”这种执行机制，无论是否可以确定结果 ，And 等运算符左右两边的表达式都要被正常执行。这在 If、While 等结构的判断表达式中同样适用，请学习过其他语言的读者不要混淆。

```
Sub Demo_Bool_3()

    Call setFormat(Range("A1"), True)

    Call setFormat(Range("B1"), False)

End Sub

Sub setFormat(r As Range, highLight As Boolean)

    With r.Font
        .Size = 16
        .Bold = True
        .Color = vbRed
    End With

    If highLight = True Then
        r.Interior.Color = vbYellow
    End If

End Sub
```

从这段代码中还可以看出一点：在设计子过程或函数时，也可以用 As 子句明确指出每个参数的数据类型，比如“highLight As Boolean”。与在 Dim 语句中一样，这种指明类型的声明方式更加规范，能够提高程序运行效率，降低出错风险。

2. 简化判断条件

如果读者有机会翻阅一些“老鸟”写下的 VBA 代码，可能会发现另外一种在 If 语句中表示判断条件的方式。比如判断 highLight 是否为 True 的语句，还可以写成下面的形式：

```
If highLight = True Then
  r.Interior.Color = vbYellow
End If
```

➡

```
If highLight Then
  r.Interior.Color = vbYellow
End If
```

右边这种写法似乎没有指定任何判断条件，不像左边要求 If 语句判断 highLight 是否等于 True。但是两个程序的功能和效果却是完全相同的，这是为什么呢？

其实 If 语句从不关心判断条件的内容，它所关心的只是判断条件的最终结果。以“If highLight = True Then”为例，VBA 真正的执行过程是：

首先，计算 If 与 Then 之间的表达式“highLight = True”的结果。显然，这是一个关系运算，判断 highLight 的内容是否等于 True。如果 highLight 的值是 True，那么该关系式符合事实，运算结果就是 True。如果 highLight 的值是 False，这个关系式就不成立，运算的结果就是 False。

于是，“If highLight = True Then”终将被化简为“If True Then”或“If False Then”。根据 VBA 的规定，如果 If 后面为 True，就执行判断体的内容；如果 If 后面是 False，就跳过判断结构，直接执行 End If 后面的语句。

所以，无论 If 后面的判断语句多么复杂，最终都要先计算出一个 True 或 False。If 语句唯一关心的就是这个结果，并根据它决定是否执行判断体。因此，即使直接交给 If 语句一个逻辑值，也完全符合 VBA 语法，可以正常执行，比如图 12.27 中的代码和运行结果。

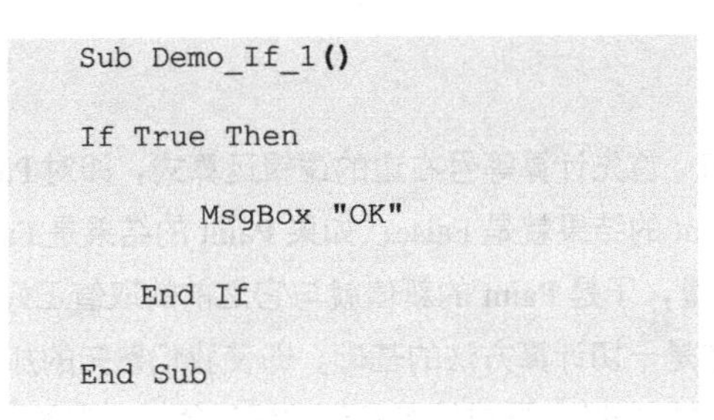

图 12.27　在 If 语句中直接使用逻辑值

知道了这个原理，再看“If highLight = True Then”就会发现：如果 highLight 的值是 True，那么“highLight = True”的比较结果也是 True，If 语句就变成“If True Then”；而如果 highLight 的值是 False，“highLight = True”的运算结果也是 False，相应的 If 语句变成“If False Then”。既然如此，直接写“If highLight Then”的效果，与写完整的判断语句“If highLight = True Then”就没有任何区别。

“If highLight Then”这种写法不仅简单，而且阅读起来更符合人类的自然语言，即“如果高亮，那么……”。相比之下，“If highLight = True Then”读起来类似于“如果高亮等于真，那么……”，感觉十分机械。大部分初学者似乎更习惯于“If highLight = True Then”的写法和理解方式，但是随着编程经验的积累，又都会逐渐转投到“If highLight Then”的阵营中。

以上内容虽然以 If 结构为例，但对于 While 等用到判断条件的其他语法结构同样适用，比如“Do While　keepSearch = True”就可以写为“Do While keepSearch”。

3. 简化状态切换

在有些程序中，需要让某个变量在“是”和“否”两种状态下不断切换，比如“全民一起 VBA——提高篇”第五回中演示的“交替染色”案例——对第一个连续出现的城市（北京）不涂色，但是把第二个连续出现的城市（上海）涂成蓝色，而第三个连续出现的城市（广州）又不涂色……如图 12.28 所示。

	A	B	C	D	E	F
1						
2		城市	号码	销量		
3		北京	53770	555		
4		北京	77743	461	交替涂色	
5		北京	32423	402		
6		上海	36364	505		
7		上海	36364	334		
8		广州	36364	241		
9		广州	36364	396		
10		广州	36364	217		
11		深圳	36364	484		
12		深圳	36364	553		

图 12.28　交替染色示例，截自“全民一起——VBA 提高篇”第五回视频

如果使用逻辑变量（比如 Dim paint As Boolean）来代表当前城市是否染色，那么当发现一个新的城市，从而需要修改该逻辑变量的数值时，读者首先想到的可能是下面两种写法之一：

```
......
If Paint = True Then
   Paint = False
Else
   Paint = True
End If
......
```

```
......
If Paint Then
   Paint = False
Else
   Paint = True
End If
......
```

但是考虑到逻辑变量只有 True 或 False 两种取值，而 Not 运算符可以将它从一个值改变为另一个值，整个判断结构就显得不必要了。下面这个语句就可以替代上面的所有代码：

```
Paint = Not Paint
......
```

显然，这句代码又是一个赋值语句：首先计算等号右边的逻辑运算式，即对 Paint 的值取反。如果 Paint 的结果是 True，那么 Not Paint 的结果就是 False；如果 Paint 的结果是 False，Not Paint 就能得到 True。把结果赋值给 Paint 变量，于是 Paint 的新值就与它之前的取值正好相反。

其实对于计算机来说，逻辑运算才是一切计算方法的基础。即使我们熟知的加、减、乘、除算术运算，最终也要被转换为"与""或""非""异或"等各种逻辑运算，才能被 CPU 等各种硬件设备所理解和执行。而在 VBA 等高级语言层面，熟悉逻辑运算并将其灵活运用到程序设计中，会帮助我们巧妙地解决很多复杂问题。

12.6 对象类型

前面介绍的数字、字符串、日期和逻辑值，都被统称为"基本数据类型"，因为它们的作用仅限于存放一个数据。而 Range、Worksheet 等则与之不同，比如一个 Range 对象就可以拥有很多属性，而且每个属性都能存放一个数据。一个 Range 对象还拥有很多方法，可以用类似 r.Copy 的形式执行某些动作。显然，一个 Range 对象要比一个 Double 数字复杂得多。

因此，VBA 将 Range、Worksheet 等对象形式的数据，统称为"对象类型"，类型关键字为 Object。Object 类型涵盖了 VBA 中的所有对象，所以无论 Range、Workbook 还是 Application 的变量，都可以被看作 Object 类型的数据。因此，下面两段代码的效果完全相同：

```
Sub Demo_Object()

    Dim w As Worksheet

    Set w = Worksheets(1)

    MsgBox w.Name

End Sub
```

```
Sub Demo_Object()

    Dim w As Object

    Set w = Worksheets(1)

    MsgBox w.Name

End Sub
```

左边的代码将 w 定义为 Worksheet 类的对象变量，因此可以将其赋值为当前第一个工作表。右边的代码将 w 定义为 Object 类的对象变量，因而可以代表 VBA 中的所有对象，当然也包括 Worksheet 在内。

不过右边代码中的 Dim 语句没有明确指出 w 到底是哪个类的对象，所以 VBE 就无法得知 w 将被视作 Worksheet 对象。因此在编写右边的代码时，VBE 不会启动智能提示框，我们也就看不到 Worksheet 类的各种方法和属性。此外，因为 Object 可以代表所有类的对象，因此在右边的代码中再写一句"Set w = Range("A1")"也没有问题，就像使用变体数据类型一样。但是从本章对变体类型的分析中可以感受到：伴随这种灵活性而来的还有很多设计风险。所以在实际编写程序时更常用的方式，还是像左边的代码那样明确指明 w 属于 Worksheet 类，尽可能少用笼统的 Object 类型。

尽管如此，Object 类型仍然有它的用处。比如在调用 VBA 体系之外的对象时，由于 VBA 根本不知道对象的类名，所以只能将它们声明为 Object 类型。下面的代码就是这种典型情况，具体内容会在讲解 CreateObject 方法时详细介绍。

```
Sub Demo_Object()

    '本程序在 Excel VBA 中运行，但 w 是 Object 类型，可以代表 Excel 中的任何对象
    Dim w As Object

    '让变量 w 代表 Word 应用软件的 Application 对象
    Set w = CreateObject("word.application")

    '让 w 的 Visible 属性为 True，即显示在屏幕上
    w.Visible = True

    '通过 Word Application 对象的 Documents 集合，打开 Word 文件
    w.documents.Open ("d:\a.docx")

End Sub
```

12.7　数据类型的检测

在 Excel 中使用 VBA 时经常会遇到这样的需求：程序希望从单元格中读取数字，但却无法保证用户在单元格中输入的就是数字，如图 12.29 所示。

	A	B	C	D
1				
2		学号	姓名	上学期平均分
3		95001	张三	79
4		95002	李四	87
5		95003	王五	病假待补考
6		95004	赵六	66
7		95005	田七	—
8		95006	刘八	92
9		95007	徐九	73

图 12.29　数据类型不统一的工作表示例

如果需要编写 VBA 程序处理图 12.29 中的学生成绩，比如将上学期平均分与本学期平均分进行比较，以便计算每个学生成绩的变化。那么在计算每行 D 列内容之前，必须先判断该内容是否为数字。如果没有这层预防性的判断，就会出现把字符串“病假待补考”与数字相加的错误操作。

怎样判断一个数据（单元格、变量等）是否为数字呢？VBA 为我们提供了函数 IsNumeric。把需要检测的数据作为参数交给该函数，它就可以返回逻辑值：True 代表该参数是数字类型（Integer、Double、Long 等类型），False 则代表不是数字。所以使用下面的代码就可以解决刚才提出的问题。

```
……
    If IsNumeric(Cells(i, 4).Value) Then
        MsgBox "这一行是数字，可以做计算"
    Else
        MsgBox "这一行不是数字，请忽略之"
End If
……
```

在这段代码中，判断表达式“If IsNumeric(Cells(i, 4).Value) Then”其实可以看作“If IsNumeric(Cells(i, 4).Value) =True Then”的简写。因为 IsNumeric 函数返回的就是逻辑值，所以与 12.5 节中讲解的简化案例完全相同。

像 IsNumeric 这种可以检测数据类型的函数，被称为“类型检测函数”。VBA 中的类型检测函数如表 12-6 所示。

表 12-6 VBA 类型检测函数

函数名及格式	函数功能
IsNumeric (x)	判断 x 是否为数字，涵盖 Integer、Double 等各种数字类型
IsDate (x)	判断 x 是否为日期型数据
IsObject (x)	判断 x 是否为对象数据
IsArray (x)	判断 x 是否为数组
IsEmpty (x)	判断 x 是否为空内容（Empty）
IsNull (x)	判断 x 是否为空对象（Null）
IsError (x)	判断 x 是否代表 VBA 错误

上表中后面的 4 个检测函数是本书尚未讲解的知识，读者可以暂时略过。需要注意的是，尽管 Date 类型的数据本质上也是 Double 类型，但是并不会被 IsNumeric 函数看作数字类型。这与 Excel 的表格公式“IsNumber”不同，请熟悉公式的读者不要混淆。此外，VBA 并没有提供判断一个数据是否为 Boolean 或 String 类型的函数，因此读者不要自行脑补 IsBoolean、IsString 等函数。

既然没有 IsBoolean 和 IsString 函数，怎样判断数据是否为字符串或逻辑值呢？对此，VBA 提供了一个功能超越上述所有函数的类型判断函数：TypeName。TypeName 函数也允许传递参数，而且会把参数的数据类型名称以字符串的形式返回，如图 12.30 所示。

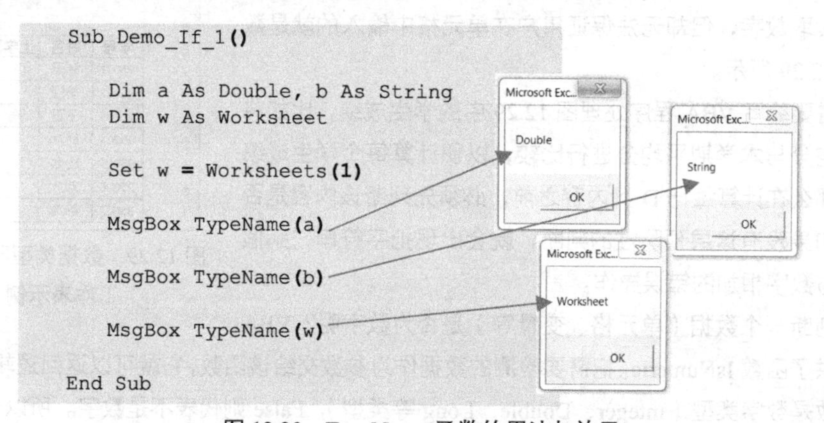

图 12.30 TypeName 函数的用法与效果

可以看到，TypeName 函数不仅能够识别每种数据的类型，而且还能精细到“Worksheet”层面，而不是“Object”层面，这在批量处理工作表中的元素（比如在插入工作表的所有形状中找出全部椭圆形）等操作时十分有用。

对于对象型数据，还可以使用 Typeof … Is 这对关键字来判断它是否属于某个类。比如“If Typeof w Is Worksheet Then”的功能与“If TypeName(w) = “Worksheet” Then”是相同的。不过假如 w 不是一个对象，而是 Double 等基本数据类型，应用 Typeof … Is 就会发生语法错误。

12.8 “无”的各种表示方法——Nothing、Null 与 Empty

不管在人类世界还是计算机世界，“无”与“有”是同样重要的存在，正如老子所言：“无，名天地之始”。那么怎样在计算机中表示一个变量是“空无”呢？比如定义了一个变量，但没有对它进行任何赋值操作，它的当前值应该是什么？

我们已经知道：假如变量是数字类型，那么未赋初值的情况下它的取值就是 0，因为在数字系统中，0 就代表“无”。而如果它是字符串，其取值就是空字符串，代表没有任何字符。

可是假如变量是对象类型，比如 Worksheet，那么在让它指向具体的工作表之前，它的取值是什么呢？显然不应该是数字 0 或空字符串。为此，VBA 专门提供了关键字“Nothing”代表“空对象”，例如“Set　a = Nothing”的含义，就是让变量 a 不再指向任何实际的对象，成为“空指针”。

反过来，若想判断一个对象类型的变量是否为空，不能使用“If　a = Nothing Then”的形式，必须使用“Is”关键字代替等号，即“If　a　Is　Nothing　Then”。

除了 Nothing，VBA 还提供了另一个代表“空”的关键字“Null”。它的具体含义是“无效数据”，即操作无法得到有效的结果。比如将在第 16 章讲解的 Range.Merge 属性，如果为 True 则代表该 Range 的所有单元格全部合并为一体，而为 False 则代表每个单元格都不是合并单元格。但是假如 Range 中的一部分单元格合并在一起，另一部分没有合并，则它的 Merge 属性既不能是 True 也不能是 False，而是代表“无效结果”的 Null，类似于日常填写表格时使用的“N/A”或“不适用”。

与 Nothing 一样，判断变量是否为 Null 时也不能使用等号，而要使用系统函数“IsNull”。具体用法在第 16 章中与 Range.Merge 一同讲解。

除了 Nothing 与 Null，VBA 中还有一个表示空值的关键字“Empty”，用于表示变体变量在没有赋值时的状态。如果把变量视作数字类型使用，那么 VBA 会自动把它从 Empty 转换为 0；如果将它视作字符串类型，VBA 则会自动把 Empty 转换为空字符串。如果需要判断变体变量是否为空值，可以使用系统函数 IsEmpty。

本章小结

数据类型是程序设计中非常重要的基础概念。由于 VBA 提供了变体类型和自动类型转换等机制，初学者可以在完全不考虑数据类型的情况下学习程序设计。不过随着学习不断深入和程序复杂性的提高，数据类型终会成为一个无法绕过的知识点。可以说，不理解数据类型的原理和意义，就无法驾驭复杂的程序设计，也无法面对各种看似古怪的程序错误。

除了本章介绍的各种数据类型，VBA 还允许开发者使用 Type 语句定义新的数据类型（类似于 C 语言中的结构体），或者通过“类模块”创建新的类与对象。由于自定义数据类型在 VBA 中并不十分常用，本书暂且略过。

本章内容相对庞杂，其中最重要的是以下知识点：

★ 使用变量前应该明确指明其数据类型，否则 VBA 就会将其看作变体类型。大量使用变体类型不仅会降低程序效率，而且容易引发歧义等。

★ 数字数据可以分为 Byte、Integer、Long、Single、Double、Currency 和 Decimal 七种类型，区别体现在能够容纳什么范围的数字、是否允许有小数点、能够提供怎样的精度等。

★ 在执行除法之外的算术计算时，VBA 会把算式中最大数字的类型作为计算结果的类型。假如最终计算结果超过该类型所能容纳的范围，就会导致溢出错误。解决这个问题的办法，是使用简写符号给算式中的常数指明类型。

★ 不同数据类型之间可以相互转换。VBA 会尽可能按照合理的方式自动执行转换，我们也可以使用类型转换函数按照自己的想法进行强制转换。

★ Decimal 类型不能直接声明变量，但可以通过 CDec 函数将 Double 等类型的数据当作 CDec 计算，这样在很多情况下可以提高计算精度。

★ 在计算机内部，所有类型最终都将以二进制数字形式表示。比如字符将以其数字编码保存，日期将以对应 Double 数字保存，逻辑值 True 和 False 分别以-1 和 0 保存等。

★ 使用 Asc 函数可以取得字符的 ASCII 编码数字；使用 Chr 函数可以取得数字编码对应的 ASCII 字符。

★ 字符串之间可以比较大小，规则是按照 ASCII 编码数字，从左向右逐位比较。

★ VBA 日期类型可以表示的时间范围是从公元 100 年 1 月 1 日到公元 9999 年 12 月 31 日，可以使用各种日期函数进行分析和计算。

★ 关系运算的结果是逻辑值，逻辑值也能和“与”“或”“非”等逻辑运算符一起构成逻辑运算式。

★ If 和 While 等结构中的判断条件，最终将会被计算成逻辑值，并根据该逻辑值决定执行哪些代码。所以可以直接将判断条件写成逻辑变量。

★ 任何对象都可以被看作 Object 类型。

★ 可以使用 IsNumeric、TypeName 等函数判断数据的类型。对于对象类型的数据，还可以使用 Typeof…Is… 操作符判断其是否属于某一类。

★ 如果对象类型的变量没有赋值，则其值为 Nothing，即“空对象”；如果操作无法得到合理结果，则返回值 Null；如果变体类型变量没有赋值，则取值为 Empty。

第13章

集体的名义——VBA中的数组

学习至此，读者应该已经接受了一个事实：除了对象类型，任何类型的变量都只能存放一个数据——比如Double变量只能存放一个数字，String变量只能存放一个字符串。假如需要在程序中存放几十个数字，就不得不声明几十个变量。这样不仅要给每个变量命名，而且对于“计算总和”这样的操作，恐怕要在一行代码中一口气写下几十个加号，冗长且容易出错。

好在VBA也与其他高级语言一样，提供了“数组”这种非常实用的数据结构，使我们可以使用一个“变量名”存放多个数据，并且能够根据需要准确地调阅其中任何一个数据。此外，数组还可用于拆分字符串的操作，并且能够大幅提高单元格的读写和处理效率，因此是VBA进阶学习中必须掌握的基本技能。本章将详细介绍VBA中数组的分类、特点和主要用途，具体知识点包括：

★ 数组的基本概念和特点。

★ 怎样定义数组，以及怎样指定下标范围?

★ 动态数组的概念与用法。

★ 使用Split函数和动态数组拆分字符串。

★ 多维数组的概念与用法。

★ 使用二维数组读写Range对象。

本章关于数组基本概念和特点的内容，对应视频课程“全民一起VBA——提高篇”第九回“万千数据划归同组，进退有序统一命名”；动态数组和字符串拆分方法对应“全民一起VBA——提高篇”第十回“Split拆分字符串，动态数组接收结果集”；多维数组与Range对象读写的内容则对应“全民一起VBA——提高篇”第十四回“表格联手二维数组，批量读写一骑绝尘”。建议读者对照学习。

13.1 数组的基本概念

13.1.1 什么是数组

顾名思义，“数组（Array）”就是“一组数据”，也就是由多个数据放在一起构成“集合”。如果给这个集合起一个名字（如“A”），那么就可以通过“A 集合第 1 个元素”“A 集合第 2 个元素”……“A 集合第 n 个元素”的形式，代表其中的每个数据。图 13.1 所示的代码定义了一个数组，并用 MsgBox 显示第 2 个元素的数值。

```
Sub Demo_Array_1()

    Dim a(0 To 3) As Double

    a(0) = 3.5: a(1) = 2.8
    a(2) = 5: a(3) = 2.7

    MsgBox a(1)

End Sub
```

图 13.1　数组的简单示例

与变量一样，使用数组也应当使用 Dim 语句声明其名称、大小与数据类型。在图 13.1 所示的例子中，“Dim a(0 To 3) As Double”就声明了一个名称为“a”的数组。请格外留意“a”后面的半角圆括号，这是数组最重要的标识——当 VBA 看到名字“a”后面的括号时，就会意识到 a 代表的是数组而不是普通变量。

在“Dim a(0 To 3) As Double”这个声明中，括号中的数字 0 代表数组中第一个元素的编号为 0；关键字“To”后面的数字 3，则代表数组中最后一个元素的编号为 3。换一个角度看，这也就意味着该数组一共可以容纳 4 个元素（0 号、1 号、2 号、3 号）。而“As Double”这个子句则指明：a 数组中的 4 个元素必须都是 Double 类型的数据，不可以是字符串等其他不兼容的格式。

看完 Dim 语句，VBA 就会在内存中一次建好 4 个 Double 类型的联排别墅（也可以想象成一个包含 4 层楼的公寓楼），并将它们统一命名为“a”。在 VBA 程序中，可以使用“a(n)”的形式来代表这套别墅中编号为 n 的房间。所以在图 13.1 所示的代码中，使用“a(0) = 3.5”把 a 的第一个元素（编号为 0）赋值为 3.5，使用“a(3) = 2.7”把 a 的第四个即最后一个元素（编号为 3）赋值为 2.7。

在执行“MsgBox　a(1)”时，VBA 会在内存中找到名字为“a”的连续单元，并将其中编号为 1 的单元（第二个单元）中的内容取出来显示在对话框中。

通过这个例子，可以总结出 VBA 数组的主要语法特点：

（1）数组的命名规则与普通变量相同，并且也使用 Dim 语句进行声明；

（2）数组的名称后面应紧跟一对圆括号；

（3）声明数组时，可以在圆括号中用“A To B”的形式规定该数组第一个元素和最后一个元素的编号，这也指定了该数组的容量大小；

（4）声明数组时，在圆括号后面可以用 As 子句指明该数组中元素的数据类型；

（5）在读写数组元素时，使用“x(n)”的形式代表数组 x 中编号为 n 的元素。

总之，数组可以被看作存放多个数据的变量，每个数据都以“名称+编号”的形式读取。事实上，VBA 也确实允许使用变体变量代表一个完整的数组。图 13.2 所示的代码就将数组 a 赋值给变体类型的变量 b，变量 b 也可以像数组变量 a 一样使用，比如通过“b(1)”的形式调用编号为 1 的元素[①]。

```
Sub Demo_Array_2()

    Dim a(2) As Long, b

    a(0) = 4: a(1) = 3: a(2) = 5

    b = a

    MsgBox b(1)

End Sub
```

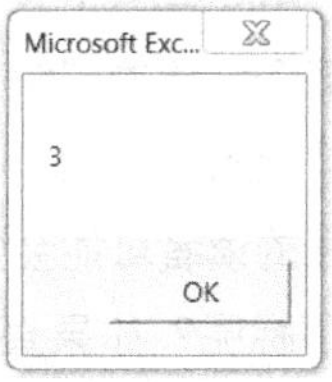

Microsoft Exc...

3

OK

图 13.2　将整个数组赋值给一个变体变量

13.1.2　数组声明中的细节问题

1. 常见的简略写法

图 13.1 中的数组声明属于规范写法，而在实际工作中更常见的则是一些简略方式，如图 13.3 所示的数组 a 和数组 b。

```
Sub Demo_Array_3()

    Dim a(3) As Long, b(2)

    a(0) = 4: a(1) = 3: a(2) = 5: a(3) = 2

    b(0) = "ABC": b(1) = 27.73: b(2) = 16

    MsgBox a(2) + b(1)

End Sub
```

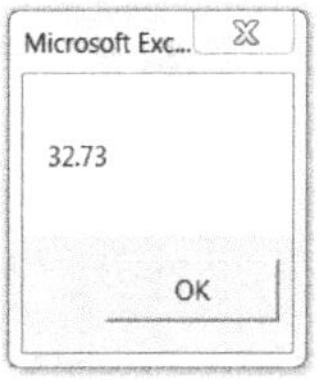

Microsoft Exc...

32.73

OK

图 13.3　数组声明的简略方式

在这段代码的 Dim 语句中，数组 a 后面的括号里只有一个数字 3，而不是“(0 To 3)”这种形式。在这种情况下，VBA 会默认该数组中第一个元素的编号为 0。因此语句“Dim a(3) As Double”等同于“Dim a (0 To 3) As Double”，意即创建一个可容纳 4 个 Double 数字、元素编号从 0 到 3、名为“a”的数组变量。

而数组 b 的声明则更加简略，没有书写“As”子句。我们知道，对于 Dim 语句中声明的普通变量，不使用 As 指明数据类型就代表该变量是变体类型，可以存放各种类型的数据。同样的道理，如果在声明数组时不指明数据类型，就代表该数组可以容纳任何类型的数据。因此在为数组

① 请学习过其他语言的读者注意：数组 a 赋值给变体变量 b 时，VBA 会将数组 a 完整地复制一份，并让 b 指向复制出来的数组。因此 b 与 a 指向的是两个完全不同的数组，而非其他语言中的“指针引用”模式。

b 赋值的代码中，可以让它的第一个元素是字符串，而第二个元素是数字。

需要注意的是：图 13.3 中的变量 b 是一个容纳变体类型元素的数组，而图 13.2 中的变量 b 则是一个代表 Long 类型数组的变体类型变量。换句话说，这两个变量 b 属于完全不同的类型：图 13.3 中的 b 是数组类型变量，只不过其中可以存放变体类型数据；而图 13.2 中的 b 则是变体类型变量，既可以代表数组，也可以代表字符串。不理解这两者的区别，有时会导致一些无法理解的错误，视频课程“全民一起 VBA——实战篇”专题六第一回“错误类型千奇百怪，功夫常在代码之外”对此有详细的举例，本书不再赘述。

2. 灵活指定起始下标

数组中每个元素的“编号”，在计算机术语中一般被称为“下标”，因此第一个元素的编号也就是所谓的“起始下标”。

初学编程的读者可能会觉得奇怪：为什么默认用 0 作为数组第一个元素的下标，用 1 作为第二个元素的下标呢？如果直接使用 1 作为起始下标，那么 a(n)就代表第 n 个元素，不是更加直观吗？

使用 0 作为起始下标虽然在我们看来不够直观，但是对于简化 VBA 编译器等底层软件却大有好处。具体的原因涉及“偏移地址”等底层知识，所以本书不做深入讨论，只是请读者知道以下两个事实：

（1）绝大部分常用的编程语言都以 0 作为起始下标，以至于“从 0 开始数数”已经被看作典型的程序员病。

（2）如果不喜欢将 0 作为起始下标，VBA 允许我们自己指定起始下标。最简单的方法，就是在声明数组时使用“To”关键字。比如“Dim　a　(2 To 5)”就声明了可容纳 4 个元素的数组 a，第一个元素是 a(2)，最后一个元素是 a(5)。这时候，数组 b 中根本不存在下标为 0 或 1 的元素，就像不存在下标为 6 或 7 的元素一样。因此如果尝试在程序中引用 b(0)或 b(1)，都会引发如图 13.4 所示的“下标越界”错误。

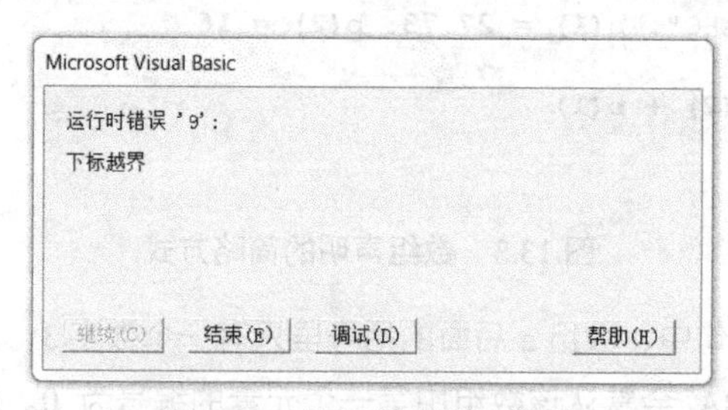

图 13.4　下标越界错误警告

鉴于很多人喜欢用 1 作为数组下标，VBA 还特别提供了修改默认起始下标的方法，可以让我们将 1 作为所有数组的默认起始下标。如图 13.5 所示，只要在一个模块的最前面（也就是书写“Option Explicit”的位置）加上一句“Option Base 1”，就能够实现这一功能。

在这个程序中，由于在模块的最前面声明了“Option Base 1”，该模块中所有数组的默认起始下标就都变为 1。因此当程序尝试将 a(0)赋值为 4 时，由于数组 a 中并不存在下标为 0 的元素，所以弹出了“下标越界”错误。

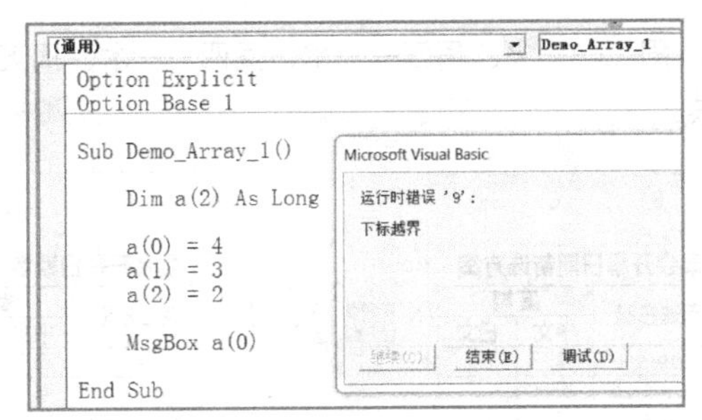

图 13.5　使用 Option Base 语句指定默认下标

Option Base 命令只能使用数字 0 或 1，不能使用其他数字。同时，“Option Base 1”只是指定了默认的起始下标，对于“Dim　a(12 To 23)”这种明确指明下标的数组并不具备管辖权，所以这个语句中的 a 数组仍然以 12 作为起始下标。

3. 不能使用变量指定下标范围

在 Dim 语句中声明数组的下标范围时，还要特别注意一点：不能使用变量作为下标的范围，如图 13.6 所示。

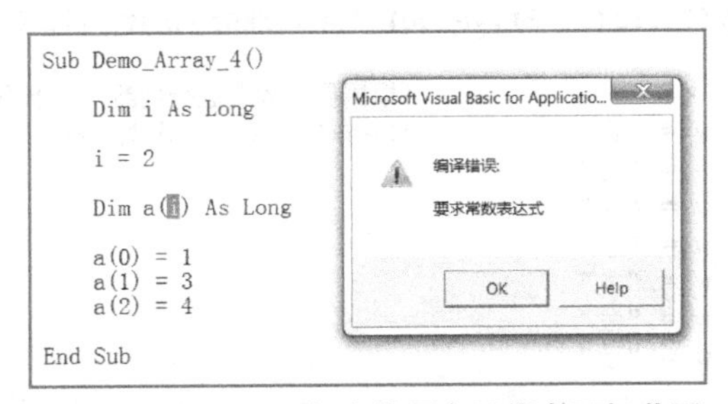

图 13.6　在 Dim 语句中使用变量指定下标范围

这个程序的第二个 Dim 语句定义了一个 Long 型数组 a，起始下标为 0，最后一个元素的下标则是变量 i。尽管在此之前已经将变量 i 的数值赋值为 2，但是“Dim a(i)”并未如想象的那样变成“Dim a(2)”，而是直接导致了图中所示的编译错误。原因就在于，在 Dim 语句中只允许使用常数指定数组的下标范围。

可是有的时候，我们在编写程序时无法确定数组需要容纳多少个元素，希望它的容量能够在程序运行时根据某个变量的值来改变。为了解决这个问题，VBA 提供了“动态数组”这一概念，本章随后就会讲解。

13.1.3　数组的用途与技巧

1. 变无序为有序

使用数组有很多好处，比如把大量没有规律的数据有序地存放在一起，通过下标对应访问，比如案例 13-1。

案例 13-1：图 13.7 左侧所示的工作表中存有多个日期数据。请编写 VBA 程序，计算每个日期对应星期几，并用日文显示在 D 列中，以便发给日本客户协商。日语中的星期表示规则为：

周日——日、周一——月、周二——火、周三——水、周四——木、周五——金，周六——土。预期效果如图 13.7 右图所示。

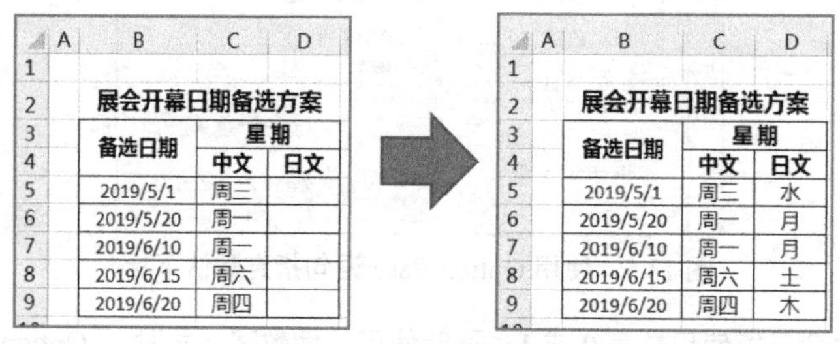

图 13.7　案例 13-1 原始数据和运行效果示例

显然，日、月、火、水、木、金、土这七个字之间，不存在数字 1、2、3、4 这样明确的规律。但是这个程序并不难编写，可以使用下面的多分支判断结构来解决问题。

```
Sub Demo_13_1_a()
    Dim i As Long, k As Long, w As String

    For i = 5 To 9
        k = weekDay(Cells(i, 2).Value)  '用 WeekDay 函数得到 B 列日期的星期数字

        Select Case k                   '根据星期数字进行判断，注意默认情况下，
            Case 1: w = "日"            'WeekDay 返回 1 代表周日，2 代表周一……
            Case 2: w = "月"
            Case 3: w = "火"
            Case 4: w = "水"
            Case 5: w = "木"
            Case 6: w = "金"
            Case 7: w = "土"
        End Select

        Cells(i, 4) = w                 '将判断结果写入该行 D 列单元格
    Next i
End Sub
```

如果采用数组，就可以让这个程序变得简洁许多，不再需要复杂的判断结构。请读者先尝试阅读下面的程序：

```
Sub Demo_13_1_b()

    Dim i As Long, k As Long, w(1 To 7)

    w(1) = "日": w(2) = "月": w(3) = "火"
    w(4) = "水": w(5) = "木": w(6) = "金": w(7) = "土"

    For i = 5 To 9

        k = weekDay(Cells(i, 2).Value)

        Cells(i, 4) = w(k)

    Next i

End Sub
```

在这段新的代码中，日、月、火、水、木、金、土被保存到了一个名为 w 的数组中，下标范

围从 1 到 7，于是可以使用 w(1)、w(2)……w(7) 来分别代表这七个汉字。这样原本没有任何数学规律的七个字符，就可以通过 1 ~ 7 这七个连续数字从 w 中读取出来。而 WeekDay 函数返回的也正是 1 ~ 7 这七个数字，所以只要以 WeekDay 函数的返回值作为下标，就能直接得到该日期对应的日语内容。(其实代码中的变量 k 并非必要，只是为了让程序更容易理解而存在。所以该程序完全可以简化为 “Cells(i,4) = w (Weekday(Cells(i,2).Value))”)。

把众多无规律的数据存入数组，从而能够用数字序号指代每个元素，是非常实用的编程技巧。比如对于某个特殊格式的报表，如果需要修改行号为 3、7、16、26、27、28、39、40 等几十行数据的字体，就可以先使用数组 (如 Dim a(50)) 将这些无规律的数字保存进去。然后只需做一个循环，读取该数组中每个数字的行号，就能简单地实现修改功能。下面的代码就演示了这种应用。

```
Sub Demo_Array_5()
    Dim i As Long, k As Long, r(5) As Long

    '将需要染成黄色的行号存放到数组 r 中
    r(0) = 2: r(1) = 5: r(2) = 7
    r(3) = 8: r(4) = 12: r(5) = 15

    '让 i 从 r 的起始下标循环到 r 的最大下标，从而可以扫描 r 中的每个元素
    For i = 0 To 5
        '取出 r 数组中下标为 i 的数字并存入变量 k
        k = r(i)

        '设置第 k 行的背景色。Rows 是 Application 对象的属性，代表活动工作表
        '中的所有行。Rows(k)即当前活动工作表的第 k 行
        Rows(k).Interior.Color = vbYellow

    Next i
End Sub
```

因篇幅所限，这段代码只修改了表格中 6 行数据的背景色。不过即使需要修改 60 行数据，也无非是将数组 r 的最大下标改为 59 并依次赋值。而在程序的核心代码——For 循环结构中，只需将 “i = 0 To 5” 改成 “i = 0 To 59” 即可。

这段代码的思路并不复杂，仔细阅读其中的注释语句就可以理解。关键之处就在于可以把循环变量 “i” 用在数组下标中，即 “r (i)” 这种写法。这种先使用数组存放无序数据，然后用一个循环结构进行统一处理的方式，在实际工作中经常会用到，请读者一定要理解这种思想。

2. UBound 与 LBound 函数

VBA 中提供了两个用于获取数组起始下标和最大下标的函数，分别名为 LBound 与 UBound。只要把数组的名字作为参数交给它们，就可以得到数组的下标范围，如图 13.8 所示。

在循环等结构中，使用 LBound 和 UBound 函数代表数组的下标范围可以使代码变得十分灵活。比如前面设置不同行单元格背景色的代码在改写成下面的形式后，即使修改了数组 r 的容量 (比如改成 Dim r (100))，循环语句也完全不需要做任何修改。因为无论 r 的下标怎样变化，LBound 与 UBound 函数总能准确地找到它的范围。

```
Sub Demo_Array_5()

    Dim i As Long, k As Long, r(5) As Long

    r(0) = 2: r(1) = 5: r(2) = 7
```

```
    r(3) = 8: r(4) = 12: r(5) = 15

    '无论 r 的下标范围怎样变化，For 语句都不需要修改
    '因为 i 总是从 r 的最小下标数值循环到最大下标数值
    For i = LBound(r) To UBound(r)

        k = r(i)

        Rows(k).Interior.Color = vbYellow

    Next i

End Sub
```

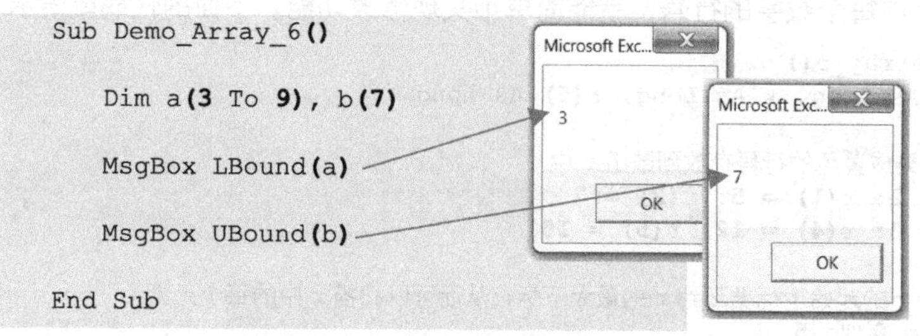

图 13.8　UBound 与 LBound 函数

3. 使用 For Each 循环遍历数组

在学习 For Each 循环时曾经讲到，它的作用就是把集合中的每个元素都读取一次。比如“For Each w In Worksheets”的作用，就是把 Worksheets 集合中的每个工作表对象分别提取一次，每次都赋值给 w 变量。

既然数组也是集合，当然也可以使用 For Each 循环扫描其中的所有元素。所以，下面两段代码的功能完全相同。

```
Sub Demo_Array_6()

    Dim a(5) As Long, i As Long

    For i = LBound(a) To UBound(a)

        MsgBox a(i)

    Next i

End Sub
```

```
Sub Demo_Array_6()

    Dim a(5) As Long, k

    For Each k In a

        MsgBox k

    Next k

End Sub
```

左边的代码使用了普通的 For 循环，循环变量 i 代表数组元素的下标，因此通过 a(i) 就能得到数组中的每个元素。右边的代码使用了 For Each 循环，循环变量 k 的值就等于 a 中各个元素的值，所以完全不需要使用下标。

使用 For Each 循环遍历数组十分方便，但是需要注意以下两点：

（1）VBA 语法规定：For Each 循环的循环变量（比如右边代码中的 k）必须是变体类型或对象类型。因此，如果将代码中的 k 定义为“ Dim　k　As　Long”，程序反而会发生编译错误。

（2）使用 For Each 循环只能读取数组中的各个元素，但是无法修改数组元素。比如下面两段代码：左边使用普通的 For 循环通过下标引用数组元素，并且将每个元素都设置为 1，所以运行

后数组中所有元素都会变成 1；而右边使用的是 For Each 循环，虽然每次循环时都执行“k=1”，但其作用只是将变量 k 赋值为 1，并没有修改过数组中的任何元素。因此右边的代码执行后，数组中的各个元素仍然是 0，没有发生变化。

```
Sub test()

    Dim a(5) As Long, i As Long

    For i = LBound(a) To UBound(a)
        a(i) = 1
    Next i

    '显示结果是“1”
    MsgBox a(3)

End Sub
```

```
Sub test()

    Dim a(5) As Long, k

    For Each k In a
        k = 1
    Next k

    '显示结果是“0”
    MsgBox a(3)

End Sub
```

13.2　动态数组

13.2.1　动态数组与 ReDim 语句

前一节中讲解的其实只是 VBA 数组最基本的类型，一般称为“定长数组”，因为它的下标范围在 Dim 语句中指定后就无法再做任何修改。

与定长数组相对应，VBA 还支持“动态数组”。所谓动态数组，就是在使用 Dim 语句声明数组时并不指定下标范围，在之后的代码中，可以随时使用“ReDim”关键字进行任意修改。图 13.9 演示了动态数组的基本用法。

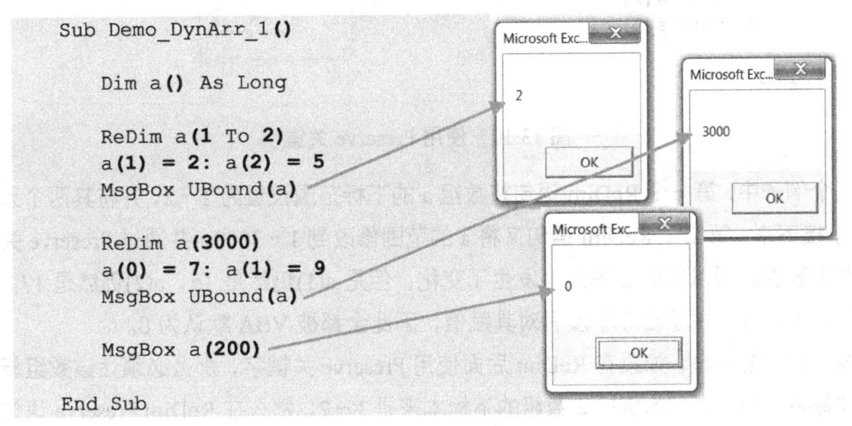

图 13.9　动态数组示例

在这个程序中，首先使用 Dim 语句定义了一个容纳长整型数据的数组 a。但是与之前的数组声明不同，a 后面的括号中没有任何数字。遇到这种情况，VBA 就会明白我们希望 a 是动态数组。

然后执行“ReDim a(1 To 2)”一句，意即将动态数组 a 的下标范围从 1 修改到 2。因此这句执行完毕后，a 数组的起始下标是 1，最大下标是 2。换言之，该数组可以存放两个长整型数据，分别为 a(1)与 a(2)。所以接下来的赋值语句都可以正常执行，而 UBound(a)返回的则是 a 的最大下标“2”。

再向下执行，又遇到一个 ReDim 语句，即“ReDim a(3000)”，于是 VBA 再次修改数组 a 的下标范围。在前一节中讲到，如果括号中只有一个数字，那么 VBA 默认该数组的起始下标为 0（除非使用 Option Base 语句修改了默认下标值）。因此，执行完这一句后，数组 a 的下标范围就是 0～3000。所以再次显示 UBound(a) 时，得到的数字是 3000。

此外，上面的程序还展示了数组的一个特点：如果没有为数组中某个元素赋值，那么 VBA 会默认该元素为 0、空字符串等“空值”。比如在最后一行代码中，希望使用 MsgBox 显示数组 a 中下标为 200 的元素，但是程序中从未对 a(200)进行过赋值操作。由于 a 是存放数字的数组，因此 VBA 将 a 数组中所有未赋值的元素都默认为 0，这就是执行最后一句代码后弹出的消息框中会显示数字 0 的原因。

在默认情况下，每次使用 ReDim 语句重新定义数组长度时，之前存放在数组内的所有数据都会被自动清空。如果希望数组在改变长度的同时保留之前的数据，需要在 ReDim 后面写上“Preserve”关键字，如图 13.10 所示。

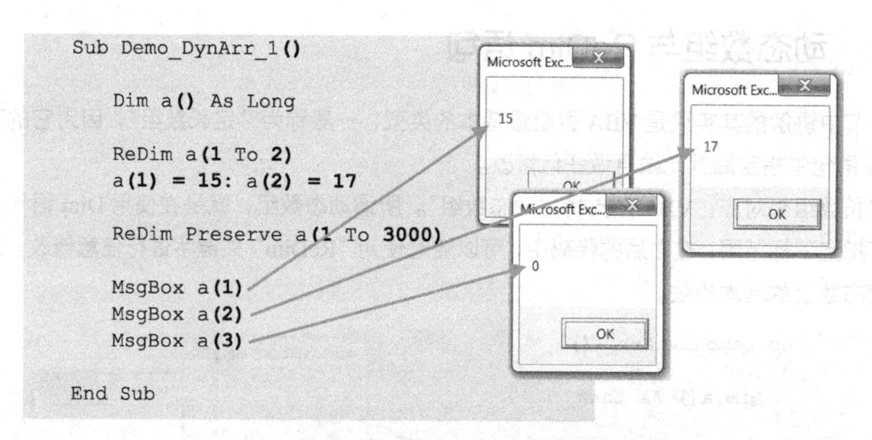

图 13.10　使用 Preserve 关键字

在这个例子中，第一个 ReDim 语句将数组 a 的下标范围设置为 1～2，并将其两个元素赋值为 15 和 17。接下来，第二个 ReDim 语句又将 a 的范围修改到 1～3000，并通过 Preserve 关键字要求保留之前的数据。所以虽然 a 的大小发生了变化，但是 a(1)仍然是 15，a(2)仍然是 17。至于 a(3)及后面的其他元素，由于程序中没有对其赋值，因此全都被 VBA 默认为 0。

需要特别注意的是，如果在 ReDim 后面使用 Preserve 关键字，那么必须让该数组新的起始下标与之前保持一致。比如本例中 a 数组的下标本来是 1～2，那么在 ReDim Preserve 语句中仍然要指定它的起始下标为 1（a (1 To 3000)），否则 VBA 就会直接弹出错误警告。

ReDim 语句的另一个特点是：允许使用变量指定下标范围。前面讲过，使用 Dim 语句声明定长数组时，只能使用常数指定下标范围，即“Dim　a (2 To 5)”的形式。但是如果把数组声明为动态数组，之后每次使用 ReDim 语句时都可以用变量代表最大或最小下标，如图 13.11 所示。

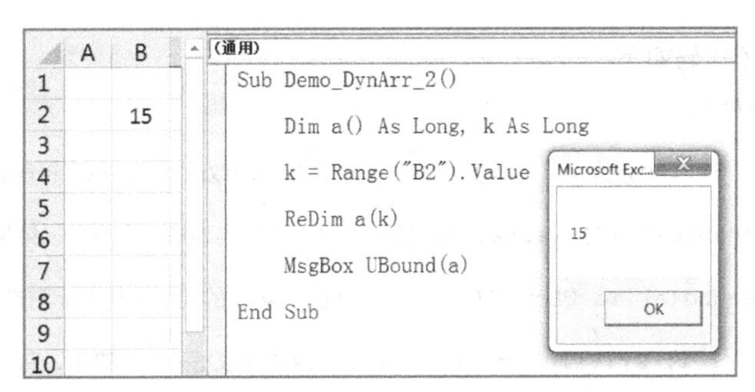

图 13.11　在 ReDim 语句中使用变量

在这段代码中，数组 a 首先被 Dim 语句声明为一个动态数组，然后在 ReDim 语句中用变量 k 指定其最大下标。在此之前，变量 k 已经被赋值为 B2 单元格中的数值，所以用户在 B2 单元格中填写了什么数字，k 的值就是多少，数组 a 的最大下标就是这个数字。比如图 13.11 中 B2 单元格的内容是 15，则“ReDim a(k)”执行后，数组 a 的下标范围就是 0 ~ 15，可以容纳 16 个变体类型的元素，UBound(a) 返回的结果也是 15。

使用变量定义最大下标，就可以根据需要随时将数组调整为合适的大小，为开发工作带来了很大的灵活性。不过，由于每次 ReDim 语句都需要重新分配内存，所以如果数组元素较多又过于频繁地调整大小，很可能会影响程序的运行效率。正如前面各章多次提到的，灵活性是一把双刃剑，使用之前一定要权衡得失。

13.2.2　使用 Split 拆分字符串

拆分字符串是 VBA 编程中最常用到动态数组的地方之一。所谓拆分字符串，就是指定某个分隔符，从而将一个字符串拆解成多个部分。比如对于字符串“山里面的庙里面的老和尚的故事里面的山”，如果指定“里面的”为分隔符，就可以把它拆分为“山”“庙”“老和尚的故事”“山”4 个字符串。

拆分字符串最简单的办法是使用 VBA 提供的系统函数 Split。只要将待拆分的字符串和指定的分隔符作为参数交给函数 Split，比如 Split (“山里面的庙里面的老和尚”, “里面的”)，它就能自动完成拆分工作，并将拆解出来的多个字符串放在一个数组中返回给我们。由于这个数组的长度并不确定（因为不知道会拆成多少个字符串），所以 Split 函数用动态数组作为返回值的类型，其下标从 0 开始。案例 13-2 演示了 Split 函数的典型用法。

案例 13-2：在图 13.12 左图所示工作表的 A1 单元格中存有一段文字。请以句号为分隔符，将该段文字中的每个句子都提取出来，并逐行显示在 B 列中。预期效果如图 13.12 右图所示。

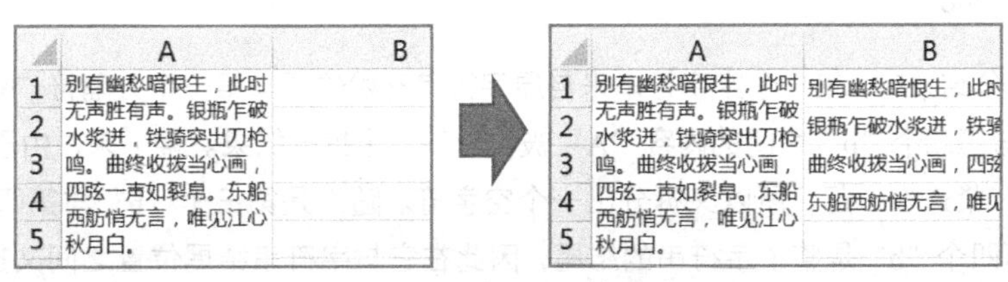

图 13.12　案例 13-2 效果演示

这个案例的参考代码如下：

```
Sub Demo_13_2()
    Dim a() As String, i As Long          '定义动态数组 a，存放字符串数据
    a = Split(Range("A1").Value, "。")    '将 A1 的内容按句号拆分，结果存入 a
    For i = LBound(a) To UBound(a)        '让 i 从 a 的初始下标循环到最大下标
        Cells(i + 1, 2).Value = a(i)      '用 a(i)取出一个字符串，写入 i+1 行
    Next i
End Sub
```

这段代码调用了 Split 函数，并将 A1 单元格的内容及分隔字符串“。”作为该函数的两个参数。于是 Split 函数执行后会返回一个动态数组，里面包含了按照句号分开的 4 个字符串。由于返回值被赋值给动态数组 a，因此可以使用 For 循环取出 a 中的每个元素，即拆分后的每个字符串。由于 Split 函数返回的数组以 0 作为初始下标，因此使用 Cells(i+1,2)可以将其写入从第 1 行开始的 B 列单元格中。

Split 函数在文本处理时非常实用，不过在使用时必须注意以下两个细节：

（1）分隔符不会出现在最终拆分结果中。比如 Split(“AbCDbE”, “b”) 执行后，得到的结果是包含“A”“CD”和“E”3 个字符串的数组，每个数值都不含有“b”。因此如果读者希望拆分后的字符串中仍然包含分隔符，可以在程序中使用字符串连接符“&”将其附加在数组中的每个元素上。

（2）假如原字符串中连续出现两个分隔符，那么拆分结果中就会多出一个空字符串，代表这两个连续分隔符之间的内容。此外，如果原字符串以分隔符开始，拆分结果中的第一个元素也是一个空字符串，代表字符串起始位置与分隔符之间的内容；同样，如果原字符串以分隔符结束，那么拆分结果的最后一个元素也是一个空字符串。

所以下面的代码执行后，拆分出的字符串数组将如右侧示意图所示。

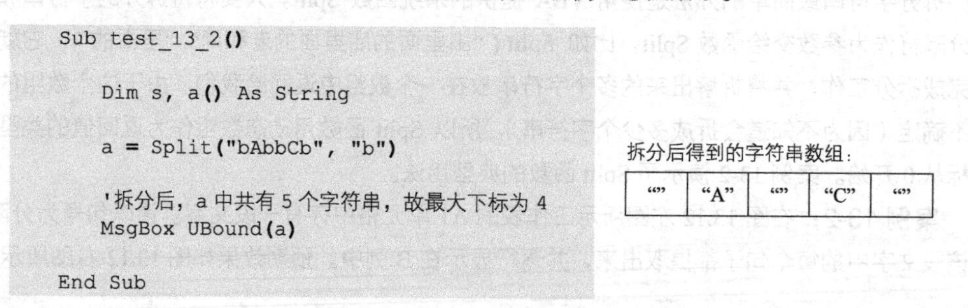

在这个拆分结果中，第一个空字符串来自原字符串开始位置与第一个分隔符“b”之间；然后第一个“b”与第二个“b”之间的内容“A”被作为下一个拆分结果。接下来，由于第二个“b”与第三个“b”紧连在一起，所以又拆分出一个空字符。随之是第三个“b”与第四个“b”之间的“C”；而第四个“b”是整个字符串的结尾，因此在它与字符串结尾位置之间又拆分出一个空字符串。

在大多数情况下，这些空字符串并不是我们想要的结果。因此在实际使用 Split 函数时，经常需要判断返回结果是否为空字符串，再进行下一步操作。比如案例 13-2 的代码，如果需要考虑空字符串问题，可以改成下面的代码，读者可以结合注释自行理解。

```
Sub Demo_13_2_b()

    Dim a() As String, i As Long, k

    a = Split(Range("A1").Value, "。")

    i = 1

    For Each k In a                     '扫描拆分结果中的每个字符串

        If k <> "" Then                 '如果该字符串不是空串
            Cells(i, 2).Value = k       '就将该字符串写入第 i 行 B 列
            i = i + 1                   '将 i 增加 1，以便下次写入下一行
        End If

    Next k

End Sub
```

Split 函数可以省略第二个参数（分隔符）。在这种情况下，该函数将以空格字符作为默认的分隔符执行拆分操作。比如 Split("A BC D") 的执行结果，就是由 "A" "BC" 和 "D" 3 个字符串构成的动态数组。

13.3　多维数组与表格读写

13.3.1　什么是二维数组

前面两节中讲解的知识都属于"一维数组"的范畴，而 VBA 还允许使用二维、三维等"多维数组"存放数据。图 13.13 展示了一维数组与二维数组在结构上的区别。

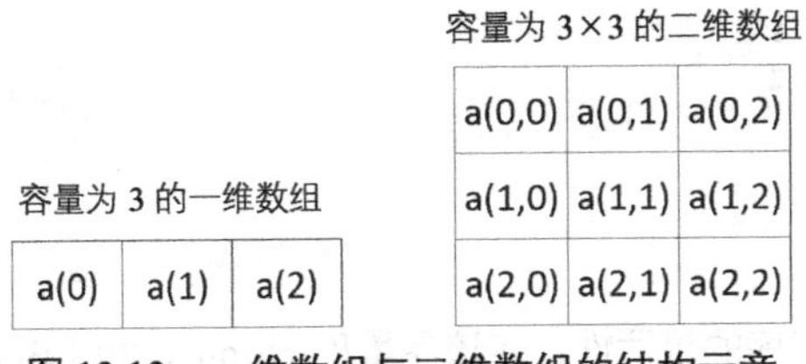

图 13.13　一维数组与二维数组的结构示意

从图 13.13 中可以很形象地感受到"一维"与"二维"的含义。一维数组中的数据按顺序排在一条直线上，只要提供一个序号，就能准确地找出对应数据。而二维数组中的数据则是排列在一个平面中，必须提供行号与列号两个数字（比如第 1 行第 2 列），才能准确地定位到对应数据。

读者一定会想到，二维数组与我们熟悉的 Excel 工作表有异曲同工之妙。的确如此，甚至 Cells(1,2) 在格式上也与图 13.13 中的 a(1,2) 完全相同。如果把一维数组看作工作表中固定的某行，那么二维数组就可以被看作整个工作表。

声明二维数组与声明一维数组基本相同，只不过要在括号中书写两个数字，并且用半角逗号隔开，以便分别代表行下标范围与列下标范围。下面代码中列出的几种声明方式，都符合 VBA 语法要求。

```
Sub Demo_2DArray_1()

    '声明字符串数组 a，共有 4 行 6 列，下标范围分别是 0～3 和 0～5
    Dim a(3, 5) As String

    '声明长整型数组 b，共有 3 行 6 列，下标范围分别是 1～3 和 0～5
    Dim b(1 To 3, 5) As Long

    '声明变体类型数组 c，共有 3 行 3 列，下标范围分别是 1～3 和 2～4
    Dim c(1 To 3, 2 To 4)

    '声明动态数组 d，该数组的每个元素都是 Range 类型的对象
    Dim d() As Range

    '将动态数组 d 重新定义为二维数组，共计 4 行 3 列，类型仍是 Range 对象
    ReDim d(3, 2)

    '将数组 d 中 2 行 2 列的元素赋值为代表 A1 单元格的 Range 对象，注意对象赋值时必须用 Set 关键字
    Set d(2, 2) = ActiveSheet.Range("A1")

    '修改 d(2,2)的背景色，即修改 Range("A1")的背景色
    d(2, 2).Interior.Color = vbRed

End Sub
```

处理二维数组也很简单，只要指定两个下标数字就可以读写对应位置的元素，就像此段代码中的“Set d(2,2) = ActiveSheet.Range(“A1”)”一样。而且，既然可以用一层循环扫描一维数组中的每个元素，自然也可以用双重循环扫描二维数组。下面的代码就是将二维数组中的所有元素赋值为 1。

```
Sub Demo_2DArray_2()

    Dim a(3, 4) As Long, i As Long, j As Long

    For i = 0 To 3
        For j = 0 To 4
            a(i, j) = 1
        Next j
    Next i

End Sub
```

前面讲过，为了提高程序的灵活性，应该尽量用 UBound 和 LBound 函数取得数组的下标范围，而不是直接书写“For i=0 To 3”。那么对于二维数组应该怎样使用 UBound 和 LBound 函数呢？其实很简单，只要再给 UBound 与 LBound 函数提供一个参数，告诉它我们想了解的是这个数组第几个维度的下标就行了。

比如对于上面代码中定义的数组 a，“a(3, 4)”中的第一个数字 3 就是第一个维度，可以理解为行号；第二个数字就是它的第二个维度，可以理解为列号。所以，使用 UBound(a,1)得到的就是 a 数组第一个维度（行号）的最大下标，于是返回 3；而 LBound(a,1)得到的则是 a 数组第一个维

度的起始下标，返回 0。同样，UBound(a,2)返回的是 a 数组第二个维度（列号）的最大下标 4，而 LBound(a,2)返回的则是 a 的最小列号 0。

因此，上面的代码可以用 UBound 与 LBound 函数改写为：

```
Sub Demo_Arr_Rng_1()
    Dim a(3, 4) As Long, i As Long, j As Long
    For i = LBound(a, 1) To UBound(a, 1)
        For j = LBound(a, 2) To UBound(a, 2)
            a(i, j) = 1
        Next j
    Next i
End Sub
```

使用 For Each 循环也可以读取二维数组中的每个元素，涵盖所有行和所有列。不过在使用 For Each 循环时，无法直观地了解当前读出的元素所在的行号和列号（For Each 循环扫描数组时不使用下标），而且也不能修改数组元素的内容，所以只有在少数情况下（比如计算数组元素的总和）使用它。

13.3.2　二维数组与 Range 对象

客观地说，数组在 Excel VBA 编程中的重要性比其他编程语言略低一些。原因在于，Excel 工作表本身就是一个二维数组，所以很多在其他语言（或 Word 等其他 Office VBA）中必须使用数组解决的问题，在 Excel VBA 中往往可以利用工作表的 Cells(i,j) 解决，比自己定义数组方便许多。

不过必须知道的是：利用 Cells 或 Range 读写单元格是非常耗时的操作。如果数据量很大（如 10 万行×20 列），将所有单元格读写一遍将花费很长时间。但是 VBA 程序在处理同样规模的二维数组时，速度却要快上很多倍，因为数组在内存中的数据结构要比在工作表中简单许多。

因此，为了提高大批量数据的处理效率，VBA 为 Range 对象提供了一个非常有用的机制：允许 Range 对象与二维数组互相赋值。换言之，就像图 13.14 中演示的，直接将矩形区域内所有单元格的内容存放到同样尺寸的二维数组中（或者相反）。

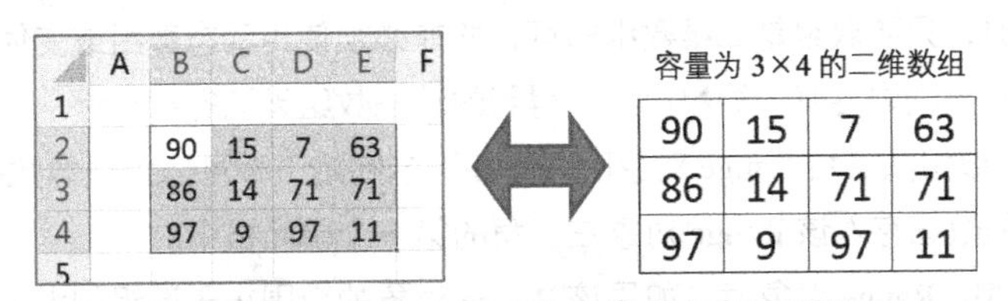

图 13.14　Range 对象与二维数组相互赋值

下面的代码演示了 Range 对象与数组之间相互赋值的典型过程。该程序首先将工作表中 A1 到 T50000 的所有单元格（共计 5 万行×20 列，即 100 万个数据）赋值到二维数组 s 中；然后使用双重循环，将 s 数组中每个元素都乘以 2；最后将扩大一倍后的所有数据再写回上述单元格中，最终的效果就是让工作表中每个数据都扩大一倍。

```
Sub WithArray2()

    Dim s(), i As Long, j As Long

    '将指定 Range 的值直接赋值给动态数组 s，执行此句后，
    's 会自动调整为一个同样大小的二维数组，注意起始下标从 1 开始
    s = Range("A1:T50000").Value

    '循环扫描 s 中的每个元素，并将其修改为原值的两倍
    '为了提高程序灵活性，可以改用 UBound 和 LBound 函数取得下标范围
    For i = 1 To 50000
        For j = 1 To 20
            s(i, j) = s(i, j) * 2
        Next j
    Next i

  '将 s 中的所有数值写入 Range 对象中，位置一一对应
    Range("A1:T50000").Value = s

End Sub
```

该程序执行前后的效果如图 13.15 所示。

	A	B	C	D
1	28220	21336	23180	1158
2	20992	30684	2140	2369
3	4252	39976	27044	62
4	16400	16508	28508	1304
5	22440	27776	36548	3339
6	14596	19592	6224	1897
7	2956	4216	13264	512
8	16072	18472	19684	830

	A	B	C	D
1	56440	42672	46360	2316
2	41984	61368	4280	4739
3	8504	79952	54088	125
4	32800	33016	57016	2609
5	44880	55552	73096	6678
6	29192	39184	12448	3795
7	5912	8432	26528	1025
8	32144	36944	39368	1660

图 13.15　使用数组修改工作表数据的代码运行结果

对于这个例子，我们也可以完全不使用数组，而是直接用双循环依次改写工作表中的单元格。但是与使用数组的程序相比，这种方式将会显著降低效率。在视频课程“全民一起 VBA——提高篇”第十四回中对这两种方式的运行时间做了比较，从屏幕录像可以看到：不使用数组的程序要运行 28 秒，而使用数组后只需运行 1 秒。

Range 对象与数组相互赋值时必须注意以下几点：

（1）如果将 Range 对象的内容赋值给数组，则数组必须是变体类型的动态数组；但是将数组赋值给 Range 对象时，只要数组是二维数组即可，并非必须使用动态数组或变体类型。

（2）将 Range 对象的内容赋值给数组时，得到的动态数组无论行和列都从 1 开始标号，即最小下标为 1；但是将数组赋值给 Range 对象时，行和列的初始下标可以为任意数字，VBA 将把数组中第一行第一列的数据存入该 Range 对象左上角的第一个单元格中。

（3）将数组赋值给 Range 对象时，如果该 Range 对象的范围小于数组的大小，赋值操作也会正常执行，只是会忽略数组中超出 Range 对象范围的数据；如果该 Range 对象的范围大于数组的大小，多出来的单元格将被自动填写为“#N/A”，意即“不适用”。

（4）建议写全 Range 对象的 Value 属性，即“Range(“A1:B2”).Value”，不要简写为

“Range(“A1:B2”)”，因为后者在某些情况下会导致赋值出错。

此外，即使只读取工作表中的单行或单列数据，得到的数组也是二维数组。只不过这个二维数组中只包含一行或一列而已。比如“a = Range(“A1:C1”)”得到的数组 a，就是只有一行的二维数组，全部元素为：a(1,1)、a(1,2) 和 a(1,3)。如果直接使用 a(1)、a(2) 的形式，只会导致程序出错，因为读取二维数组必须指定两个下标数字。

假如读取的是一列数据，比如“a=Range(“A1:A3”)”，那么得到的数组 a 就是包含三行一列的二维数组，全部元素为 a(1,1)、a(2,1)和 a(3,1)。如果尝试读取 a(1,2)就会出错，因为这个数组只有一列。

但是反过来，VBA 却允许将一维数组赋值给 Range 对象。比如在图 13.16 所示的代码中，一维数组 a 被先后赋值给 B1:D1 这一行与 A2:A4 这一列。

```
Sub Demo_Arr_Rng_2()

    Dim a(2) As String

    a(0) = "大": a(1) = "中": a(2) = "小"

    '将一维数组填写到一行中，可以直接赋值
    Range("B1:D1").Value = a

    '将一维数组填写到一列中，需要使用 Transpose 函数做行列转置
    Range("A2:A4").Value = Application.Transpose(a)

End Sub
```

	A	B	C	D
1		大	中	小
2	大			
3	中			
4	小			

图 13.16　将一维数组赋值给 Range 对象的代码及效果

可以看到，将一维数组赋值给一行单元格，只需直接赋值即可。但是如果将其赋值给一列单元格，就需要使用 Application 对象的 Transpose 函数，将 a 转换为“列数组”后才能赋值。换句话说，在 VBA 看来，一个一维数组就是一行数据。

13.3.3　多维数组的概念

定义数组时如果在括号内多写几个数字，就可以得到多维数组，比如下面的代码：

```
Sub Demo_MultiDimension()

    '定义四维数组 a，下标范围分别为 1～12、1～31、0～23、0～59
    Dim a(1 To 12, 1 To 31, 23, 59) As String

    '为数组中指定下标的元素赋值

    a(2, 15, 20, 0) = "春节晚会"

    a(11, 11, 19, 30) = "双十一庆典"

End Sub
```

在这个例子中，我们为数组 a 指定了四个下标，因此称之为“四维数组”。大多数读者对二维和三维这两个概念比较熟悉，因为可以把它们想象成平面或立体空间，但是这种想象却无助于理

解四维乃至更高维度的概念。建议大家不要从真实空间的角度去理解“维度”一词，而是把其理解为“层次特征”。“四维数组”的含义，就是每个元素都拥有四个层次的特征，并且任何两个元素的四个特征都不可能完全相同。

比如上面代码中定义的数组 a，就包含了四个层次的特征，分别代表“月”“日”“时”和“分”。所以只要指定这四个特征的具体数值，比如 a(11,11,19,30)，就可以定位到数组中的具体元素，从而对它进行读写操作。

读者对此一时难以理解也没有关系，虽然 VBA 数组最多可以指定 60 个维度，但实际工作中很少会用到三维以上的数组。

本章小结

数组是程序设计中非常重要的一种数据结构，可以将多个数据统一存储和调用。尽管在 Excel VBA 中工作表已经代行了很多数组的功能，但是熟练运用数组可以在很大程度上提高程序效率，并且能够解决一些特殊问题，比如将无规律数据对应到有序数列上。

本章需要读者重点掌握的知识点包括：

★ VBA 数组默认起始下标为 0，但是可以在定义数组时使用 To 关键字灵活指定，也可以使用 Option Base 命令将默认起始下标修改为 1。

★ 将无规律的数据存放在数组中，就可以按照数字顺序依次调用。

★ 使用 For Each 循环可以读取数组中的所有元素，但无法修改数组元素。

★ VBA 支持定长数组与动态数组两种类型，后者可以使用 ReDim 语句随时修改下标范围；在 ReDim 语句中可以使用 Preserve 关键字保留之前的内容。

★ 可以使用 UBound 与 LBound 函数获得数组各个维度的最大和最小下标。

★ “存放变体数据的数组”与“代表数组的变体变量”是类型完全不同的两种变量。

★ 使用 Split 函数拆分字符串后得到的动态数组中，可能会存在空字符串元素，经常要用判断语句过滤掉。

★ 二维数组可以与 Range 对象相互赋值，从而提高批量数据处理的效率。使用这种方式时应注意一些细节问题，比如 Range 对象只能赋值给动态变体数组，以及数组下标将从 1 开始等。

★ 可以把一维数组赋值给 Range 对象，如果该 Range 对象代表一列，需要用 Transpose 方法将该数组转置。

★ 可以根据需要定义多维数组，VBA 最多支持 60 维数组。

第 14 章

信息的整合——文件与文件夹操作

在讲解工作簿对象时，介绍了读取一个文件夹中所有 Excel 文件的方法。不过该方法仅适用于文件名有规律（如“1 月.xlsx”“2 月.xlsx”）的情况，假如文件名完全没有规律，VBA 能否把它们都打开呢？或者，如果这些文件不是 Excel 工作簿，而是 ERP 等系统导出的文本文件，又该怎样把它们的内容读取出来呢？

为了解决这些问题，本章重点讲解了两个知识——文本文件读写操作，以及通过 Dir 函数读取文件夹中所有文件名，也简略介绍了一些其他文件系统处理技术。通过本章的学习，读者将会理解：

★ 怎样打开一个文本文件并逐行读取内容？

★ 怎样将工作表中的数据保存到文本文件中？

★ 怎样获得一个文件夹中的全部文件名称，从而自动打开所有文件？

★ 如果需要实现删除文件、修改文件属性、创建/删除文件夹、遍历所有子文件夹等功能，应该使用哪些函数、对象或程序技巧？

本章关于文本文件的内容对应视频课程“全民一起 VBA——提高篇”第十二回“文本文件逐行读取，输入输出操作自如”；打开文件夹所有文件的内容则对应“全民一起 VBA——提高篇”第十三回“同是藏身文件夹，相逢何必问姓名”；简要介绍的高级文件操作技巧，可以在“全民一起 VBA——实战篇”专题四的第一回至第七回中看到详细讲解。

14.1 读写文本文件

14.1.1 什么是文本文件

简单地说，“文本文件”就是只保存各种字符的文件。它不会保留任何纯文字信息之外的内容，比如字体格式、图像动画等。我们使用 Windows 记事本编写的扩展名为“.txt”的文件，就是最典型的文本文件；而使用 Word 等软件编写的扩展名为“.docx”的文档，则属于“二进制文件”的一种，因为其中不仅要保存文字信息，还要保存每个段落的格式，以及插入的各种图表等。

其实无论“二进制文件”还是“文本文件”，其内容都是“0/1”形式的二进制数字，只不过解读规则不同。所谓“文本文件”，就是指该文件中所有二进制数字都必须按照 ASCII 或 UNICODE 等字符编码规则，解读为一个个字符；而“二进制文件”的解读规则完全由各种软件自己定义，没有统一的标准。

比如，假设硬盘上有一个文件，其内容为“01000001 01000010 01000011 ”。如果我们告诉计算机“它是一个文本文件”（一般通过将该文件的扩展名改为“.txt”实现），那么计算机就会按照 ASCII 等系统编码规则对这三个字节分别解读。由于这三个二进制数字相当于十进制的 65、66 和 67，也就是“ABC”的 ASCII 编码，所以解读的结果就是在屏幕上显示“ABC”三个字符。

而假如我们告诉计算机“它是一个 Word 文件”（比如将该文件的扩展名改为“.doc”），计算机就会要求 Word 软件读取这个文件并自行解读。于是 Word 根据自己的规则，可能会将前两个字节“01000001 01000010”翻译成“下面的字符用黑体字”，把第三个“01000011”翻译成字符“C”，最后的结果可能就是在屏幕上显示一个黑体的字母“C”。（此处完全是示意性的简化讲解，Word 的具体编码规则并非将这两个字节看作“黑体格式”，而且整套规则要复杂很多，读者意会就好）。

广义来讲，文本文件不仅包括扩展名为“.txt”的文件，而且包括 XML 文件、CSV 文件等，因为它们的所有内容都以纯粹的字符表示。

由于文本文件仅保存文字内容，而且使用了 ASCII 等最广为接受的编码规则，所以非常适合在不同软件之间进行数据交换。比如很多 ERP 系统都允许将内部数据导出为文本文件（包括 TXT、XML、CSV 等类型），从而可以方便地导入到 Excel、数据库等其他软件中使用。

熟悉 Excel 的读者都知道，Excel 本身已经提供了一个导入文本文件的功能，可以通过“数据”选项卡中的“获取外部数据”或“从文本/CSV 导入”等菜单项调用执行。不过使用 VBA 读取文本文件的好处在于，不仅可以灵活批量地读取任何所需文件，而且能够对读入的文件内容进行定制化处理。VBA 处理文本文件的过程也是标准化的，只要套用指定的几行代码就行。

14.1.2 文本文件的打开与读取

从文本文件中读取数据的过程，主要包括四个步骤：

（1）在 VBA 中打开文本文件；

（2）从文本文件中读取一行字符串；

（3）判断是否已经读到文件末尾，如果没有则重复步骤（2），否则执行步骤（4）；

（4）关闭文本文件。

1. 文本文件的打开与关闭

VBA 规定：读写文本文件之前，先要使用 Open 语句将其导入内存中，即“打开”操作。同时，还要为该文件分配唯一的数字编号，这样以后可以随时使用该编号代表该文件。读取文件的 Open 语句常用格式如下：

Open *文件名及路径* **For　Input　As** *#N*

“文件名及路径”可以让 Open 语句准确地找到这个文本文件，比如“D:\vbademo\a.txt”。假如不指定盘符等绝对路径，例如只写“a.txt”，则是到 VBA 程序所在工作簿的同一文件夹中寻找名为“a.txt”的文件，与 Workbooks.Open 方法相同。如果硬盘上不存在这个名字的文件，VBA 会弹出“文件未找到”错误警告。

“For　Input”代表打开该文件的目的在于“读取”，即将该文件的内容输入（Input）到 Excel 中。这个子句还可以写成“For Output”，代表将 Excel 的内容输出到文本文件中。

“As”子句为该文件分配唯一的数字编号。比如“Open　“d:\a.txt”　For　Input　As #1”的意思，就是打开 D 盘根目录下名为“a.txt”的文本文件用于读取，并为其分配文件编号“1”。在之后的代码中，只要提到“1 号文件”，读取的就是“d:\a.txt”。

VBA 的文件操作语句只认编号不认名称，所以 Open 语句中的编号非常重要，必须保持唯一性。换句话说，如果需要同时从两个文件中读取数据，那么这两个 Open 语句中指定的编号必须不同。

有始就要有终，既然执行了 Open 方法打开文件，就应该在处理完成后关闭文件。否则，该文件将继续占用内存导致浪费，而且其他程序想再次打开并读取该文件时，可能会被系统禁止（因为该文件仍然被前一个程序独占使用）。此外，假如打开文件的目的是向其中写入数据，那么关闭文件这个操作可以确保暂存在内存中的文件内容被全部保存到硬盘上，不会发生数据丢失。

关闭文件的命令十分简单，就是“Close　文件号”，比如“Close #2”关闭的就是编号为 2 的文件。文件被关闭之后，它之前使用的编号也被释放，可以重新分配给其他文件。比如执行“Close #2”后，就可以在后面的 Open 语句中将其他文件编号指定为 2 号。

2. 从文件中读取一行

打开文件之后，可以使用“Line　Input”语句按顺序读取一行内容，并将读取到的内容赋值给一个字符串变量。该语句的一般格式是：“Line Input　文件编号，变量名”。比如，图 14.1 所示的代码片段可以从文本文件“d:\vbademo\a.txt”中读取三行内容，并显示在工作表中。

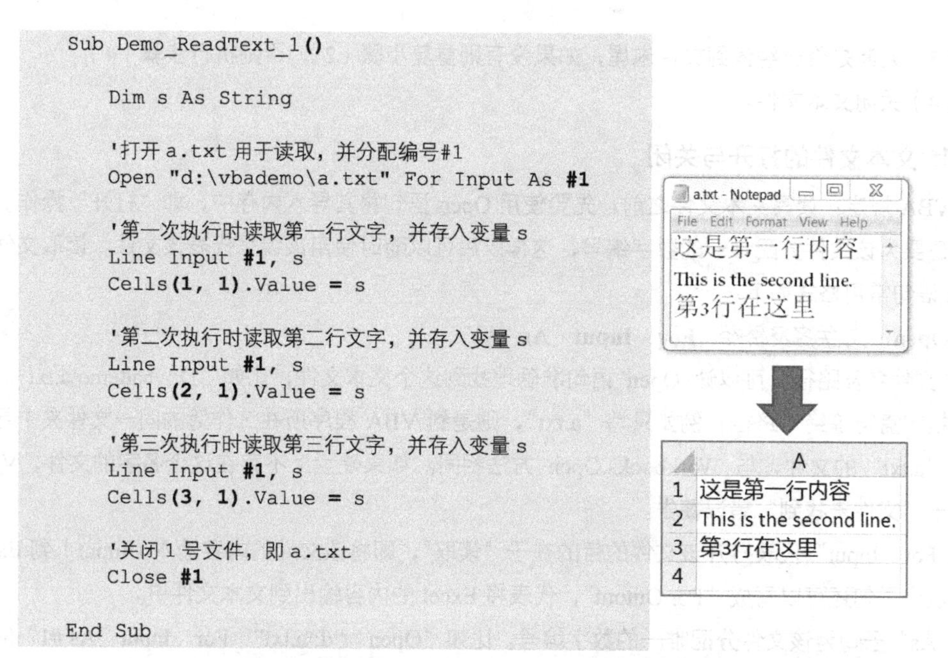

```
Sub Demo_ReadText_1()

    Dim s As String

    '打开a.txt用于读取，并分配编号#1
    Open "d:\vbademo\a.txt" For Input As #1

    '第一次执行时读取第一行文字，并存入变量s
    Line Input #1, s
    Cells(1, 1).Value = s

    '第二次执行时读取第二行文字，并存入变量s
    Line Input #1, s
    Cells(2, 1).Value = s

    '第三次执行时读取第三行文字，并存入变量s
    Line Input #1, s
    Cells(3, 1).Value = s

    '关闭1号文件，即a.txt
    Close #1

End Sub
```


图 14.1　Line Input 语句示例（右侧为 a.txt 的内容及程序运行后的工作表）

这段代码反映了一个很有趣的现象：Line Input 语句可以多次执行，而且每次执行都能够取出文本文件中下一行的内容。换句话说，每次执行 Line Input 语句后，VBA 都会自动记住这次读取的是文本文件的第几行，所以下次再执行 Line Input 语句时就会直接读取下一行字符串。

这种机制在计算机领域称为“顺序读写”，也就是每次读写操作都自动向后推进一个单位，不能跳过内容也不能返回向前读写。与之对应的则是“随机读写”方式，允许程序直接读取文件中的任何一条记录，不必像顺序读写那样为了读取第 50 条记录而必须先把前 49 条记录扫描一遍。但是，随机读写模式仅适用于特殊格式的二进制文件，所以只在读写数据库应用程序等操作时才会使用。VBA 的 Open 语句支持以随机模式或二进制模式打开文件（只需将 For 子句写为“For Random”或“For Binary”），但在实际工作中极少用到。

Line Input 语句的另一个特点是，当我们需要把读取到的字符串赋值给一个变量时，并没有像使用函数那样写成“s = lineinput(#1)”，而是把接收内容的变量作为该语句的一部分，即“Line Input #1 , s”。请读者注意，这里的 s 必须是一个变体类型或字符串类型的变量，不能使用其他类型的表达式，比如“Line Input　#1 , Cells(1,1)”。

3. 判断是否已经读到文件末尾

图 14.1 中的程序并不实用：假如文件中有 1000 行数据，Line Input 就要被书写 1000 次。此外，在编写程序时还必须事先知道要读取的文本文件一共有多少行，否则一旦读取了超出范围的内容就会出错。在图 14.1 所示的例子中，文件 a.txt 一共只有 3 行内容，因此如果在代码中再增加一句“Line Input #1, s”，就会弹出如图 14.2 所示的运行时错误。

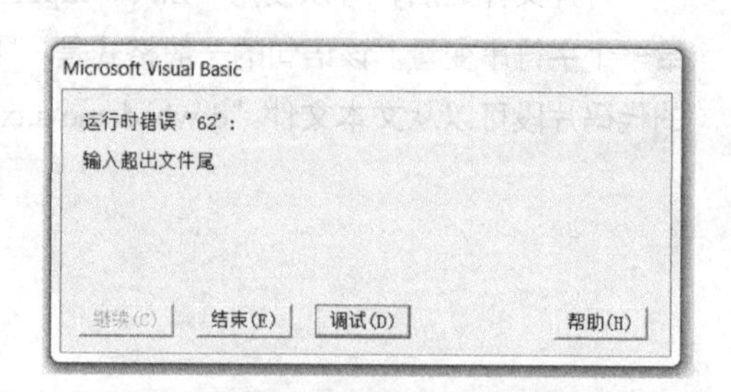

图 14.2　超出范围读取导致的错误警告

针对这些问题，VBA 提供了一个系统函数“EOF（文件编号）”，可以告知某个文件是否已经读取到最后一行。EOF 即“End Of File”的缩写，如果该文件的最后一行内容已经被读取过，EOF 函数就返回 True，代表已经到达文件末尾。反之，如果尚未读取过最后一行，EOF 就返回 False。这样，只要在每次使用 Line Input 后都检查一下 EOF 的返回值，就可以知道该文件是否已经全部读完。而且，将这个返回值作为 While 函数的循环条件，就可以解决图 14.1 程序中的代码冗余问题，具体方案如下。

```
Sub Demo_ReadText_1()

    Dim s As String, i As Long

    i = 1

    '打开 a.txt 用于读取，并分配编号#1
    Open "d:\vbademo\a.txt" For Input As #1

    '让 EOF 函数检查 1 号文件，返回 False 说明尚未到达末尾，应继续循环读取
    Do While EOF(1) = False

        Line Input #1, s

        Cells(i, 1) = s

        i = i + 1
    Loop

    Close #1

End Sub
```

在改进后的代码中，第一次执行到 Do While 语句时，由于 1 号文件所有内容都未曾读取，EOF 函数会返回 False。根据循环条件，假如返回 False 就执行循环体，于是进入循环体执行 Line Input 语句，并将结果写入第 i 行 A 列单元格。如此反复循环，直到第三次执行 Line Input 之后，该文件所有内容都已经被读取过。这时再回到 Do While 语句，EOF 函数将会返回 True，代表已经到达文件末尾。由于 True 不等于 False，所以循环结束，执行后面关闭文件的代码。

这段由 Open、Do While、EOF、Line Input 和 Close 组成的代码结构，可以说是大多数日常文件读取程序的标准模板，读者理解清楚它之后可以随时套用。而那些有一定编程经验的开发者，还会将这段代码中的 Do While 语句进一步简化，写成下面的样子：

```
'如果 EOF 函数返回 False，则 Not EOF 等于 True，即 Do While True，于是执行循环体；
'反之若 EOF 函数返回 True，则 Not EOF 等于 False，即 Do While False，于是停止循环

Do While Not EOF(1)

    Line Input #1, s

    Cells(i, 1) = s

    i = i + 1
Loop
```

这种写法的原理，就是“用逻辑变量简化判断条件”。读者可以结合代码中的注释加以理解，此处不再赘述。

14.1.3 将数据写入文本文件

向文本文件中写入内容的过程，与读取内容的过程基本相同。

1. 使用 Open 语句打开文件

写入文件之前也要先使用 Open 语句将其打开，不过要将 For 子句改成“For Output”或“For Append”。“For Output”的含义是清空该文件之前的全部内容，并根据程序要求将新的内容写进去；“For Append”则是保留之前的全部内容，只是将新内容添加到文件中。

与读取文件（For Input）不同的是：如果指定文件并不存在，“Open 文件名 For Output As #N”或“Open 文件名 For Append As #N”也不会弹出错误警告，而是会在硬盘上自动新建这个文件。

2. 使用 Print 语句写入内容

Print 语句的一般格式为“Print 文件编号 , 字符串”，即将字符串内容写入指定编号的文件中。例如“Print #1 , s”就是把字符串变量 s 的内容写入 1 号文件。同时，如果 s 后面没有任何符号，Print 语句输出这一行内容后，会在文件中自动换行，再使用 Print 语句时，输出的内容将会另起一行。

Print 语句还允许输出多个字符串。比如 Print #1, “abcd”, s , “1234”的效果，就是把字符串 abcd、变量 s 的值及字符串 1234 连续输出到同一行中，相互之间用空格隔开。如果把这些字符串之间的逗号改成分号“;”，比如 Print #1, “abcd” ; s ; “1234”，那么这三个字符串将会紧连在一起，中间没有任何分隔。

此外，Print 语句还可以使用 Spc(n)代表 n 个连续空格，或者用 Tab(n)代表 n 个连续的制表符，比如 Print #1 “abcd”; Spc(3); s; Tab(2); “1234”。

3. 使用 Close 语句关闭文件

这里再次强调：写入全部内容后，应该使用 Close 语句关闭文件，否则很可能使一部分内容丢失。

图 14.3 演示了将文本文件 a.txt 写入 b.txt 中，并在每行内容前加上“版权所有：”字样的方法。

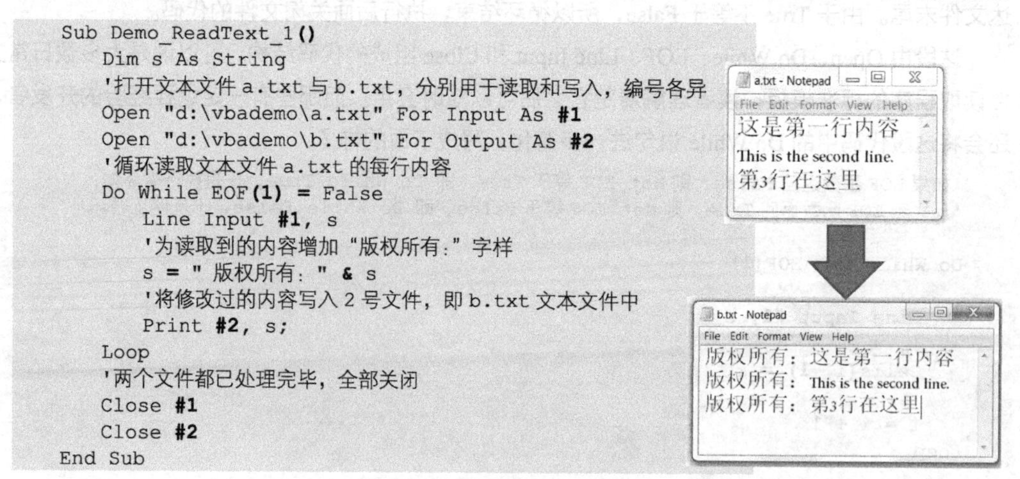

```
Sub Demo_ReadText_1()
    Dim s As String
    '打开文本文件 a.txt 与 b.txt，分别用于读取和写入，编号各异
    Open "d:\vbademo\a.txt" For Input As #1
    Open "d:\vbademo\b.txt" For Output As #2
    '循环读取文本文件 a.txt 的每行内容
    Do While EOF(1) = False
        Line Input #1, s
        '为读取到的内容增加“版权所有：”字样
        s = " 版权所有：" & s
        '将修改过的内容写入 2 号文件，即 b.txt 文本文件中
        Print #2, s;
    Loop
    '两个文件都已处理完毕，全部关闭
    Close #1
    Close #2
End Sub
```


图 14.3 文件写入示例

通过类似“Print　#1, Cells(i , 3)”的语句，还可以将工作表中的数据保存到文本文件中，并自由设计输出内容与格式，比 Excel 自带的导出功能方便很多。比如案例 14-1 中演示的功能。

案例 14-1：图 14.4 左侧所示的工作表中存放有多个部门的员工信息，并已经按部门排序。请编写 VBA 程序，将每个部门的员工信息单独导出到一个文本文件中，文件名格式为“××部员工.txt”，具体效果如图 14.4 右图所示。

	A	B	C	D
1				
2		部门	员工姓名	工号
3		财务	刘八	201203
4		财务	田七	201209
5		生产	张三	201301
6		生产	王五	201305
7		销售	李四	201308
8		销售	赵六	201402

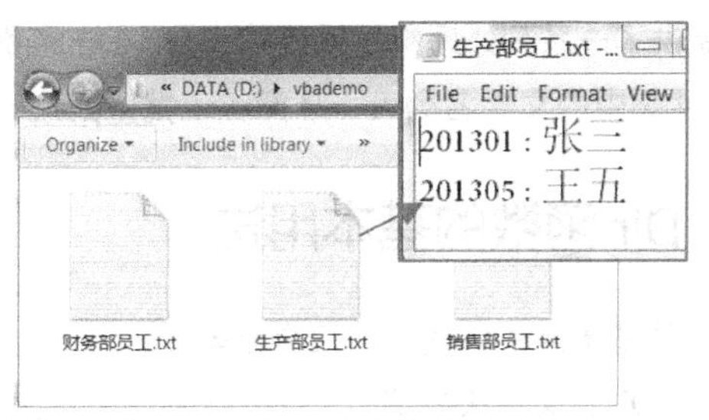

图 14.4　案例 14-1 原始数据工作表及运行后输出的文本文件

这个案例的主体并不复杂，只需用一个循环结构扫描工作表的每行，并使用 Print 语句将各行信息输出到文本文件即可。比较麻烦的是何时打开新的文件，以及何时关闭文件。下面的代码给出了一个比较简洁的思路：

```
Sub Demo_14_1()

    Dim i As Long

    i = 3

    '从第 3 行开始扫描表格中的每行
    Do While Trim(Cells(i, 2)) <> ""

        '如果该行 B 列（部门名称）的内容与上一行不同，说明出现了一个新的部门，遂创建新文件
        If Cells(i, 2) <> Cells(i - 1, 2) Then
            Open "d:\vbademo\" & Cells(i, 2) & "部员工.txt" For Output As #1
        End If

        '将该行数据以“工号 : 姓名”的格式存入文件
        Print #1, Cells(i, 4) & ": " & Cells(i, 3)

        '如果下一行部门的名称与本行不同，说明本行已是当前部门的最后一个员工，遂关闭文件
        If Cells(i + 1, 2) <> Cells(i, 2) Then Close #1

        i = i + 1
    Loop

End Sub
```

这段代码的核心思想是：当发现某行的部门名称与上一行不同时，就创建一个新文件；还要检查某行的名称是否与下一行不同，如果不同则说明下一行已经不再需要写入当前的文件中，因此应及时关闭文件。在文件被关闭之后，文件编号可以回收重用，所以每次打开的文件都可以编号为 #1，不会引发冲突。

将某行数据与上一行或下一行进行比较，从而判断是否进入一个新的数据块，是 Excel 编程中常用的技巧之一，经常用于处理连续数据区域问题。所以请读者仔细思考这个案例的代码思路，

理解并掌握这种写法。同时也请读者思考一个问题：能否将这段代码中的 Open 与 Close 语句合并到一个 If 结构中？原因是什么？

14.2 打开文件夹中的所有文件

VBA 提供了一系列处理文件系统的工具，Dir 函数就是最常用的之一。通过使用 Dir 函数，可以获得文件夹中的文件名列表，从而实现批量处理一个文件夹中所有文件的功能。

14.2.1 Dir 函数的基本用法

Dir 函数的基本用法包括以下三个步骤：

（1）使用 Dir（ 文件夹名称 ），可以得到该文件夹中的第一个文件名；

（2）再次调用 Dir，但是不指定任何参数，就可以得到步骤（1）指定的文件夹中的下一个文件名；

（3）重复执行步骤（2），每次都可以得到一个新的文件名。直至 Dir 函数返回空字符串时，说明该文件夹中的所有文件都已被找到。

图 14.5 所示的代码就是按照上述三个步骤，找出了文件夹“d:\vbademo\”中的所有文件名并列示在工作表中的。

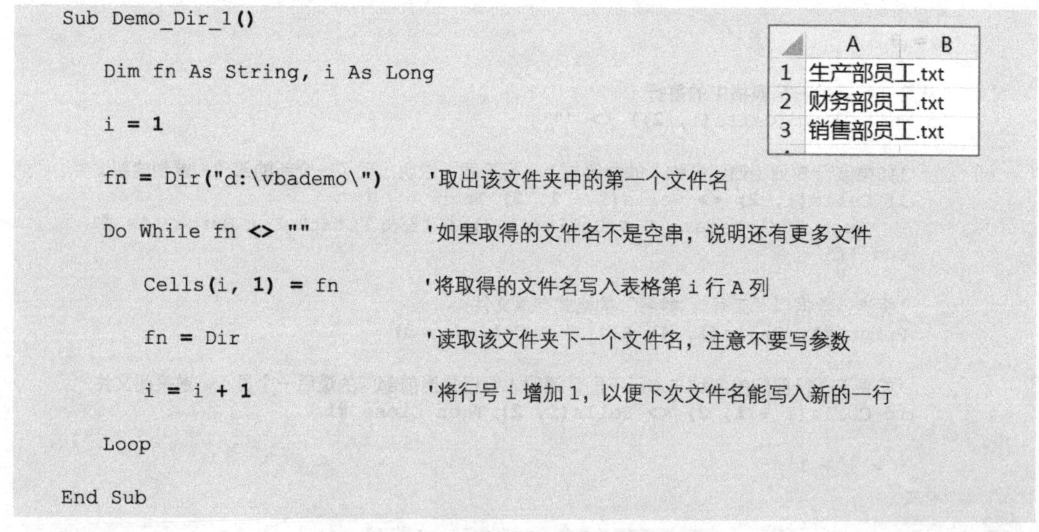

```
Sub Demo_Dir_1()
    Dim fn As String, i As Long
    i = 1
    fn = Dir("d:\vbademo\")         '取出该文件夹中的第一个文件名
    Do While fn <> ""               '如果取得的文件名不是空串，说明还有更多文件
        Cells(i, 1) = fn            '将取得的文件名写入表格第 i 行 A 列
        fn = Dir                    '读取该文件夹下一个文件名，注意不要写参数
        i = i + 1                   '将行号 i 增加 1，以便下次文件名能写入新的一行
    Loop
End Sub
```

	A	B
1	生产部员工.txt	
2	财务部员工.txt	
3	销售部员工.txt	

图 14.5 Dir 函数使用方法及案例效果

Dir 函数还有一个功能：假如 Dir 函数中的参数是一个文件名，比如 Dir (“d:\abc.txt”)，那么通过该函数可以判断文件是否存在。假如 D 盘中不存在名为 abc.txt 的文件，Dir 函数就会返回一个空字符串；如果 D 盘中存在该文件，Dir 函数就返回文件名 “abc.txt”。

所以在使用 Dir 函数查询文件夹中的文件列表时，必须保证文件夹名称以反斜线 “\” 结尾，否则 Dir 函数会将其当作文件名。比如在前面的代码中，如果把 “fn=Dir(“d:\vbademo\”)” 写成 “fn=Dir(“d:\vbademo”)”，VBA 就会以为我们想判断 D 盘中是否存在一个名为 “vbademo” 的没有扩展名的文件。由于 D 盘中没有这样一个文件，所以直接返回空字符串并赋值给变量 fn，导致程序运行结果与预期不符。

能够找到所有文件名，自然就可以用 Open 或 Workbooks.Open 等语句打开该文件夹中的所有文本文件或 Excel 工作簿文件。不过需要注意的是：Dir 函数返回的只是文件名，并不包含文件所在的完整路径，因此在使用 Open 等语句打开文件时还要补足完整路径。下面的代码即使用这种方式，将一个文件夹下所有文本文件的内容都读入工作表中。

```
Sub Demo_Dir_2()

    Dim fn As String, i As Long, pth As String, s As String

    pth = "d:\vbademo\"          '用变量存放完整路径，便于统一修改

    i = 1
    fn = Dir(pth)              '取出该文件夹第一个文件名

    Do While fn <> ""           '如果取得的文件名不是空串，说明还有更多文件

        Open pth & fn For Input As #1      '打开文件，指明完整路径及文件名

        Do While Not EOF(1)      '循环读取文件的每行，并写入工作表第 i 行 A 列
            Line Input #1, s
            Cells(i, 1) = s
            i = i + 1           '每写一行就让 i 增加 1，以便下次写入下一行
        Loop

        Close #1                '关闭文件，下次打开的新文件还可以编号为#1

        fn = Dir                '读取该文件夹下一个文件名
    Loop

End Sub
```

14.2.2　Dir 函数的更多技巧

Dir 函数支持简单的“通配符”功能，使我们可以找出符合特定格式的文件名。比如下面的代码可以找出 d:\vbademo\中所有扩展名为“.xlsx”的文件（Excel 工作簿），并将它们的文件名依次显示出来。而对于该文件夹中的其他文件（如“a.txt”），则全部自动忽略。

```
Sub Demo_Dir_1()

    Dim fn As String, i As Long

    i = 1

    fn = Dir("d:\vbademo\*.xlsx")   '取出目录中第一个扩展名为“.xlsx”的文件

    Do While fn <> ""            '如果不是空串，说明还有更多扩展名为“.xlsx”的文件

        Cells(i, 1) = fn         '将取得的文件名写入表格第 i 行 A 列

        fn = Dir                 '读取下一个.xlsx 文件的名称

        i = i + 1
```

```
    Loop

End Sub
```

在这个程序中，Dir(“d:\vbademo*.xlsx”)里面的星号“*”就是一个通配符，可以代表多个任意字符。所以只要一个文件的名称是以“.xlsx”结尾，不论前面有多少个字符，都符合“*.xlsx”的格式。因此这个语句的效果就是找出所有扩展名为“.xlsx”的文件名。

除了星号，Dir 函数支持的另一个通配符是问号“?”。它也可以代表任意字符，但是与星号不同的是，它只能代表一个字符。比如“a??.txt”的含义就是第一个字符为 a，最后四个字符为“.txt”，中间有两个任意字符的文件名。因此“a12.txt”“abc.txt”都符合该格式，而“a1.txt”“adef.txt”“b12.txt”都不符合该格式。

由于 Windows 系统中普遍以扩展名代表文件类型，所以使用通配符的方式可以让 Dir 函数只找出某种类型的文件，在实际工作中非常有用。

不过星号与问号两个通配符只适用于 Windows 版本的 Office VBA。如果读者使用的是苹果计算机的 Mac OS 系统，“a?*”只会被当作名为“a?*”的文件，问号和星号不会被解读为任意字符。所以，若想在 Mac OS 系统中使用 Dir 函数返回指定类型的文件，需要借助 MacID 函数的力量，比如“Dir(“SomePath”, MacID(“TEXT”))”。

事实上，Dir 函数还有一个可选参数，用于指定文件属性。该参数是数字类型，但可以使用 VBA 中定义好的系统常量。例如 Dir(“d:\vbademo*.txt”, vbHidden) 不仅可以找到所有普通的文本文件，而且还能找到所有扩展名为“.txt”的隐藏文件。关于这个参数的详细信息，读者可以在 MSDN 上详细了解。

最后需要说明的是，Dir 函数只能返回文件夹中第一层文件的名称。如果该文件夹中还有很多层子文件夹，则无法找到子文件夹中的文件。若想找出一个文件夹下的所有文件名，包括各层子文件夹中的文件名，一般要用到“递归”的编程思想，并配合 Dir 函数和文件属性函数来解决问题。由于涉及递归、位运算、文件夹结构及动态集合等多方面知识，本书因篇幅限制不做具体介绍，仅将典型代码列示如下，供读者参考。如果读者对其中的思想感兴趣，可以参见视频课程“全民一起 VBA——实战篇”专题四中第四回至第七回的讲解。

```
Sub demo()          '主程序，通过调用 list 子过程，用 MsgBox 显示所有文件名称
    list "d:\vbademo\"
End Sub

Sub list(folder)            '核心过程，通过递归调用自身实现多层搜索
    Dim fName, subfolders As Collection
    Set subfolders = New Collection

    fName = Dir(folder, vbDirectory)
    Do While fName <> ""

        If fName <> "." And fName <> ".." Then
            If (GetAttr(folder & fName) And vbDirectory) <> vbDirectory Then

                MsgBox folder & fName  '读者可修改此句，从而按个人需求处理各个文件

            Else
                subfolders.Add folder & fName & "\"

            End If
```

```
        End If

        fName = Dir
    Loop

    For Each fName In subfolders

        list fName

    Next fName
End Sub
```

14.3　其他文件操作简介

前面介绍的 Open、Close、Line Input、Print 及 Dir 等语句函数，是平时工作中最常用到的文件系统工具。此外，VBA 还提供了很多工具用以实现文件系统操作，受篇幅所限，简略介绍如下。

1. 文件读写的其他方法

除了 Line Input 与 Print 语句，VBA 还提供两个语句用于读写文件——Input 和 Write。这两个语句可以连续读写多个变量，而非按行读写。对于二进制文件的读写，则可以使用 PUT 与 GET 两个语句。

其实，Workbooks 对象也提供了两个读写文本文件的方法——openText 与 openXML，相当于 Excel 中"导入文本文件"和"导入 XML 文件"两个功能。如果开发者打算按照大众化的方式读写这些类型的文件，不需要太多自定义处理方式，直接使用这两个方法可能更方便一些。

此外，当我们需要打开一个 Excel 工作簿文件时，还可以使用 VBA 的 GetObject 函数，比如"Set　wb = GetObject("d:\vbademo\report.xlsx")"。这种方式的最大好处是：打开工作簿时不会弹出新的 Excel 窗口，桌面整洁许多，也不会因为刷新屏幕而影响效率。GetObject 函数的功能远不止打开工作簿文件，这一点本书后面还会详细介绍。

2. 文件操作函数

表 14-1 列出了 VBA 中常用的文件操作语句或函数。除了 GetAttr 函数，大部分语句函数的用法都很直观，读者结合之前讲解过的各种文件操作知识就能够轻松理解，因此不再赘述。

表 14-1　常用文件操作语句或函数

名称及常用格式	实现功能
Name 旧文件名 As　新文件名	修改文件或文件夹的名字，从旧名称改为新名称
FileCopy　原文件名，　新文件名	拷贝文件，将原文件拷贝至新文件中
Kill　文件名	删除文件
GetAttr (文件名)	返回一个数字[①]，代表该文件属性（是否隐藏等）
FileLen (文件名)	返回一个数字，代表该文件长度（单位：字节）

① GetAttr 函数的返回结果往往是多种情况的组合，比如既是隐藏文件又是只读文件，解读该结果需要了解二进制位运算的"逻辑与"操作。"全民一起 VBA——实战篇"专题四第四回专门讲解了位运算的原理及其在文件操作中的应用。

续表

名称及常用格式	实现功能
FileDateTime (文件名)	返回该文件的创建时间或最近一次修改时间
MkDir　路径及名称	创建一个指定路径和名称的文件夹
RmDir 路径及名称	删除文件夹（必须先将文件夹内的文件全部删除）

3. 文件系统对象

以上介绍的各种语句和函数都属于 VBA 的内置功能，Windows 操作系统也提供了一个更加强大的文件系统管理工具——FSO（File System Object，文件系统对象），可以在 VBA 及其他多种编程语言中调用。FSO 的各种方法几乎覆盖了所有 Windows 文件操作类型，在开发复杂文件功能时非常有用。有兴趣的读者可以参阅 MSDN 等相关资料。

本章小结

文件操作是软件开发中最基础的功能之一，因为处理的信息及输出的结果最终都要以文件形式保存在硬盘等存储介质中。对于 Excel VBA 来说，尽管多数情况下只需要使用 Workbook 对象操作各种工作簿文件，但经常也需要操作文本文件以实现系统间的数据交换。所以本章重点讲解了读写文本文件与获取文件夹中文件列表两种常用技术，并对读者可能用到的其他技术做了简单介绍。

通过本章的学习，读者应当重点掌握的知识包括：

★ 文本文件与二进制文件的区别在于解读规则，前者完全按照字符编码标准解读。

★ 利用 Open 语句打开文件时必须指定一个当前唯一的数字编号。如果打开文件用于写入，并且该文件不存在，则会自动创建一个新的文件。

★ 文件读写完毕后必须使用 Close 语句关闭，关闭后该文件编号可以收回重用。

★ 可以使用 Line Input 和 Print 语句读写文件，Print 语句可以使用逗号、分号、Tab 和 Spc 指定每个输出内容之间的间隔，如果不指定则代表另起一行。

★ Line Input 语句使用顺序读取方式，不能跳过中间部分直接读取后面的内容。可以使用 EOF 函数判断是否已经读到文件末尾。

★ 任何时候，只要 Dir 函数中带有文件夹名称这个参数，返回的都是该文件夹中第一个文件名；若想得到后面的文件名，再次调用 Dir 函数时不能指定参数。

★ Dir 函数中的文件夹名称应以反斜杠“\”结尾，否则其功能就是判断同名文件是否存在。

★ Dir 函数的参数可使用通配符，用星号代表多个任意字符，问号代表一个任意字符。

★ 使用 GetObject 方法可以在不弹出新窗口的情况下读写 Excel 工作簿文件。

第 15 章

选择的自由——自定义参数及其他函数技巧

上一章讲解 Dir 函数时提到，调用这个函数时既可以提供一个参数（文件或文件夹名称），也可以提供两个参数（文件或文件夹属性），还可以完全不提供任何参数（返回文件夹中的下一个文件名）。可是按照第 10 章介绍的函数编写方法，调用函数时应该把所有的参数都写全，一个也不能少。为什么系统函数就可以拥有自由选择参数的权力呢？

其实我们自己编写的函数一样可以实现这个功能，只要使用 Optional 关键字将参数定义为“可选参数”即可。本章将详细介绍“可选参数”的写法和用途，同时深入介绍“引用传递”与“值传递”两种重要的参数传递机制，以使读者能够正确分析一些难以理解的错误。最后，本章还将介绍随机数函数这个非常有用的系统函数。

通过本章的学习，读者将会理解以下知识点：

★ 怎样将过程或函数的参数设置为可选项？

★ 调用过程或函数时，怎样可以不按顺序传递参数？

★ 什么是值传递？它与引用传递的区别是什么？

★ 怎样在 VBA 程序中生成任意范围内的随机数字？

本章关于可选参数的内容对应视频课程“全民一起 VBA——提高篇”第十八回“传参数随心所欲不逾矩，消息框暗藏高招有神通”；引用传递与按值传递对应“全民一起 VBA——提高篇”第十九回“括号几时有 把酒问青天，不知按值传递 今夕怎实现”；随机数函数的内容则对应“全民一起 VBA——提高篇”第二十回“随机数变幻莫测，模运算买椟还珠”。由于这些内容大多比较抽象，所以视频课程中设计了一些动画演示。同时，视频课程中使用了与本书不同的案例（如交替染色等），以便拓宽思路，加深理解。

15.1 可选参数

所谓可选参数，就是子过程或函数中用不用都可以的参数。比如，MsgBox 函数既可以只使用一个参数指定显示内容，也可以再增加一些参数以指定按钮风格和标题等信息。当没有指定某个参数（比如不写代表标题的参数）时，MsgBox 函数会使用默认文字和显示风格，如图 15.1 所示。

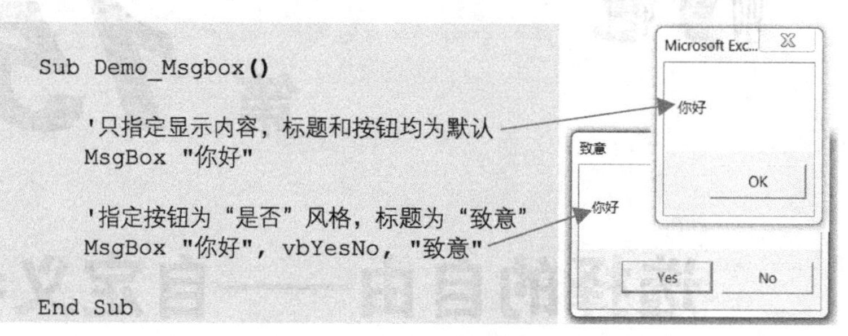

图 15.1　MsgBox 函数的可选参数

将一些很少用到的参数指定为可选项，可以让函数调用变得非常简洁。若想在自己编写的函数中使用可选参数，需要解决两个问题：怎样将参数声明为可选；怎样在函数中判断用户是否使用了可选参数，下面对此分别讲解。

另外，由于子过程、函数及各种 VBA 类的方法（如 Workbooks.Open ）都使用同样的参数机制，也都支持可选参数。所以出于文字简洁的考虑，本章将使用“函数”一词指代过程、函数、方法等各种结构。

15.1.1 Optional 与默认值

声明可选参数的基本形式就是在声明函数时将 Optional 关键字放在该参数的前面，并且为该参数指定一个默认值。具体格式如下面的代码所示。

```
Sub Demo_Opt_1()

    Dim price As Double, tax As Double

    price = 5000

    '不指定第二个参数，功能为“计算增值税”
    tax = getTax(price)
    MsgBox "增值税 " & tax & " 元"

    '指定第二个参数为 1，功能是“计算增值税”
    tax = getTax(price, 1)
    MsgBox "增值税" & tax & " 元"

    '指定第二个参数为 2，功能为“计算消费税”
    tax = getTax(price, 2)
    MsgBox "消费税" & tax & " 元"

End Sub
```

```
'用第二个参数代表税率类型，1 为计算增值税，2 为计算消费税
'该参数被指定为可选参数，默认值是 1
Function getTax(price As Double, Optional taxType As Long = 1)

    If taxType = 1 Then

        getTax = price * 0.17

    ElseIf taxType = 2 Then

        getTax = price * 0.2

    End If

End Function
```

这段代码的关键就在“Optional taxType As Long = 1”一句。前面的 Optional 说明 Long 类型的参数 taxType 可选；最后的“= 1”则说明如果调用方没有使用这个参数，就将其默认为 1，相当于 getTax (salary , 1)。简单地说，就是在普通的参数声明（taxType As Long）前面加上 Optional，后面指定默认值，切忌将顺序写错（比如将“=1”放在“As Long”前面）。

如果不指定可选参数的默认值，VBA 会将数字类型默认为 0，将字符串类型默认为空串，就像 Dim 语句一样。这一点可以从图 15.2 的程序中看到。

```
Sub Demo_OptDefault()

   Call demoSub

End Sub

Sub demoSub(Optional a As Double)

    MsgBox a

End Sub
```

图 15.2　不指定可选参数的默认值

15.1.2　可选参数的省略与按名传递

一个函数可以指定多个可选参数。比如我们熟悉的 MsgBox 函数，MSDN 对其格式的完整描述如下：

```
MsgBox( Prompt [, Buttons ] [, Title ] [, Helpfile, Context ] )
```

这个格式遵循计算机领域常见的习惯，用方括号“[]”代表“可选项”，所以“,Buttons”可写可不写。从 VBA 的角度看，也就是把名为 Buttons、Title、Helpfile 和 Context 的 4 个参数都定义为可选参数。（注意：Helpfile 和 Context 放在同一对方括号中，意味着这两个参数或者同时提供，或者全部不提供）

假如函数有多个可选参数，那么在调用时必须按照声明顺序指定各个参数的数值。比如对于 MsgBox 函数，可以写 MsgBox (“Error Happened!”, vbYesNo , “alert”)，但是不可以写 MsgBox (“Error Happended!” , “alert” , vbYesNo)，因为这不符合参数顺序。

但是当不需要指定某些可选参数时，VBA 允许跳过它们，只要保留逗号以表明其位置即可。比如在使用 MsgBox 函数时，如果只想指定 Prompt 参数和 Title 参数，不想特别指定 Button 参数，就可以写成图 15.3 中第二个语句的形式。

```
Sub Demo_Msgbox_2()

    '下面两个语句的输出效果完全相同

    MsgBox "你好", vbOKOnly, "致意"

    MsgBox "你好", , "致意"

End Sub
```

致意

你好

OK

图 15.3　在 MsgBox 函数中省略可选参数

我们知道，逗号是参数之间的分隔符，因此第一行语句第一个逗号后面应该出现的是 MsgBox 函数的第二个参数，即 Buttons。但是在第二个语句中，第一个逗号与第二个逗号之间没有任何内容，程序也能正常运行并弹出带有默认按钮的消息框。这是因为 Buttons 属于可选参数，如果只写逗号，不写参数名，VBA 就会取该参数的默认值。

但是当函数中定义了很多可选参数时，省略参数名只保留逗号的做法会让语句变得十分晦涩。比如 Range 对象有一个可以对单元格进行排序的 Sort 方法，共包含 15 个可选参数。所以，在使用这个方法时常会出现下面的写法：

```
    Range("a1:a1000").Sort  Range("A1"), xlDescending, , , , , , , , , , , , , ,
xlSortTextAsNumbers
```

为了避免出现这种“逗号大军”，VBA 提供了另外一种指定参数的方法，可以不按顺序只按名称传递参数。这种方法其实在学习“录制宏”时已经见过，就是“参数名 := 参数值”的形式。下面的代码演示了这种写法：

```
Sub Demo_Opt_2()

    '指定本金 100 元，时长 12 月，未指定利率参数。计算结果：12
    MsgBox getInterest(100, m:=12)

    '指定利率 5%，本金 100 元，未指定时间参数。计算结果：5
    MsgBox getInterest(r:=0.05, p:=100)

End Sub

'计算利息（单利）的函数。参数 p 代表本金，参数 r 代表单月利率，
'参数 m 代表借款期间（总月数）。r 与 m 均为可选参数，默认值是 0.01 和 1
Function getInterest(p, Optional r = 0.01, Optional m = 1)

    getInterest = p * r * m

End Function
```

主程序 Demo_Opt_2 的第一个调用语句，通过“m:=12”的方式指明要将数字 12 赋值给 getInterest 函数的参数 m；在第二个语句中，则是通过“r:=0.05”和“p:=100”先后指明了第二个参数 r 和第一个参数 p 的数值。可见，在名称引用的方式下，完全不必考虑 getInterest 函数中各个参数的位置关系，也不必为省略的参数保留逗号，只要写出参数名称，就能精确传递数值，比如

图 15.4 对于 MsgBox 函数的调用。

```
Sub Demo_MsgBox_3()
    '下面三个语句的输出效果完全相同
    MsgBox "你好", , "致意"
    MsgBox "你好", Title:="致意"
    MsgBox Title:="致意", Prompt:="你好"

End Sub
```

图 15.4　按名称指定 MsgBox 函数的可选参数

需要注意的是，图 15.4 中“Title”和“Prompt”两个参数名必须与 MsgBox 函数的声明保持一致。由于 MsgBox 函数并非我们自己编写的，而是由微软公司事先开发好的系统函数，所以应当到 MSDN 官方文档中了解每个参数的正式名称和使用细节。不过由于 VBA 编辑器提供了智能提示功能，因此，只要在 VBE 中输入“MsgBox”和空格，就能在弹出的黄色背景提示中看到每个参数的名称和类型。

15.1.3　判断可选参数是否被使用

有时候，在编写函数时需要考虑两种情况：如果用户提供了某个可选参数，就执行一种计算；如果用户没有提供可选参数，则执行另外一种计算。那么怎样实现这种区分功能呢？一般有两种思路。

1. 将该参数的默认值设置为用户永远不可能使用的某个值

比如在下面的例子中，函数 GotoSchool 用于判断一个孩子是否到达上学年龄。我们把该函数 age 参数的默认值设置为-1，也就是一个不可能存在的真实年龄，一旦用户没有提供该参数，函数就会返回“年龄待查”。

```
Sub Demo_IsMissing_1()

    '指定了 age 参数，正常计算，返回结果“已到学龄”
    MsgBox GotoSchool("张三", 8)
    '未指定 age 参数，按默认值-1 执行，返回结果“年龄待查”
    MsgBox GotoSchool("李四")

End Sub

Function GotoSchool(name As String, Optional age As Long = -1)

    If age = -1 Then
        GotoSchool = "年龄待查"
    Else
        If age > 6 Then
            GotoSchool = "已到学龄"
        ElseIf age >= 0 Then
            GotoSchool = "未到学龄"
        Else
            GotoSchool = "填写错误"
        End If
    End If

End Function
```

不过在有些情况下无法使用这种方式，特别是当可选参数可以取任意值时，这时若想判断调用方是否指定了可选参数，就要用到下面介绍的 IsMissing 函数。

2. 使用 IsMissing 函数进行判断

如果一个可选参数的数据类型是变体类型，那么可以使用 IsMissing 函数判断出调用方是否为这个参数传过值。只要将可选参数的名字传递给 IsMissing 函数，就会返回一个逻辑值：True 代表用户未使用该参数，False 代表用户使用了该参数。则上面的代码可以改写为以下形式：

```
Sub Demo_IsMissing_1()

    '指定了 age 参数，正常计算，返回结果"已到学龄"
    MsgBox GotoSchool("张三", 8)
    '未指定 age 参数，按默认值-1 执行，返回结果"年龄待查"
    MsgBox GotoSchool("李四")

End Sub

Function GotoSchool(name As String, Optional age)

    If IsMissing(age) Then
        GotoSchool = "年龄待查"
    Else
        If age > 6 Then
            GotoSchool = "已到学龄"
        ElseIf age >= 0 Then
            GotoSchool = "未到学龄"
        Else
            GotoSchool = "填写错误"
        End If
    End If

End Function
```

IsMissing 函数的用法很容易理解，但是使用时必须注意两个细节：可选参数必须为变体类型，而且不可以指定默认值。比如在上面的代码中，若把“Optional age”改成“Optional age=1”，即使用户没有指定 age 参数，IsMissing 函数也会以为该参数被传递了数值“1”，从而返回 False。

15.2 引用传递与值传递

前面提到 VBA 函数默认采用“引用传递”方式，这种方式的特点在于，如果在被调用函数中修改参数变量，调用方也可能受到影响，如图 15.5 所示的例子。

这个例子很容易理解：函数 MySquare 可以接收 Long 类型的参数，计算其平方值并返回；主程序则调用该函数计算 5 的平方值，并将结果显示在 MsgBox 中。不过它的输出结果却让人感到蹊跷：它正确计算出了平方值 25，但是却把主程序中变量 x 的数值从 5 修改为了 6。其原因已经介绍过：主程序调用 MySquare 函数时把变量 x 传递给 MySquare 的参数 a，所以 MySquare 中的变量 a 与主程序中的变量 x 都指向同一个内存单元，或者说“一个大楼挂两块牌子”。因此，当 MySquare 函数执行到“a=a+1”时，虽然字面上修改的是变量 a 的数值，但也相当于修改了主程序中的变量 x，这种机制就称为“引用传递”。

```
Sub Demo_RefVal_1()
    Dim x As Long, y As Long
    x = 5
    y = MySquare(x)
    MsgBox "x的值是" & x & ", y的值是" & y
End Sub

Function MySquare(a As Long)
    MySquare = a * a
    a = a + 1
End Function
```

图 15.5　引用传递示例

按照软件工程领域的共识，引用传递会给软件开发带来巨大的风险。假设上面的代码是甲、乙两人协作开发的一个小软件，甲负责编写函数 MySquare，而乙负责编写主程序。那么一旦甲不小心在自己编写的函数中修改了参数变量 a，乙在调用这个函数时就会让自己的代码出现莫名其妙的错误。由于乙并不了解 MySquare 函数的内部代码，所以排查和纠正错误会很麻烦。而当软件规模达到成千上万个模块，或者由几十个人同时合作开发时，这个问题将变得格外严重。

为了避免这种问题，我们需要把引用传递改为“值传递”方式，也就是在参数前面加一个“ByVal”关键字，如图 15.6 所示。

```
Sub Demo_RefVal_2()
    Dim x As Long, y As Long
    x = 5
    y = MySquare(x)
    MsgBox "x的值是" & x & ", y的值是" & y
End Sub

Function MySquare(ByVal a As Long)
    MySquare = a * a
    a = a + 1
End Function
```

图 15.6　值传递示例

这个程序与之前程序的唯一区别就是在声明参数 a 时加上了 ByVal 关键字。运行显示后，主程序中的变量 x 没有发生变化，在 MySquare 执行后仍然为 5。

这是因为把参数 a 声明为“值传递”后，当主程序将变量 x 传递给参数 a 时，VBA 会为参数 a 单独划拨一个新的内存单元，并将 x 的值复制到此。这样在执行 MySquare 时，a 与 x 完全是两个不同的“房子”，只不过存放的数字相等而已。因此，无论怎样在 MySquare 中修改变量 a，都不会影响主程序中的变量 x。此外，由于 x 的作用域在 Demo_RefVal_2 过程内，所以即使在 MySquare 中写“x=x+1”也无法运行，因为一个函数无法访问其他函数内部的变量。因此，在这种模式下，前面讲到的协同开发风险将被最小化，消除了很多隐患。

遗憾的是，VBA 并没有像 C、Java 等其他语言一样将值传递作为默认传递方式。不过由于大部分 VBA 用户只是使用它开发一些简单的小程序，所以一般情况下采取引用传递方式也不会引发错误。这里只能建议大家在开发模块较多的复杂程序，或者编写供他人使用的函数时，遵循下面的最佳实践：

声明函数、过程或方法时，应使用 ByVal 关键字将参数声明为值传递。

最后补充一点：也可以在参数前面使用“ByRef”关键字将其声明为引用传递。不过由于 VBA 默认采用引用传递的方式，所以这个关键字很少用到。

15.3 随机数函数的使用

对于很多从事金融分析、实验设计等研究性岗位的人士来说，使用 Excel VBA 开发数据模拟程序是一项非常重要的工作。比如像 15.3.1 节中案例 15-1 那样，编写程序模拟预测火炮攻击效果；或者像视频课程“全民一起 VBA——提高篇”第二十回中的例子，编写一个年终抽奖程序。

编写这种模拟程序的关键就是本节将要介绍的 Rnd 函数。

15.3.1 Rnd 函数的基本用法

VBA 提供了一个系统函数 Rnd，它每次运行都可以返回一个 0 到 1 之间 Single 类型的数字（包括 0 但不包括 1，即“[0,1)”）。图 15.7 所示的代码可以连续生成 10 个随机数字并显示在工作表中。

```
Sub Demo_Rnd()
    Dim i As Long
    For i = 1 To 10
        Cells(i, 1) = Rnd
    Next i
End Sub
```

	A	B
1	0.98546	
2	0.442833	
3	0.728855	
4	0.833864	
5	0.817114	
6	0.410027	
7	0.690798	
8	0.607456	
9	0.768066	
10	0.991986	

图 15.7 随机数函数示例

如果读者运行这个程序，会发现每次运行得到的结果都大不相同。也许正是因为 Rnd 函数返回的数字没有任何规律，哪个数字能被选中要看缘分，所以才被称为“随机（机会、机缘）”。

Rnd 函数只能返回 [0,1) 之间的小数，而日常工作中经常需要使用的是某个范围内的整数，比如“15 到 27 之间的随机整数”，这个问题可以通过简单的算术技巧解决。下面就是让 x 等于 a 与 b 之间的随机整数（包括 a 和 b，即[a,b]）的方法：

```
x = Int ( Rnd() * ( b-a+1) + a )
```

这个方法用到了取整函数 Int，读者可以自行思考和试验具体原理（先假设 Rnd 函数返回 0，然后假设 Rnd 函数返回一个非常接近 1 的数字（如 0.999），再分别看 x 的值会变成多少）。下面以案例 15-1 为例讲解随机数的实际应用。

案例 15-1：图 15.8 的工作表 B2:J11 以网格形式表示了敌方阵地的兵力部署情况。如果单元格中数字为 1，代表该单元格有敌兵驻防，空单元格代表无人区域。请编写一个火炮攻击模拟程序：① 每隔一秒就在 B2:J11 中选取一个单元格，并假设一枚炮弹落在此区域；② 每枚炮弹可以消灭该单元格的所在行与所在列，即“十”字形摧毁模式；③ 被消灭的单元格应将数字 1 变为空字符串，同时将受炮弹影响的行列设置为红色背景以便观察；④ 当数字 1 全部变为 0 后停止攻击，并显示一共发射了多少枚炮弹。允许多枚炮弹先后击中同一个单元格。程序最终效果如图 15.8 所示。

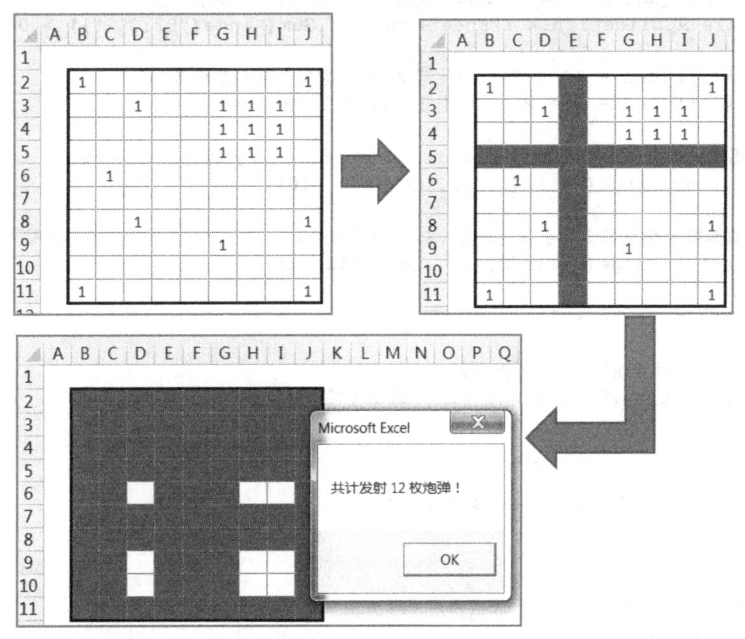

图 15.8　案例 15-1 预期效果，右上角为第一次轰炸后，下图为最终结果

相信很多读者会对这个有点 20 世纪 80 年代电子游戏味道的案例感兴趣，同时也会感觉有些摸不到门路。其实大多数模拟程序都会使用一个共同的结构——Do While 循环，并根据游戏终止条件编写循环条件。

在这个案例中，模拟规则是“每隔一秒选择一个单元格轰炸，一旦目标区域中不存在数字 1，就结束轰炸”。相应的，可以使用形如“Do While *单元格 B2:J11 中还有数字 1* …Loop”的循环结构，然后在每次循环时执行“随机选择单元格→将该单元格所在行列清空并染色→程序暂停 1 秒”三个操作。

下面的参考代码就是基于这个思路，用到了 Application.Wait 方法，以实现“暂停 1 秒”的功能。同时对于随机选择单元格的功能，使用了两次生成随机整数的技巧，从而得到一个 2 至 11 之间的随机数作为行号，以及一个 2 至 10 之间的随机数作为列号（B 列至 J 列）。而对于“该单元格所在的行”，可以将该行第 2 列单元格和该行第 10 列单元格分别作为两个端点，从而使用 Range(Cell1,Cell2)代表目标区域中该行的所有单元格。

对于最重要的循环条件，这里巧用了案例中敌人单元格为数字 1 的特点，直接引用 Excel 表格公式 Sum 计算 B2:J11 单元格中所有的数字之和。假如尚有敌人存在，公式 Sum 的计算结果一定大于 0；如果所有的敌人都被消灭，B2:J11 区域只剩下空单元格，公式 Sum 的计算结果就是 0。因此将 Sum 作为循环条件，就可以保证模拟过程正确进行并及时中止。具体细节请读者参考代码中的详细注释。

```
Sub Demo_15_1()

    '用变量 r 和 c 代表每次轰炸的单元格的行号与列号，用 times 记录轰炸次数
    Dim r As Long, c As Long, times As Long

    '每次循环都用工作表 Sum 公式计算目标区域数字之和，如果大于 0，则说明
    '还有值为 1 的单元格，继续循环轰炸；若为 0，则说明全部消灭，停止循环
    Do While Application.WorksheetFunction.Sum(Range("B2:J11")) > 0

        r = Int(Rnd * 10 + 2)    '生成 2 到 11 之间的随机数作为行号
        c = Int(Rnd * 9 + 2)     '生成 2 到 10 之间的随机数作为列号

        '取得第 r 行从 B 列到 J 列的 Range，传给 blaster 子过程进行格式处理
        blaster Range(Cells(r, 2), Cells(r, 10))

        '取得第 c 列从第 2 行到第 11 行的 Range，传给 blaster 子过程进行格式处理
        blaster Range(Cells(2, c), Cells(11, c))

        times = times + 1       '将轰炸次数增加 1

        '使用 Wait 方法让程序暂停一秒
        Application.Wait Now + TimeValue("00:00:01")

    Loop

    MsgBox "共计发射 " & times & " 枚炮弹！"

End Sub

'设置传来的 Range 区域的背景色，并清空单元格内容
Sub blaster(r As Range)
    r.Value = ""
    r.Interior.Color = vbRed
End Sub
```

理解了这个程序，就具备了编写常用随机模拟程序（蒙特卡洛分析）的必要技能，接下来要做的就是怎样用 VBA 实现业务流程与显示效果，也就是本书其他各章介绍的各种编程技巧。如果读者感兴趣，还可以进一步思考改良上面的参考代码，比如用 Range 语句就能同时代表被炸单元格所在的行与列。（提示：可以考虑用 Chr 和 Asc 函数将数字 c 转换为列名字母，并参考之前讲解的用 Range 对象代表不规则区域的方法）

15.3.2 深入了解："伪"随机数与"种子"

"随机"的含义在于不可预测。从这个角度讲，Rnd 函数返回的数字并不是真正意义上的随机数，因为它是通过高斯分布等数学公式计算出来的，理论上可以被控制和重现①。

简单地说，Rnd 函数的原理是将一个数字传递给随机数公式，而该公式会以这个数字作为自变量进行复杂演算，最终得到演算结果。这个演算结果就是返回的随机数；这个作为自变量的数字，则被称为"种子（Seed）"。

由此可见，每次调用 Rnd 函数时使用的都是相同的种子，得到的随机数就很可能相同（具体

① 虽然伪随机数理论上可以破解，但实施起来非常烦琐，也取决于具体随机数算法的强度。目前主要的破解思路是使用黑客技术获取随机数生成器的"种子"数字，其难度不亚于任何高级黑客的攻击手段。

取决于随机数算法)。那么 VBA 到底使用什么数字作为 Rnd 函数的种子呢？这取决于调用 Rnd 函数时是否设置了它的可选参数。

Rnd 函数有一个数字类型的可选参数，当我们不指定它时，VBA 会自己指定第一次调用 Rnd 函数时的种子。如果再次调用 Rnd 函数，VBA 会将上一次 Rnd 函数返回的随机数作为这次调用的种子，以此类推。

假如将该参数设置为负数，那么 Rnd 函数执行时就会以其作为种子。所以，如果两个 Rnd 函数都使用了同一个负数作为参数，就会得到两个完全一样的随机数字，如图 15.9 所示。

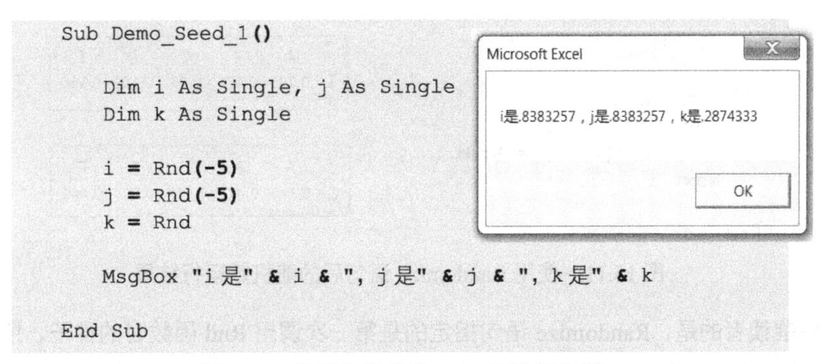

图 15.9　使用负数作为 Rnd 函数的参数

在这个示例中，i 和 j 的随机数使用了相同的负数作为 Rnd 函数的参数，因此得到的结果完全相同。而 k 使用的 Rnd 函数没有指定任何参数，所以将前一个结果（j 的数值）作为种子，因此得到的新随机数不同于 i 和 j。

假如 Rnd 函数的这个参数被设置为 0，那么得到的将是与前一次结果完全相同的随机数，无论前一个 Rnd 函数使用了什么参数。如果将这个参数设置为正数，含义与不指定参数的 Rnd 函数相同。

由于在忽略 Rnd 函数的参数或者将其指定为 0 时，VBA 为第一个 Rnd 函数指定的种子不变，所以每次重新打开 Excel 或重置 VBA 工程后，再次运行程序时会得到与前一次完全相同的随机数序列。比如图 15.10 所示的程序，其第一次运行时得到的结果如图 15.10 右上方所示。若单击 VBE 工具栏中的“重新设置”按钮或重新打开 Excel，再次运行后得到的结果如图 15.10 右下方所示。可以看到，两次运行结果完全一样。

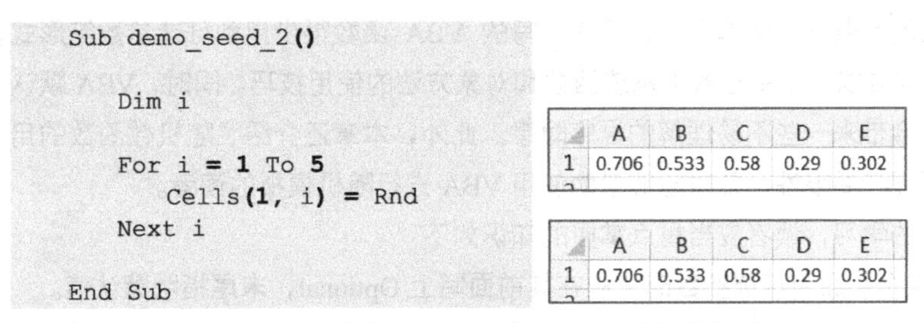

图 15.10　重启 Excel 后运行同一个随机数程序

显然，这种多次重复出现的随机数序列完全不符合“不可预测”的要求。究其原因，就是每次打开工作簿并第一次运行程序时，VBA 为第一个 Rnd 函数指派的种子数值没有发生变化。

针对这个问题，VBA 提供了一个 Randomize 语句，用来对随机数生成器的种子进行初始化。这个语句后面可以跟随一个数字，不过在实际工作中更常用的写法是只写 Randomize，不跟随任何数字。当 VBA 遇到这个语句时，会马上根据当前系统时间生成一个数字，再将该数字作为第一次调用 Rnd 函数时的种子。由于系统时间无时无刻不在变化，所以无论是否重启 Excel，每次运行程序时使用的都是不同的种子，Rnd 函数返回的随机数也就不再相同。比如图 15.10 所示的例子，在使用 Randomize 语句之后，反复重启 Excel 并运行程序，结果如图 15.11 所示。

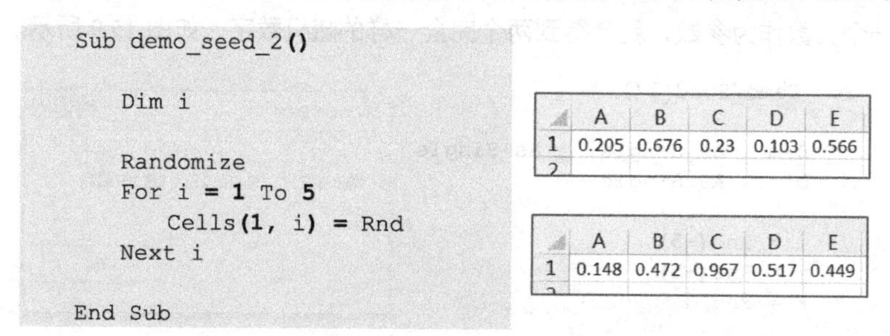

```
Sub demo_seed_2()

    Dim i

    Randomize
    For i = 1 To 5
       Cells(1, i) = Rnd
    Next i

End Sub
```

	A	B	C	D	E
1	0.205	0.676	0.23	0.103	0.566
2					

	A	B	C	D	E
1	0.148	0.472	0.967	0.517	0.449
2					

图 15.11　使用 Randomize 语句后的随机数运行结果

需要提醒读者的是，Randomize 语句指定的是第一次调用 Rnd 函数时的种子，所以其应当书写在 For 循环之外，使其只执行一次。这样，第一次循环中调用 Rnd 函数时使用的是根据系统时间生成的种子；第二次循环调用 Rnd 函数时则是将前一次 Rnd 函数返回的随机数作为种子，以此类推。假如把 Randomize 语句放到循环之内，就变成每次调用 Rnd 函数都根据最新的系统时间生成种子，虽然这样也可以保证随机性，但并没有太大的必要。

总之，随机函数虽然简单，但其数学原理与计算机底层实现十分复杂。从信息安全的角度出发，不同安全级别的程序应当使用不同强度的随机数发生器，而类似 Rnd 函数这种基本的随机数函数往往属于强度最弱的算法。不过对于绝大部分办公系统来说，Rnd 函数的随机性已经足够满足需要。

本章小结

VBA 为过程、函数、方法等提供了非常灵活的语法格式，虽然这确实能够简化编程工作，但也增加了语法的复杂度。整体而言，日常编写的 VBA 函数很少用到可选参数等形式，但是不理解这个概念，就难以透彻掌握各种系统函数和对象方法的使用技巧。同时，VBA 默认采取引用传递的方式，也会带来一些不易理解的程序隐患。此外，本章还介绍了随机数函数的用法，并深入解析了它的原理和局限性，希望能够帮助使用 VBA 进行随机模拟的读者。

通过本章的学习，读者应当重点掌握的知识如下：

★ 声明某个参数为可选参数时，应在其前面写上 Optional，末尾指明默认值。

★ 调用函数时，可以省略不必要的可选参数，但必须保留逗号；也可以按名指定参数，此时必须使用冒号和等号“:=”。

★ 可以在函数内部使用 IsMissing 语句判断某个可选参数是否被使用，但该参数必须为变体类型，且没有指定默认值。

★ 通过“ByVal”关键字可以指定某个参数为“值传递”方式。在这种情况下，在函数内部修改该参数并不会影响调用方的对应变量。

★ 为 Rnd 函数指定相同的负数参数，可以生成相同的随机数；通过使用 Randomize 语句，可以避免重启 Excel 后生成同样的随机数序列的问题。

第 16 章

区域的管理——深入了解 Range 对象

上一章介绍了 VBA 函数的高级技巧，但是前面提出的问题仍然没有得到解答：怎样能够编写出 SUM 公式那样的自定义函数，从而可以对任意多个单元格进行计算？解决这个问题的关键就在于对 Range 对象的深入了解。

Range 是 Excel VBA 中最常用到的类，也是存放数据的最终载体。因此，VBA 为 Range 类的对象设计了非常丰富的属性和方法，如果能够灵活运用它们，可以轻松地实现各种复杂功能。本章从中选择了最重要的几个方面为读者详细讲解，包括遍历 Range 中所有单元格、确定 Range 的位置与边界、改变 Range 的位置与形状，以及合并单元格的判断与处理等。通过本章的学习，读者将会理解以下知识点：

★ 怎样遍历 Range 中的所有单元格，以及怎样将该技术用于自定义公式？

★ 怎样确定 Range 的位置、大小、是否合并、是否为公式等信息？

★ 怎样改变 Range 的位置和形状？

★ 怎样快速找到表格中的数据区域？

★ 怎样使用 Find 和 Sort 实现基本的查找与排序？

本章主要内容对应视频课程“全民一起 VBA——提高篇”第十三回、第十五回、第十六回和第十七回，也简要介绍了一些出现在“全民一起 VBA——实战篇”各个专题中的相关内容。建议读者将本章内容与视频课程中的动画演示搭配学习，加深理解。

16.1　遍历 Range 内部单元格

16.1.1　Cells 属性

从第 1 章开始，我们就已经学会使用 Application 对象的 Cells 属性操作工作表中的单元格。其实 Range 对象也有一个名为 Cells 的属性，代表的就是 Range 内部的所有单元格，用法与 Application 对象的 Cells 属性完全一样，如图 16.1 中的代码所示。

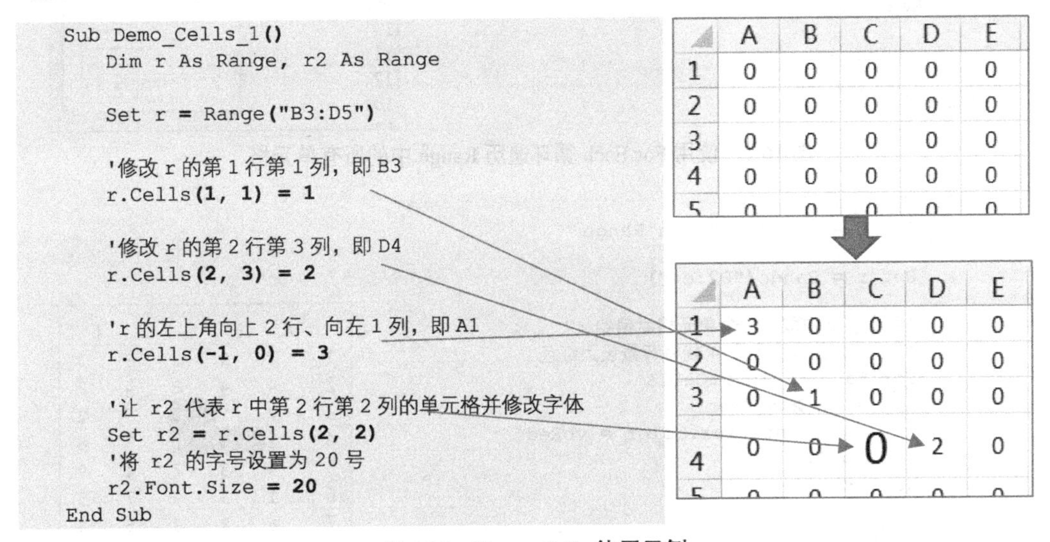

```
Sub Demo_Cells_1()
    Dim r As Range, r2 As Range

    Set r = Range("B3:D5")

    '修改 r 的第 1 行第 1 列，即 B3
    r.Cells(1, 1) = 1

    '修改 r 的第 2 行第 3 列，即 D4
    r.Cells(2, 3) = 2

    'r 的左上角向上 2 行、向左 1 列，即 A1
    r.Cells(-1, 0) = 3

    '让 r2 代表 r 中第 2 行第 2 列的单元格并修改字体
    Set r2 = r.Cells(2, 2)
    '将 r2 的字号设置为 20 号
    r2.Font.Size = 20
End Sub
```

图 16.1　Range.Cells 使用示例

可以看到，Range.Cells 属性返回的也是一个 Range 对象，代表具体的单元格。而 Range.Cells 中指定的行列号数字，则是以 Range 对象左上角单元格为第 1 行第 1 列的“相对坐标”。所以在图 16.1 的代码中，r.Cells(1,1)实际对应的就是 r 的左上角单元格，即 B3；r.Cells(2,3)则相对于左上角 B3 向下偏移一行且向右偏移两列，即 D4。

有趣的是，Range.Cells 属性还可以指定负数作为行列号，从而相对于左上角单元格向上或向左偏移。不过需要注意的是，由于 Cells 以左上角第 1 个单元格为第 1 行第 1 列，所以数字 0 代表向上一行或向左一列，-1 代表向上两行或向左两列。因此，r.Cells(-1,0)实际指向的是 A1 单元格。

如果把 Cells 属性看作 Range 内部所有单元格的集合，就可以使用 For Each 循环扫描每个单元格。比如图 16.2 中的代码，就是利用这个方法计算出指定区域中所有单元格数字的乘积；或者如图 16.3 所示，扫描区域中每个单元格，并根据情况进行格式处理等操作。

也可以利用 For Each 循环单独处理每个单元格的格式等，如图 16.3 所示。

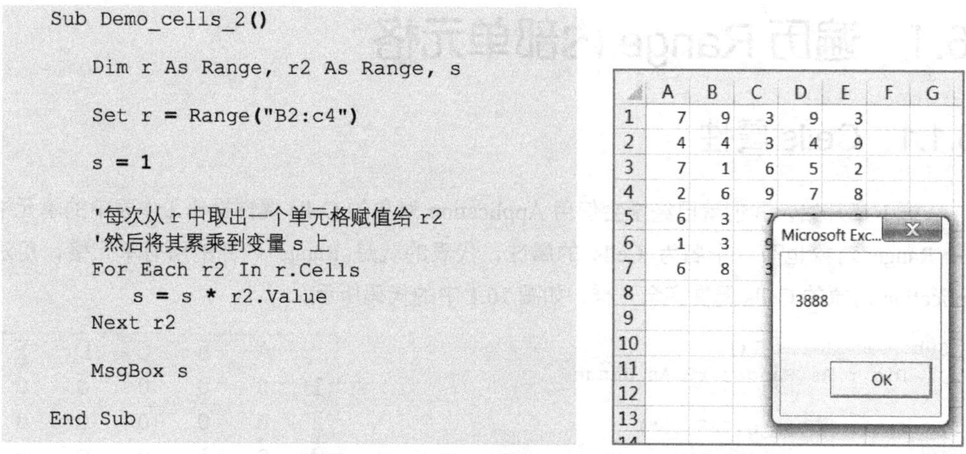

```
Sub Demo_cells_2()

    Dim r As Range, r2 As Range, s

    Set r = Range("B2:c4")

    s = 1

    '每次从 r 中取出一个单元格赋值给 r2
    '然后将其累乘到变量 s 上
    For Each r2 In r.Cells
        s = s * r2.Value
    Next r2

    MsgBox s

End Sub
```


图 16.2 使用 For Each 循环遍历 Range 中的所有单元格

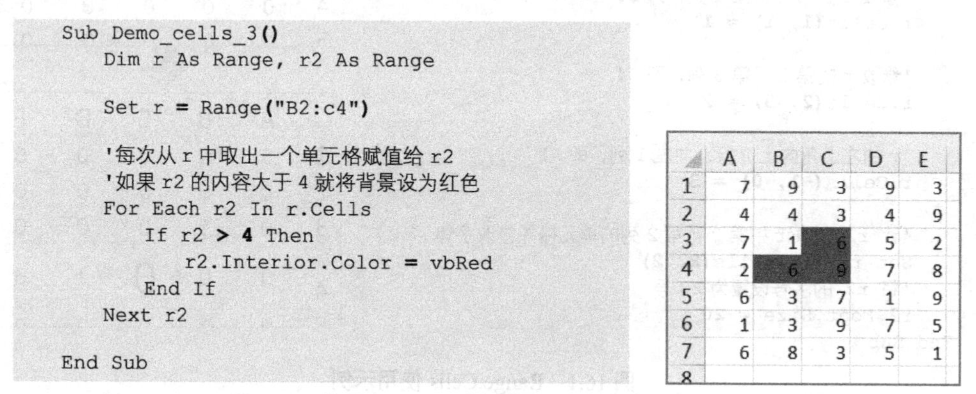

```
Sub Demo_cells_3()
    Dim r As Range, r2 As Range

    Set r = Range("B2:c4")

    '每次从 r 中取出一个单元格赋值给 r2
    '如果 r2 的内容大于 4 就将背景设为红色
    For Each r2 In r.Cells
        If r2 > 4 Then
            r2.Interior.Color = vbRed
        End If
    Next r2

End Sub
```


图 16.3 使用 For Each 循环遍历处理所有的单元格

16.1.2 自定义公式

知道怎样遍历 Range 中的所有单元格，就可以编写出 SUM 那样的自定义公式，只要将函数的参数指定为 Range 类型即可。比如图 16.4 中的代码，就实现了一个可以计算指定区域内全部数字乘积的公式。

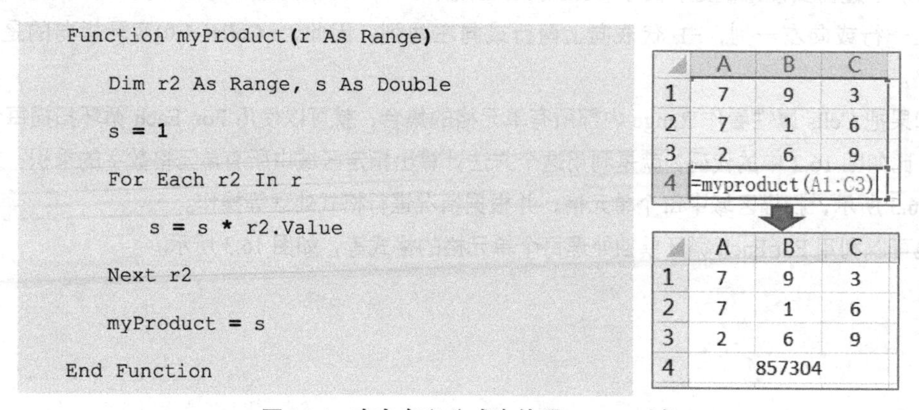

```
Function myProduct(r As Range)

    Dim r2 As Range, s As Double

    s = 1

    For Each r2 In r

        s = s * r2.Value

    Next r2

    myProduct = s

End Function
```


图 16.4 在自定义公式中处理 Range 对象

从这个例子可以看出：如果想让自定义公式处理指定的单元格区域，可以将相应的参数指定为 Range 类型的对象。比如函数 myProduct 指定接收 Range 类型的参数 r，所以当我们在右侧的表格中填写“= myproduct(A1:C3)”时，Excel 把“A1:C3”作为 Range 对象传递给参数 r。这样在 myProduct 的内部，只要用 For Each 循环找出 r 的每个单元格并计算处理，就可以实现累乘功能。

不仅如此，还可以在 myProduct 函数中根据需要修改各单元格的格式，有兴趣的读者可以自己尝试。

16.1.3 Rows 与 Columns 属性

使用 For Each 循环虽然可以找出 Range 中的所有单元格，但是却无法逐行或逐列扫描，所以在实现类似工作表公式 SumProduct 的功能时会比较麻烦。不过 Range 对象还提供了 Rows 和 Columns 两个属性，可以得到 Range 对象中的每行和每列。

与 Range.Cells 一样，Range.Rows 也可以被看作一个集合，每个元素都是 Range 对象，由这个区域中某行的所有单元格构成。比如 Range(“A1:E3”).Rows(1)，代表的就是 A1:E3 范围内第一行的所有单元格，实际上相当于 Range(“A1:E1”)；而 Range(“A1:E3”).Rows(2)则会返回代表 A2:E2 的 Range 对象，相当于 Range(“A2:E2”)。Columns 与之同理，比如使用 Range(“A1:E3”).Columns(2)，能够得到 A1:E3 中第二列所有单元格构成的 Range 对象，即 Range(“B1:B3”)。

就像集合对象 Worksheets 一样，Rows 和 Columns 本身也是一个对象，也拥有自己的属性和方法，其中最常用的就是 Rows.Count 和 Columns.Count。前者可以告诉我们 Rows 集合中有多少个元素，即这个 Range 范围内一共包含多少行；后者则可以告诉我们 Range 范围内一共有多少列。所以使用下面的循环结构，就可以扫描 Range 对象中的每行。

```
For i = 1 To Range("A1:D5").Rows.Count

    Set r = Range("A1:D5").Rows(i)

    r.Font.Size = 10

Next i
```

同样，作为集合类型的对象，也可以使用 For Each 循环实现这种扫描，比如下面的代码与 For 循环功能完全相同。

```
For Each r In Range("A1:D5").Columns

    r.Font.Size = 10

Next r
```

利用 Rows 和 Columns 属性能够很容易地按行或列扫描 Range 内部的所有单元格。案例 16-1 就演示了这种应用。

案例 16-1：图 16.5 是某医药公司的实验数据记录表，每行都是对一个批次的药品的试验结果。请用 VBA 编写自定义公式，实现一个常用的分析功能——找出每行的最大数值，并计算平均数。在图 16.5 中，第一行的最大数值为 9，第二行的最大数值为 7，第三行的最大数值为 9，所以公式 “= maxavg(C3:E5)” 得出的结果是 8.33，即这三个数字的平均值。

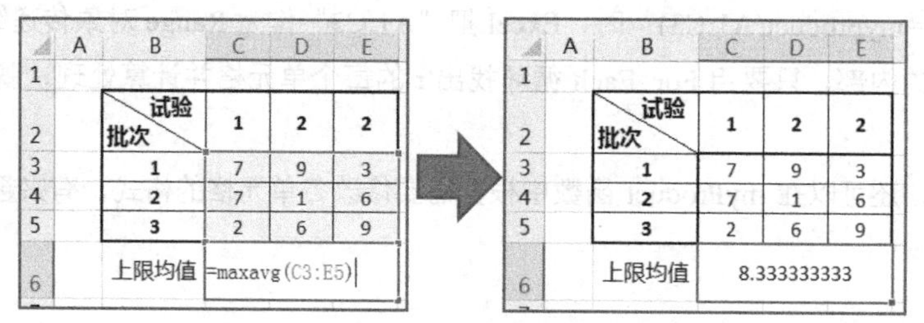

图 16.5　案例 16-1 数据示例及预期效果

解决该案例的关键在于两个环节：扫描每行；找出每行的最大值。前者可以使用 For Each 循环扫描 Rows 中的每个元素，也可以使用 For 循环搭配 Rows.Count 的方式。而对于后者，既可以自己编写寻找最大值的程序，也可以直接使用 Application.WorksheetFunctions 调用 Excel 自带的 Max 公式。为了让程序尽可能简洁，下面的参考代码使用了 For Each 循环和 Max 公式的方案，具体思路可以参阅代码中的注释说明。

```
Function MaxAvg(r As Range)

    Dim r2 As Range, s As Double

    s = 0

    '循环扫描 r 中的每行，每找到一行，就用 r2 代表该行的 Range 对象
    For Each r2 In r.Rows

        '调用工作表公式 Max，找到 r2 内部所有单元格中的最大值，并加总到 s
        s = s + Application.WorksheetFunction.Max(r2)

    Next r2

    '因为每行加总一个数字，所以用总和除以行数即可得到平均值
    MaxAvg = s / r.Rows.Count

End Function
```

16.2　获取 Range 对象的描述信息

通过 Range.Rows.Count 和 Range.Columns.Count，可以了解该 Range 对象的总行数和总列数。不过 Excel 的单元格还有更多经常用到的特性，比如该单元格的行号和列号是多少？它的内容是公式还是用户直接填写的内容？它是否为一个合并单元格等。这些特性都可以通过 Range 对象的各种属性得到，本节就为读者介绍最常用的一些特性。

16.2.1　位置信息

Range 对象的 Address 属性可以返回该范围的完整地址，比如 Range(“B5:E7”).Address 可以返

回一个字符串“$B$5:$E$7”。熟悉 Excel 公式的读者会发现，Address 返回的字符串使用的是“绝对引用”格式，即在行号和列号前都标明“$”。

在实际开发中，我们经常会使用 Range.Address 判断一个未知单元格范围的位置。比如当用户在工作表中随便单击某个部分时，就可以让 VBA 程序马上知道用户单击的是哪个单元格。此外，在需要程序记住某个 Range 对象时，也可以只将其 Address 字符串保存在一个变量或单元格中。

Address 返回的毕竟是一个相对复杂的字符串，如果想从中取得具体的行号和列号，会比较麻烦。不过 Range 对象还提供了 Row 和 Column 两个属性，可以直接获取该 Range 对象左上角单元格的行列号数字。巧用这两个属性，能够简单地得到一个 Range 区域的起始行列号和末尾行列号。比如图 16.6 所示的例子中，四个 MsgBox 函数可以分别显示 A2:D5 区域的起止行列号。

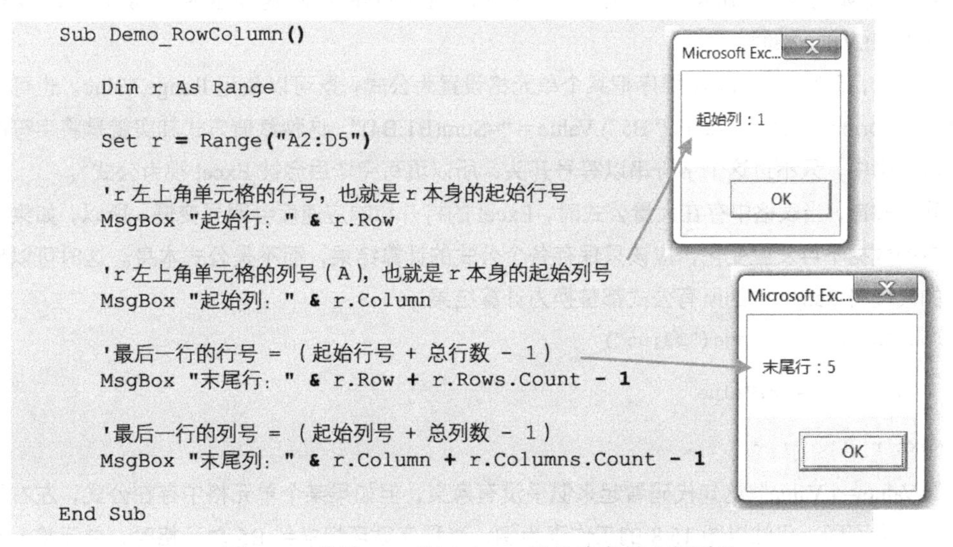

图 16.6　使用 Row 和 Column 属性确定起止行列号

16.2.2　公式信息

我们一直都在使用 Range.Value 得到单元格中的内容，但假如单元格的内容是公式，Range.Value 返回的是什么呢？从图 16.7 所示的例子中可以看到，这种情况下 Range.Value 返回的是公式计算后的结果“15”，而不是公式“=B2*B3”本身。

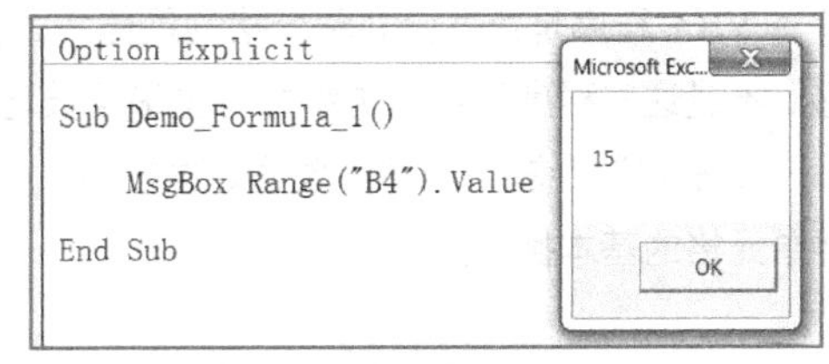

图 16.7　用 Range.Value 获取公式单元格的内容

如果希望得到单元格中的公式内容，而不是计算结果，那么就要使用 Range 对象的 Formula

属性。比如对于图 16.7 所示的例子，把 Range("B4").Value 改成 Range("B4").Formula 后，就会得到一个字符串，效果如图 16.8 所示。

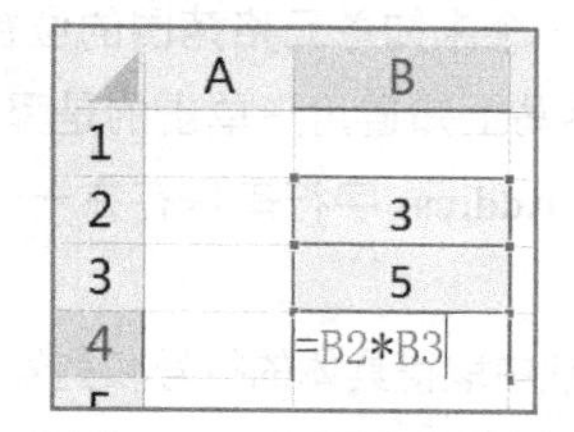

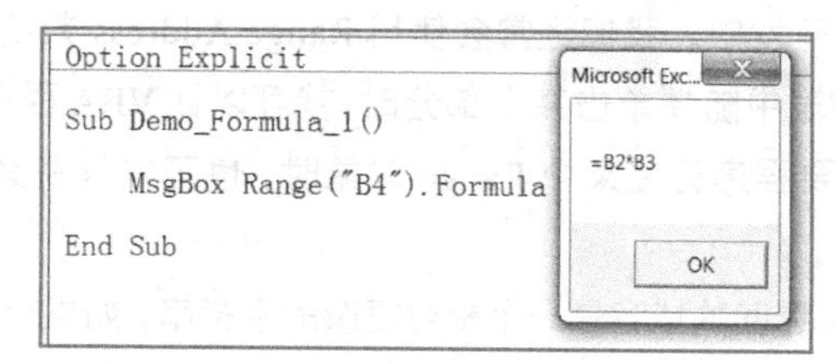

图 16.8　用 Range.Formula 获取公式单元格的内容

假如单元格中没有公式，那么 Range.Formula 与 Range.Value 一样，返回的都是单元格中的实际内容。比如对于图 16.8 中的工作表，Range("B2").Formula 返回的将是数字 3，效果与 Range("B2").Value 相同。

反过来，若想通过 VBA 程序把某个单元格设置为公式，既可以使用 Range.Value，也可以使用 Range.Formula，比如 Range("B5").Value = "=Sum(B1:B4)"。这种赋值方式其实就是将字符串填写到单元格中，只不过这个字符串以等号开头，所以填写完毕后会被 Excel 视为公式[①]。

我们知道，当表格中存在大量公式时，Excel 的打开和响应速度会明显变慢。所以，如果一个表格中的数据不再发生变化，应该只保存各个公式的计算结果，而不是公式本身。这时可以使用下面的代码将 Range 内的所有公式都替换为计算结果。

```
For Each r In Range("B2:D5")
    r.Value = r.Value
Next r
```

"r.Value = r.Value" 这句代码看起来似乎没有意义，但如果某个单元格中存在公式，左右两边的含义就会不同。仍然以图 16.8 的工作表为例，当程序循环扫描到 B5 单元格时，单元格 r 当前的内容是 "= B2 * B3"。这时等号右边 r.Value 返回的将是该公式的计算结果，也就是数字 15；接下来通过等号赋值给左边的 r.Value，即将单元格 r 的内容设置为数字 15。于是经过 "r.Value = r.Value" 的操作，B5 单元格的内容就从公式转变为数字，即 "删除公式，保留结果"。

16.2.3　合并单元格信息

合并单元格是 Excel 工作表中最灵活的操作之一，但也是处理数据时最让人头痛的一个问题。很多时候，编写 VBA 程序是处理合并单元格的最佳方式，比如图 16.9 所示的对含有合并区域的表格进行排序。不过这些程序往往要求掌握一些编程技巧和基本算法，有兴趣的读者可以在 "全民一起 VBA——实战篇" 专题二 "表格数据处理技巧" 中找到关于这些内容的详细讲解。下面将着重介绍合并单元格的基本操作。

---

① 假如想在单元格中输入一个以等号开头的字符串，但是不希望 Excel 把它当作公式，可以在等号前面再写一个单引号，比如 Range("B5").Value="'= b1*b3"。

1. 合并单元格的判断

即使多个单元格合并成了一个区域，在 VBA 看来，它们仍然是各自独立的单元格，并不会把整个合并区域看作一体，而且假如合并区域中存在内容，该内容只能通过合并区域左上角单元格的 Value 属性读写，其他单元格的 Value 属性都是空字符串。

比如图 16.9 所示的示例，虽然 B2 和 C2 单元格合并在一起，但是通过 Range("C2").Value 无法获取合并单元格的内容，只能通过 Range("B2").Value 实现。

```
Sub Demo_Merge_1()

    '运行结果：显示空字符串
    MsgBox Range("C2").Value

    '运行结果：显示 "合并内容"
    MsgBox Range("B2").Value

End Sub
```

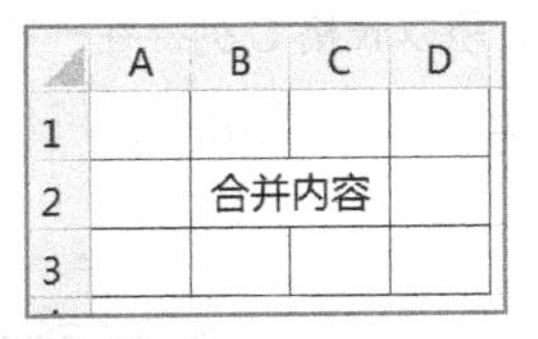

图 16.9　单独扫描合并区域中的每个单元格

既然 VBA 不把合并区域看作一个单独的 Range，我们怎样判断一个单元格是否处于合并区域内呢？这个问题可以使用 Range.MergeCells 属性解决。

Range.MergeCells 属性是一个变体类型数据，可以有三种可能的取值：True、False 或 Null。如果 Range.MergeCells 返回 True，代表该 Range 中每个单元格都属于某个合并区域；如果返回 False，则代表该 Range 中每个单元格都不属于任何合并区域。

Range.MergeCells 的第三种取值 Null 是 VBA 中一个很特殊的常数，可以大致理解为"无效数据"，类似于填写表格时使用的"N/A"。假如 Range.MergeCells 的值是 Null，就代表其中一部分属于合并单元格，另一部分不属于合并单元格。此外，根据 VBA 的语法，不能使用等号判断一个数据是否等于 Null，而要使用 IsNull 函数。比如对于 IsNull (x)，如果 x 是 Null，该函数就返回 True，否则返回 False。

因此，如果想知道一个 Range 对象中是否存在合并单元格，标准的代码如下：

```
Sub Demo_Merge_2()

    Dim r As Range

    Set r = Range("a1:d3")

    If r.MergeCells = True Then

        MsgBox "该区域所有单元格都是合并单元格"

    ElseIf r.MergeCells = False Then

        MsgBox "该区域不包含任何合并单元格"

    ElseIf IsNull(r.MergeCells) Then

        MsgBox "该区域存在部分合并单元格"

    End If

End Sub
```

最后需要注意的是，即使 Range.MergeCells 的值为 True，也并不意味着 Range 中所有的单元格都属于同一个合并区域。事实上，即使这些单元格分属于不同的合并区域，MergeCells 也可以返回 True。

2. 确定所属合并区域

很多时候，我们不仅需要知道单元格是否被合并，而且还要了解它所属的整个合并区域的地址。比如前面讲到，只有通过合并区域中左上角单元格的 Value 属性，才能得到该合并区域显示的内容。那么对于案例 16-2 的需求，应该怎样解决呢？

案例 16-2： 图 16.10 左图所示的工作表列示了三种机床在不同地区的销量。由于产品单价全国统一，所以表格 C 列存在一些合并单元格。请编写 VBA 程序计算每种机床在各地的销售额，预期效果如图 16.10 右图所示。

	A	B	C	D	E	F
1						
2		2017年机床销售情况				
3		型号	单价	地区	销量	销售额
4		A型	8000	华东	22	
5				华北	61	
6		B型	9500	华南	40	
7				华北	74	
8				东北	61	
9		C型	9700	华南	35	
10				华东	9	

	A	B	C	D	E	F
1						
2		2017年机床销售情况				
3		型号	单价	地区	销量	销售额
4		A型	8000	华东	22	176000
5				华北	61	488000
6		B型	9500	华南	40	380000
7				华北	74	703000
8				东北	61	579500
9		C型	9700	华南	35	339500
10				华东	9	87300

图 16.10　案例 16-2 的数据及预期效果

这个例子看上去很简单，可以编写一个简单的循环语句甚至使用公式解决。不过实际操作起来就会发现其中的问题：比如在计算第 5 行数据的销售额时，虽然 E5 单元格中的销量数字是 61，但是 C5 单元格中的单价却是空值（0），导致无法计算销售额。这是因为 C5 与 C4 单元格合并在一起，所以只有 C4 单元格的内容等于合并区域显示的单价“8000”。因此，图 16.11 中的程序运行后，计算结果中出现了很多数字 0。

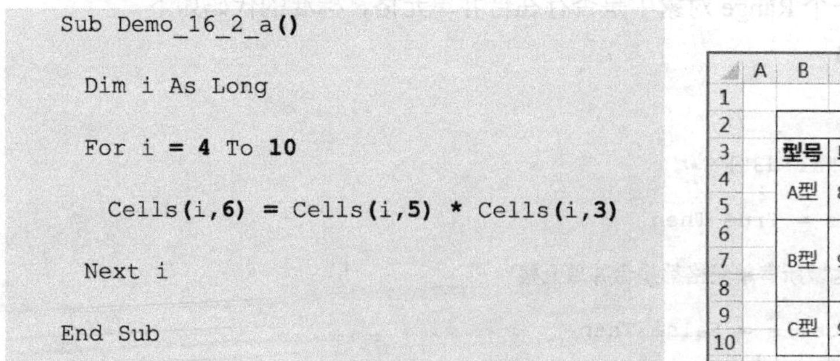

```
Sub Demo_16_2_a()

  Dim i As Long

  For i = 4 To 10

    Cells(i,6) = Cells(i,5) * Cells(i,3)

  Next i

End Sub
```

	A	B	C	D	E	F
1						
2		2017年机床销售情况				
3		型号	单价	地区	销量	销售额
4		A型	8000	华东	22	176000
5				华北	61	0
6		B型	9500	华南	40	380000
7				华北	74	0
8				东北	61	0
9		C型	9700	华南	35	339500
10				华东	9	0

图 16.11　未考虑合并单元格导致的问题

怎样能够在扫描到第 5 行数据时也正确取得产品单价呢？只要先找到 C5 单元格所在的合并区域，再顺藤摸瓜找到合并区域左上角的第一个单元格就可以。这就要用到 Range 对象的 MergeArea 属性。

Range.MergeArea 属性可以返回新的 Range 对象，代表所在的整个合并区域。比如对于图 16.11

所示的表格，如果代码中写“Set r = Range("C5").MergeArea”，执行后 r 就相当于 Range("C4:C5")，因为 C5 单元格所在的合并区域是 C4:C5。这样，只要使用 r.Cells(1,1)，就能够定位到 r 中左上角的第一个单元格，也就是 C4 单元格。

所以使用下面的代码，便可以简单地完成案例 16-2 的要求。

```
Sub Demo_16_2_b()

    Dim i As Long, r As Range

    For i = 4 To 10

        '让 r 代表第 i 行 C 列所在的合并区域
        Set r = Cells(i, 3).MergeArea

        'r.Cells(1,1)即该合并区域中左上角第一个单元格
        Cells(i, 6) = Cells(i, 5) * r.Cells(1, 1)

    Next i

End Sub
```

3. 合并单元格的创建与拆分

若想将 Range 中的所有单元格合并在一起，只需将它的 MergeCells 属性设置为 True 即可，比如 Range("A1:D5").MergeCells = True。反之，如果将它的 MergeCells 属性设置为 False，就会将所有单元格拆分成独立状态。

不过在合并单元格时，假如该 Range 中左上角单元格之外的其他单元格也有内容，Excel 就会弹出一个消息框，提示“仅保留左上角的值”，需要用户单击按钮后才能继续运行程序。如果希望屏蔽该提示框，可以使用 Application.DisplayAlerts 属性，只要将其设置为 False 即可。

除了使用 MergeCells 属性，Range 对象还提供了 Merge 和 UnMerge 两种方法，分别可以合并和拆分 Range 对象，比如 Range("A1.D5").UnMerge。由于它们的用法非常直观，这里不再过多介绍。

16.3 重新定位 Range 对象

当有人问路时，我们经常会以某个地点为参照来描述目标地点，比如“你要去的地方就在市政府大楼右边第二个路口”。同样，在 VBA 编程中，我们也经常需要从一个 Range 出发，定位到另一个目标 Range。

16.3.1 Offset、Resize 与 CurrentRegion 属性

1. Offset 属性

Range 对象有一个名为 Offset 的属性，调用格式为 Range.Offset(行数 ，列数)，它的功能类似于“平移”操作，也就是保持 Range 原有形状和大小，但是按照指定的行数和列数在工作表上移动，从而得到一个新的 Range 对象。具体效果如图 16.12 所示。

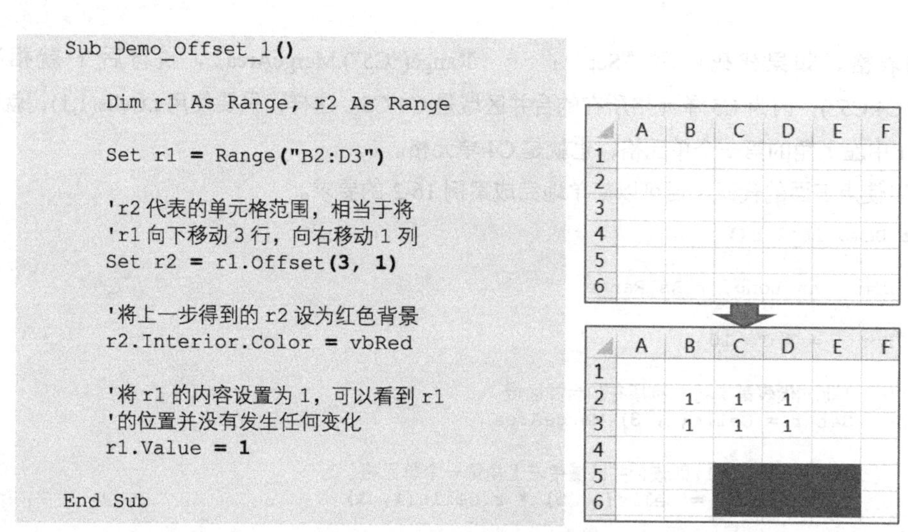

```
Sub Demo_Offset_1()

    Dim r1 As Range, r2 As Range

    Set r1 = Range("B2:D3")

    'r2 代表的单元格范围，相当于将
    'r1 向下移动 3 行，向右移动 1 列
    Set r2 = r1.Offset(3, 1)

    '将上一步得到的 r2 设为红色背景
    r2.Interior.Color = vbRed

    '将 r1 的内容设置为 1，可以看到 r1
    '的位置并没有发生任何变化
    r1.Value = 1

End Sub
```

图 16.12　Offset 属性示例

在这个例子中，r1.Offset(3,1) 的含义就是返回一个与 r1 大小相同的 Range 对象，不过该 Range 对象相对于 r1 而言向下偏移 3 行，向右偏移 1 列。由于 r1 指向 B2:D3，所以偏移后返回的 Range 就是 C5:E6，将其赋值给 r2 变量，就可以通过 r2.Interior.Color 修改 C5:E6 的格式。

需要特别提醒读者的是：r1.Offset 只是返回一个新的位置相对 r1 发生偏移的 Range 对象，但是并没有对 r1 本身做出任何改变。所以图 16.12 最后一行代码“r1.Value=1”执行后，影响的仍然是 B2:D3，而不是 C5:E6。此外，如果将 r1.Offset 中的行列数字设置为 0，就等于未发生任何偏移，返回 Range 的范围与 r1 完全相同；如果行列数字是负数，则代表“向上一行”或“向左一列”。

其实不使用 Offset 属性也可以实现这个功能，比如下面这段代码的效果与图 16.12 完全一样。

```
Sub Demo_Offset_2()

    Dim r1 As Range, r2 As Range

    Set r1 = Range("B2:D3")

    Set r2 = Range(Cells(r1.Row + 3, r1.Column + 1), _
          Cells(r1.Row + r1.Rows.Count + 2, r1.Column + r1.Columns.Count))

    r2.Interior.Color = vbRed

    r1.Value = "1"

End Sub
```

这段代码使用了 Range.Rows 等属性，通过指定新区域左上角和右下角两个单元格的位置，构造出一个新的 Range 对象。由于新 Range 的左上角和右下角行列号都相对于 r1 增加了相同的数量，因此它的尺寸与 r1 相同，但是位置发生偏移。很明显，这种写法要比使用 Offset 属性复杂得多。

2. Resize 属性

Offset 属性改变位置但不改变大小，而属性 Resize 正好与之相反：改变大小但保持左上角位置不变。Resize 属性的调用格式是 Range.Resize(r , c)，代表以该 Range 左上角单元格为起点，共包含 r 行 c 列的新单元格范围。具体用法如图 16.13 所示。

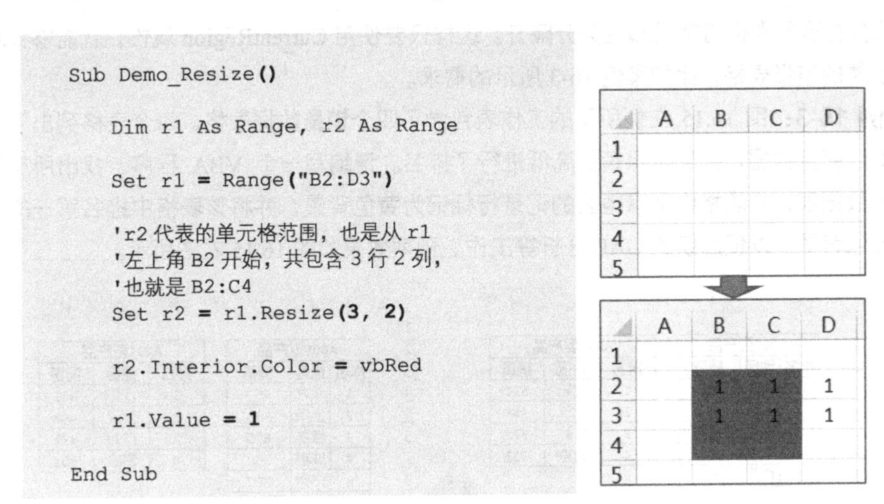

图 16.13　Range.Resize 属性使用示例

在这段代码中，r1.Resize(3,2) 指定了新 Range 的大小就是 3 行 2 列，而其左上角单元格则与 r1 相同，也是 B2 单元格，所以最终得到的 r2 是 B2:C4。同时还可以看到，Resize 也没有改变 r1 本身，只是根据要求生成了新的 Range 对象。

3. CurrentRegion 属性

Range.CurrentRegion 是一个很神奇的属性：可以找出 Range 所处的连续数据区域，也就是这个单元格四周由空行和空列围起来的范围，如图 16.14 所示。

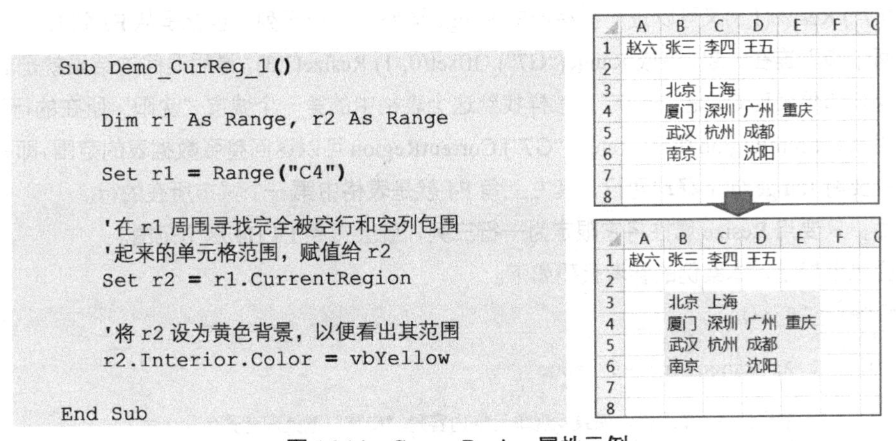

图 16.14　CurrentRegion 属性示例

从这个示例可以看到，r1.CurrentRegion 返回的是矩形区域 B3:E6，并且满足以下条件：

（1）该区域包含了 r1 所指的 Range 对象“C4”；

（2）该区域四周完全由空白单元格包围起来，即 A2:A7、B7:E7、F3:F7 和 B2:E2；

（3）该区域（B3:E6）是满足条件（1）和（2）的最小区域，或者说该区域内部的边界上都有数据存在，不存在空行或空列。

CurrentRegion 在处理“子表”时往往非常有用，因为如果在一个工作表中编写了多个小数据表，往往会将这些表格用空行和空列分隔开。这样只要使用 CurrentRegion 属性，就能够找到任意单元格所属的整张表格，比如案例 16-3 所示的需求。

案例 16-3： 图 16.15 左侧所示的工作表包含了四个销量数据表格，每个表格列出了一种产品的各地区销量数据，并且按照销量高低进行了排名。请编写一个 VBA 程序，找出所有包含南京地区的数据表，将表格中南京地区的记录行标记为黄色背景，并将该表格中排名第一的地区也标记为黄色背景，以便后续的 GAP 分析等工作。预期效果如图 16.15 右图所示。

A005型产品		
排名	地区	销量
1	北京	800
2	上海	733
3	重庆	670
4	成都	500
5	广州	300

A231型产品		
排名	地区	销量
1	沈阳	531
2	武汉	488
3	广州	372
4	南京	302

B709型产品		
排名	地区	销量
1	成都	433
2	南京	291
3	杭州	278
4	重庆	177

B462型产品		
排名	地区	销量
1	广州	552
2	北京	420
3	重庆	311
4	上海	300

图 16.15　案例 16-3 原始数据与预期效果

这个案例涉及两个关键问题。首先，如果已经发现 G7 单元格是“南京”，怎样把 F7:H7 范围全部设置为黄色背景？对此，我们可以使用刚刚讲过的 Offset 和 Resize 两个属性：Range(“G7”).Offset(0,-1) 可以返回与 G7 位于同一行但向左一列的单元格，即 F7；而 Range(“F7”).Resize(1,3)又可以进一步将新的 Range 调整为一行三列，也就是从 F7 到 H7。我们可以把这两个步骤连在一起，写成 Range(“G7”).Offset(0,-1).Resize(1,3)，最后返回的结果就是 F7:H7。

其次，如果发现 G7 是“南京”，怎样找到这个表格中的第一个城市“沈阳”所在的行呢？这次就要用到 CurrentRegion 属性。Range(“G7”).CurrentRegion 可以返回整张数据表的范围，即 F2:H7，接下来只要将 Range 向下移动两行，其左上角 F4 就是表格中第一个城市所在的行。

最后，只要用 Resize 属性将它限定为一行三列，就会得到 F4:H4 这个范围。

结合以上思路，本案例的参考代码如下。

```
Sub Demo_16_3()
    Dim r1 As Range, r2 As Range
  '在 A1:H15 中检查每个单元格，如果发现单元格内容是“南京”就处理背景色
    For Each r1 In Range("A1:H15")
        If r1.Value = "南京" Then
            r1.Offset(0, -1).Resize(1, 3).Interior.Color = vbYellow
            Set r2 = r1.CurrentRegion.Offset(2, 0).Resize(1, 3)
            r2.Interior.Color = vbYellow
        End If
```

```
    Next r1
End Sub
```

16.3.2　Worksheet 对象的 Cells 与 UsedRange 属性

在案例 16-3 中，使用“For Each r1 In Range(“A1:H15”)”扫描表格中的数据区域。但是假如工作表中又增加了几个子表，包含数据的单元格就很可能超出 A1:H15 的范围，于是只有在代码中将 Range(“A1:H15”)修改为新的范围才不会遗漏数据。

这显然不是搜索数据的好办法。那么怎样做到不修改代码也不会遗漏数据呢？一个简单的方法就是使用 Worksheet.Cells 属性。我们知道，Worksheet.Cells(i,j)代表这个工作表中第 *i* 行第 *j* 列的单元格。但是如果不写括号和参数，只写 Worksheet.Cells，返回的就是代表工作表中所有单元格的 Range 对象。

因此，如果把案例 16-3 的参考代码改成“For Each r1 In ActiveSheet.Cells”，就可以要求将当前工作表中所有的单元格依次检查一遍，自然不会遗漏任何数据。不过这种程序虽然运行结果正确，但运行时间会大大超出预期，甚至可以长达数十分钟之久。

更合理的方式是使用 Worksheet 的另一个属性——UsedRange。UsedRange 属性返回 Range 对象，其范围恰好能够容纳表格中所有使用过的单元格，而不包含从未改动过的单元格。比如对于案例 16-3 中的工作表，如果各子表之外的其他单元格从未使用过，那么 UsedRange 属性返回的结果如图 16.16 所示。

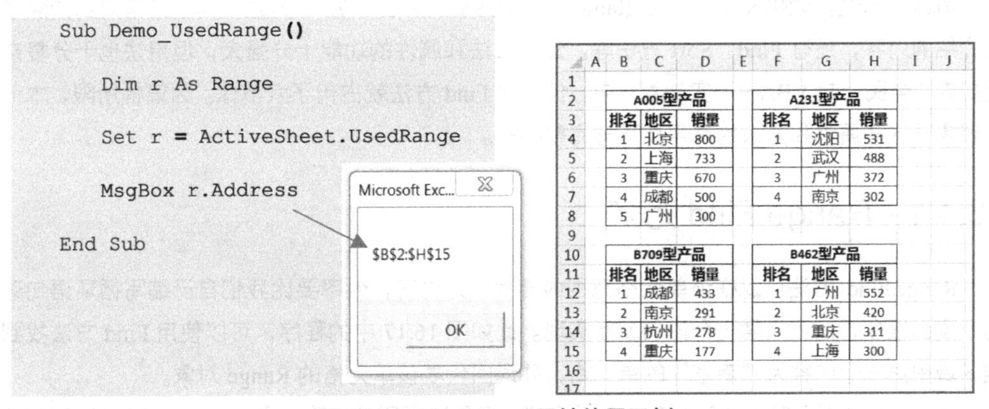

图 16.16　UsedRange 属性使用示例

所以，案例 16-3 的参考代码可以修改为“For Each r1 In ActiveSheet.UsedRange”，即在当前活动工作表中所有使用过的单元格中进行查找。这样即使调整了数据区域，也不必修改代码，而且搜索范围远远小于 ActiveSheet.Cells，节省了大量运行时间。

必须指出的是，“使用过”的含义并不仅限于“修改过内容”。即使一个单元格内容为空，只要其格式（字体、背景色等）被调整过，也会被当作 UsedRange 的一部分。因此严格地说，通过 UsedRange 定位数据区域边界特别是定位最后一行数据，并不是很严谨的做法。不过在日常应用中，UsedRange 已经能够满足基本的定位需要，而且用法简单，所以仍然十分常用。

事实上，由于 Excel 单元格本身的灵活性，精确定位表格最后一行数据并不是一件很容易的事。各路高手总结出了六七种寻找末行的方法，受篇幅所限，本章不就此展开讨论，有兴趣的读者可以参见视频课程“全民一起 VBA——实战篇”专题一中的详细分析。

16.3.3 Application 对象的 Union 与 Intersect 方法

如果需要将多个 Range 对象合并为一个便于统一处理，可以使用 Application 对象的 Union 方法。比如语句 Set r = Application.Union(r1,r2,r3)，可以让 r 指向一个由 r1、r2 和 r3 三个 Range 共同构成的 Range 对象。如果修改了 r.Font.Size，那么 r1、r2 和 r3 中的字号都会发生变化。

与 Union 方法相对应，Application 还提供了一个 Intersect 方法，可以返回多个 Range 对象重叠的部分。比如语句 Set r = Application.Intersect(r1,r2,r3) 执行后，r 就是 r1、r2 和 r3 三者的交集。也就是说，r 既包含于 r1，也包含于 r2 和 r3 的范围之内。假如这些 Range 之间没有交集，那么 Intersect 方法会返回 VBA 常量“Nothing”。所以可以用“If Intersect (r1, r2) Is Nothing Then”的方式，判断 r1 与 r2 之间是否存在重叠。假如 r1 是单独的单元格，那么通过这个语句就可以判断 r1 是否位于 r2 之内。如果 r1 不在 r2 之内，两者必然没有重叠，Intersect(r1,r2)返回的就是 Nothing。

16.4 Find 与 Sort 方法简介

前面提到过，MSDN 中列出了 Range 对象的 96 个属性和 78 个方法，其中经常用到的除了前面介绍的内容，还有 Find、Sort 方法等。这些方法和属性的功能十分强大，但用法也十分复杂，比如在“全民一起 VBA——实战篇”中，仅讲解 Find 方法就占用了六节课。因篇幅所限，本节重点聚焦于这些属性和方法的常用技巧与完整格式。

16.4.1 Range.Find 方法

Range.Find 方法可以在该单元格范围内查找指定内容，效率要比我们自己编写循环语句逐格判断高出很多，而且只需一个语句就能实现。比如图 16.17 中的程序，可以使用 Find 方法找到数据区域中第一个内容为“南京”的单元格，并返回代表该单元格的 Range 对象。

Range.Find 返回第一个符合条件的单元格，但是这里所谓“第一个”可能与读者设想的不同：默认情况下是指从该 Range 左上角的后面开始，按照“从上到下、从左到右”的顺序找到的第一个符合条件的单元格。所以即使修改图 16.17 中的数据，将数据区域左上角单元格 B2 改为“南京”，Find 方法仍然认为 G7 单元格是第一个符合条件的单元格，因为它是从 B2 的后面，也就是 C2 单元格开始查找的，具体如图 16.18 所示。

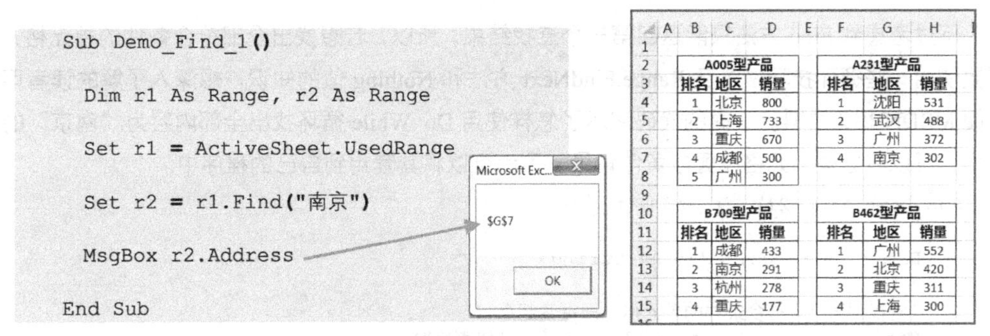

图 16.17　Range.Find 的基本用法

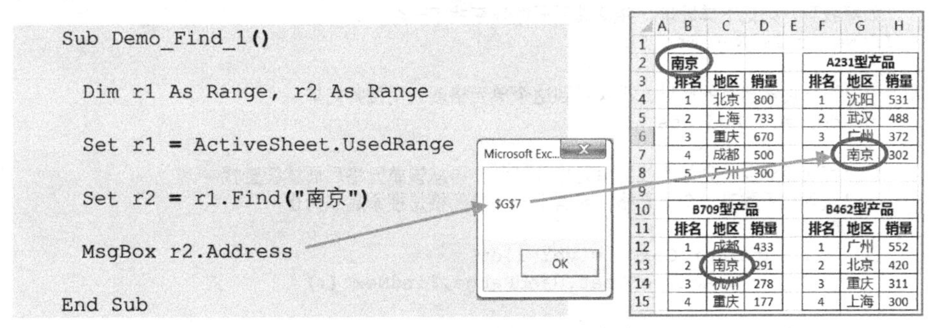

图 16.18　Range.Find 的搜索起点演示

Find 方法还提供了非常多的可选参数，完整格式如下：

```
Find( What , After , LookIn , LookAt , SearchOrder , SearchDirection,_
MatchCase ,MatchByte , SearchFormat )
```

第一个参数 What 就是要查找的内容，后面的所有参数都是可选参数，主要作用如下。

After——指定搜索起点，即从哪个单元格后面开始查找；

LookIn——指定搜索的内容类型，即"在各单元格的显示内容中查找""在各单元格的公式字符串中查找""在各单元格的批注里查找"；

LookAt——指定匹配规则，即"单元格内容必须与 What 参数完全一致"和"单元格内容只需包含 What 参数即可"；

SearchOrder——指定搜索顺序，即"逐行查找，每行从左到右"和"逐列查找，每列从上到下"；

SearchDirection——指定搜索方向。如果设为反向查找，搜索过程就会变成"从下向上"和"从右向左"；

MatchCase——是否"大小写敏感"，即大写字母与小写字母是否相同；

MatchByte——对于安装了非英文语言包的 Excel，可以用该参数指定是否以双字节为单位对单元格内容进行比较，实际工作中很少用到；

SearchFormat——可以指定一些基本的单元格格式（如字体等），让 Find 方法寻找符合该格式的单元格。

如果充分利用上面这些可选参数及 What 参数的"通配符"用法，Find 方法的功能将十分强大，但其用法也会变得非常复杂。好在对于大部分日常工作，Find 方法简单的用法就可以满足要求。

不过考虑到 Find 方法只能返回第一个查找结果，所以，若想找出全部符合条件的单元格，就需要使用一些循环技巧，以及 Range.FindNext 方法和 Nothing 值的知识，想深入了解的读者可以查阅 MSDN 相关资料。下面的代码演示了怎样使用 Do While 循环找出全部内容为“南京”的单元格，可以将这些单元格设置成黄色背景，读者可以将其套用到自己的程序中。

```
Sub Demo_Find_2()

    Dim r As Range, addr As String

    '先找到第一个符合条件的单元格，即搜索起点
    Set r = ActiveSheet.UsedRange.Find("南京")

    '如果找到，则记下其地址，并从其后面循环查找下一个
    If Not r Is Nothing Then

        '记下搜索起点的地址，再次找到这个单元格就说明搜索完毕
        addr = r.Address

        '每次循环时，先修改找到单元格的颜色，再从该单元格后面继续查找
        '直到找不到下一个单元格，或者下一个单元格是搜索起点为止
        Do
            r.Interior.Color = vbYellow
            Set r = ActiveSheet.UsedRange.FindNext(r)

        Loop While Not r Is Nothing And r.Address <> addr

    End If

End Sub
```

16.4.2 Range.Sort 方法

Range 对象的 Sort 方法可以对其内部的单元格进行排序，功能大体相当于 Excel 的排序对话框。

图 16.19 演示了 Sort 方法的基本用法，以 C 列数字为关键字，按从小到大的顺序对数据区域 B3:D7 进行了排序。

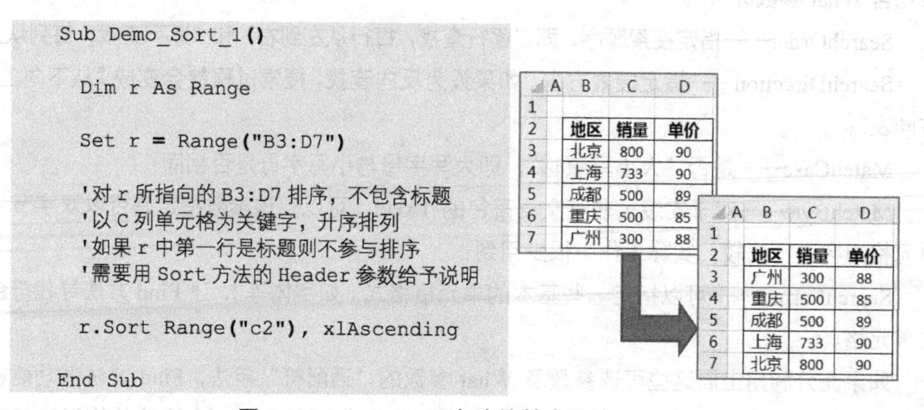

```
Sub Demo_Sort_1()

    Dim r As Range

    Set r = Range("B3:D7")

    '对 r 所指向的 B3:D7 排序，不包含标题
    '以 C 列单元格为关键字，升序排列
    '如果 r 中第一行是标题则不参与排序
    '需要用 Sort 方法的 Header 参数给予说明

    r.Sort Range("c2"), xlAscending

End Sub
```

地区	销量	单价
北京	800	90
上海	733	90
成都	500	89
重庆	500	85
广州	300	88

地区	销量	单价
广州	300	88
重庆	500	85
成都	500	89
上海	733	90
北京	800	90

图 16.19 Range.Sort 方法的基本用法

这段代码使用了 Sort 方法的前两个参数，即“关键字 1”与“关键字 1 的排序规则”。当我们

想使用 C 列作为排序关键字时，只要把 C 列中任何一个 Range 对象传递给“关键字 1”参数就可以，比如图中代码使用的 Range(“C2”)。而 xlAscending 则是 VBA 定义的系统常量，代表升序，与之对应的还有 xlDescending，代表降序。

此外需要注意的是，默认情况下 Sort 方法认为待排序区域 r 中不包含标题行，即所有内容都要参与排序。如果需要指明该区域中第一行为不参与排序的标题行，则需要使用 Sort 方法的可选参数 Header。

```
Sub Demo_Sort_2()

  Dim r As Range

  '本次待排序区域从第二行开始，包含了标题行
  Set r = Range("B2:D7")

  '对 r 所指向的 B2:D7 排序，包含标题行；以 C 列单元格为关键字，降序排列
  '将 Header 参数设为 xlYes，代表 r 中第一行为标题，因此排序不会影响这一行的单元格

  r.Sort Range("c2"), xlDescending, Header:=xlYes

End Sub
```

Sort 方法最多支持按照三个关键字排序，完整的参数格式如下：

```
Sort ( Key1, Order1, Key2, Type, Order2, Key3, Order3, _
           Header, OrderCustom, MatchCase, Orientation, _
           SortMethod, DataOption1, DataOption2, DataOption3 )
```

其中前七个参数代表排序的主关键字及其升降序、次关键字及其升降序（第四个参数 Type 仅针对数据透视表，一般很少用到），以及第三关键字及其升降序；Header 参数则代表是否包含标题；OrderCustom 参数允许使用“自定义排序规则”，比如按照“甲乙丙丁”进行排序；MatchCase 参数用于设定排序中是否认为大小写字母相同；Orientation 参数可以设定为 xlSortRows 或 xlSortColumns，分别代表“按行排序”和“按列排序”；SortMethod 参数可以指定排序方法为“拼音（xlPinyin）”和“笔画（xlStoke）”。

最后 3 个 DataOption 参数用于指定 Key1、Key2 和 Key3 是否将数字形式的字符串看作普通数字进行排序。如果设置为 xlNormal，对字符串“423”和“5”排序时前者小于后者，因为字符“4”的 ASCII 码小于字符“5”；设置为 xlSortTextAsNumbers 后，二者都会被当作普通数字，结果就是“423”大于“5”。

由于 Sort 方法最多只能按照 3 个关键字排序，所以如果需要按照更多关键字联合排序，应使用循环结构。其基本思想是：假如需要按照 5 个关键字进行排序，可以做一个重复 5 次的循环，第一次按照第五关键字排序、第二次按照第四关键字排序……直至最后一次循环时按照主关键字排序。有兴趣的读者可以自己尝试编写代码，或者参阅视频课程中的讲解。

本章小结

Range 是 Excel 数据处理中最常用的对象，其功能与数据和格式处理密切相关。在本章介绍的 Range 对象知识技巧中，需要读者重点领会的内容包括：

★ Range.Cells 代表其内部所有单元格的集合，并以左上角单元格为第一行第一列。可以使用 For Each 循环扫描 Range.Cells 中的每个单元格。
★ 将 Range 对象作为参数，可以在自定义公式中处理任意单元格区域。
★ Range.Rows 和 Range.Columns 代表 Range 中所有行和所有列，可以进一步通过它们的 Count 属性得到该 Range 对象的总行数和总列数。
★ Range.Row 和 Range.Column 属性代表 Range 对象左上角单元格所在的行号和列号，Range.Address 属性可以返回绝对引用形式的地址字符串。
★ Range.Formula 属性可以返回 Range 中的公式字符串。
★ Range.MergeCells 属性可以判断 Range 对象是否包含合并单元格，如果返回 Null，则代表其中一部分单元格处于合并状态。
★ 可以通过设置 MergeCells 属性，或者使用 Merge/UnMerge 方法合并或拆分单元格。
★ 可以使用 Offset 和 Resize 属性重新定位 Range 对象，或者使用 CurrentRegion 属性得到该 Range 对象所在的连续数据区域。
★ 可以使用工作表的 UsedRange 属性获得该工作表中包含所有使用过单元格的矩形区域，“使用过”的含义包括只更改过格式的单元格。
★ 可以使用 Application 对象的 Intersect 方法取得多个 Range 的重叠区域。
★ Range.Find 方法是从指定位置（默认为左上角第一个单元格）的后面开始查找。
★ 使用 Range.Sort 方法时，默认该 Range 中不包含标题行。

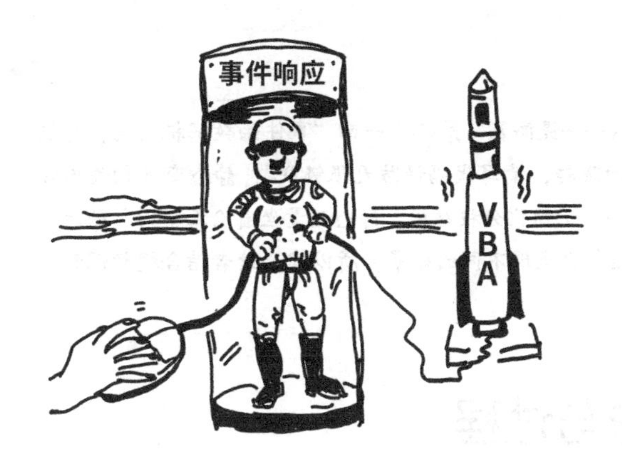

第 17 章

"神经"的连通——编写事件处理程序

不仅教师喜欢用拟人化的方式描述计算机系统，社会大众也愿意把计算机看作一个能够像人类一样思考和行动的仿生体，这从"人工智能""机器人"等流传甚广的名词即可见一斑。但是正如佛教里总结的"六根六识"所说，人类可以通过眼、耳、鼻、舌、身随时捕捉外界的变化，并瞬间开启针对性的思考和判断，从而及时实施正确的反应行为。然而到目前为止，我们编写的 VBA 程序仍然像一台停放在车间里的机器，只有单击"运行"按钮才会开始工作，对用户的其他操作完全没有任何知觉。

能否编写一个 VBA 程序，一旦用户在 Excel 中执行了某个操作（比如单击某个单元格），就让它自动运行呢？答案是肯定的，因为 Excel VBA 支持"事件编程"。更形象地说，Excel 已经为 VBA 培植好很多根"神经"，每根"神经"都能够感知某个事件的发生（比如单击单元格）。我们只要把编写的 VBA 程序连接到"神经"上，它就会在发生这个事件时自动运行。

本章将为读者介绍 VBA 事件编程的基本概念和过程，并详细讲解几个常用事件的应用与要点。此外，本章还会讲解访问修饰符与静态变量的知识，因为在事件编程及后面的窗体编程中会经常用到这些概念和技巧。

通过本章的学习，读者将掌握以下知识：

★ 编写事件响应程序的一般步骤。

★ 工作簿和工作表的常用事件。

★ 事件级联的产生原因与解决办法。

★ Public 和 Private 的含义。

★ 静态变量及其作用。

本章主要内容对应视频课程“全民一起 VBA——提高篇”第二十一回“事件函数伺机而动，时机成熟一触即发”和第二十二回“巧用事件实现自动跳转，慎写代码谨防无限级联”；静态变量相关内容则在“全民一起 VBA——提高篇”第三十二回“Select 简化分枝结构，静态变量坐看沧海桑田”的后半部分专门讲解。由于事件程序可以多次运行，而且每次呈现不同的效果，所以建议读者结合视频课程中的动态效果演示参照学习。

17.1 事件编程基本概念与过程

17.1.1 事件与事件响应

“事件（Event）”是 VBA 中一个比较抽象的概念，可以把它理解为 Excel 的状态“发生变化”。比如打开一个工作簿文件、删除一张工作表、让光标切换到另一个单元格、修改一个图表，甚至到达了一个新的时间点、用户按某些组合键等无法观察到的变化，都可以看作发生了一个事件。根据事件的“发生地”即“事件源”的不同，Excel 事件可以归为以下几类①：

★ Excel 应用程序（Application）事件，比如 Excel 创建了一个新的工作簿；

★ 工作簿（Workbook）事件，比如一个工作簿发生打开、关闭或保存等动作，或者在工作簿中新建了一张工作表；

★ 工作表（Worksheet）事件，比如工作表中某个单元格被修改，或者某个公式被重新计算等；

★ 图表（Chart）事件，比如图表中某个对象被选中，或者数据系列被更改；

★ 窗体（UserForm）事件，比如用户窗体中某个按钮被单击等；

★ 与对象无关的事件，主要包括 OnTime 和 OnKey 事件。这两个事件属于 Application 对象，但用法和工作方式与其他事件不同。

VBA 给以上每类中的每个事件都起了独特的名字，比如将“工作簿被打开”事件命名为“Workbook.Open”。VBA 还针对每个事件指定了响应方法的名称，比如与 Workbook.Open 对应的响应方法名为“Workbook_Open”。这样，一旦 Excel 中发生了“工作簿被打开”事件，VBA 就马上在代码中寻找形如“Sub Workbook_Open() … End Sub”的子过程。如果我们确实在指定模块中编写了名为“Workbook_Open”的子过程，VBA 就会找到它并自动运行。

所以，如果希望编写一个程序，使之能在用户执行某种操作，或者 Excel 发生某种变化时自动运行，只要搞清楚这种操作对应的事件及响应方法的名称即可。下面以工作簿的打开和关闭事件为例，阐释事件编程的具体步骤。

17.1.2 事件编程的基本步骤

我们先考虑一个简单而有趣的小功能：可否在每次打开工作簿时自动弹出消息框，向用户问好并告知当前系统时间？如图 17.1 所示。

---

① 此分类参考了 Jonh Walkenbach 所著 *Excel 2013 Power Programing With VBA*，中文译名：《Excel 2013 高级 VBA 编程宝典（第七版）》，清华大学出版社，2014，P553。

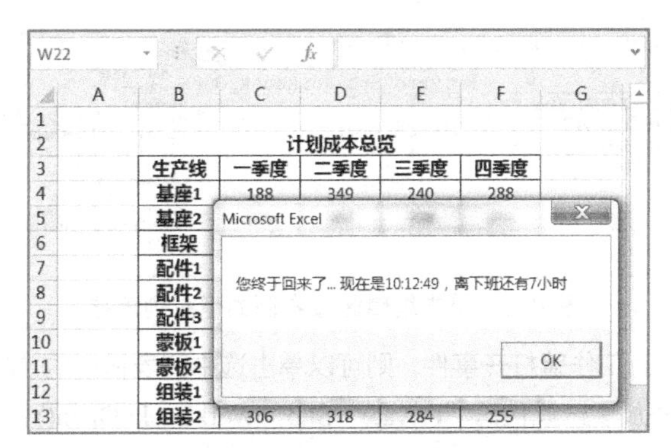

图 17.1　打开工作簿时自动弹出时间提示

如果只是编写程序弹出图 17.1 中的对话框，读者在学习过日期函数的知识后应该都能想出办法。但是想让程序在打开工作簿时自动运行，就必须搞清楚“工作簿被打开”所对应的事件。

前面刚刚讲过，这个事件的名称是 Workbook.Open。不过这里假设读者并不了解这个信息，完全不知道工作簿被打开时会触发哪个事件，只能通过猜测来完成任务。这样，我们可以通过本例学会猜测事件名这个重要技能，从而做到举一反三。

在 VBA 编辑器的工程窗口中，除了“模块”，还可以看到“Microsoft Excel 对象”下面有多个条目（模块），每个名为“Sheet N”的模块都对应该工作簿中的一个工作表，而“ThisWorkbook”则对应工作簿本身。这些工作表或工作簿模块的主要用途就是为我们提供书写事件响应方法的场所，即发生在谁身上的事件，响应方法就要写在谁的对应模块中。

不仅如此，VBA 还在每个模块中列出了该对象的所有事件响应方法的名称，我们可以从中找到想要处理的事件。比如，“工作簿被打开”显然与“工作簿”有关，所以优先考虑在 ThisWorkbook 中查找相关事件。具体操作如下：

（1）在工程窗口中双击“ThisWorkbook”，使 VBE 右边出现白色编辑区域。

（2）单击编辑区域左侧的下拉列表框，选中“Workbook”对象，如图 17.2 所示。

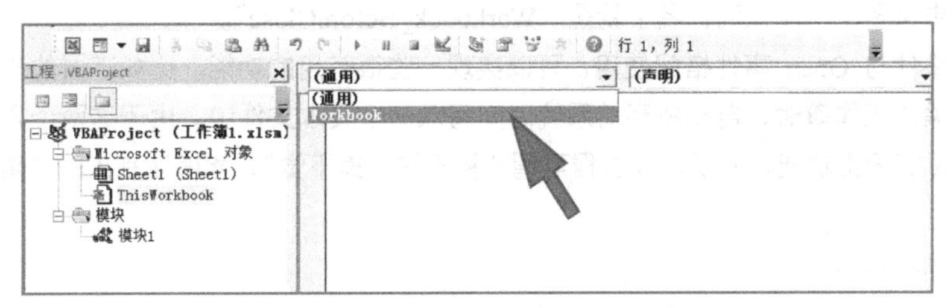

图 17.2　单击编辑区域左侧的下拉列表框

（3）单击编辑区域右侧的下拉列表框，可以看到 Workbook 中所有事件的名称，如图 17.3 所示。

凭借这些方法名中单词的含义，就可以大致猜测每个事件的触发条件。比如“NewSheet”，就是当工作簿中新建了一个工作表时触发的事件；而“Open”的含义很明显代表“打开工作簿”。如果无法确定自己的猜测，可以访问 MSDN 中每个 Excel 对象（如 Worksheet、Workbook、Application 等）的描述页面，查看其支持的事件列表。

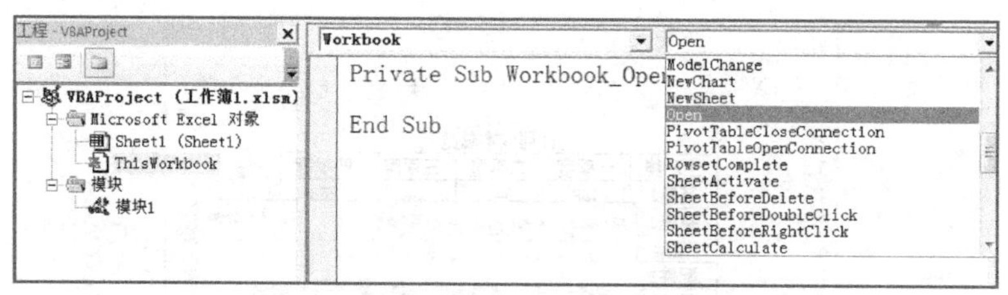

图 17.3　单击编辑区域右侧的下拉列表框

既然猜测“Open”为工作簿打开事件，则可以单击选中列表框中的“Open”条目，就能发现VBA在编辑器中自动添加了一段代码“Private　Sub　Workbook_Open() … End Sub”[1]，这就是工作簿打开事件的响应方法。只要在这个方法的Sub和End Sub之间书写代码，即可实现“自动提示时间”的功能。具体代码如下：

```
Option Explicit
Private Sub Workbook_Open()
    Dim s As String
    '用变量 s 存放最终显示的字符串，Time 函数可获得当前时、分、秒
    s = "您终于回来了... 现在是" & Time() & "，离下班还有"
    '使用 DateDiff 计算当前时间与 17 点之间的距离（单位：小时）
    s = s & DateDiff("h", Time(), "17:00:00") & "小时"
    '将变量 s 的内容显示在消息框中
    MsgBox s
End Sub
```

先将这段代码写在“ThisWorkbook”模块中，然后保存并关闭工作簿文件，再次打开该文件时就会看到弹出的消息框，效果如图17.1所示。

还可以在一个模块中添加更多的事件。比如对于“ThisWorkbook”，在其方法列表中有一个名为“BeforeClose”的方法，顾名思义，应该是在每次关闭工作簿之前自动运行的程序。选中它之后发现模块中又多了一段代码，名字就是“Workbook_BeforeClose”。

将这个事件与Open事件搭配使用，可以实现一些很有用的功能。比如下面的代码，能够在每次打开和关闭工作簿时，自动将当前系统时间写入一个文本文件中。由于这两个方法没有使用任何MsgBox等输出功能，所以记录过程可谓“神不知，鬼不觉”，能够让别人的“偷窥”行为无处藏身[2]。

```
Option Explicit

'每次关闭工作簿时自动运行，将当前时间追加到 mylog.txt 中
Private Sub Workbook_BeforeClose(Cancel As Boolean)
```

---

① 事实上，由于Open是Workbook中最常用的事件，只要在编辑器左侧的下拉框中选中“Workbook”，VBA就直接把它添加到编辑器中，不必在右侧方法列表中选择。不过Workbook的其他方法则没有这个特殊待遇，必须在右侧列表框中单击选中。

② 如果先在Excel中禁用VBA，再打开工作簿，Open和BeforeClose等所有的VBA程序都无法运行，日志功能也随之失效。对于这个问题，有兴趣的读者可以上网搜索相关介绍，比如“不允许运行宏就无法看到关键数据”等技巧。归根结底，在计算机世界中，每种防范技巧都有对应的破解方法，只不过难度不同而已。

```
    Open "d:\vbademo\mylog.txt" For Append As #1
    Print #1, "关闭文件时间：" & Now()
    Close #1
End Sub

'每次打开工作簿时自动运行，将当前时间追加到 mylog.txt 中
Private Sub Workbook_Open()
    Open "d:\vbademo\mylog.txt" For Append As #1
    Print #1, "打开文件时间：" & Now()
    Close #1
End Sub
```

通过这两个例子可以总结出编写 VBA 事件程序的主要步骤：

（1）确定事件的名称（Open、Close 等）和所属对象（工作簿、某个工作表等）。这些信息可以查阅资料获取，也可以直接在各个模块中翻阅下拉列表框查找。

（2）在 VBE 的工程窗口中双击该对象的对应模块，并在编辑器下拉列表中选中该事件的名称。

（3）在自动生成的该事件方法中写入代码，实现具体的功能要求。

需要补充说明的是：工作表、工作簿及图表对象的事件，可以直接写到工程窗口“Microsoft Excel 对象”的对应模块中；窗体对象的事件可以写到工程窗口“用户窗体”的对应模块中；但是 Application 对象的事件（比如创建新工作簿事件 NewWorkbook）却没有对应模块，必须手动创建一个“类模块”，并在其中进行一些特殊设置才可以编写代码。鉴于 Application 对象事件涉及知识较多，而实际应用较少，本章在后面仅对其进行简单讲解。

17.2 Excel 常用事件

17.2.1 工作表事件

工作表事件在 VBA 编程中经常用到，其中最重要的莫过于 SelectionChange 和 Change 事件。

1. SelectionChange 事件

只要工作表中有一个单元格范围被选中，就会触发 SelectionChange 事件。比如用鼠标单击一个单元格，用键盘方向键选中一个单元格范围，甚至通过 VBA 程序执行“Range(“A1:B5”).Select”这样的代码，都会触发 SelectionChange 事件。

SelectionChange 事件的响应方法名为“Worksheet_SelectionChange”，只要模仿上一节中介绍的步骤，在工程窗口中双击某个工作表模块，并在编辑窗口左侧的下拉列表框里选中“Worksheet”，VBE 就会自动将其插入到代码中，如图 17.4 所示。

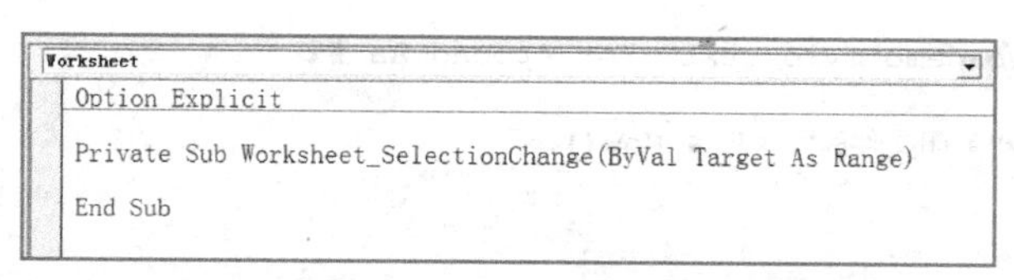

图 17.4 SelectionChange 事件的响应方法

与 Workbook_Open 方法不同，Worksheet_SelectionChange 方法带有一个名为 Target 的 Range 类型参数。这个参数代表的就是刚刚被选中的单元格范围，也就是触发 SelectionChange 事件的源头。例如，当用户单击选中工作表 Sheet2 的 A5 单元格时，Excel VBA 就会自动调用写在 Sheet2 模块中的 Worksheet_SelectionChange 方法，并将 Range("A5") 作为 Target 参数传递给它。读者可以在自己的计算机上实践如图 17.5 所示的简单示例，通过 Target 参数随时显示用户选中的单元格地址。

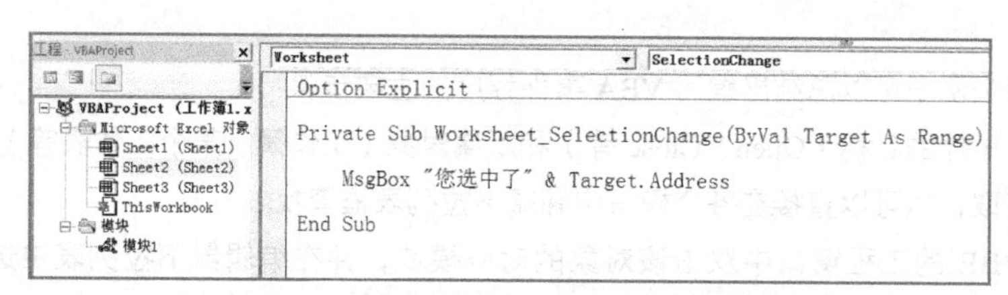

图 17.5 SelectionChange 事件的 Target 参数

需要注意的是，图 17.5 示例中的 Excel 工作簿共有三张工作表，所以工程窗口中可以看到三个 Sheet 对象。如果上面的代码写在"Sheet2"模块中，那么只有在 Sheet2 工作表中选中单元格，才会自动运行 Worksheet_SelectionChange 方法并看到消息框，单击其他工作表中的单元格不会有任何反应。因此，请读者务必记住：每个工作表都是独立的对象，在某个工作表模块中编写的事件代码仅对该工作表有效。

利用 SelectionChange 事件可以实现很多有用的功能，比如下面这段代码可以模仿 WPS 办公软件中内置的"聚光灯"效果。(为使示例尽可能清晰易懂，这段代码假设工作表中所有单元格都没有设置背景色。如果需要原表格中存在多种背景色，就需要用到静态变量乃至异或运算等技巧，同时最好将涂色单元格限定在屏幕显示范围内，以提高刷新速度。另外在某些版本的 Excel 中，需要将 Cells.Interior.Color=xlNone 改为 Cells.Interior.ColorIndex=xlNone 才能正常运行，否则会将背景涂为黑色。)

```
Private Sub Worksheet_SelectionChange(ByVal Target As Range)

    Dim r As Long, c As Long, rMax As Long, cMax As Long

    '用变量 r 和 c 代表被选中单元格 Target 的所在行号和列号
    r = Target.Row: c = Target.Column

    '用变量 rMax 和 cMax 代表表格中所有单元格的最大行号与最大列号
    rMax = Cells.Rows.Count: cMax = Cells.Columns.Count

    '先将所有单元格的背景色设为"无色"，以清除上次的高亮效果
    Cells.Interior.Color = xlNone

    '将 Target 所在行的第一列至最后一列全部设为黄色高亮背景
    Range(Cells(r, 1), Cells(r, cMax)).Interior.Color = vbYellow
```

```
    '将 Target 所在列的第一行至最后一行全部设为黄色高亮背景
    Range(Cells(1, c), Cells(rMax, c)).Interior.Color = vbYellow
End Sub
```

利用 Target 参数还可以把 SelectionChange 事件的影响范围限定在某个区域内，比如案例 17-1 中要求的“聚光灯”效果。

案例 17-1：请为图 17.6 所示的工作表添加“聚光灯”效果，当用户单击 C4:F10 区域中任何单元格时，都可以将该单元格所在行列高亮显示，以便清晰地看出该单元格数据对应哪条生产线和哪个季度。

计划成本总览

生产线	一季度	二季度	三季度	四季度
基座1	188	349	240	288
基座2	270	307	328	251
框架	316	277	392	335
配件1	220	199	263	272
配件2	110	317	179	318
组装1	255	221	139	387
组装2	306	318	284	255

图 17.6　案例 17-1 的运行效果示例

与前面列出的“聚光灯”效果的代码相比，这个案例的需求有两点变化：首先，需要高亮显示的范围不再是从工作表第一行到最后一行或从第一列到最后一列，而是从第三行到第十行、从第二列到第六列；其次，只有 Target 的行号在 4 到 10 之间、列号在 3 到 6 之间，即由于用户单击了 C4:F10 中的单元格而引发 SelectionChange 事件时，才执行高亮显示等代码。因此，应该在程序中先对 Target 的行列号进行判断，再决定是否修改背景色。具体代码如下：

```
Private Sub Worksheet_SelectionChange(ByVal Target As Range)

    Dim r As Long, c As Long

    '用变量 r 和 c 代表被选中单元格 Target 所在的行号和列号
    r = Target.Row: c = Target.Column

    '只有当 Target 的行号和列号都在 C4:F10 之内时，才执行高亮效果
    If r >= 4 And r <= 10 And c >= 3 And c <= 6 Then

        '先将区域内所有单元格设为“无色”，以清除上次的高亮效果
        Range("B3:F10").Interior.Color = xlNone

        '将 Target 所在行的第一列至最后一列全部设为黄色高亮背景
        Range(Cells(r, 2), Cells(r, 6)).Interior.Color = vbYellow

        '将 Target 所在列的第一行至最后一行全部设为黄色高亮背景
        Range(Cells(3, c), Cells(10, c)).Interior.Color = vbYellow

    End If

End Sub
```

其实这段代码中判断 Target 是否处于 C4:F10 区域的语句还可以换一种方式实现，即使用 Application.Intersect 方法：假如 Target 位于 C4:F10 区域内，那么 Application.Intersect(Target,

Range("C4:F10"))返回的结果（二者的重叠区域）等于 Target 本身；如果 Target 在 C4:F10 区域外，二者就不存在重叠区域，会返回 Nothing。使用 Intersect 方法判断一个区域是否位于另一个区域的方法，在实际开发中也很常用，特别是当某个区域的边界不规则时。

2. Change 事件

当表格中某个单元格的内容发生变化，或者刚刚退出编辑状态时，都会引发 Change 事件，对应的响应方法为 Worksheet_Change。需要特别提醒读者的是，如果用户双击某个单元格使其进入了编辑状态（可以看到光标在单元格中闪烁），那么即使没有修改任何内容，只要单击其他位置使之退出编辑状态，一样会引发该表格的 Change 事件。

Worksheet_Change 方法的格式和用法与 Worksheet_SelectionChange 方法完全相同，也带有一个 Target 参数，代表刚刚编辑过的单元格。这个事件经常被用于检查指定区域的数据格式，比如将下面的代码加入图 17.6 的工作表模块后，每当用户编辑了 C4:F10 区域中某个单元格，该程序都会自动检查单元格的最新内容是否为数字格式。如果不是，就会弹出警告框，并选中该单元格要求用户修正，效果如图 17.7 所示。

```
Private Sub Worksheet_Change(ByVal Target As Range)

    '利用 Intersect 方法判断用户修改的单元格 Target 是否位于数据区域内
    '如果位于 C4:F10 区域，Intersect 就不会返回 Nothing，判断条件结果为 True
    If Not Intersect(Target, Range("C4:F10")) Is Nothing Then

        '用 IsNumeric 判断 Target 的内容是否属于数字，是则判断条件为 True
        If Not IsNumeric(Target.Value) Then

            '提示用户该单元格不符合规范
            MsgBox "对不起，" & Target.Address & "中必须填写数字！"

            '将该单元格设置为"选中"状态，方便用户定位错误位置
            Target.Select

        End If

    End If

End Sub
```

计划成本总览

生产线	一季度	二季度	三季度	四季度
基座1	188	349	240	288
基座2	270	1·abc	328	
框架	316	277	392	
配件1	220	199	263	
配件2	110	317	179	
组装1	255	221	139	
组装2	306	318	284	

Microsoft Excel
对不起，$D$5中必须填写数字！
OK

图 17.7　用 Change 事件检查用户刚填写的数据

3. 其他常用事件简介

除了 Change 和 SelectionChange 事件，Worksheet 还有一些经常用到的事件。比如每当工作表

被激活（单击该工作表标签，使之显示在屏幕上，成为当前的活动工作表）时，都会触发 Activate 事件；而当激活其他工作表，使该工作表从屏幕上消失时，就会触发 DeActivate 事件。

每当尝试删除一个工作表时，会首先触发该工作表的 BeforeDelete 事件，然后才执行删除操作。所以，可以在这些事件中编写一些用于收尾工作的代码，比如将该表格中的数据紧急复制到其他工作表中，或者弹出消息框与用户“道别”。

当用户双击单元格或用鼠标右键单击单元格时，会分别引发 BeforeDoubleClick 和 BeforeRightClick 事件。编写这两个事件的代码，可以实现自定义的快捷键或弹出菜单等效果。如果工作表中有公式，那么每次重算公式就会引发该工作表的 Calculate 事件。此外，工作表还提供了很多与数据透视表（PivotTable）相关的事件。

17.2.2 工作簿常用事件

1. 再谈 Open 与 BeforeClose 事件

本章曾以 Workbook 的 Open 和 BeforeClose 事件为例，演示了 VBA 事件编程的基本步骤。读者可能注意到，BeforeClose 事件的响应方法带有一个 Cancel 参数，它的作用是什么呢?

其实 Cancel 参数的功能非常强大：只要在 Workbook_BeforeClose 内将该参数设置为 True，执行之后关闭操作就会被取消，即拒绝关闭工作簿[①]。比如在 Workbook 模块中使用下面的事件代码后，如果用户没有把该工作簿第一张工作表的 A1 单元格填写为“已完结”，就无法直接关闭该工作簿。

```
Private Sub Workbook_BeforeClose(Cancel As Boolean)

    If ThisWorkbook.Worksheets(1).Cells(1, 1) <> "已完结" Then

        MsgBox "表格尚未完成，请继续编辑！"

        Cancel = True

    End If

End Sub
```

另外，为了兼容早期 Excel（Office 97 之前版本）的事件编程模型，现在的 VBA 中还可以使用一些特殊的方式实现某些事件效果，最典型的就是工作簿的打开与关闭。读者可以在工程窗口中随便插入自定义模块，并在其中编写两个宏，名字分别为“Auto_Open”和“Auto_Close”。编写一些代码并保存工作簿后就会发现，每当打开这个工作簿时，Auto_Open 宏就会自动运行；每当关闭工作簿时，就会自动运行 Auto_Close。

不过这两个特殊的宏名只是为了兼容老版本而存在，微软公司建议开发者尽可能使用 Workbook_Open 和 Workbook_BeforeClose 事件。除非有特殊需要，否则不建议使用 Auto_Open 和 Auto_Close 宏。

---

① 之所以能够在被调用函数 Workbook_BeforeClose 中使用 Cancel 参数反向控制调用方 Excel 的行为，是因为 Cancel 参数默认为“引用传递”方式。

2. 其他常用工作簿事件

与工作表对象一样，工作簿对象也支持很多不同用途的事件。比如每当新建工作表（或图表）时，就会触发工作簿的 NewSheet 事件，参数 sh 就是新增的 Worksheet 对象（如果新增图表，则是 Chart 对象）。如果希望为每个新添加的工作表都设置统一的格式，或自动填写一些初始数据，就可以使用这个事件的响应方法。

与工作表一样，工作簿也有自己的 Activate 和 DeActivate 事件，分别在将工作簿选为活动状态或取消激活时触发。工作簿还支持 BeforePrint、BeforeSave 和 AfterSave 等事件，如果需要在打印工作簿或保存工作簿时执行操作，可以使用这些事件的响应方法。

此外，工作簿中某些事件的触发条件与工作表中某些事件相同，比如 Workbook 对象的 SheetBeforeDelete 事件与 Worksheet 对象的 BeforeDelete 事件。当在工作簿中删除工作表时，这两个事件的响应代码都会被执行，只是执行顺序有先后之分（先执行工作表的 BeforeDelete 事件，后执行工作簿的 SheetBeforeDelete 事件）。

17.3 事件级联

事件编程看起来并不复杂，但是实际使用中却可能遇到很多陷阱。这是因为事件响应程序的控制权完全掌握在 Excel 手中，完全由计算机决定何时运行程序、何时退出程序、传递什么参数等，所以难免存在与我们的理解相异的情况。

最常见的问题就是“事件级联”。“级联”是指一个事件会自动引发一个新的事件，新事件还会引发另一个新事件……如同“链式反应”。下面就是一个典型的事件级联问题。

在图 17.7 的例子中，响应方法 Worksheet_Change 能够自动检查用户刚刚编辑过的单元格内容是否为数字。假如进一步完善程序，在发现用户输入的内容不是数字时不仅弹出提示框，还将该单元格的内容自动修改为“错误”两个字以加重警告，应该怎样编写代码呢？估计大部分读者首先想到的是下面的方案。

```
Private Sub Worksheet_Change(ByVal Target As Range)

        '用 IsNumeric 判断 Target 的内容是否属于数字，是则判断条件为 True
        If Not IsNumeric(Target.Value) Then

            '提示用户该单元格不符合规范
            MsgBox "对不起，" & Target.Address & "中必须填写数字！"

            '将该单元格内容自动修改为“错误”
            Target.Value = "错误"

        End If
End Sub
```

请读者写好代码后先保存好工作簿文件，然后将 C4:F10 中某个单元格的内容修改为非数字形式。这时就会发现，屏幕上会不断重复地弹出“对不起，××中必须填写数字”的消息框，无论单击多少次“确认”按钮都无用，只能像对待死循环一样按“Ctrl + Pause”组合键或在任务管理器中强行中断 Excel 进程。

分析这个程序的执行过程，就能找到原因：

（1）用户输入非数字内容后，Excel 自动执行该工作表的 Worksheet_Change 方法。

（2）在 Worksheet_Change 方法中，首先弹出消息框，接下来执行赋值语句 Target.Value = “错误”，修改了该单元格的内容。

（3）由于（2）中的赋值语句导致单元格内容被修改，所以立即引发了新的 Change 事件，于是在当前 Worksheet_Change 没执行完毕的情况下，VBA 又调用了 Worksheet_Change 方法。

（4）新 Worksheet_Change 方法同样执行步骤（2）的操作，弹出消息框并再次修改单元格内容[①]，于是再次引发新的 Change 事件……如此反复，形成事件级联。

通过这个例子，相信读者可以感受到事件级联的原因和后果。那么怎样既能实现自动修改的功能，又能避免事件级联呢？一般可以采用两种办法。最简单的办法是设置 Application 对象的 EnableEvents 属性，暂时禁止 Excel 的事件机制。

Application.EnableEvents 属性可以取值为 True 或 False。如果设置为 True，代表当前允许 Excel 正常响应任何事件；如果设置为 False，则代表让 Excel 暂停响应各种事件，直到再次设置成 True 为止。所以，如果在导致事件级联的语句（比如上例中的 Target.Value=“错误”）之前先将 EnableEvents 属性设置为 False，待该语句执行后再将其恢复为 True，就可以避免事件级联的发生。具体代码如下：

```
Private Sub Worksheet_Change(ByVal Target As Range)

    If Not IsNumeric(Target.Value) Then

        MsgBox "对不起，" & Target.Address & "中必须填写数字！"

        '暂时禁用事件机制，这样在执行下面的赋值语句时不会引发任何
        '新的事件，从而不可能发生事件级联
        Application.EnableEvents = False

        Target.Value = "错误"

        '恢复事件机制
        Application.EnableEvents = True

    End If

End Sub
```

Application.EnableEvents 属性虽然简单易懂，但也存在缺陷。因为将其设置为 False 后，不仅会禁用我们担心发生级联的 Change 事件，而且会禁用 Excel VBA 能响应的所有事件。因此，如果只是想避免 Change 事件导致的级联，但是仍然希望 VBA 能够响应其他事件，就无法使用 EnableEvents 属性。

事实上，对于这种需求，软件行业更常见的解决方案是使用静态变量实现一个“事件锁”。待下一节讲解完静态变量的概念后，读者就可以体会到使用这种方式的巧妙之处。

---

① 虽然在 Target.Value = “错误” 执行之前单元格内容已经是“错误”，但只要执行过针对单元格的赋值语句，就被认为修改了单元格内容。

17.4 访问修饰符与静态变量

17.4.1 访问修饰符

读者可能注意到，在 VBA 自动生成的事件响应方法代码中，开头都会有一个“Private”关键字，比如“Private Sub Worksheet_Change(ByVal Target As Range)”。它的含义和作用是什么呢?

Private 一般被称作“访问修饰符”，代表变量或过程（包括函数、方法）只允许被它所在模块之内的代码调用，不允许被其他模块中的代码看到和使用。换句话说，如果在一个模块中使用 Private 标识了某个变量或过程，变量或过程就相当于这个模块的“私有财产”，也就是 Private 的英文含义。

与 Private 相对应，VBA 还支持另一个访问修饰符“Public”。可以想见，使用 Public 声明的变量或过程能够被任意模块中的代码看到和调用。

根据 VBA 的语法规定，在没有指明 Public 或 Private 关键字时，过程（包括函数和方法）会被默认为 Public，而变量则会被默认为 Private。所以，我们之前编写的所有 VBA 宏和函数都属于“公开可见”，允许被其他模块中的代码调用。

图 17.8 和图 17.9 使用同一个例子演示了 Private 和 Public 关键字的区别。在这个例子中，VBA 工程里共有两个模块，其中模块 2 的宏 A 在运行时会调用模块 1 的宏 B。在图 17.8 所示的代码中，宏 B 没有指定任何访问修饰符，所以默认为 Public，因此上述调用没有问题。但是在图 17.9 所示的代码中，由于宏 B 被声明为 Private，所以宏 A 对它的调用无法执行，直接导致编译错误。

我们在讲解“按值传递”和“引用传递”时曾经提过，当多个开发者分工合作开发一个软件时，应该尽可能不让自己编写的代码影响到别人编写的代码，否则很容易引起混乱。同理，一个开发者应该尽可能将自己负责开发的模块中的所有过程和变量都声明为 Private，从而禁止它被其他开发者的代码影响。只有那些必须提供给其他人调用的过程和变量，才不得不将其声明为 Public，这也是软件工程领域多年来公认的最佳实践。

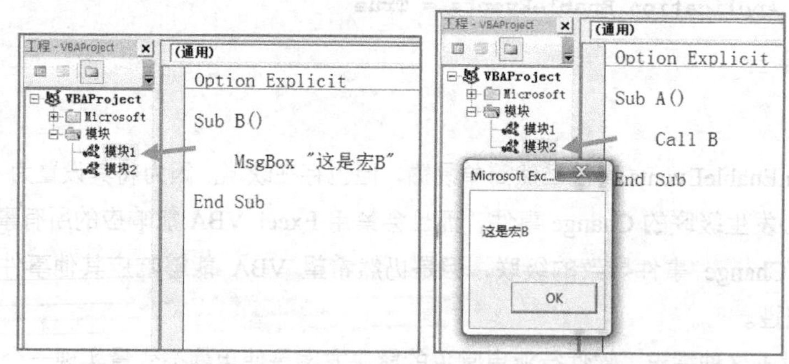

图 17.8　在模块 2 的宏 A 中调用模块 1 的 Public 宏 B

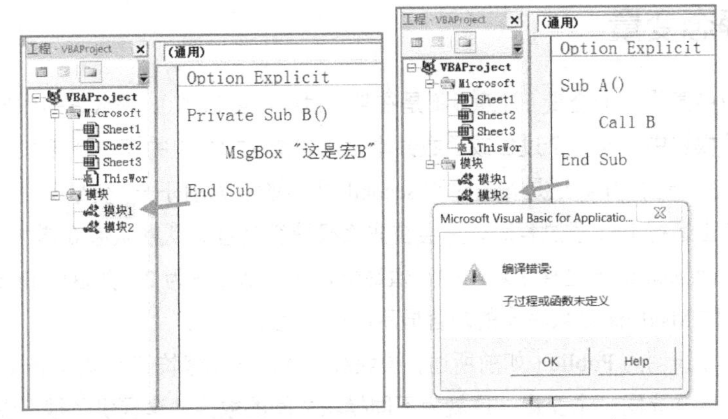

图 17.9 在模块 2 的宏 A 中调用模块 1 的 Private 宏 B

虽然编写 VBA 程序时很少出现多人合作开发的情况，但是尽可能减少公共变量与过程也非常有必要。一方面，当程序规模较大、包含多个模块时，可以降低模块间的相互影响；另一方面，那些被声明为 Private 的子过程将不会出现在 Excel 的“宏”对话框中，只有 Public 形式的子过程才会被当作可以由用户直接运行的宏。这样就可以按照结构化程序设计的要求，把一个复杂的 VBA 程序划分为多个子过程，同时只将其中的主程序显示给用户使用，避免让用户面对一长串宏名不知所措。

事件响应方法是在发生某个事件时，由 Excel VBA 直接调用运行的，因此在其他模块中编写的子过程或函数并没有权力调用这些事件响应代码。所以 VBA 规定，标准的事件响应方法都应声明为 Private，以免因错误调用引起混乱。

合理运用访问修饰符，对于事件处理有很多好处。例如，希望工作簿中的每个工作表都带有“聚光灯”效果，也就是都能够响应“SelectionChange”事件，那么就需要把案例 17-1 中的代码复制到每个工作表的代码模块中。一旦需要对这个程序进行修改（比如将颜色改为 vbRed），就不得不把每个模块中的代码都修改一遍，既烦琐，又容易出错。但如果将代码写到一个自定义模块中，并将其过程名设置为 Public，比如“Public Sub HighLightLocator (tar as Range)”，就可以避免重复修改的风险。因为可以在每个工作表的 Worksheet_SelectionChange 方法中直接调用 HighLightLocator 子过程，同时将 Excel 传给 SelectionChange 的 Target 参数也传递给 HighLightLocator，作为其 tar 参数。这样任何工作表发生 SelectionChange 事件时，都是调用同一个子过程实现“聚光灯”效果。而要修改程序时，只需修改子过程即可，完全不必调整各个工作表模块中的代码。

最后需要说明的是，由于不同模块中的变量或过程可能同名，所以在调用其他模块中的变量或过程时，建议使用“模块名.变量或过程名”完整的名称格式。比如图 17.8 中模块 2 的宏 A，最好写成下面的形式：

```
Sub a()
    Call 模块1.B
End Sub
```

17.4.2　静态变量

如果在模块中声明一个变量（注意，不是在某个过程或函数中），那么它的作用域就是整个模块，即可以被该模块中任何一个过程或函数共享。比如图 17.10 中的模块 3 定义了一个模块级变量 x，于是无论在子过程 first 还是在子过程 second 里，都可以对同一个变量 x 进行读写操作。

所以，当单击运行 first 子过程时，它会首先将模块级变量 x 从默认值 0 增加为 1；然后调用 second 子过程。而 second 子过程中对 x 的数值翻倍，使其从 1 变为 2，并返回 first 子过程中；最后，first 子过程的 MsgBox 函数将 x 的内容显示出来，也就是“2”[①]。

如果将该变量声明为 Public（如前所述，模块级变量的访问修饰符默认为 Private），则其他模块中的程序也可以共享同一个变量，这就为不同模块之间的数据共享提供了很多便利。需要注意的是，如果将模块级变量声明为 Public 或 Private，就不必再写 Dim 关键字，如图 17.11 所示。

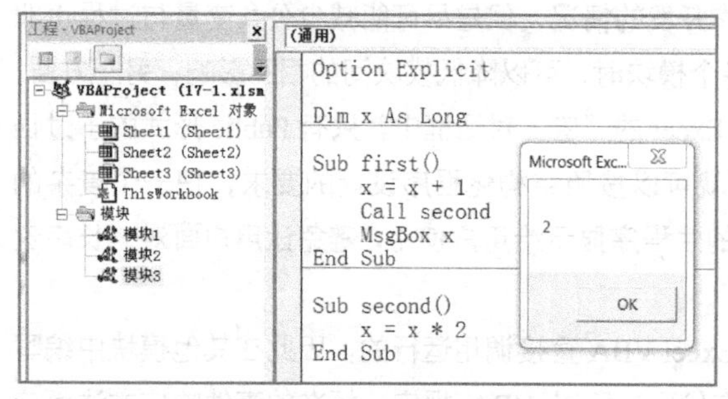

图 17.10　共享模块级变量

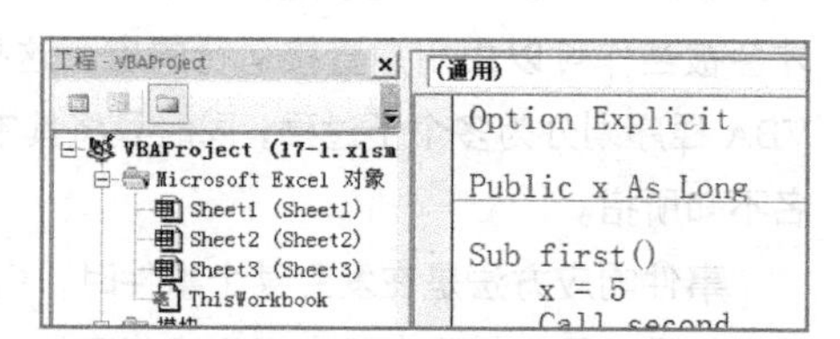

图 17.11　将模块级变量声明为 Public

既然模块级变量的作用域不局限于某个子过程内，它的生命周期也就与具体的子过程无关。比如在图 17.10 的例子中，变量 x 在用户运行 first 子过程之前就已经存在，其数值默认为 0。而当用户运行了 first 子过程（中间又调用了 second 子过程）之后，x 的数值被修改为 2。此时尽管 first 子过程和 second 子过程都已经运行结束，x 仍然存在于内存中，始终保存着“2”这个数字。

这就导致一个有趣的现象：如果此时再次运行 first 子过程，弹出的消息框中就会显示数字 6，如图 17.12 所示。

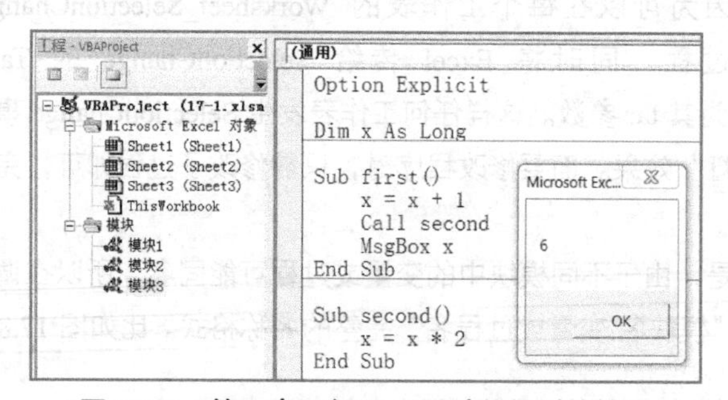

图 17.12　第二次运行 first 子过程得到的结果

为什么再次运行的结果与第一次不同呢？这是因为第二次运行 first 子过程时，x 仍然记忆着“2”这个数字，也就是第一次运行后的结果。所以执行 first 中的 x=x+1 语句后，x 的数值将会变

① 如果重复运行 first 子过程，会发现每次得到的结果都不一样。这是因为 x 也是一个静态变量。

为 3；而接下来的 second 子过程又将其翻倍，所以最终 x 变为 6。

同样的道理，第三次运行 first 程序后 x 的值会变成 14，而第四次则会变成 30，以此类推。

这种不随某个子过程的结束而消失的变量，被称为“静态变量”。模块级变量都是静态变量，无论其访问修饰符是 Public 还是 Private。VBA 的静态变量可以常驻内存并保持记忆，直到重启 Excel 或在 VBA 编辑器中单击工具栏中的“重新设置”按钮，即 ■ 。如果执行了重启操作，那么一切静态变量都会从内存中清空，下次再运行时一切如新。

除了模块级变量，定义在子过程或函数中的变量（局部变量）也可以被指定为静态变量，只要在声明时使用 Static 关键字代替 Dim 关键字即可。在这种情况下，一方面，这个变量的作用域只存在于所在的子过程中，因而不能被其他子过程访问；另一方面，即使这个子过程已经运行结束，该变量仍然存在于内存中并保持记忆。所以下次再运行这个子过程时，该变量仍然保存着上一次运行后的结果。比如图 17.13 中的 AddOne 子过程，每次运行都会得到一个新的结果，道理与图 17.12 中相同。

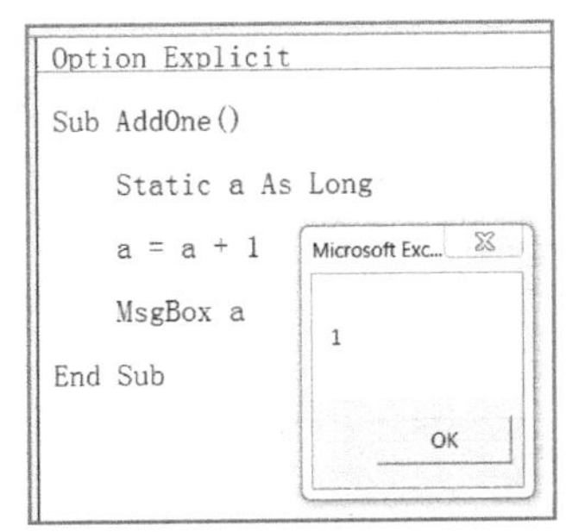

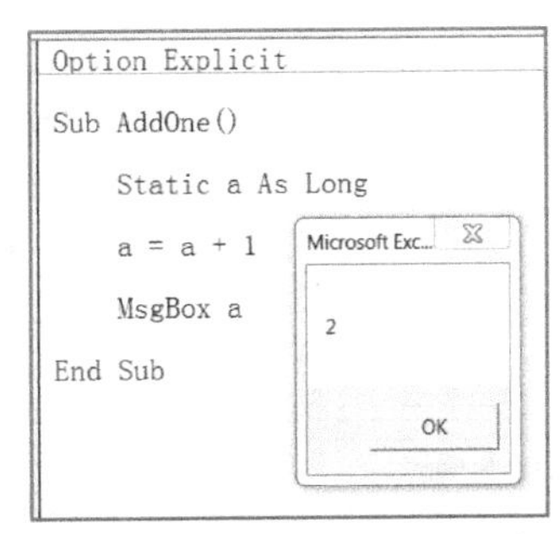

图 17.13　将局部变量声明为 Static（左图为第一次运行结果，右图为第二次运行结果）

17.4.3　静态变量在事件处理中的应用

静态变量的记忆功能有助于开发很多实用的功能。比如 17.1.2 节中演示过一个例子，利用 Open 和 BeforeClose 事件把该工作簿每次打开和关闭的时间都“悄悄”记录在一个文本文件中。利用静态变量可以进一步完善该功能：不仅记录打开和关闭时间，而且还记录用户在此期间一共修改了多少次单元格内容（假设该文件中只有一个工作表）。

具体思路如下：

（1）在工作簿模块中增加模块级公共变量 editTimes，使其可以被其他模块（如工作表模块）读写。

（2）在工作表模块中编写 Change 事件的响应方法，每当发生 Change 事件（用户修改了单元格内容）时，就将工作簿模块的 editTimes 变量增加 1。

（3）由于 editTimes 是静态变量，所以在关闭工作簿时，其数值就是工作表 Change 事件的发生次数。于是在工作簿的 BeforeClose 事件中增加代码，将 editTimes 的值也记录到文本文件中。

图 17.14 所示的程序就是按照这种思路编写的。

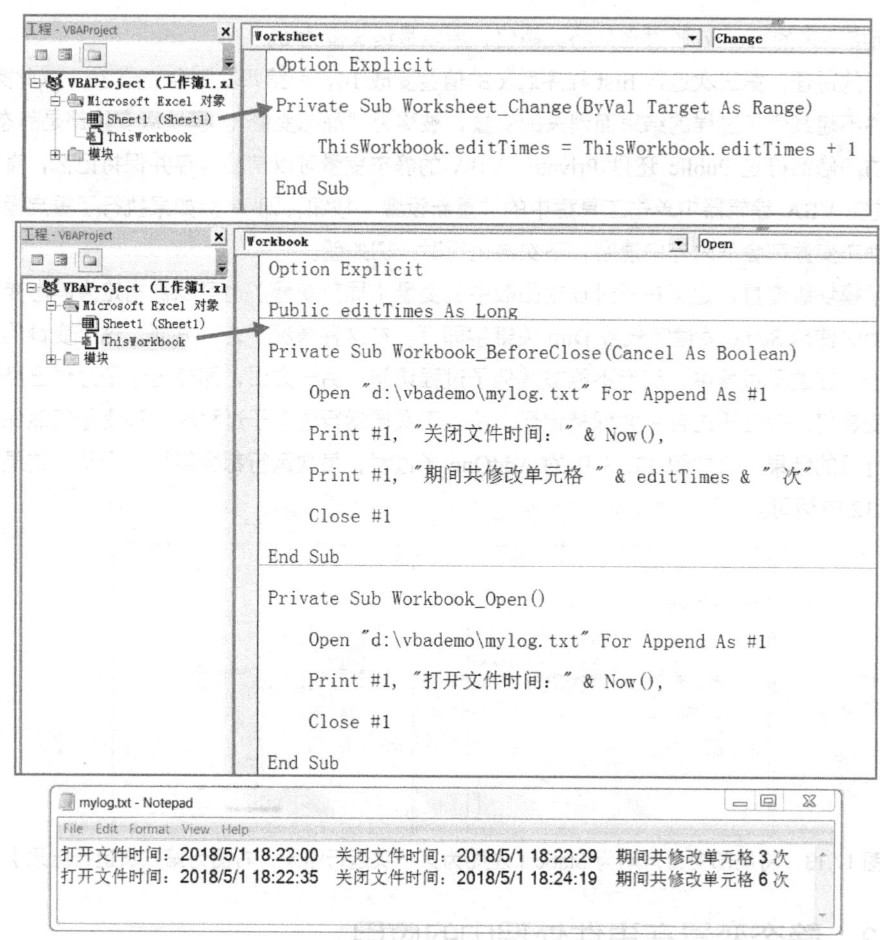

图 17.14　使用静态变量记录访问日志的代码（上图）和运行后文件内容（下图）

前面还提到过使用静态变量防止“事件级联”的思路。下面的参考代码解决了 17.3 节中的 Change 事件级联问题。

```
Private Sub Worksheet_Change(ByVal target As Range)

    Static isInEvent As Long

    '只有当 isInEvent 为 0 时，才会执行处理程序。否则直接 End Sub
    If isInEvent = 0 Then

        If Not IsNumeric(target.Value) Then

            MsgBox "对不起，" & target.Address & "中必须填写数字！"

            '在可能再次引发本事件方法之前，先将 isInEvent 设置为 1
            isInEvent = 1

            '使 VBA 再次调用本方法，但因为 isInEvent 不是 0，所以会直接结束
            target.Value = "错误"

        End If

        '将 isInEvent 设置回 0，以便用户下次更改单元格时正常运行本方法
```

```
        isInEvent = 0
    End If
End Sub
```

从代码中可以看出基本过程如下：

（1）在可能导致级联的事件方法中声明一个静态变量，可以是逻辑类型，也可以是整数类型（下面以整数类型为例）；

（2）每次执行该事件方法时，首先使用 If 结构判断静态变量的数值。如果变量是 1，就直接结束程序；如果变量是 0，就马上将它改变为 1，并执行处理代码。处理结束后将变量修改回 0。

按照这种思路，在执行步骤（2）中的处理代码之前，静态变量的数值已经变为 1。所以，如果接下来的赋值语句又引发了新的事件，使 VBA 再次执行这个事件方法，新执行的方法会直接结束，从而避免级联。在正常处理结束后，该变量又被设置回 0，所以下次用户修改单元格时还是能够正常执行校验处理的代码。

在这段代码中，变量 isInEvent 如果是一个“锁”，其取值 0 和 1 可以理解为“上锁”和“解锁”两种状态，因此可以称为“事件锁”。事件锁在专业软件开发，特别是底层系统（如操作系统）的开发中非常常用，而且还要考虑更多复杂的情况和问题（如高并发）。不过在 VBA 中，大部分情况下直接使用 Application.EnableEvents 避免级联就已经足够，这段代码仅供感兴趣的读者学习之用。

本章小结

事件驱动的编程方式为 Excel VBA 赋予了更加灵活的功能，使之可以随时监测 Excel 中发生的操作与变化，并及时做出针对性的响应。通过本章的学习，读者需要掌握的关键知识点包括：

★ 一个对象上发生的事件，其响应程序必须写在与该对象对应的模块中。

★ 事件响应程序的名称和格式是固定的，不能自己定义。

★ Workbook_BeforeClose 的 Cancel 参数可以用来取消工作簿的关闭操作。

★ 在事件处理代码中操作 Excel 可能会导致事件级联，可以用 Application 对象的 EnableEvents 属性临时禁用事件以避免级联。

★ 过程与函数的访问修饰符默认为 Public，模块级变量的访问修饰符默认为 Private。

★ 模块级变量都是静态变量，而过程中的局部变量可以使用 Static 声明为静态变量。

★ 静态变量常驻内存，直到重启 Excel 或重新设置 VBA 工程时才消失。

第 18 章

界面的革新——设计用户窗体

开发一个 VBA 程序，其实与创建一个企业或建造一座楼宇一样，既要重视内在能力（功能），也要重视外部形象，甚至在某些情况下，外部形象是否专业醒目，对产品的推广具有更加重要的意义。

软件的外部形象主要体现在“用户界面（User Interface，UI）”的设计上，也就是让用户以怎样的方式输入数据、发出命令，以及用怎样的形式将软件运行结果展现给用户。不过直到目前为止，除了 MsgBox，我们似乎没有特别提过输入/输出界面的问题。因为之前编写的 VBA 程序都直接利用了 Excel 工作表本身的输入/输出功能，比如让用户在单元格中输入数据，并用单元格显示计算结果等。

如果想提供更加专业的、定制化的图形化用户界面（Graphical User Interface，GUI），就要在 VBA 程序中设计 Windows 风格的窗体、按钮、文本框等图形界面元素，并为其编写程序。这就是本章将要讲解的“用户窗体”程序设计。通过本章的学习，读者将掌握以下知识点：

★ 开发窗体程序的主要步骤。

★ 标签、文本框、命令按钮及组合框的用法。

★ 其他常用控件的用途和特点。

★ 附件控件的使用方法。

★ 多个窗体的互相调用。

本章主要内容对应视频课程“全民一起 VBA——提高篇”第二十三回至第二十六回。此外，在“全民一起 VBA——实战篇”的专题八“高级窗体设计”中，所有课程也都与窗体设计有关。为避免重复，本书所用案例与视频课程不同，比如在讲解“附加控件”时，本书以 PDF 文件查看器为例，而视频课程则以 Web 浏览器插件为例。读者可以参照视频课程中的动画演示，与本书配合学习。

18.1　窗体程序开发过程

18.1.1　窗体与控件

“窗体（Form）”有时也被译作“表单”，可以把它理解为 Windows 等图形化操作系统中的“窗口”或“对话框”。从软件开发的角度讲，窗体就是 GUI 程序的显示区域——该程序的所有输入和输出都限定在这个区域内。

“控件（Control）”是被放置在窗体中提供某种输入或输出功能的图形化组件，比如常见的文本框、按钮、下拉列表框等。如果把窗体看作电路板，那么控件就是根据需要安插在电路板上的电阻、灯泡等零部件，它们结合在一起才构成完整的电子系统。

图 18.1 以各种编辑软件中常见的“查找/替换”对话框为例，展示了窗体与控件之间的关系。

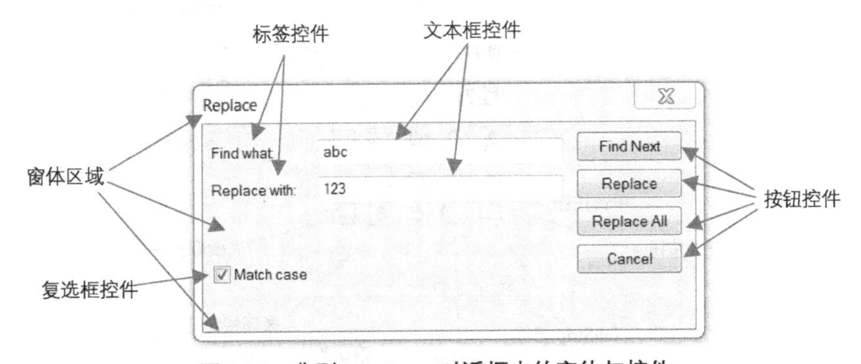

图 18.1　典型 Windows 对话框中的窗体与控件

在不同的操作系统（如 Mac OS、Windows 等）之间，同一种窗体与控件的外观也会有很大区别。本章案例均以 Windows 版的 Office 为例，但将同样的代码复制到支持窗体程序的 Mac 版 Office 中运行①，实际看到的就是 Mac 风格的窗体和控件。

18.1.2　窗体模块与设计器

在 VBA 程序中添加一个窗体很简单，只要在工程窗口中单击鼠标右键，从弹出的菜单中选择“插入”→“用户窗体”命令，就能看到新的窗体模块，并在编辑器中看到窗体设计器。

经过上述操作，我们就在 VBA 程序中添加了一个名为“UserForm1”的窗体，如果单击 VBE 工具栏上的“运行”按钮，就可以在屏幕上看到这个窗体。

不过这个窗体现在只是“一张白纸”，尚未放置任何控件，可以使用图 18.2 中的“工具箱”将各种控件加入其中（如果在 VBE 中没有看到控件工具箱，可以在 VBE 的“视图”菜单中选择“工具箱”命令）。控件工具箱中以图标形式列出了最常用的窗体控件，如图 18.3 所示。

① 在本书写作时，Excel For Mac 2016 不支持用户窗体设计，所以无法开发带有窗体的 VBA 程序。大部分 2016 之前版本的 Excel For Mac 可以支持用户窗体，但不能使用专为 Windows 开发的特殊控件。

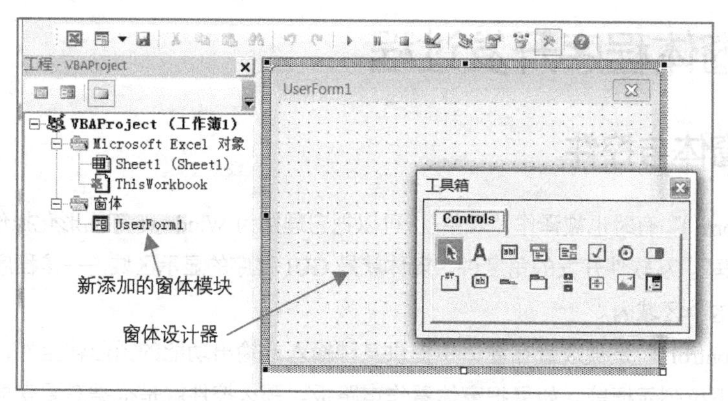

图 18.2　窗体模块与窗体设计器

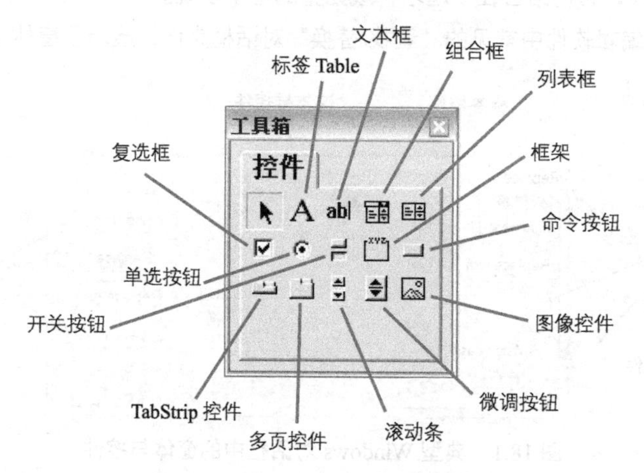

图 18.3　控件工具箱中的常用控件

这些控件中最常用的当属命令按钮、文本框、标签和组合框，稍后会介绍它们的具体用法，并简要介绍其他控件的功能和特点。下面先以命令按钮和文本框为例，演示在窗体中加入控件的过程。

若想在窗体中加入命令按钮，首先要在控件工具箱中单击命令按钮的图标。然后把鼠标移动到窗体区域内，等鼠标变成“十”字形，即进入绘制按钮的状态①。此时只要单击鼠标左键并拖动，就可以在窗体的任意位置绘制出任意大小的矩形按钮。使用同样的方法，可以向窗体中加入文本框等其他控件，每种控件都可以添加任意多个。如果想从窗体中移除某个控件，只需用鼠标选中该控件，并按 Del 键，或者选中鼠标右键菜单中的“删除”命令即可。

通过上述操作，可以绘制出稍微工整的窗体，在单击 VBE 运行按钮后，可以显示于屏幕并接受用户操作，如图 18.4 所示。不过这个窗体的标题及按钮上的文字都是 VBA 自动指定的，无法表明其功能和用途。此外，对于字号、背景颜色等格式设定，也存在进一步优化的空间。这些设置都要通过修改窗体和控件的属性来实现。

① 如果此时想放弃绘制选中的控件，可以单击控件工具箱左上角的箭头图标，鼠标就会恢复箭头形状。

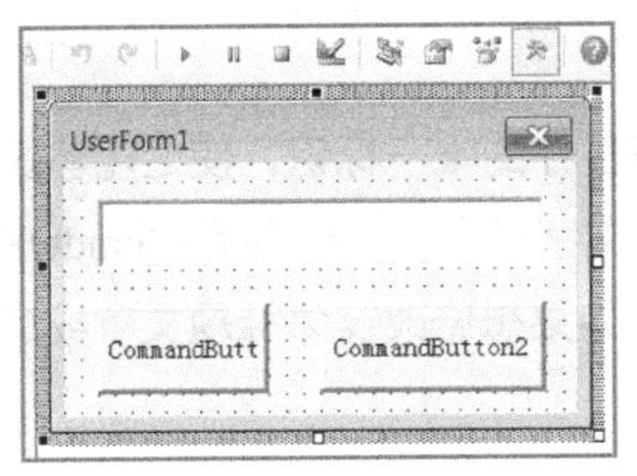

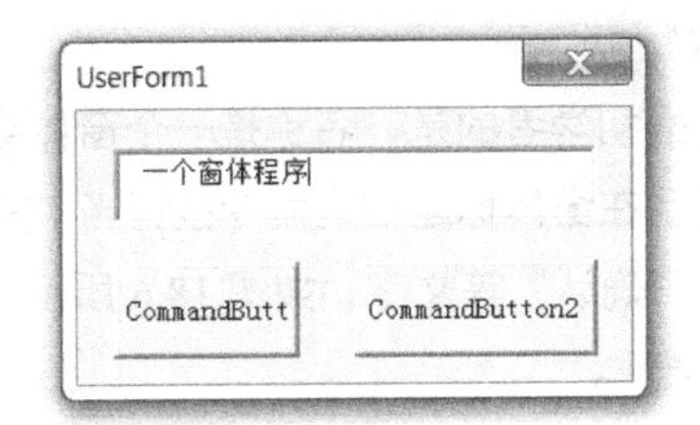

图 18.4　含有两个按钮和一个文本框的简单窗体

18.1.3　指定属性和外观

从 VBA 程序的角度看，每个窗体和控件其实都是对象，各自拥有不同的属性与方法。所以只要在代码中修改某个控件对象的属性，就会改变该控件的某些特征。

而且，即使不编写 VBA 代码，也可以修改控件和窗体的属性。这是因为 VBA 在 VBE 界面中提供了一个“属性窗口”，只要在窗体设计器里面单击某个控件或窗体，就可以在属性窗口里看到它的全部属性，并可以方便地修改每个属性的取值。

VBE 中的属性窗口如图 18.5 左下方所示。如果读者看不到该窗口，只要在 VBE 的“视图”菜单中选择“属性窗口”命令即可。

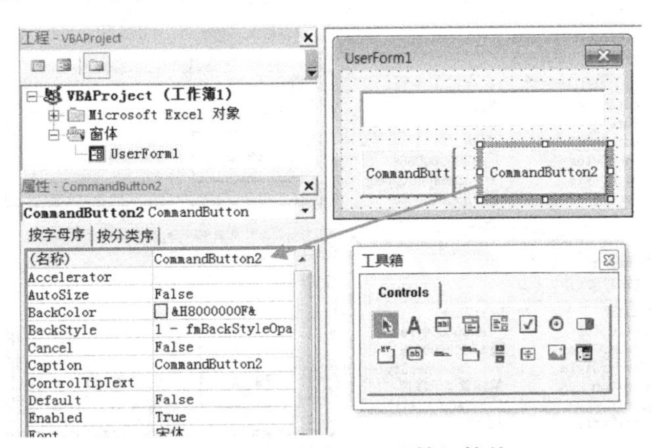

图 18.5　用属性窗口配置按钮控件

在图 18.5 中，因为窗体中名为“CommandButton2”的按钮处于选中状态，所以属性窗口中显示的是该控件的所有属性。如果选中其他控件或窗体（比如单击 UserForm1 中的某个空白位置），属性窗口的内容就会随之改变。我们可以在属性窗口标题栏下面的下拉列表框中看到当前显示的是哪个控件或窗体的属性列表。比如图 18.5 中下拉列表框的内容是“CommandButton2 CommandButton”，即当前描述的是一个名为“CommandButton2”的 CommandButton 类型（命令按钮类型）的对象。

对于任何窗体或控件来说，最重要的属性莫过于“名称（Name）”。VBA 会为每个窗体自动分配独有的名称，比如图 18.5 中的窗体名为 UserForm1。而同一个窗体中的每个控件也被分配一个独有名称，比如图 18.5 中右侧的按钮“CommandButton2”。这些自动分配的名称可以在属性窗口中修改，只要单击“名称”一行并输入新名称即可。图 18.6 就利用属性窗口将左侧按钮的名称改为了“cmdOK”[1]。

需要特别提醒初学者的是，名称是一个窗体或控件的唯一标识，使之能够区别于其他窗体或控件，而不是显示在窗体标题栏或命令按钮当中的文字信息。一个名为“cmdOK”的命令按钮，完全可以显示为“确认”等文字，如图 18.6 所示。如果想修改窗体标题文字或命令按钮文字，需要使用 Caption 属性。

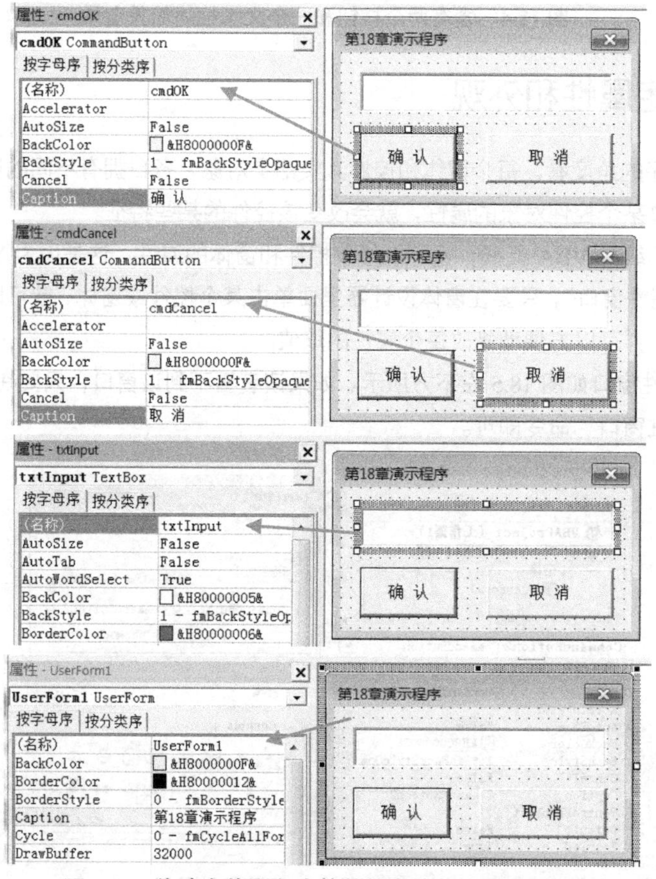

图 18.6　修改窗体和各个控件的名称与 Caption 属性

窗体及每种控件都拥有非常多的属性，这些属性大都与外观风格有关。比如单击窗体的 BackColor 属性，就可以通过“调色板”指定整个窗体的背景颜色；通过 Font 属性，则可以设置命令按钮、文本框等控件中的显示字体。

除了外观方面的属性，还有一些属性与控件的功能有关。比如所有控件都有一个 Enabled 属性，代表该控件当前是否可以使用。一旦将其设置为 False，运行窗体时就会发现该控件处于“灰色禁用”的状态。再比如，文本框控件默认情况下只允许用户输入一行文字，不允许换行；但若将其

[1] 与变量命名一样，开发者应该为每个控件和窗体都指定一个含义明确的名称。本例中使用的“cmdOK”是曾经比较流行的一种命名法，用“cmd（CommandButton）”代表命令按钮类型，“OK”则代表该按钮的含义是“确认（OK）”。同理，图 18.6 中的文本框被命名为“txtInput”，即用于输入的文本框类型（TextBox）控件。由于本例中只有一个窗体，所以只是简单起名，没有再为窗体命名。

“MultiLine”属性设置为 True，就可以通过 Ctrl 键 + 回车键在文本框中进行换行输入。

此外，如果将控件的“TabStop”属性设置为 True，那么当用户在窗体中按 Tab 键时，控件就可以自动获得焦点。如果多个控件的 TabStop 属性都为 True，那么可以调整每个控件的 TabIndex 属性，以指定它们获得焦点的先后顺序。对于需要频繁输入数据的窗体，使用 Tab 键切换焦点要比使用鼠标选择方便很多，因此很受熟练用户的欢迎。

设计好窗体及每个控件的属性和外观后，单击运行按钮就可以看到最终的窗体效果。可是在输入文字和单击按钮之后，该窗体仍然无法执行任何操作，因为还没有为其编写事件响应程序。

18.1.4　为窗体事件编写代码

窗体是一种典型的“事件驱动”系统，当用户在窗体中执行不同的操作（比如单击某个按钮或文本框）或窗体状态发生某种变化（比如窗体最小化）时，VBA 会自动找到与该事件对应的程序并执行。

每个窗体或控件都可以响应很多事件。比如命令按钮可以响应“按钮被单击”“按钮被双击”等十几种事件。与 Excel 事件编程一样，VBA 也给窗体和控件的各种事件定义好了名称，并规定了各种事件响应方法的名称与格式。只要在窗体对应的代码模块中编写某个事件响应方法，当发生该事件时，这个方法就会自动运行。

为窗体编写事件响应方法很简单，只要在窗体设计器界面按“F7”键，VBE 就会从窗体设计器切换到该窗体的代码编辑界面（也可以在 VBE 的“视图”菜单中选择“代码窗口”）；而在窗体代码界面中按“Shift + F7”键，或者在“视图”菜单中选择“对象窗口”命令，就会切换回窗体设计器。

窗体的代码编辑界面与工作表或工作簿模块的代码编辑界面相同，也有两个下拉列表框。左边的下拉列表框中列出了该窗体中所有控件的名称，以及该窗体的名称。选中任何一个控件之后，右边下拉列表框就会列出所选窗体或控件的所有事件名称，如图 18.7 所示。

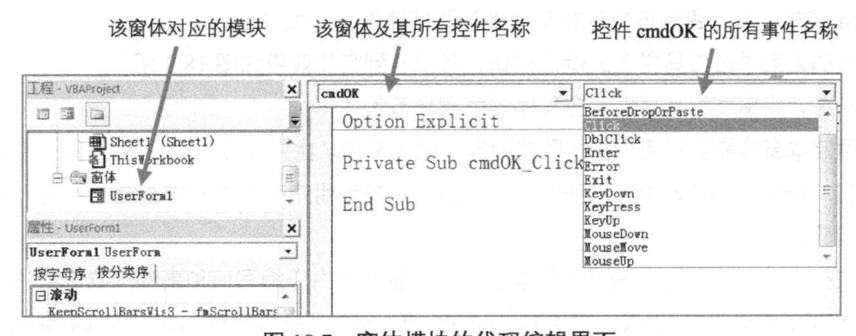

图 18.7　窗体模块的代码编辑界面

假如我们这个例子（图 18.6 中的窗体）希望实现的功能是：单击“确认”按钮就弹出消息框，显示用户在文本框中输入的文字；单击“取消”按钮也弹出消息框，显示“取消操作”，那么就要求该窗体能够响应两个事件——“确认”按钮的“被单击”事件，以及“取消”按钮的“被单击”事件。

我们给“确认”按钮所起的名称为“cmdOK”，所以应当在窗体代码编辑界面左边的下拉列表框中选中“cmdOK”，这时可以在右边的下拉列表框中看到该按钮的所有事件，“Click”就是命令按钮最常用到的“被单击”事件。

选中“Click”之后，就可以看到响应方法“Private Sub cmdOK_Click() … End Sub”[①]，只要在其中输入“MsgBox　txtInput.Text”即可实现上述功能。txtInput.Text 用到了文本框控件的 Text 属性，即文本框中显示的文字。所以“MsgBox txtInput.Text”的含义就是“将名为 txtInput 的文本框中的文字显示在消息框中”。

同样，在左边的下拉列表框里选中“cmdCancel”，并在右边的下拉列表框中选中 Click 事件，就可以看到响应方法“cmdCancel_Click()”，在其中输入“MsgBox “取消操作””即可完成设计。图 18.8 就是编写完两个事件响应程序后的 VBE 界面。

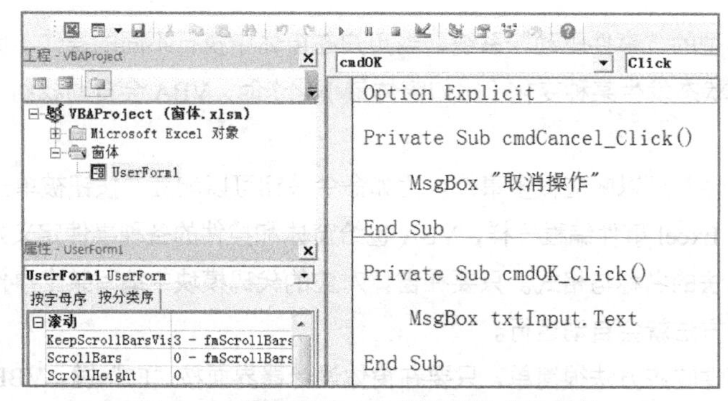

图 18.8　编写事件响应代码后的窗体模块

从图 18.8 中还可以看到，在同一个窗体中，所有控件的事件响应方法都要写在这个窗体对应的代码模块之中，即工程资源管理器中的“UserForm1”模块。每个事件响应程序都是以“控件名称_事件名称”的格式命名，所以通过名字就可以判断每个方法属于哪个控件。不过使用这种格式也带来一个问题：假如我们修改了控件的名称，比如把“确认”按钮的名称从“cmdOK”修改为“cmdConfirm”，就必须将已经写好的“Private Sub cmdOK_Click ()”手动改成“Private Sub cmdConfirm_Click ()”，否则该方法就与“确认”按钮失去了关联。

写好代码之后单击工具栏上的运行按钮，可以看到窗体效果如图 18.9 所示。

总结一下，为窗体编写事件响应程序的关键环节包括：

（1）确定本窗体需要在用户执行哪些操作时做出响应。比如在图 18.9 所示的例子中，我们希望用户单击“确认”和“取消”按钮时做出响应，但是当用户在文本框中编辑文字时，则不需要做出任何响应。

（2）根据（1）中的分析，决定为哪些控件（或窗体本身）编写何种事件的响应方法。比如基于对图 18.9 例子的分析，可以看出需要对 cmdOK 和 cmdCancel 按钮分别编写 Click 事件的响应方法，但是不需要对 txtInput 编写任何方法。

（3）按“F7”键切换到代码界面，通过下拉列表框插入对应的事件响应方法，并为之编写代码。在图 18.9 所示的例子中，虽然不需要为 txtInput 编写事件响应方法，但却可以在其他控件的

---

① 事实上，由于 Click 是命令按钮最常用的事件，所以只要在左边的下拉列表框中选中命令按钮控件，VBE 就会直接在代码窗口中插入这个方法，不需要在右边的下拉列表框中选择。

响应方法（如 cmdOK_Click）中调用 txtInput 的各种属性或方法（如 txtInput.Text）。

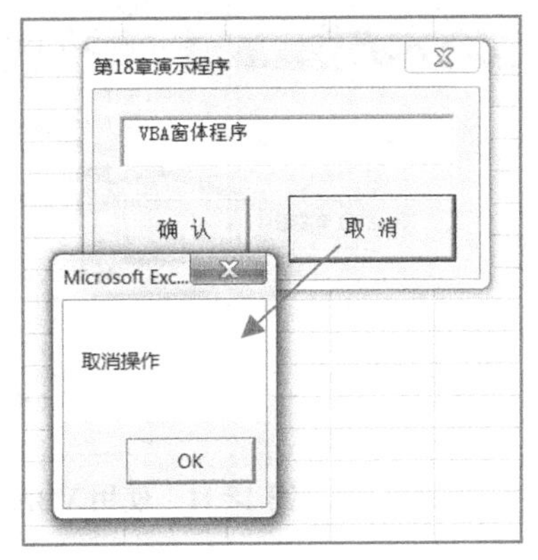

图 18.9　窗体程序运行效果示例

另外，如果在窗体设计界面中直接双击某个控件，也会切换到代码编辑窗口，而且光标直接停留在控件的事件响应方法中（如果单击的是窗体的空白区域，则光标停留在窗体事件的响应方法中）。当窗体中的控件数量较多时，这种操作可以快速定位到不同控件的响应代码，使用起来十分方便。

18.1.5　窗体的显示与退出

在前面演示的例子中，每次运行窗体都需要单击 VBA 编辑器中的运行按钮，这对于普通用户来说十分不便。但是在 Excel 的“宏”对话框中，我们也看不到任何一个窗体的名字，那么应该怎样像运行普通的宏一样运行窗体呢?

常规的做法是编写一个普通的 VBA 宏，并在其中写入显示窗体的命令。这样，只要用户正常运行这个宏，就能让指定窗体显示并运行。而显示窗体的命令也十分简单，只要像图 18.10 那样调用该窗体对象的 Show 方法即可。

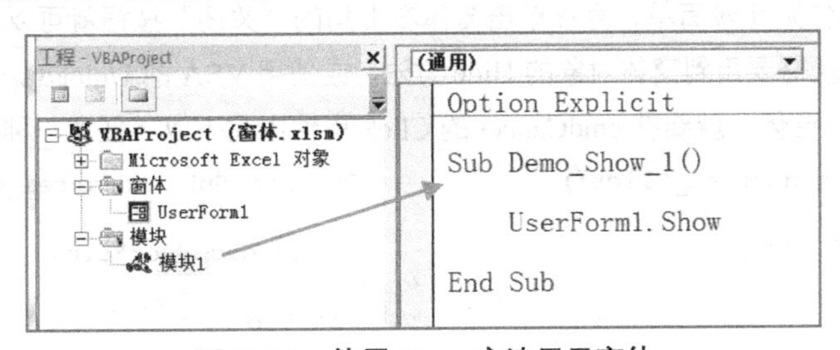

图 18.10　使用 Show 方法显示窗体

在图 18.10 中，我们插入了一个普通的标准模块，并在其中编写了 Demo_Show_1 宏。由于该宏运行时调用了 UserForm1 窗体的 Show 方法，所以运行之后就会将之前设计的 UserForm1 窗体显示出来。因此，只要在 Excel 中通过“宏”对话框或表单按钮等方式运行 Demo _Show_1 宏，就能够启动窗体，具体流程如图 18.11 所示。

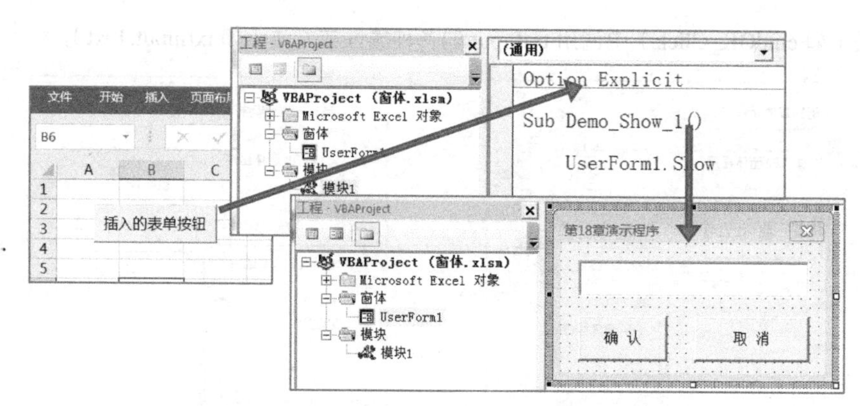

图 18.11 使用 VBA 宏启动用户窗体的典型流程

窗体对象的 Show 方法还支持一个可选参数，指定该窗体以“模式对话框”还是以“非模式对话框”的方式显示。所谓模式对话框，就是当窗体显示在屏幕上时，用户无法操作该窗体之外的任何 Excel 对象，比如不能在工作表中输入数据等，直到关闭该窗体为止。在默认情况下，VBA 窗体都属于模式对话框。

但是如果将 Show 方法的参数指定为“vbModeless”，窗体就会以非模式对话框形式显示。这样无论是否关闭该窗体，用户都可以同时操作 Excel 中的工作表、单元格等对象，如图 18.12 所示。

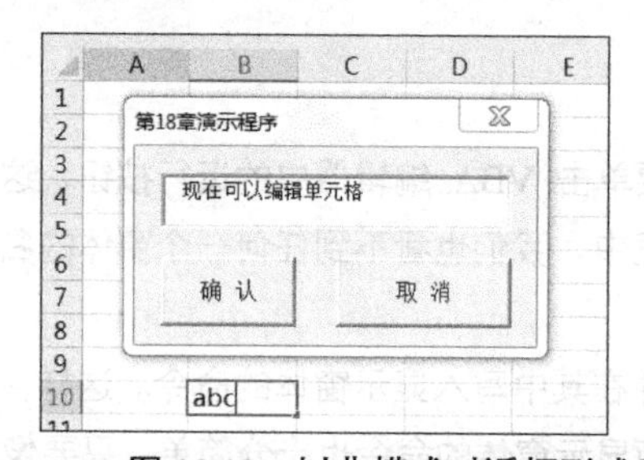


```
Option Explicit
Sub Demo_Show_1()
    UserForm1.Show vbModeless
End Sub
```

图 18.12 以非模式对话框形式显示窗体，可以同时操作 Excel

退出窗体的操作则比较简单，直接单击窗体右上角的“关闭”按钮就可以。但是若想通过其他方式退出窗体，就需要用到窗体对象的 Hide 方法，或使用 VBA 的 Unload 语句。如果想在单击“取消”按钮后退出窗体，就要在 cmdCancel 的 Click 事件中写下以下任意一种代码：

```
Private Sub cmdCancel_Click()
    UserForm1.Hide
End Sub
```

```
Private Sub cmdCancel_Click()
    Unload UserForm1
End Sub
```

无论使用哪段代码，用户单击“取消”按钮后都可以关闭窗体，但是 Hide 和 Unload 方法在功能上还是有非常重要的区别的。执行 UserForm1.Hide 后，UserForm1 窗体只是隐藏起来，但仍然在内存之中，并且保留之前运行时的所有状态，只待执行 UserForm1.Show 时重新显示出来。所以如果在图 18.12 所示窗体的文本框中输入一些文字，并通过 Hide 方法使之隐藏，那么一旦使用 Show 方法使之恢复显示，在文本框中还会看到之前输入的文字。

与 Hide 方法相比，Unload 语句则是将窗体对象从内存中彻底清除，完全不留下任何痕迹。所以在执行“Unload UserForm1”之后，如果再使用 Show 方法显示该窗体，VBA 就要在内存中重新创建一个全新的窗体对象，其文本框中也不包含任何上次输入的内容。

除了标准模块中的普通 VBA 宏，还可以在 Excel 的工作表或工作簿事件中使用 Show 方法显示或关闭窗体。比如在图 18.13 所示的例子中，每当用户在工作表中选中一个单元格，Selection_Change 方法就会判断该单元格是否处于 B2:D5 区域内。如果在此区域，窗体 UserForm1 就会显示在屏幕上，反之则会隐藏起来。

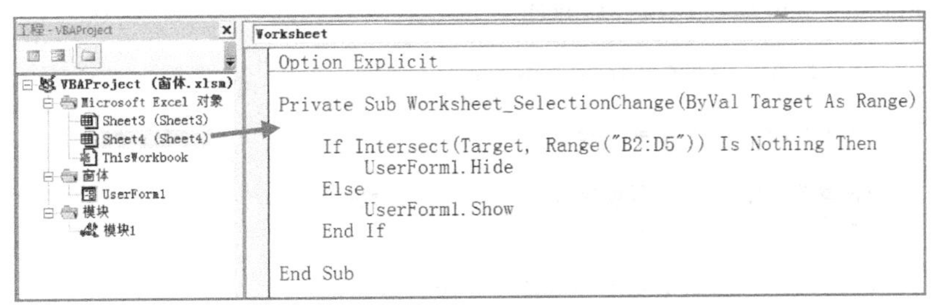

图 18.13　使用 Excel 事件显示/隐藏用户窗体

最后为读者补充一点知识：与 Unload 语句对应，VBA 中还有一个 Load 语句，用于“加载”窗体。所谓加载，就是根据窗体设计器中指定的样子，在内存中创建窗体对象的过程。其实在调用窗体的 Show 方法时，如果内存中尚未创建（加载）过该窗体，Show 方法会自动要求 VBA 先执行加载操作，待加载成功后再将其显示在屏幕上。但是如果窗体非常复杂（比如在启动时要先读取大量工作表数据，并显示在列表框等控件中），加载时间可能会很长，甚至会让用户误以为死机。如果可以在 VBA 程序启动时使用“Load 窗体名”的方式先加载窗体，那么在用户执行某个操作，需要用 Show 方法显示窗体时，就会使其迅速显示在屏幕上，不会造成任何延迟。这种技巧在商业软件开发中运用得非常普遍（读者可以回忆一下各种软件中的“进度条”），不过在日常使用时却很少用到，因此不再详细阐释。

18.2　窗体与常用控件的属性、事件和方法

18.2.1　窗体对象

前面已经介绍过窗体对象的名称属性、Caption 属性，以及怎样使用 Show 和 Hide 方法显示或隐藏指定窗体。

在实际开发中，还会经常用到窗体对象的其他几个属性来定制窗体的外观。比如使用 BackColor 属性指定窗体的背景颜色，或者使用 BorderColor 和 BorderStyle 属性指定边框颜色与风格。还可以使用 Left、Top、Width 和 Height 四个属性指定窗体在屏幕上的显示位置（左上角坐标）、宽度及高度。这四个属性均以“像素”作为单位，以计算机屏幕的左上角为坐标原点。

窗体对象还提供了 Picture 属性，可以使用图片文件作为窗体背景，只要在窗体的属性窗口中单击 Picture 栏目右侧的扩展按钮，就可以在弹出的文件对话框中选中欲作为背景的图片文件，还可以使用 PictureAlignment 和 PictureSizeMode 两个属性指定图片的显示位置与尺寸缩放。

如果在属性窗口中指定颜色和背景图片，就意味着该窗体从始至终都保持这种外观。可是有

的时候我们希望在执行某些操作后，让窗体的外观发生指定变化，比如当用户单击某个按钮时改变窗体的颜色或大小。对于这种需求，可以在 VBA 代码中直接修改窗体对象的属性数值，从而达到预期效果。如图 18.14 所示，只要用户用鼠标单击窗体的任何位置，窗体就会将背景色设置为蓝色，将宽度设置为 200，并添加 D 盘中的一个图片文件作为背景。

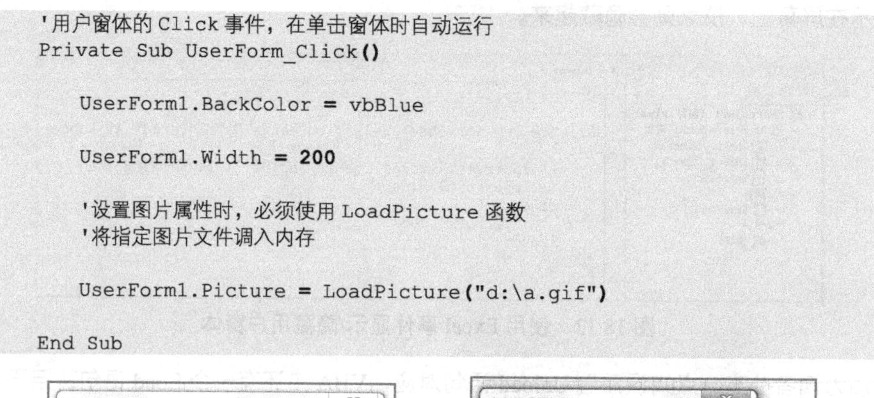

```
'用户窗体的 Click 事件，在单击窗体时自动运行
Private Sub UserForm_Click()

    UserForm1.BackColor = vbBlue

    UserForm1.Width = 200

    '设置图片属性时，必须使用 LoadPicture 函数
    '将指定图片文件调入内存

    UserForm1.Picture = LoadPicture("d:\a.gif")

End Sub
```

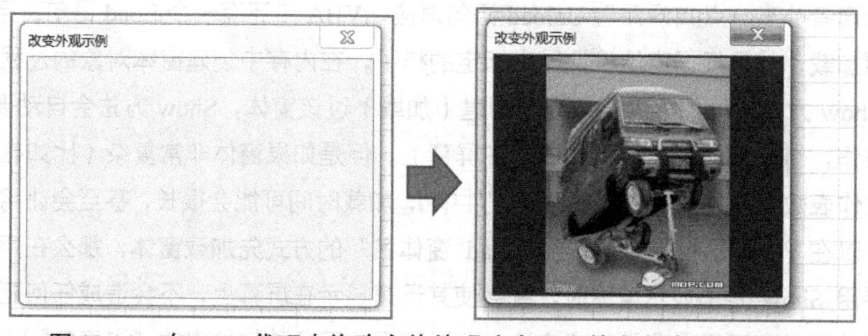

图 18.14　在 VBA 代码中修改窗体外观（右图为单击窗体后的效果）

图 18.14 的窗体中没有任何控件，但是窗体本身就可以响应单击、双击、移动鼠标等各种事件。在这个例子中，我们就是编写了窗体的 Click 事件响应方法，从而在用户单击窗体时可以运行修改外观的这几行代码。

由于窗体的名称为 UserForm1，所以语句 UserForm1.BackColor=vbBlue 的含义就是将窗体的背景色属性修改为蓝色。从 VBA 程序的角度看，一个窗体就是一个对象，写法与 Range、Worksheet 等没有区别。唯一的不同，就是窗体对象可以显示在窗体设计器中进行可视化编辑。

在修改窗体的 Picture 属性时，使用了函数 LoadPicture。LoadPicture 是 VBA 系统函数，其功能就是根据指定的图片文件名，找到该图片并将其装载到内存之中。当需要指定窗体及其他控件的图片属性（比如在命令按钮上显示图片）时，必须使用 LoadPicture 函数，而不能直接写成 UserForm1.Picture = “D:\a.jpg”。这是初学者经常容易忘记的，请务必记牢。

除了 Click、DblClick（双击）等用户操作事件，窗体对象最重要的事件当属 Initialize 事件，即“窗体初始化”。所谓窗体初始化，就是窗体对象第一次在内存中被创建（尚未显示在屏幕上）的时刻，也就是上一节中讲到的“Load 窗体名称”执行之时。此时窗体还没有显示在屏幕上，可以先对其中的控件、数据等进行各种初始化设定。特别是当窗体中用到了列表框控件时，一般都会在窗体的 Initialize 事件中指定列表框中显示的所有数据条目。

不过 Initialize 事件只在窗体创建时发生，在窗体被隐藏（使用 Hide 方法）又重新显示（使用

Show 方法）时并不会产生[1]。只有使用 Unload 方法将窗体彻底卸载后，再次调用该窗体时才会激活 Initialize 事件。

以上讲解的是窗体对象最常用的属性和事件。窗体对象的其他属性、事件和方法的用法与此基本相同，而且根据名称就可以了解它们的功能与含义，所以本书不再赘述。

最后需要特别说明的是，窗体对象有一个独有的“特权”：在窗体本身的代码模块中可以用“Me”指代自己。比如图 18.14 中的代码，完全可以写成图 18.15 的形式。

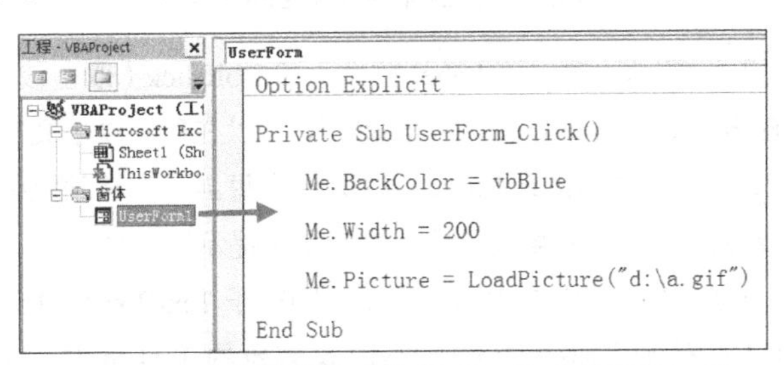

图 18.15　在窗体模块中使用“Me”代表窗体本身

由于窗体中的所有控件都属于它所有，所以在某个窗体的模块中输入“Me.”后，VBE 的自动提示框中不仅包含窗体对象拥有的所有属性与方法，而且还会显示该窗体中拥有的所有控件的名称，书写起来十分方便。

不过必须注意一点：“Me”关键字代表的是该代码模块所对应的窗体对象，如果创建了多个用户窗体，那么每个代码模块中的“Me”所代表的就是不同的窗体。而在非窗体模块，比如标准模块或 Excel 工作表对象模块中，则完全不能使用“Me”关键字。

18.2.2　标签与文本框

在日常办公程序中，最常用的控件就是标签、文本框及命令按钮。关于文本框和命令按钮的主要用法，即 TextBox 的 Text 属性与 CommandButton 的 Click 事件，我们已经简单介绍过。标签控件（Label）的主要用途更加简单——将文字信息显示在指定位置。

若想在文本框前面显示一些提示文字，如图 18.16 所示，就可以添加一个 Label 控件，并在属性对话框中将其 Caption 属性设置为提示文字“请输入内容：”。如果觉得字体等设置不合适，可以进一步修改该控件的 Font（字体）、BackColor（背景色）及 ForeColor（字体颜色）等属性。

此外，如果两个控件之间产生了重叠（如图 18.16 所示，Label 控件的右侧压住了文本框控件的左侧），可以在任何一个控件上单击鼠标右键，并从弹出的菜单中选择“上移一层”或“下移一层”命令，从而决定让哪个控件显示在前面。

---

① 如果希望窗体在每次被隐藏或恢复显示时执行某些动作，可以考虑使用 Activate 和 Deactivate 事件。

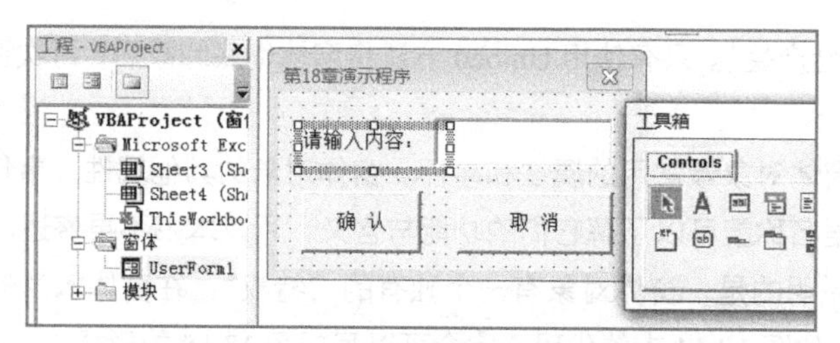

图 18.16 在窗体中使用 Label 控件

Label 控件也可以产生 Click（单击该 Label 控件）和 DblClick（双击该 Label 控件）事件。通过编写对应的事件响应方法（如 Sub Label1_Click() ），可以在用户单击文字的时候执行某些特殊操作。有时也会用到 Label 控件的 MouseMove 事件，因为每当用户移动鼠标滑过这个标签框时都会激活这个事件，所以可以用它实现类似“鼠标悬停显示提示”的功能。

Label 控件的功能与 TextBox 控件的功能相似，区别在于 TextBox 控件允许用户直接在其中输入和修改内容。而 VBA 代码则可以随时读取 TextBox 对象的 Text 属性，以便得到用户在文本框中输入的内容。反过来，如果在代码中修改了文本框的 Text 属性，就会直接改变其中显示的内容，相当于代替用户编辑了这个文本框。

初学者经常犯的一个错误，是不必要地编写了 TextBox 控件的 Change 等事件响应方法，以为这样才能接收到用户在文本框中输入的内容。事实上，TextBox 控件的 Change 事件在每次文本框内容变化时自动触发，所以如果用户在文本框中输入了“abcd”四个字母，那么至少会执行四次 TextBox_Change 中的代码（每输入一个字母，都会触发一次 Change 事件）。除非我们想实现“智能提示”等功能，在用户每输入一个字母时都自动弹出新的提示，否则完全没有必要响应这个事件。所以最常见的文本框用法，是在需要使用文本框内容时（比如用户单击“输入”按钮时），在相应控件的事件响应方法中（如 CommandButton_Click）调用该文本框的 Text 属性，以读写其内容。

在默认情况下，无论文本框控件的大小如何，用户在其中只能输入一行文字，而且即使文字很长也不会自动换行。只要将该文本框的 WordWrap 属性设置为 True，当文字内容超过文本框宽度时就会自动换行。如果将它的 MultiLine 属性设置为 True，用户就可以随时在文本框中使用 Ctrl 键+回车键手动换行。如果将文本框的 EnterKeyBehavior 属性也设置为 True，那么用户就可以直接使用回车键换行，不需要同时按 Ctrl 键。

即使输入了很多行文字，文本框也不会自动显示滚动条。如果需要显示滚动条，可以修改文本框的 ScrollBars 属性。该属性有 4 个可能的取值：0——无滚动条，1——水平滚动条，2——垂直滚动条，3——双向滚动条。

与所有常用控件一样，可以通过 Enable 属性和 Visible 属性决定文本框是否可用甚至可见。如果将文本框的 Enable 属性设置为 False，那么用户就无法在其中输入任何内容，直到执行 TextBox.Enable = True 为止。如果将文本框的 Visible 属性设置为 False，该文本框就会在窗体中“消失”，直到执行 TextBox.Visible = True 为止。这两个属性几乎适用于所有常用控件，如果能够合理运用，可以让窗体结构变得非常灵活。

最后需要注意的是，TextBox.Text 属性得到的是字符串类型的数据，即使用户在其中输入的是数字或日期。尽管 VBA 会根据自己的猜测对其进行自动类型转换，但有时候这种自动转换会产生错误的结果。因此，建议读者在使用 TextBox 输入数字等非字符串内容时，最好使用 CInt、CDate 等字符串转换函数对 TextBox.Text 属性进行强制转换。

18.2.3　列表框与组合框

文本框可以让用户自由输入各种内容，不过有的时候我们需要强制用户在事先定义好的若干内容中选取一个，这就要用到列表框控件（ListBox）或组合框控件（ComboBox，也称下拉列表框），如图 18.17 所示。

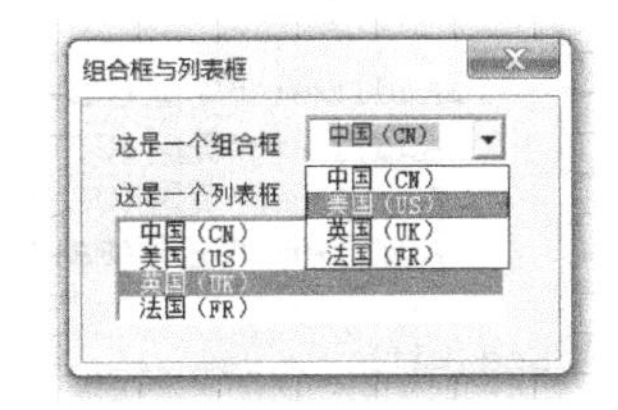

图 18.17　组合框与列表框效果示例

由于组合框与列表框的用法几乎相同，只不过显示形式有所差异，因此接下来的内容主要以列表框为例进行讲解。读者只要掌握列表框的属性和方法，就可以轻松学会组合框的基本用法。

列表框控件形如一个多行文本框，每行都是一个可以用鼠标选中的“条目（Item）”。下面介绍列表框控件的基本用法。

1. 指定列表框中显示的所有条目

有三种方式可以为列表框指定内容，即使用 ListBox 对象的 RowSource 属性、AddItem 方法及 List 属性。

RowSource 属性允许直接将某个工作表中的某列数据作为显示内容。如图 18.18 所示，通过属性窗口将 ListBox1 的 RowSource 属性指定为“Sheet1!B3:B6”，列表框 ListBox1 中就自动加入了这四个单元格的内容。

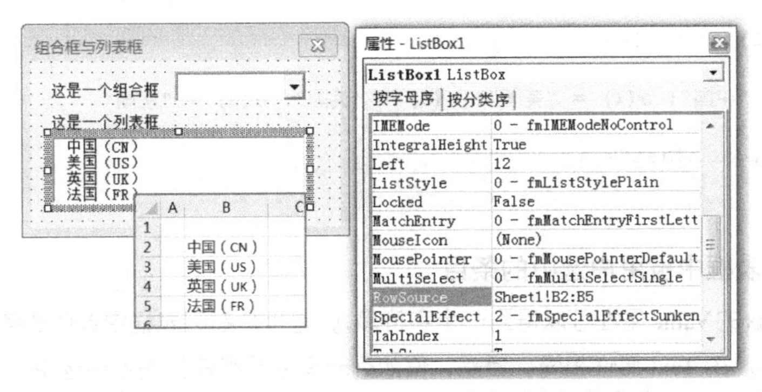

图 18.18　使用 RowSource 属性指定列表框的内容

在程序代码中也可以随时修改 RowSource 属性，以改变列表框中的内容，比如“ListBox1.RowSource = “[abc.xlsx]Sheet2!A2:A7””。注意，这里使用了完整的单元格路径格式，即“[工作簿文件名] 工作表名 ! 左上单元格 : 右下单元格”。如果不写工作簿和工作表的名称，VBA 会默认到运行窗体时的活动工作表中查找内容。此外，也可以先在 Excel 中为单元格区域命名，然后将 RowSource 属性直接设置为这个名称，这样即使工作表行列发生变化，也不会影响列表框中的内容。

如果列表框中的内容并没有保存在工作表中，那么就可以使用 ListBox 的 AddItem 方法逐个将其添加到列表框中。下面的代码可以实现与图 18.18 一样的效果，但是不要求工作表中事先存有这些条目。

```
Private Sub UserForm_Initialize()

    With Me.ListBox1          '使用 With 结构可以简化代码

        .RowSource = ""       '如果 RowSource 非空则无法使用 AddItem

        .AddItem "中国(CN)"    '添加字符串作为第一个条目
        .AddItem "美国(US)"    '添加字符串作为第二个条目，以下类推
        .AddItem "英国(UK)"
        .AddItem "法国(FR)"

    End With

End Sub
```

我们将这段代码写在了列表框所在窗体的 Initialize 事件中，因此当窗体在内存中第一次被创建（初始化）时，就会将列表框中的内容预先填好。需要注意的是，如果使用 AddItem 方法逐个添加条目，就不能再将 RowSource 设为任何单元格区域，以免引起冲突。为保险起见，这段代码先将 RowSource 强制清空为空字符。

AddItem 方法不仅可以写在窗体对象的 Initialize 事件中，而且可以写在任何一段 VBA 程序里，因此可以随时向列表框中添加新的条目。

除了 RowSource 和 AddItem 两种方法，还可以使用 ListBox 对象的 List 属性，将一个数组的所有元素作为列表框的所有条目。用法如下面的代码所示：

```
Private Sub UserForm_Initialize()

    Dim a(3) As String

    a(0) = "中国": a(1) = "美国": a(2) = "英国": a(3) = "法国"

    Me.ListBox1.List = a

End Sub
```

2. 获取列表框中被用户选中的条目

使用 ListBox 的 Value 属性可以得到一个字符串，就是用户在列表框中选中的条目的文字内容，其用法与 TextBox 的 Text 属性相同。但是，假如列表框中没有任何条目被选中，那么 Value 属性返回的将是 Null 这个代表空值的常量，无法当作字符串处理（否则将会导致 VBA 运行时错误）。因此，我们一般使用图 18.19 中的代码来获取用户选中的条目内容。

除了 Value 属性，还可以使用 ListBox 的 ListIndex 属性了解用户选中了哪个条目。不过与 Value 属性不同的是，ListIndex 属性返回的不是该条目的文字内容，而是它在 ListBox 中从 0 开始的编号。比如在图 18.19 中，如果用户选中了“中国”，那么 ListBox.ListIndex 属性就会返回数字 0；如果用户选中了“美国”，那么 ListBox.ListIndex 就返回 1，以此类推。假如用户没有选中任何条目，那么 ListIndex 就会返回数字-1。

```
'单击命令按钮时自动执行本段程序
Private Sub CommandButton1_Click()

    '如果 ListBox1 的 Value 属性不是 Null，则
    '说明用户选中了某个条目，可以用 Value
    '属性获得该条目的文字内容
    If Not IsNull(ListBox1.Value) Then

        MsgBox Me.ListBox1.Value

    End If

End Sub
```

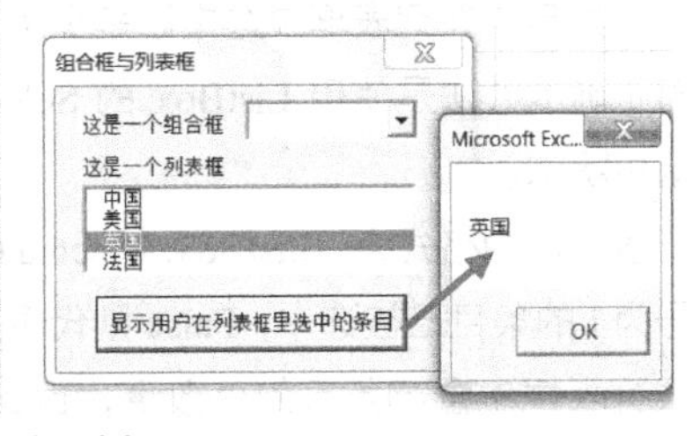

图 18.19　ListBox.Value 用法示例

同时，前面介绍的 ListBox.List 属性如同一个数组，按顺序存放了列表框中的所有条目，而且也是从 0 开始编号。因此，当我们通过 ListIndex 属性得知用户选中条目的编号后，就可以将该编号作为下标，从 List 数组中取得对应条目的内容。因此下面这段代码的功能与图 18.19 完全相同。

```
'单击命令按钮时自动执行本段程序
Private Sub CommandButton1_Click()

    '如果 ListIndex 属性不是-1（大于 0），说明用户选中了某个条目
    If ListBox1.ListIndex > 0 Then

        'List 属性如同一个数组，存放了所有条目，所以使用 ListIndex 属性作为
        '下标，即可从 List 数组中取得对应条目的文字内容
        MsgBox ListBox1.List(ListBox1.ListIndex)

    End If

End Sub
```

3. 删除列表框中的某个条目

如果想单独删除列表框中的某个条目，可以使用 ListBox.RemoveItem 方法。只要将一个编号作为参数提供给这个方法，它就可以把指定编号的条目从列表中清除。比如下面这段代码的功能，就是在单击按钮之后，将用户选中的条目移出列表框。

```
'单击命令按钮时自动执行本段程序
Private Sub CommandButton1_Click()

    '如果 ListIndex 属性不是-1（大于 0），说明用户选中了某个条目
    If ListBox1.ListIndex > 0 Then

        '以用户选中条目的编号为参数，调用 RemoveItem 方法将其删除
        ListBox1.RemoveItem ListBox1.ListIndex

    End If

End Sub
```

4. 使用“多选”功能

在默认情况下，用户在列表框中一次只能选中一个条目。但是如果将列表框的 MultiSelect 属性设置为 1（对应常量名为 fmMultiSelectMulti），那么就可以同时选中多个条目（如果单击某个已

选中条目，则代表取消选中）。而将该属性设置为 2（对应常量名为 fmMultiSelectExtended），则可以使用 Shift 键扩展选中的条目范围。

假如用户在列表框中选中了多个条目，那么再使用 Value 属性或 ListIndex 属性就会发生错误。此时正确的办法是使用 ListBox 的 Selected 属性对列表框中的每个条目进行判断，看看其是否处于选中状态。

该属性的格式为：ListBox.Selected (i)。它可以返回一个逻辑值，如果为 True 则代表列表框中编号为 i 的条目已被选中，False 则代表条目 i 未被选中。此外，ListBox 还有一个 ListCount 属性，代表列表框中全部条目的总数量，因此可知列表框中所有条目的最小编号是 0，最大编号则是 ListCount – 1。使用下面的代码，就可以将用户选中的所有条目都显示出来。

```
'单击命令按钮时自动执行本段程序
Private Sub CommandButton1_Click()

    Dim i As Long

    '循环扫描列表框中的所有条目编号
    For i = 0 To ListBox1.ListCount - 1

        '如果第 i 条被选中，则将其显示出来
        If ListBox1.Selected(i) Then
            MsgBox ListBox1.List(i)
        End If

    Next i

End Sub
```

5. 组合框及其他

组合框的用法与列表框几乎相同，二者的主要区别在于，组合框只能支持单选，不允许使用多选模式。

组合框与列表框也都支持一些事件响应方法，其中最常用的是 Change 事件。每当用户选中了一个新的条目时（或者在组合框的文本栏里输入一个新的字符），都会自动触发这个事件，这在设计一些特殊效果时十分有用。

列表框还提供了 ColumnCount 属性，可以设置列表框中显示内容的列数。如果设置为显示多列内容，还可以进一步使用 ColumnHeads、ColumnWidth 等属性指定每列的标题和宽度等特征。此外，将列表框的 ListStyle 属性设置为 1，可以让每个条目前面出现一个复选框，用于确定该行是否被选中。

总之，列表框和组合框提供了非常多的属性和方法，可以灵活定制其外观与功能。通过巧妙地设计列表框与组合框，用户只需单击鼠标，就能完成复杂的录入工作。

18.2.4 单选按钮、复选框及框架

另外两种可以让用户选择输入的控件，就是单选按钮（OptionButton）和复选框（CheckBox）。前者可以限定用户在一组选项中仅选择一项，后者则允许用户选择多个选项，如图 18.20 所示。

这两种控件的使用方法十分简单。对于图 18.20 所示的窗体，只要从控件工具箱中添加三个

OptionButton 控件和三个 CheckBox 控件到窗体中，并将它们的 Caption 属性改成“男”“足球”等说明文字即可运行，自动实现单选与多选的效果。

不过对于单选按钮来说还有一个问题：在默认情况下，窗体中所有单选按钮都被视为一组，因此整个窗体中只能选中一个项目。所以在图 18.21 所示的窗体中，尽管布置了“性别”和“级别”两组单选按钮，却无法让用户在每组中各选中一个条目（图中的窗体同时使用了三个标签控件，以显示“性别:”等组别名称）。

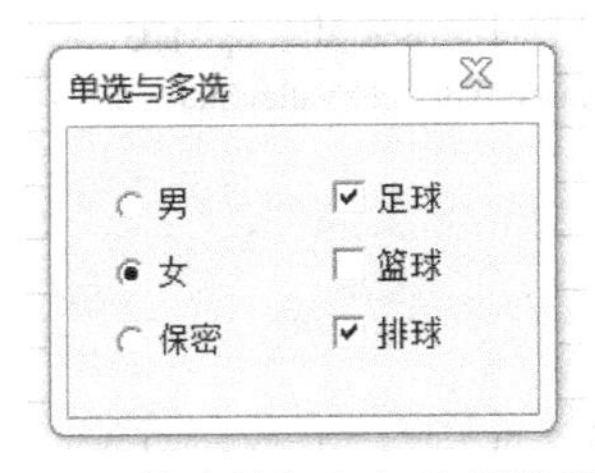

图 18.20　单选按钮与复选框效果示例

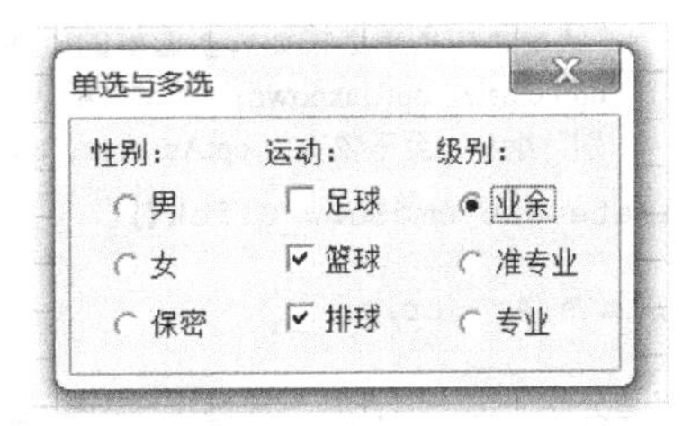

图 18.21　窗体中所有单选按钮均视为同一组

解决这个问题的办法，就是通过框架（Frame）控件对单选按钮进行分组。如图 18.22 所示，如果先在窗体中加入几个 Frame 控件，再分别向其中添加单选按钮，那么 VBA 就会认为每个 Frame 中的单选按钮为一组，互相之间不会干扰。此外，为了体现每组选项的含义，还可以修改 Frame 的 Caption 属性，让它显示说明文字，从而不必像图 18.21 的窗体那样使用标签控件显示“性别”等信息。

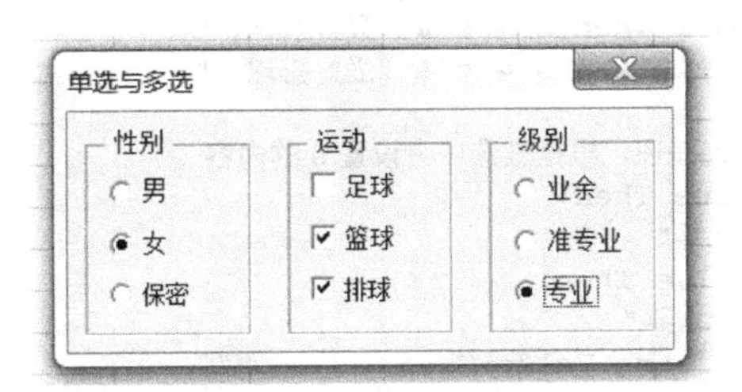

图 18.22　使用框架控件对单选控件进行分组

框架控件不仅用于对单选按钮进行分组，而且可以起到美化界面，在视觉上划分功能区域的作用。比如在图 18.22 中，尽管复选框不需要进行分组，但将其放置在标题为“运动”的框架中，可以让窗体风格变得更加统一有序。

那么怎样在 VBA 代码中知道用户选中了哪些单选按钮或多选框呢？最直接的办法就是使用它们的 Value 属性逐个核对。

无论 OptionButton 还是 CheckBox，都有 Value 属性，代表其是否被用户选中。如果处于选中状态，那么 Value 属性就是 True，否则就是 False。所以在图 18.23 所示的案例中，只要用户单击命令按钮 cmdShow 激活其 Click 事件，代码就会自动检查每个 OptionButton 和 CheckBox 的 Value 属性，并将被选中的信息显示出来。

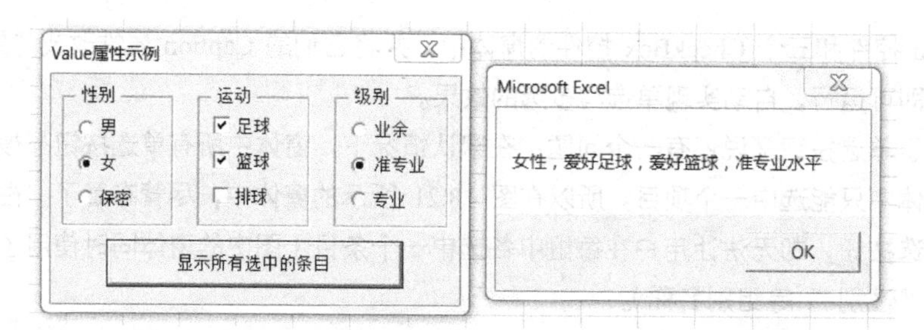

（该窗体中各单选按钮和多选框的控件名称如下："性别"组中从上至下依次为 optMale、optFemale、optUnknown；"运动"组从上至下为 chkSoccer、chkBasketBall、chkValleyBall；"级别"组从上至下依次为 optAmateur、optSemi 和 optProfessional）

```
Private Sub cmdShow_Click()

    Dim s As String

    '首先检查三个“性别”单选按钮，根据被选中者设置 s 的内容
    If optMale.Value Then
        s = "男性，"
    ElseIf optFemale.Value Then
        s = "女性，"
    ElseIf optUnknown.Value = True Then
        s = "性别保密，"
    End If

    '检查三个复选框，将被选中者写入 s
    If Me.chkSoccer Then s = s & "爱好足球，"
    If Me.chkBasketBall Then s = s & "爱好篮球，"
    If Me.chkValleyBall Then s = s & "爱好排球，"

    '检查三个“级别”单选按钮，根据被选中者设置 s 的内容
    If optAmateur.Value Then
        s = s & "业余水平"
    ElseIf optSemi.Value Then
        s = s & "准专业水平"
    ElseIf optProfessional.Value Then
        s = s & "专业水平"
    End If

    MsgBox s

End Sub
```

图 18.23 使用 Value 属性判断用户选项的示例窗体与代码

其实在这段代码中，判断每组单选框时完全可以使用多个 If 语句，而不是使用 If...ElseIf 结构，因为 Frame 控件的存在已经能够保证每组单选按钮只有一个被选中。但是使用 If ... ElseIf 结构毕竟能够从逻辑上体现出单选按钮的“唯一性选择”的特点，而且一旦发现某个按钮被选中后就会自动跳过后续按钮的检查，从而节省时间。所以还是建议大家采取 If...ElseIf 结构来判断单选按钮。

图 18.23 中的代码是判断单选框与复选框是否选中最常见的方法。但是假如窗体中有几十个选项，那么这样逐个写出来就显得比较烦琐。这时候可以使用遍历窗体中所有控件的技巧找出被选中的控件。

用户窗体（UserForm）对象拥有一个名为 Controls 的集合属性，包含了窗体上的所有控件。

同时 VBA 还定义了一个名为“Control”的类，它的对象可以代表任何一种控件。所以可以像下面代码那样，先使用 For Each 循环列举出当前窗体（可以用 Me 代表）中的每个控件。每找到一个控件，就用 TypeName 函数取得该控件的类型名称。然后判断这个名称是否等于“OptionButton”或“CheckBox”。如果是则说明该控件是一个单选框或多选框，可以进一步判断其 Value 属性是否为 True。下面这段代码就利用了这个技巧，显示出窗体中所有被用户选中的单选按钮或复选框的提示文字。

```
Private Sub cmdShow_Click()

    Dim s As String, ctrl As Control, typ As String

    '利用 Controls 集合查看窗体中的所有控件，每找到一个控件就让 ctrl 代表它
    For Each ctrl In Me.Controls

        '用 TypeName 函数取得 ctrl 代表的控件的类型名称
        typ = TypeName(ctrl)

        '如果该名称是单选按钮或多选框，则进一步判断其 Value 属性
        If typ = "OptionButton" Or typ = "CheckBox" Then

            '如果其 Value 属性是 True，则显示它的 Caption 属性，即提示文字
            If ctrl.Value Then MsgBox ctrl.Caption

        End If

    Next ctrl

End Sub
```

18.2.5　窗体控件综合案例——将数据录入工作表

本节介绍的标签、文本框、命令按钮、列表框、组合框、单选按钮和多选框，都是 VBA 窗体设计中最常用的控件，足以实现绝大多数图形化录入功能。案例 18-1 演示了使用这些控件向工作表中录入数据的基本模式。

案例 18-1：请制作一个如图 18.24 所示的窗体，以便向工作表中录入会员信息。每当信息填写完整并单击“将信息写入工作表”按钮后，就会在当前工作表的末尾自动追加一行，并将“姓名”“性别”“年龄”和“爱好”分别填写到该行 B 列至 E 列中。

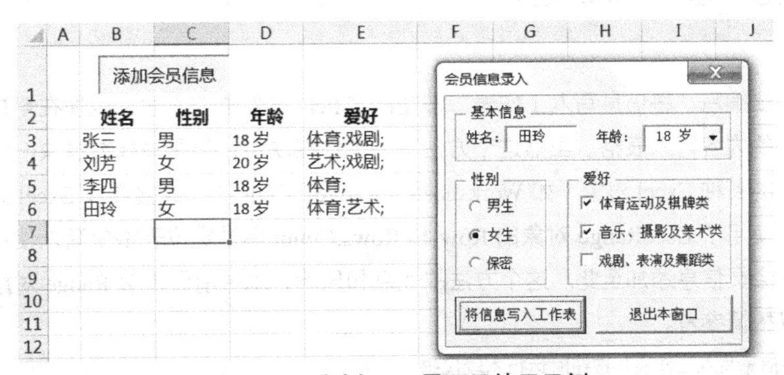

图 18.24　案例 18-1 界面及效果示例

根据这个案例的要求，我们可以在窗体中添加以下控件并命名：

★ 用于输入姓名的文本框控件，命名为 txtName；

★ 用于选择年龄的下拉列表框，命名为 cmbAge；

★ 用于选择性别的三个单选按钮，分别命名为 optMale、optFemale 和 optUnKnown；

★ 用于选择爱好的三个复选框，分别命名为 chkSport、chkArt 和 chkDrama；

★ 两个命令按钮，分别命名为 cmdInput 和 cmdQuit；

★ 三个 Frame 控件，用于对控件进行分组，并使界面工整；

★ 两个标签控件，用于显示提示文字“姓名”和“年龄”。

此外，将用户窗体的名称属性修改为“fmAddMembers”，以便在 VBE 的工程窗口中快速识别出该窗体模块。

首先，需要为显示年龄的下拉列表框 cmbAge 插入各个年龄条目。假设该俱乐部要求会员年龄在 18 至 30 岁之间，那么就可以使用一个 For 循环将 18 至 30 的数字依次添加到该列表框中。这个循环可以放在用户窗体的初始化事件中，从而在创建窗体时就设置好列表框内容，而且直到窗体注销前都不会再次运行。

为了方便用户输入，还可以在窗体初始化时就让下拉列表框中的某个年龄（如 18 岁）处于选中状态，并让性别栏中的某个单选按钮（如女生）也处于选中状态，从而实现默认值的效果。只要在代码中将下拉列表框的 ListIndex 属性设置为默认选中条目的编号，并将默认选中单选按钮的 Value 属性设置为 True，就可以实现这个功能。具体代码如下：

```
'窗体初始化事件，在创建窗体时为下拉列表框添加条目
Private Sub UserForm_Initialize()

    Dim i As Long

    '将数字 18 至 30 添加到“年龄”下拉列表框
    For i = 18 To 30
        Me.cmbAge.AddItem i & " 岁"
    Next i

    '将下拉列表框 cmbAge 的 ListIndex 属性设置为 0，即可让列表中
    '第一个条目处于选中状态，从而实现默认 18 岁的效果
    Me.cmbAge.ListIndex = 0

    '让单选按钮“女生”处于选中状态，即默认为女生
    Me.optFemale.Value = True

End Sub
```

接下来需要编写“将信息写入工作表”按钮的 Click 事件响应方法，以便在用户单击该按钮时将各个控件的内容写入表格。虽然这个方法写在窗体模块中，但是与标准模块一样，仍然可以使用之前学过的各种 Excel 对象（如 Worksheets、Range、Cells 等）直接操作 Excel 元素。为了简便起见，本例使用了 UsedRange 对象的 Row 和 Rows.Count 属性定位表格中尚未使用的第一个空白行，以便将会员信息添加至此。这个方法的优点和风险，本书前面讲解 Range 对象时已经介绍过，读者可以酌情参考。

```
'单击“将信息写入工作表”按钮时运行本段代码
Private Sub cmdInput_Click()
```

```
    Dim i As Long, ws As Worksheet

    '假如文本框的内容为空，则要求用户填写完整；如果不为空，则将信息录入工作表
    If Trim(Me.txtName.Text) = "" Then

        MsgBox "请填写会员姓名！"

    Else

        '用 ws 指向目标工作表，并用 i 代表该工作表第一个空白行的行号，
        '即 UsedRange 的起始行号加上 UsedRange 中的总行数
        Set ws = Worksheets("会员信息")
        i = ws.UsedRange.Row + ws.UsedRange.Rows.Count

        '将文本框、单选按钮、下拉列表框和复选框的内容依次写入 B 列至 E 列
        ws.Cells(i, 2) = Me.txtName.Text

        If Me.optMale.Value Then
            ws.Cells(i, 3) = "男"
        ElseIf Me.optFemale.Value Then
            ws.Cells(i, 3) = "女"
        Else
            ws.Cells(i, 3) = "保密"
        End If

        ws.Cells(i, 4) = Me.cmbAge.Value

        '如果一个复选框被选中，要将其内容附加到 E 列单元格中，而不是直接覆盖
        If Me.chkSport.Value Then ws.Cells(i,5)=ws.Cells(i,5)&"体育;"
        If Me.chkArt.Value Then ws.Cells(i,5)=ws.Cells(i,5)&"艺术;"
        If Me.chkDrama.Value Then ws.Cells(i,5)=ws.Cells(i,5)&"戏剧;"

        '提示用户操作完毕
        MsgBox "已将 " & Me.txtName.Text & " 的信息录入系统！"

    End If

End Sub
```

在 Click 响应方法中，我们还增加了一个简易的“输入校验”示例：每次单击按钮时都先检查用户是否输入了会员姓名。如果姓名文本框的内容为空白（或只有空格），则不执行任何插入操作，只是提示用户重新输入。对于商品化软件产品，细致的输入校验及其他容错机制非常重要，这只是一个最简单的示例，有兴趣的读者可以阅读软件工程等方面的书籍，以加深了解。

至于“退出本窗口”按钮的 Click 事件，实现起来则非常简单，只需让窗体消失（Hide）或卸载（Unload）即可，具体取决于用户的需求。

```
'单击“退出窗口”按钮时运行本段代码，将窗体隐藏
Private Sub cmdQuit_Click()
    Me.Hide
End Sub
```

为了方便用户启动这个窗体，还可以在工作表中添加一个表单控件按钮（图 18.24 中位于 B1 和 C1 单元格内的按钮），并让它关联到标准模块中的一个宏，通过运行此宏启动该窗体（fmAddMembers），如图 18.25 中的 Demo_18_1 宏所示。

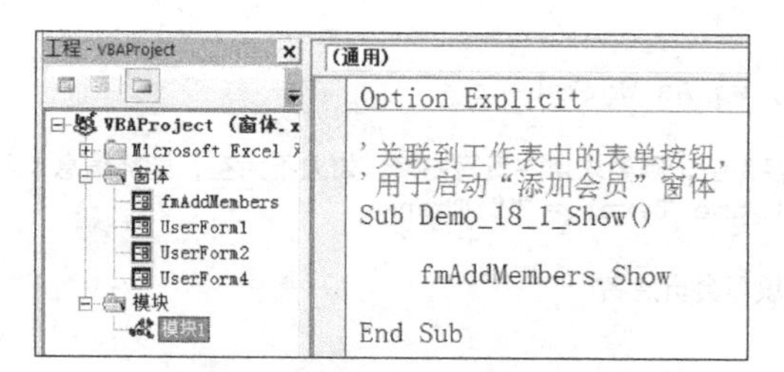

图 18.25　用于启动表单窗体的宏

18.3　其他常用控件及附加控件

18.3.1　其他常用控件简介

除了上一节中介绍的内容，VBA 控件工具箱还提供了其他一些功能各异的控件，下面简单介绍这些控件的用途与特点。

（1）开关按钮控件（ToggelButton）：该控件也称“切换按钮”，顾名思义，就是可以在“弹起”和“按下”两种状态之间切换。ToggelButton 的 Value 属性代表该按钮的状态，True 为“按下”，False 为“弹起”。此外，如果将该按钮的 TripleState 属性设置为 True，该按钮还会增加第三种状态，即按钮仍然处于弹起状态，但是文字却会变成灰色，在这种状态下，ToggelButton.Value 将会返回 Null①。

（2）TabStrip 控件：该控件与 Frame 一样，是一个可以放置其他各种控件的“容器”。不过与 Frame 不同的是，它的头部可以设定多个标签，如果用户单击了不同的标签，就会引发它的 Change 事件，并且可以通过它的 Value 属性得知当前用户选中的是第几号标签（从 0 开始编号）。因此，只要针对 TabStrip 的 Change 事件编写响应方法，就可以在用户单击不同标签时，自动修改位于其内部的其他各种控件的内容等，从而实现一些特殊效果。

（3）多页控件（MultiPage）：这个控件与 TabStrip 的外观十分相似，但其实两者有着很大的区别。多页控件中的每个标签页都是一个单独的容器，可以放置不同的控件。比如可以在它的第一个标签页中放两个文本框，而在另一个标签页中放一个列表框。当用户单击某个标签时，只能看到该标签页中的控件，不会看到其他标签页的内容。

（4）滚动条控件（ScrollBar）：这个控件可以在窗体的任何位置显示一个滚动条，用户可以单击它两端的箭头或移动其中的滑块，以改变滑块的位置。可以随时通过 ScrollBar 的 Value 属性得知当前滑块所在的位置数字。在默认情况下，当滑块处于最左边时 Value 属性为 0，处于最右边时则是 32767。如果想修改这个数字范围，只需设置 ScrollBar 的 Min 和 Max 属性即可。对于不需要精确输入的数字内容，使用滚动条控件代替文本框会是一个很好的选择。

（5）微调按钮控件（SpinButton）：微调按钮的外观和功能与滚动条控件十分相似，只不过没有滑块。由于用户只能通过箭头逐次调整它的数值，而不能像滚动条那样拖动滑块大致选定一个

---

① 其实复选框控件也有 TripleState 属性，设置为 True 时可以在“选中”和“未选”两种状态之外增加第三种状态——选中，但√为灰色，此时 CheckBox.Value 也会返回 Null。

位置，所以把它称为“微调按钮”。与滚动条控件一样，也可以通过微调按钮的 Value 属性得知其当前数值，并用 Min 和 Max 属性指定其数值范围。一般情况下，微调按钮经常与一个文本框控件搭配使用。因为每当用户单击微调按钮的箭头时，就会触发其 Change 事件，所以只要在它的 Change 事件中编写代码，将其当前的 Value 数值显示在文本框中，就能实现联动效果，如 TextBox1.Text = SpinButton1.Value。

（6）图像控件（Image）：图像控件相当于一个“画框”，可以把它摆放在窗体的任何位置，并设定大小、边框和颜色、风格等特性。若在 VBE 属性窗口中设置它的 Picture 属性，就可以在“画框”中显示图片文件。如果想在代码中修改它的图片，则需要使用 LoadPicture 函数。如果使用 LoadPicture 函数将很多图片文件事先导入内存中，然后在 VBA 程序中根据需要随时更改 Image 控件的显示内容，就可以实现常见的幻灯片特效功能。

18.3.2　附加控件的使用

除了工具箱里看到的常用控件，VBA 还提供了“树形列表”“定时器”等各种控件，功能十分丰富。此外，微软公司和其他第三方开发者也都开发了很多 ActiveX 控件，按要求下载安装后即可使用。

只要在 VBE 的“工具”菜单中选择“附加控件”命令，就可以看到如图 18.26 所示的“附加控件”对话框，其中列出了工具箱之外的其他所有控件，包括第三方开发的 ActiveX 控件。在需要的控件前选中复选框，并单击“确定”按钮，就可以将该控件添加到控件工具箱中。

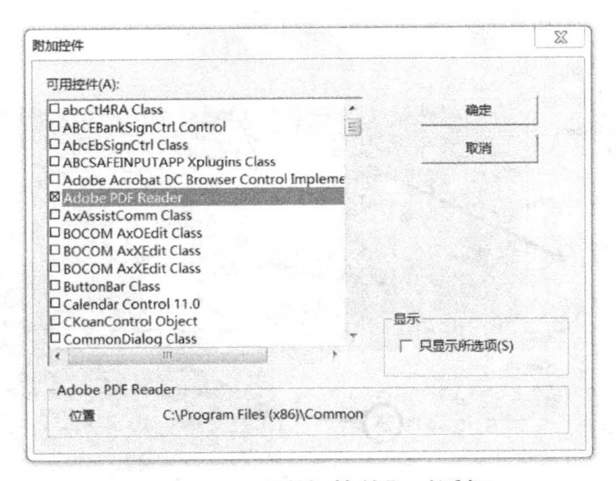

图 18.26　“附加控件”对话框

如果读者想使用“附加控件”对话框中没有列出的第三方 ActiveX 控件，可以先在网络上找到该控件开发商的官方网站并下载，然后按照安装说明将下载的控件文件注册在 Windows 系统中，之后就可以在“附加控件”窗口看到它（注意：并非所有第三方 ActiveX 控件都能用于 VBA，使用时要先了解其适用系统及许可政策）。一般来说，安装第三方 ActiveX 控件的步骤如下：

（1）通过网络搜索等方式下载该 ActiveX 控件的模块文件，常见扩展名为“.ocx”或“.dll”等。

（2）将文件复制到本地计算机系统盘（一般为 C 盘）的系统文件夹：如果使用的是 32 位 Windows 系统，则复制到 C:\Windows\System32\中；如果是 64 位 Windows 系统则要复制到 C:\Windows\SysWOW64\中。

（3）在 Windows 的“开始”菜单中找到“附件”→“命令窗口”(cmd.exe)，并在它的图标上单击鼠标右键，选择“以管理员身份运行”。

（4）在弹出的“命令”窗口中，首先输入命令以便切换到复制文件的系统目录中，比如：“cd C:/Windows/SysWOW64/”。按回车键之后，再输入 regsvr32 命令注册 ActiveX 控件。假设该控件文件的名字是 abc.ocx，那么就输入“regsvr32　abc.ocx”。

经过以上操作，就可以将控件正式注册在 Windows 系统中，可以在 VBA 及其他微软开发工具中看到并使用。

注意：以上步骤仅适用于 Windows 版的 Office VBA，在苹果计算机的 Mac 版 Office VBA 中无法使用 ActiveX 控件。

下面以 Adobe 公司（著名的 PDF 文件的开发商）提供的 PDF 浏览控件为例，演示第三方 ActiveX 控件（AcroPDF）的使用。

首先，由于 PDF 等控件并非 VBA 自带的标准控件，因此需要将其安装到需要运行 VBA 程序的计算机上。只要用户曾经安装过 Adobe 公司的免费 PDF 阅读软件“Adobe Reader”，AcroPDF 控件就会被自动安装。假如一台计算机中没有安装该控件，那么它既不能编写含有 AcroPDF 的 VBA 程序，也无法运行这种 VBA 程序。

如果已经安装了 AcroPDF，只要在 VBE 中打开“附加控件”对话框，就可以看到相应条目，也就是图 18.26 中的“Adobe PDF Reader”。选中该条目并单击“确定”按钮，控件工具箱中就会出现红色的 Adobe 图标，将其拖动到窗体中即可像其他控件一样使用，如图 18.27 所示。

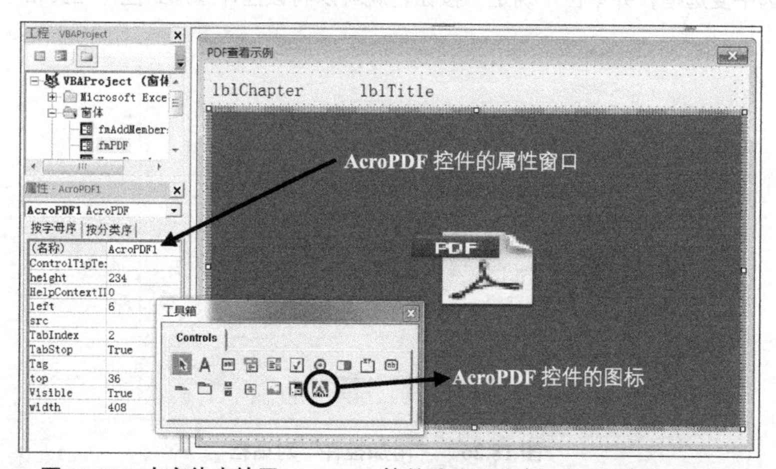

图 18.27　在窗体中放置 AcroPDF 控件（也是案例 18-2 的窗体设计）

AcroPDF 控件对象中最重要的方法是 LoadFile。只要调用 AcroPDF 控件的 LoadFile 方法，并提供某个 PDF 文件的完整路径作为参数，PDF 文件就会被调入该控件并显示在窗体中。比如图 18.27 中名为 AcroPDF1 的控件，只要在 VBA 程序中写入下面这行代码，执行后该 PDF 控件中就会显示出 D:\vbademo\a.pdf 文件的内容：

```
fmPDF.AcroPDF1.LoadFile "D:\vbademo\a.pdf"
```

案例 18-2 就是使用 LoadFile 方法，实现单击表格自动显示 PDF 文件的功能。

案例 18-2：图 18.28 所示的表格中包含某本教材各个章节的名称、标题和存放位置，并且每个章节文件都以 PDF 格式保存在硬盘上。请编写一个 VBA 程序，只要用户单击表格中某行的任意单元格，就会弹出如图所示的窗体，列出该行对应章节的信息，并且在硬盘上找到该文件并显示其内容。

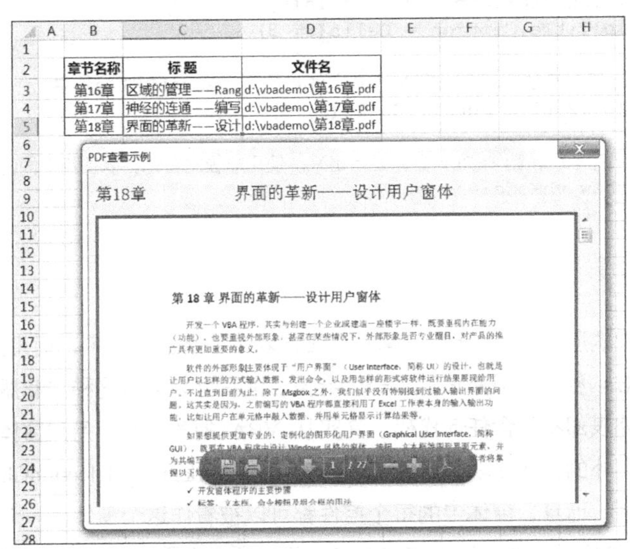

图 18.28　案例 18-2 原始数据及效果示例（图中单击的是 C5 单元格）

按照要求，我们可以在窗体中放置两个标签控件（分别显示章节名称和章节标题），以及一个 AcroPDF 控件。考虑到需要在程序中控制这两个标签控件，将其分别命名为 lblChapter 和 lblTitle，以便编写代码时分清两者的用途。此外，还将用户窗体命名为 fmPDF，以明确其含义。图 18.27 显示的就是该用户窗体的设计效果。

接下来的问题，就是在哪里编写程序。案例中要求用户单击表格中任意单元格即启动窗体，显然将代码写在工作表“PDF 示例”的 SelectionChange 事件中最合适。这样，每当用户在工作表中单击了某个单元格，就会自动运行 SelectionChange 事件中的代码，并将被用户选中的单元格作为 Target 参数传递给它。我们可以在代码中对 Target 参数加以判断——只有当用户选中的单元格位于有效数据区域 B3:D5 中时，才会显示或刷新窗体中的内容。

那么怎样让窗体根据用户单击的单元格，自动显示对应章节信息和 PDF 文件内容呢？只要分析 Target 参数的 Row 属性就可以知道用户单击的单元格行号，而该行第二列（B 列）就是需要显示在 lblChapter 标签中的章节名称，该行第三列（C 列）则是显示在 lblTitle 中的标题。所以只要在 SelectionChange 事件中修改这两个标签控件的 Caption 属性就可以。

同样的道理，既然该行第四列（D 列）的单元格中存放了该章节文件的所在路径，只要将其作为参数传递给 AcroPDF1 控件的 LoadFile 方法，就能找到该文件并显示。这样分析之后，整个程序就呼之欲出了，代码如下：

```
'写在工作表模块中的事件响应方法。用户选中一个单元格时会自动触发本程序
Private Sub Worksheet_SelectionChange(ByVal Target As Range)

    '如果被选中单元格位于B3:D5区域，则处理窗体显示
    If Not (Intersect(Target, Range("b3:d5")) Is Nothing) Then
```

```
        '取得被选中单元格的行号
        Dim r As Long
        r = Target.row

        '将用户窗体 fmPDF 中两个标签的 Caption 属性设置为 r 行内容
        fmPDF.lblChapter.Caption = Cells(r, 2)
        fmPDF.lblTitle.Caption = Cells(r, 3)

        '根据第 r 行 D 列的文件名，导入 PDF 文件并显示在 AcroPDF1 控件中
        fmPDF.AcroPDF1.LoadFile Cells(r, 4)

        '一切设置完毕后，让 fmPDF 窗体显示出来。使用非模式窗体，以便用户同时操作表格
        fmPDF.Show vbModeless

    End If

End Sub
```

这个参考方案中的所有 VBA 代码，都写在工作表事件响应方法中，而用户窗体 fmPDF 中完全没有书写任何 VBA 程序，只是设计了一个界面。读者可能会对这种“花瓶”式的窗体感到不习惯，因为它空有外表却不包含任何代码。其实从 VBA 的角度看，用户窗体只是一个对象，我们完全可以在窗体之外的其他模块（比如工作表模块的 Worksheet_SelectionChange 方法）中调用它的各种属性与方法。而且，窗体中的每个控件都可以被看作这个窗体的一个成员或属性，可以用“窗体名.控件名.属性或方法名”的格式对其引用。所以上面的事件响应代码通过调用 fmPDF 窗体中各个控件的属性与方法，完成了对窗体显示内容的配置，完成所有配置之后，再调用窗体的 Show 方法即可实现案例需求。

从图 18.28 所示的效果中还可以看到一点：AcroPDF 控件能够自动显示出一个非常美观的工具条（图中下方的灰色圆角矩形区域），包含保存、打印、翻页、缩放等各种常用功能，用户可以直接单击使用。所以，尽管 AcroPDF 控件也提供了一些类似翻页的方法①，但实际工作中往往只需使用其 LoadFile 显示出 PDF 文件，剩余操作都可以由工具条实现，无须再为其编写程序。

最后需要说明的是，AcroPDF 等第三方 ActiveX 控件毕竟不是微软公司的“嫡系部队”，Windows 和 Office 均无法保证这些控件是否安全。所以如果运行一个包含第三方控件的 VBA 程序，系统会在加载该程序时就弹出图 18.29 所示的警告框，以警示风险。如果用户认为该程序可以信任，直接单击“OK”按钮即可。

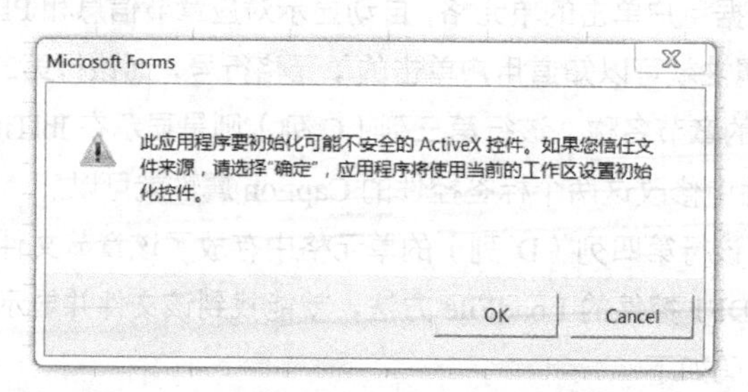

图 18.29　加载第三方控件时弹出的警告框

① 如果在计算机上安装了 Acrobat SDK 套件，PDF 控件将支持更多方法与属性，从而可以在 VBA 代码中实现对 PDF 文件的高级控制。

18.4 关于窗体与控件的其他要点

18.4.1 多窗体协同

前面讲解的例子都假设程序中只需要一个窗体。然而在稍微复杂一点的 GUI 系统里，往往会用到几个甚至几十个不同用途的用户窗体。比如在一个典型的台账系统中，就会包含“账表设置与初始化”“业务录入”“分录查询”“冲销更正”“导出账表”等多种功能。

其实，处理多个窗体与处理单个窗体并没有区别。比如需要启动不同窗体时，既可以在标准模块中编写多个宏（并在工作表中插入多个表单按钮与之对应），让每个宏分别调用 Show 或 Load 方法显示一个窗体；也可以将其中一个窗体作为“主窗体”，在其中放置不同的命令按钮控件，并在每个命令按钮的 Click 事件中用 Show 或 Load 方法显示另外一个窗体。如果读者有兴趣，还可以查阅资料深入学习 VBA 窗体的菜单设计技术，从而通过自定义菜单弹出不同的窗体。

另外一个常见的问题，是怎样在不同窗体和模块之间共享信息。比如案例 18-2，如果想在发生 SelectionChange 事件时将用户选中的单元格行号（Target.row）传递给 fmPDF 窗体，以便进行更多复杂的设置和操作，一般可以采用“公共变量”的方式解决。例如在 fmPDF 的代码模块里，可以在其所有 Sub 之前声明一个公共变量，如“Public r as Long”，并在工作表模块的 SelectionChange 事件中写下“fmPDF.r = Target.row”。这样当用户选中单元格并触发 SelectionChange 事件时，该行代码就可以将单元格行号保存到窗体 fmPDF 的公共变量 r 中。而在 fmPDF 的任何一个 Sub 方法中，都可以读取调用本模块的 r，从而得知需要处理的是工作表的第几行。

另外一种常见的做法，是在工程窗口中添加一个标准模块，专门存放各种全局公共变量。假如把这个模块命名为“GlobalVars”，其中声明了一个“Public currentRow”变量，那么无论在工作表模块还是在窗体模块，都可以通过“GlobalVars.currentRow”读取和修改这个公共变量，从而实现相互交流。

18.4.2 多个控件的对齐

读者可能注意到在窗体设计器中，用户窗体的显示区域充满了距离均匀的圆点。这些圆点的作用是帮助设计者对齐控件，也就是用鼠标移动控件时，可以将控件边缘自动对齐到某个圆点上。

尽管如此，当控件较多且尺寸各异时，对齐控件、设置间距等仍然是十分考验眼力与耐心的工作。考虑到这个问题，VBA 编辑器在“格式”菜单中提供了“对齐”“统一尺寸”“水平间距”和“垂直间距”等几项实用功能，如图 18.30 所示。

以对齐控件为例，若想将图 18.30 中的四个控件排放在同一高度，可以先按住“Ctrl”键不放，然后用鼠标左键选择所有需要对齐的控件。全部选中后，每个控件都会显示为带有锚点的灰色方框，但是只有一个控件的锚点是空心方块（一般是最后选中的控件，比如图 18.30 中的 Label2），其他控件的锚点都显示为黑色实心方块。带有空心方块的控件将被作为对齐操作的基准，其位置保持不动，其他控件以其为标准。

在 VBE 的“格式”菜单中选择“对齐”命令，就可以弹出二级子菜单，其中提供了多种对齐方案。选择“中间对齐”命令，就可以让所有被选控件的水平中线位于同一高度。读者也可以分别尝试其他各种命令，体会使用自动对齐或统一尺寸的便捷。

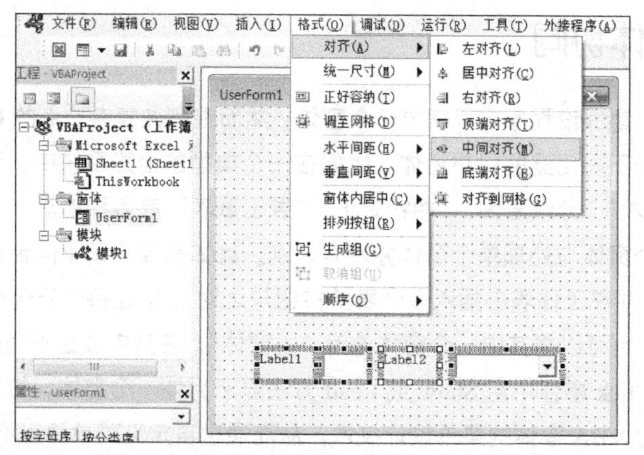

图 18.30 利用“格式”菜单自动对齐控件

18.4.3 工作表中的 ActiveX 控件

ActiveX 控件不仅可以用在窗体上，也可以用在 Excel 工作表中，也就是“宏”选项卡上“插入”按钮下方的“ActiveX 控件”一栏，如图 18.31 所示。

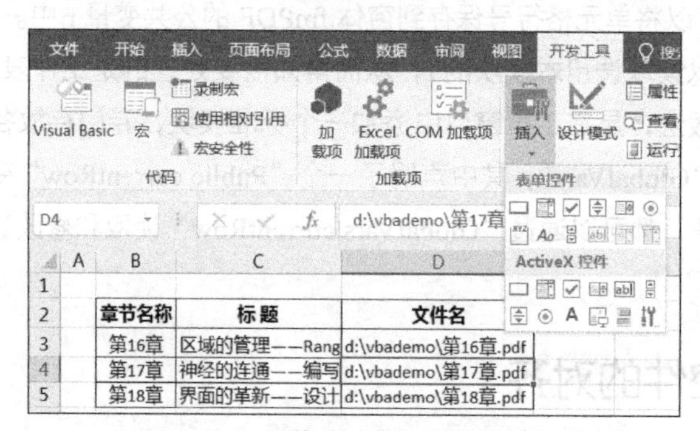

图 18.31 工作表中的 ActiveX 控件

将这些控件放入工作表中的方法，与放置表单按钮完全相同。而且如果单击“ActiveX 控件”一栏中的扳手图标，还会看到“附加控件”对话框并选取更多 ActiveX 控件（如 AcroPDF）。

与表单控件相比，ActiveX 控件最大的特点就是拥有自己的属性与方法，能够设计出更加灵活强大的交互功能。而且读者只要把放置控件的工作表看作一个用户窗体，就会发现这些控件使用起来与窗体中的各种控件完全一样。

例如，如果在工作表 Sheet1 中插入一个 ActiveX 按钮控件，只要双击该按钮，就会在 Sheet1 的代码模块中看到该按钮的 Click 事件响应方法，并可以在 VBA 程序中调用该按钮的 Caption、Font、Picture、Enable、Visible 等各种属性，随时调整其外观与特点。此外，与窗体编程一样，可以在代码窗口右上方的下拉列表框中找到该按钮的更多事件，比如双击事件（DblClick）、鼠标滑过（MouseMove）等，从而让按钮支持更多类型的用户操作，其他控件（如 ComboBox、AcroPDF 等）的编程方法与此完全相同。

所以，当我们既想设计出复杂的图形化界面，又想让该界面融合在工作表中而不是弹出单独的窗体时，就可以直接在工作表中插入各种 ActiveX 控件。还是那句话：只要把工作表想象成用户窗体，就可以用与窗体相同的方式运用 ActiveX 控件。

本章小结

VBA 是衍生于 Visual Basic 语言的开发工具，方便强大的窗体设计能力是 Visual Basic 语言广受欢迎的关键原因。所以，学习 VBA 而不学习窗体，将是一件非常让人遗憾的事情。

学习窗体程序设计的关键是理解“事件驱动”的含义——在这种程序中，只有当用户执行某个操作或系统发生某些变化时，才会运行相应的某段代码。所以，必须先想清楚“什么时候执行这段代码”，才能决定“把这段代码写在哪个事件中”。理解透彻这个问题之后，只需了解不同控件的功能、属性、事件和方法，就可以按需挑选并组合到一个窗体中，实现全部功能。

通过本章的学习，读者应该重点掌握的知识包括：

★ 用户窗体（UserForm）模块默认显示为窗体设计器模式，可以双击或按“F7”键切换到代码窗口。

★ 通过属性窗口可以设置窗体和控件的各种属性，也可以在 VBA 代码中直接调用窗体或控件对象的属性和方法。

★ 窗体和控件的名称相当于对象名，与其标题栏等显示的文字无关（后者一般为相应对象的 Caption、Text、Value 等属性）。

★ 用户窗体不能通过宏对话框等形式启动。可以在标准模块中编写宏，或者在 Excel 对象事件中编写事件响应代码，并调用其 Show 方法显示窗体。

★ 窗体编程属于“事件驱动”程序设计，窗体及每个控件都可以响应多种事件。

★ 在一个窗体的代码模块中，可以使用关键字“Me”代表该窗体对象，并且可以使用“Me.控件名”的形式调用该窗体中的每个控件。

★ 窗体第一次被创建时会触发 Initialize 事件；Hide 方法只能隐藏窗体，Unload 命令才能真正将窗体清除。

★ 窗体默认显示为“模式对话框”，在关闭之前不允许用户操作其他 Excel 元素。如果为 Show 方法提供 vbModelss 参数，可以让窗体显示为“非模式对话框”。

★ 命令按钮最常用的是 Click 事件，文本框控件最常用的是 Text 属性。

★ 对于列表框和组合框，可以使用 RowSource（单元格内容）、AddItem、用数组为 List 属性赋值等三种方式，指定其中的所有条目。

★ 在不使用 Frame 控件时，窗体中所有单选按钮都默认为一组；可以使用 Value 属性判断每个单选按钮或复选框是否被选中。

★ 通过“附加控件”对话框，可以向控件工具箱中添加更多控件，包括第三方开发的 ActiveX 控件。

★ 可以使用 VBA 编辑器的“格式”菜单，对多个控件执行格式化操作。

★ 在 Excel 工作表中也可以像使用表单控件一样使用 ActiveX 控件。

第19章 工具的升级——集合、字典及正则表达式

更新的工具往往意味着更高的生产效率，所以每逢“鸟枪换炮”，人们都会感到格外兴奋。学习 VBA 的过程也是一样：数组、对象、系统函数等都属于标准的制式工具，一旦掌握它们之后，就可以尝试一些更加强大的特殊工具，从而方便快捷地处理复杂问题。

本章将介绍 VBA 中十分常用的三种工具：集合、字典与正则表达式。前两者可以看作数组的替代品，能够轻松地实现动态集合、键值对集合等数据结构；正则表达式的功能类似于 VBA 字符串函数，但是其文本分析能力却远远超出它，可以说是日常文字处理的顶级武器之一。通过本章的学习，读者将理解和掌握以下知识：

★ 集合（Collection）对象的特点与用法。

★ 怎样使用 CreateObject 函数创建外部对象。

★ 字典（Dictionary）对象的特点与用法。

★ 正则表达式的概念和基本语法。

★ 在 VBA 中使用正则表达式的方法。

视频课程中并没有像本书一样专门讲解 Collection 对象，而是在“全民一起 VBA——实战篇”专题四第七回的 3:10 处，作为递归查找全部子文件夹的辅助技巧而介绍。字典对象对应“全民一起 VBA——提高篇”第三十一回“字典对象简化统计汇总，键值匹配实现高效查询”；正则表达式与 CreateObject 函数对应“全民一起 VBA——提高篇”第二十八回至第三十回课程。由于正则表达式的内容比较抽象，而且细节繁多，所以视频课程中设计了大量动画演示，以便加深理解，读者可以对照学习。

19.1　集合对象

所谓集合，就是多个元素组合在一起形成的整体，比如数组就是一种简单的集合。其实 VBA 中还有比数组更加复杂的集合，如 Workbook.Worksheets。之所以说 Worksheets 更加复杂，是因为我们不仅可以像数组那样通过 Workbook.Worksheets(2)的形式，使用下标调用其中的元素，还可以使用 Workbook.Worksheets(“工作表名称”)的方式调用元素。而且，Workbooks.Worksheets 还支持若干属性和方法，比如可以通过 Worksheets.Count 了解其中一共有多少元素，或者通过 Worksheets.Add 方法向其中添加新的元素（工作表）等。总之，Worksheets 或 Workbooks 等并不只是简单的数据集合，而是拥有各种属性与方法的集合对象。

为了让开发者也能创建出类似 Worksheets 的集合，VBA 提供了一个名为 Collection（集合）的类。只要创建一个该类的对象，就能使用 Add、Remove 等方法将各种数据添加到其中或从中移除。而且与数组相比，Collection 类完全不需要事先指定长度（容量），真正做到了动态变化。图 19.1 中的代码演示了集合类的基本用法。

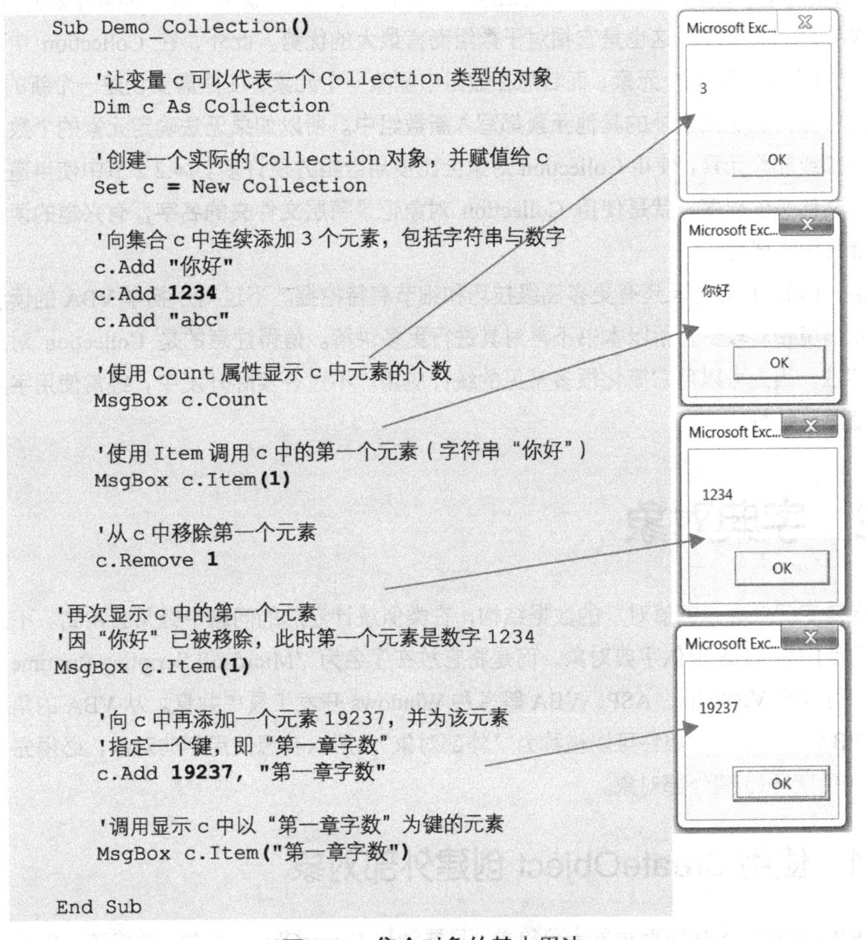

图 19.1　集合对象的基本用法

在第二行代码中，使用了关键字“New”，其用途是创建一个具体的对象。虽然在第一行代码中已经将 c 声明为 Collection 类型，但这只说明 c 可以用于代表 Collection 类型的对象，还没有真正在内存中创建一个真实的 Collection 并赋值给 c。而在第二行代码中，首先通过 New 关键字在内存中创建了一个具体存在的 Collection 对象，然后又通过 Set 关键字将之赋值给变量 c，从而完成了赋值操作。从这一刻起，变量 c 才指向一个真实可用的集合。

后面的几行代码演示了 Collection 对象的四种方法：Add、Count、Item 和 Remove。Add 方法可以将一个变量或常量添加到集合中；Count 方法可以得到集合中当前元素的总数；Item 方法可以像数组一样通过下标引用集合中的任意一个元素，不过该下标是从 1 开始的；Remove 方法则可以删除集合中的指定元素。

最有趣的当属最后两行代码。“c.Add 19237, “第一章字数””一句也是向集合中添加一个元素（数字 19237），同时又通过第二个参数为该元素指定了一个字符串“第一章字数”作为键。我们可以把“键”理解为这个元素的名字，当需要读取该对象时，就可以使用这个名字替代其下标，形如 c.Item(“第一章字数”)。这种为集合中每个元素指定一个键（如“第一章字数”）和一个值（如 19237）的方式，在计算机中称为“键值对”，讲解字典时会对此详细介绍。

可以看出，Collection 对象只要创建出来（使用 New 方法），就可以随时向其中添加任何元素，完全不需要声明其长度，这也是它相对于数组而言最大的优势。此外，在 Collection 中可以使用 Remove 方法随时删除某个元素，而若想在数组中删除一个元素，往往需要创建一个新的数组，并将原数组中除待删除元素外的其他元素都写入新数组中。所以如果无法确定元素的个数，或者需要频繁增加或删除元素，使用 Collection 对象会比使用数组方便许多。14.2.2 节中使用递归算法遍历所有子文件夹的程序，就是使用 Collection 对象记录每层文件夹的名字，有兴趣的读者可以结合视频课程深入研究。

其实，Collection 对象还有更多高级技巧和细节有待挖掘。不过对于初学 VBA 的读者来说，它的使用情境相对较少，所以本书不再对其进行更多讲解。值得注意的是 Collection 对象的“键值对”特性，因为可以用它简化很多常见的统计应用。不过在实际开发中，经常使用字典对象处理“键值对”结构。

19.2 字典对象

字典是专门处理“键值对”的数据结构，在类似统计汇总的问题中经常会用到。不过微软公司并没有专门为 VBA 提供字典对象，而是将它放在了名为“Microsoft Scripting Runtime”的公共组件中，可以在 VBScript、ASP、VBA 等多种 Windows 开发工具中共享。从 VBA 的角度看，这类来自 VBA 之外的公共组件可以被称为“外部对象”。所以若想使用字典对象，必须先了解怎样在 VBA 中引用和创建外部对象。

19.2.1 使用 CreateObject 创建外部对象

在 VBA 代码中创建外部对象十分简单，只要调用 CreateObject 函数，并将该对象的完整名称作为参数传递即可。图 19.2 中的代码演示了怎样创建和使用字典对象。

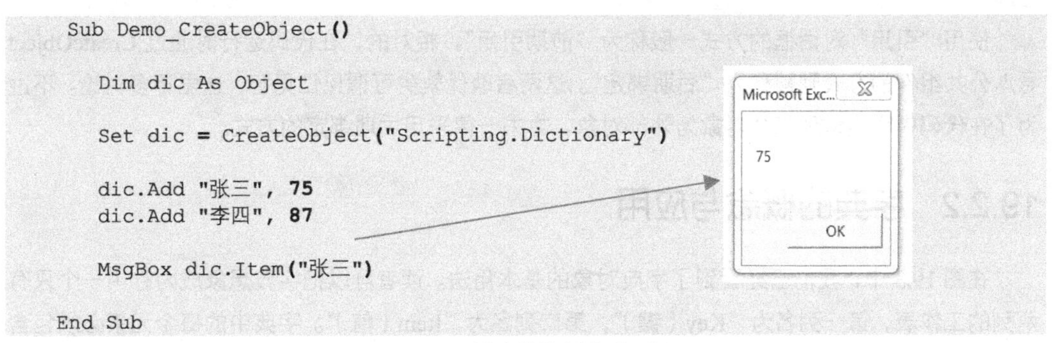

图 19.2　创建并使用字典对象

第一行语句声明了一个 Object 类型的变量，它可以代表任何对象，所以变量 dic 完全可以指代即将创建的字典对象。之所以使用 Object 而没有写成“Dim dic As Dictionary”，是因为字典属于 VBA 的外部对象，换句话说，VBA 本身根本不存在名为 Dictionary 的对象。因此，如果写成“Dim dic As Dictionary”，VBA 会因为不认识 Dictionary 而报出错误。

在 Set 语句中，使用了 CreateObject 方法创建字典对象。由于包含字典对象的公共组件名为“Scripting”，所以其完整名称是“Scripting.Dictionary”。假如需要调用其他外部对象，比如后面讲解数据库程序时用到的位于“ADODB”组件中的“Connection”对象，就要写成“ADODB.Connection”。假如这个名字拼写错误，CreateObject 函数将无法顺利执行，只能报出错误。

再下面的代码与 Collection 集合对象十分相似，使用了字典对象的 Add 方法向其中添加了两个元素，通过 Item 属性读取键名为“张三”的元素，并将其取值“75”显示出来。

另一种在 VBA 中创建字典对象的方法，是使用 VBA 编辑器中的“引用”对话框，将公共组件 Microsoft Scripting Runtime 直接包含到 VBA 工程中。在 VBE 的“工具”菜单中选择“引用”命令，可以看到如图 19.3 所示的“引用”对话框，选中“Microsoft Scripting Runtime”复选框，并单击“确定”按钮，就可以在 VBA 中直接使用 Dictionary 类型。

使用这种方式，不仅可以少写 CreateObject 语句，而且可以像使用 Collection 等 VBA 内建对象一样使用 Dictionary 等外部对象，从而享受智能提示的好处。图 19.4 显示了这种情况下的 VBA 代码及智能提示效果。

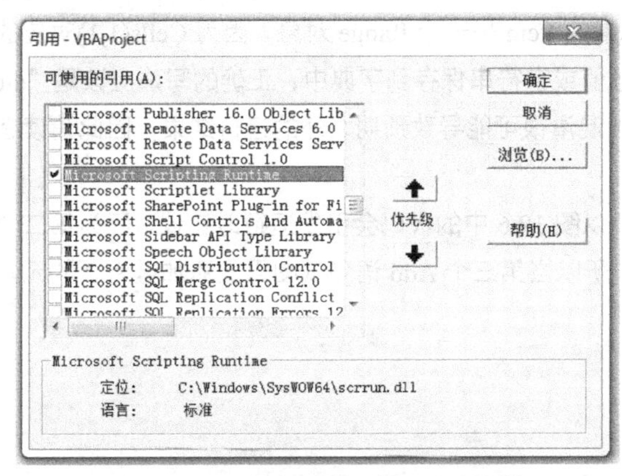

图 19.3　VBA 编辑器的“引用”对话框

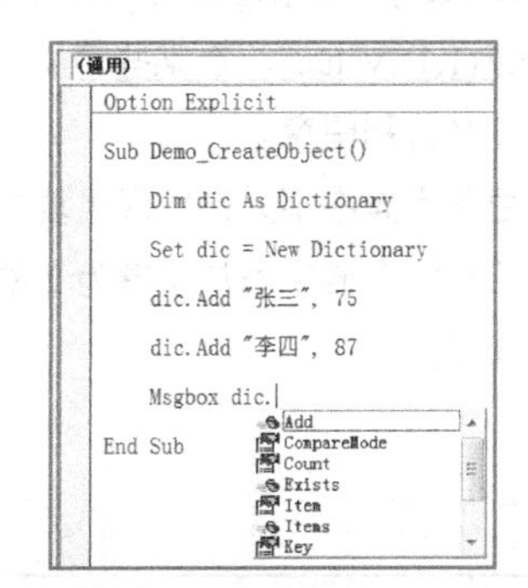

图 19.4　引用 Microsoft Scripting Runtime 后的 VBA 代码及智能提示

使用“引用”对话框的方式一般称为“前期引用”，相对的，在代码运行时通过 CreateObject 导入公共组件的方式则被称为“后期绑定”。这两者孰优孰劣可谓见仁见智，这里不多讨论。不过为了在代码中明确体现某个对象为外部对象，本书一律采用后期绑定的方式。

19.2.2 字典的概念与应用

在图 19.3 中，我们已经看到了字典对象的基本用法。读者可以把字典想象成内存中一个只有两列的工作表，第一列名为“Key（键）”，第二列名为“Item（值）”。字典中的每个元素必须包含这两部分内容，而且每个元素的 Key 必须唯一，不能与任何其他元素的 Key 相同。图 19.5 以表结构展示了两个字典的内容。

Key	Item
1	"张三"
2	"李四"
3	"王五"
4	"赵六"
……	

Key	Item
"车"	"一种交通工具"
"猫"	"一种伪装成宠物的心机兽"
"Cat"	"猫的英文译法"
"喵星人"	"猫的疑似真实身份"
……	

图 19.5 字典的表结构示例

这就像在《新华字典》中，每个条目都由一个汉字和针对该汉字的解释文字所构成，而且每个条目的汉字都是唯一的[①]，只要指定一个汉字，就能找到对应的解释。换言之，如果把《新华字典》中的待查汉字视作 Key，把解释文字视作 Item，那么《新华字典》就是一个典型的“键值对”结构。这也就是计算机科学中将键值对结构称为字典的原因。

如图 19.2 和图 19.4 中的代码所示，可以使用 Add 方法向字典中添加一个元素，添加时必须指定 Key 与 Value 两部分。Item 部分可以存放任何类型的数据，也就是说，无论数字、字符串、逻辑值、日期值，还是工作表对象、变体数组等，都可以作为字典元素的 Item。Key 部分也可以接受大多数 VBA 数据类型，只是不能将数组作为一个元素的 Key。

任何数据类型都可以被字典元素的 Item 所接受，这点需要初学者格外注意。比如“dic.Add 1, Cells(1,1)”这个语句，看上去似乎是将活动工作表中 A1 单元格的内容作为 Item 添加到字典 dic 中，并指定其键为 1。但实际上，这个元素的 Item 是一个 Range 对象，因为 Cells(1,1)对应的就是 Range(“A1”)。如果想将 A1 单元格中的数值或字符串保存到字典中，正确的写法应该是“dic.Add 1, Cells(1,1).Value”。在某些情境下，这种混淆很可能导致预期之外的运行结果，因此请读者在使用字典时特别留意。

由于字典中不允许出现重复的键，所以图 19.6 中的代码会引发运行时错误。因为第二个 Add 语句已经向字典中添加了键为 2 的元素，所以当第三个 Add 语句试图再次添加键为 2 的元素时引发了错误。

---

① 严格地说，字典中各个条目的汉字并不是唯一键，比如一个多音字的不同读音会被作为不同的条目分别加以解释。对于这种情况，可以认为每个条目的唯一键是“ 汉字 + 读音 ”。

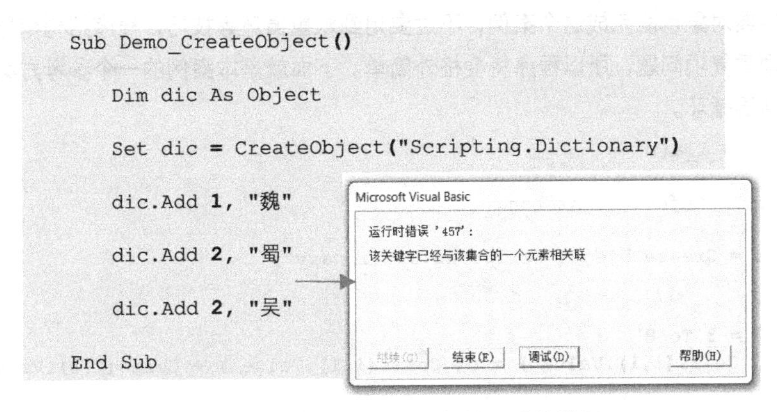

图 19.6　向字典中插入重复键导致的错误

不过在实际开发中，经常会使用字典对象的简写方式来代替 Add 方法和 Item 属性，即使用“字典名（键）”的格式读写指定元素，如图 19.7 所示。

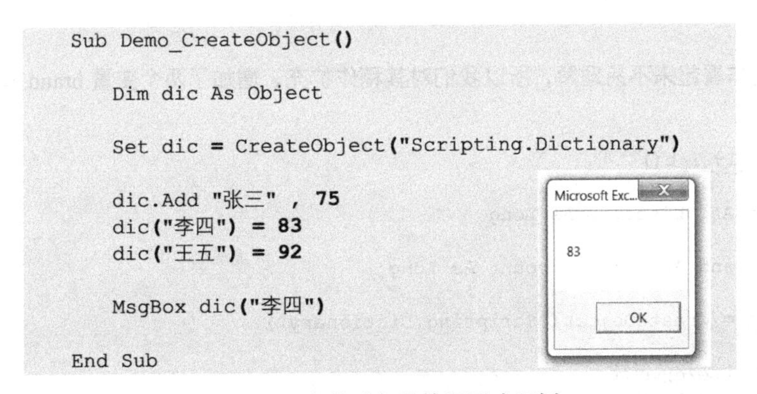

图 19.7　字典对象的简写形式示例

这段代码使用“dic(“李四”) = 83”代替了“dic.Add “李四”, 83”。这样做的好处是：如果当前字典中还没有键名为“李四”的元素，那么就会自动创建一个“李四：83”的键值对并存入字典；假如当前字典中已经存在一个键名为“李四”的元素，该语句也不会引发错误，而是修改已经存在的元素，将其 Item 设置为新的值，即 83。

利用简写形式，可以巧妙地实现需要汇总重复项的工作，比如案例 19-1 所解决的需求。

案例 19-1：图 19.8 左侧所示的工作表中存放有某汽车经销商当月豪华 SUV 的销量记录。请编写 VBA 程序，自动计算出每个品牌所有车型的总销量，并写入该工作表的 E 列和 F 列。效果如图 19.8 右图所示。

	A	B	C	D	E	F
1						
2	品牌	型号	销量		品牌	总销量
3	奥迪	Q7	15		奥迪	
4	奔驰	M350	42		奔驰	
5	奥迪	Q5	40		宝马	
6	宝马	X5	16			
7	奔驰	G550	11			
8	宝马	X3	37			
9						

	A	B	C	D	E	F
1						
2	品牌	型号	销量		品牌	总销量
3	奥迪	Q7	15		奥迪	55
4	奔驰	M350	42		奔驰	53
5	奥迪	Q5	40		宝马	53
6	宝马	X5	16			
7	奔驰	G550	11			
8	宝马	X3	37			
9						

图 19.8　案例 19-1 原始数据及效果示例

不使用字典对象也能完成这个案例，不过要用到双重循环等技巧，程序结构稍显复杂。而字典对象能处理重复项问题，所以程序将会格外简单。下面就是本案例的一个参考方案，只使用了两个简单的单层循环。

```
Sub Demo_19_1_a()

    Dim d As Object, i As Long

    Set d = CreateObject("Scripting.Dictionary")


    For i = 3 To 8
        d( Cells(i,1).Value ) = d( Cells(i,1).Value ) + Cells(i,3).Value
    Next i


    For i = 3 To 5
        Worksheets("Sale").Cells(i, 6) = d(Cells(i, 5).Value)
    Next i

End Sub
```

这段代码乍看起来不易理解，所以我们对其稍作扩充，增加了两个变量 brand 和 count，以便于讲解：

```
Sub Demo_19_1_b()

    Dim d As Object, i As Long

    Dim brand As String, count As Long

    Set d = CreateObject("Scripting.Dictionary")

    '扫描左边表格的每行
    For i = 3 To 8

        '将第 i 行的品牌（A 列）记入 brand，销量（C 列）记入 count
        brand = Worksheets("Sale").Cells(i, 1)
        count = Worksheets("Sale").Cells(i, 3)

   '将字典中该品牌的 Item 值加上本行销量，再写回字典中
        d(brand) = d(brand) + count

    Next i

    '扫描右边表格的每行
    For i = 3 To 5

        '读取该行第 5 列（E 列）的品牌名并记入 brand
        brand = Worksheets("Sale").Cells(i, 5)

        '读取字典中以该品牌名为 Key 的元素，将其 Item（总销量）写入 F 列
        Worksheets("Sale").Cells(i, 6) = d(brand)

    Next i

End Sub
```

这段代码的关键在于“d(brand) = d(brand) + count”一句。我们还是先分析这个赋值语句等号的右侧部分。d(brand) 可以从字典中查找 Key 为 brand（第 i 行 A 列的品牌名称）的元素，并读取 Item 值。如果当前字典中还没有以该品牌为 Key 的元素，d(brand)会自动在字典中添加一个元素，以 brand 为 Key，而其 Item 等于 0 [①]。

然后，将 Item（或 0）的数值与 count（第 i 行 C 列的销量）相加，得到该品牌目前的总销量。

最后，将总销量数字赋值给等号左侧，即字典中以该品牌为 Key 的元素的 Item 值，也就是更新了字典中该品牌的销量数字。

通过这三个步骤，每当程序在左表中扫描一行，字典都会更新相应品牌的销量数字。当循环结束后，字典中只有三个元素，键名分别为“奥迪”“奔驰”和“宝马”，而 Item 则分别是三个品牌的销量汇总。而在第二个 For 循环里，程序扫描右表中的每行品牌名称，并到字典中查找该品牌名称对应的 Item（销量汇总数字），最后将其显示在 F 列即可。

如果把 brand 和 count 两个变量去掉，直接将 Cells(i,1).Value 作为字典的 Key，就可以得到简洁的代码，即 Sub Demo_19_1_a ()。

19.2.3　字典的其他常用属性与方法

除了 Add 方法和 Item 属性，字典对象还支持以下常用属性与方法：

（1）Key 属性：可以修改字典中某个元素的键名。比如“d.Key(“奥迪”) = “Audi””，就会找到字典中以“奥迪”为键的元素，并将其键改为“Audi”。这样执行代码之后，字典中将不存在 Key 为“奥迪”的元素。

（2）Count 属性：可以返回字典中所有元素的总数量。

（3）Remove 方法：可以删除字典中指定的元素，比如“d.Remove(“Audi”)”执行后，字典中将不会存在以“Audi”为键的元素。

（4）RemoveAll 方法：可以删除字典中的所有元素，比如“d.RemoveAll”执行后，字典 d 中不会存留任何元素，d.Count 也将变为 0。

（5）Keys 方法：返回一个一维数组，里面是该字典中所有元素的键（Key）。

（6）Items 方法：返回一个一维数组，里面是该字典中所有元素的值（Item）。

在这些属性和方法中，Keys 与 Items 这两个可以返回数组的方法十分有用。比如在案例 19-1 中，假如在运行程序之前，工作表 E 列和 F 列并没有事先写好各种品牌的名字，如图 19.9 所示，就可以使用 Keys 和 Items 方法将字典中保存的品牌和销量全部导出。具体来说：首先仍然通过“d(brand) = d(brand) + count”的方式将所有品牌和销量存入字典 d；接下来使用 d.Keys 和 d.Items 得到两个一维数组，分别包含所有品牌和所有销量数字；最后将这两个一维数组直接导出到工作表 E 列和 F 列第 3 行之后即可。具体的参考代码如下。

---

① 这也是 Dictionary 对象的一个有趣之处：只要尝试读取一个尚不存在的 Key，字典就会自动创建一个使用该 Key 的元素。

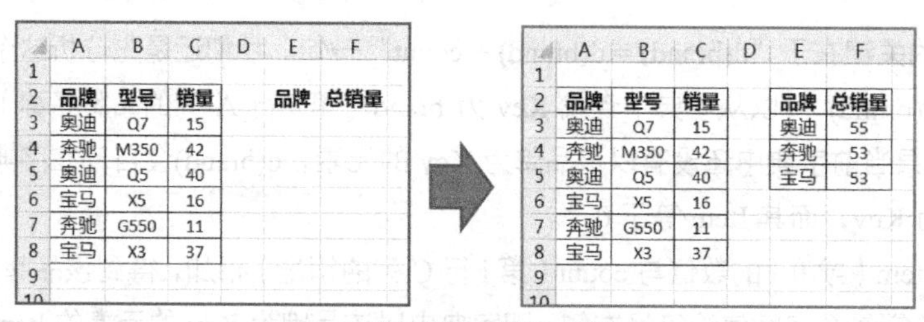

图 19.9 修改需求后的案例 19-1

```
Sub Demp_19_1_c()

    Dim d As Object, i As Long, k(), v()

    Set d = CreateObject("Scripting.Dictionary")

    '循环汇总每个品牌的总销量，并存入字典 d
    For i = 3 To 8
        d(Cells(i, 1).Value) = d(Cells(i, 1).Value) + Cells(i, 3).Value
    Next i

    '将 d 的所有键和所有值分别导出到数组 k 和 v 中
    k = d.Keys()
    v = d.Items()

    '将一维数组 k 和 v 分别写入 E 列和 F 列中，需要使用 Transpose 函数转置
    '如果 d 中有 4 个元素，则应该写入 E3:E6 和 F3:F6 中，即最后一行行号为 d.count+2
    Range("E3:E" & (d.count + 2)) = Application.Transpose(k)
    Range("F3:F" & (d.count + 2)) = Application.Transpose(v)

End Sub
```

这个参考方案综合运用了字典对象的简写形式、Count 属性，以及 Keys 和 Items 方法，可以说是解决类似问题的常见模板。它的思路很好理解，只是在将一维数组按列写入工作表时用到了一些技巧，读者结合注释就能领会。

字典对象是开发者公认的编程利器，可以极大地简化代码结构，而且它的主要用法并不十分复杂。再次提醒读者：如果需要处理重复项，或者需要实现“按名引用（键值对）”，就应该考虑使用字典。只要记住这一点并付诸实践，很快就会感受到字典的优势，并且能够运用娴熟。

19.3 正则表达式入门

我们已经多次提到，对于日常办公而言，文本处理与数据计算同样重要。但是，虽然 Excel 已经针对数据处理设计了公式、数据透视表等多种工具，针对文本分析却只提供了“分列”等少数几个功能，而且很难满足稍微复杂的分析需求（比如将表格中出现的所有电子邮件或电话号码自动提取出来）。

所以若想在 Office 软件中实现自动化的文本处理，VBA 可以说是最有效的手段。本书第 5 章和第 10 章介绍了多种字符串处理方法，特别是各种字符串函数的格式与用途，只要熟练运用，完全可以满足这些要求。

但是在软件开发领域，真正专业而强大的格式化文本分析工具非正则表达式（Regular Expression）莫属！在很多情况下，一条正则表达式语句就抵得上多个字符串函数，以及与其配套的重重循环，能够极大地简化程序设计的复杂度。

不过作为计算机科学的重要基础知识（形式化语言）和工具，正则表达式的细节与技巧可谓博大精深，有兴趣的读者可以找来《精通正则表达式》[①]等经典著作深入学习。本书受篇幅所限，只能介绍一些入门知识，以及怎样在 VBA 中运用正则表达式。读者很快就会发现：即使只了解正则表达式的一些皮毛，也足以让自己编写的程序具备强大的文本分析能力。

19.3.1　什么是正则表达式

通俗地讲，正则表达式是一种用来描述文本规则的语言。比如在“请找到这个文章中出现的所有连续数字（如 256、3728 等）”这个需求里，“连续数字”就是寻找目标文本时所依据的规则。只要将这个规则以计算机能够理解的方式写出来，就可以让计算机自动去寻找符合该规则的文本内容。这就是正则表达式的基本思想。

怎样能够表达复杂的文本规则（如“连续数字”“任意多个空格”“以字母 A 开头的一行文字”……）呢？奥妙就在于“通配符”的运用。

在 1940 年代，一些心理学家开始创建一套包含通配符在内的符号系统[②]，从而能够系统化地研究人类的语言和思维。很快，数学家也注意到这套系统的强大之处，于是使用“正则集合”等数学工具将其加以完善，并编写为程序，从而可以在 UNIX 等各种计算机系统和应用软件中运行。

因此严格地说，正则表达式本身并不是一个软件，而是一套“语法规范”。任何公司的任何软件产品（如微软公司的 VBA），都可以选择支持该语法规范，从而让用户能够在这个软件产品中运行正则表达式语句。事实上，目前大多数文字处理软件（包括 Word 在内）都支持正则表达式或其变体（比如 Word 中的 WildCard 语法），而在各种编程语言（如 Perl、C++、Java、C#、Python、JavaScript 等）中，正则表达式更是必备功能之一。

例如，在正则表达式中，“\d”可以代表任意一个数字字符，而“+”则代表某个内容连续出现一次以上。所以将两者连起来即“\d+”，就代表“连续出现一次以上的数字字符”。这样，只要将一段文字拷贝到一个支持标准正则表达式的软件中，并让该软件查找“\d+”，就能将所有连续数字全部提取出来。如图 19.10 所示，利用“开源中国”网站上的免费在线测试工具（http://tool.oschina.net/regex），用正则表达式找出一段文字中的所有连续数字。

① 这本书是学习正则表达式的经典教材，英文原名为 *Mastering Regular Expressions*（Jeffrey E.F.Friedl 著，余晟译）。本书写作时，该教材已经更新至第三版，中文版由电子工业出版社发行。

② 正则表达式的语法内容并不只包括通配符，还包括“量词”“断言”等其他用途的符号。

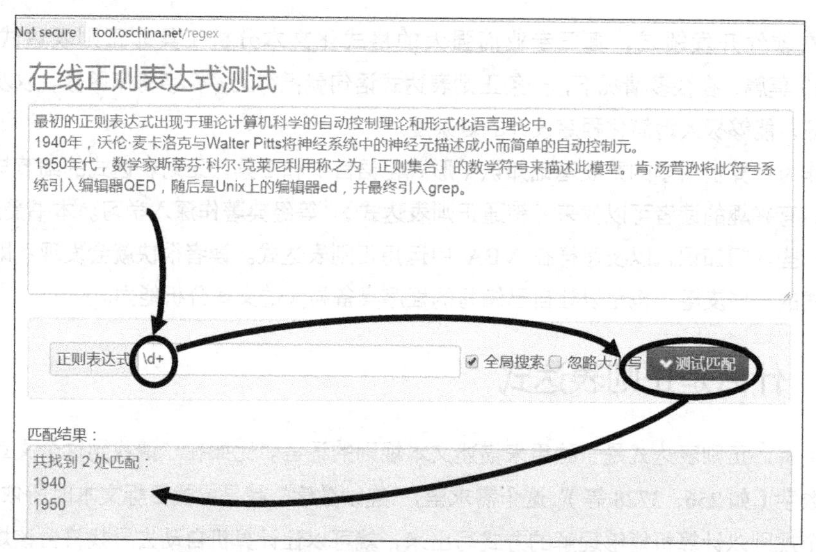

图 19.10　使用在线测试工具调试正则表达式

类似的测试工具还有很多，比如在视频课程中使用的由网友“deerchao”开发的正则表达式测试软件等[①]，读者可以根据需要选择任何一款使用。此外，如果读者的计算机上已经安装了 UltraEdit、EditPlus 及 NotePad++等文本编辑器，也可以直接使用它们内置的正则表达式功能。比较遗憾的是，Word 软件并不支持标准的正则表达式语法，而是使用微软公司定义的一套通配符系统（称为 WildCard），虽然它与标准正则表达式十分相似，但还是无法满足正则表达式的学习需要。

19.3.2　正则表达式的基本语法

“\d”和“+”都是正则表达式语法中规定的特殊符号，用于代表特定的含义（比如“一个数字字符”“重复出现多次”）。这种特殊符号被称为“元字符（Meta Character）”，一个正则表达式就是由若干个普通字符与元字符结合而成的。

比如在“ab\d+”中，a 与 b 并不是正则表达式语法的元字符，所以它们仅代表“a”与“b”两个小写英文字母，而“\d”和“+”则是正则表达式规定的元字符。所以该正则表达式的含义就是：找到所有以“ab”开始，并且后面紧接着 1 位以上连续数字的文本。效果如图 19.11 所示。

① 这位热心网友还撰写了一个非常流行的正则表达式简明中文教程，读者在学习时可以将其作为速查手册。在本书写作时，该教程及正则表达式测试工具均可在网站 https://deerchao.net/中浏览下载。

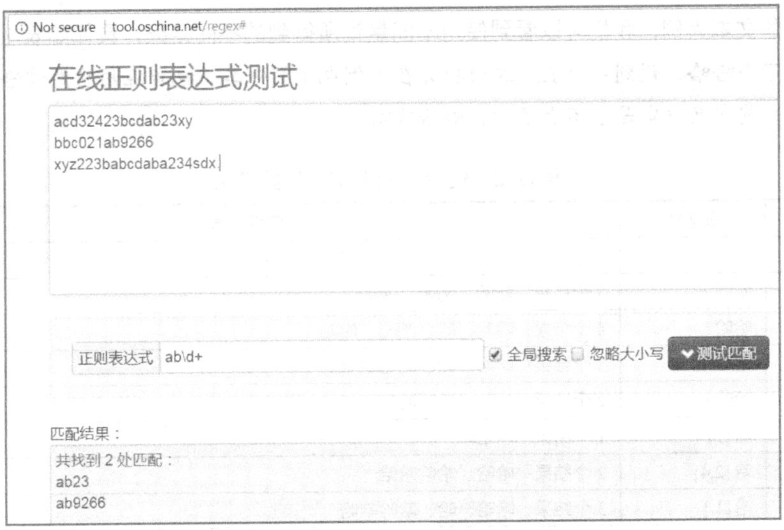

图 19.11　正则表达式“ab\d+”匹配效果示例

对于初学者来说，学习正则表达式的核心问题是搞清楚各种元字符的含义。从用途角度看，元字符可以归为以下几类：

（1）表示重复次数。这类元字符也被称为“量词”或“限定符”，因为它代表某个内容的出现数量，例如“+”说明其前面的内容可以连续重复 1 次或 1 次以上。类似的元字符还有“*”“?”等。

（2）表示某类字符。例如“\d”，专门代表“0”“1”…“9”等各种数字字符。类似的元字符还有很多，比如专门代表空白字符（如空格）的“\s”等。

（3）表示某个位置。例如“^”可以代表一个字符串的开始位置（不是字符串的第一个字符），而“$”可以代表一个字符串的结束位置（不是其最后一个字符）。

（4）表示正则式结构，例如使用圆括号代表内容分组或捕获组，使用竖线“|”代表选择分支等。

此外，元字符中还包括转义字符、反义字符，以及“贪婪搜索”等其他内容，下面进行具体介绍。

1. 代表重复出现次数的元字符

表 19-1 中列出的元字符，可以用于指定它前面的字符或“组”应当连续重复出现多少次。（“组”即由圆括号括起来的内容，具体见本节后面的讲解）

表 19-1　用作量词的元字符

元字符	含　义
?	前面的字符或组出现 0 次或 1 次，即可有可无，最多一个
*	前面的字符或组出现任意多次（包括 0 次），即怎样都行
+	前面的字符或组出现 1 次或多次，即至少一个，上不封顶
{n}	前面的字符或组必须精确出现 n 次
{n,m}	前面的字符或组最少出现 n 次，最多出现 m 次
{n,}	前面的字符或组最少出现 n 次，最多出现次数不限

以下面的文本为例，我们可以看到使用不同量词所得到的不同结果，具体如表 19-2 所示。

张三打了个**哈哈**，说到：“VBA 这门功夫在下倒也了解一二，也曾经用它做过**哈**啰 World 之类的练习题，您老兄肯定是看不上眼的，**哈哈哈哈**……”

表 19-2 使用不同量词的匹配结果

序　号	表达式	匹配结果
(1)	哈	7 个结果：哈、哈、哈、哈、哈、哈、哈
(2)	哈哈	3 个结果：哈哈、哈哈、哈哈
(3)	哈哈?	4 个结果：哈哈、哈、哈哈、哈哈
(4)	哈哈*	3 个结果：哈哈、哈、哈哈哈哈
(5)	哈哈+	2 个结果：哈哈、哈哈哈哈
(6)	哈{3}	1 个结果：哈哈哈
(7)	哈{2,4}	2 个结果：哈哈、哈哈哈哈
(8)	哈{1,}	3 个结果：哈哈、哈、哈哈哈哈
(9)	哈*	65 个结果：哈哈、哈、哈哈哈哈及 62 个空字符串
(10)	哈?	69 个结果：7 个“哈”字及 62 个空字符串

看到这个比较有喜感的例子，读者可能会觉得有些眼晕，下面逐个分析一下。

(1) 哈：在这个表达式中并没有使用任何量词，甚至没有使用任何正则表达式元字符，所以它的意义就是找出原文本中所有字符“哈”，与 Word 中最普通的查找功能没有区别。因此，原文本中一共出现过的 7 个“哈”字（“打了个哈哈”“哈啰 World”“哈哈哈哈”）均被作为匹配结果。

(2) 哈哈：这个表达式与 (1) 一样，也没有使用任何元字符，所以就是在原文本中搜索字符串“哈哈”。因此匹配结果一共包括 3 项，其中后两个“哈哈”均来自文本末尾的“哈哈哈哈”。使用 Word 查找功能也能得到完全一样的结果。

(3) 哈哈?：这个表达式用到了一个量词“?”，即前面的“哈”字可以出现 0 次或 1 次。这里要重点提醒初学者：量词仅对其前面的字符（或组）起作用！所以“哈哈?”中的问号只代表第二个“哈”字可有可无，而无权管辖第一个“哈”字。所以这个表达式的含义就是：第一个“哈”字必须出现，而第二个“哈”字可有可无，因此“哈”和“哈哈”都符合条件。所以得到了 4 个结果（最后两个“哈哈”均来自末尾处的“哈哈哈哈”）。

(4) 哈哈*：理解了 (3) 中问号的含义，星号就很好理解了。它代表第二个“哈”字可以不出现也可以出现，而且出现多少次都无所谓（第一个“哈”字不受该量词管辖，必须出现）。所以“哈”“哈哈”“哈哈哈”“哈哈哈哈哈哈哈”都符合其定义。

(5)“哈哈+”：加号代表第二个“哈”字至少出现一次，多者不限（第一个“哈”字不受该量词管辖，必须出现）。所以“哈哈”“哈哈哈”“哈哈哈哈”“哈哈哈哈哈哈哈”等都符合其定义，而单独的一个“哈”字却不符合这个表达式的规则。

(6)“哈{3}”：根据表 19-1 中的解释，“{3}”的意思就是让它前面的“哈”字出现 3 次。事实上，这个表达式的含义完全等同于“哈哈哈”的写法，而符合这个规则的，也只有文本末尾“哈哈哈哈……”中的前三个字符。

(7)“哈{2,4}”：量词“{2,4}”要求前面的“哈”字出现 2～4 次，所以原文中“打个哈哈”

与“哈哈哈哈……”中的重复文字都可以符合要求，而“做过哈啰”中只有一个“哈”字，不符合匹配规则。

（8）“哈{1,}”：“{1,}”的含义是至少 1 次，多者不限。所以“打个哈哈”“做过哈啰 World”及“哈哈哈哈”中的连续“哈”字，都能够满足要求。

（9）“哈*”：这个表达式可以匹配多达 65 个结果，相信很多读者都会感到惊讶。不过只要仔细分析，就能理解其中的奥妙，因为这个表达式的含义是“可以有多个哈字，也可以没有哈字”，因此即使一个空字符串也完全满足这个规则。而从计算机的角度看，任何一个字符串都是由一个空字符串开头，并且每两个字符之间都有一个空字符串。比如“abc”中即包含 3 个字母，也包含 3 个空字符串。所以除了“打个哈哈”“哈啰”和“哈哈哈哈……”中的 3 个连续“哈”字字符串，还存在 62 个空字符串（不包括两个“哈”字之间的空字符串），所以最终得到 65 个结果。

（10）“哈?”：这个表达式的原理与（9）完全一样，只不过问号代表“哈”字最多只能出现一次。所以除了 62 个符合条件的空字符串，7 个“哈”字也分别符合条件，从而得到 69 个结果。

通过（9）和（10）还可以引申出一个发现：不论对于怎样的文本，使用形如“X?”或“X*”的正则表达式肯定能找到匹配结果，哪怕原文本是一个空字符串。

以上就是正则表达式中“量词”这类元字符的基本用法，以下两个特点需要提醒读者特别注意：

（1）量词只能限定其前面一个字符（或组）的出现次数，更前面的内容并不会受到影响。

（2）正则表达式不会重复检查一个字符。比如对于“哈哈哈哈”这四个字符，理论上可以找到三个符合正则表达式“哈哈”的匹配结果，即：① 由第一个和第二个字构成的“哈哈”；② 由第二个和第三个字构成的“哈哈”；③ 由第三个和第四个字构成的“哈哈”。但实际上正则表达式只能得到两个匹配结果，即 ① 与 ③，而不会得到结果 ②。因为正则表达式引擎在检查过第一个和第二个“哈”字后得到了结果 ①，所以下次检查将直接从第三个字开始，也就不可能得到第二个和第三个字所组成的“哈哈”。

2.“贪婪搜索”与“懒惰搜索”

关于量词的使用，还有一个很重要的问题值得思考。仍然以前一小节中的文字为例：

张三打了个哈哈，说到：“VBA 这门功夫在下倒也了解一二，也曾经用它做过哈啰 World 之类的练习题，您老兄肯定是看不上眼的，哈哈哈哈……”

如果使用正则式“哈哈+”进行匹配，那么这段文字末尾处的“哈哈哈哈”中可以出现两个符合条件的结果：由前三个字符构成的“哈哈哈”；由这四个字符构成的“哈哈哈哈”。显然，这两个字符串都满足“哈哈+”的规则，那么到底哪个会被选作最终结果呢？

答案如表 19-2 所示，“哈哈哈哈”被作为了该匹配的最终结果。之所以如此，是因为正则表达式在默认情况下遵循“贪婪搜索”原则。也就是说：如果从原文本的某个位置开始（比如“看不上眼的，哈哈哈哈……”中逗号后面的第一个“哈”字），可以得到多个符合条件的匹配结果（比如“哈哈哈”和“哈哈哈哈”），那么就取其中最长的作为最终结果，谓之“贪婪搜索”。

与默认的贪婪搜索相对，正则表达式还允许特别指定“懒惰搜索”模式，也就是在有多个符合匹配条件的字符串时，要求正则表达式选择最短的作为结果。如果想把某个量词指定为懒惰搜索模式，只要在它的后面再加上一个问号即可，包括“+?”“*?”“??”及“{m,n}?”或“{m,}?”等形式。例如对前面文本使用“哈哈+?”进行搜索时，得到的结果就是“哈哈哈”，而不是“哈哈哈哈”。

理解贪婪搜索与懒惰搜索这两种模式对于正确使用正则表达式十分重要。

3. 代表某类字符的元字符

从本节开始到现在一共出现了 261 个“哈”字，想必读者已经被这个本应充满喜感的汉字折腾得头晕目眩了（至少笔者写到此处时已经感到眼花）。个中原因实属无奈，因为在仅使用量词的情况下，只能处理由同一个字符叠加而成的文本，唯一可以控制的是字符的叠加次数。

不过只要使用表 19-3 中列出的元字符，就可以简单地表示某类而非某个字符，进而配合量词的使用，实现非常灵活的匹配效果。

表 19-3 代表某类字符的元字符

元字符	含 义
\w	代表任意一个字母、数字、下画线，在支持中文的系统中可以代表汉字
\W	与\w 相反，代表所有不能被\w 代表的字符，比如逗号“,”
\d	代表“0”至“9”中的任意一个数字字符
\D	与\d 相反，代表所有非数字字符
\s	代表一个空白字符，如空格、换行、Tab 制表符等
\S	与\s 相反，代表所有非空白字符
.	代表除了换行符的任意一个字符

由于 19.3.1 节已经演示过“\d+”这种用法，所以表 19-3 中的内容很好理解。需要特别提醒初学者注意的是：一个元字符只能代表文本中出现的一个字符。比如正则表达式“\w\d”，可以代表“a3”“王 7”“c0”，但是无法代表“a31”“AK47”“EV0”等，因为“\w”和“\d”只能各自代表一个字符。

以下面这段文本为例，可以看到如何将这些元字符与量词混合使用，从而提取出带有区号的电话号码：

A 公司的地址是上海市某街道 15 号 22 楼 1 单元，邮政编码为 200092。该公司的客服电话为 800-8765，如果有紧急业务可以直接呼叫我们的对口联系人张三，他的办公电话是 021-87654321。A 公司在大连本地也设有办事处，联系电话是 0411-56781234。

仔细观察这段文字，可以发现所有电话号码都由三部分构成：1 到多位数字、一个“-”符号，以及另外一组 1 到多位数字。所以，正则表达式可以写成“\d+-\d+”，映射关系如图 19.12 所示。

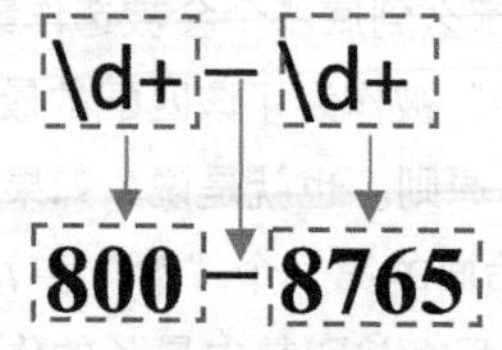

图 19.12 抽取电话号码示例

读者可以用正则表达式测试工具实际运行上述案例，结果如图 19.13 所示。

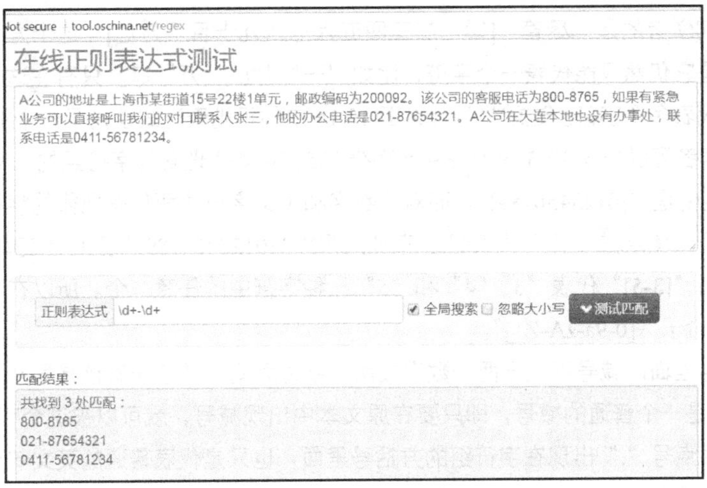

图 19.13 使用在线工具测试电话号码案例

这些元字符的含义在表 19-3 中已经解释得比较清楚，不过还是有几个细节需要特别说明：

（1）“\w”是英文“word（词语）”的缩写，即可以用于构建单词的字符，也就是字母、数字和下画线。在很多支持中文的系统中，它也可以代表一个汉字，但是在目前 VBA 的正则表达式系统中，\w 无法代表汉字。

（2）点号“.”可谓是正则表达式中的“万能字符”，但是它不能代表换行符。所以表达式“.*”可以匹配到任何一行文本（即使是空行，因为量词“*”允许前面的字符不出现），但最多只能匹配一行，因为每行结尾处的换行符无法用点号代表。

4. 字符组与反义符

有时候我们希望正则表达式能够找到某类字符，但是这个类型却没有出现在表 19-3 所列出的元字符中。比如，若想从文本中找出所有连续的中文数字——一二三四五六七八九十，就很难使用表 19-3 中的元字符实现。在这种情况下，可以使用“字符组”的方式指定某个字符必须为“一二三四五六七八九十”中的一个。

所谓字符组，就是用方括号“[ ]”将多个字符括起来，即“请找到一个字符，该字符必须是方括号中的某一个”。比如使用“[零一二三四五六七八九十百千万亿]+”，就能从下面的文字中匹配到所有中文数字，结果如图 19.14 所示。

第三位老者道：“末路之难，正所谓行百里者半九十。现今将军深入大漠已有一百四五十日，虽然力穷但毕竟单于在望，此时回兵实是可惜啊！”

图 19.14 使用字符组匹配中文数字示例

必须提醒初学者的是：尽管“[零一二三四五六七八九十百千万亿]”这个方括号中出现了很多个字符，但是它仍然只能代表一个字符，比如“一”“九”“万”等。只有在这个组的后面使用量词，它才能代表多个字符。这就是为什么图 19.14 中的正则表达式使用了一个加号的原因。

事实上，读者可以把表 19-3 中的各种元字符（\d、\w 等）理解为字符组的一种特殊简写形式，比如“\d”其实就是“[0123456789]”。而对于数字和英文字母这两种有规律的字符，正则表达式还允许在方括号内使用减号“-”代表起止范围。所以“[0123456789]”还可以简写为“[0-9]”。类似的，可以使用“[3-5]”代表“3”“4”和“5”三种字符中的任意一个。所以在不考虑中文等语言时，“\w”等价于“[0-9a-zA-Z_]”。

如果方括号里面的减号不处于两个数字或两个字母之间，就意味着该减号并不代表“起止范围”。这时它就是一个普通的减号，即只要在原文本中出现减号，就可以被这个字符组匹配。

此外，如果点号“.”出现在字符组的方括号里面，也只是代表普通的英文句点符号，而非表 19-3 中显示的代表任意字符。所以，正则表达式“[0-9.]”或“[\d.]”可以匹配任何一个数字或小数点符号，而若写成“0-9.”则将匹配以字符串“0-9”开头，后面有一个任意字符的 4 位字符串，比如“0-9A”“0-97”“0-9 室”等。

由于一个字符组只能代表一个字符，因此表 19-1 中列出的所有量词符号在字符组内部都将失去其特殊含义，不能用于指示出现次数。比如正则表达式“[+*?{}]”，代表的只是一个字符，该字符可以是“+”“*”“?”“{”或“}”。又比如“[a+]”的含义，就是一个或者为“a”或者为“+”的字符，而不是一个或多个“a”。如果想表示一个或多个“a”，应该将加号放在字符组之外，如“[abcd]+”。

如果在一个字符组的方括号中第一个出现的字符是反义符“^”，那么该字符组的含义就变成“一个没有在方括号内列出的字符”。比如对于前面中文数字的例子，如果把正则表达式写成“[^零一二三四五六七八九十百千万亿]+”，实际匹配的就是若干个连续字符，每个字符都不能是中文数字，具体结果如图 19.15 所示。

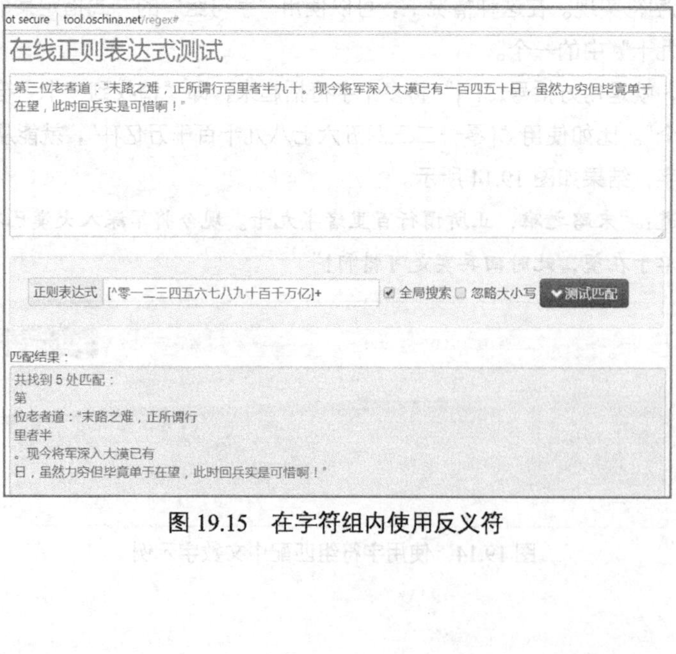

图 19.15　在字符组内使用反义符

注意　即使在字符组内使用了反义符，该字符组也必须代表一个字符，只不过它不应与方括号内的任何一个字符相同。

一个常见的字符组用法是“[\s\S]”，可以弥补“点号不能代表换行”的缺陷[①]。因为“\s”代表包括换行在内的所有空白字符，而“\S”则代表所有非空白字符，所以“[\s\S]”的含义就是“一个或者为空白，或者不是空白的字符”，换言之，就是“所有字符”（包括换行符在内），从而实现跨行寻找。比如，对于图 19.16 中的 HTML 网页代码，使用“<div>.*</div>”无法找到匹配结果，而使用“<div>[\s\S]*</div>”则可以找到。

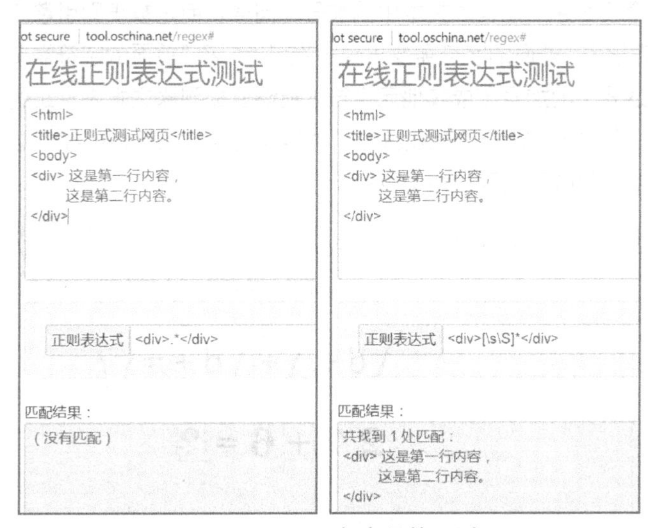

图 19.16　[\s\S]与点号的区别

5. 转义字符

从表 19-3 中可以看到，“\d”“\s”等以反斜线开头的元字符都具有特殊含义。这一点即使在字符组中也是一样，比如“[\d.]+”代表的就是一个或多个连续字符，每个字符或者是数字，或者是小数点。

同样，具有特殊含义的还有方括号（字符组的标识）、各种量词（“?”“+”等），以及其他一些尚未提到的符号（如圆括号）。那么假如我们希望从原文本中找出这些特殊符号，比如编写正则表达式，从下面的文字中提取所有加法算式，该怎样做呢？

题目 1：　3+5=?　题目 2：6*3=?　题目 3：27+6=? 题目 4：　5*8=?

观察这个题目，可以发现所有加法算式都由以下几个部分构成：① 1 位以上数字；② 加号“+”；③ 1 位以上数字；④ 等号和问号。因此很多初学者的构想是写成“\d++\d+=?”，对应关系如图 19.17 所示。

① 在各种支持正则表达式的软件中，可以修改一些设置以便允许点号代表换行符。最常见的是启用“单行模式（Single Line Mode）”，或者在软件菜单中找到类似“dot matches newline”的选项。具体需要看该软件的使用说明。

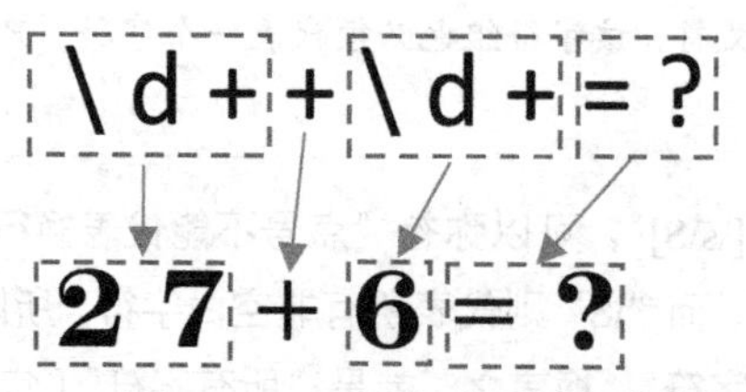

图 19.17　匹配加法题的初步构想

但是实际运行这个正则表达式却没有找出任何答案，甚至得到语法错误警告。原因在于，第二个加号和最后一个问号并不能代表文本中的加号与问号，而是被正则引擎（分析和执行正则表达式的软件模块）理解为“前面的字符需要出现 1 次以上”及“前面的字符需要出现 0 次或 1 次”。

要想让正则表达式中的加号（或其他元字符）能够匹配到原文本中真正的加号，而不被当作量词使用，只要在它的前面加上一个反斜线“\”即可。所以“\d+\+\d+=\?”这种写法就可以得到完整的答案，具体效果与映射关系如图 19.18 所示。

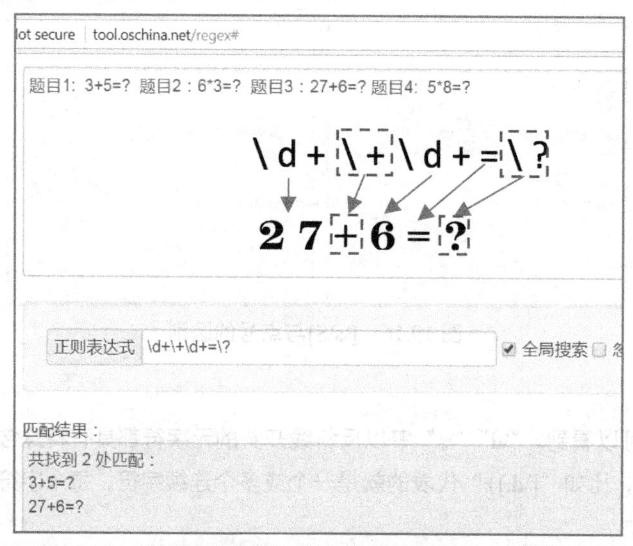

图 19.18　使用转义字符后的加法题匹配效果及映射关系

由于反斜线“\”可以取消其后的元字符的特殊含义，使其表示具体的某个字符，所以将反斜线称为“转义字符”。例如，若想在文本中搜索所有的连续反斜线，就可以使用“\\+”。其中第一个反斜线将被理解为“取消后面字符的特殊含义”，而第二个反斜线本应被理解为一个转义字符，但由于前面转义字符的存在，它就改为代表一个真实的反斜线字符“\”。由于这个反斜线失去了“转义”的含义，所以最后一个加号仍然保持其量词含义，要求前面的字符（反斜线）连续出现 1 到多次。

6. 代表位置的元字符

如果想找出文本中所有“出现在每行开头的数字”，就要搞清楚怎样表示“每行开头”这个位置。表 19-4 列出了正则表达式中表示各种位置的元字符。

表 19-4　表示位置的元字符

元字符	含　义
^	全文开始的位置。在多行模式下，代表一行的开始
$	全文结束的位置。在多行模式下，代表一行的结束
\b	一个单词的开始位置或结束位置（单词的两端）
\B	与\b 相反，代表不是单词开始或结束的位置

以图 19.19 中的文字为例，使用“\d+”可以找出 3 个数字（15、75、1），但是使用“^\d+”却只找出 1 个数字，即出现在文本最开头的“15”。

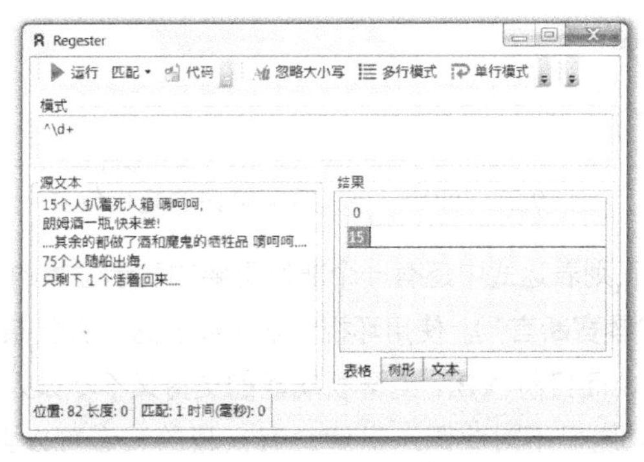

图 19.19　“^”匹配全文开始位置（使用网友 deerchao 开发的测试软件）

那么怎样找到每行开头位置的数字呢？只要将运行正则表达式的软件设置为多行模式[①]，就可以让“^”既代表全文开始也代表每行开始。比如在图 19.19 所示的测试软件中，可以先单击软件工具栏中的“多行模式”按钮，然后再次运行该正则表达式，就可以得到 15 和 75 两个结果（最后一行的数字 1 并不处于该行开始位置，所以不会被匹配）。效果如图 19.20 所示。

“$”的用法与“^”相同，也会受到多行模式的影响，这里不再赘述。至于“\b”（及与其相反的“\B”），其一般用于在英文文本中标识每个单词的起始或结束位置。如图 19.21 所示，使用“\b\w*d\b”可以找出所有以字母“d”结尾的单词。

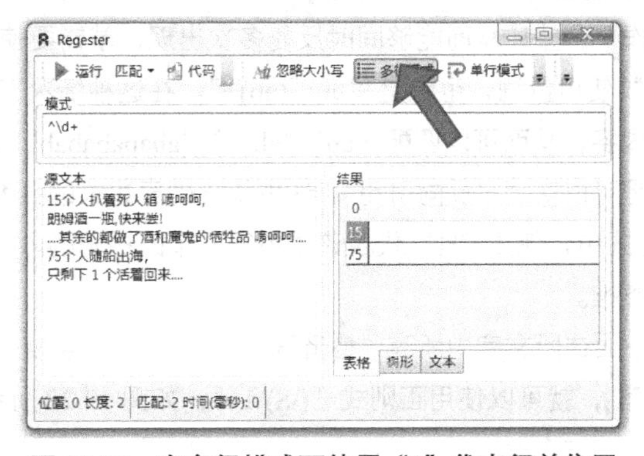

图 19.20　在多行模式下使用“^”代表行首位置

① 这里的“多行模式”与上一个注释中讲解的“单行模式”并非“非此即彼”的关系，完全可以同时选中。因为单行模式只是用于规定点号是否可以代表换行，而多行模式则用于规定“^”和“$”是否可以代表行首与行尾，所以二者只是名称相近，实则无关。

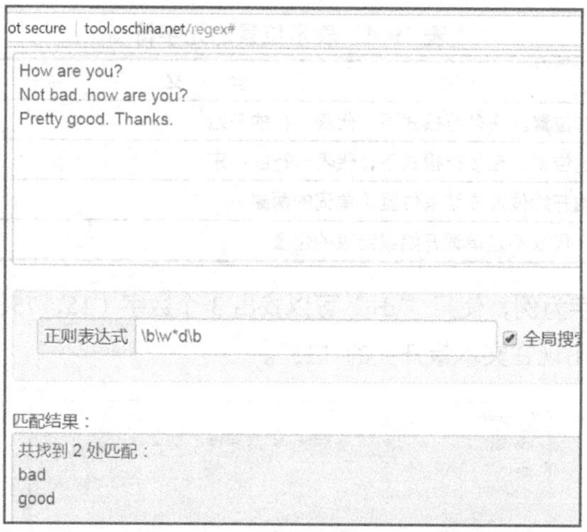

图 19.21　使用“\b”匹配单词的起止位置

除了这几个元字符，正则表达式中还有一个非常重要的表示位置的方法，即“环视”（英文为“Look Around”，也称为“零宽断言”）。使用环视语法可以表达各种复杂的含义，不过本书只是对正则表达式进行入门介绍，而目前 VBA 对环视功能的支持又不尽如人意（不支持“逆序环视”或称“回顾断言”），所以这里不对此深入讲解，有兴趣的读者可以自己查阅相关资料，比如 http://deerchao.net 上的“正则表达式 30 分钟入门教程”等。

7. 分组与反向引用

在前面所举的例子中，一个量词只能限定其前面的一个字符。比如在“ab+”中，加号只代表字母“b”应当出现一次或多次，而字母“a”却只能出现一次，所以其匹配结果类似于“ab”“abb”“abbbbb”等。

那么怎样表示“ab”“abab”“ababababab”等“ab”反复出现多次的文本呢？很多初学者会想到“a+b+”，但它的含义是“前面有一个或多个 a，后面有一个或多个 b”，也就是“abbbbb”“aaaaabbbb”等，并不代表“ab”同时重复。

如果想把“ab”视作一个整体从而能够同时反复多次出现，就需要使用圆括号“( )”将其划为一组，再对这个“组”使用量词，也就是写成“(ab)+”。在这种情况下，加号的限定范围就是其前面圆括号中的全部内容，从而可以匹配“ab”“abab”“ababababab”等形式的文本。

分组的另一个好处是可以实现“反向引用”，这也是正则表达式的强大功能之一。所谓“反向引用”，就是在正则表达式中，使用“\1”代表该式中第一个圆括号的内容，使用“\2”代表第二个圆括号的内容，以此类推。

例如，如果想找出下面这段文字中所有“叠音词”（由同一个字反复出现构成的词语，如“花花”“草草”“销销销”等），就可以使用正则式“(\S)\1+”，如图 19.22 所示[①]。

① 严格地说，使用“\S”并不合适，因为它还可以代表标点符号等其他既不是空白也不是文字的字符。不过由于 VBA 中“\w”不能用于汉字，而“[\u4e00-\u9fa5]”这种表示中文的方法又涉及字符编码等高级知识，不便于初学者理解，所以这里仍然采用“\S”，以简化问题。

86 版《西游记》片头是：丢丢丢（　）

A. 登登等灯 凳等等凳　　　　B. 凳等等灯 灯灯等登

C. 灯灯登等 登登等登　　　　D. 登登等登 凳登等灯

ot secure | tool.oschina.net/regex#

正则表达式 (\S)\1+　☑ 全局

匹配结果：
共找到 8 处匹配：
丢丢丢
登登
等等
等等
灯灯
灯灯
登登
登登

图 19.22　使用反向引用查找重复字词

有的读者可能会觉得直接写“\S\S”就可以找到双字叠音词，这是错误的。因为“\S\S”的含义是两个连在一起的非空白字符，但是并没有规定二者必须相同。因此“AB”“甲乙”等也都符合该要求，并不仅限于叠音词。

使用反向引用可以实现很多普通查询力所不及的功能，比如“(\d+)(\d+)\1\2”可以找出各种“ABAB”形式的数字，如“423423”“2222”“5757”等。建议读者在实际运用中多多尝试。

8. 分支

正则表达式中允许使用“|”字符（与“\”在同一个键位）表示“或者”，类似于 VBA 语言中的“OR”。比如“(电话:|TEL:)”匹配的就是字符串“电话:”或“TEL:”，而其他文本，包括“电话:TEL:”等，都不符合条件。

注意，分支符号不能用在字符组中。如果在方括号内出现了该字符，它只会被当作一个实际的“|”字符，而没有“或者”的含义。

读者可能会想起：字符组本身就已经包含了“或者”的功能。比如“[电话 TEL]”代表的是一个字符，而该字符可以是“电”“话”“T”“E”或“L”中的任何一个。但是显然，一个字符组所提供的选项只是一个字符，而使用“|”分开的每个选项可以是多个字符构成的文本，这也是二者在功能上的最大区别。下面这个提取电话号码的例子，可以演示这两种选择语法的应用：

A 公司的地址是上海市某街道 15 号 22-1013，邮政编码为 200092。该公司的客服电话：800-8765，如果有紧急业务可以直接呼叫我们的对口联系人张三，TEL：021-87654321。A 公司在大连本地也设有办事处，联系电话是 0411 转 56781234。

如果仍然使用“\d+-\d+”来查找电话号码，会将类似“22-1013”的其他数字也匹配出来，同时又忽略掉“0411 转 56781234”，因此需要进一步分析这些电话号码的共同特征。通过观察可以发现：所有电话号码的前面都有“电话：”“TEL：”或“电话是”三者之一，而号码中两段数字之间的连接符则是“-”和“转”二者之一。因此可以把正则表达式写成：“(电话：|TEL：|电话是)\d+[-转]\d+”，执行效果如图 19.23 所示。

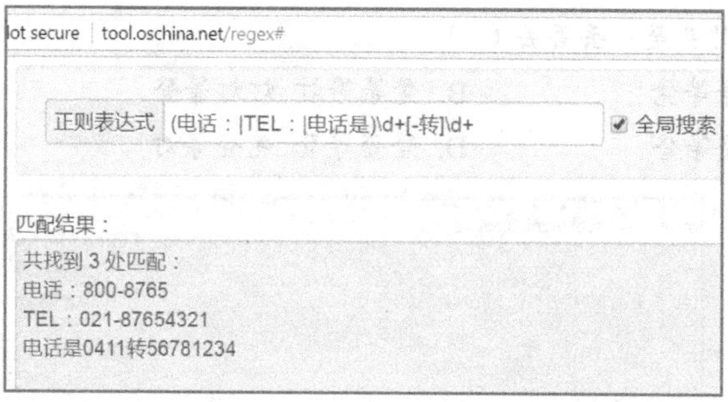

lot secure | tool.oschina.net/regex#

正则表达式 (电话：|TEL：|电话是)\d+[-转]\d+ 全局搜索

匹配结果：

共找到 3 处匹配：

电话：800-8765

TEL：021-87654321

电话是0411转56781234

图 19.23 使用分支和字符组的电话号码查找示例

在这个正则表达式中，由于“-”和“转”两个选项都只有一个字符构成，所以可以直接使用字符组“[-转]”表示二者选一。而“电话:”“TEL:”和“电话是”都超过了一个字符，因此只能将其作为一组，并用“|”隔为不同分支。

当然，读者还可以进一步修改上述正则表达式，比如限定其前面的区号必须是 3～4 位，甚至必须符合我国电话区号编码标准等。另外，如果读者希望最终搜索结果中不包括“电话:”等说明文字，可以使用环视功能，效果如图 19.24 所示。

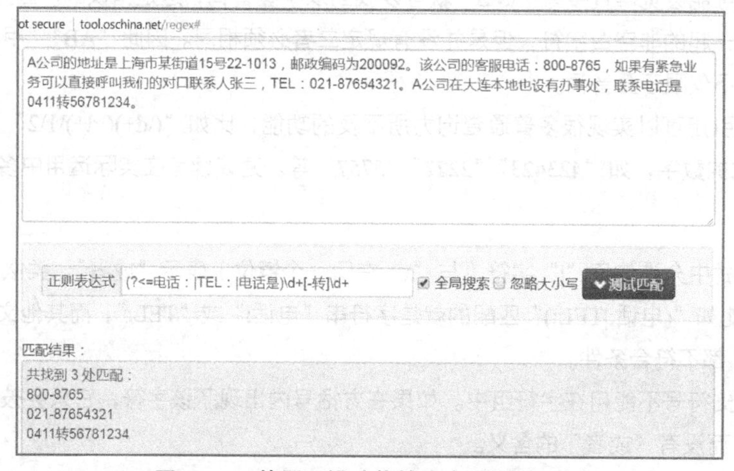

图 19.24 使用环视功能搜索电话号码示例

其实不使用环视功能也可以实现图 19.24 中的效果，这就需要使用圆括号的“捕获组”功能，下面就介绍这个功能的含义和用法。

9. 捕获组

圆括号不仅能够将多个字符整合为一组，而且会要求正则表达式引擎将这个组实际匹配到的内容，也作为一种特殊的匹配结果单独提取出来。圆括号的这种作用称为“捕获组”。下面看看怎样使用捕获组找到所有电话号码，同时又不包含“TEL:”等说明文字：

A 公司的地址是上海市某街道 15 号 22-1013，邮政编码为 200092。该公司的客服电话：800-8765，如果有紧急业务可以直接呼叫我们的对口联系人张三，TEL：021-87654321。A 公司在大连本地也设有办事处，联系电话是 0411 转 56781234。

只要对刚才使用的正则表达式稍作修改，把其中的数字号码部分用一对圆括号括起来，就会

得到表达式："(电话：|TEL：|电话是)(\d+[-转]\d+)"。这时使用可以完整显示捕获组的正则表达式测试软件，就能看到如图 19.25 所示的效果。

可以看到，在执行正则表达式以后，该软件不仅找到了符合规则的整个字符串，比如"电话：800-8765"，而且还能单独列出这个字符串中的两个"组（Group）"。这个功能是各种支持正则表达式的软件的标准做法，只不过在不同的软件中，读者需要通过不同的操作才能看到捕获组中的内容。例如在图 19.25 所用的英文版软件中，需要在"Results"菜单里选择"Report"选项，才能看到如图所示的格式。

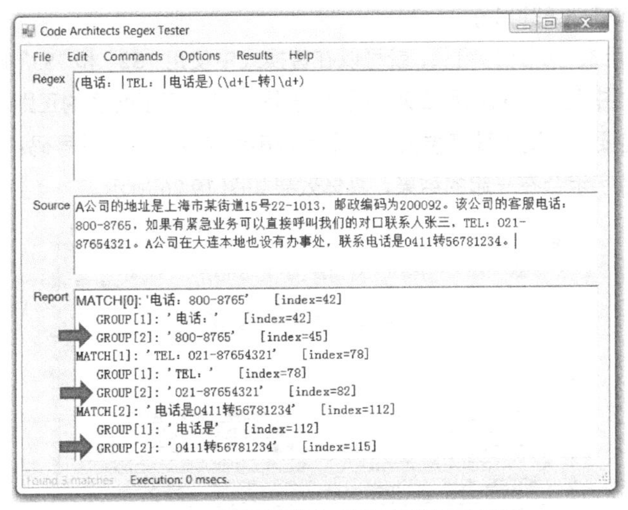

图 19.25　使用捕获组抽取电话号码示例

通过捕获组，可以轻松地得到一段文本中的"关键字段"，比如本例中的电话号码。在编写"网抓"程序时，这个技巧会经常用于分析网页 HTML 代码，后面讲解相关内容时还会提及。

10. 替换

正则表达式不仅能够查找符合规则的文本，而且能将文本中的分组内容按照要求替换为新的内容，而这种替换功能比 Word 等软件中的普通替换功能强大许多。

实现替换其实很简单，只要使用"$1"代表第一个分组（一对圆括号中的内容），用"$2"代表第二个分组即可。仍以电话号码为例，如果需要将下面这段文字中的所有电话号码信息统一改成"电话号码：800-8765""电话号码：021-87654321"和"电话号码：0411-56781234"这种格式，就可以使用"$n"语法。

A 公司的地址是上海市某街道 15 号 22-1013，邮政编码为 200092。该公司的客服电话：800-8765，如果有紧急业务可以直接呼叫我们的对口联系人张三，TEL：021-87654321。A 公司在大连本地也设有办事处，联系电话是 0411 转 56781234。

需要明确一点：在使用替换功能时，应当书写两个正则表达式。第一个表达式用于在文本中找出需要被修改的字符串，第二个表达式则用于指出修改之后是什么样子。比如在这个例子中，我们首先要编写正则表达式，找出"电话：800-8765""TEL：021-87654321"和"电话是 0411 转 56781234"这三个需要修改的字符串。对此，只要使用前面讲解过的"(电话：|TEL：|电话是)\d+

[-转]\d+”就可以实现，不过还要对其稍作修改，以便于替换。

接下来，需要确定修改之后是什么样子。根据该例子中的要求，修改之后应该统一以“电话号码：”开头，其后紧接着区号数字；区号后面必须是“-”，而“-”后面则是代表本地号码的连续数字。所以，我们应该把搜索结果中的两段连续数字（两个\d+）保留下来，只要在第一个连续数字前写上“电话号码：”，在第二个连续数字前写上“-”，就能得到预期的替换结果。

所以首先要做的就是在查找待修改内容的正则表达式“(电话：|TEL：|电话是)\d+[-转]\d+”中，将需要保留的两个“\d+”分别用圆括号包含起来作为标识。因此用于查找的正则表达式应该是“(电话：|TEL：|电话是)(\d+)[-转](\d+)”。

将两个\d+分别用括号标记为组后，就可以在替换式中使用“$2”和“$3”代表这两个内容（因为它们是正则表达式中的第二对和第三对括号）。于是可以把用于替换的正则表达式写成“电话号码：$2-$3”，也就是要求正则引擎把搜索的每个字符串都替换为“电话号码：”、第一段连续数字、“-”和第二段连续数字组合在一起的结果，具体效果如图 19.26 所示。

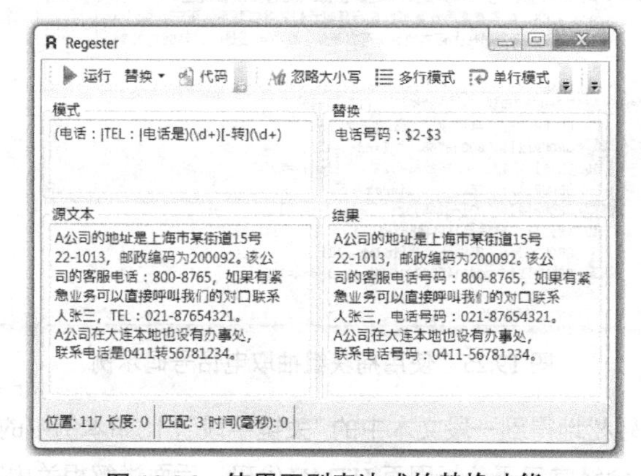

图 19.26　使用正则表达式的替换功能

很多初学者在使用正则表达式的替换功能时会感到无从下手。其实只要清晰把握以下几个步骤，就能逐渐理解这个技巧。

（1）设计用于查询的正则表达式，找出所有需要被替换的字符串；

（2）分析替换要求，确定该字符串的哪些部分应当被保留到替换结果中；

（3）将需要保留的内容用圆括号分别标记为组；

（4）编写表示替换结果的表达式，用$n 代表各个保留的内容。

以上就是正则表达式最主要的基础知识。因篇幅所限，关于正则表达式的更多内容和技巧，比如环视、非捕获组、平衡组、“\r\n”等特殊字符，以及不同流派的正则引擎之间的区别等，都无法一一细述。不过基于笔者的教学经历，只要读者能够将本节所介绍的内容理解透彻，就足以大幅提升自己的文本处理能力，感受到正则表达式的魅力所在。

19.3.3　在 VBA 中使用正则表达式

1. VBScript.RegExp 及相关对象

与字典对象一样，VBA 中也没有直接提供正则表达式工具，而是需要引用微软公司针对

VBScript 脚本语言所开发的工具库“VBScript”。这个工具库里面提供了几个用于正则表达式的对象类型，包括 RegExp、MatchesCollection 和 Match 等。其中最重要也最常用的是“VBScript.RegExp”，也就是真正能够执行正则表达式并返回结果的正则引擎。

可以使用 CreateObject 函数在代码中直接创建一个 RegExp 对象，也可以如图 19.27 所示，在“引用”对话框中选中“Microsoft Visual Basic Regular Expression 5.5”选项，从而在程序中直接以“Dim　r　As　New RegExp”的方式创建。

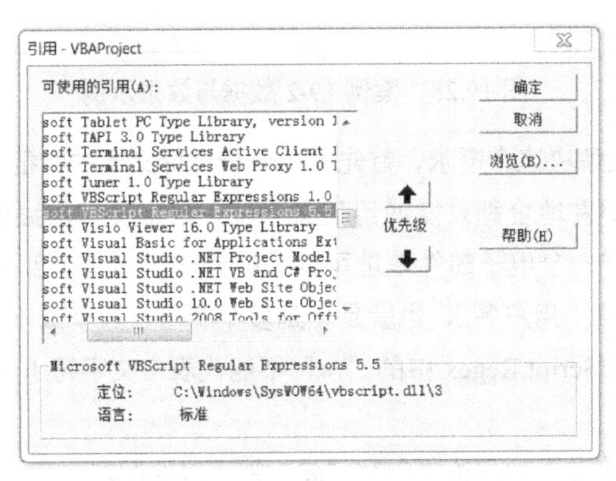

图 19.27　在“引用”对话框中选择正则表达式工具库

RegExp 对象共有 4 个属性和 3 个方法，对应各种正则表达式功能与设置。具体含义和格式如表 19-5 所示。

表 19-5　RegExp 对象的属性与方法

属性或方法		含义与用途
属性	Global	默认为 False，代表只返回第一个符合条件的字符串。一般将其设置为 True，以便找到文本中所有符合条件的结果
	MultiLine	默认为 False。如果设置为 True 则启用多行模式，即“^”和“$”可以代表行首与行尾
	IgnoreCase	默认为 False，即在匹配过程中区分大小写，认为“a”与“A”不同。如果设置为 True 则不区分大小写，将“a”与“A”视作相同
	Pattern	用于指定需要执行的正则表达式字符串，比如 r.Pattern = “\d+-\d+”
方法	Test	测试正则表达式。如果给定文本中存在至少一个符合 Pattern 规则的字符串，Test 方法就返回 True，否则返回 False
	Execute	让 RegExp 对象按照 Pattern 中指定的正则表达式，在某个字符串中执行匹配，并返回一个集合型对象，每个元素都是一个匹配结果 比如 mches=reg.Execute(s) 会在 s 中搜索符合条件的字符串，并全部存放到 mches 中

	Replace	让 RegExp 对象对匹配结果执行替换，并返回替换后的字符串。比如下面两行代码首先找到包含“转”字的电话号码，然后统一替换为“XXX-XXXX”的格式并将结果赋值给变量 s2。
		`reg.Pattern = "(\d+)转(\d+)"`
		`s2 = reg.Replace ( s1 , "$1-$2")`

只要掌握了正则表达式基本知识，就可以很容易地理解表 19-5 中列出的各种方法和属性。下面以案例 19-2 为例，演示 VBA 使用正则表达式执行查询的具体过程。

案例 19-2：在图 19.28 所示的工作表中，A1 单元格里存有一段客户信息说明。请编写 VBA

程序，从中找出所有电子邮件地址并依次列示到B列中，以便群发重要信息。预期执行效果如图 19.28 右图所示。

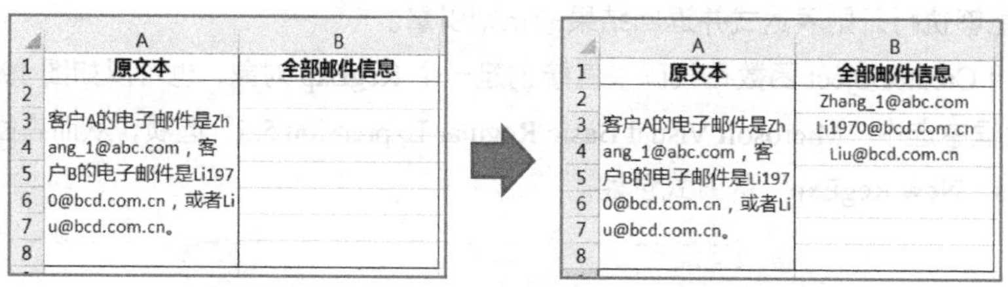

	A	B
1	原文本	全部邮件信息
2		
3	客户A的电子邮件是Zh	
4	ang_1@abc.com，客	
5	户B的电子邮件是Li197	
6	0@bcd.com.cn，或者Li	
7	u@bcd.com.cn。	
8		

	A	B
1	原文本	全部邮件信息
2		Zhang_1@abc.com
3	客户A的电子邮件是Zh	Li1970@bcd.com.cn
4	ang_1@abc.com，客	Liu@bcd.com.cn
5	户B的电子邮件是Li197	
6	0@bcd.com.cn，或者Li	
7	u@bcd.com.cn。	
8		

图 19.28 案例 19-2 数据与效果示例

若想使用正则表达式解决这个需求，首先需要分析目标文本的特征。为降低初学者的学习难度，这里假设所有电子邮件地址都只能使用英文字母、数字及下画线作为名称，并且不考虑一些复杂的容错措施，这样一个电子邮件地址可以被拆分成以下几个部分。

（1）“@”前面的内容（用户名），也就是一到多个字母、数字或下画线。这个范畴正好符合元字符“\w”的定义（VBScript.Regex 中的“\w”不能代表中文字符），所以用户名部分可以使用“\w+”匹配。

（2）“@”字符，直接在正则表达式中写“@”就可以匹配。

（3）“@”后面的内容（邮件服务器名）。对于一个单层的服务器名（如“abc.com”），可以使用“\w+\.\w+”匹配，第一个“\w+”相当于“abc”，第二个“\w+”相当于“com”。而对于原文本中的点号“.”，必须使用带有转义字符的“\.”来匹配，否则正则表达式中的“.”会被理解为任意字符。不过需要注意的是，如果服务器名称为多层地址，比如“abc.com.cn”，那么“\.\w+”就需要重复出现多次。因此，为了确保单层与多层地址都能匹配成功，邮件服务器名称部分应该写成“\w(\.\w+)+”，即将点号和后缀划归一组，重复出现一至多次。

综合上述分析，最终正则表达式可以写成“\w+@\w+(\.\w+)+”。接下来的任务就是让 VBA 代码执行该表达式。参考代码如下：

```
Sub Demo_19_2_a()

    Dim reg As Object, mches As Object, i As Long

    '创建一个正则表达式对象，并用 reg 指代它
    Set reg = CreateObject("VBScript.RegExp")

    '将 reg 的 Global 属性设置为 True，以便找到所有结果
    reg.Global = True
    '指定本次搜索使用的正则表达式
    reg.Pattern = "\w+@\w+(\.\w+)+"

    '对 A2 单元格中的内容执行正则匹配，将返回的所有结果存入变量 mches 中
    Set mches = reg.Execute(Range("A2").Value)

    'Execute 返回的结果是一个集合型对象，每个元素都可以通过下标访问
    '该对象的 Count 属性代表元素的总数，所以下标范围是从 0 到 Count-1
    For i = 0 To mches.Count - 1

        '取出下标 i 对应的匹配结果，该结果是一个 Match 类型的对象
        '其 Value 属性代表该匹配结果的文本内容
```

```
        Cells(i + 2, 2).Value = mches(i).Value
    Next i
End Sub
```

由于这个正则表达式不涉及“^”与“$”，所以也不需要考虑 RegExp 对象的 MultiLine 属性。但是切记要将其 Global 属性设置为 True，否则 RegExp 对象只会返回一个匹配结果（“Zhang_1@abc.com”）。

在使用 Execute 方法执行 Pattern 属性指定的正则表达式之后，RegExp 对象会返回一个 VBScript.MatchesCollection 类型的集合型对象，每个元素都是一个 VBScript.Match 类型的对象，代表一个匹配结果。

在这段参考代码中，我们将 reg.Execute 返回的 MatchesCollection 对象赋值给变量 mches 之后，就可以通过 mches(0)、mches(1) 格式读取每个匹配结果（每个 Match 对象）。MatchesCollection 的 Count 属性代表了该集合中所有元素的总数，所以该集合的最大下标就是 Count-1。因此循环“For　i = 0　To　mches.Count - 1”可以遍历所有下标。

在这个循环里，mches(i) 代表下标为 i 的匹配结果。如前所述，每个匹配结果都是一个 Match 类型的对象，所以需要使用该对象的 Value 属性得到对应的字符串。将这个字符串写在对应单元格中（根据本例的特点，第 i 个匹配项应当写到第 i+2 行的 B 列中）就可以实现案例需求。

也可以使用 For Each 循环遍历 MatchesCollection 集合中的每个元素，比如：

```
Sub Demo_19_2_b()
    Dim reg As Object, mches As Object, i As Long, mch As Object
    Set reg = CreateObject("VBScript.RegExp")
    reg.Global = True
    reg.Pattern = "\w+@\w+(\.\w+)+"
    Set mches = reg.Execute(Range("A2").Value)
    i = 2                         '从第二行开始列示邮件地址
    For Each mch In mches         '每次循环均将一个元素赋值给 mch 变量
        Cells(i, 2).Value = mch.Value    '将 mch 的值写入第 i 行
        i = i + 1                 '让 i 增加 1，以便下次循环时能够写入下一行
    Next mch
End Sub
```

2. 处理捕获组

如前所述，正则表达式的圆括号同时具有“捕获组”的功能，可以在找到匹配结果后将其中的重要字段进一步抽取出来。VBA 同样支持捕获组，只要使用 Match 对象（代表每个匹配结果）的 SubMatches 属性即可。

仍以案例 19-2 为例，执行下面的 VBA 程序后不仅将邮箱地址显示在 B 列中，而且能把每个

邮箱都分解为“用户名”和“邮件服务器名”两部分，分别显示在C列和D列中，效果如图 19.29 所示。

	A	B	C	D
1	原文本	全部邮件信息	用户名	服务器
2		Zhang_1@abc.com	Zhang_1	abc.com
3	客户A的电子邮件是Zh	Li1970@bcd.com.cn	Li1970	bcd.com.cn
4	ang_1@abc.com，客	Liu@bcd.com.cn	Liu	bcd.com.cn
5	户B的电子邮件是Li197			
6	0@bcd.com.cn，或者Li			
7	u@bcd.com.cn。			
8				

图 19.29　使用捕获组拆分邮箱地址效果示例

```
Sub Demo_19_2_c()

    Dim reg As Object, mches As Object, i As Long, mch As Object

    Set reg = CreateObject("VBScript.RegExp")

    reg.Global = True

    '注意正则式的变化：分别为用户名和服务器全名增加了一对圆括号
    reg.Pattern = "(\w+)@(\w+(\.\w+)+)"

    Set mches = reg.Execute(Range("A2").Value)

    i = 2
    For Each mch In mches    '每次循环均将一个元素赋值给 mch 变量

        Cells(i, 2).Value = mch.Value

        '将该 mch 捕获的第一个圆括号内容（用户名）写入 C 列
        Cells(i, 3).Value = mch.SubMatches(0)

        '将该 mch 捕获的第二个圆括号内容（服务器名）写入 D 列
        Cells(i, 4).Value = mch.SubMatches(1)

        i = i + 1
    Next mch

End Sub
```

在这段代码中，首先修改了正则表达式，将希望捕获的用户名和服务器名分别用圆括号标识为一个组。此时正则表达式中共有三个组，其顺序由每组左边括号的位置决定。所以第一个组是“@”符号前面的“(\w+)”；第二个组是“@”符号后面的所有内容；第三个组则是包含于“@”符号后面内容的“(\.\w+)”。

每次执行到 For Each 循环时，Match 类型的变量 mch 都会代表一个完整的匹配结果，比如“Zhang_1@abc.com”。而每个 Match 对象都有一个 SubMatches 属性，该属性也是一个集合，每个元素对应匹配结果中的一个捕获组，下标从 0 开始。所以 mch.SubMatches(0)代表的就是一个匹配结果（比如“Zhang_1@abc.com”）中位于第一对圆括号中的内容，即“Zhang_1”；mch.SubMatches(1)代表的则是第二对圆括号中的内容，即“abc.com”。再次循环后，mch 变量指向新的匹配结果 Li1970@bcd.com.cn”，相应的，其 SubMatches(n)也会指向新结果中位于括号 n 中的内容。

当然，这个例子中的需求使用字符串函数 Split，以“@”为分隔符也可以做到。事实上，对于很多相对简单的文本分析工作，使用字符串函数确实更加简单方便。而正则表达式的作用则是处理复杂的文本分析工作，所以读者应当根据实际需求酌情选用。

本章小结

面向对象的优点之一，就是可以非常简单地引用各种第三方工具（对象）来增强功能，提高效率。本章介绍的字典、正则表达式等就是这样的外部对象，而在 VBA 中只要调用 CreateObject 函数或设置“引用”对话框，就可以让它们像 Collection 等内部对象一样被正常使用。

从数据结构的角度看，Collection 对象具有长度灵活、类型随意的优点，在很多需求中都比数组方便许多；而 Dictionary 对象在处理“键—值”映射关系时具有突出的效率优势，同时其自动归并相同键值的能力，也为统计汇总提供了极大的便利。

正则表达式是笔者极力推荐给读者的重要技能，其在文本处理中的作用相当于 Excel 中的公式。一旦掌握了正则表达式，即使完全不懂 VBA 编程，处理文字的效率也会远远高于普通的搜索替换。而在 VBA 中使用正则表达式后，更可以自动处理海量数据，而且省去了组合使用字符串函数带来的复杂性。

通过本章的学习，读者需要重点掌握的知识包括：

★ 对于 Collection 等需要创建再使用的 VBA 内部对象，应该使用 New 关键字创建。

★ CreateObject 函数可以创建 Dictionary、Regex 等外部对象。

★ 可以使用除了数组的任何类型数据作为字典元素的 Key，但是不允许两个元素的 Key 相互重复。

★ 使用字典简写格式“dic(key)”，可以自动处理 Key 相同的元素，便于统计汇总。

★ 在不使用量词的情况下，正则表达式中的一个元字符（如“\d”）或字符组（如“[\d\w\s]”）只能匹配一个字符。

★ 正则表达式默认为贪婪搜索，可以在量词后面添加问号改为懒惰搜索。

★ 在默认情况下，点号不能代表换行符，但是启动单行模式后则允许代表换行符。

★ 可以使用转义字符“\”取消元字符的特殊含义。

★ 多行模式下，“^”和“$”可以代表每行的行首与行尾；多行模式与单行模式无关，二者可以同时启用。

★ 可以使用反向引用（如“\1”）代表重复出现的内容。

★ 在正则表达式的替换功能中，可以使用“$1”的格式保留指定分组中的内容。

★ VBScript.Regex 默认 Global 属性为 False，即只返回一个匹配结果。一般应将该属性设置为 True。

★ 执行 VBScript.Regex 后返回 MatchesCollection 对象，每个元素为一个 Match 对象，代表一个匹配结果。每个 Match 对象都有 SubMatches 属性，包含该匹配结果中的所有捕获组内容。

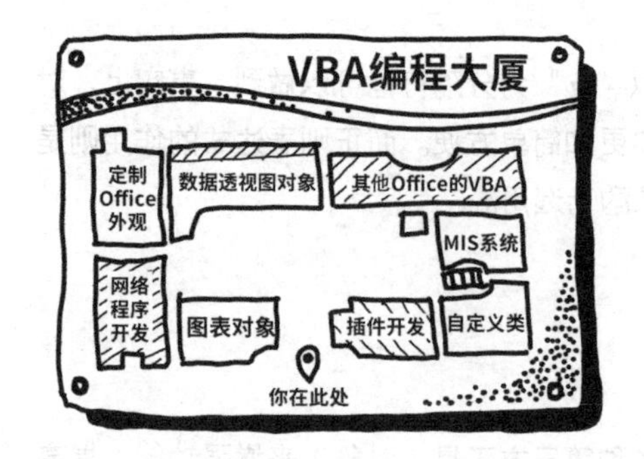

第20章 天地的无穷——那些未及细说的主题

行文至此，本书已接近尾声。我们系统阐述了 VBA 编程的原理与技巧，以及如何用它处理 Excel 的数据、文字、格式乃至文件、网络和其他 Office 文档，不知读者学过之后是否也有"霜刃今始开"的跃跃欲试之感。

不过正如开篇所言，本书所讲只是编程技术的基础，用来帮助读者逐渐领会 VBA 编程的思维方式。一旦具备了这种思维方式，读者就可以根据自己的需要，自行学习或探索更多知识与技巧，从而真正具备解决实际问题的能力（很遗憾，现实中有太多学习了一系列计算机课程却无法写出一个简单程序的学生）。所以，笔者从写作伊始就没有打算编纂一本面面俱到的 Excel VBA 技巧大全，而是重点着笔于编程思维与原理的阐释。希望帮助读者在初学阶段打下坚实的内功基础，真正进入计算机技术的"自由王国"，以程序设计为翼在数字世界的广阔天地中自在翱翔。

本章将简要介绍各种本书未及细讲的主题，以期为有意深入学习的读者提供一个方向性的指引。这些主题包括：

★ 类模块的使用。

★ 综合性管理信息系统的开发。

★ 深入操作 Office 与 Windows 系统。

★ 程序设计的算法问题。

本章大部分内容在视频课程"全民一起 VBA——实战篇"中有详细讨论，读者也可以根据需要，在 ExcelHome 等国内知名的 VBA 论坛中与各路高手深入交流。

20.1　类模块与自定义类

VBA 提供的每类对象都能够代表 Office 软件的某个部分，因此只需调用一个对象的方法和属性，就能够操控 Office 的一个功能和设置。而利用外部对象，则可以创建字典、正则表达式、ADO 数据库访问组件、XmlHttp 网络访问组件等强大的工具，实现更加丰富的功能。

而且，我们还可以在 VBA 中通过“类模块”创建自己的类，并像使用任何内外部对象一样，在 VBA 程序中创建和使用这些“自定义类”的对象。具体步骤为：

（1）在 VBA 工程中插入一个类模块，并使用属性窗口将该模块的名字修改为想使用的类名；

（2）双击类模块，在其代码窗口中定义模块级变量和子过程。模块级变量将被视作该类的属性，而子过程则被视为其方法；

（3）在其他 VBA 过程（比如标准模块中的宏、Excel 对象事件响应及窗体代码等）中，先定义该类型变量，并使用 New 关键字创建实际的对象。然后即可调用其属性与方法，如同使用 Collection、Worksheet 等对象。

比如图 20.1 所示的程序中创建了一个名为“StudentRecord”的类（类模块名称即类名），用来代表图中工作表的一行学生记录。该类共定义了 4 个属性：ID、Name、Grade 和 Email，并且拥有一个名为 WriteIntoRow 的方法，可以把这 4 个属性的数值写入工作表指定行的 B 列至 E 列中。

文件　开始　插入　页面布局　公式　数据　审阅　视图　开发工

M24

	A	B	C	D	E	F	G
1							
2		学号	姓名	年级	Email		
3		A0001	张三	5	zs@abc.com		
4		A0002	李四	5	ls@abc.com		
5		A0032	王五	6	ww@abc.com		
6		A0034	赵六	6	zl@abc.com		
7							

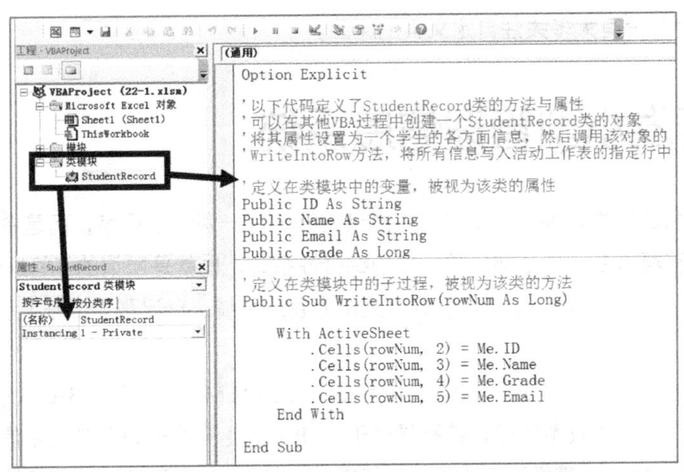

图 20.1　工作表示例及 StudentRecord 类代码

定义了 StudentRecord 类之后，就可以在其他程序中声明和创建该类对象，并调用其属性方法完成指定任务。比如在图 20.2 所示的标准模块中，子过程 Demo_22_1 里面声明了一个

StudentRecord 类型的变量 stu，并调用它的 WriteIntoRow 方法将一个完整的学生信息保存到工作表的第六行中（图 20.1 中的最后一行“赵六”）。

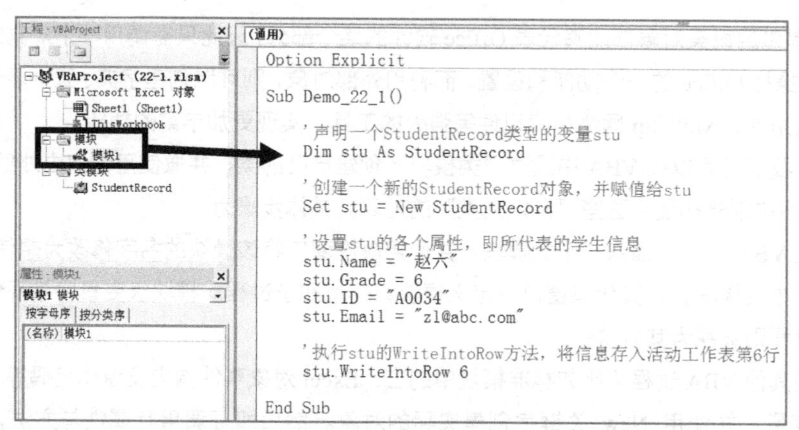

图 20.2　在 VBA 过程中使用自定义类示例

当然，即使完全不使用类模块，只用最基础的 VBA 知识也可以实现本例的功能。面向对象与面向结构都可以完成同样的任务，而面向对象思想的优势则在于可以让程序的架构更加清晰，调用更加简明。在这个例子中，子过程 Demo_22_1 只是告诉 stu 对象：请将你的信息保存到工作表第六行，而将其保存到哪一列及怎样保存等，都分包给 stu 对象自己去解决，做到了各司其职。这种优势在这样的小程序中体现得并不显著，但是在编写复杂的系统时就会体现出来。此外，如果读者将来需要开发一些第三方组件或控件，如 PDF 阅读器控件等，就需要将这些组件编写为自定义类。

不过需要说明的是，在 VBA 中虽然经常用到类与对象，但并不支持“继承”“重载”等重要的面向对象特性，所以实际上只是“基于对象”，并不是真正完整地面向对象开发工具。因此，自定义类在 VBA 开发中的重要性也随之降低，很少有使用的必要。这也是为什么包括本书在内的大多数 VBA 教材都没有太多关注自定义类的原因。

20.2　开发小型管理信息系统

随着编程能力的提高，很多初学者都不再满足于编写一两个小程序，而是希望开发出具备多个功能，而且能够覆盖自己的全部日常工作的综合性系统，也就是所谓的“管理信息系统（MIS，Management Information System）”，典型的有进出库管理系统、日记账（台账）系统、学生信息查询系统等。

客观地说，笔者并不建议使用 VBA 开发专业、复杂的 MIS，因为 VBA 作为一门脚本语言，更适合解决日常作业中的效率问题，特别是对于 ERP（企业资源规划）等企业信息平台未能覆盖到的“末端功能”，比如批量修改工作簿格式等需求，编写 VBA 程序可谓“又快又准”。

若想开发一个完善、专业的大型 MIS，程序复杂度将随代码规模呈级数上升。这时开发者就会希望自己使用的编程工具能够提供足够的严谨性，否则无法控制软件复杂性所带来的冲突和风险。而 VBA 语言对数据类型的宽容，对面向对象的不完全支持，以及因为寄生于 Office 软件之中而导致的独立性缺陷，都难以满足风险控制的要求。因此对于这类系统，开发者最好选择 Java、.Net 等更为专业的商业软件开发工具。

事实上，如果读者已经具备使用 VBA 开发 MIS 的能力，那么完全可以自学 Java 和.Net 等语言。此外，如果需要编写商业级的 Office 插件，也可以学习微软公司的 VSTO（Visual Studio Tools for Office）和 AddIns 技术，或者使用 Python 等将 Office 文件融入大数据等领域的应用中。

另外，假如读者只是想把自己日常办公的主要流程整合在一起，或者说把多个用于不同任务的 VBA 小程序汇集为一个软件，通过菜单等方式统一调用，那么使用 VBA 还是没有任何问题的。不过正所谓“麻雀虽小，五脏俱全”，虽然小型 MIS 的功能要求和复杂性比不上商业软件，但同样必须遵循管理信息系统的方法论，而不是像设计一个 VBA 宏那样简单随意。具体来说，需要开发者特别注意以下问题。

1. 细致分析需求

每个小型 MIS 都需要实现多种功能，比如简单的日记账系统也要包括“初始化账册”“添加分录”“编制抵消分录”“保存账册”“查询分录”“导出数据”等功能，其实现过程相当于编写多个 VBA 宏。而所有这些功能都会相互调用，并且基于同一个工作簿和数据集，所以一旦有任何修改（比如修改了账册工作表的格式），很多关联程序都需要进行调整。

可以想见：如果在这个系统几乎开发完毕时才发现需要调整其功能需求，那么所要改动甚至重新编写的代码将非常之多。换句话说，越到软件开发后期，需求变动的成本就越高，这也是软件工程领域的基本思想之一。所以对于 MIS 来说，开发者应该在开始编程之前尽可能想清楚每个环节的具体需求，并且至少要细化到每项数据字段的类型与用途、每种查询的可能筛选条件，甚至每个表格的格式等。

2. 合理规划数据表

在标准的 MIS 开发流程中，定义数据字典和数据库结构是非常重要的基础工作，也是高度体现设计者对该系统的理解深度与驾驭能力的地方。笔者在课堂上经常讲到：数据库是企业信息系统的灵魂。如果不考虑界面友好、使用难度及访问权限控制等问题，那么企业完全不需要开发任何软件，只要所有员工都能在统一的数据库中读写数据，就足以开展各种业务活动。

不过设计一个合理的数据库并不简单。如果读者曾经学习过《数据库原理》之类的课程，可能还会记得“实体关系模型”“数据库设计范式（如第三范式）”等概念。这些看似枯燥无用的知识，就是在指导设计者根据现实设计出最合理的关系数据模型，这对使用 VBA 开发 MIS 同样意义重大。由于这些内容与本书主题相去较远，所以请有意开发小型 MIS 的读者自行查阅相关资料。

一般来说，使用 VBA 开发的 MIS 都是基于 Excel 的，而 Excel 工作表的结构和功能非常接近关系型数据库中的“数据表”。所以在数据容量要求不高的 VBA-MIS 中，往往直接将工作簿当作数据库使用。对于这种情况，建议读者单独创建一些专用于存储数据的工作表，按照范式等理论设计每张表中的字段与结构，并根据需要创建专门用于查询、展示、报表等操作的工作表。VBA 程序可以从数据工作表中读写数据，并放在展示工作表中呈现给用户，尽可能不要将两种表格混为一谈。

3. 设计多窗体界面

常见的 MIS 都采用窗体界面的 GUI 风格，为每种功能专门设计一到多个用户窗体。一般来说，我们会规定一个常留屏幕的主窗体，并在其中通过菜单显示用于不同功能的子窗体。

不过遗憾的是，VBA 并没有像 VB6.0 那样提供菜单设计器，所以无法直接在窗体中加入菜单。更常见的做法是在主窗体中置入多个命令按钮，每个按钮的 Click 事件代码会调用不同子窗体的 Show 方法，从而实现多窗体操作。

此外，也有其他一些模拟菜单的方法，比如在窗体顶端放置多个标签控件，并为每个标签的 Click 方法编写弹出子窗体的代码，从而看上去更接近常见的菜单效果。如果在某个标签下面再放若干个 Visible 属性为 False 的标签控件，每当单击该标签时，就把这些标签的 Visible 属性修改为 True，那么其视觉效果就会接近于“多级子菜单”。不过编写这类效果时需要开发者仔细处理标签的各种事件，精确控制每个标签的显示与隐藏，需要一定的代码技巧。

4. 设计公用函数与类库

在开发 MIS 时，经常会遇到在多个子过程中反复出现的功能（比如将阿拉伯数字转换为中文数字）。这时候应当将这些功能提取出来做成一个函数，不但可以减少代码的书写，而且便于修改且可以降低错误风险。比较常见的做法是在 VBA 工程中专门创建几个模块，并把这些公用函数按照用途保存在不同的模块中，以便其他过程调用。

设计公用函数是结构化程序设计的典型思想，而另一种实现类似要求的思想，就是面向对象。如果熟练运用 VBA 中的自定义类，那么可以让该系统的代码结构进一步简洁和优化。不过笔者在实际开发中也感受到，由于 VBA 并不支持继承、重载等重要特性，因此在设计 MIS 时还是难以发挥出面向对象的全部优势。

5. 重视错误处理与系统测试

任何系统都无法保证完全没有 Bug，所以测试工作对于开发 MIS 十分重要。尽管用 VBA 开发的系统大多不要求达到商用级别，但一旦运行中出现故障，轻则导致死机或中断，重则会丢失数据甚至计算出错却让人难以察觉。

因此在开发 MIS 的过程中，开发者应该尽可能每完成一部分代码就对其进行针对性的测试（比如在工作表中输入不同的数据，运行这部分程序观察结果），并且在最终完成后对整个系统的所有功能进行联合调试。与需求变动一样，错误修正也是越早越好。

此外，由于用户可能进行一些我们想象不到的操作（经验表明，用户的“创造性”永远会突破程序员的想象力极限），或者运行该软件的终端系统有特殊设置，所以程序运行期间难免会产生一些运行时错误。为了不让程序中断并进入代码调试模式，建议读者广泛使用错误处理技术（如 On Error Goto 等），从而提高系统的健壮性。

总而言之，使用 VBA 开发小型 MIS 的主要挑战并不在编程技术方面，而是对整个系统的分析和规划，以及对程序复杂性和出错风险的控制。如果读者在学习本书后能够经常编写 VBA 程序，那么随着经验的积累和见识的增加，将会逐步具备驾驭更多代码的能力。届时根据需要自行补充一些软件工程方面的基础知识，并注意上面提到的关键问题，开发一个小型 MIS 也并非难事。

20.3 深入操作 Office 软件与 Windows 系统

本书通篇都在讲解怎样使用 VBA 操作 Excel、Word 等 Office 软件，相信读者已经能够理解：对于 Office 软件中的任何功能，只要 VBA 中存在相应的对象，我们就能编写程序操作它。

然而 Office 提供的功能数量庞大，本书由于篇幅所限不可能全部讲解。比如怎样通过 PowerPivot 系列对象调用透视表等高级数据分析工具；怎样编写 Add-In 插件程序（需要保存为 xlam 文件）并将其作为 Excel 工具栏上的固定按钮；怎样通过 Chart 等对象操作工作表中的各种图表对象；怎样通过 CommandBars 等对象修改 Excel 工具栏的外观，等等。不过只要读者理解了 VBA 的编程思维方式，那么需要上述功能时只要在互联网上搜索一下相关文章，很快就会理解它们的原理与用法。

除了操作 Office 软件，VBA 还能直接调用 Windows 操作系统的各种功能，从而实现更加神奇的效果。经常用到的一个技巧是在 VBA 程序中调用 Shell 函数，或者创建 WScript.Shell 对象，从而可以直接运行 Windows 的各种命令和程序。此外，与其他微软开发工具一样，VBA 也可以调用 Windows 系统的各种系统 API 函数，从而实现 Office 软件没有提供的功能。

20.4 算法的价值

前面介绍的内容都属于 VBA 功能方面的问题，而作为一门完整的程序设计语言，算法（包括数据结构等）才是 VBA 程序的灵魂所在。

所谓“算法（Algorithm）”，就是解决问题的思路或方法。本书所有案例中出现的每个循环和每个判断，都是某个算法的具体实现。从计算机科学的角度看，面对实际问题时不知道怎样编写程序，就是找不到解决该问题的算法。所以学习基本的算法知识，对于有志于提高自身编程水平的读者来说是非常重要的。

特别是对于数据量巨大或运算复杂的问题，使用不同算法编写出来的程序，其运行效率将差别巨大，甚至存在成百上千倍的速度差异。比如在 Excel VBA 中经常遇到的一种情况：如果工作表 A 列和 B 列各存有十万个姓名，怎样快速找出同时出现在两列中的姓名？

这个问题看起来很好解决，只要使用一个双重循环，每扫描到 A 列一个姓名后马上从头到尾扫描一遍 B 列所有姓名，并将之与 A 列的姓名进行比较即可。

这个方案的运行结果肯定正确，但是双重循环共计运行 100 亿（10 万×10 万）次，而且每次都要执行一次字符串比较操作。即使再强大的个人计算机，运行完这 100 亿次字符串比较所需的时间也是我们无法忍受的。

不过更换一下思路（也就是算法），这个问题就不那么恐怖了：如果先运用 Excel 的排序功能（Range.Sort 方法）将 A 列与 B 列分别升序排序，然后只要使用一个单层循环就可以完成全部比较。大致过程如下。

（1）比较 A1 与 B1，如果相等就报告一个相同姓名，并通知程序：下一次循环时将对 A1 与 B2 做比较；

（2）如果在步骤（1）中发现二者并不相等，而是 A1 的姓名小于 B1 的姓名，则说明 B 列中不可能再出现与 A1 相同的姓名（因为 B 列是按升序排列的）。因此通知程序：下次循环时对 A2 和 B1 进行比较；

（3）如果在步骤（1）中发现 A1 的姓名大于 B1 的姓名，则通知程序：下次循环时要对 A1 和 B2 做比较；

（4）进入下次循环，根据前面的结果重新比较。如此反复，每次循环时会找到 A 列或 B 列的下一行，直至数据末尾。

这个算法没有使用双重循环，字符串比较操作一共只执行了 20 万次，相比之前的 100 亿次，运行效率自然是天壤之别。当然，这种算法需要增加对数据排序的环节，而排序本身往往也非常耗时。不过幸运的是，Excel 软件自带的排序功能非常强大，无论是算法还是底层技术都充分体现了微软公司的顶尖实力。所以只要在 VBA 程序中使用 Range.Sort 方法调用这个现有的功能，就可以让排序的时间忽略不计。

这个例子只是算法优势的简单示例，在 VBA 编程中，熟悉一些基本算法往往可以解决之前根本无从下手的问题。所以笔者建议有兴趣的读者找一些算法入门教程，只要认真读懂其中的几个案例，就会体会到其中的美妙与力量。尽管这些教程并不使用 VBA 语言（大多会使用 C 系语言或“伪码”），但是思想是完全相通的。

结语

VBA 的未来

作为本书最后的内容，笔者希望以之前写过的一篇知乎文章——《VBA 过时了吗》[①]作为全书的结语，基于个人理解对 VBA 的价值和未来进行展望。

虽然 VBA 不是高校里的正式课程，但我十几年来一直都在向经管社科方向的同学推荐和介绍这个很实用的技术，所以也经常遇到同学询问类似的问题。比如“VBA 已经过时了吗？”“VBA 是不是很快就要被淘汰了？”这是每个初学计算机技术的同学都关心的问题，笔者在讲授其他课程，比如 Java 设计方法、关系型数据库、网络通信技术等课程中，一样会听到同学们问同样的问题。

其实这个问题很有意思。如果你经常浏览程序员使用的网站，特别是中文论坛，就会发现“XX 技术是不是过时了？”“论 XX 语言不如 XX 语言”之类的话题层出不穷，而且总能引起一大片激烈的争论。比如用 C 语言的说 Java 太慢，用 Java 的说 C++太乱，用 C++的说有本事你也给我写个游戏引擎…… 看这些帖子时的感觉就像读武侠小说一样，会觉得原来程序界也是山头林立、门派纷争，谁都想给自己争个“道传正统、天下第一”的法旗。

总之，这些争论永远存在，但其实并没有任何实际意义，最后也都是不了了之。道理很简单：工具技术各有特色，适用于不同场合，没有任何一项技术可以自称“万灵丹”。所以无所谓优劣，只是适用性不同。

不过话说回来，凡是技术，终归有被淘汰的一天。确实有很多我们接触过的语言和工具，现在除了遗留系统，已经很少看到它们的踪迹了，比如 COBOL、PowerBuilder、C++Builder 等。所有的技术都如此，VBA 当然也概莫能外。记得 2012 年前后，确实风传微软将停止支持 VBA，不过随着新版 Office 软件的推出，该谣言也不攻自破。

---

① 本文最初是笔者在“全民一起 VBA”课程论坛 forum.yycollege.com 中针对网友提问的回复，之后发表在微信公众号 yy_college（杨氏在线教学）和知乎平台（http://zhuanlan.zhihu.com/p/26215576）上。

不过笔者觉得大家不必为此担忧，因为：

首先，对于非计算机专业的人士来说，直到目前，Office 软件中没有比 VBA 更强大且易学的编程工具。所以若你想玩转 Office 软件，只能学习 VBA。客观地说，开发 Office 软件更加专业的工具还有很多，比如用.Net 开发工具直接开发 Office 插件，无论外观还是性能都超出 VBA 一个档次。不过这些工具都是供专业人士使用的，如果你也能掌握这个技术，那么就可以改行做专业开发人员了。

其次，即使下一版 Office 软件停止支持 VBA，那么微软也必须提供一个替代性的宏开发工具。既然是宏编程，又是 VBA 的继承者，那么大家现在掌握的 VBA 知识将会使你非常顺利地切换到新语言环境，无非就是 For/If 等保留字的写法发生变化，或者稍微增加一些新的语言结构（如强面向对象）而已，本质都是相通的。比如，我在做开发时使用了 Google Doc（Google 提供的类似 MS Office 的云端办公软件）的宏语言，它基于 JavaScript 语法，但是写起来的手感和 VBA 是一样的，无非还是传统的程序代码配上各种表格对象的使用。如果熟悉 VBA，完全可以一边上网查文档，一边就把程序写出来。

最后还是一贯的观点：工具万千，实用为王。不必把自己拘泥于某个技术上，而要根据工作需要，什么方便用什么。能用公式就用公式；公式不给力就用透视表，实在没办法就用 VBA；VBA 也不能用必须要求写程序，那就学学 C 语言；如果还是不行，那就请领导批预算委外开发；如果领导不批准还要出活，那就辞职吧……

总之，笔者个人的意见是：在可以预见的几年里，VBA 不会被替代。即使有一天 VBA 被替代，通过学习 VBA 所积累的经验也会帮助你迅速转到新的工具中。

与各位读者共勉！